W0268905

Wirkerei und Strickerei
Netzen und Filetstrickerei

Von

Carl Aberle
Fachschulrat am Technikum für Textilindustrie
Reutlingen

Mit 439 Abbildungen

Berichtigter Neudruck 1934

Springer-Verlag Berlin Heidelberg GmbH 1927

ISBN 978-3-662-27956-4   ISBN 978-3-662-29464-2 (eBook)
DOI 10.1007/978-3-662-29464-2

Sonderausgabe aus Band II/3 der „Technologie der Textilfasern"
Herausgeber: Professor Dr. R. O. Herzog, Berlin-Dahlem

Vorwort.

Das vorliegende Werk über: „Wirkerei und Strickerei, Netzen und Filetstrickerei" stellt einen Ausschnitt aus dem großen Textilwerk, nämlich der von Professor R. O. Herzog herausgegebenen Technologie der Textilfasern, Band II, 3 dar. Die umfassenden, wissenschaftlichen Arbeiten, die zahlreichen Erfahrungen aus der Praxis, die weitgehenden, vorzüglichen, bildlichen und zeichnerischen Darstellungen, die buchtechnisch gute Ausführung haben aber zu einem zwar wohlfeilen, doch immerhin hohen Verkaufswert geführt.

Der Tatsache, daß mit dem großen Herzog'schen Werk der Gesamttextilindustrie eine wissenschaftliche Fundgrube gegeben werden sollte, steht andererseits die Erfahrung gegenüber, daß Werke über Einzelabschnitte dringender verlangt werden.

Das trifft auch für das Gebiet der Wirkerei und Strickerei zu. Ich begrüße es deshalb, daß sich die Verlagsbuchhandlung, dem dringenden Bedürfnis Rechnung tragend, entschlossen hat, den von mir bearbeiteten Teil über Wirkerei und Strickerei, Netzen und Filetstrickerei, in einer beschränkten Zahl als Sonderausgabe herauszubringen. Dieser Entschluß der Verlagsbuchhandlung ermöglicht es nunmehr, daß das Werk, welches aufgebaut auf den Lehrerfahrungen und dem fortlaufenden Studium der Praxis, meinen Fachgenossen, den Wirkerei- und Strickereitechnikern im Büro und in der Praxis, insbesondere aber den Betriebsleitern, Meistern, den Studierenden und den Arbeitern, welche ihre Kenntnisse erweitern wollen, zugängig wird.

Möge es in den Kreisen, für die es geschaffen wurde, freudige Aufnahme finden und alle Fragen, deren Beantwortung man darin sucht, befriedigend lösen.

Reutlingen, den 3. März 1929.

Der Verfasser.

Inhaltsverzeichnis.

Inhaltsverzeichnis. V

Die Wirkerei und Strickerei, das Netzen und die Filetstrickerei.

Von **Carl Aberle**, Fachschulrat am Technikum für Textilindustrie, Reutlingen.

Einleitung.

Durch die mächtige Entwicklung, die in den letzten Jahrzehnten auf dem Gebiete des Maschinenbaues zu verzeichnen war, ist es möglich geworden, daß sich die Wirkerei und Strickerei, welche zu den jüngsten Techniken der Textilindustrie gehört, zu einer Hauptader dieses Gebietes ausgewachsen hat. Für ganze Landgebiete ist sie die Haupterwerbsmöglichkeit der Bevölkerung geworden. Während vor dem Weltkriege die Erzeugnisse der Wirkerei vorwiegend als Unterkleidung Verwendung fanden, was einen Fortschritt auf gesundheitlichem Gebiete bedeutete, werden jetzt auch Oberkleider, Sportartikel und die verschiedenartigsten Fantasiewaren hergestellt. Dadurch wurde der älteren Weberei ein wesentlicher Abbruch getan.

Die Wirkereiindustrie zerfällt in zwei Hauptgruppen und zwar in die Kulierwirkerei und in die Kettenwirkerei, deren Unterscheidungsmerkmale noch besonders hervorzuheben sind.

Das Handstricken ist dem Wirken bzw. mech. Stricken vorausgegangen. Wann das Stricken erfunden wurde, läßt sich nicht genau feststellen. Man nimmt an, daß es etwa um die Mitte des 13. Jahrhunderts in Italien bekannt geworden ist. Dort erscheinen in der Männerkleidung eng anliegende, das waren wahrscheinlich gestrickte Beinkleider, Ende des 14. Jahrhunderts. In einem Aktenstück Heinrichs VII. von England wird das Stricken amtlich erwähnt.

Das Wirken ist durch den Engländer William Lee 1589 zu Cambridge erfunden worden. Diese Erfindung war damals schon so vollkommen, daß die heutigen Wirkstühle für feinere gewirkte, reguläre Gebrauchsgegenstände, das sind solche, die ihre Form und Größe schon an der Maschine erhalten, noch dieselben Einrichtungen wie damals besitzen. Heute noch trifft man in England, Frankreich, teilweise auch noch in Deutschland, den nach dem System Lee gebauten Wirkstuhl an. Die späteren Verbesserungen des Wirkstuhles beziehen sich im wesentlichen auf Mustereinrichtungen. So entstand um das Jahr 1728 in Frankreich die Preßmaschine.

Eine ganz wichtige Verbesserung bedeutet die von dem englischen Landmann Jedediah Strutt im Jahre 1775 erfundene Rändermaschine, die Ende des 18. Jahrhunderts nach Deutschland zur Herstellung von Ränderstücken und besonders elastischen Waren kam.

Die Umwandlung des Handwirkstuhles in einen mechanisch arbeitenden erfolgte in der zweiten Hälfte des 18. Jahrhunderts. Es entstanden zwei Haupttypen von mechanischen Wirkstühlen: Der Flachwirkstuhl und der Rundwirkstuhl.

Ersterer ist zu wirtschaftlicher Bedeutung erst durch die Erfindungen Pagets und Cotons in den Jahren 1861 und 1868 gelangt. In diese Zeit fällt auch die Erfindung der Strickmaschine, welche eine Umwälzung auf dem Gebiete der

Wirkerei bedeutete. Durch die neuzeitlichen Verbesserungen sind die Wirk- und Strickmaschinen zu Höchstleistungen ausgebaut worden. Während eine geschickte Handstrickerin in der Minute eine Höchstleistung von etwa 150 bis 200 Maschen, ein Wirker am Handwirkstuhl etwa 5500 Maschen herstellt, kann ein mechanischer Wirkstuhl, je nach Größe und Konstruktion, über 300000 Maschen in derselben Zeit leisten.

Nach der Konstruktion der Maschinen unterscheidet man: erstens Flachwirkstühle, zweitens Rundwirkstühle, drittens Strickmaschinen. Ferner hat man in der Wirkerei noch zu unterscheiden, hinsichtlich der Warenerzeugung, reguläre Waren und geschnittene Waren.

Von jeher war man in der Wirkerei bestrebt, die Größen und Formen der Gebrauchsgegenstände genau so wie dies das Handstricken tut, schon während der Herstellung an der Wirkmaschine zu bilden. Diese Waren nennt man reguläre Waren. Zu ihrer Erzeugung sind die Maschinen mit sogenannten Mindervorrichtungen versehen. Geschnittene Waren sind solche, deren Form und Größe aus Stoffstücken nach Normalformen zugeschnitten werden. In beiden Fällen wird die Fertigstellung, das ist die Ausrüstung und Vollendung der Ware, im Wirkerei- und Strickereibetriebe ausgeführt. Stückwaren bringt die Wirkerei und Strickerei nur selten auf den Markt. Ein moderner Wirkerei- oder Strickereibetrieb muß hiernach noch mit den erforderlichen Ausrüstungs- und Vollendungsmaschinen versehen sein.

Die eigentümliche Fadenverschlingung der Strick- und Wirkware bringt es mit sich, daß die Produkte, gegenüber den sonstigen Erzeugnissen aus Fadengespinsten, außerordentlich dehnbar sind. Diese große Elastizität ist ein besonderer Vorzug der Maschenware, welcher sie zu Gebrauchsgegenständen, zur Bekleidung unseres Körpers, wie zum Beispiel Strümpfe, Hosen, Jacken, Handschuhe usw. ganz besonders geeignet macht.

Die Unterscheidung der verschiedenen Produkte.

Die Fadenverbindungen der Maschenwaren unterscheiden sich von den Erzeugnissen der übrigen Textilien wesentlich. Es sollen hier nur die hauptsächlichsten Merkmale dieser Produkte hervorgehoben werden:

Ein Gewebe besteht aus mindestens zwei Fadensystemen, aus den Kettfäden und aus den Schußfäden, welche rechtwinklig miteinander verbunden werden, ohne daß eine Verknotung an den Kreuzungsstellen entsteht.

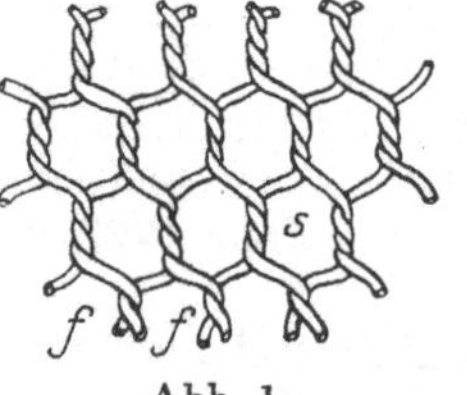

Eine geklöppelte Ware zeigt zum Unterschiede von einem Gewebe nur ein Fadensystem, eine sogenannte Kette, ähnlich wie in der Weberei. Die Fäden f, Abb. 1, laufen von Spulen, den sogenannten Klöppeln und werden nach Maßgabe eines Musters einander genähert und ein- oder mehrere Male umeinander gedreht, so daß schnurenartige Gebilde s entstehen, die durch Versetzen der Fäden geöffnet werden und durch wiederholtes Zusammendrehen spitzenartige Musterungen bilden. Man unterscheidet Hand- und Maschinenklöppelspitzen. Die Spitzenindustrie steht mit der Mannigfaltigkeit und der künstlerischen Gestaltung ihrer Erzeugnisse auf hoher Stufe. Bekannt sind in aller Welt die Brüsseler Spitzen, wie auch die Valensienne-Spitzen. In diesem Zusammenhang sind noch die Erzeugnisse der Bobbinetweberei und Tüll zu nennen.

Geknüpfte oder gerahmte Waren haben ihre Fäden ähnlich wie in einem Gewebe angeordnet. Die Kett- und schußartigen Fäden f, f_1, Abb. 2, liegen aber nicht wechselweise unter- und übereinander, sondern mehr flott und sind an ihren Kreuzungsstellen durch Knoten k miteinander verbunden. Die Knotenbildung kann verschieden gestaltet werden. Meist wird das Knotenmaterial mit einer entsprechenden Nadel eingeführt und kann zugleich noch als Ziermaterial Verwendung finden. Zum Aufspannen der Fäden f, f_1 benützt man

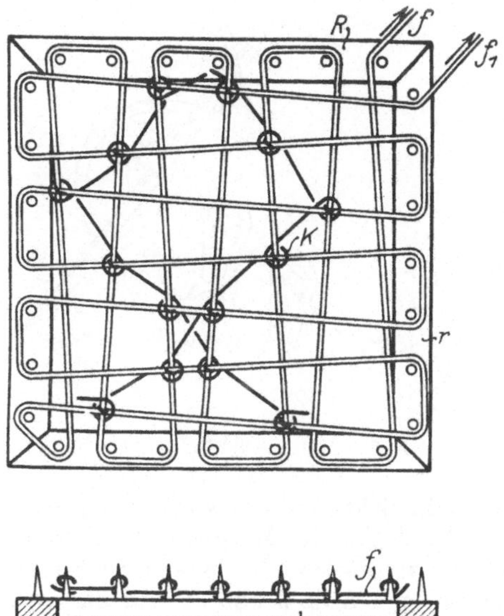

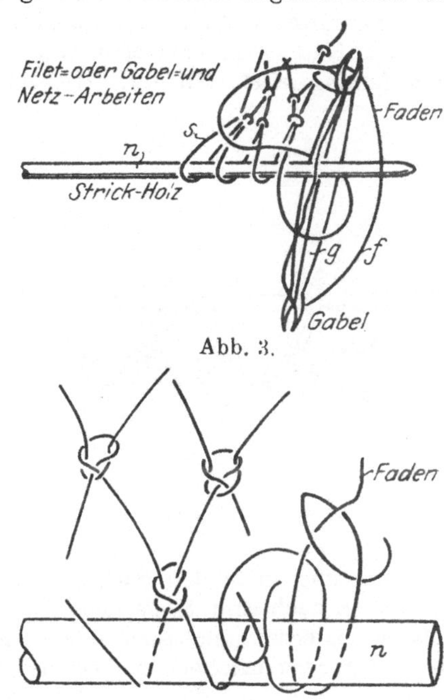

Abb. 3.

Abb. 2.

Abb. 3a.

Rahmen R, r, die je nach der Form der herzustellenden Gebrauchsgegenstände sinngemäß gestaltet sind.

Die Netz- oder Gabelarbeit, auch „Fileten" genannt, verwendet zur Erzeugung ihrer Produkte nur einen einzigen Faden. Dieser wird nach Abb. 3 auf die Gabel g gewunden und mittelst dem sogenannten Netzholz n, Abb. 3, 3a, die Schlingbildung s dadurch vollzogen, daß die aufgereihten Schlingen durch einfache oder Doppelkreuzknoten fest miteinander verbunden werden. Abb. 4 ist der einfache Kreuzknoten, Abb. 5 ist der Doppelkreuzknoten. An Stelle der Gabel g zur Führung des Fadens f werden auch andere Werkzeuge, wie z. B. Okki (Schiffchen) verwendet. Je nach der Stärke des Netzholzes n, Abb. 3 und 3a, fallen die sog. Maschen größer oder kleiner im Gestricke aus.

Abb. 4.

Abb. 5.

Die einfache Netz- oder Gabelarbeit wird heute durch hochleistungsfähige Netzknüpfmaschinen ersetzt. Die Tagesproduktion einer solchen Netzknüpfmaschine beträgt bis 2 500 000 Knoten, was einer Leistung von 250 geübten Handarbeitern gleichkommt.

Häkeln und Stricken. Diese Arbeiten unterscheiden sich von den angeführten dadurch, daß der zu verarbeitende Faden in vielfach gebogene Lagen gebracht wird, und diese ineinanderhängenden Lagen bilden die Maschen. Es werden hierdurch Maschenprodukte erzeugt, die im Gegensatz zu den oben ausgeführten Erzeugnissen außerordentlich elastisch sind. Das Stricken und Häkeln verarbeitet stets nur einen einzigen Faden, der mit sich selbst verschlungen wird. Bei dem Handstricken benützt man zwei bis fünf Nadeln. Beim Häkeln kommt nur eine Nadel zur Anwendung.

Das Handstricken verfährt nach Abb. 6 in der Weise, daß zunächst auf einer Nadel n eine Maschenreihe m angeordnet wird, die sogenannte Anschlag- oder Anfangsreihe. Mit einer zweiten Nadel n_1 sticht man durch eine Masche m

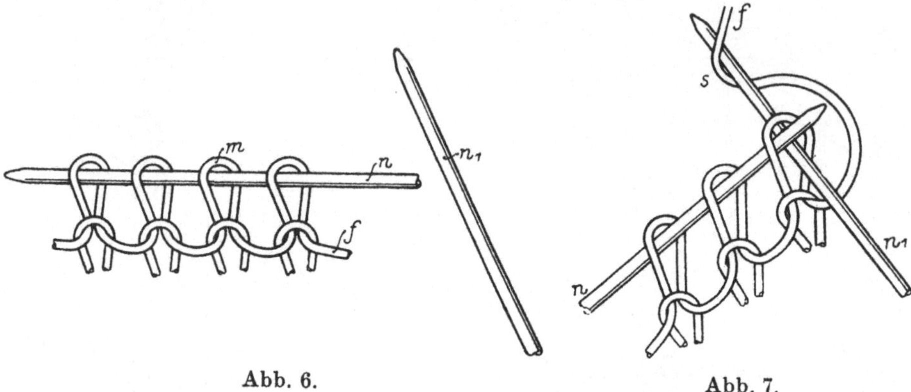

Abb. 6.   Abb. 7.

hindurch und sucht den Faden f nach Abb. 7 in Schleifenform s aufzunehmen, um diesen nach Abb. 8 als neue Masche m_1 durch die alte Masche m hindurchzuholen. Hierbei hängt aber die Masche m noch an der Nadel n, weshalb letztere so weit zurückzuziehen ist, bis die Masche m nach Abb. 9 abfällt und die alte

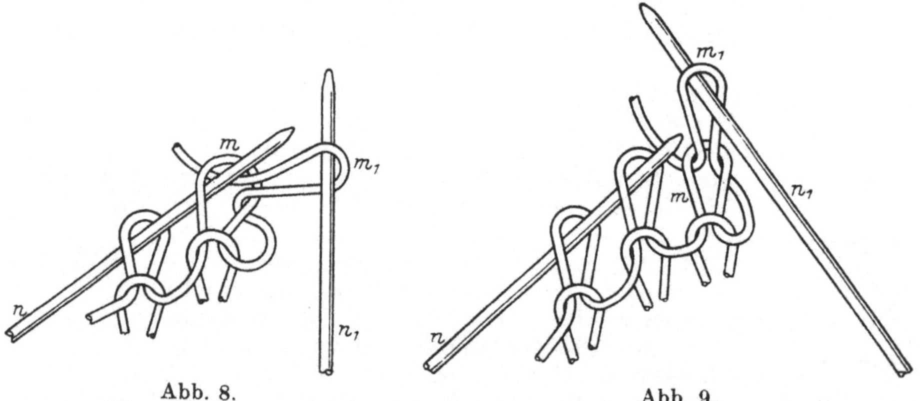

Abb. 8.   Abb. 9.

Masche bildet. In dieser Reihenfolge schreitet man weiter, bis sämtliche Maschen von der Nadel n abgearbeitet sind. Die Nadel n_1 bildet jetzt die Maschenträgerin und trägt die neue Maschenreihe m_1. Durch Übereinanderlegen der Reihen m, m_1 entsteht zunächst nur ein flaches Gestricke. Für rundgestrickte, schlauchartige Produkte, wie Strümpfe, Handschuhe, müssen vier Nadeln als Maschenträgerinnen und eine fünfte, leere Nadel als Maschenerzeugerin zur Anwendung kommen.

Das Häkeln benützt eine sogenannte Häkelnadel h, mittelst welcher der Faden f, Abb. 10, erfaßt und durch eine schon auf der Nadel h hängenden Masche m nach Abb. 11 durchgezogen wird. Verfährt man in dieser Weise, so entsteht zunächst ein schnurenartiges Maschenstäbchen *s*, das ist das Häkelstäbchen. Zur Erzielung irgendeiner Musterung muß deshalb die Nadel durch eine bereits abgearbeitete Masche oder durch einen Fadenhenkel einer solchen durchgestochen und sowohl durch diese, als auch durch die letzte Masche m_1 der Faden *f* als neue Schleife gezogen werden. Auf diese Weise lassen sich sowohl dichte, wie auch spitzenartige Maschengebilde erzeugen.

Das Wirken ist eine mechanische Nachbildung des Handstrickens. Ein Unterschied kann nur in der Art der Herstellung der Maschen festgestellt werden, denn während man beim Handstricken nur wenige Nadeln verwendet und auch nur eine Masche um die andere bildet, benützt man beim Wirken so viele Nadeln, als Maschen in einer Reihe des Gewirkes benötigt werden. Außerdem sind zunächst sämtliche Schleifen einer Maschenreihe vorzubereiten, über welche dann auf einmal die ganze an den Nadeln hängende Maschenreihe abgeschoben wird.

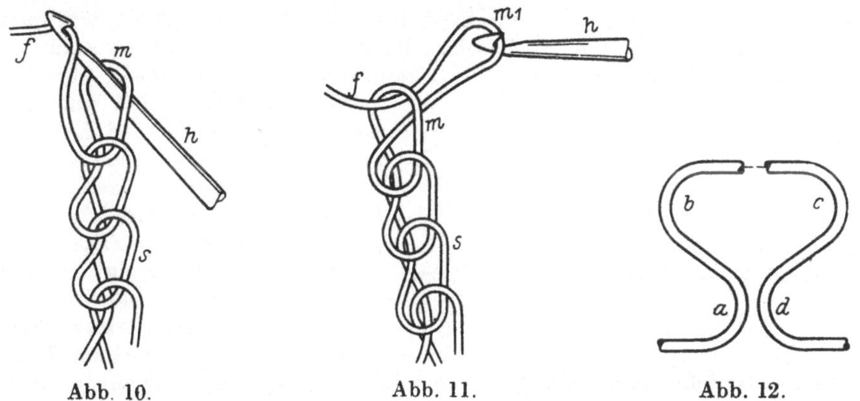

Abb. 10.   Abb. 11.   Abb. 12.

Es setzt sich dann Reihe auf Reihe weiter fort. Man erlangt ein flaches Warenstück, aber mit guten festen Randmaschen, welche durch Nähte unmerklich verbunden werden können (sogenannte Regulärnaht).

Wie aus dem Vorhergesagten hervorgeht, liefert das Stricken, Häkeln und Wirken Maschenwaren, die sich von den übrigen Textilien wesentlich unterscheiden. Das charakteristische Merkmal der Masche ist das ineinandergeschobene Doppel-*s*, Abb. 12. Der Faden ist bei *a, b, c, d* in die vierfach gebogene Lage gebracht und wird in dieser Lage von einer vorher gebildeten und einer nachfolgenden Masche gehalten. Diese Bogenform bedingt die große Elastizität der Maschenwaren.

Die Maschenbildung ist bei der von Hand gestrickten Ware genau dieselbe, wie jene in einer am Wirkstuhl hergestellten. Ein Unterschied ist nur in der Herstellungsweise zu erkennen und man nennt Wirkwaren, welche die Maschenform der gestrickten Ware aufweisen, Kulierwaren. Auch in dieser ist nur ein einziger Faden zur Anwendung gekommen. Kettenware besitzt ähnliche Maschenanordnung wie die gehäkelte Ware. Bei beiden Arten verläuft der Faden in der Arbeitsrichtung der Ware. Diese zwei Hauptarten von Wirkwaren erfordern auch zwei voneinander verschiedene Wirkmaschinen.

Sowohl bei der Kulierware, wie bei der Kettenware kann der Arbeitsvorgang außerordentlich vielgestaltig sein, so daß auch in bezug auf Musterung und Abwechslung in der Gleichförmigkeit der Maschenlagen großer Spielraum herrscht.

Die Grundwerkzeuge der Wirkmaschine.

Die wichtigsten Organe einer Wirkmaschine oder eines Wirkstuhles sind die Nadeln, Platinen und die Presse.

Die Nadeln sind in jedem Maschenbildungsapparat als unentbehrliches Werkzeug vorhanden, während die Platinen und die Presse an einem großen Teile der neuzeitlichen Wirk- und Strickmaschinen in Wegfall kommen oder aber nur untergeordnete Bedeutung haben.

Im allgemeinen unterscheidet man zwei Hauptarten von Nadeln, nach welchen auch zwei verschiedene Arbeitsvorgänge zur Erlangung der Maschenware vorkommen.

A. Die Nadeln.

Die Spitzen- oder Hakennadel, vielfach auch Zaschen -oder Preßnadel genannt. Diese besteht aus Stahldraht und ist nach Abb. 13 vorn zu dem spitzen Haken h umgebogen, der in die Zasche oder Nut z versenkt werden kann. Der hintere Teil, das sogenannte Fußstück d kann entweder rechtwinklig abgebogen werden, oder man rieft oder kerbt das hintere Fußstück d bei e, wie auch Abb. 13 zeigt. b, bzw. s, ist der Schaft. Dieser ist, je nach der Verwendungsweise der Nadel, rund oder gepreßt. K ist der Kopf. Die Befestigung der Nadeln erfolgt entweder durch Eingießen in Blei unter Anwendung von Gußformen bei e, Abb. 14. Die so mit einem Bleifuß versehenen Nadeln werden dann auf einer Lagerschiene, der sogenannten Nadelbarre festgehalten oder durch Einsetzen des rechtwinklig abgebogenen Fußstückes e, Abb. 15, in Bohrungen der Nadelschienen. Diese Befestigungsart ist die häufigste.

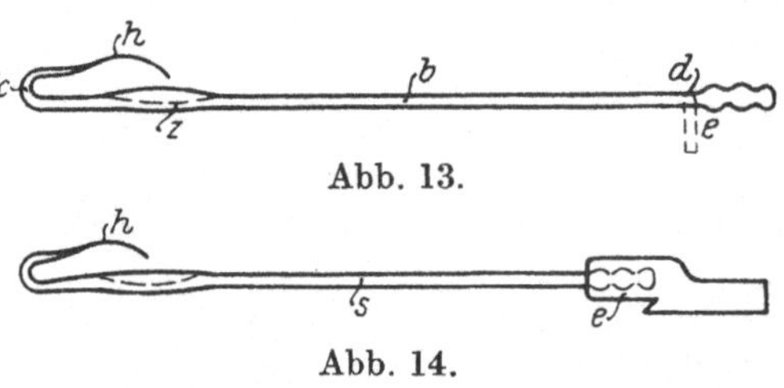

Abb. 13.

Abb. 14.

Die Nadelfabrikation bildet eine Industrie für sich. Da die Nadeln im Wirkstuhl während der Arbeit häufig auszuwechseln sind, und der Ausfall der Ware, sowie die Leistungsfähigkeit des Wirkstuhles von der Beschaffenheit der

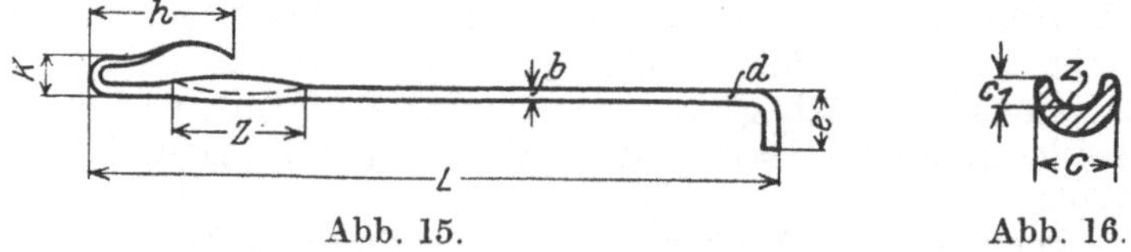

Abb. 15.   Abb. 16.

Nadel abhängig ist, so ist bei der Neubestellung von Nadeln auf die richtige Form, Stärke und den Härtegrad ein besonderes Augenmerk zu richten. Die Nadeln sind nachzuprüfen. Bei dieser Prüfung sind folgende Punkte zu beachten: Hakenlänge h, Abb. 15, Zaschentiefe c_1, Breite bei der Zasche c, Abb. 16. Der Nadeldurchmesser b, Abb. 15, und wenn die Nadeln gebogen geliefert werden: Fußhöhe e, Kopfhöhe k, Länge der Nadel L; ferner noch die Zaschenlänge Z. Der Härtegrad wird in der Weise geprüft, daß man eine Stichprobe von der Sendung entnimmt und den Schaft leicht umbiegt; dabei darf die Nadel weder abbrechen, noch vollständig umgebogen werden, sondern womöglich wieder in ihre gerade Lage zurückschnellen. Brechen die Nadeln ab, so sind sie zu hart, bei starker Verbiegung sind sie zu weich. Die Herstellung der Nadeln erfolgt mittelst sinnreich konstruierter Sondermaschinen. Nur einzelne Arbeiten werden noch von Hand vorgenommen, so z. B. das Zuschleifen der Nadelspitzen h, Abb. 13 bis 15. Auch das Umbiegen dieser Spitzen in die Hakenform wird teilweise von Hand und teilweise mittelst Maschinen besorgt. Die Längeneinteilung, das Zuschneiden, sowie das Pressen der Spitzen und Einkerben der Zaschen, geschieht ebenfalls mechanisch. Das Härten ist der wichtigste Vorgang. Die fertigen Nadeln werden in Stahlröhren, Flintenläufen, verpackt und luftdicht verschlossen, bis zum Rotglühen erhitzt und sodann in Öl geschüttet. Nach diesem Härten muß das Nachlassen bis zu dem geeigneten Härtegrad folgen. Dies geschieht durch Kochen der Nadeln in Rüböl. Man nennt dies das Weichmachen. Durch diese Behandlung, sowie durch das Glätten und Polieren in rotierenden Trommeln, in welchen sich Lederspäne usw. befinden, hängen sich die Nadelhaken ineinander und verbiegen sich zum Teil, weshalb mittelst der Nadelzange ein Ausrichten der Nadelspitzen als letzte manuelle Arbeit zu folgen hat.

Bemerkenswert ist noch die Form der Hakennadel, welche sich für feinere Waren eignet. Das Pressen der Spitze hat jedoch Anlaß zu Verbesserung dieser Nadel gegeben. So wird nach dem Patent Nr. 130105 eine Nadel geschaffen, welche das Pressen beseitigen soll. Die Kennzeichen dieser Nadeln sind Versenkung des Hakens mit seiner Spitze in einer Vertiefung des Nadelschaftes. Anbringung der Hakenspitze erfolgt entweder an der Seite

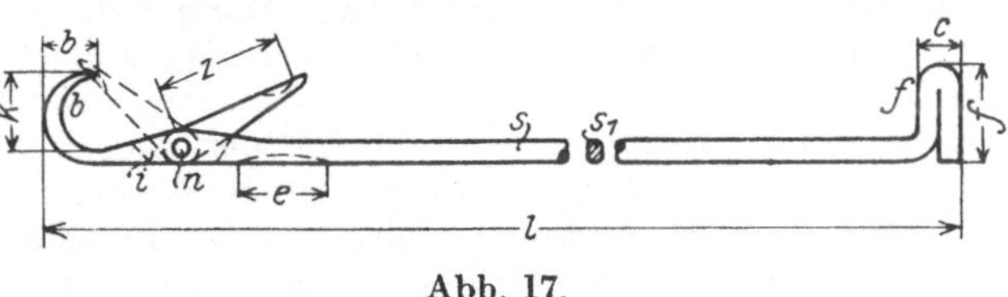

Abb. 17.

der Nadel oder in der Mitte derselben. Nach einer anderen Erfindung, Patent Sander und Graff, wird der Haken an der Seite des Schaftes nach unten geführt. Solche Nadeln sind aber nur da anwendbar, wo der Faden eine sichere Führung um die Nadeln empfängt, wie z. B. bei Häkel- und Galonmaschinen, sowie auch bei Kettenstühlen. Erwähnenswert ist hier auch noch die während dem Kriege entstandene Haken-

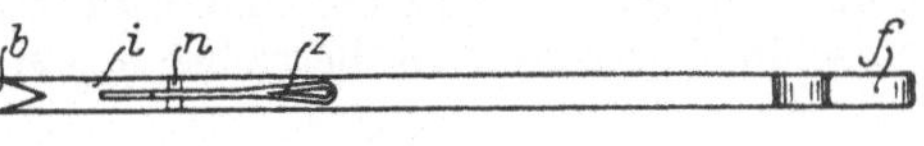

Abb. 18.

nadel von Sander und Graff, mit zwei verschiedenen Schaftstärken ausgebildet. Diese Nadel soll da zur Anwendung kommen, wo ein feinerer Wirkstuhl zur Verarbeitung stärkerer Garne in eine gröbere Nummer durch Entfernen jeder zweiten Nadel umzuwandeln ist. Der hintere, feinere Schaftteil paßt dann in die Bohrung der Maschine, der vordere, verstärkte, füllt die durch Entfernen der zweiten Nadel entstandene Lücke aus und ist auch zur Aufnahme starker Garne geeignet.

Die Zungennadel. Diese ist erst seit 1858 bekannt und auch aus dem Bestreben heraus entstanden, das am Handwirkstuhl lästige Pressen zu beseitigen. Dies ist allerdings schon durch die ältere Röhrennadel angestrebt worden, die sich aber praktisch nicht bewährt hat. Durch die Einführung der Zungennadel hat sich eine vollständige Umwandlung in der Fabrikation der Maschenwaren vollzogen. Abb. 17 zeigt eine solche Zungennadel. Der Schaft s ist meist aus gepreßtem Stahldraht und vorn zu dem kurzen Haken b umgebogen. Hinter diesem befindet sich ein Schlitz i, siehe auch Abb. 18, in welchem die Zunge z, auch Löffel genannt, eingesteckt und durch Nietbolzen n scharnierartig befestigt wird. Durch diese Bezeichnung kommt auch der Name Scharniernadel. Hinten ist der Schaft, je nach der Verwendungsweise der Nadel, entweder zu dem Fußstück f rechtwinklig umgebogen oder, ähnlich wie bei der Hakennadel angegeben, gerieft. Die erstere Ausführung gestattet die Führung der Nadel in Kanälen, die letztere verhindert das Drehen des Schaftes, wenn dieser eingebleit wird. Diese Befestigungsart mit Blei kommt vorwiegend bei Fangkettenstühlen und Raschelmaschinen vor. Der Befestigung der Zunge z wird besondere Aufmerksamkeit gewidmet. Wird der Nietbolzen n nicht richtig verhämmert und mit dem Schaft geglättet, so bleiben während der Arbeit die Fadenteile hängen, zerreißen oder erschweren die Maschenbildung. Das gleiche tritt ein, wenn sich die Niete löst und am Schaft einen Grat bildet. Neuerdings wird dies dadurch verhütet, daß die Bohrung mit einem Gewinde versehen und der Nietbolzen wie eine Schraube befestigt wird. Es bestehen zahlreiche Patente, die sich auf die Form und die Befestigung der Zunge beziehen.

Die vorteilhafte Herstellung einer solchen sinnreich durchdachten Nadel, die eine kleine Maschine für sich selbst darstellt, ist nur dadurch möglich, daß für die einzelnen Teile äußerst vervollkommnete Maschinen, die automatisch arbeiten, Verwendung finden. So wird z. B. die Zunge z durch einen Automaten in mehreren aufeinanderfolgenden Arbeitsgängen gebrauchsfertig hergestellt, so daß sie nur noch in den Schlitz i zu setzen ist, worauf auch der Nietbolzen n automatisch eingeführt wird. Ist die Nadel fertiggestellt, so wird durch ein Hammerwerk die Vernietung bei n vollzogen. Die übrigen Manipulationen vollziehen sich ähnlich wie bei der Hakennadel. Ist schon bei der Hakennadel als wesentliches Erfordernis hervorgehoben, daß die in Wirkmaschinen auszuwechselnden Nadeln jeweils nachgeprüft werden, so muß dies bei der Zungennadel als ebenso dringend erachtet werden. Es sind nachzuprüfen: Hakenlänge b, Abb. 17, Fußbreite c, Kopfstärke b, Abb. 18, Kehlung e, Fußhöhe f, Kopfhöhe K, Nadellänge l, Schafthöhe s, sowie Schaftstärke s_1 und Zungenlänge z. Es ist zu empfehlen, für die einzelnen Nadelsorten sogenannte Nadelkarten anzulegen, welche nach den angeführten Punkten die einzelnen Größen aufweisen und die gleichzeitig mit der Originalnadel zu versehen sind. Man ist dann jederzeit in der Lage, neu belieferte Nadeln nach diesen Größen genau zu prüfen. Dadurch wird der Wirker und Stricker sich vor manchem Schaden und vor Unannehmlichkeiten bewahren können, wie auch seine Maschinen jederzeit in betriebsfähigem Zustande erhalten bleiben.

B. Die Platine.

Wie schon oben angedeutet, kommt diese vorwiegend in Verbindung mit der Hakennadel vor. Sie hat mancherlei Gestaltung und dient einesteils zur Schleifenbildung, andererseits zur Führung der Ware. In Verbindung mit Zungennadeln hat sie nur die letztere Arbeit zu leisten. Die einzelnen Ausführungsformen sind jeweils bei den verschie-

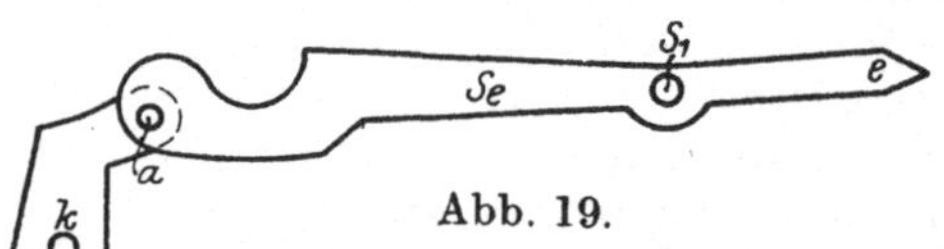

Abb. 19.

denen Maschenbildungsapparaten hervorgehoben. Man unterscheidet zwei Arten von Platinen. Die fallende Platine und die stehende Platine. Ein Ausführungsbeispiel je einer solchen Platine zeigen die Abb. 19 und 20. Die Platine ist aus Stahlblech und wird gestanzt und teilweise geschliffen oder poliert. Abb. 19 ist eine fallende Platine, Abb. 20 eine stehende Platine. Die Platine p, Abb. 19, wird oben bei a an einer hebelartigen Schwinge Se drehbar befestigt. Diese Schwinge kann entweder aus Eisen nach Abb. 19 bestehen, oder aus Holz nach Abb. 21. Bei S_1 liegen die Schwingen drehbar, sie werden bei e in Schwingung gebracht, damit der vordere Teil mit den Platinen p gesenkt wird. Die Wirkungsweise soll später noch besprochen werden. Man nennt den vorspringenden Teil n, Abb. 19, die Nase, die den Zweck hat, den Faden zwischen die Nadeln zu stoßen.

c ist der Schnabel, k die Kehle, welche zum Einschließen der Ware dient. Der verlängerte Teil d ist der Schaft; dieser ist keilartig geformt, damit die Maschen an den Nadeln sicher vor die Nadelköpfe zu schieben sind. p_1, Abb. 20, ist ebenfalls oben bei b_1 drehbar befestigt. In der Regel sind die Befestigungsstellen aus Blei b und mit diesen Bleien werden sämtliche stehenden Platine p_1 an einer Schiene, der sogenannten Platinenbarre, festgehalten. Es kommen in

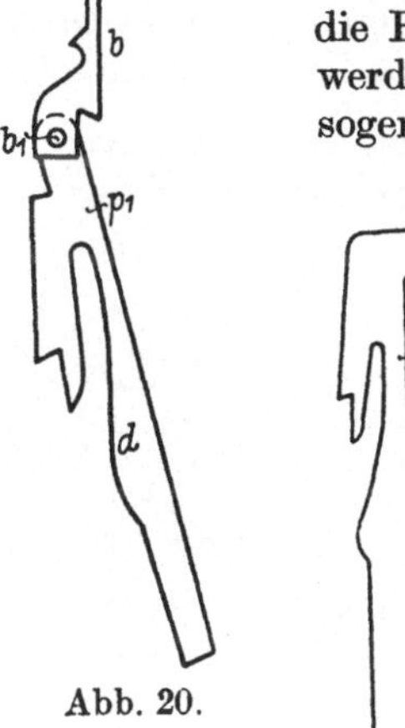

Abb. 20.

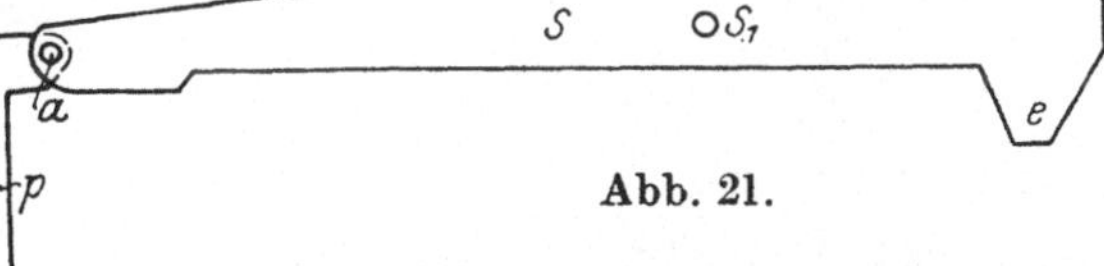

Abb. 21.

einem Wirkstuhle so viele Platinen zur Anwendung, als Nadeln vorhanden sind. Die fallenden Platinen läßt man bei feineren Stühlen teilweise fehlen und ersetzt sie durch stehende. Während die ersteren den vorgelegten Faden einzeln nacheinander in Schleifenform zwischen die Nadeln schieben, werden die letzteren alle zugleich gegen die Nadeln geschoben. Diese Platinenform kommt noch im Handwirkstuhl zur Anwendung; für den mechanischen Wirkstuhl sind verschiedenartige Formen in Anwendung. Meist ist der obere kulierende Teil getrennt von dem Schaftteil. Daß auch die Platinen eine gleichmäßige gute Beschaffenheit besitzen müssen, muß hier ebenfalls erwähnt werden. Verbogene oder verkrümmte Platinen sind mit der Nadelzange oder auf einem glatten Eisenstück mittelst einem Hammer durch Ausstreichen wieder gerade zu richten.

C. Die Presse.

Diese besteht am Flachwirkstuhl entweder aus einer keilartigen Eisenschiene oder aus einzelnen zahnartigen Hebeln; am Rundwirkstuhl aus einem Stahl- oder Messingrädchen. Mittelst der über den Nadeln eingestellten Presse werden die Nadelhaken in die Nuten eingepreßt, damit die alten Maschen über die neuen Schleifen wegzuschieben sind. Die Wirkungsweise soll in Verbindung mit den übrigen Grundbestandteilen noch näher erörtert werden.

Der Vorgang der Maschenbildung.

Je nach der Verwendung der Nadeln und Platinen unterscheidet man in der Wirkerei und Strickerei mehrere Arbeitsverfahren.

1. Maschenbildungsvorgang mit feststehender Nadelreihe,
2. Maschenbildungsvorgang mit beweglicher Nadelreihe,
3. Maschenbildungsvorgang mit einzeln beweglichen Nadeln.

Die letztere Art kommt mit Hakennadeln nur in vereinzelten Fällen noch vor, am meisten jedoch unter Benützung der Zungennadel (Strickmaschinen).

A. Maschenbildungsvorgang mit feststehender Nadelreihe.

Mit den besprochenen Grundbestandteilen müssen zur Herstellung einer Maschenreihe bestimmte Bewegungen ausgeführt werden. Dazu sind diese Teile zu einem Apparat nach Abb. 22 angeordnet worden. Hier sind die Nadeln n mit den Bleiteilen e und Deckplatten d fest auf der Nadelbarre N eingestellt. N

ist ebenfalls unbeweglich. Die Platinen p und p_1 sind beweglich, ebenso die Presse P. Aus dieser Abbildung ist auch ersichtlich, wie die stehenden Platinen p_1 mit Oberbleien o an der Platinenbarre k durch Deckplatten h aufgehängt sind. Die fallenden Platinen p lassen sich bei S einzeln nacheinander gegen die Nadeln n stoßen und sämtlichen Platine p, p_1 sind unterhalb durch Stäbe in Ordnung gehalten und können dort zur Führung der Ware w vor- und rückwärts geschoben

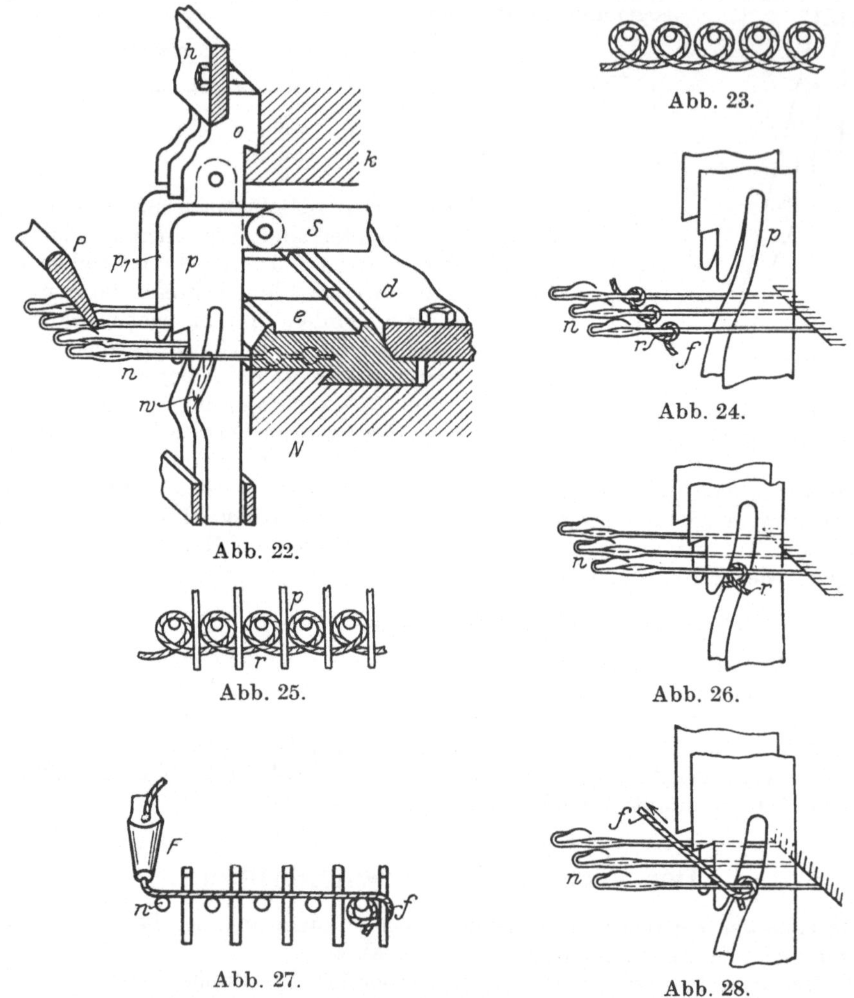

Abb. 23.

Abb. 22.

Abb. 24.

Abb. 25.

Abb. 26.

Abb. 27.

Abb. 28.

werden. Der Arbeitsvorgang ist folgender: Auf den Nadeln n, Abb. 22 bis 24, wird zunächst der zu verarbeitende Faden f in der Weise zu einem Anfang oder Saum gebildet, daß er um jede, oder jede zweite Nadel nach Abb. 23 geschlungen wird. Hierauf zieht man die Anfangsreihe r mittelst den Platinen p auf den Nadelschäften n in die Stellung, Abb. 25 und 26, zurück. Man nennt dies das Einschließen; sodann legt man den an einer Seite herabhängenden Faden f über sämtliche Nadeln n gerade unter die Platinennasen, wie Abb. 27, 28 zeigt. Dieses Fadenlegen wird an den neueren Einrichtungen selbsttätig mittelst einem entsprechenden Fadenführer F vorgenommen. In dieser Stellung werden die fallenden Platinen p, Abb. 29 u. 30, einzeln nacheinander so zwischen die Nadeln n gestoßen, daß der Faden f in Schleifenform mitgenommen wird. Diesen Vorgang nennt man das **Kulieren**. Es ist dies die wichtigste Arbeit. Wenn nun hierbei stehende Platinen p_1 nach Abb. 29 eingestellt sind, so wird nur in jeder zweiten Nadellücke eine Schleife s gebildet und es müssen hierauf sämtliche stehenden Platinen p_1 auf einmal zwischen die Nadeln und gegen die über zwei Nadeln ausgespannten Fadenstücke f geschoben werden, damit auch dort Schleifen zwischen die Nadeln gelangen. Dies ist aber nur dadurch möglich, daß die fallenden Platinen p etwas gehoben, während die stehenden gesenkt werden und diese das

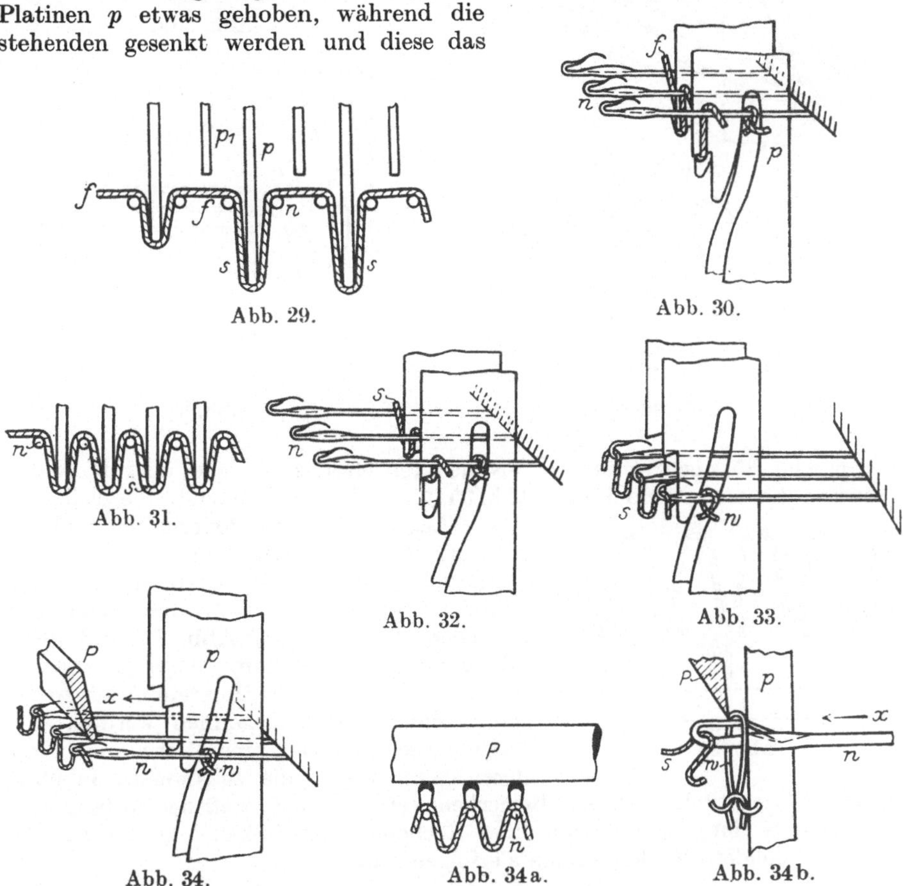

Abb. 29.

Abb. 30.

Abb. 31.

Abb. 32.

Abb. 33.

Abb. 34.

Abb. 34a.

Abb. 34b.

tiefer herabgestoßene Fadenmaterial an die Nachbarnadeln nach Abb. 30 bis 32 abgeben, so daß jetzt die Schleifen s auf allen Nadeln n gleichmäßig verteilt liegen. Dies nennt man auch das **Verteilen**. Es folgt jetzt das **Vorbringen** der Schleifen s, Abb. 33. Hierbei kommt es vielfach vor, daß auch die alte Ware w noch mit unter die Nadelhaken geschoben wird, weshalb die Platinen nach oben und etwas zurückbewegt und die alten Maschen sicher hinter die Nadelhaken, Abb. 34, gebracht werden. In dieser Stellung kann nun das **Pressen** vollzogen werden. Man senkt die Presse P, Abb. 34 und 34a, so tief gegen die Nadeln n, bis die Nadelhaken in die Nuten oder Zaschen eingepreßt sind, worauf die Platinen p noch weiter vorgeschoben und die alte Ware w auf die noch zugepreßten Nadeln in Pfeilrichtung x, Abb. 34, 34a und 34b, geschoben wird. Diese Arbeit nennt man das **Auftragen**. Hierauf kann nun das **Abschlagen** folgen; während die Presse P, Abb. 34, 34a, 34b, von den Nadeln entfernt wird, zieht man die Pla-

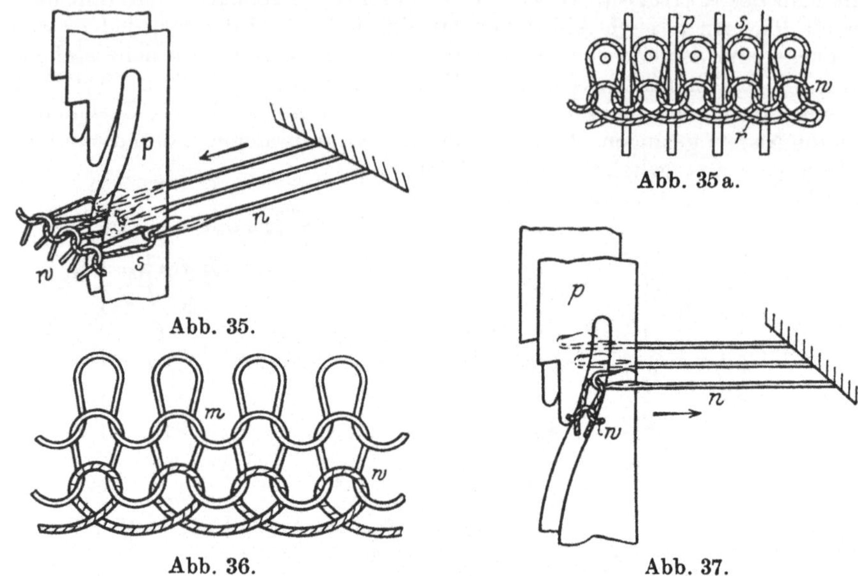

Abb. 35.

Abb. 35a.

Abb. 36.

Abb. 37.

tinen p, Abb. 35, noch weiter vor, bis die alten Maschen w sicher über die Nadelköpfe und die neuen Schleifen s, Abb. 35, 35a, abgeschoben sind. Sie bleiben in

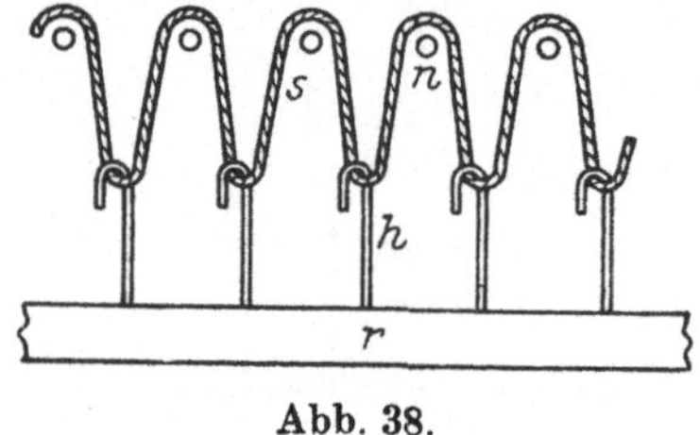

Abb. 38.

dieser Lage nach Abb. 36 erhalten und hat man so die neue Maschenreihe m erlangt. Diese ist jetzt zu der alten Ware w ausgebildet worden. Es kann mit dem Einschließen der Ware w, Abb. 37 und durch Übergang in die Stellung, Abb. 26, mit denselben Bewegungen zur Herstellung einer weiteren Maschenreihe begonnen werden. Auf diese Weise setzt sich eine Reihe um die andere übereinander, die zusammen ein ebenflächiges Warenstück ergeben. Bemerkenswert ist noch, daß der Anfang auch nach Abb. 38 durch **Einhängen** eines Rechens r mit Haken h in die auf den Nadeln n gebildete Schleifenreihe s erfolgen kann.

B. Maschenbildungsvorgang mit beweglicher Nadelreihe.

Diese Arbeitsweise kommt nur bei mechanischen Wirkstühlen zur Anwendung. Man hat zwei Anordnungsmethoden von Nadeln zu berücksichtigen. Bei der einen Art liegen die Nadeln eben, wie im Handstuhl; die Nadelbarre ist vor- und rückwärts beweglich. Bei der andern Art sind die Nadeln lotrecht in der Nadelbarre eingestellt und letztere kann sich auf und ab bewegen. Darnach führen die Platinen nur zwei Bewegungen aus, die eine gegen die Nadeln zur Schleifenbildung, die andere wieder rückwärts, um die Schleifen wieder frei zu geben. Das erstere Verfahren benützt meist eine sogenannte Kammpresse, welche gleichzeitig die Führung der Platinen übernimmt (System Paget). Die lotrechte Nadelanordnung ist in dem mechanischen Wirkstuhl nach Cotton durchgeführt. Hier erlangt

die Nadelbarre außer der Auf- und Abwärtsbewegung noch eine Bewegung gegen
die Preßvorrichtung. Die einzelnen Arbeitsvorgänge sind bei den mechanischen
Einrichtungen näher ausgeführt.

C. Maschenbildungsvorgang mit einzeln beweglichen Nadeln.

Vorteilhaft eignet sich hierzu die Zungennadel; die Hakennadel kommt nur
zur Herstellung von Wirkmustern, so z. B. beim Rundränderstuhl, praktisch vor.
Die Nadeln bewegen sich einzeln in Führungen oder Nuten, nehmen bei dieser
Bewegung den Faden auf und ziehen ihn, während die Nadelhaken in die Zaschen
gepreßt werden, in Schleifenform zwischen den alten Maschen hindurch. Es entsteht somit eine Masche um die andere.

Bei der Verwendung von Zungennadeln wird der Vorgang wesentlich vereinfacht, weil die Presse in Wegfall kommt. Die Abb. 39 bis 44 veranschaulichen den
Maschenbildungsvorgang mit einzelbeweglichen Zungennadeln. Es ist angenommen, daß die Nadeln n in einem Lager L, das ist die Nadelbarre, leicht ver-

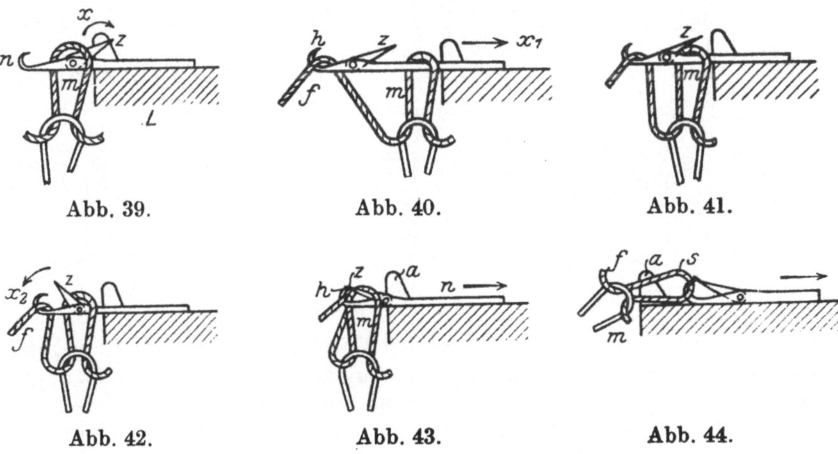

Abb. 39. Abb. 40. Abb. 41.

Abb. 42. Abb. 43. Abb. 44.

schiebbar eingestellt sind. Zu Beginn einer Maschenreihe schiebt man die Nadeln n nach Abb. 39 einzeln nacheinander vor das Lager L, bis die alten Maschen m
die Zungen z in Pfeilrichtung x zurückgelegt haben und diese hinter die Zungen
nach Abb. 40 zu liegen gekommen sind. Dadurch ist der kurze Haken h geöffnet
worden; hierauf wird der Faden f über die Nadeln und in die Haken h gelegt,
worauf jede einzelne Nadel in Pfeilrichtung x_1 so weit zurückgezogen wird, bis
durch die alten Maschen m, die sich jetzt hinter die Zungen z, Abb. 41, legen,
die Zungen in Pfeilrichtung x_2, Abb. 42, gegen die Nadelhaken umklappen und
das Ausspringen des Fadens f verhindern. Gleichzeitig wird letzterer beim weiteren Zurückziehen der Nadel n nach Abb. 43 erfaßt und die Maschen m kommen
über die Zungen z zu liegen, es erfolgt das sog. Auftragen. Zieht man die Nadel
noch weiter in den sog. Abschlag a, Abb. 44, zurück, so ziehen sie den Faden f
in Schleifenform s einzeln nacheinander durch die alten Maschen m hindurch, so
daß das Abschlagen erfolgt und gleichzeitig Schleifen- und Maschenbildung genau
so wie beim Handstricken zustande kommt. Je tiefer die Nadeln n in den Abschlag a, Abb. 44, zurückgezogen werden, um so größer kann man auch die Schleifen
ausbilden, die Ware wird loser. Dieser Maschenbildungsprozeß ist der einfachste
und wird vorwiegend an Strickmaschinen zur Anwendung gebracht.

Die Werkzeuge zur Führung der Nadeln sind sehr verschieden ausgestaltet und hiernach sind auch die Zungennadelmaschinen mannigfaltiger Art in Anwendung.

D. Der Maschenbildungsvorgang mit festliegenden Zungennadeln und beweglicher Nadelbarre.

Dieser Vorgang kommt hauptsächlich nur in der Kettenwirkerei vor. Dort können die Fäden auf der ganzen Nadelreihe um die Nadeln gelegt und bei einer entsprechenden Bewegung der Nadelreihe an sämtlichen Nadeln als Schleifen und neue Maschen auf einmal ausgebildet werden.

Die Kulierware.

Die einfachste Maschenware, die durch die besprochenen Verfahren erlangt wird, nennt man glatte Ware oder Kulierware. Ihre Fadenverbindung, Abb. 45 und 45a, ist genau gleich einer von Hand gestrickten Ware. Der Faden f schlingt sich bogenförmig, oder, wenn man die Ware mit einem Gewebe vergleicht, schußartig durch die ganze Warenbreite. Er ist durch Verschlingung mit sich selbst in vierfach gebogene Lagen a, b, c, d

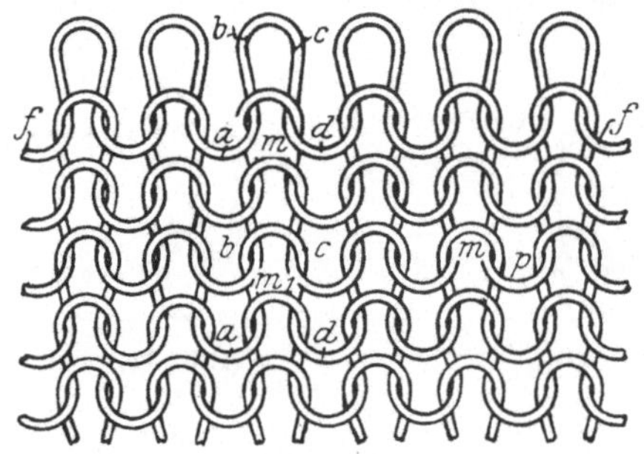

Abb. 45.

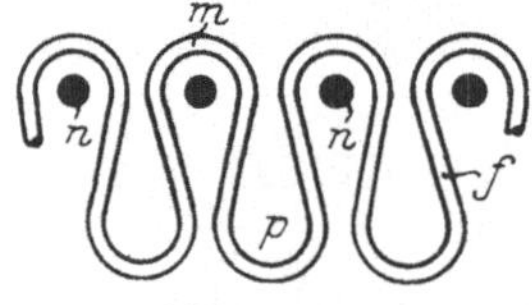

Abb. 45a.

umgeformt worden. Diese Stücke von den Maschen m_1 einer vorausgegangenen Maschenreihe und jenen m einer übernächsten Reihe zusammengehalten, ergeben die halbkreisförmigen Nadelmaschen m, m_1 und die Platinenmaschen p. Die ersteren sind stets von den Nadeln, die letzteren von den Platinen gebildet worden. Diese Nadel- und Platinenmaschen sind bei der Weiterverarbeitung der Warenstücke oder beim Abfallen der Maschen von den Nadeln n, streng voneinander zu unterscheiden, damit Fehler in der Verbindung der einzelnen Teile verhütet werden. Abgefallene, von den Nadeln losgelöste Maschen, müssen also mit den Teilen m auf die Nadeln n gehängt werden. Ebenso hat man durchgerissene Maschen, die am Wirkstuhl nicht mehr auszubessern sind, durch den sog. Maschenstich im selben Sinne miteinander zu verbinden. Eine solche Fadenverschlingung ist außerordentlich dehnbar und eignet sich, wie bereits schon oben angedeutet, zu den verschiedenartigsten Gebrauchsgegenständen.

Der Wirkstuhl.

Die älteste Einrichtung zur Erzeugung von Maschenwaren ist 1589 von William Lee erfunden worden. Dieser Wirkstuhl, der auch heute noch unter der Bezeichnung Rößchenstuhl bekannt ist, wurde später in den Walzenstuhl umgebaut. Die Umwandlung in einen mechanisch arbeitenden Wirkstuhl erfolgte nach zwei Richtlinien. Es entstand zunächst in der zweiten Hälfte des 18. Jahrhunderts aus dem Handwirkstuhl der flache, mechanische Wirkstuhl, der wiederum die Grundlage für den Rundwirkstuhl bildete. Außer dem Kulierstuhl ist noch der Kettenwirkstuhl für die Wirkerei von Bedeutung. Auch von diesem unterscheidet man den Handkettenstuhl und den mechanischen Kettenstuhl. Die einzelnen Typen sind nach ihrer konstruktiven Gestaltung und entsprechend ihrer Vervollkommnung besonders zu besprechen.

A. Handwirkstühle.

I. Der Rößchenstuhl.

Dieser Wirkstuhl wird vielfach auch Strumpfwirkstuhl genannt, weil er von seinem Erfinder Lee zunächst nur für die Erzeugung von Strümpfen gebaut wurde. Die wichtigsten Teile sind aus Eisen, der Unterbau aus Holz. Seine Einrichtung ergibt sich aus Abb. 46 und 47.

Der untere Teil wird Unterwerk oder Unterbau genannt und besteht aus den Holzbalken A, B, C, D, E und den Querriegeln R mit dem für den Arbeiter vorgesehenen Sitzbrett F, dem sog. Stuhl. Der Oberteil wird Werk oder Maschine genannt und besteht aus den mit D abzunehmenden Teilen K, T, M, L.

Der Maschenbildungsapparat ist zusammengesetzt aus den Nadeln n, den Platinen p und der Presse Pr. Die Nadeln n sind in Blei b eingegossen und mit letzteren durch Deckplatten d auf der Nadelbarre a befestigt. Die Nadelbleie sind, wie bereits schon oben angedeutet wurde, in einer Gußform herzustellen. Zum Einschmelzen der Nadeln benützt man eine Legierung, bestehend aus drei Teilen Blei und ein Teil Zinn, oder 9 Teilen Blei und ein Teil Antimon. Die Nadelbarre a liegt fest im Gestell D, E.

Zwischen den Nadeln n sitzen die Platinen p, welche unten an ihren Schäften von zwei Schienen S in Ordnung gehalten werden. Diese Schienen bilden die Platinenschachtel und sind rechts und links mit den Hängearmen H verbunden. Letztere sind oben bei N gelenkig und bei H_1 durch Streckarme c verbunden. Diese Streckarme reichen bis zu der Querschiene k, die Kupferlade genannt wird. Sie enthält so viele Plättchen e, sog. Kupfer, als Schwingen s zur Aufnahme der fallenden Platinen p erforderlich sind. Dadurch ist es möglich, sämtliche Schwingen über k in Ordnung zu halten. Sie drehen sich um den Stab t, der durch c und die Kupfer, bzw. Schwingen, von einer zur andern Seite durchgesteckt ist. Die Bezeichnung Kupferlade rührt von den Kupferplättchen e, die auch aus Stahlblech verwendet werden, her. Die Kupferlade k liegt mit den Rollen über einer Schiene o, der sogenannten Bahn, und man kann sie auf dieser durch Anziehen an den Hängearmen H_1 und Streckarmen c vor- und rückwärts schieben. Man nennt diese Einrichtung den Wagen. An älteren Stühlen greift der Arbeiter an der Platinenschachtel S an; spätere Einrichtungen besitzen eine Verlängerung durch H, an der eine Handstange Ha befestigt ist.

Zur Herstellung einer Maschenreihe sind nun zunächst die Platinen in Bewegung zu setzen. Dies geschieht durch einen hinten unter den Schwingenenden s_1 sitzenden, auf einer Stange g beweglichen Eisenkeil r. Er sitzt auf der Kapsel w, entweder fest oder federnd und stößt beim Verschieben gegen die Schwingenenden s_1. Hierbei heben sich letztere, und die Schwingen s drehen sich einzeln nacheinander um den Stab t, wobei die Platinen p mit ihren Nasen p_1 gegen die Nadeln gestoßen werden. Ein vorgelegter Faden kann hierbei, wie beim Maschenbildungsvorgang ausgeführt wurde, in Schleifenform zwischen die Nadeln geschoben und so das Kulieren bewirkt werden. In dem Ausführungsbeispiel sind nur fallende Platinen p mit Schwingen s angenommen. Es entstehen also in sämtlichen Nadellücken Schleifen, und auf jede Nadelteilung kommt eine Schwinge s mit einer Platine p. Das Verteilen, unter Zuhilfenahme von stehenden Platinen, ist hier nicht nötig; ein solcher Wirkstuhl wird Einnadelstuhl genannt. Nach der

Schleifenbildung, das ist das Kulieren, sind mit Hilfe der Platinen und durch Vorziehen bei H, H_1 sämtliche Schleifen in die Nadelhaken vorzuschieben, worauf die Presse Pr die Nadeln preßt und durch Auftragen der alten Maschen und Abschlagen der letzteren über die neuen Schleifen, wird die neue Maschenreihe vollendet.

Diese Bewegungen werden durch folgende Apparate zustande gebracht. Zunächst wird der Rößchenkeil r mit der Kapsel w auf der Schiene g dadurch verschoben, daß mittelst der Rillenscheibe O die Schnur O_1, welche über die Rollen y, Abb. 46, läuft, gezogen und den sog. Rößchenwagen w über g, Abb. 46 und 47 und unterhalb den Schwingenenden s_1 wegzieht. Hinter O ist noch eine zweite Scheibe P vorgesehen, über welche die Zugseile Q, Q_1 geschlungen sind, an welchen unten die Trittschemel G, G_1 angehängt sind. Tritt der Arbeiter auf die Tritthebel, so kann P, O entweder nach rechts oder links ausschwingen und mit O_1 das Rößchen r bald links, bald rechts unter den Schwingen verschieben.

Je tiefer die Platinen gegen die Nadeln zu bewegen sind, um so höher muß der Rößchenkeil r die Schwingen ausheben. Hierzu wird entweder g, durch Stellschrauben eingestellt, oder eine in der Kapsel w angeordnete Druckfeder hebt r aus w heraus, oder diese Feder wird beim Durchführen des Rößchenwagens w von den Schwingen zusammengedrückt. Vorn befindet sich unter den Schwingen s ein verstellbarer Stab m, Abb. 46, der mit m_1 von den Stellschrauben f getragen wird. Fallen die Schwingen beim Kulieren gegen m, so können sie dort in ihrer Fallhöhe begrenzt werden und es ist dadurch leicht möglich, je nachdem f höher oder tiefer eingestellt wird, die Schleifengröße abzumessen und so auch die Warendichte zu bestimmen. Diese Einrichtung nennt man das Mühleisen.

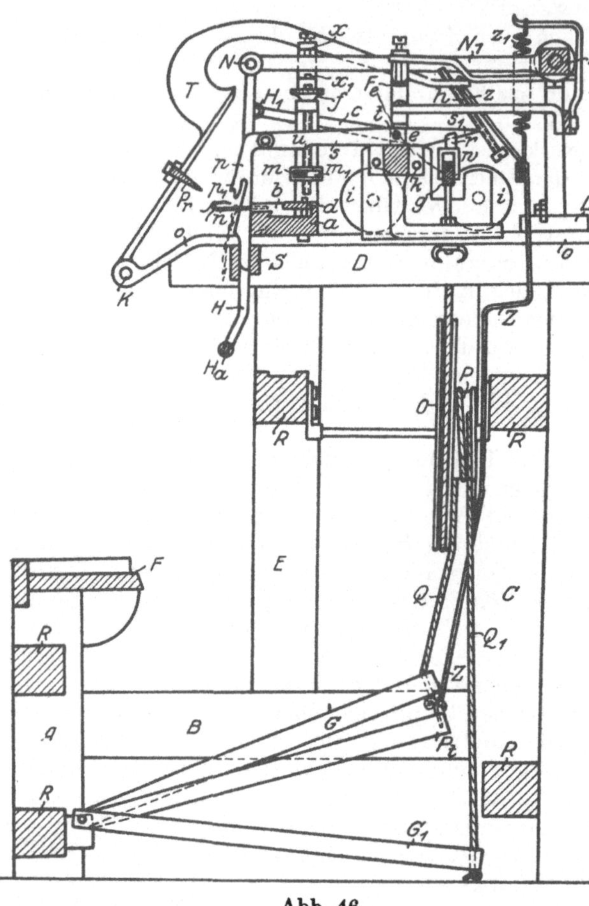

Abb. 46.

Die Preßbewegung geschieht durch die Verbindung Z und Tritthebel Pt, die oben mit den Preßarmen T in Verbindung steht. Beim Auftreten auf Pt zieht Z die Arme T so weit nieder, bis die Presse Pr die Nadelhaken der Nadeln n zugepreßt hat; dabei schwingt T um K aus. Die Preßtiefe regelt die Stellschraube h, die auf der Bahn o anstößt und die Zugtiefe begrenzt.

Auch die Verschiebung des Wagens i auf der Bahn o wird dadurch geregelt, daß beim Vorbringen der Platinen zum Zwecke des Abschlagens der Maschen die Hängearme H_1 gegen Anschlageisen stoßen und eine weitere Vorwärtsbewegung verhindern. Dies nennt man den Abschlag. Die Stellung desselben ist bei Hand- und mechan. Stühlen schon deshalb sehr wichtig, weil bei nicht richtiger Einstellung entweder die alten Maschen nicht ganz über die Nadelköpfe geschoben oder zu weit vor diese durch die Platinenschäfte gepreßt werden, wodurch letztere die Verbindungsteile der Maschen durchreißen, so daß Löcher in der Ware entstehen.

Wenn nach dem Einschließen der Ware die Platinen wieder in ihre Anfangsstellung zurückkehren, so stößt der unter Federdruck Fe stehende Teil N oben rechts und links an eine Stellschraube x; die tiefste Stellung von N wird durch eine zweite solche x_1 begrenzt. Die Werkfeder Fe liegt rechts und links unter den Werkarmen N, die hinten mit M drehbar liegen.

Die Rückwärtsbewegung der Presse nach der Preßarbeit erfolgt selbsttätig, sobald der Wirker den Tritthebel Pt freigibt, durch die Preßfeder z_1.

Außer der Nadelpresse ist noch eine zweite Presse dort angewendet, wo fallende und stehende Platinen die Schleifenbildung zu übernehmen haben und die Arbeit des Verteilens erforderlich ist. Es muß dann mit Hilfe der Schwingenpresse, die vorn neben der Platinenschachtel S, Abb. 46, durch Daumendrücker zu betätigen ist, eine Senkung der Schwingen in der Weise vorgenommen werden, daß beim Senken der stehenden Platinen die fallenden Platinen nach oben zurückgehen und das erforderliche Fadenmaterial abgeben. Diese Einrichtung ist in Abb. 46 nicht berücksichtigt; nähere Ausführung hierüber siehe auch Walzenstuhl, Abb. 48, Seite 18 und 20.

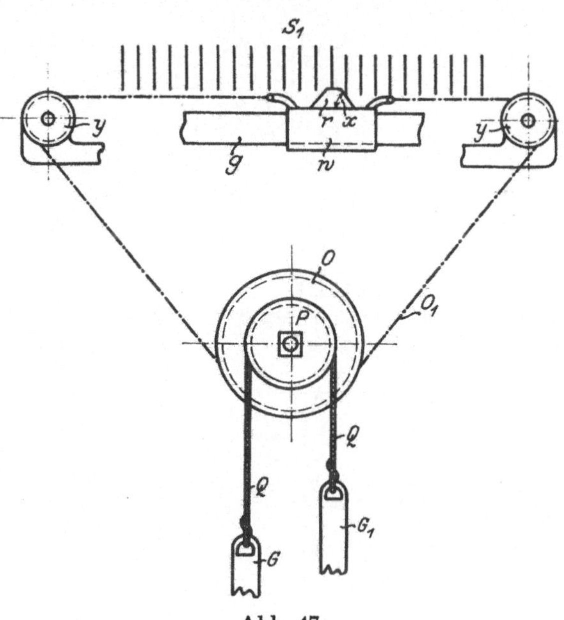

Abb. 47.

Die Beschaffenheit des Rößchenkeils, (abgeleitet von Roß oder Springer) muß so gestaltet sein, daß die Platinen bei der Rechts- und Linksverschiebung der Reihenfolge nach, einzeln nacheinander, zwischen die Nadeln gelangen. Die Form r Abb. 47, muß einen bestimmten Neigungswinkel x erlangen. Dieser ergibt sich aus der Falltiefe der Platinen und der Doppelhebellänge der Schwingen s, s_1, sowie aus der Teilung oder Schwingenstärke s. Es ist dabei anzunehmen, daß die auf eine gesenkte Platine nächstfolgende Platine den Faden erst dann berühren und zwischen die Nadel drücken darf, wenn die erstere Platine die Schleife vollständig ausgebildet hat. Dies ist insbesondere auch bei der Konstruktion des Rößchens für den mechanischen Stuhl zu beachten. In der Regel ist der Neigungswinkel, je nach der Kuliertiefe, $x = 45$ bis ca. 70 Grad (siehe hierüber auch bei mech. Wirkstühlen). Für die Herstellung von gemusterten Waren ist der Handwirkstuhl noch mit weiteren Mustereinrichtungen ausgerüstet worden. Diese Musterapparate sind bei der Besprechung der Wirkmuster berücksichtigt.

II. Der Walzenstuhl.

Im Gegensatz zum Rößchenstuhl ist der Walzenstuhl in der Hauptsache aus Holz gebaut. Er ist viel später als der erstere gebaut worden. Seine Entstehung ist dem Umstande zuzuschreiben, daß die Schwingen, die im Rößchenstuhl aus Eisen hergestellt sind, in einer holzreichen Gegend, des Erzgebirges, aus Holz

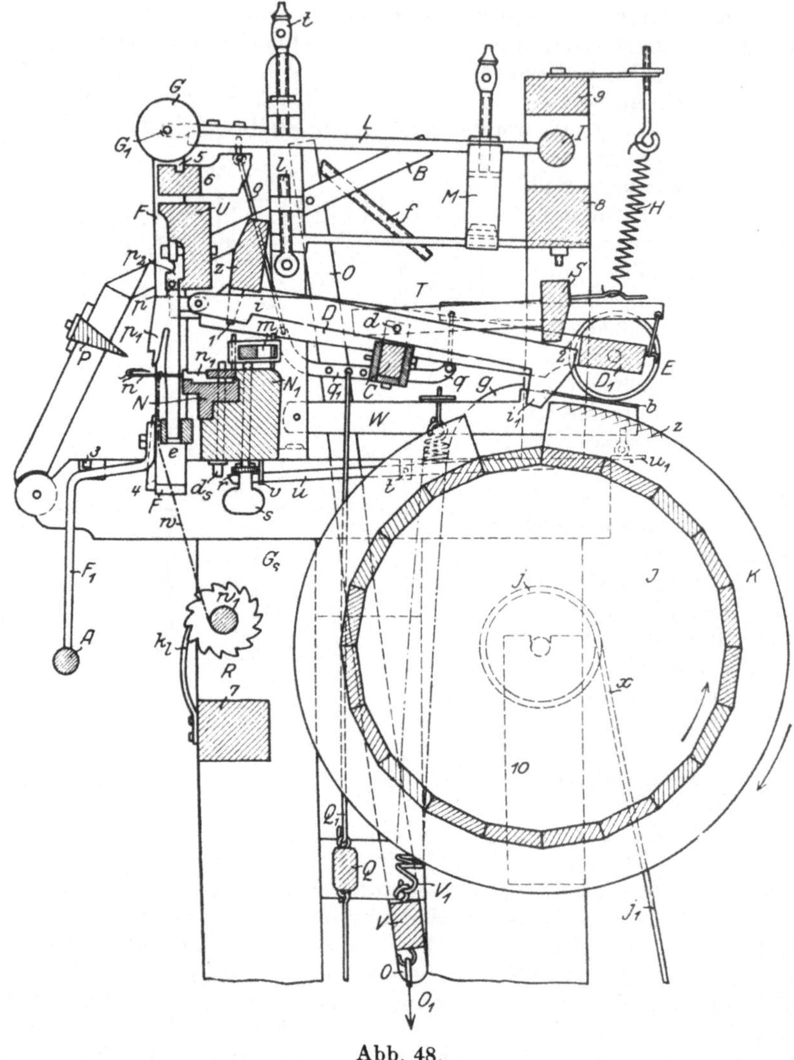

Abb. 48.

verfertigt wurden; dadurch war man auch gezwungen, den Rößchenkeil aus Holz zu gestalten. Hierbei hat man es als vorteilhaft erachtet, jeder einzelnen Schwinge auch ein besonderes Rößchen zu geben. Sämtliche Rößchen werden als Zähne schraubengangförmig um eine Walze oder Trommel gelegt. Der um die Walze geschlungene Zahnkranz liegt spiralförmig nicht ganz einmal um die Walze, so daß ein kleiner offener Raum, der zur Aufnahme der Schwingenteile dient, verbleibt. Wegen seiner Handlichkeit, insbesondere bei der Herstellung von gemusterten Wirkwaren, hat sich dieser Handwirkstuhl in der Praxis sehr gut bewährt. Nach einer Mitteilung aus Chemnitz, vom Jahre 1907, ist der Erfinder des Handwirkstuhles zur Herstellung von Zwirnhandschuhen und Strümpfen, Gottlieb Helbig aus Oberneuschönberg bei Saida, in größter Armut gestorben. Helbig erbaute im Jahre 1843 nach seiner eigenen Erfindung einen solchen Wirkstuhl und schuf damit die Grundlage für einen der wichtigsten Industriezweige des Chemnitz-Limbacher Industriebezirks. Abb. 48 zeigt die Hauptteile eines Walzenstuhles mit der Walze und dem Oberwerk im lotrechten Schnitt. Die Anordnung der Nadeln und Platinen ist ähnlich wie im Rößchenstuhl. Die Nadelbleie sind auf einer Eisenschiene N angeordnet und letztere sitzt in der eigentlichen hölzernen Nadelbarre N_1. Die Befestigung der Nadeln n mit den Bleien n_l durch die Deckplatten d geschieht mit Hilfe der Deckplattenschrauben ds, welche durch die Nadelbarre N, N_1 gesteckt sind. Zwischen den Nadeln n sind, genau so wie im Rößchenstuhl, die Platinen p, p_1 eingestellt und werden unten durch die Platinenschachtel e zusammengehalten. Letztere ist rechts und links an den Hängearmen F fest und kann mittelst der an den verlängerten Stäben F_1 ange-

brachten Handstange A vor- und rückwärts bewegt werden. Die fallenden Platinen p hängen drehbar an den Schwingen i, die ebenfalls wie im Rößchenstuhl in der Kupferlade C sitzen und um den Stab d drehbar sind. Hinten sind die Schwingen mit Ansätzen i_1, den sog. Bärten, versehen, welche zum Angreifen der Rößchen bestimmt sind. Jede einzelne Schwinge ist vorn

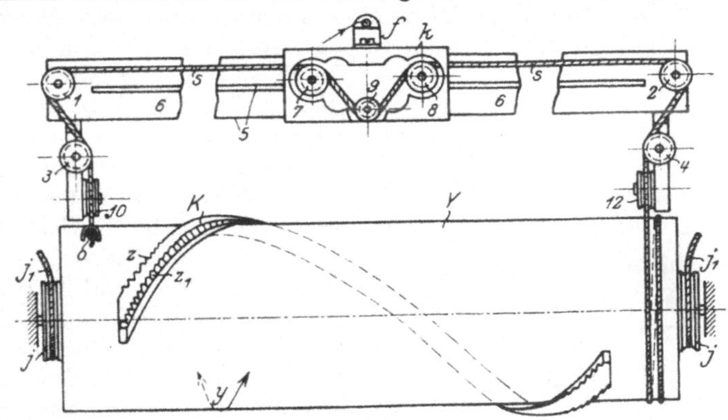

Abb. 49.

bei 1 im sog. Undenhut Z und hinten bei 2 in der Holzschiene D_1 gelagert und in Ordnung gehalten. Diese Teile werden durch die Streckarme D verbunden, welche wiederum vorn mit den Hängearmen F gelenkig verbunden sind. Letztere bilden mit den Tragarmen L einen bei I drehbaren Rahmen. Dabei sind die Hängearme F oben mit G bei G_1 gelenkig angeordnet. Dieser Teil läßt sich durch die Werkfedern M in höchster Lage erhalten und wird durch die Stellschrauben t nach oben und durch solche l nach unten begrenzt. Die Traverse D_1 bildet mit den Rollen E einen auf b fahrbaren Wagen. An diesem hängt bei C die Kupferlade so, daß mit dieser Einrichtung die Schwingen i, i_1 und Platinen p, p_1 vor- und rückwärts zu bewegen sind. Diese Bewegungen können durch die an den verlängerten Stäben F befestigte Handstange A ausgeübt werden. Die Auf- und Abwärtsbewegung sämtlicher Platinen während des Einschließens der Ware und zum Auftragen der Maschen erfolgt durch die Zugstangen Q und einem Trittschemel im Untergestell. Von Q gehen rechts und links Stäbe Q_1 bis zu der Verbindung q, die oben bei o mit den Lagerarmen L verbunden sind. Zieht der Arbeiter Q, Q_1 nach unten, so kann das obere Stück L mit F, sowie mit den Traversen 6, U und z entsprechend niederbewegt werden.

Das Kulieren eines Fadens geschieht in der Weise, daß die Walze Y in schwingende Bewegung gesetzt wird. Hierbei stoßen die auf dem Zahnkranz K eingeschnittenen Zähne z, z_1, Abb. 49, einzeln der Reihenfolge nach gegen die Ansätze i_1, Abb. 48, der Schwingen i. Die eine Zahnreihe z ist für die innere, die andere z_1 für die äußere Bartkante i_1. Hierbei werden nun die Schwingen i, Abb. 48, entweder von rechts nach links oder umgekehrt aufwärts getrieben, um d gedreht und mit den fallenden Platinen p vorn abwärts geführt, so daß die Platinennasen den vorgelegten Faden, wie beim Rößchenstuhl, zwischen die Nadeln n in Schleifen form mitnehmen. Die Vor- und Rückwärtsbewegung der Walze J, Y, Abb. 48 und 49, geschieht durch die Schnuren j_1 der Rillenscheiben j. Diese Schnuren tragen im Untergestell Trittschemel, die der Arbeiter abwechselnd mit dem Fuß abwärts bewegen kann. Hierbei erhält die Walze Y eine Vor- oder Rückwärtsbewegung in Pfeilrichtung y. Diese Walze Y liegt rechts und links des Gestelles in Holzbacken 10. Nachdem die Schleifen durch die fallenden Platinen p kuliert sind, folgt das Verteilen über alle Nadeln. Zu diesem Zwecke müssen die stehenden Platinen p_1, p_2, die oben an der Platinenbarre U hängen, durch die bereits erwähnte Hebelverbindung Q, q, Abb. 48, gegen die Nadeln gezogen werden. Gleichzeitig aber sind die fallenden Platinen p etwas zu heben. Dies geschieht selbsttätig durch die Schwingenpresse S, an deren rechts und links liegenden Hebelarmen T die verlängerten Zugstücke von q angreifen und beim Niederziehen des Werkes die Schwingen hinten bei i_1 gesenkt, vorn aber mit den Platinen p gehoben werden.

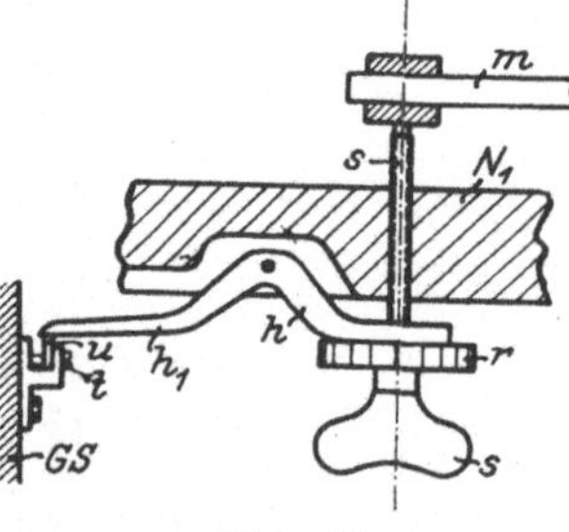

Abb. 50.

Durch Zugfeder H wird nach dem Freigeben der Hebelverbindung Q, Q_1, q, q_1, die Schwingenpresse S wieder nach oben gezogen.

Sind sämtliche Schleifen gleichmäßig über die Nadeln n verteilt, so zieht man die Platinen mit A, F so weit nach vorn, bis die Schleifen unter die Nadelhaken geschoben sind. Hierauf wird die Presse P durch die Zugstangen B, O und Trittschemel im Untergestell gegen die Nadeln n gezogen, damit die Nadeln gepreßt werden. Die Stellschraube f begrenzt die Stellung an einem Querbalken des Gestelles Gs. Während die Presse noch über den Nadeln eingestellt ist, läßt man das Platinenwerk nach oben bewegen unter Einwirkung der Werkfeder M. Die Platinen gehen nach oben, werden aber gleichzeitig mit A und F weiter vorgezogen, bis die Maschen wieder über die zugepreßten Nadelspitzen geschoben sind. Dann gibt man auch den an O_1 hängenden Tritthebel frei, so daß die Zugfeder V_1 mit O, oben an B, die Presse P wieder in ihre alte Stellung zurückbringen kann. Es folgt nun das Abschlagen durch weiteres Vorziehen der Platinen an A. Hierbei werden auch mit D, D_1 die Schwingen i mit samt der Kupferlade C vorgezogen. Nach Vollendung der Maschenreihe folgt das Einschließen der Ware, indem die Platinen p, p_1 mit dem Werk Q, Q_1, q, C und F niedergezogen werden, und zugleich schiebt man mit A, F_1 und den Hängearmen F, sowie Platinenschachtel e, die Platinen nach hinten; der Wagen D_1, E mit der Kupferlade C läuft an der schiefen Bahn b selbst zurück und erleichtert dadurch auch die Rückwärtsbewegung. Für längere oder kürzere Schleifen werden bei dieser Einrichtung nicht die Rößchen, das ist die Walze, sondern die Schwingen höher oder tiefer eingestellt. Damit dies der Arbeiter von seinem Sitzplatz aus ohne weiteres vornehmen kann, ruht der Wagen mit den Rollen E und der Kupferplatte C samt den einarmigen Traghebeln W hinten auf zweiarmigen Stäben u_1, u, die um t in den Gestellwänden Gs drehbar sind und vorn gegen die gegabelten Doppelhebel h, h_1, Abb. 50, eingestellt sind. Letztere sind unter der Nadelbarre N_1 drehbar und halten vorn bei h die Mühleisenschrauben s umschlossen, s. auch Abb. 48. Wenn nun das Mühleisen m für lose oder dichte Ware, das heißt, die Fallhöhe der Schwingen i, Abb. 48, begrenzt wird, so kann man mit der angeführten Einrichtung auch die Schwingenbärte i_1 dadurch tiefer oder höher einstellen, daß die sogenannte Wage u, u_1 die Traghebel W, b und dadurch auch den Wagen D, D_1 entsprechend senken oder heben. Dies geschieht durch Vor- oder Rückwärtsdrehen der Mühleisenschrauben s. Die richtige Stellung kann an dem Stellrädchen r mit Raste v, Abb. 48 und 50, geprüft werden. Soll z. B. von einer losen zu einer dichten Ware umgestellt werden, so muß das Mühleisen m nach oben gestellt werden, damit die Schwingen i nicht so weit nach unten gelangen, somit die Platinen auch weniger tief zwischen die Nadeln treffen. Ebenso müssen aber auch die Schwingenbärte i_1, Abb. 48, etwas von den Zähnen z des Zahnkranzes K abgehoben werden, damit letztere die Schwingen nur teilweise ausheben. Hierbei geht s mit r und h nach oben, h_1, Abb. 50, schwingt nach links abwärts, drückt gegen u, Abb. 48, wobei u_1 um t ausschwingt und W, b mit E entsprechend hebt. Bei sehr breiten Wirkstühlen wird der Mühleisenstab m auch noch in der Mitte von einer solchen Stellschraube s unterstützt, um so das Durchbiegen zu verhindern. Der Arbeiter muß also 3 Stellschrauben genau gleichmäßig bei r, v, Abb. 48, einstellen. Sollen besonders lange Schleifenreihen gebildet werden, wie z. B. zum Abschleifen der Schlußreihen, so schiebt man m im Mühleisenkästchen m_1, s. auch Abb. 46, so weit nach hinten, bis die schwächeren Teile i auf m treffen und dadurch die Platinen wesentlich tiefer zwischen die Nadeln zu schieben sind.

Die Fadenführung kann sowohl beim Rößchenstuhl wie beim Walzenstuhl mit dem Kulieren selbsttätig erfolgen. Man verwendet hierzu über der Platinenbarre verschiebbare Fadenführer. Am Walzenstuhl wird der Fadenführer von der Walze Y aus verschoben. Der Fadenführer f, Abb. 49, sitzt vorn an einem Holzkästchen k. Letzteres wird mit einer in der Mitte fortlaufenden Ansatzstelle (Feder) über der Traverse 6, siehe auch Abb. 48, in eine Nut 5 lose eingesetzt. Oben ist das Kästchen k zur Aufnahme der Rillenscheiben 7—9 ausgefräst und an den Stirnwänden mit Bohrungen versehen. Durch letztere läuft eine Schnur s, die zunächst über 7 nach 9, dann nach 8 und sodann über die Rillenscheiben 1—12 geführt wird. Das eine Schnurenende wird etwa auf der einen Hälfte der Walze Y, das andere auf der zweiten Hälfte in eine Öse o gehängt. Wird nun die Walze bei j, wie oben ausgeführt, in Pfeilrichtung y in Schwingung versetzt (oszilierende Bewegung), so wird einerseits die Schnur auf die Walze aufzuwinden gesucht und über die Rollen 1—12 fortgezogen, andererseits von der Walze abgewunden. Bei dieser Schnurenbewegung entsteht zwischen den Fadenführerrollen 7—9 Spannung und das Kästchen k wird mit der Schnur über 6, in der Spur 5, fortgezogen, bis ein Anschlag oder Stift die Weiterbewegung aufhebt. Der Fadenführer f ist so gestellt, daß er den mitgeführten Faden dicht unter die Nasen der etwas später niederfallenden Platinen und über die Nadeln legt, damit er von letzteren in Schleifenform zwischen die Nadeln genommen werden kann.

Durch beliebiges Einstellen eines Anschlages über 6 kann der Fadenführer in beliebiger Breite den Faden den Platinen zuführen. Bezüglich der Zahneinteilung auf dem Kranz K, Abb. 48 und 49, ist zu erwähnen, daß die Zahnbreite entsprechend der Schwingenstärke auszuführen ist. Beim Einnadelstuhl, bei welchem nur fallende Platinen vorkommen, ist die Zähnezahl gleich der Nadelzahl, beim Zweinadelstuhl die Hälfte der Nadelzahl, beim Dreinadelstuhl nur ein Drittel der Nadelzahl.

Die fertige Ware w wird durch Abzugsgewicht von den Nadeln n, Abb 48, senkrecht abgezogen und auf die Warenrolle w_1 gewunden. Das Sperrrad R mit Klinke kl des Querriegels 7 verhindert ein Zurückspringen der Warenrolle w_1. Der sogenannte Abschlag wird für lose und dichte Ware durch die Anschlageisen 3, 4 geregelt. Die Gestellwände Gs werden durch die Querriegel 7—9 miteinander verbunden.

Erwähnenswert ist noch ein Handwirkstuhl, der ohne Schwingen arbeitet. Bei diesem werden die Platinen direkt vom Rößchen zwischen die Nadeln geschoben. Es ist dies der Rößchenstuhl ohne Schwingen.

III. Rößchenstuhl ohne Schwingen.

Seine Bearbeitung ist einfacher und die Leistungsfähigkeit wesentlich höher. Eine Einrichtung nach dem Patent Peinert in Schönau (Sachsen) vom Jahre 1861 benützt Platinen, die nur eine Nase zum Kulieren des Fadens besitzen, und welche ähnlich wie im mechanischen Stuhl zum Kulieren gebracht werden. Ein anderes Patent von C. W. Heinig, Oberlungwitz (Sachsen) vom Jahre 1871 verwendet fallende und stehende Platinen. Die ersteren werden durch ein Rößchen zwischen die Nadeln nach unten geführt, während die stehenden Platinen durch eine Stange, die sich an Hängearmen befindet, gemeinschaftlich zu bewegen sind.

B. Die Numerierung der Wirkstühle und Strickmaschinen.

Von großer Bedeutung für die Herstellung feinerer und gröberer Maschenwaren, sowie für die Verarbeitung verschieden starker Garne ist die Nadelstärke eines Wirkstuhles oder einer Strickmaschine, denn es ist ohne weiteres einleuchtend, daß für feine und dünne Waren nur feine Nadeln und für starke und schwere Ware auch entsprechend gröbere Nadeln im Maschenbildungsapparat enthalten sein müssen. Es sind hiernach auch feine und grobe Stühle, bzw. Maschinen, voneinander zu unterscheiden, die man mit einer entsprechenden Feinheitsnummer belegt. Da bei der Besprechung der mechanischen Wirkstühle und Strickmaschinen des öfteren von der Feinheitsbezeichnung der Nadeln gesprochen wird, so soll an dieser Stelle der Abschnitt über Numerierung eingeschaltet werden.

Der Bestimmung der Feinheitsnummer ist stets die landesübliche Maßeinheit zugrunde gelegt. Die Praxis unterscheidet folgende 5 Numerierungssysteme:

1. Englische Nummer = E.
2. Französische Nummer = F.
3. Sächsische Nummer = S.
4. Sächsisch-englische Nummer (neusächsisch) = SE.
5. Metrische Nummer = M.

I. Die englische Nummer E.

Mit dieser gibt man die Anzahl Bleie, das Blei zu 2 Nadeln an, welche zusammen auf die Maßeinheit von 3″ engl. = $3 \times 25{,}4 = 76{,}2$ mm liegen. Bei dieser Einteilung ist es gleichgültig, ob die Nadeln direkt in Bohrungen, oder in „Blei“ gegossen in der Nadelbarre befestigt sind. Die engl. Numerierung wird ausschließlich bei Hand- und mechanischen Kulierwirkstühlen, insbesondere beim Paget- und Cottonstuhl angewendet. Die engl. Nummer kommt auch unter der Bezeichnung „gauge“ vor. Hiernach hat ein Wirkstuhl Nr. 30 E (30 gauge) = 30 Bleie zu zwei Nadeln oder $30 \times 2 = 60$ Nadeln auf 3 engl. Zoll = 76,2 mm.

II. Die französische Nummer F (jauge).

Diese drückt die Anzahl Bleie auf 3″ franz. = $3 \times 27{,}78 = 83{,}34$ mm aus. Beachtenswert ist aber hier noch, daß eine Nummer franz. „grob“ = Fg und eine Nummer franz. „fein“ = Ff benutzt wird. Franz. grob ist ein Stuhl dann, wenn ein Blei zu 2 Nadeln gerechnet wird, während bei der franz. feinen Nummer ein Blei zu 3 Nadeln angenommen wird.

Die groben Nummern rechnet man von Nr. 27 ‚grob' abwärts, bis unge-
fähr Nr. 4 ‚*Fg*' und die feinen Nummern aufwärts von Nr. 20 *Ff* bis ungefähr
Nr. 46 ‚*Ff*'. Diese franz. Nummer wird hauptsächlich beim Rundwirkstuhl mit
Hakennadeln zugrunde gelegt.

Beispielsweise hat ein franz. Rundstuhl Nr. 24 *Fg* = 24 Bleie zu 2 Nadeln
= 24 × 2 = 48 Nadeln auf 3″ franz. = *83,34* mm; ein Rundstuhl Nr. 24 *Ff* hat
24 Bleie zu 3 Nadeln = 24 × 3 = *72* Nadeln auf dieselbe Maßeinheit, oder, was
dasselbe ist, 24 Nadeln auf 1″ frz. = 27,78 mm; im letzteren Falle zählt man also
die Nadeln nur auf die Länge eines Zolles aus.

III. Die sächsische Nummer S.

Sie kommt ausschließlich bei Kettenwirkstühlen und Raschelmaschinen zur
Anwendung und gibt an, wieviel Nadelteilungen auf 1″ sächsisch = 23,6 mm zu
liegen kommen. Hier hat man also schon eine Vereinfachung der Nummerbezeich-
nung angewendet; es kann aus der Nummer leichter die Nadelstärke ermittelt
werden, als bei den 2 ersteren Numerierungssystemen. Z. B. habe ein Kettenstuhl
Nr. 20 *S* = 20 Nadelteilungen auf 23,6 mm, es ist somit die Größe einer Nadelteilung $\frac{23,6}{20} = 1,18$ mm. Zu berücksichtigen ist noch, daß die Feinheit der
Raschelmaschine meist in der Weise ausgedrückt wird, daß man angibt, wie viele
Nadeln in einem Blei, zu 2″ s. breit, eingesetzt sind, d. h. die Nummer ist das Doppelte der des Kettenstuhles, und es wäre, wenn mit *bn* die Anzahl der Nadeln pro
Blei bezeichnet wird, die Nummer *S* somit: Nr. $S = \frac{bn}{2}$. Eine 26er Raschel hätte
hiernach die Nr. $S = \frac{bn}{2} = \frac{26}{2} =$ Nr. 13 *S* erhalten.

Zu bemerken ist hier, daß die letztere Numerierungsart daher kommt, daß
die Raschelmaschine als ehemaliger Fangkettenstuhl mit 2 Nadelbarren ausgerüstet ist und somit die doppelte Anzahl Nadeln, gegenüber dem gewöhnlichen
Kettenstuhl, auf dieselbe Maßeinheit zu liegen kommt. Wenn also eine Raschelmaschine mit 2 Nadelbarren gebaut wird, so ist die Anzahl Nadelteilungen auf
vorderer und hinterer Nadelbarre auf 1″ sächs. anwendbar. In der Praxis kommt
jedoch diese Maschine häufig nur mit einer Nadelbarre, aber mit derselben Feinheitsbezeichnung vor. Für den Praktiker ist es deshalb wichtig, die Feinheitsbezeichnungen voneinander zu unterscheiden.

IV. Die sächsisch-englische Numerierung SE.

Diese wird auch neuenglische Nummer genannt; man verwendet sie vorwiegend bei Flach- und Rundstrickmaschinen, teilweise auch beim englischen
Rundstuhl. Sie drückt auch, wie die sächsische Nummer, die Anzahl Nadelteilungen aus, die zusammen aber nur auf 1″ engl. = 25,4 mm liegen.

Da nun die Flachstrickmaschine fast ausnahmsweise mit 2 einander gegenüberliegenden Nadelreihen (sogenannte Nadelbetten) gebaut wird, so besteht vielfach
der Zweifel, ob bei der Feinheitsbestimmung nur die Nadeln des e i n e n oder die
Nadeln b e i d e r Nadelbetten zusammen zu berücksichtigen seien. Demselben
Zweifel begegnet man auch bei den Rundrädermaschinen; bei beiden Maschinen-
gattungen wird jedoch stets nur entweder die e i n e oder nur die a n d e r e Nadelreihe zugrunde gelegt. Es wären also in einer Flachstrickmaschine Nr. 12 säch-
sisch-englisch in einem Nadelbett 12 Nadelteilungen auf 1″ engl. = 25,4 mm enthalten. Die Feinheitsnummer bei Zungennadelmaschinen reicht bis jetzt ungefähr
bis Nr. 22 *SE*.

V. Die metrische Nummer M.

Sie gibt die Anzahl Nadelteilungen auf 100 mm an. Allgemein ist diese Numerierung noch nicht angewendet und wird meist nur den verschiedenen Numerierungssystemen beigegeben. So wird z. B. beim Rundwirkstuhl neben der franz. Nummer noch angegeben, wie viele Nadelteilungen auf 100 mm liegen.

Neben diesen Numerierungssystemen hat sich im Strickmaschinenbau teilweise noch die sogenannte Nummer „jauge" eingeführt, das ist die Angabe der 10fachen Nadelteilung, die ebenfalls neben der allgemeinen Nummer geführt wird.

Aus der Bezeichnung „jauge" kann man ohne weiteres die Größe der Nadelteilung entnehmen. So würde eine 7 er Strickmaschine SE mit 36 jauge bezeichnet $\frac{36}{10} = 3{,}6$ mm Nadelteilung, von einer Nadelmitte, bis zur nächsten Nadelmitte gemessen, aufweisen. Eine grobe Maschine wird also stets eine hohe, eine feine stets eine niedrige Nummer „jauge" erhalten. Im allgemeinen wird bei Maschinen mit einer Nadelreihe die Entfernung von einer Nadel zur andern so gewählt, daß der Zwischenraum (Mitte) etwa der Stärke der Nadeln entspricht. Es sind somit Nadelstärke und Lückenweite gleichgroß. Bedeutet n die Nadelstärke, l die Lückenweite, so ist, wenn man mit t die Teilung ausdrückt, die Größe einer Nadelteilung $t = n + l$. Für die Nadelstärke ist, da Nadel und Lücke zusammen die Teilung t ergibt, hier allgemein $^1/_2$ Nadelteilung anzunehmen. Das gleiche gilt für die Lückenweite l.

Zur Bestimmung der Nummer legt man den Maßstab an die Nadelreihe und zählt die Anzahl der Nadelteilungen, nicht die Anzahl Nadeln, auf die Maßeinheit des betreffenden Numerierungssystems ab. Bei Flachmaschinen kann dies an jeder Stelle der Nadelreihe geschehen. Bei Rundstühlen hat man sich jedoch zu überzeugen, ob die Nummer innen an der Lagerungsstelle, oder außen an den Nadelköpfen bestimmt worden ist. Von einzelnen Maschinenbauern wird die Nummer bei der sogenannten Kulierstelle, das ist hinter den Nadelhaken, angegeben, dort ist dann auch das Auszählen vorzunehmen. Die gesteigerten Ansprüche, die an die Herstellung der Wirk- und Strickwaren gestellt werden, machen vielfach die Aufstellung der verschiedenartigen Maschinensysteme im gleichen Betriebe nötig. Es müssen daher die Feinheitsnummern jener Maschinen, welche gleichstarke Waren zu liefern haben, im richtigen Verhältnis gewählt und umgerechnet werden.

C. Die Umrechnung der einzelnen Numerierungssysteme.

Diese Umrechnung ist mit Hilfe von Verhältniszahlen oder auch durch allgemeine Berechnung vorzunehmen.

Für die sächsische Nummer S und die sächsisch-englische Nr. SE ergeben sich folgende Beziehungen:

Es ist $S = $ Nr. $1 = 1$ Nadelteilung auf $1''$ $s = 23{,}6$ mm, $SE = $ Nr. $1 = 1$ Nadelteilung auf $1''$ $e = 25{,}4$ mm und die sächsische Nummer ist $S = \frac{23{,}6}{25{,}4} SE = 0{,}93\ SE$, und die Nummer SE ist $SE = \frac{25{,}4}{23{,}6} = 1{,}08\ S$. Z. B. würde eine Strickmaschine $15\ SE$ gleiche Ware liefern, wie ein Stuhl $S : SE = S \times 0{,}93 = 15 \times 0{,}93 = 13{,}95$, annähernd Nr. 14 S. Auf ähnliche Weise ergibt sich aus $S = $ Nr. 25 die sächs.-engl. Nr. SE aus: $SE = S \times 1{,}08 = 25 \times 1{,}08 = 27$.

Alle Numerierungssysteme unter Zugrundelegung der Maßeinheiten so berechnet, ergeben zusammengestellt die folgende Aufstellung:

Tabelle.

		I	II	III	IV	V	VI
		S	Se	E	Fg	Ff	M
1	$S =$	1,—	0,93	0,62	0,57	0,85	0,24
2	$Se =$	1,08	1,—	0,67	0,6	0,9	0,25
3	$E =$	1,61	1,5	1,—	0,92	1,37	0,38
4	$Fg =$	1,76	1,64	1.09	1,—	1,5	0,42
5	$Ff =$	1,18	1,1	0,73	0,67	1,—	0,28
6	$M =$	4,24	3,94	2,62	2,4	3,6	1,—

Nach dieser tabellarischen Aufstellung läßt sich eine Stuhlnummer leicht in eine andere umrechnen, indem man die Nummer des vorhandenen Stuhlsystemes mit der betreffenden Verhältniszahl des gesuchten Systems multipliziert. Diese Verhältniszahl liegt in einer der mit gleicher Numerierungsbezeichnung versehenen Wagrechten 1—6 der Tabelle 1 und lotrecht unter einem solchen Numerierungszeichen I—VI des vorhandenen Numerierungssystems.

Es soll zu einem Stuhl Nr. 28 Ff ein engl. Stuhl E bestellt werden, der gleiche Ware liefert.

Nach der Tabelle 1 ergibt die 3. Wagrechte E, die vorhandene Nr. Ff findet sich in der Lotrechten V, das heißt im Quadrat V der Linie 3. Die Verhältniszahl ist für $E = 1,37$, und es ist Nr. $E = 1,37 \times 28 = 38,36$, das ist Nr. 38 E.

Es soll ferner eine Strickmaschine Nr. 16 SE für glatte Ware verwendet werden. Mit dieser soll ein Rundstuhl die gleiche Ware liefern, welche Nummer franz. muß dieser erlangen? Da, wie oben gezeigt, bei der Numerierung Fg und Ff die Rundstuhlnummer zum Ausdruck kommt, so ist zu überlegen, ob der Stuhl „fein" oder „grob" werden muß. Wählt man zunächst „fein", so ergibt die zweite Lotrechte II auf Linie 5: $Ff = 1,1 \times SE = 1,1 \times 16 = 17,6 =$ annähernd Nr. 18. Nun ist aber die niedrigste Nummer $Ff =$ Nr. 20, und der Stuhl muß daher grob werden. Die zweite Lotrechte II ergibt auf: Linie 4 $Fg = 1,64 \times SE = 1,64 \times 16 = 26,24\ Fg$.

Die allgemeine Umrechnung erfolgt unter Zugrundelegung der Maßeinheit des jeweiligen Numerierungssystems NS. Sie ist etwas umständlicher, wird aber in der Praxis noch vielfach angewendet, da die Tabelle nicht immer zur Hand ist. Bezeichnet man die Stuhlnummer allgemein mit No, die zu berechnende Nummer mit No_1 und deren Numerierungssystem, bzw. Maßeinheit, mit Ns_1, so ist allgemein: $No_1 : No = Ns_1 : Ns$ und daher $No_1 = \dfrac{No \times Ns_1}{Ns}$.

Soll z. B. zu einer Strickmaschine $SE = 20$ ein sächs. Stuhl mit dem Numerierungssystem $Ns_1 = 23{,}6$ bestellt werden, für gleichstarke Ware, so ist für S die Nummer No_1 somit bei $NS = 25{,}4$.

$$No_1 = \frac{No \times Ns_1}{Ns} = \frac{20 \times 23{,}6}{25{,}4} = 18{,}5.$$

Bei der franz. und engl. Nummer bedeutet die Nummer die Anzahl Bleie auf 3", weshalb zur Erlangung der richtigen Feinheitsnummer noch die Anzahl Nadeln für ein Blei in die Formel einzusetzen und die Maßeinheit des betr. Numerierungssystems mit 3 zu multiplizieren ist, denn sonst würden anstatt Bleie sich als Resultat Nadelteilungen ergeben oder, umgekehrt, bei den übrigen Systemen die Zahl der Bleie.

Es arbeitet beispielsweise ein franz. Stuhl Nr. 20 Ff, mit dem eine Maschine SE gleiche Ware liefern soll, welche Feinheit muß letztere haben?

Hier ist $SE = Ns_1 = 25,4$ und $Ff = Ns = 3 \times 27,78$ und ein Blei enthält bei $Ff = 3$ Nadeln, somit für SE:

$$No_1 = \frac{3 \times No \times Ns_1}{3 \times Ns} = \frac{20 \times 3 \times 25,4}{3 \times 27,78} = 18,3.$$

Wie ersichtlich, könnte bei Ff die Zahl 3 fortbleiben und anstatt Bleie die Anzahl Nadeln auf $1''$, wie schon oben angedeutet, gesetzt werden; dagegen ist bei Fg dies beizubehalten, wie folgendes Beispiel zeigt: Es sei für eine Maschine SE = Nr. 15 die gleichwertige franz. grobe (Fg) Nummer zu beschaffen: Fg ist Anzahl Bleie zu 2 Nadeln auf $3 \times 27,78$ mm, daher:

$$Fg = \frac{No \times 3 \times Ns_1}{2 \times Ns} = \frac{15 \times 3 \times 27,78}{2 \times 25,4} = 24,6.$$

Ebenso würde ein Stuhl engl. Nr. 30 gauge die gleichwertige Nummer franz. fein:

$$Ff = \frac{No \times 2 \times Ns_1 \times 3}{3 \times Ns \times 3} = \frac{30 \times 2 \times 27,78 \times 3}{3 \times 25,4 \times 3} = 21,8$$

erfordern, denn E ist Anzahl Bleie zu 2 Nadeln auf $3 \times 25,4$ mm und hier ist für $E = Ns$ zu setzen. Oder, was dasselbe ist: $Ns = 76,2$ mm.

Bei der metrischen Nummer ist die Nadelzahl auf 100 mm umzurechnen und es ergibt sich für einen engl. Stuhl Nr. 36 gauge die gleichwertige metrische Nummer M wie folgt:

$$M = \frac{36 \times 2 \times 100}{76,2} = \frac{72 \times 100}{76,2} = 94,44.$$

Eine Zusammenstellung der Nadelzahlen aller Numerierungssysteme, bezogen auf 100 mm, ist in der Vergleichstabelle 2 gegeben.

Tabelle.

$SE =$	M	$S =$	M	$E =$	M	$Fg =$	M	$Ff =$	M
Ndln. auf 1″ engl. =25,4mm	Nadeln auf 1 dcm = 100 mm	Ndln. auf 1″ sächs. =23,6mm	Nadeln auf 100 mm	Bleie à 2 Ndln. auf 3″ engl. = 76,2 mm	Nadeln auf 100 mm	Bleie à 2 Ndln. auf 3″ franz. = 83,34 mm	Nadeln auf 100 mm	Bleie à 3 Ndln. auf 3″ franz.	Nadeln auf 100 mm
1	3,937	1	4,24	3	7,87	4	9,6	20	72,00
$1^1/_2$	5,91	$1^1/_2$	6,36	$3^1/_2$	9,18	$4^1/_2$	10,8	21	75,6
2	7,87	2	8,47	4	10,5	5	12,00	22	79,2
$2^1/_2$	9,84	$2^1/_2$	10,06	$4^1/_2$	11,81	$5^1/_2$	13,2	23	82,8
3	11,81	3	12,71	5	13,12	6	14,4	24	86,4
$3^1/_2$	13,78	$3^1/_2$	14,83	$5^1/_2$	14,43	$6^1/_2$	15,6	25	90,00
4	15,75	4	16,95	6	15,74	7	16,8	26	93,6
$4^1/_2$	17,72	$4^1/_2$	19,07	$6^1/_2$	17,06	$7^1/_2$	18,00	27	97,2
5	19,69	5	21,19	7	18,37	8	19,2	28	100,8
$5^1/_2$	21,65	$5^1/_2$	23,31	$7^1/_2$	19,68	$8^1/_2$	20,4	29	104,4
6	23,62	6	25,42	8	20,99	9	21,6	30	108,00
$6^1/_2$	25,59	$6^1/_2$	27,54	$8^1/_2$	20,34	$9^1/_2$	22,8	31	111,6
7	27,56	7	29,66	9	23,62	10	24,00	32	115,2
$7^1/_2$	29,53	$7^1/_2$	31,78	$9^1/_2$	24,93	$10^1/_2$	25,2	33	118,8
8	31,50	8	33,9	10	26,24	11	26,4	34	122,4
$8^1/_2$	33,47	$8^1/_2$	36,02	$10^1/_2$	27,55	$11^1/_2$	27,6	35	126,00
9	35,43	9	38,14	11	28,87	12	28,8	36	129,6
$9^1/_2$	37,40	$9^1/_2$	40,25	$11^1/_2$	30,18	$12^1/_2$	30,00	37	133,2
10	39,37	10	42,37	12	31,49	13	31,2	38	136,8
$10^1/_2$	41,44	$10^1/_2$	44,49	$12^1/_2$	32,8	$13^1/_2$	32,4	39	140,4
11	43,41	11	46,61	13	34,11	14	33,6	40	144,00
12	47,34	12	50,85	$13^1/_2$	35,42	$14^1/_2$	34,8	41	147,6
13	51,28	13	55,09	14	36,74	15	36,00	22	151,2

Tabelle (Fortsetzung von Seite 26).

$SE=$	M	$S=$	M	$E=$	M	$Fg=$	M	$Ff=$	M
Ndln. auf 1″ engl. =25,4 mm	Nadeln auf 1 dcm = 100 mm	Ndln. auf 1″ sächs. =23,6 mm	Nadeln auf 100 mm	Bleie à 2 Ndln. auf 3″ engl. =76,2 mm	Nadeln auf 100 mm	Bleie à 2 Ndln. auf 3″ franz. =83,34 mm	Nadeln auf 100 mm	Bleie à 3 Ndln. auf 3″ franz.	Nadeln auf 100 mm
14	55,23	14	59,32	$14^1/_2$	38,05	16	38,4	43	154,8
15	59,17	15	63,56	15	39,36	17	40,8	44	158,4
16	63,1	16	67,80	16	41,98	18	43,2	45	162,00
17	67,03	17	72,04	17	44,61	19	45,6	46	165,6
18	70,98	18	76,28	18	47,23	20	48,00	47	169,2
19	74,94	19	80,52	19	49,86	21	50,4	48	172,8
20	78,88	20	84,75	20	52,48	22	52,8	49	176,4
21	82,68	21	88,98	21	55,1	23	55,2	50	180,00
22	86,61	22	93,22	22	57,73	24	57,6		
		23	97,41	23	60,35	25	60,00		
		24	101,69	24	62,98	26	62,4		
		25	105,93	25	65,6	27	64,8		
		26	110,16	26	68,22	28	67,2		
		27	114,4	27	70,85	29	69,6		
		28	118,64	28	73,47				
		29	122,88	29	76,1				
		30	127,11	30	78,72				
				31	81,43				
				32	83,16				
				33	86,58				
				34	89,2				
				35	91,82				
				36	94,44				
				37	97,06				
				38	99,68				
				39	102,3				
				40	104,92				
				41	107,54				
				42	110,15				
				43	112,79				
				44	115,41				
				45	118,02				
				48	125,98				
				51	133,86				

In dieser Tabelle sind sämtliche in der Praxis etwa vorkommende Nummern berücksichtigt, von der gröbsten Nummer 1 ausgehend bis zu der höchsten Nummer „fein". Die einzelnen Nummern zueinander sind ohne weiteres abzulesen.

Es ist beispielsweise die oben berechnete engl. Nummer $E=36$ gauge in der Lotrechten „E" bei 36 angeführt, zu welcher rechts daneben unter „M" die gleichwertige metrische Nummer $M=$ Nr. 94,44 angegeben und aufzusuchen ist.

Ebenso würde für einen Stuhl Fg (franz. grob), der mit einem metrischen Stuhl $M=$ Nr. 48 gleiche Ware ergeben soll, links von M unter „Fg" die gleichwertige franz. Nummer grob $=Fg$ Nr. 20 aufzufinden sein.

Berechnung der Nadelzahl. Wie oben angeführt wurde, ist die Anordnung der Nadeln in den Wirkstühlen und Strickmaschinen von der Feinheitsnummer abhängig. Es ist somit die Nadelzahl gleich großer Maschinen meist sehr verschieden. Je feiner die Nadelteilung, desto größer ist die Nadelzahl und umso enger und feiner sind die Maschen im Warenstücke verteilt nebeneinander angeordnet.

Die Gesamtnadelzahl einer Maschine ist aus der Feinheitsnummer zu berechnen. Ebenso kann man aber auch aus der Nadelzahl oder aus der Ware selbst, die Feinheitsnummer bestimmen. Die Größe einer Nadelteilung t ergibt sich aus der allgemeinen Formel $t = \dfrac{\text{Maßeinheit}}{\text{Feinheitsnummer}} = \dfrac{Me}{No}$, wobei für die englische und französische Nummer noch die Anzahl Nadeln (n) auf ein Blei zu berücksichtigen und bei No einzusetzen ist.

Die Teilung t eines sächsischen Stuhles $S =$ Nr. 18 wäre hiernach:

$$t = \frac{Me}{No} = \frac{23,6}{18} = 1,3 \text{ mm.}$$

Für franz. fein, $Ff =$ Nr. 28, ist ferner:

$$t = \frac{Me}{No \times n} = \frac{83,34}{28 \times 3} = 0,99 \text{ mm.}$$

Aus der Teilung t ergibt sich die Nummer No wieder allgemein zu:

$$No = \frac{\text{Maßeinheit}}{\text{Teilung}} = \frac{Me}{t},$$

und für die Nummer nach Blei:

$$No = \frac{Me}{t \times \text{Nadeln pro Blei}} = \frac{Me}{t \times n}.$$

Es bedeutet hier n wieder die Anzahl Nadeln in einem Blei, selbst wenn auch die Nadeln direkt in Bohrungen befestigt sind (wie schon ausgeführt).

Es ist die Nummer SE bei 1,5 mm Teilung und $Me = 25,4$:

$$No = \frac{Me}{t} = \frac{25,4}{1,5} = 17.$$

Ebenso ist die Nummer E bei gleicher Teilung und $Ne = 3 \times 25,4 = 76,2$ und $n = 2$:

$$No = \frac{Me}{t \times n} = \frac{76,2}{1,5 \times 2} = 25,4.$$

Bedeutet nun Nr den Nadelraum, bzw. die Länge der Nadelbarre, in Millimeter und Nz die Nadelzahl, so kann man die Nadelzahl entweder aus der Teilung t oder aus der Nummer No berechnen.

Bei einer Nadelteilung $t = 1,5$ mm wird z. B. die Nadelzahl Nz einer Flachstrickmaschine mit dem Nadelraum $Nr = 800$ mm sein:

$$Nz = \frac{Nr}{t} = \frac{800}{1,5} = 533 \text{ Nadeln.}$$

Ist ferner die Nummer $No = 26\,E$, so ist bei gleichem Nadelraum die Nadelzahl:

$$Nz = \frac{Nr}{\dfrac{Me}{No}} = \frac{Nr \times No}{Me} = \frac{Nr \times No \times 2}{3 \times 25,4} = \frac{800}{\dfrac{76,2}{26 \times 2}} = \frac{800 \times 26 \times 2}{76,2} = 545 \text{ Nadeln.}$$

Me ist hier 3″ engl. und $No = 26$ Blei zu 2 Nadeln oder 52 Nadeln auf 76,2 mm.

Das gleiche ist auch für die franz. Numerierung zu beachten, wobei, wie oben angegeben, für „grob" 2 Nadeln, für „fein" 3 Nadeln zu setzen sind.

Bei Rundwirkmaschinen, ebenso bei Rundstrickmaschinen, gibt man die Größe des Durchmessers an. Dieser ist beim franz. Rundstuhl in franz. Zoll zu 27,78 mm, beim engl. Rundstuhl in engl. Zoll zu 25,4 mm ausgedrückt. Letzteres gilt auch für Rundstrickmaschinen.

Ist D der Durchmesser, an der Lagerstelle gemessen, das ist da, wo die Nadeln den Lagerkranz verlassen, so ist der Nadelraum $Nr = D \times \pi = D \times 3{,}14$ und die Nadelzahl

$$Nz = \frac{D \times \pi}{t} \quad \text{bezw.} \quad Nz = \frac{D \times \pi}{\dfrac{Me}{No}} = \frac{D \times \pi \times No}{Me}$$

Eine franz. Rundwirkmaschine mit einem Durchmesser $D = 16''$ frz. hat am Sattel gemessen die Feinheitsnummer $20\,Ff$ erhalten; es ist somit die Nadelzahl

$$Nz = \frac{D\pi}{\dfrac{Me}{No \times n}} = \frac{16'' \times 3{,}14}{\dfrac{83{,}24}{20 \times 3}} = \frac{16 \times 27{,}78 \times 3{,}14 \times 20 \times 3}{83{,}34} = \mathbf{1005} \text{ Nadeln.}$$

Da nun im franz. und deutschen Rundstuhle die Nadeln radial, d. h. strahlenförmig liegen, so werden bei verschieden großem Durchmesser außen die Nadeln wesentlich voneinander abweichen, wenn die Feinheitsnummer innen am Sattel (bei der Bohrung) bestimmt wird. Es ist daher, wie schon angedeutet, je nach der Nadellänge der äußere oder innere Durchmesser zu berechnen, und darnach berechnet man die Teilung und die Nadelzahl.

Wie die Berechnung für verschieden große Stühle, die gleiche Ware zu liefern haben, erfolgt, soll näher unter dem Kapitel „Rundwirkmaschinen" behandelt werden.

Diese Ausführungen zeigen, daß die Wirk- und Strickmaschinen sehr verwickelte Numerierungssysteme besitzen. Es ist sicherlich nicht als Vorteil anzusehen, daß bei dem Fortschritt unserer Technik noch immer die alten, schwerfälligen Feinheitsbezeichnungen der Wirk- bzw. Strickmaschinen weitergeführt werden.

Mit Ausnahme des sächsischen Zollmaßes sind den verschiedenen Numerierungssystemen unserer deutschen Wirk- und Strickmaschinen fremdländische Maßeinheiten und veraltete Gebräuche bzw. Überlieferungen zugrunde gelegt, welche die praktische Verwendbarkeit der einzelnen Maschinensysteme sehr nachteilig beeinflussen.

In bezug auf die Numerierung ist gerade der Praktiker in den weitaus meisten Fällen nur mit den ihm direkt unterstellten Maschinensystemen völlig vertraut, während die anderen Systeme sich mehr oder weniger ganz seinem Vorstellungsvermögen entziehen. In ein und demselben Betriebe sind aber vielfach Maschinen verschiedener Systeme aufgestellt, für deren vorteilhaftes Zusammenarbeiten Sorge zu tragen ist; so können z. B. Flachstrickmaschinen, Rundstrickmaschinen und Kettenwirkstühle oder Flachstrickmaschinen und Rundstühle zusammen gleiche Ware, das heißt in gleicher Feinheit, arbeiten und sind hierzu jeweilig nicht nur die entsprechenden Garnnummern, sondern auch die Stuhlnummern umzurechnen. Wie dies oben gezeigt wurde.

Es ist nun die zähe Beibehaltung der alten Numerierungssysteme mit den nicht mehr zeitgemäßen Längenmaßen und Nadelbezeichnungen schon längst als eine lästige und die Weiterentwicklung der vorwärtsschreitenden Wirkerei- und Strickereiindustrie hemmende Einrichtung empfunden worden, die sich ganz besonders bei Neubeschaffungen und Aufstellung von Wirk- und Strickmaschinen verschiedener Systeme als nachteilig erweist.

Schon mehrfach ist mit Nachdruck auf die Einführung einer einheitlichen Bezeichnungsweise der Wirk- und Strickmaschinen hingewiesen und Vorschläge gemacht worden: an Stelle der „Zoll-Längeneinheit" künftig die Länge von 100 mm zu setzen und somit durch eine „metrische" Stuhlnummer stets die Anzahl der Nadelteilungen auszudrücken, die zusammen eine Länge von 100 mm ergeben. Auch 1916 ist in der „Deutschen Wirkerzeitung" Nr. 23[1]) ein solcher Vorschlag zum Ausdruck gebracht. Unter anderem habe ich dort ausgeführt:

„Mit den überlieferten alten Stuhlnumerierungssystemen aufzuräumen und an deren Stelle eine allgemeinverständliche Einheitsnumerierung zu setzen, deren Grundlage auf dem in Handel und Verkehr allein gebräuchlichen und jedermann geläufigen metrischen Maßsystem aufgebaut ist."

Die hierbei zu beseitigenden Schwierigkeiten und vielleicht auch einige Unbequemlichkeiten, die eine solche Neuerung mit sich bringen kann, sind hierbei nicht zu übersehen, denn es werden im Maschinenbau Teil- und Fräsmaschinen, auch einige Werkzeuge eine entsprechende Umgestaltung erlangen müssen und dann müßten die im Betriebe stehenden, mit dem alten Numerierungssystem versehenen Maschinen die entsprechenden neuen Nummern erhalten. Es müßte eine Übergangszeit in Aussicht genommen werden. Während dieser könnte es sogar den Maschinenbauern ohne weiteres überlassen bleiben, die Teilungsarbeiten mit den seitherigen Vorrichtungen auszuführen und es wäre dann nur die entsprechende Feinheitsnummer in die neue Nummer umzurechnen, welche die Maschine tatsächlich erhalten soll. Unter Weglassung etwa vorkommender Bruchstellen würde dann doch eine Feinheitsbezeichnung erlangt, die der neuen Nummer möglichst nahe kommt. Die für Preßmuster oder ähnliche Musterarten nötigen Nadelzahlen der Rundwirkmaschinen, die auf einen bestimmten Durchmesser (Größe) entfallen, würden auf diese Weise ebenfalls unverändert bleiben.

Hinsichtlich der einheitlichen Nummer kann es kaum einen Zweifel geben, welchem System der Vorzug zu geben ist. Die direkte Numerierung „jauge" scheidet jedenfalls aus, und so kann nur die metrische Stuhlnummer, bei welcher die Anzahl Nadelteilungen auf die Länge von 100 mm auszudrücken wäre, in Frage kommen.

Diese ist, wie oben angedeutet, teilweise im Rund- und Flachwirkmaschinenbau, wenn auch bisher nur in untergeordneter Weise, in Verwendung, und hat man sich dort und auch in der Wirkereiindustrie schon so ziemlich mit diesem System vertraut gemacht, so daß die Einführung als Einheitsnumerierungssystem leicht möglich wäre.

Als Hilfsmittel zur Vereinfachung der Arbeit könnten im Betriebe Tabellen aufgehängt werden, so wie eine solche in der Vergleichstabelle 2, Seite 26 u. 27, gegeben ist.

Eine solche Tabelle gestattet eine leichte Übersicht der alten und neuen Nummern. Viel schneller würde man zum Ziele gelangen, wenn jede in dem Betriebe stehende Maschine mit der entsprechenden neuen Nummer bezeichnet und die neu zu beschaffenden Maschinen hiernach aufgestellt würden. Betriebsleiter, Meister und Arbeitspersonal würden sich rascher an die Änderung gewöhnen und mit den neuen Nummern leichter vertraut machen.

D. Ein-, Zwei- und Dreinadelstühle.

Neben der allgemeinen Stuhlnumerierung drückt man indirekt die Feinheit eines Wirkstuhles noch durch die Anordnung der fallenden Platinen aus. Diese Bezeichnung kommt jedoch nur bei flachen Kulierwirkstühlen vor.

Beim Einnadelstuhl kommen nur fallende Platinen vor, es wird also nur kuliert, aber nicht verteilt. Die Schwingen, welche die Platinen tragen und bewegen, können in der Stärke der Nadelteilung gewählt werden. Ist S die Schwingenstärke, t die Teilung, so ist Schwingenstärke $S = t$. Wenn der Wirkstuhl

---

[1]) „Die einheitliche Numerierung der Wirk- und Strickmaschinen von C. Aberle."

mit Platinen ohne Schwingen arbeitet, wie z. B. der Pagetstuhl, so kann man selbst auch bei feinster Nadelteilung in jeder Nadellücke durch je eine Platine die Schleifen bilden lassen.

Der Zweinadelstuhl enthält nur in jeder zweiten Nadellücke eine fallende Platine, und die übrigen fehlenden Platinen werden durch stehende Platinen ersetzt. In Abb. 51 sind p die fallenden Platinen, p_1 die stehenden Platinen. Es wird somit nur in jeder zweiten Nadellücke eine Schleife s gebildet, und der Faden f muß über zwei Nadeln n durch je e i n e stehende Platine p_1 verteilt werden. Die Schwingenstärke $S = 2\,t$ muß immer so gewählt werden, daß ein Verbiegen der Schwingen beim Kulieren verhütet wird.

Der Dreinadelstuhl ist nur als feiner Stuhl in Anwendung. In diesem kommt auf jede 3. Nadellücke eine fallende Platine p, Abb. 52, mit einer

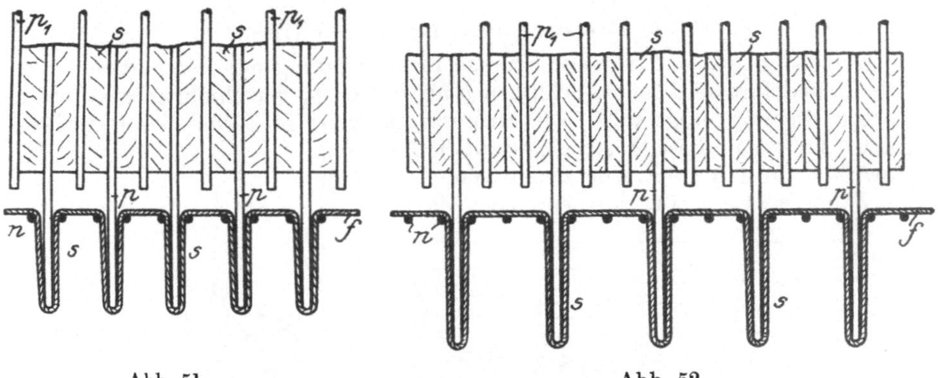

Abb. 51.Abb. 52.

Schwinge s zu stehen. Hier ist die Schwingenstärke $S = 3\,t$. Der Faden f muß durch 2 stehende Platinen p_1 über 3 Nadeln n verteilt werden. Sind die Schwingen aus Eisen, wie z. B. beim Rößchen- und beim Cottonstuhl, so kommt man meist mit der Einteilung 1 : 1 aus, das heißt, es wird nur jede zweite Schwinge weggelassen, und es kann dann ein ganz feiner Stuhl noch als Zweinadelstuhl Verwendung finden. Über mehr als 3 Nadeln kann der Faden nicht verteilt werden, weil sonst beim Nachziehen der Schleifen der Faden zerreißt.

E. Apparate und Einrichtungen zur Erzeugung gemusterter Waren am Handwirkstuhl.

An einem Wirkstuhle lassen sich durch Veränderung der gleichmäßigen Maschenbildung, wie sie die glatte Kulierware darstellt, verschiedenartige Musterungen hervorbringen. Diese Veränderungen erfordern jedoch besondere Vorrichtungen, welche entweder direkt oder indirekt auf den Maschenbildungsprozeß einwirken und dadurch die Gleichmäßigkeit der Maschenlagen im Gewirke aufheben.

Man unterscheidet entsprechend den herzustellenden Musterarten folgende Musterapparate, die im allgemeinen unter der Bezeichnung Maschinen bekannt sind:

1. Die Preßmaschine,
2. die Ränder- oder Fangmaschine,
3. die Petinet- oder Stechmaschine,
4. die Deckmaschine,
5. die Schußmaschine, auch Riegelmaschine genannt.

I. Die Preßmaschine.

Mit dieser Einrichtung kann man die Nadeln teilweise abpressen, während ein anderer Teil der Nadeln nicht gepreßt wird. Dazu muß die Preßschiene in Zähne und Lücken geteilt sein. Wird die Preßmaschine in jeder Maschenreihe zur Anwendung gebracht, so sind entweder die Nadeln versetzt zu pressen, oder man hat nach einer bestimmten Anzahl Maschenreihen auch jene Nadeln abzupressen, welche in den vorhergehenden Reihen nicht gepreßt wurden. Vorteilhaft wird deshalb in Verbindung mit der Musterpresse noch die glatte Presse verwendet.

Je nach der Einteilung der Preßzähne unterscheidet man die Ein-, Zwei-, Drei- und mehr Nadelpresse. Darnach lassen sich dann auch bestimmte Preßmuster erzeugen. Außerdem sind in bezug auf Anordnung und Arbeitsweise der Preßschienen verschiedenartige Preßmaschinen an dem Handwirkstuhl in Anwendung gebracht.

1. Die einfache Preßmaschine.

Abb. 53 zeigt die Einnadelpresse in Verbindung mit der glatten Presse. Die Einnadelpresse a ist in Schlitzen b an Bolzen b_1 verschiebbar und vor der glatten Presse p eingestellt. Die Musterpresse a ist in Zähne z und Lücken l geteilt. Läßt man diese Musterpresse auf die Nadeln n einwirken, so wird nur jede zweite Nadel n durch die Zähne z abgepreßt, dort entstehen die fertigen

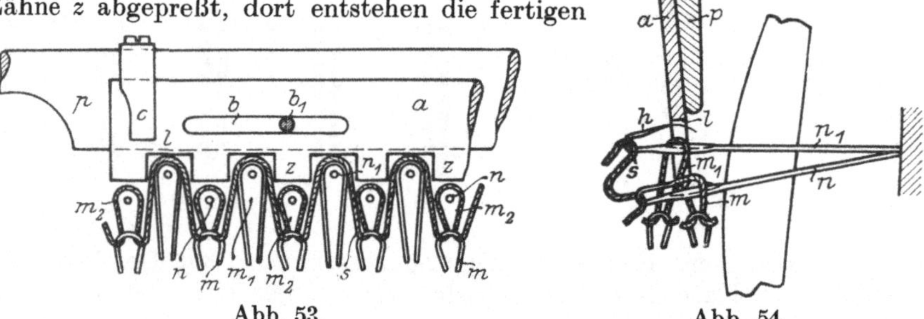

Abb. 53.
Abb. 54.

Maschen m, die übrigen Nadeln n_1, welche in die Lücken l treffen, behalten offene Haken, so daß beim Ausarbeiten der Maschenreihe die alten Maschen m_1, siehe auch Abb. 54, unter diese offenen Haken h zu den Schleifen s gelangen.

Dadurch entstehen an diesen Nadeln sogenannte Doppelmaschen. Diese Doppelmaschen werden vielfach auch Fangmaschen genannt. Die nicht ausgearbeitete Schleife s legt sich auf die Warenrückseite als Henkel, und da sie auf der Warenoberseite nicht sichtbar ist, außerdem an ihre Nachbarmaschen m_2, Abb. 53, Fadenmaterial abgibt, so entsteht ein Preßmuster 1:1.

Wenn in der folgenden Reihe die Musterpresse a genau wieder auf dieselben Nadeln n eingestellt wird, so werden dort wieder Maschen gebildet und die nicht gepreßten Nadeln erlangen einen weiteren Henkel. Wenn in dieser Weise das Arbeiten fortgesetzt würde, so wäre die Folge, daß endlich an den nicht gepreßten Nadeln Maschenanhäufungen entstehen würden. Man kann zwar in diesem Sinne mehrmals hintereinander die Preßschiene zur Anwendung bringen, nach höchstens 4—6 Reihen muß jedoch ein Wechsel eintreten, so daß auch die vorher nicht gepreßten Nadeln zur Abpressung gelangen.

Die gebräuchlichste Arbeitsweise mit dieser Einnadelpresse, Abb. 53 und 54, ist diejenige, daß man entweder nach jeder ausgearbeiteten Maschenreihe die Einnadelpresse bei der Schlitzführung b an dem Bolzen b_1 und durch Anschlag c um eine Zahnteilung seitlich verschiebt, damit jeweils diejenigen Nadeln gepreßt werden, welche in den vorhergehenden Reihen, z. B. n_1, nicht gepreßt wurden.

Oder aber, man stellt, nach einer mit der Presse a ausgeführten Musterreihe, auch die glatte Presse p gegen die Nadeln so ein, daß sämtliche Nadeln n, n_1 gepreßt und ihre Schleifen s auch zu Maschen ausgearbeitet werden.

Die Reihenfolge der Presseneinstellung und die seitliche Verschiebung der Musterpresse führt zu mannigfaltigen Preßmusterungen. Man bezeichnet diese meist als Einnadel-Preßmuster.

Bringt man an Stelle der Einnadelpresse a, Abb. 53, eine solche Preßschiene, deren Zähne z, Abb. 55, zwei Nadeln pressen, und durch die Lücken l zwei Nadeln nicht gepreßt werden, so kann diese einfache Preßmaschine in die Zweinadelpresse umgewandelt werden. Wie aus Abb. 55 ersichtlich ist, entstehen an den nicht gepreßten Nadelpaaren n_1 Henkel h, die sich mit zwei Maschen m_1 vereinigen, während bei n fertige Maschenpaare m entstehen.

Die auf der Rückseite liegenden Henkel h können auch als Farbmuster wirkungsvoll

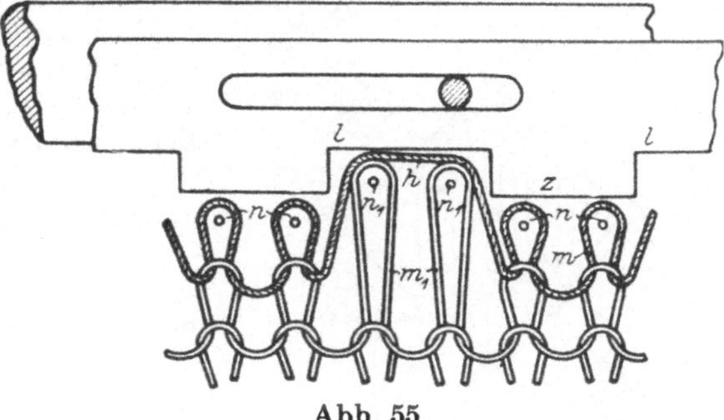

Abb. 55.

werden, denn sie werden durch die Maschen m_1 auf der Oberseite verdeckt. Die Preßmuster eignen sich somit auch zur Herstellung von Farbmusterungen.

Auch bei dieser Zweinadelpresse muß dieselbe Arbeitsweise beachtet werden, wie bei Anwendung der Einnadelpresse. Die seitliche Verschiebung der Musterpresse muß jedoch um 2 Nadelteilungen erfolgen. Die Ware, mit der Zweinadelpresse hergestellt, ergibt die zweinädlige Preßware, wenn vor jeder herzustellenden Musterreihe die Preßschiene um 2 Nadelteilungen seitlich verschoben wird.

Die glatte Presse kann ebenfalls wechselweise zur Anwendung kommen.

Eine handliche Umstellung der glatten Presse zur Herstellung von Preßmustern zeigt die Abb. 56.

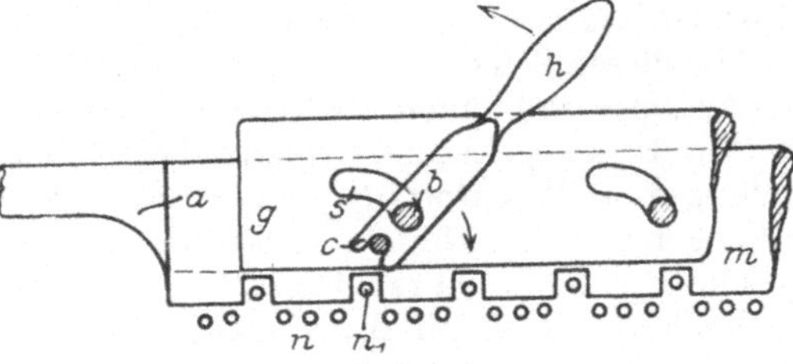

Abb. 56.

Auf der Preßschiene a sitzt die Musterpresse m, die beliebig in Zähne z und Lücken l geteilt sein kann, und vor dieser sitzt die glatte Presse g, die sich in den Schlitzen s der Bolzen b führt. Um letztere ist drehbar ein Handhebel h. Greift der Arbeiter an diesem an und schwingt ihn z. B. nach links aus, so kann er mit dem gegabelten Ende c an dem Bolzen b die glatte Presse im Schlitz s so tief herabschieben, bis die Preßkante in gleiche Höhe mit den Zähnen der Musterpresse gebracht ist. Beide Pressen kommen dann auf die Nadeln zu stehen und pressen sämtliche Nadeln n, n_1 ab.

Wird h wieder nach rechts in die bezeichnete Stellung gebracht, so geht die glatte Presse g in den Führungen s an b in die gezeichnete Stellung zurück und die Musterpresse m übernimmt die Bearbeitung der Nadeln allein.

2. Die drehbare Preßmustereinrichtung.

Die Anwendung der einfachen Musterpresse ist beschränkt und das Auswechseln der verschiedenen Musterpressen umständlich. Man hat deshalb den

Preßapparat drehbar angeordnet, so daß durch Drehen desselben irgendeine in Zähne und Lücken geteilte Preßschiene über den Nadeln einzustellen ist. Abb. 57 zeigt die drehbare Preßmustereinrichtung, die vielfach auch vierwändige Preßmaschine genannt wird.

Auf einer quadratischen Schiene A sitzen an den vier Seiten vier verschiedene Musterpressen, a, b, c, d, sowie als 5. Preßschiene noch die glatte Presse g.

Soll irgendein Preßmuster zur Herstellung kommen, so stellt man an dem Kerbenrad R, in welches federnde Bolzen f einfallen, A entsprechend vor- oder rückwärts, bis die gewünschte Musterpresse, z. B. a, gegen die Nadeln n, an Stelle von b eingestellt ist. Mit dieser Einrichtung ist man in der Lage, eine große Mannigfaltigkeit in der Musterung hervorzubringen.

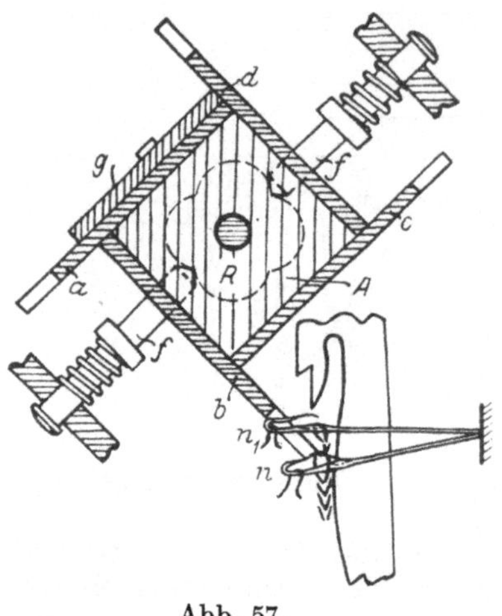

Abb. 57.

3. Die selbsttätige Preßwechselvorrichtung.

Sie besteht aus der glatten Presse und der Musterpresse.

Sowohl die Musterpresse wie auch die glatte Presse kann selbsttätig im geeigneten Augenblick umgestellt werden, was bei den oben angeführten Einrichtungen von Hand zu erfolgen hat. Zu diesem Zwecke befindet sich an der Musterpresse eine Schaltvorrichtung, die als Musterrad dient und mit Erhöhungen und Vertiefungen so ausgerüstet ist, daß durch Drehen eines Schaltrades die Musterpresse um eine bestimmte Anzahl Nadelteilungen verschoben werden kann.

Mit dieser Schaltvorrichtung kann noch ein sogenanntes Wechselrad gedreht werden, das mit einem Schalthebel verbunden ist, dessen Zugstange mit der glatten Presse gekuppelt werden kann. Entsprechende Erhöhungen und Vertiefungen am Wechselrad bewirken den Preßwechsel derart, daß die glatte Presse entweder von den Nadeln abgehoben oder mit den Zähnen der Musterpresse in gleiche Preßhöhe gebracht wird.

Es lassen sich auf diese Weise kombinierte Preßmuster erzielen. Die verschiedenen Preßmusterarten sind mit den gemeinschaftlichen Wirkmustern noch besonders zu erörtern.

II. Die Ränder- oder Fangmaschine.

Wenn man sich vor den Handwirkstuhl noch eine zweite Nadelreihe hinzudenkt, so daß diese in die Lücke der Stuhlnadelreihe zu stehen kommt, so lassen sich die kulierten Schleifenreihen auch zu Nadelmaschen ausbilden. Es entsteht dann die doppelflächige Wirkware.

Die zweite Nadelreihe, welche die Maschinenreihe m, Abb. 58, darstellt, liegt in Tragarmen b, die oben in drehbaren Hebeln c sitzen. Hinter der Nadelreihe m liegt das Scheuerblech s, das durch eine Kette k eines Hebels l einstellbar ist. Die Platinen p, welche zwischen den Nadeln n wie sonst eingestellt sind, haben sehr tief eingeschnittene Kehlen e, damit auch die Maschinennadeln m in den Kehlen Aufnahme finden und dort ähnlich wie die Ware selbst einzuschließen sind.

Diese Rändermaschine wird nun in folgender Weise verwendet: Zu Beginn einer Maschenreihe stehen die Maschinennadeln m, wie in Abb. 58 gezeichnet, in den Kehlen e der Platinen p eingeschlossen. Hierauf wird eine sehr lange Schleifen-

reihe *r* an den Stuhlnadeln *n* kuliert und diese, wie sonst und mittels der Stuhl-
nadelpresse *P* zu Maschen *lm*, Abb. 59, ausgearbeitet. Dabei kommen die Maschinennadeln *m* auch mit vor die
Nadelköpfe und stehen hinter den
Platinenmaschen *pm*.

Zieht man in dieser Stellung die
Maschinennadeln *m* nach unten in
die Stellung, Abb. 59a, so fangen
letztere die Platinenmaschen *pm* in
ihren Haken auf und, da an diesen
Nadeln eine alte Maschenreihe *ms*
in der vorhergehenden Reihe gebildet wurde, so bleibt diese hinter
den Nadelhaken liegen. Wird in
dieser Stellung die Daumenpresse *d*,
Abb. 58 und 60, mit dem Preßhebel
he gegen die Maschinennadeln *m*,
Abb. 60, gepreßt, so kann man mit
dem Scheuerblech *s* die alten Maschen *ms* auf die zugepreßten Nadeln *m* schieben. Nach dem Ent-

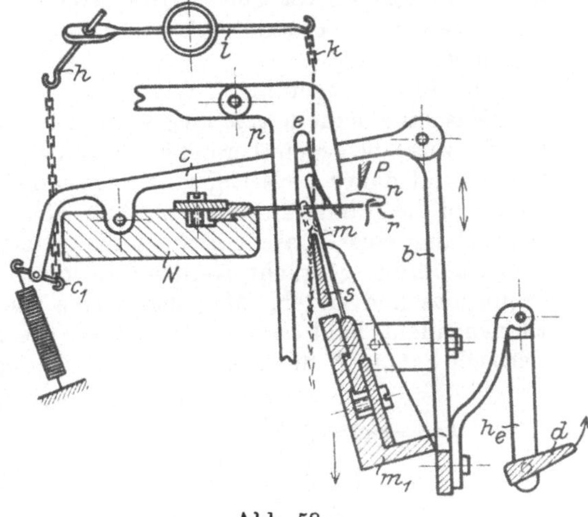

Abb. 58.

fernen der Daumenpresse *d* zieht man die Nadeln *m* noch tiefer herab, bis endlich
die Maschen *ms* über die Platinenmaschen *pm* geschoben und letztere zu neuen
Maschen ausgearbeitet sind.

Dieser Vorgang ist in Abb. 60a dargestellt. Dadurch sind an den Stuhlnadeln *n*
links abgeschlagene Maschen *lm* und an den Maschinennadeln *m* aus den Platinenmaschen *pm* rechts abgeschlagene Maschen *rm* entstanden.

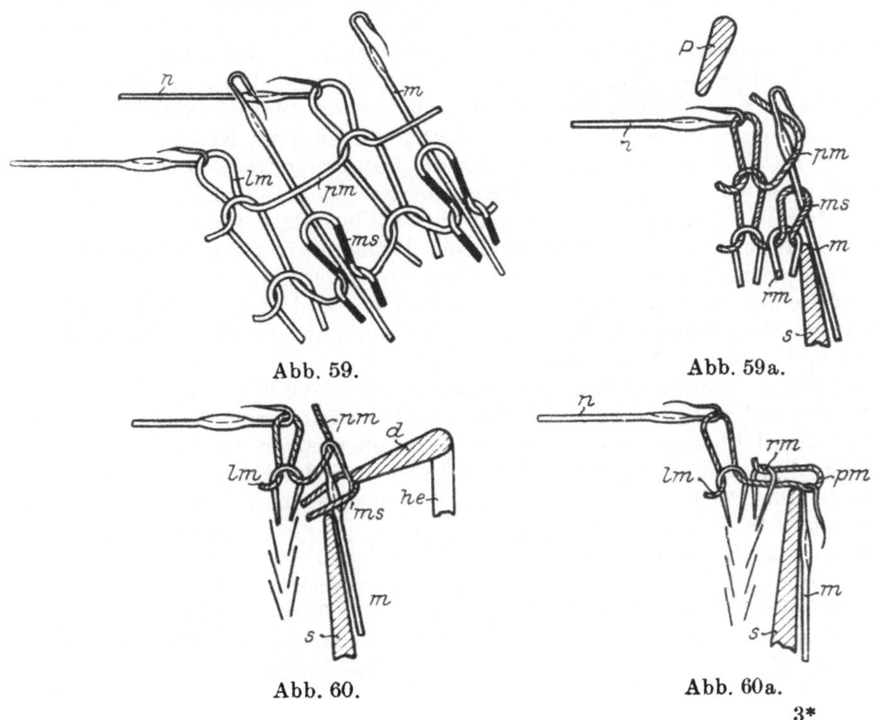

Abb. 59.

Abb. 59a.

Abb. 60.

Abb. 60a.

3*

Die Einstellung des Scheuerbleches s erfolgt mit Hilfe des hinten bei c_1 verbundenen Zughebels h. Von dort aus läßt sich auch die Rändermaschine c, b. m, m_1, Abb. 58, mittels eines Trittschemels im Untergestell des Stuhles einstellen. Die Lagerarme c, c_1 sind rechts und links neben der Nadelbarre N drehbar angeordnet.

Wird in der angeführten Weise eine Maschenreihe gleichmäßig an den Stuhl- und Maschinennadeln n, m ausgearbeitet, so erlangt man die Rechts-Rechts oder Ränderware, die gegenüber der einfachen glatten Kulierware größere Dehnbarkeit besitzt und daher vielseitiger zu verwenden ist.

Wenn die Rändermaschine m, Abb. 58, sowie die Stuhlnadeln n während der Herstellung einer Maschenreihe nur wechselweise mit den Nadelpressen P, d in Verbindung gebracht werden, so lassen sich an den Nadeln Henkel oder Doppelmaschen bilden. Man nennt eine solche Ware, welche bald an den Maschinennadeln, bald an den Stuhlnadeln die Henkel erlangt hat, Fangware, und hiernach hat auch die Einrichtung die Bezeichnung Fangmaschine erhalten.

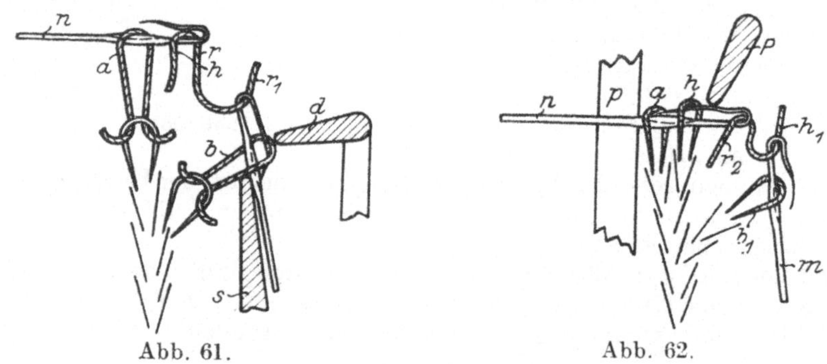

Abb. 61.   Abb. 62.

Der Arbeitsvorgang bei der Fangware ergibt sich aus den Abb. 61 und 62. In Abb. 61 sind an den Stuhlnadeln n wie sonst die Schleifen r kuliert und auf den Nadeln n vorgebracht worden; auch haben die Maschinennadeln m die Platinenmaschen r_1 aufgefangen, während aber die ersteren Nadeln n nicht gepreßt wurden, sind die letzteren m durch die Daumenpresse d gepreßt worden, und durch Scheuerblech s erfolgt das Ausarbeiten der Maschenreihe b an diesen Nadeln. In der folgenden Reihe werden die Stuhlnadeln n wie sonst durch die Stuhlpresse P gepreßt und die vorhergehende Reihe mit den Doppelmaschen a, h über die neue Schleifenreihe r_2 durch die Platinen p abgeschoben, dagegen werden die Maschinennadeln m nicht gepreßt, so daß sich jetzt dort die alten Maschen b^1 zu den neuen aufgenommenen Schleifen schieben und mit den dadurch gebildeten Henkeln h_1 Doppelmaschen ergeben, Abb. 62.

Diese Arbeit wiederholt sich, und man erlangt so die Fangware. Wenn nun die eine oder andere Presse während eines solchen Arbeitsvorganges allein in jeder 2. Reihe eingestellt wird, so z. B., daß die Maschinennadeln nur in jeder zweiten Reihe gepreßt werden, die Stuhlnadeln dagegen in jeder Reihe, so entsteht die Halbfang- oder Perlfangware. Hieraus ist zu ersehen, daß diese Ränder- und Fangmaschine mannigfaltige Bearbeitung zuläßt. Wechselwirkungen lassen sich insbesondere auch noch durch seitliches Verschieben der Maschinennadelreihe erzielen. Es entstehen dann die sogenannten versetzten Maschenbildungen. Außer der gleichmäßigen 1 : 1-Ränderware, die auch Rechts-Rechtsware genannt wird, wird auch die Zwei-Zwei- oder Patentränderware mit der Rändermaschine hergestellt. Ebenso auch andere Maschenzusammensetzungen. Man läßt dann in der Maschinennadelreihe an einzelnen Stellen, z. B. jede 3. Nadel fehlen. In die entstehenden Lücken treffen dann je 2 Stuhlnadeln. Damit nun in der herzustellenden Ware abwechselnd 2 rechts- mit 2 linksabgeschlagenen Maschen wechseln, läßt man mit einer neben der glatten Presse sitzenden, wie bei der Preßmaschine angegebenen Musterpresse, jede 3. Stuhlnadel beim Vorbringen der kulierten Schleifen zupressen. Dort fallen dann die Fadenschleifen ab und werden von je 2 Maschinennadeln aufgefangen und zu Rechtsmaschen ausgearbeitet. Diese Ware ist noch dehnbarer wie die Rechts-Rechtsware und wird hauptsächlich zu Strumpflängen, Randstücken, sowie auch zu Unterjacken, sogenannten „Schweizerjacken" verwendet. Der Erfinder dieser Einrichtung ließ sich ein Patent geben und nannte danach diese 2 : 2-Ware auch Patentränderware; sie wird am zweckmäßigsten an Strickmaschinen mit einzeln beweglichen Nadeln hergestellt.

Eine besondere Eigenschaft bei dieser doppelflächigen, mit der Rändermaschine hergestellten Ware ist das „Nichtauflösen" des verarbeiteten Fadens in der Arbeitsrichtung. Während die glatte Kulierware sowohl entgegen der Arbeitsrichtung wie auch in der Arbeitsrichtung leicht auflösbar ist, kann Ränder- und Fangware nur entgegen der Arbeitsrichtung aufgelöst werden.

Da außerdem die Ränderware, wie schon ausgeführt, außerordentlich dehnbar ist, so eignet sie sich vorwiegend zu Schluß- oder Randstücken der Gebrauchsgegenstände. Zu diesem Zwecke wird meist noch ein guter oder fester Rand als Anfang in einem Warenstück gebildet. Man erlangt zwar einen unauflösbaren Rand schon beim Trennen der Maschenreihen; zweckmäßiger ist es jedoch, wenn die erste Anschlag- oder Schleifenreihe, welche von den Maschinennadeln aufgefangen wird, zunächst nicht wie bei der Rechts-Rechts- oder Fangware weiter zur Verarbeitung gelangt, sondern, daß man die Rändermaschine wie einen Abzugsrechen benützt und nur an den Stuhlnadeln in den folgenden Reihen die Maschen ausbildet.

Nach einer entsprechenden Anzahl glatter Stuhlreihen bringt man die als Abzugsgewicht verwendete Rändermaschine wieder in die Einschließ- und Arbeitsstellung, legt auch oft vorher in das glatte Warenstückchen einen Abzugsstab ein, zum Abziehen der Maschen von den Nadeln, worauf die Arbeit mit beiden Nadelreihen, wie oben ausgeführt, folgt. Diesen Anfang nennt man auch Rollrand oder Doppelrand.

Zu der Weiterverarbeitung solcher Randstücke kann man noch, je nach der Verwendungsweise der Ware, Fang-Perlfangreihen, sowie Trenn- und Aufstoßreihen berücksichtigen. In neuerer Zeit werden solche sogenannte Randstücke an Sonderrändermaschinen rationell hergestellt. Die einzelnen Umstellungen der Arbeitsmechanismen erfolgen selbsttätig nach Maßgabe einer Zählkette.

III. Die Links-Linksmaschine.

Diese ist ähnlich wie die Rändermaschine gebaut. Der Unterschied liegt in der Gestaltung der Nadeln, auch ist die Arbeitsweise wesentlich anders.

Ältere Einrichtungen sind nur mit einer Nadelreihe ausgerüstet; die Nadeln sind als Doppelhakennadeln n, Abb. 63, ausgebildet. Die Links-Linksware ist zusammengesetzt aus einer links abgeschlagenen Maschenreihe l im Wechsel mit einer rechts abgeschlagenen r. Hierzu wird eine Schleifenreihe s abwechselnd das eine Mal an den Nadelhaken b, das andere Mal an den Haken c ausgebildet und zu Maschen verarbeitet. Dazu muß aber die Nadelreihe samt der Ware w nach jeder hergestellten Maschenreihe aus dem Nadellager a herausgenommen und so gewendet werden, daß die Platinen p jeweils an dem vorderen Nadelteil bei n die Schleifen s herstellen können.

Die Presse P wird wie sonst gegen die Nadelhaken gedrückt und die alten Maschen über die neuen Schleifen s abgeschlagen. Es entsteht somit jedesmal

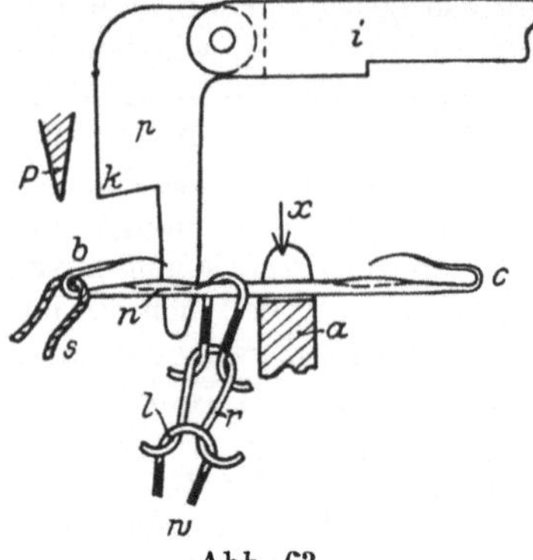

dort eine links abgeschlagene Maschenreihe. Diese wird aber vor der folgenden Reihe mitsamt den Nadeln aus a genommen und so gedreht, daß die Haken c an die Stelle von b gelangen.

Dem Arbeiter zugekehrt liegt somit die letztabgeschlagene Maschenreihe r nach rechts gewendet, so daß also diese in der folgenden Reihe mit den neuen Maschen zu einer links abgeschlagenen Reihe ausgebildet wird. Das Herausnehmen der Nadelreihe aus dem Lager a, die mit einer Zange bei x festgehalten wird, ist nur dadurch möglich, daß die Platinen ohne Schaft an den Schwingen i eingestellt sind. Sie besitzen also nur Kuliernasen k und Einschließ-

Abb. 63.

schnäbel. Dieser Arbeitsvorgang ist sehr umständlich und erfordert viel Geschicklichkeit; deshalb wird er praktisch wohl kaum mehr ausgeübt.

Die hier bekannt gewordene Doppelhakennadel hat Anlaß zu der Herstellung der Doppelzungennadel gegeben, welche in den neueren Links-Linksmaschinen mit großem Vorteil Verwendung finden.

Vorteilhafter wie am gewöhnlichen Kulierstuhl kann man die Links-Linksware am Ränder- und Fangstuhl herstellen. Hierzu sind die Nadeln mit besonderen Zaschen z, z_1, Abb. 64 und 65, versehen.

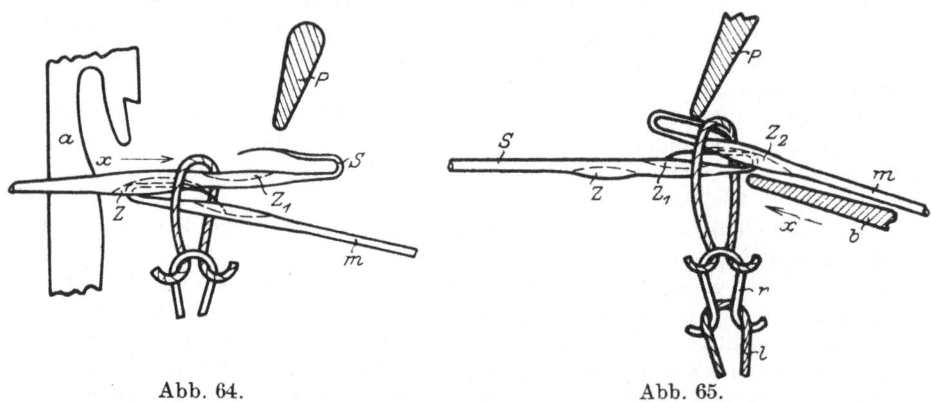

Abb. 64. Abb. 65.

Zunächst wird eine Maschenreihe an den Stuhlnadeln s durch Abpressen mit der Presse P wie sonst hergestellt, hierauf stemmt man die Köpfe der Maschinennadeln m in die unterhalb der Nadelschäfte liegenden Zaschen z, preßt mit P die Stuhlnadeln s, Abb. 64, und schiebt mit den Platinen a in Pfeilrichtung x die Ware über die Stuhlnadeln s, bis die an diesen hängenden Maschen auf die Maschinennadeln m übergefallen sind.

Dann wird an den leergewordenen Nadeln eine neue Schleifenreihe kuliert und diese von den Maschinennadeln aufgefangen. An letzteren kann man diese Schleifenreihe wie am Fangstuhl durch Pressen, Auftragen und Abschlagen zu einer Rechtsreihe ausgestalten. Sie hängt aber noch an den Stuhlnadeln, weshalb die Nadelreihe mit der Ware nach hinten geschoben und durch Pressen der Stuhlnadeln die noch an letzteren hängenden Schleifen aufgetragen und abgeschlagen werden. Jetzt hängt die Maschenreihe nur noch an den Maschinennadeln; die Stuhlnadeln sind wieder leer geworden.

Auf die rechts abgeschlagene Reihe muß jetzt die links abgeschlagene Reihe an den Stuhlnadeln folgen. Man muß aber zunächst, wie Abb. 65 zeigt, die Maschinennadeln m wie Decker so über die Köpfe der Stuhlnadeln s setzen, daß die Nadelköpfe in die Zaschen z_1 zu liegen kommen. Dann wird die Stuhlpresse P gegen die beiden übereinanderliegenden Nadelreihen m, s gepreßt und mit dem Scheuerblech b in Pfeilrichtung x die Maschen von m abgeschoben und nach dem Entfernen der Presse P auf die Stuhlnadeln s übertragen. Die leergewordene Maschinennadelreihe m wird entfernt, worauf an den Stuhlnadeln s wieder eine neue Schleifenreihe kuliert und die links abgeschlagene Maschenreihe gebildet wird. Dieser Arbeitsvorgang wiederholt sich, und es kann jeweils eine Rechtsreihe r im Wechsel mit einer Linksreihe l ausgeführt werden.

Auf die Herstellung von Links-Linksware sind mehrere Patente erteilt (D. R. P. 1375, 7305) u. a. mehr. An Strickmaschinen benützt man fast ausschließlich die Doppelzungennadel und haben sich diese Maschinen in der Praxis in bezug auf Leistungsfähigkeit und Mustervielseitigkeit außerordentlich bewährt.

IV. Die Petinet- oder Stechmaschine.

Spitzenartige Wirkmuster lassen sich in einer glatten Ware durch Abhängen der Maschen von einzelnen Nadeln und Übertragen auf benachbarte Nadeln erzeugen. Dies geschieht immer nach Vollendung einer Maschenreihe. Man erlangt dann Durchbrechungen in der Ware.

Zum Forthängen der Maschen sind deckerartige, spitze Nadeln zu benützen, die auf einer vor der Nadelreihe liegenden Schiene mustermäßig eingesetzt werden können. Je nach der Anordnung dieser Musterdecker und der Verwendungsweise einer solchen Petinet- oder Stechmaschine sind mehrere Arten in der Praxis bekannt.

1. Die einfache Petinetmaschine.

Diese besteht aus einer vor den Stuhlnadeln n, Abb. 66 und 67, liegenden Schiene S, die in den Armen a der Führungsschiene c liegt. Die Decker d sind wie die Stuhlnadeln durch Deckplatten in beliebiger Reihenfolge eingestellt. Die Verwendungsweise ist folgende.

Nachdem eine Maschenreihe an den Nadeln n vollendet ist, zieht man die Ware mit den Platinen p nach hinten und gibt sie durch Heben der Platinen frei. Sodann bringt man an einem außensitzenden Handgriff h, Abb. 66, die Petinetmaschine vor und über die Stuhlnadeln, dreht mit einem zweiten Handgriff h_1 die Schiene s im Lager a mit den Deckern d so weit gegen die Stuhlnadeln n, bis sich die Decker über die Nadelhaken und in die Zaschen der Nadeln nach Abb. 68 gelegt haben.

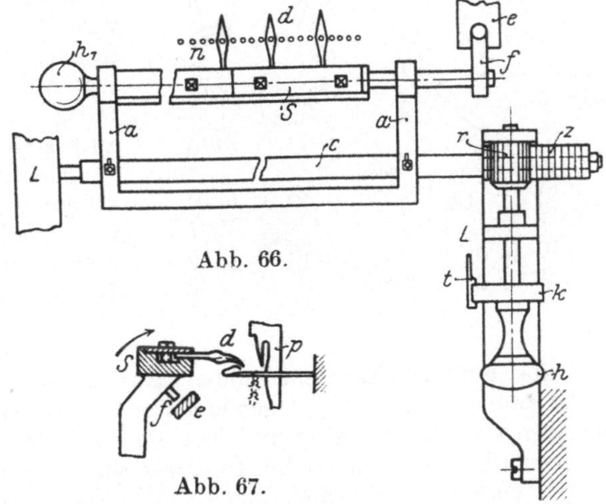

Abb. 66.

Abb. 67.

Begrenzt wird die Stellung durch einen Anschlag f, e, Abb. 66 und 67. Solange die Decker d in der Stellung, Abb. 68, bleiben, schiebt man mit den Platinen p in Pfeilrichtung die Maschenreihe auf den Nadeln n nach vorn. Hierbei schieben sich die einzelnen Maschen m über die aufgesetzten Decker d, während die übrigen in den offenen nicht überdeckten Haken hängen bleiben. Sodann dreht man mit dem Handgriff h_1, Abb. 66, die Stechmaschine S zurück, damit die Decker mit den aufgetragenen Maschen von den Nadeln n abgehoben und letztere frei werden. Gleichzeitig schiebt man durch Drehen an dem Handrad h mit dem Stirnrädchen r, das in die Zahnstange z eingreift, die Lagerschiene c und die Petinetmaschine S um eine, mitunter auch um 2 Nadelteilungen zur Seite und deckt die Decker wieder auf die Stuhlnadeln,

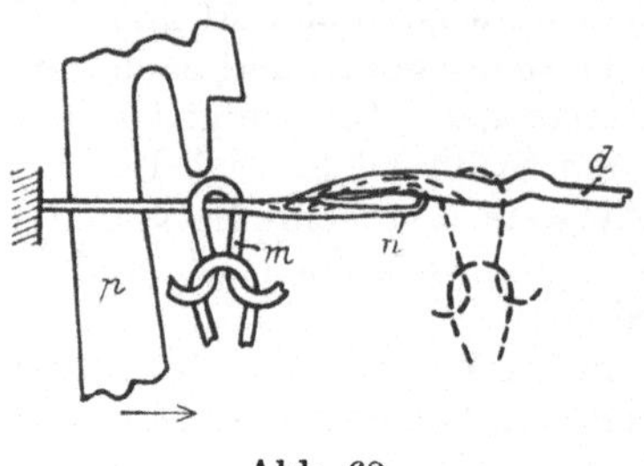

Abb. 68.

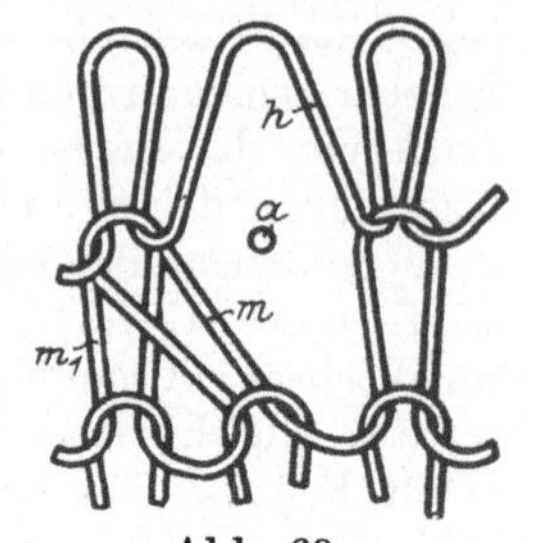

Abb. 69.

gibt aber gleichzeitig der Schiene S eine kleine Rückwärtsdrehung und zieht sie, während man die Ware m mit den Platinen einschließt, mit raschem Griff wieder zurück, damit die auf den Deckern gelegenen abgehobenen Maschen auf die überdeckten Nadeln übergehängt und auf die Stuhlnadeln geschoben werden. Ist diese seitliche Verschiebung um eine Nadelteilung nach links vorgenommen worden, so kommen die abgehobenen Maschen m, Abb. 69, auf die links liegenden Nachbarnadeln und bilden mit deren Maschen m_1 Doppelmaschen m, m_1.

Wie ersichtlich, entstehen an den leergewordenen Nadeln bei a Öffnungen, die je nachdem in der folgenden Reihe eine glatte Maschenreihe über die Musterreihe weitergearbeitet wird, eine kreisförmige Durchbrechung verursachen. Die auf diesen leer gewordenen Nadeln gebildeten Schleifen werden zunächst als Henkel h ausgebildet und werden dann erst in einer weiteren Reihe in die Maschenform gebracht. Wenn aber an einer solchen leer gewordenen Nadel a, Abb. 69, auch in der folgenden Reihe ein solches Henkelstück h fortgehängt wird, so wird die Wirkung eine andere, so daß, je nach der Reihenfolge des Abdeckens der Maschen oder Henkel, mannigfaltige Musterwirkungen in der Ware zu erzielen sind.

Ein Beispiel hiervon zeigt das Maschenbild, Abb. 70. In diesem sind an den Nadeln b die Maschen b' nach rechts zu den Maschen a' übertragen. Bei a liegen die nicht fortgehängten Maschen, und in der folgenden Reihe 2, welche als glatte Reihe ausgebildet ist,

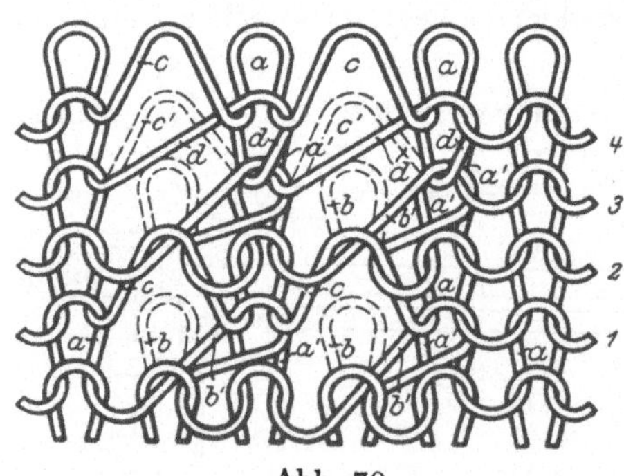

Abb. 70.

sind über b die Henkel c entstanden. Aus diesen sind in der 3. Reihe wieder, wie in der ersten, die Maschen b gebildet worden, die dann wieder nach rechts zu den Maschen a' übertragen sind und dort die Doppelmaschen a', b' bilden. Die Reihe 4 ist ebenfalls eine Musterreihe. In dieser sind die über b entstandenen Henkel c', so wie vorher die Maschen, nach d, d' gehängt, die wiederum mit a' Doppelmaschen ergeben. c' sind die übertragenen Henkel d, die in der 5. Reihe bei c nicht übertragen sind; sie bilden dort die glatten Maschen c, a.

Die einfache graphische Darstellung in Patronenpapier ergibt sich aus Abb. 71. Eine fortgehängte Masche ist durch einen Ring, eine Doppelmasche durch ein ausgefülltes Karo ($\times$), eine glatte Masche durch ein leeres Karo oder durch einen Punkt ausgedrückt.

Die richtige Stellung der Petinetmaschine während der Arbeit und das Abzählen der Nadelteilungen beim Übertragen der Maschen, geschieht bei dem Kerbenrad k, Abb. 66, in welches eine Sperrfalle t einfällt. Dies fühlt oder hört der Arbeiter und kann dementsprechend mit h das in z eingreifende Stirnrädchen r vor- oder rückwärts drehen.

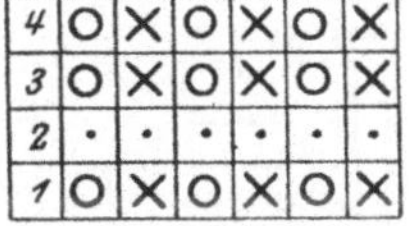

Abb. 71.

In der Regel bildet s, a mit der Schiene c einen rechts und links in z drehbaren Rahmen und S ist in a ebenfalls drehbar. L sind Lagerarme.

2. Die vierwändige Petinetmaschine.

Diese Maschine (s. Abb. 72, 73) gestattet eine reichere Musterung. Die Reihenfolge der auf einer Seite der quadratischen Schiene q eingesetzten Decker kann beliebig gewählt werden, so daß jede 6., oder jede 12. Masche usw. von den Nadeln abzuheben ist.

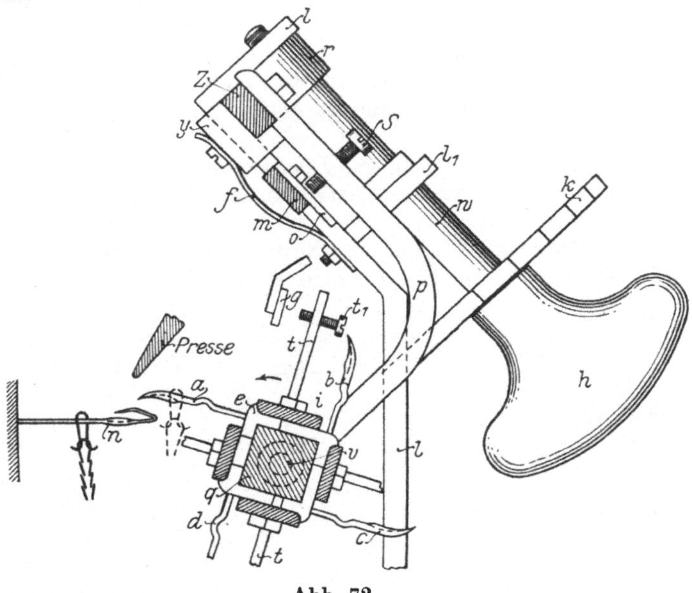

Abb. 72.

Auf diese Weise lassen sich mit den Deckerreihen a, b, c, d vier verschiedene Petinetmuster herstellen. Die Petinetmaschine hängt mit den Trägern p an einer Zahnstange z, deren Verlängerung z_1 mit Zapfen u, j in die Bohrungen von l_2 und z eingreifen, sodaß p mit z gedreht werden kann. Mit dem Handgriff h kann w mit r gegen z eingestellt und z_1 mit p, p_1, sowie mit der Schiene q gegen die Nadeln eingestellt werden.

Auf l liegt das Tragstück l_1, in welchem sich die Welle w des Handgriffs h mit r dreht. Auch hier kann durch ein Kerbenrad k die seitliche Verschiebung der Stechmaschine geregelt werden.

Die Einstellung der erforderlichen Deckerreihe gegen die Stuhlnadeln n geschieht einesteils rechts am Handgriff h, Abb. 72, andererseits links an H, v,

Abb. 73. Ein Anschlag t mit Stellschraube t_1 dient zur genauen Einstellung der Decker über den Nadeln bei der Platte g, Abb. 72.

f hält mit y die Zahnstange z im Eingriff mit r, und S gleitet auf m. Soll ein Muster mit einer entsprechenden Deckerstellung hergestellt werden, so dreht man q mit v, H so lange fort, bis die gewünschte Deckerreihe vor der Nadelreihe n eingestellt ist.

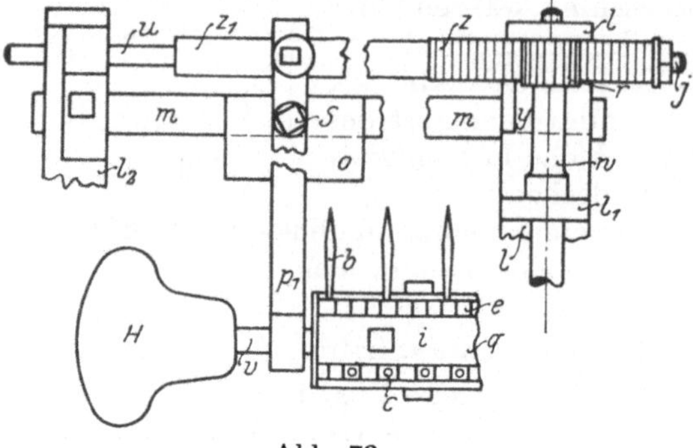

Abb. 73.

3. Die Universalpetinetmaschine auch Jacquardpetinet maschine genannt.

Größere Mannigfaltigkeit in der Hervorbringung von Petinetmustern, wie sie für spitzenartige Gebrauchsgegenstände und Fantasieartikel vielfach verwendet werden, erzielt man durch die mit vollen Deckern ausgerüstete Deckmaschine.

Diese Decker sind einzeln verstellbar und lassen sich in beliebiger Reihenfolge gegen die Nadeln einstellen.

Nach einem englischen Patent sind für die Petinetmusterung die Decker umlegbar auf einer vor den Nadeln sitzenden Tragschiene angeordnet. Sie können mit einer einstellbaren Schiene versteift und gegen die Stuhlnadeln eingestellt werden.

Die bei der Musterung benötigten Decker werden von der Schiene befreit und um 180 Grad vorgedreht, damit sie aus dem Bereiche der Stuhlnadelreihe kommen.

Diese mustermäßige Einstellung der Nadeln geschieht nach einem deutschen Patente selbsttätig durch eine Musterwalze m, Abb. 74, welche vor und unter den Deckerplatinen b, b_1 sitzt und mit Erhöhungen m_1 und Vertiefungen m_2 ausgerüstet ist. Die Decker d sind mit den Platinen b, b_1 um a der Tragschiene c, e, h, drehbar. Letztere, sowie die Walze m, liegt rechts und links in den Tragstücken t, t_1 des Gestelles. Stellt man die Musterwalze m gegen die Platinen-

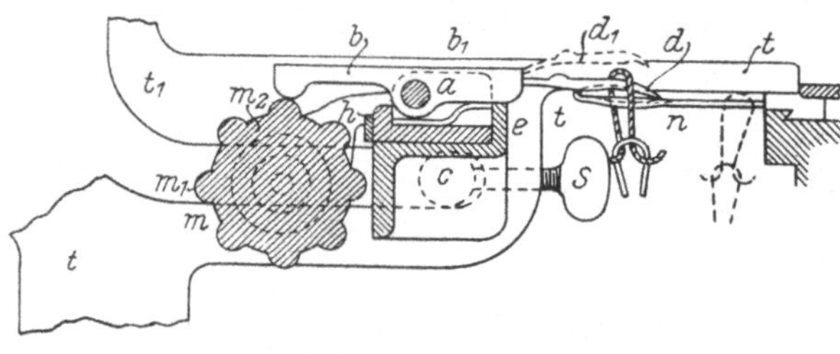

Abb. 74.

stücke b ein, so werden diejenigen Decker d mit b, b_1 um a ausgedreht und gegen die Nadeln n gepreßt, deren hinterer Teil b auf eine Erhöhung m_1 trifft. Die übrigen Decker bleiben in der punktiert gezeichneten Stellung d_1.

Die mustermäßige Verwendung, sowie die Arbeitsweise ist ähnlich, wie die der einfachen Petinetmaschine. Bei S, c kann die Einstellung geregelt werden.

Eine wesentliche Verbesserung zeigt ein anderes deutsches Patent, welches zum Einstellen der Decker a gegen die Nadeln n, Abb. 75, einen Jacquardapparat m mit Musterkarten t benützt. Auch hier sind die Decker a an hebelartigen Platinen h, die um einen Stab einer Lagerschiene g drehbar sitzen. Letztere wird von Trägern e getragen und kann eine seitliche Verschiebung durch ein bei k geschaltetes Spiegelrad s erlangen. Gegen dieses legt sich ein Arm q, der bis zu g reicht. Die Jacquardwalze m wird durch den sogenannten Wendehaken p und Zahnrad Z

geschaltet. Durch Druckfedern f werden die Deckerhebel h beständig gegen die Walze m gepreßt. Da, wo nun in der Musterkarte Öffnungen gelassen sind, fallen die Hebel h nach unten, schwingen um den Stab aus und heben ihre Decker a so weit über die Nadelreihe n, daß sie beim Einstellen der Petinetmaschine b außer Tätigkeit bleiben. Die übrigen Decker a dagegen werden gegen die Nadeln n eingestellt, so daß beim Vorbringen der Ware w die Platinen P die Maschen aufgetragen und nach Maßgabe des Musters auf Nachbarnadeln übertragen werden.

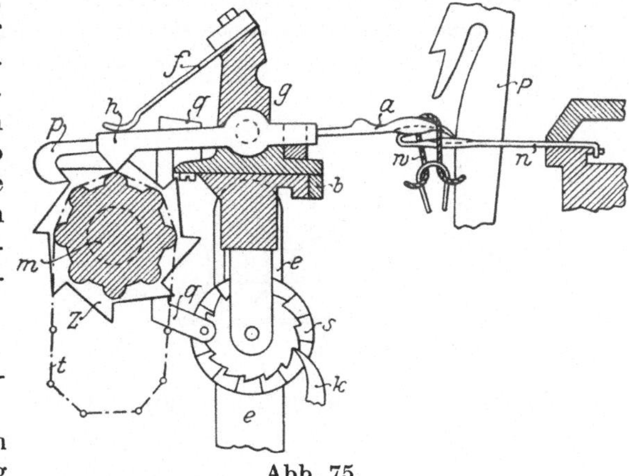

Abb. 75.

4. Die Jacquardpetinetmaschine.

Diese ist am mechanischen Flachwirkstuhl zur Anwendung gekommen. Die Musterkarten werden genau so, wie beim Webstuhljacquard, gelocht und kann daher für die Herstellung von Petinetmustern der Webstuhljacquard benützt werden. Man erzielt auf diese Weise eine unbegrenzte Mustervielseitigkeit.

V. Die Deckmaschine.

Deckmuster können in ähnlicher Weise am Wirkstuhl hergestellt werden wie die Petinetmuster. Bei den ersteren werden jedoch nicht die Nadelmaschen sondern die Verbindungsteile zweier Nachbarmaschen, das sind die Platinenmaschen, einer Umwandlung unterworfen.

Diese Platinenmaschen werden von besonderen Deckernadeln erfaßt und auf Nebennadeln übergehängt.

Die Deckmaschine besteht aus weichen, spitzen Deckern, die nach oben so abgebogen sind, daß der gebogene, knieförmige Teil a der Decker d, Abb. 76, vor die Nadeln n und die Spitzen s in die Lücken derselben zu stehen kommen. In der Regel sind so viele Decker auf der Deckschiene d_1 angebracht als der Stuhl Nadeln n besitzt. Je nachdem nun die Decker nach der einen oder andern Seite mit ihren Spitzen abgebogen werden, lassen sich unendlich viele Abwechslungen in der Ware hervorbringen.

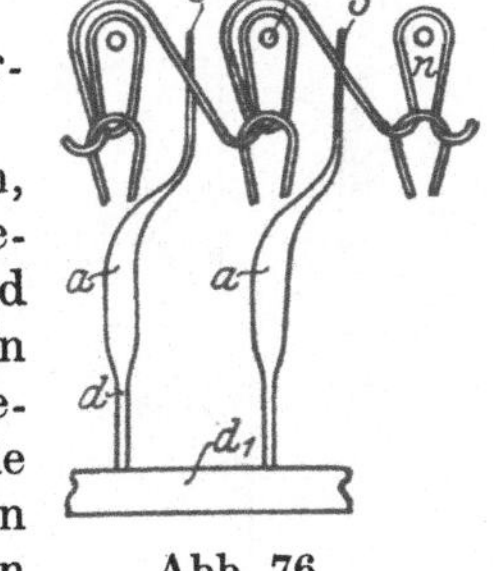

Abb. 76.

Die Einteilung der Decker erfolgt gruppenartig, d. h. eine bestimmte Anzahl, nach Maßgabe eines Musters, abgebogene Decker bilden den Musterumfang, und hiernach bezeichnet man auch die Deckmaschinenmuster, sowie auch die Deckmaschine.

Die einfachste und auch am meisten vorkommende Deckmaschine ist die Tüllmaschine. Bei dieser sind die Deckerspitzen paarweise zusammengebogen, so daß je 2 Deckerspitzen in jede 2. Nadellücke l_1 gestellt werden können, Abb. 77.

Die übrigen Lücken l bleiben leer. Eine andere Gruppierung, die ebenfalls sehr häufig vorkommt, ist bei der Ananas-Deckmaschine üblich. Rechts und links von einem Doppeldecker d_1, Abb. 78, werden ein oder mehrere Einzeldecker d (s. auch Abb. 80) neben den Doppeldeckern mit ihren Spitzen a, c, Abb. 78, abgebogen. Dadurch entsteht ein Rapport, bzw. eine Gruppe von 4, 8 usw. Deckern. Bei der Wiederholung des Musters bildet sich eine Lücke l_1, welche durch den Doppeldecker d_1 zustande kommt, dessen Spitzen b in eine Nadellücke l ragen. Hiernach lassen sich die Platinenmaschen über eine oder zwei Nebennadeln aufdecken oder sie bleiben stellenweise unverändert.

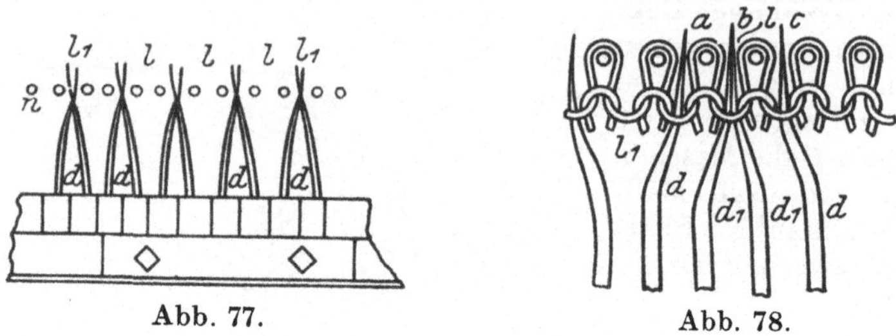

Abb. 77.   Abb. 78.

Die Deckmaschine q, Abb. 79 und 80, liegt ähnlich, wie eine Rändermaschine, vor und unter den Nadeln n, deren Deckerspitzen in ähnlicher Weise wie die Rändernadeln zwischen den Nadeln einzustellen sind. Rechts und links liegt die Deckmaschine q, q_1 mit den Lagerstücken m und Zapfen f_1, Abb. 80, in den Tragarmen f.

In der Mitte befindet sich ein Handgriff h, Abb. 79, mit welchem der Wirker die Deckmaschine erfassen und beliebig gegen

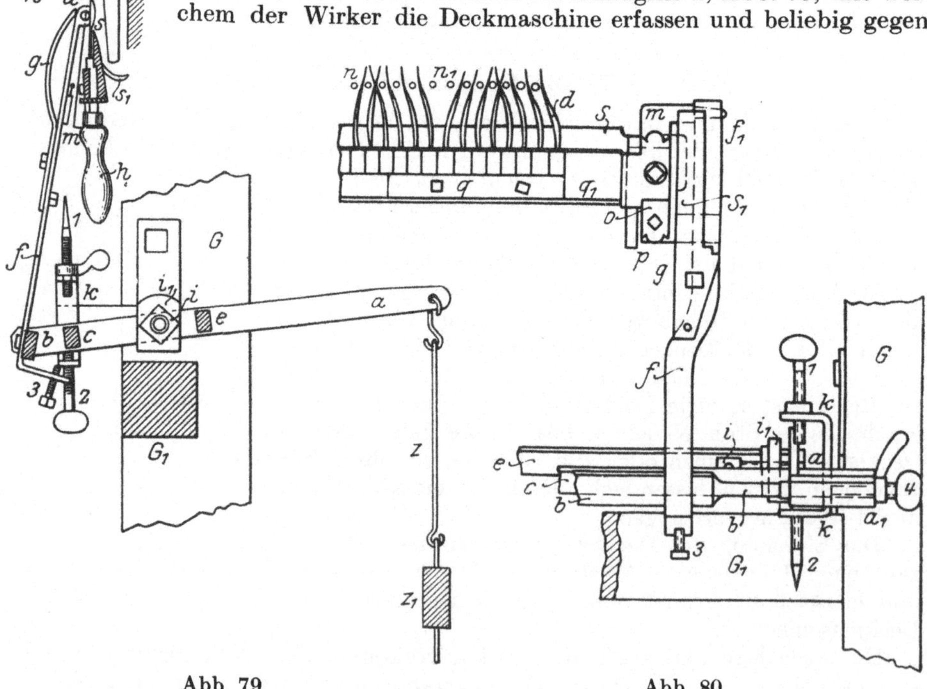

Abb. 79.   Abb. 80.

die Nadeln einstellen kann. Die Tragarme f bilden mit einem rechts und links in einer Büchse a_1 drehbaren Querstab b einen beweglichen Rahmen, der durch Zughebel a und Zugstangen z, z_1 mittels eines im Stuhlgestelle G gelagerten Trittschemels zu heben und zu senken ist. a ist bei i, i_1 drehbar.

Durch die Stellschrauben *1, 2* werden die Bewegungen nach oben und unten geregelt, und die Querstäbe *c, e* verbinden die Hebel *a*.

Die Musterung kommt nun während der Herstellung einer Maschenenreihe in der Weise zustande, daß die mit der Ware von den Platinen *P* eingeschlossenen Deckernadeln beim Ausarbeiten und Abschlagen der Maschenreihe vor die Nadelköpfe *n* in die Stellung, Abb. 81, kommen und die Platinenmaschen *p* nach außen spannen. In dieser Stellung erfaßt man mit dem Handgriff *h*, Abb. 79, die Deckmaschine, während mit dem Hebelzug *a, z* die Maschine so weit gehoben wird, bis sich die Abkröpfungen der Decker *d*, welche dort Zaschen besitzen, vor die Nadelköpfe eingestellt haben.

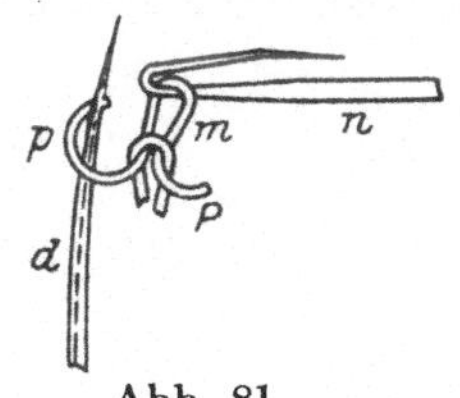

Abb. 81.

Bei dieser Aufwärtsbewegung der Decker werden auch die erfaßten Platinenmaschen der Deckerkröpfung folgen und vor die Nadelköpfe gezogen. Jetzt drückt man mittels des Handgriffes *h* die Decknadeln gegen die Stuhlnadeln *n*, zieht den Handgriff *h* nach vorn aufwärts, so daß die Deckernadeln die Stuhlnadeln völlig überdecken und der Bogen s_1 des Scheuerbleches *s* an dem Führungsbogen zwangsläufig vorbeigeht. Hierdurch wird das Scheuerblech *s*, das hinter den Deckernadeln steht, unter letzteren und den Stuhlnadeln vorgeschoben und die um die Decker geschlungenen Platinenmaschen auf die Stuhlnadeln werden übertragen.

Durch eine geschickte rasche Vorwärts- und Abwärtsbewegung der oben in *f* drehbaren Deckmaschine bleiben die Platinenmaschen auf den Nadeln zurück, während die leere Deckmaschine mit ihren Nadelspitzen wieder in die Nadelreihe eingestellt und die an den Nadeln hängende Ware zurückgeschoben und von den Platinen *P* eingeschlossen wird.

Werden die Platinenmaschen immer an derselben Stelle ausgezogen und durch die abgekröpften Nadeln vor die Stuhlnadeln geführt und aufgedeckt. so erlangt man streifenartige Musterungen. Schöne Wirkmuster (Deckmuster) erlangt man nur durch seitliches Verschieben der Deckmaschine, entweder wenn sie von Maschen befreit ist, bevor sie in die Nadeln eingelegt wird, oder wenn sie noch die Platinenmaschen aufgenommen und diese vor die Nadelköpfe gezogen hat. Die genaue Einstellung beim seitlichen Verschieben des Deckmaschinenrahmens *q, f, b,* zwecks der Musterung, geschieht durch die in die Büchsen a_1 einstellbaren Flügelschrauben *4*.

Der Zwischenraum zwischen letzteren und den in die Büchsen ragenden Lagerzapfen *b* ist genau auszuwählen. Für Tüllware muß dieser Zwischenraum genau eine Nadelteilung betragen, damit die Deckmaschine mit den Doppeldeckern um eine Nadelteilung verschiebbar ist.

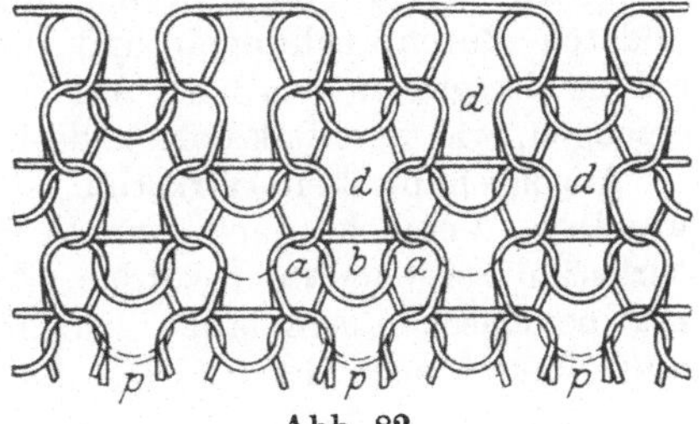

Abb. 82.

Durch das Aufdecken der Platinenmaschen entstehen einerseits, da wo die Platinenmaschen fortgehängt werden. Durchbrechungen, andererseits, durch das Aufdecken dieser Fadenteile, Fadenanhäufungen und Zusammenziehungen der Maschen. Bei der Verwendung der Tüllmaschine, Abb. 77, wird jede zweite Platinenmasche *p*, Abb. 82, von einem Doppeldecker erfaßt und über 2 Nachbarmaschen *a* aufgedeckt.

Die Platinenmasche *p* wird somit nach *b* langgestreckt über die 2 Nachbarmaschen *a* geleitet, bildet dort einen Henkel, während bei *a* mit *b* die Doppelmaschen entstehen. In der nächstfolgenden Reihe sind die Decker versetzt eingestellt, die Platinenmaschen werden in den Zwischenstellen aufgedeckt, wodurch die gleichmäßig versetzten Sechseck-Durchbrechungen d gebildet werden (sog. Tüllmusterung).

Ananasmuster erfordern die Deckerstellung Abb. 78 oder 80. Bei der Deckerstellung Abb. 80 wird während ca. 4—6 Maschenreihen die Übertragung der Platinenmaschen an derselben Stelle vorgenommen. Durch die Doppeldecker werden die Platinenmaschen hier bei a, Abb 83, und durch die rechts und links

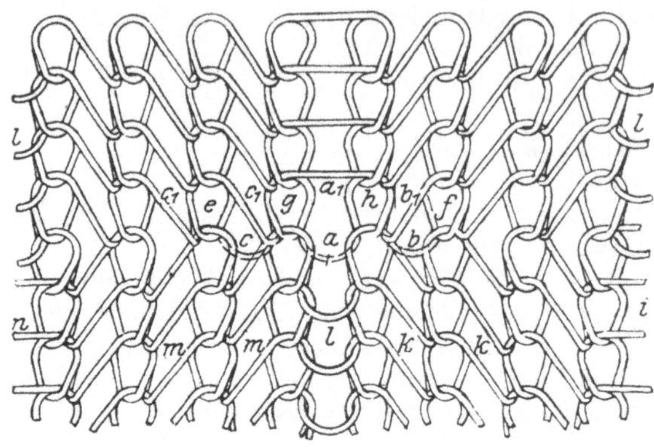

Abb. 83.

stehenden einfachen Decker, so wie bei b, c angedeutet, erfaßt und nach a_1, b_1, c_1 übertragen. Es entstehen so die Maschenpaare a_1 einerseits und die einzelnen Doppelmaschen b_1, f und c_1, e andererseits.

Bei l bleiben die Platinenmaschen unverändert, so lange, bis die Deckmaschine um den halben Musterrapport, d. s. 4 Nadelteilungen, verschoben wird. Die Doppeldecker stellen sich dann außen bei n, i ein und die Platinenmaschen bilden bei n, m, k die Musterung und bei l bleiben sie unverändert. In dieser Stellung wird wieder während ca. 4 bis 6 Maschenreihen gleichmäßig aufgedeckt, worauf die Deckmaschine wieder in ihre Anfangsstellung zurück zu verschieben ist.

Durch diese systematische Anordnung der Decker und Übertragung der Platinenmaschen entsteht eine eigenartige Fadenverbindung mit strahlenförmig laufenden Fadenstücken, die sich um die Doppelmaschen a_1, g, h gruppieren. So verlaufen z. B. die Platinenmaschen b_1 nach rechts, jene c_1 nach links und umgekehrt diejenigen k nach links, während jene m nach rechts gerichtet sind. Hierdurch und auch durch die erstmalige Einstellung des Doppeldeckers, wie etwa bei a, entstehen Maschenverschiebungen, die sich aus der Warenfläche herausdrängen und eine blasenförmige Musterung bewirken, welche von den bei a gebildeten Durchbrechungen und den tiefer liegenden Maschenpartien mustermäßig abgegrenzt werden. Auf diese Weise lassen sich prächtige Mustereffekte erzeugen, wie sie mit keiner andern Mustereinrichtung zu erreichen sind.

Am mechanischen Wirkstuhl ist die Deckmaschine praktisch noch wenig anwendbar. Versuche nach dem D. R. P. Roscher sind bis jetzt nur am Rundwirkstuhl vorgenommen worden. Zu bemerken ist noch, daß das Aufdecken der Platinenmaschen sehr lange Schleifenreihen erfordert. Der Deckmaschinenstuhl muß deshalb sehr tief und lose kulieren.

VI. Die Schuß- oder Riegelmaschine.

Während man bei der Herstellung von Petinetwaren die Deckerschiene zum Abheben der Maschen und Übertragen der letzteren auf Nachbarnadeln nur an einzelnen Stellen mit Deckern besetzt und die Maschen nach Vollendung einer Maschenreihe auf Nachbarnadeln überträgt, benützt man die Riegelmaschine, die auch wie eine Petinetmaschine gestaltet ist, zum Abheben der Maschen schon bevor die Schleifenreihe in Maschenform umgewandelt ist. Der Arbeitsvorgang ist ein wesentlich anderer.

Es sind mindestens halb so viele Decker auf der Deckschiene eingestellt, als der Wirkstuhl Nadeln besitzt oder aber, die Deckerzahl ist gleich der Nadelzahl des Stuhles. Man bezweckt mit dieser Einrichtung das Einlegen eines Schußfadens zwischen die abgehobenen Maschen und die neuen Schleifen. Der Schußfaden wird in der Regel aus umsponnenem Gummi verwendet, so daß eine außerordentlich dehnbare Ware erzielt wird, wie sie für chirurgische Artikel in Frage kommt.

Die Einführung des Schußfadens kann von Hand oder mit Hilfe eines Fadenführers erfolgen. Man nennt das Einlegen des Schußfadens auch das Verriegeln der Ware und die Einrichtung Riegelmaschine. Die Ware wird für orthopädische Gebrauchsgegenstände, wie Krampfadernstrümpfe, Gurten usw. verwendet. Es sind in der Regel zwei Arbeitsverfahren in Anwendung.

Bei den allgemeinen Verfahren läßt man die kulierte Schleifenreihe, welche in die Nadelhaken vorgeschoben ist, nicht abpressen wie sonst, sondern benützt die mit halb- oder vollbesetzten Deckern ausgerüstete Petinet- oder Riegelmaschine als Presse. Ist die Deckerschiene aufgepreßt und über die Nadeln gelegt, so schiebt

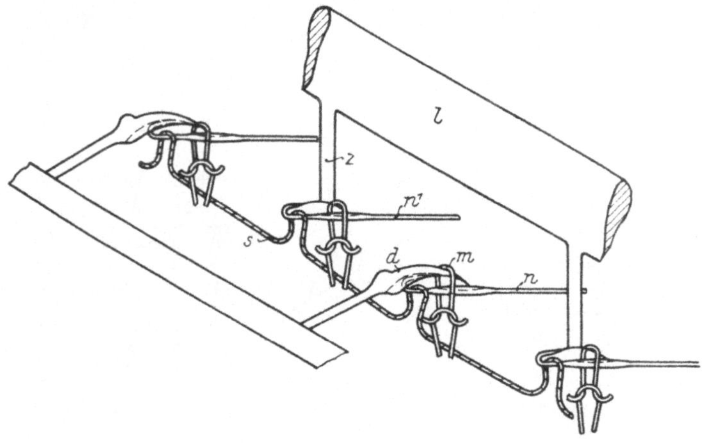

Abb. 84.

man mit Hilfe der Platinen die alten Maschen über die aufgepreßten Decker (Auftragen). Hierauf werden durch Abheben und Vorziehen der Riegelmaschine mittels der Decker die aufgetragenen Maschen über und vor die neuen Schleifen gezogen. Sodann legt man zwischen neue Schleifenreihe und die vorgezogenen alten Maschen den Schußfaden, aber so, daß er unter die Nadelköpfe zu liegen kommt. Hierauf kann man die Maschen entweder wieder über ihre gleichen Nadeln decken oder durch seitliches Verschieben der Riegelmaschine, sie auf Nebennadeln hängen. und sie mit Hilfe der Platinen auf den Nadelschäften zurückziehen und einschließen. Der Schußfaden liegt zwischen den alten Maschen und den neuen Schleifen, die mit den ersteren jetzt Doppelmaschen gebildet haben. Wird sodann eine neue Schleifenreihe kuliert, so kann diese wie sonst zu einer gewöhnlichen Maschenreihe ausgearbeitet werden, worauf der Arbeitsvorgang wiederholt wird.

Die andere Art verwendet zu der Riegelmaschine noch eine in Zähne und Lücken geteilte Musterpresse, so daß gleichzeitig ein Wirkmuster in der Ware entsteht. In der Regel wird die Einnadelpresse mit Zähnen z und Lücken l, Abb. 84, benützt.

Ist die Schleifenreihe wie sonst kuliert, so stellt man die Riegelmaschine, welche nur halb so viele Decker besitzt als Nadeln im Stuhl sind, mitsamt der Musterpresse über den Nadeln n, n_1 ein und zwar dort, wo die Nadeln n in die Lücken l zu stehen kommen, so daß also nur jede zweite Masche m, wie oben ausgeführt, über die neuen Schleifen s durch die Decker d, Abb. 85, abzuheben und vorzuziehen sind, während die Maschen m_1 über die gepreßten Nadeln aufgetragen und über die Schleifen s_1 geschoben und letztere zu neuen Maschen ausgebildet werden. In dieser Stellung wird der Schußfaden F zwischen den abgehobenen Maschen m und den Schleifen s und vor den ausgebildeten neuen Maschen m_1, s_1 eingeführt, worauf die Maschen m mittels der Decker d wieder über die Nadeln n gehängt werden.

Bei diesem Vorgang vereinigen sich auf den Nadeln n wieder die alten Maschen m mit den neuen Schleifen s zu Doppelmaschen m, m_1, Abb. 86. Zwischen beiden Maschenarten ist der Schußfaden S eingebunden. In der darauf folgenden Maschenreihe wird zunächst wieder eine neue Schleifenreihe kuliert, letztere in die Nadelhaken vorgeschoben, dann Presse und Deckschiene um eine Nadelteilung

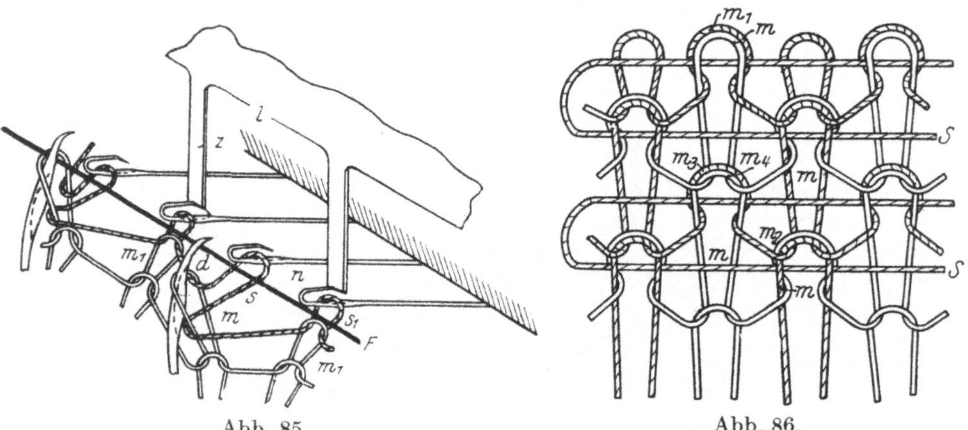

<table>
<tr><td>Abb. 85.</td><td>Abb. 86.</td></tr>
</table>

verschoben und auch diese Schleifenreihe, wie ausgeführt, durch Aufsetzen der Presse und der Decker auf die Nadeln wie vorhin behandelt. Diesmal werden aber die Maschen s_1, Abb. 85, mit den Deckern über die neuen Schleifen vorgezogen, während die Doppelmaschen m, m_2, Abb. 86, über die neuen Schleifen abgeschlagen werden, worauf der Schußfaden S wieder eingeführt und durch Aufdecken der Maschen s_1, Abb. 85, jetzt die Doppelmaschen m_3 und m_4, Abb. 86, gebildet werden. Hierauf wiederholt sich der Vorgang. Wie ersichtlich, hat man auf diese Weise ein versetztes Muster mit den Doppelmaschen m, m_2 und m_3, m_4 zustande gebracht, das, wenn man sich den Schußfaden wegdenkt, die einnädelige Preßware ergeben würde. Die Maschen m, m_1 liegen versetzt.

Eine andere, wesentlich einfachere Ausführungsart erlangt man unter Benützung der glatten Presse bei regelmäßiger Maschenbildung dadurch, daß man mit der obigen Deckerschiene nach jeder ausgearbeiteten Maschenreihe jede zweite Masche von den Nadeln abhebt, ähnlich wie dies bei Petinetware geschieht, und solange die Maschen von den Deckern gehalten und vor die Nadeln gezogen werden, führt man den Schußfaden ein; sodann werden die Maschen wieder auf dieselben Nadeln gehängt und eine glatte Maschenreihe darüber gearbeitet. Der Schußfaden liegt je vor und hinter einer gewöhnlichen Masche, so daß 1 : 1 gerippte Ware entsteht. Natürlich können auch noch andere Arten durch entsprechendes Verhängen der Maschen gebildet werden.

Eine weitere Mustereinrichtung, die heute aber meist nur noch dem Namen nach bekannt ist oder aber an mechanischen Stühlen Verwendung findet, ist die **Werfmaschine** zur Hervorbringung von petinetartigen Musterungen. Bei dieser Arbeitsweise wird jedoch nicht die ganze, sondern nur die Hälfte einer Masche erfaßt und von den Nadeln abgehoben und auf eine benachbarte Nadel übergehängt. Eine solche Ware wird auch eingebrochene Ware genannt.

Das Verfahren dient zum Einarbeiten von Zeichen und Namenszüge in Gebrauchsgegenstände.

Am Rundwirkstuhl kann eine solche Werfmusterung mit Hilfe des À-jour-Rades leicht hergestellt werden.

F. Die Herstellung regulärer Ware.

Hierzu benutzt man ebenfalls Decker.

Es ist schon darauf hingewiesen worden, daß die Wirkerei ihre Produkte gebrauchsfertig auf den Markt bringt.

Diejenigen Gebrauchsgegenstände, deren Formen und Größen schon während der Herstellung am Wirkstuhl oder der Strickmaschine zustande kommen, nennt man reguläre Waren.

Die Form wird dadurch erzielt, daß man die Warenbreite an den Nadeln während des Arbeitens durch Eindecken oder Abnehmen der Maschen und Übertragen auf weiter innen liegende Nadeln oder, durch Ausdecken und Forthängen der Randmaschen auf bisher nicht benützte Nadeln, verändert. Die erstere Arbeit nennt man das Mindern, die letztere das Erweitern. Das Erweitern kann nach zwei Gesichtspunkten erreicht werden.

Entweder durch Abheben der Randmaschen und Übertragen auf Nebennadeln oder durch sogenanntes Anschlagen, das ist Überlegen des Fadens auf eine außen neben der Randmasche liegende, bisher nicht arbeitende Nadel. Es entsteht dann an einer solchen Nadel in der ersten Reihe ein Henkel, der erst in der nächstfolgenden Reihe zur Masche weiterverarbeitet wird. Während man zum Mindern und Abdecken besondere Deckernadeln anwendet, die zu einer Art Deckmaschine ausgebildet werden und zum Abheben und Forthängen der Maschen dienen, benützt man zu dem sogenannten Anschlagen oder Zunehmen nur den Fadenführer, der das Anschlagen stets an derjenigen Warenseite vornimmt, an der jeweils der Fadenführer nach beendigter Maschenreihe stehengeblieben ist. Es ist somit dieses durch Anschlagen vorzunehmende Erweitern der Ware nur abwechselnd an der einen oder andern Warenseite, durch Verschieben des Fadenführers, zu erreichen.

An Maschinen mit einzeln beweglichen Nadeln, wie z. B. an Strickmaschinen, wo nur jene Nadeln im Bereiche des Maschenbildungsapparates stehen, welche die Maschen zu bilden haben, muß außerdem die erforderliche neue Nadel in Arbeitsstellung kommen. Es ist dies das sogenannte Zunahmeverfahren.

Die neueren Wirk- und Strickmaschinen mit mechanischer Einrichtung besitzen zur Erzeugung regulärer Wirk- und Strickwaren besondere Minder- und Zunahmevorrichtungen. Die mechanischen Flachwirkstühle haben ihre praktische Bedeutung tatsächlich auch erst in dem Augenblick erlangt, wo eine brauchbare Mindervorrichtung erfunden worden ist.

G. Mechanische Wirkstühle (Kulierwirkstühle).

Die Umwandlung des Handwirkstuhles in einen mechanisch arbeitenden ist, wie schon hervorgehoben wurde, in die zweite Hälfte des vorigen Jahrhunderts zu verlegen.

Die ersten mechanischen Kulierwirkstühle besitzen noch die Hauptteile des Handwirkstuhles. Auch die Anordnung der Nadeln ist in den ersten Maschinen noch genau dieselbe wie im Handwirkstuhl. Erst die Abweichung von der ebenen Nadelanordnung in eine gebogene, ringförmige, brachte eine Umwälzung im Wirkmaschinenbau.

Hiernach hat man Flach- und Rundwirkstühle voneinander zu unterscheiden.

I. Mechanische Flachkulierstühle.

Für die Herstellung regulärer Wirkwaren werden die flachen mechanischen Wirkstühle mit großem Vorteil verwendet. Sie eignen sich vorwiegend da, wo feine, gemusterte Gebrauchsgegenstände, wie z. B. Seidenstrümpfe, Florstrümpfe, Handschuhe usw. in Frage kommen.

Von den zahlreichen Konstruktionen, die als mechanische Flachkulierstühle bekannt geworden sind, sind für die Wirkereiindustrie nur zwei Hauptsysteme von Bedeutung.

a) Der flache mechanische Kulierwirkstuhl von Arthur Paget.

b) Der flache mechanische Kulierwirkstuhl von Cotton.

Beide Systeme sind so konstruiert, daß die Teile der Gebrauchsgegenstände selbsttätig mit Form und Größe hergestellt werden können.

Auf die Verbesserung bezüglich der Leistungsfähigkeit, sowie hinsichtlich der Mustergestaltung, sind zahlreiche Patente erteilt worden. Eine wesentliche Abweichung von den zwei erwähnten Grundsystemen ist bis jetzt nicht vorgekommen.

Während der mechanische Flachwirkstuhl nach dem System Paget mit ebener, beweglicher Nadelbarre als sogenannter Einlängenstuhl gebaut wird, kommt der mechanische Wirkstuhl nach dem System Cotton mit lotrecht stehender, beweglicher Nadelbarre und nur als mehrsystemiger Wirkstuhl zur Anwendung.

1. Der flache mechanische Wirkstuhl System Paget.

Die Erfindung dieses Stuhles fällt in das Jahr 1861. Bei der Konstruktion ließ sich der Erfinder Paget von dem Gedanken leiten, auch dem kleinen Manne einen mechanisch arbeitenden Wirkstuhl zur Verfügung zu stellen, dessen Anschaffungskosten erschwinglich, und dessen Leistungsfähigkeit den Betrieb rentabler gestalte.

Der Stuhl wurde deshalb zunächst nur einköpfig, d. h. mit einer Nadelreihe, zur Herstellung je einer Strumpflänge oder eines Vorfußes in einem Arbeitsgang, gebaut. In neuerer Zeit ist seine Vervollkommnung bis zu 6 Arbeitsstellen (6 Fonturig) erfolgt.

Die heutige Konstruktion ist nach dem System Mossig in Siegmar (Sachsen) derart ausgeführt, daß die Nadelbarren in zwei Lagern wagerecht geführt werden. Die Nadelanordnung in der beweglichen Nadelbarre ist zunächst von Paget so gewählt worden, daß die Nadelreihe gegen die Presse etwas geneigt stand, wodurch der Preßdruck mehr gegen die Nadellagerung ausgeübt wurde. Die neueren Ausführungen besitzen die Nadeln horizontal angeordnet.

In Abb. 87 ist ein mechanischer Flachwirkstuhl nach System Paget im Vertikalschnitt dargestellt. Dieser Stuhl wird auch noch in den feinsten Teilungen für Wirkwaren mit einer Nadelreihe hergestellt und durchweg mit fallenden Platinen ohne Schwingen ausgerüstet.

Die Nadeln n sind horizontal als Spitzen- oder Hakennadeln in Bohrungen bei n_1 der horizontal beweglichen Nadelbarre N befestigt. Das Abheben der Deckplatten e, durch Lösen der Schrauben s, ermöglicht jederzeit das Auswechseln der Nadeln, wenn solche schadhaft geworden sind. Man benützt hierzu einen geeigneten Schraubenschlüssel, den man unter und hinter der Abschlagschiene a_1 einführt.

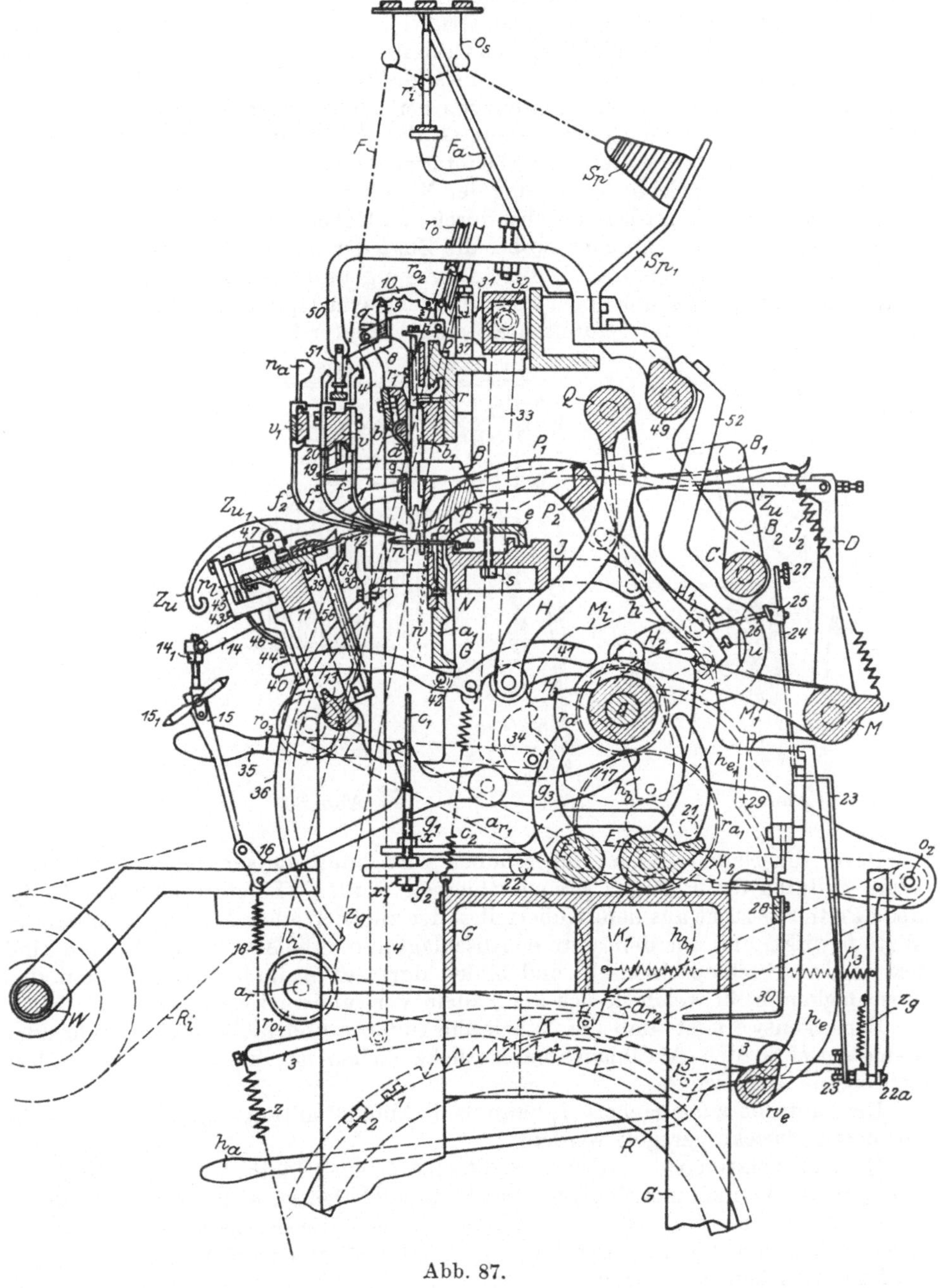

Abb. 87.

Löst man die Schrauben s, so können sich die Deckplatten e unter Federdruck heben und die Nadeln bei n_1 freigeben. Mit Hilfe einer Nadelzange können sie aus dem Nadellager n_1 entfernt werden. Bei älteren Stühlen sind, wie schon bemerkt wurde, die Nadeln mit der Nadelbarre etwas nach oben geneigt, um den Druck der Presse abzuschwächen und das Verbiegen der Nadeln zu verhüten; auch hat man zu diesem Zwecke eine Lame (Schiene) unter den Nadeln eingestellt.

Die Nadelbarre N ist in älteren Konstruktionen rechts und links an Führungsstäben getragen, die sich in Muffen des Gestelles G führen. Bei der neueren Ausführung liegt sie frei zwischen den Gestellwänden G; sie wird vorn mit den Nadeln n vom Abschlagkamm a, a_1 und hinten von den Hebelarmen I, getragen und geführt. Oben im Gestell ist eine Welle Q, die Schüttelwelle, drehbar gelagert, welche sämtliche für die Bewegung benötigten Hebel und Hubarme enthält.

Die Vor- und Rückwärtsbewegung der Nadelbarre wird wie folgt ausgeführt: Die Vorwärtsbewegung wird zunächst durch den Hebelarm H und Exzenter H_3 der Arbeitswelle A hervorgebracht, wobei die Zugfeder J_2 eines Hebels, der rechts und links von Q getragen wird, diese Bewegung unterstützt. Sodann wird die Rückwärtsbewegung durch einen weiteren Hebelarm H_1 mit verstellbarer Rolle u und einem entsprechend geformten Abschlagexzenter hervorgebracht.

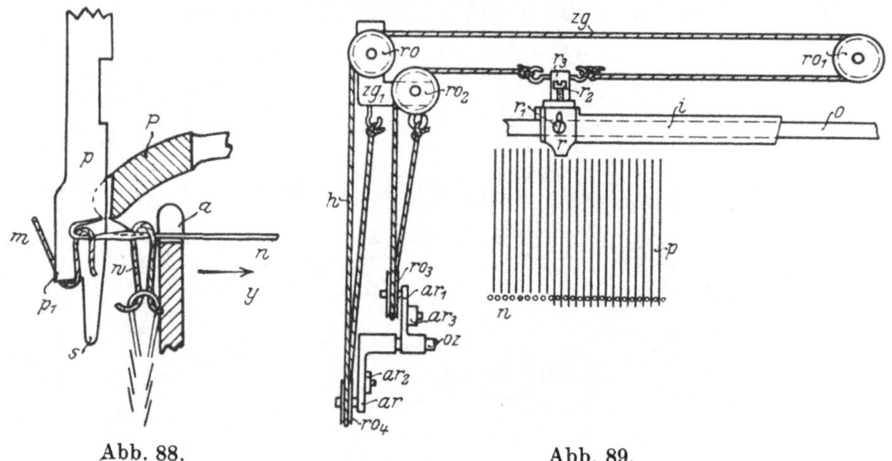

Abb. 88.Abb. 89.

Bevor die Nadelreihe N vorgeschoben wird, muß die senkrecht abgezogene Ware w durch die Platinen p eingeschlossen werden. Letztere sind zweiteilig. Jede Platine besteht aus dem Kulierteil p, der zugleich auch das Einschließen der Ware bewirkt, und aus dem unteren Abschlagteil a. Die Abschlagplatinen a sind fest in der Abschlagschiene a_1 und bilden dort zur Aufnahme der Nadeln den Abschlagkamm, in welchem sich die Nadeln vor- und rückwärts bewegen.

Bemerkenswert ist, daß die Nadelreihe für lose und dichte Ware mehr oder weniger tief in den Abschlagkamm zurückzuziehen ist; hierzu sind besondere Stellorgane vorgesehen.

Die Laufrolle u des Hebels H_1 kann nach Abb. 87 mittelst einer Stellschraube zu diesem Zwecke geregelt werden.

Die Kulierplatinen p werden in Schlitzen b, b_1 einer Platinenbarre geführt und getragen; sie können zum Kulieren der Fadenschleifen m, Abb. 88, einzeln nacheinander zwischen die Nadeln n geschoben werden. Hierbei nehmen die Platinennasen p_1 den von einem Fadenführer f, f_1, f_2, Abb. 87, geführten Faden F in Schleifenform zwischen die Nadeln.

Eine über der Platinenbarre sitzende Gleitschiene i schiebt den Rößchenkeil r, Abb. 89, über die ganze Platinenreihe weg. Die Schiene i führt sich hierbei schwalbenschwanzförmig an der Rößchenstange o, welche fest in dem Gestell sitzt. Bewirkt wird diese Horizontalführung durch einen über Rollen $ro - ro_4$, Abb. 87 und 89, laufenden Schnurenzug zg (Rößchenzug). Diese Rollen sitzen an den um einen Zapfen oz ausschwingenden einarmigen Hebel ar, ar_1, Abb. 87 und 89 (Kulierhebel). Durch die links außen an der Gestellwand G sitzenden Stirnräder ra, ra_1, Abb. 87, empfangen die Arme ar, ar_1 abwechselnd eine Auf- bzw. Abwärtsschwingung. Dies geschieht durch an jeder Seite am Stirnrad ra eingestellte Daumenhebel hb, hb_1, die bei den Laufrollen ar_2, ar_3, Abb. 89, die Kulierarme niederdrücken. Ein Stirnrädchen ra sitzt auf der Arbeitswelle A und steht mit ra_1 beständig im Eingriff; ra_1 besitzt die doppelte Zähnezahl von ra. Ersteres wird somit bei einer Maschenreihe nur zur Hälfte umgedreht, so daß der gleiche Daumenhebel in jeder zweiten Reihe auf die gleiche Laufrolle ar_2, ar_3, Abb. 89, trifft. Wenn daher, so wie in Abb. 87 und 89 gezeichnet, ar_2, ar durch den Daumenhebel hb_1 (punktiert in Abb. 87 gezeichnet) nach unten geführt ist, so wird der linke Schnurenzug bei ro_4 niedergezogen und bei ro_3 freigegeben. Umgekehrt aber wird bei der folgenden Reihe der obere Daumenhebel hb mit ar_3 den Arm ar_1 mit Rolle ro_3 den rechten Schnurenzug abwärts führen und bei r_3, Abb. 89, den Rößchenkeil r nach links über die Platinen p fortschieben; der Arm ar wird freigegeben. Es kann auf diese Weise das Rößchen r bald nach rechts, bald nach links über die Platinen p geschoben und letztere zum Kulieren gebracht werden.

a) Der Rößchen- oder Schnurenzug zg ist bei zg_1, Abb. 89, so befestigt, daß der Rößchenapparat in jeder Reihe sämtliche Platinen p durchläuft; bleibt er links oder rechts nicht außerhalb denselben nahe bei den Randplatinen stehen, so ist dementsprechend der Schnurenzug bei der Befestigungsstelle zg_1 zu lockern oder anzuspannen. Der Kulierweg ist genau auszumessen.

Bemerkt sei noch, daß für dichte Waren der Rößchenkeil r durch Lösen der Schraube r_1 bei r_2 höher, für lose Ware tiefer, einzustellen ist. In welcher Weise mehrere Rößchen gleichzeitig einzustellen sind, soll später ausgeführt werden. Durch die beständige Reibung des Rößchens auf den Platinen p treten mancherlei Übelstände auf. Außer dem Abnützen des Rößchenkeiles können die Platinen Scharten erlangen, auch nützen sie sich bald ab oder es entstehen Gräte, welche das sichere Kulieren verhindern. Dies hat auch beim Ränderstuhl Anlaß zur Benutzung von Schwingen gegeben, gegen welche das Rößchen trifft und dadurch die Platinen geschont werden.

Bei den angeführten Störungen kommt es vor, daß auch die Platinenfedern d, Abb. 87, welche die Platinen am Herabfallen verhindern, und in höchster Stellung erhalten, manchmal über die Platinenkanten abrutschen und sich zwischen letztere legen, wodurch die Kulierarbeit gestört wird und Nadeln beschädigt werden. Solche Federn müssen wieder mittelst der Nadelzange auf die Platinenkanten gesetzt werden; verbogene Teile sind gerade zu richten.

Das Mühleisen c ist rechts und links mit den unter der Arbeitswelle A liegenden Hubarmen c_3 an der Stelle 21 verbunden und bei c_1 verstellbar. Es hat den Zweck, die Platinen p während der Schleifenbildung in ihrer Fallhöhe zu begrenzen. Ebenso kann durch diesen Teil auch das Hochbringen sämtlicher Platinen p erfolgen. Die Platinen p müssen bevor die kulierten Schleifen zu Maschen ausgebildet sind, aus der Kulierstellung, Abb. 88, herausgehoben werden, damit die Schnäbel s die neuen Schleifen m freigeben und die Nadeln behufs Abschlagens der alten Maschen ganz in den Abschlagkamm a zurückzuziehen sind. Die alten Maschen w fallen hierbei über die neuen Schleifen. Wenn diese Stellung der Platinen nicht genau geregelt ist, so bleiben einzelne Schleifen an den Platinenschnäbeln s hängen und zerreißen; es gibt Löcher in der Ware. Diese Regelung bewirkt der Hebelzug c_1, Abb. 87, mit den Hubarmen c_2, sowie Daumenhebel c_3 der Schüttelwelle E_1 und Exzenter der Arbeitswelle A.

Es ist ferner die richtige Einstellung des Mühleisens c schon deshalb wichtig, weil die Platinen zwischen Rößchenbahn und Mühleisenstab so viel freien Spielraum besitzen müssen, daß ein Spannen oder Klemmen beim Kulieren vollständig verhütet wird; es soll der Rößchenkeil frei und leicht über die herabgestoßenen Platinen weglaufen. Wird dies nicht beachtet, so stößt das Rößchen hart gegen die Platinen und reibt letztere oben durch; auch das Rößchen wird frühzeitig abgenützt. Die Regelung ist bei der Stellschraube x, Abb. 87, vorzunehmen.

Beachtenswert ist noch die Platinenpresse g. Diese steht teilweise in Verbindung mit dem Mühleisen. Bevor die Nadelbarre N aus der Abschlagstellung wieder in die Einschließstellung übergeht, müssen die Platinen in die gezeichnete Stellung, Abb. 87, herabgesenkt werden. Dazu reichen weitere Zugstangen g_1 von Hebelarmen g_2 einer zweiten Schüttelwelle E bis zu der Platinenpresse g und ziehen diese gegen die vorstehenden Platinennasen oben bei p, wodurch die Platinen in die Einschließstellung gelangen. E empfängt seine Bewegung durch einen Daumenhebel g_3 und Exzenter der Hauptwelle A. Das Heben von g erfolgt durch das Mühleisen c mit Hilfe der Platinen, und zwar während der oben erwähnten Aufwärtsbewegung. Somit hat das Mühleisen eine hebende, die Platinenpresse eine senkende Wirkung. Ferner senkt sich auch noch das Mühleisen durch sein Eigengewicht bis zu der Kulierstellung herab, wenn die Platinenpresse niedergeht. Stellschraube x_1 ermöglicht die richtige Stellung. Diese Einrichtung wird auch Einschließschiene genannt. Sie kann nach dem System Theod. Lieberknecht auch als Verteilschiene benützt werden für die Verarbeitung von Seide und anderen spröden Materialien.

Bei Fadenbruch, Fehlreihen und sonstigen Störungen ist es nötig, daß zur Hebung des Übelstandes die Nadeln von den Platinen befreit werden, damit etwa abgefallene Maschen wieder auf die Nadeln zu hängen sind. Zu diesem Zwecke schiebt man sämtliche Platinen so weit nach oben, bis die sogenannte Abschlag- oder Hochstellung erreicht ist. Dies wird bei c_3 durch Anheben oder dadurch erreicht, daß ein an der Schüttelwelle E_1 mit einem verlängerten Hebel versehener Zug mit dem Fuß niedergezogen wird, wobei das Mühleisen c_1 sich hebt, oben an die Platinen p stößt und sie mit den Schnäbeln aus den Nadeln hebt; die Maschenreihe wird dadurch freigegeben.

Bei diesem Vorgang ist zu beachten, daß der Rößchenkeil nicht innerhalb über den Platinen steht, sondern außen. Er muß durch Rückwärtsdrehen des Kulierapparates außerhalb die Nadeln zu stehen kommen. Der letztere Fall tritt ein, wenn während der Kulierarbeit der Faden reißt.

Nach Behebung des Übelstandes zieht man bei g_2 das Gestänge g_1 mit der Platinenpresse g wieder so weit herab, bis die vorher auf den Nadelschäften zurückgeschobene Ware w wieder eingeschlossen ist; dann ist der Stuhl wieder betriebsfertig.

b) Die Preßvorrichtung liegt im Pagetstuhl hinter den Platinen über der Nadelbarre N, Abb. 87 und 88. Sie bildet eine Kammpresse P, in deren Lücken die Platinen p auf und nieder zu führen sind. Das Pressen der Nadeln erfolgt durch die Hebelverbindung P_1, P_2, h und Exzenter der Arbeitswelle A, Abb. 87. Der Preßvorgang ergibt sich aus Abb. 88. Die Nadelhaken müssen vor der Pressung so weit zurückgezogen sein, bis die neuen Schleifen m unter den Nadelhaken eingeschoben sind, während die alten Maschen w hinter den Haken stehen; dann wird die Presse gegen die Nadeln gesenkt, und beim weiteren Durchziehen der Nadelbarre N in Pfeilrichtung y erfolgt dann sofort das Auftragen der Maschen w, und während die Nadelbarre die Nadeln n mit ihren Köpfen in den Abschlagkamm a noch weiter zurückgeht, fallen die alten Maschen über die neuen Schleifen m, Abb. 88. Während diesem Vorgang ist die Presse wieder in die Stellung,

Abb. 87, zurückgegangen. Auch die Platinen p mit den Schnäbeln p_1, Abb. 88, sind zum Freigeben der Schleifen, wie oben angedeutet, gehoben worden. Es kann dann die Ware w wieder eingeschlossen und der Vorgang neu begonnen werden.

Bei glatter Wirkware sind sämtliche Nadeln während der Herstellung jeder Maschenreihe abzupressen. Für Preßmuster dagegen ist die Presse in Zähne und Lücken geteilt, damit nur ein Teil der Nadeln abwechselnd zu pressen ist. Die Presse besitzt hierzu auch bewegliche Preßzähne, die nach Maßgabe eines Musters mittelst einer Mustervorrichtung (Jacquardapparat) gegen die Nadeln einzustellen sind (D. R. P. 97528). Bei diesen Arbeitsvorgängen kommt die Presse regelmäßig in Arbeitsstellung.

Anders ist dies jedoch bei der Herstellung von Ringel- oder Farbmustern, in welchen abwechselnd einreihige Ringel vorkommen. Diese erfordern vielfach eine Wechselstellung; der Fadenwechsel ist bald links, bald rechts vorzunehmen. Meist ist aber der benötigte Fadenführer an einer entgegengesetzten Seite der Nadelreihe stehengeblieben und muß deshalb an die Arbeitsseite zurückgeholt werden. Man erlangt dies durch eine sogenannte Leerreihe. Dieser Vorgang ist später mit dem Ringelapparat zu behandeln.

c) Die Fadenzuführung erfolgt durch die über den Nadeln n, Abb. 87, angeordnete Fadenführer f, f_1, f_2, welche verschiebbar an den Schienen v, v_1 sitzen und oben verlängerte Nasen na tragen. Je nach der herzustellenden Ware wird nur ein oder es werden mehrere Fadenführer jeweils benützt. So z. B. sind für die Fersenarbeit der Strümpfe 2—3 Fadenführer nötig, welche getrennt nebeneinander über die Nadeln zu führen sind.

Die Fäden F laufen von den Spulen Sp eines Spulenständers Sp_1 durch Ösen os und Spannringe ri und werden dann einzeln bis zu den Fadenführern f—f_2 geleitet. Wenn ein selbsttätiger Fadenspanner benützt wird, so ist ein solcher, ähnlich wie beim Cottonstuhl angegeben, über dem Fadenständer Fa durch Zugstangen und Exzenter der Arbeitswelle in Schwingung zu bringen. Hierdurch ist es möglich, den beim Umkehren locker gewordenen Faden von den Randnadeln abzuziehen und ein gleichmäßiges Arbeiten der Randmaschen zu gestatten; ferner kann dort das Geschmeidigmachen harter Garne durch Öl oder Fett erfolgen.

Die Verschiebung der Fadenführer f—f_2 erfolgt mit der Rößchenstange i, über welcher die Mitnehmerstange q mit der Mitnehmergabel 8 dreh- und verschiebbar sitzt. Letztere stellt sich vor jeder herzustellenden Maschenreihe gegen einen Fadenführer ein und schiebt diesen so weit über die Nadeln, bis ein sog. Deckschuh (Begrenzer) die Gabel auffängt und zum Stehen bringt. Die Gabel 8 sitzt mit einer Bremshülse auf q und wird beim nächsten Arbeitsvorgang durch Friktion wieder mitgenommen. Der Faden läuft stets vor dem Rößchen her und legt sich dicht unter die Platinennasen; von letzteren wird er in Schleifenform zwischen die Nadeln genommen. Jede zweite Platine ist mit einer schmalen Nase versehen; vor einer solchen bleibt der Fadenführer nach jeder Reihe stehen, so daß der Faden möglichst dicht gegen die Platinen zu liegen kommt, ohne daß letztere auf die Führerröhrchen stoßen.

Vor der Vollendung einer Maschenreihe sind die Fadenführer aus dem Bereiche der Platinen und Nadeln zu bringen. Hierzu sind die Führungsschienen v, v_1 vertikal verschiebbar in Schlitzen der außen am Gestell befestigten Platten 20 und ruhen bei 19 auf einem vorne abgeschrägten Stabe B. Durch Exzenter und Bewegungshebel in Verbindung mit der Welle C und den Hebelarmen B_1, B_2 empfängt B eine Rückwärtsverschiebung, wobei die Schienen v, v_1 an der Abschrägung von B niedergeführt und die Fadenführer unter die Nadeln gebracht werden. Bei diesem Vorgang muß darauf geachtet werden, daß die Fadenführer sicher in die Nadellücken treffen und dicht vor die schmalen Platinen zu stehen kommen.

d) Der Farbmuster- oder Ringelapparat sitzt links außen am Gestell G. Er besteht meist aus einer scheibenartigen Trommel T, Abb. 87 und 90, mit Schaltrad R. Auf der Trommel sind mehrere Lochreihen, I, II, II, Abb. 90, mit Schraubengewinden vorgesehen. In diese sind entsprechend einem Farbmuster

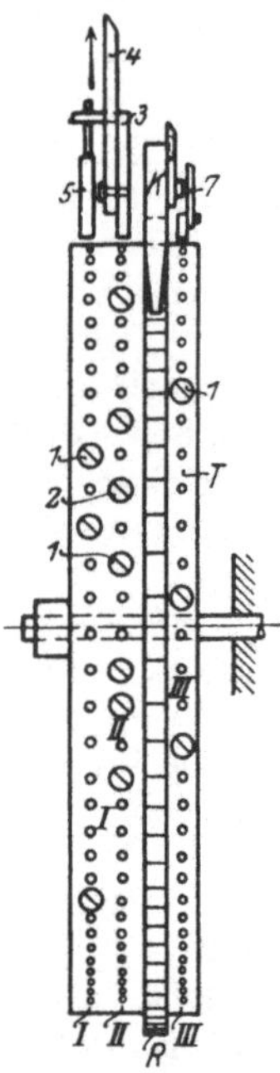

Abb. 90.

Schrauben mit niederen oder höheren Köpfen, *1*, *2*, Abb. 87 und 90, einzusetzen. In der Lochreihe I, III setzt man z. B. nur niedere Schrauben *1* und in der Reihe II höhere und niedere *1* und *2* abwechselnd ein. Mittels den so eingesetzten Schrauben lassen sich die über der Trommel T liegenden Hebel *3*, *5*, *7* ausheben. Das Schaltrad R erlangt durch die Schaltklinke K seine Bewegung. Je nach dem herzustellenden Muster wird die Schaltung zeitweilig unterbrochen. Solange der Hebel *7*, Abb. 90, über den leeren Löchern der Reihe III steht, empfängt die Trommel T mit R durch K regelmäßige Schaltung um eine Zahnteilung, bzw. um ein Loch. Läßt man aber *7* auf einen Schraubenkopf *1* der Reihe III treffen, so empfängt die Schaltklinke K durch den unter Federzug K_3, Abb. 87, stehenden Arm K_1 eine größere Schwingung, so daß jetzt T, R um 2 Zahnteilungen fortgeschaltet wird. K_1 ist um *22* drehbar und erlangt seine Bewegung ber K_2 von Schaltstiften *21* des außen an der Gestellwand sitzenden Stirnrades ra_1. Bei jeder Maschenreihe wird die Trommel T mit R geschaltet.

Der hinten mit der Schüttelwelle we verbundene Bewegungshebel *3*, Abb. 87, ist vorne am Stab *4* angelenkt. Dieser reicht links außen bis zu der Querstange q nach oben und verbindet diese durch eine offene Gabel. Auch an q befindet sich eine verlängerte Gabel *8*, sowie der Rastenkopf *9*, der in die Rasten des federnden Armes *10* greift. Dieser hält die Stange q mit *4* in der erforderlichen Stellung fest. Vor jeder Maschenreihe stellt sich die Gabel *8* gegen eine Nase na der Fadenführerstange ein und schiebt diese an v, v_1 über die Nadeln fort. Bei jeder Wellenumdrehung A empfängt der auf we sitzende Hebel he, he_1 eine Schwingung und bringt Hebel *3* mit Stange *4* so weit nach oben, bis q mit *8* in die äußerste Stellung ausgedreht ist, worauf *3* wieder freigegeben und unter Federzug z zurückgebracht wird.

Inzwischen ist die Mustertrommel T geschaltet worden und wenn hierbei *3* auf eine Schraube *1* oder *2*, Abb. 90, trifft, so kommt die Mitnehmergabel *8*, Abb. 87, gegen die mittlere oder vorderste Nase na und nimmt den Fadenführer f_1 bzw. f_2 auf v, v_1 mit fort, sobald die Maschenreihe beginnt. Solange aber unter *3* leere Schraubenlöcher treffen, kann *4* so weit herabsinken, daß q mit *8* und *9* in die Stellung Abb. 87 gelangt und so die innerste Nase na mit dem Fadenführer f in der folgenden Reihe betätigt. Da dieser Fadenführer den Grundfaden F führt, während die übrigen die Effektfaden führen, so bedeutet eine leere Stelle in der Reihe III der Mustertrommel eine Grundreihe, eine eingesetzte Schraube *1* oder *2* dagegen eine Farbeffektreihe.

Wird mit dem Grundfaden längere Zeit gleichmäßig fortgearbeitet, so ist die Schaltklinke K, Abb. 87, durch Einhängen eines Handhebels in einen Rastenstift, auszulegen. Dabei ist aber eine solche Stellung der Trommel T zu wählen, daß die Hebel *3*, *5*, *7* über leere Schraubenlöcher zu liegen kommen. Während dieser Zeit kann man auch *3*, *4* und we ausrücken und hierzu ist nur der obere drehbare Winkelhebel he_1 vom Exzenter der Arbeitswelle A seitlich wegzuschieben, damit dieser leer vorbeigeht.

Die Leerreihenarbeit. Für die Farbmuster mit einreihigen Ringeln (Farbstreifen mit einer Reihe) ist der Arbeitsvorgang ein anderer. Es ist zunächst nötig, daß die Fadenführer vor jeder Reihe gewechselt werden. Sodann muß die Nadelbarre gegen die Presse eine geänderte Stellung erlangen.

Da die Zahl der Fadenführer beschränkt ist, so kann der Wechsel nicht regelmäßig an jeder Warenkante erfolgen, vielmehr muß der Fadenführerverschub während einer Reihenperiode leer auf die andere Seite geführt und der gewünschte Fadenführer nachgeholt werden. Hierbei kommt auch der Kulierapparat in Tätigkeit, ohne daß Schleifen entstehen. Es wäre also ein Abwerfen der Ware von den Nadeln unvermeidlich. Dies verhindert man dadurch, daß die Maschen nicht aufgetragen werden. Es entsteht eine Leerreihe. Hierzu muß eine Schraube der Reihe I, Abb. 90, den zweiarmigen Hebel 5, siehe auch Abb. 87, nach oben heben. Dieser trifft hinten den um 22 ausschwingenden Winkelhebel 23 und verschiebt mit der bei 24 angelenkten Zugstange 25 den Stab 26. Letzterer greift mit einer Klaue in eine Spur der Laufrolle u, Abb. 87, wodurch diese Rolle auf der Achse seitlich fortgeschoben wird und bei der folgenden Drehung des Nadelbarrenexzenters H_2 über ein besonderes Ansatzstück zu stehen kommt. Hierdurch wird H_1, J_1, J etwas früher mit der Nadelbarre verschoben, wodurch die Nadeln n vor dem Pressen in den Abschlag a zurückgezogen werden. Die Presse P trifft dann erst auf die Nadelspitzen, wenn die alten Maschen bereits unter den Nadelhaken liegen. Ferner wird mit 23 oben eine zweite Querschiene 27 verschoben, die außen einen Doppelhebel 9, Abb. 91, in Schwingung bringt, dessen eines Ende unter die Nase 1 des Abstellhebels 2 der Schaltklinke 10 greift und letztere aus dem Bereiche des Schaltrades S bringt, wodurch das Weiterschalten der Zähltrommel K verhindert wird.

Die Mustertrommel T hat also 3 verschiedene Vorrichtungen, nach welchen die Schrauben 1, 2, Abb. 87 und 90 in die Löcher der Reihen I, II, III, Abb. 90, einzustellen sind.

Es bedeuten in
Reihe I eine Schraube 1 die Leerreihe,
Reihe II ein Loch (leere Stelle) die Grundfarbe,
Reihe II eine niedere Schraube 1 die zweite Farbe,
Reihe II eine hohe Schraube 2 die dritte Farbe,
Reihe III ein Loch (leere Stelle) einmalige Schaltung,
Reihe III eine Schraube 1, zweimalige Schaltung.

Man kann die Einstellung der Laufrolle u, Abb. 87, zur Erzeugung von Leerreihen noch durch den Handhebel ha vornehmen, wodurch bei Arbeitsstörungen das Auftragen und Abschlagen der Maschenreihe zu verhindern ist.

e) Die Regulierung der Maschengrößen ist noch besonders zu beachten. Bei Stühlen mit mehreren Arbeitsstellen ist außer durch die bereits angeführte Rößchenstellung mittels einer Stellschraube die Regelung des Kulierapparates für dichte und lose Ware noch durch eine Zentralregulierung vorzunehmen.

Eine solche befindet sich in der Regel seitlich an der Gestellwand des Stuhles, z. B. kann nach Abb. 87 zu diesem Zwecke die Platinenbarre b_1 mit den Platinen p und dem Rößchenapparat r, i, o rechts und links frei über den Nadeln an kurzen Armen 31 einer im Gestell drehbaren quadratischen Schiene 32 aufgehängt werden. Der verlängerte Hebelarm 33 (punktiert gezeichnet) ist fest an 32 und legt sich unten gegen den Daumenexzenter 34, der außen am Gestell mit dem Handhebel 35 vor- oder rückwärts zu stellen ist. Entsprechend der Warendichte wird 35 in Rasten des mit Teilstrichen markierten Quadranten eingestellt. Für ganz lose Ware ist 35 an 36 ganz nach oben zu führen, so daß der Arm 33 nach rechts gegen den niedersten Punkt von 34 gepreßt wird und oben 32 mit 31 in Schwingung bringt. Dabei führt sich der Schlitten 37 senkrecht am Gestell und nimmt den Kulierapparat entsprechend tiefer gegen die Nadeln *n*. Die Platinen *p* können darnach vom Rößchenkeil *r* in der Folge wesentlich tiefer zwischen die Nadeln hinabgeschoben und die Schleifen länger kuliert werden. Umgekehrt ist natürlich für kürzere Schleifen der Hebel *35* an *36* entsprechend herabzustellen, so daß das Daumenstück von *35* den Arm *33* nach links schiebt und *31* mit dem Kulierapparat hebt.

Die genaue Einstellung von *35* ist an der seitlich auf *36* markierten Skala vorzunehmen. Auch andere ähnliche Apparate werden neuerdings verwendet, um sämtliche Kulierstellen mit einem Griff gleichzeitig und übereinstimmend für jede Warendichte und für die verschiedenen Materiale rasch und sicher umzuschalten.

f) Die Mindervorrichtung bildet für die Herstellung regulärer Gebrauchsgegenstände eine wichtige Einrichtung des Pagetstuhles, mittels der die Randmaschen eines Warenstückes selbsttätig einzudecken sind.

Für jeden Arbeitskopf befindet sich vor der Nadelreihe *n*, Abb. 87, eine Deckvorrichtung *pl* mit Minder- oder Deckernadeln *12*. Auf der in Lagerarmen *13* drehbaren Schiene *11* der Welle *L* sind solche Deckerstellen für jede Nadelfontour vorgesehen. Es sind mehrere Zaschendecker *12* auf den verschiebbaren Platten *pl* befestigt. Letztere können durch den an *11* verlängerten Arm *14* mit Hilfe der Hebelverbindung *15*, *16*, *17* und Exzenter der Arbeitswelle *A* gegen die Nadeln *n* gepreßt werden, und zwar sobald die Schiene *11* in die Nähe der Nadelreihe gebracht ist. Dies kann aber nur geschehen, solange der Kulierapparat außer Betrieb gesetzt ist.

Die Einstellung gegen die Nadeln erfolgt zunächst durch rechts und links angehängte Zugstangen *Zu*, die an beiden Seiten mit Rasten in die Bolzen Zu_1 der Mindervorrichtung greifen; sie sind hinten mit Hebelarmen *D* der Schüttelwelle *M* gelenkig verbunden. Von *M* geht ein weiterer Arm M_1 mit einer Laufrolle zu der Arbeitswelle *A*; auf letzterer sitzen entsprechend geformte Minderexzenter *Mi*.

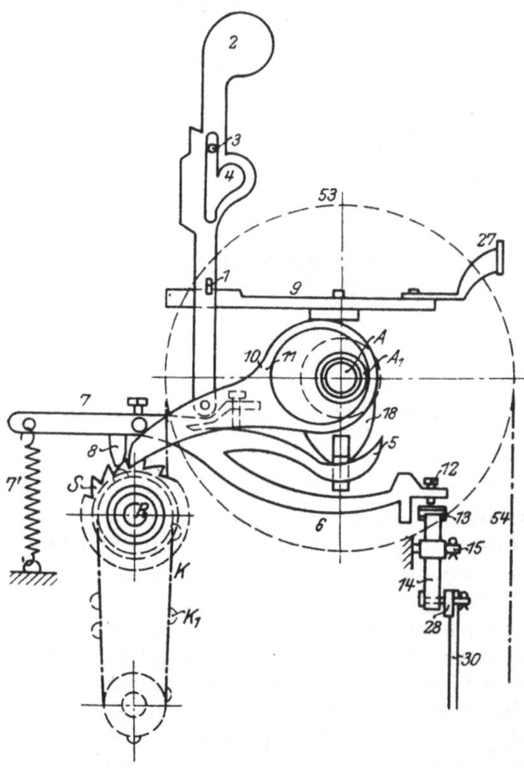

Abb. 91.

Die Minderarbeit wird durch die Zählkette *K* der Schaltvorrichtung *S*, Abb. 91, eingeleitet. Nach Maßgabe der Reihenzahl eines herzustellenden Gebrauchsgegenstandes werden eine bestimmte Anzahl Kettengelenke zu einer endlosen Zählkette vereinigt, auf welcher die Knaggen K_1 aufzusetzen sind. Diese Kette *K* schlingt man um das Kettenrad *R* als endloses Kettenband.

Man kann auch eine beliebig lange Kette wählen, die dann nicht regelmäßig fortgeschaltet wird. Dann ist aber die Schaltklinke *10* des Schaltrades *S* kurz vor

Beginn der Minderarbeit einzustellen und die Warenlänge ist mit dem Maßstabe nachzumessen.

Soll die Kette K das Warenstück von Anfang bis zu Ende selbsttätig überwachen und regeln, so ist an der Stelle, wo die Arbeit ihrer Vollendung entgegengeht, die Kette mit einem Abstellglied zu versehen, dessen seitliche Nase die Spannrolle des Antriebriemens erfaßt und zum Freigeben auslegt; die Riemenscheibe und der Stuhl wird zum Stillstand gebracht.

Die Klinke 10, welche durch Exzenter 11 der Arbeitswelle A geschaltet wird, kann man durch Einstellen des Hebels 2 in der Raste 4 am Zapfen 3 beliebig aus- oder einlegen.

Es folgt nun die automatische Minderung der Ware in der Weise, daß eine Knagge K_1 der Kette K unter die Nase 8 tritt und den Hebe 17 aushebt. Dadurch werden die gegabelten Enden 5, 6 hinten gesenkt. 5 ist nach innen keilartig erweitert und legt sich gegen die Arbeitswelle. Beim Weiterdrehen derselben stößt eine winkelförmige Nase der Exzenterwelle A_1, die auf A lose aufgeschoben ist, an die Exzenternabe, so daß letztere eine Linksverschiebung empfängt. Hierdurch stellen sich die Minderungsexzenter gegen die Hubarme der Mindermaschine, während die Kulierexzenter ausgeschaltet werden. A_1 wird durch die fest auf A sitzende Führungsmuffe 18 gedreht und so geführt, daß jetzt A_1 nur in der Längsrichtung der Achse A zu verschieben ist.

Mit dem zweiten Gabelende 6 und Stellschraube 12 wird zunächst der um 15 drehbare Winkelhebel 13, 14 in Schwingung gebracht, der sodann mit der Schiene 28 den bei 19, Abb. 87 und 92, drehbaren Doppelhebel 29, Abb. 87, schaltet.

Dadurch wird das mit einer Klauenlücke 21 versehene Stirnrädchen ra, Abb. 92, bei 20 erfaßt und nach links außen geschoben und von der Nase 22 des festen Klauenteiles kl, der sich mit A dreht, gelöst und mit dem Kulierrad ra_1 zum Stillstand gebracht, während A mit kl weiterläuft.

Mit dem Kulierrad ra_1 sind die Daumenhebel hb, hb_1, siehe auch Abb. 87, verbunden, so daß die Rollenhebel ar, ar_1, Abb. 87 und 89, des Rößchenzuges zg in Ruhe kommen. Dies nennt man den Umsteuerungsapparat. Während dieser Zeit stellt sich der Minderungs-

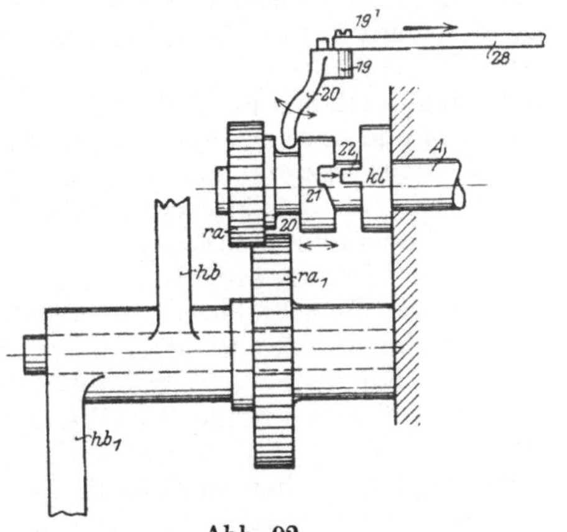

Abb. 92.

apparat so vor die Nadeln n, Abb. 87, ein, daß jetzt die Decker 12 die Nadelhaken überragen. Dies wird durch die Hebelverbindung Zu, Zu_1, D, M, M_1, wie schon oben angedeutet, hervorgebracht.

Hierauf werden mit 14—17 die Decker 12 der Schiene 11, die sich im Lager 13 wenig ausdreht, auf die Nadeln n niedergepreßt. Vor Beginn der Minderarbeit ist die Stellung der Decker zu den Stuhlnadeln genau nachzuprüfen. Es ist ganz besonders darauf zu achten, daß die Decker parallel und genau gerichtet zu den Stuhlnadeln n stehen. Bei breiten Stühlen mit langer Minderungsschiene, wie hauptsächlich beim Cottonstuhl, kann man die Beobachtung machen, daß bei Temperaturwechsel eine Dehnbarkeit des Materials eintritt, welche die Deckerstellung nachteilig beeinflußt. Die Decker sind deshalb stets entsprechend nachzustellen. Bei niederer Temperatur muß das Arbeitslokal vor dem Anlassen der Maschinen entsprechend durchwärmt werden und ist möglichst auf gleicher Temperatur zu erhalten.

Für die rasche und sichere Einstellung der Mindervorrichtung hat man an den mechanischen Kulierstühlen Vorrichtungen angebracht, die sich sehr leicht regeln lassen.

Zum Zwecke des Minderns und des Eindeckens der Randmaschen ist nun die Nadelbarre N, Abb. 87, von dem Abschlagkamm a wegzuschieben und nach hinten zu ziehen, damit die Maschen auf die aufgep.eßten Decker geschoben (aufgetragen) werden. Es müssen somit die Anschläge 39 auf die Nadelbarrenwinkel 38 treffen und die letztere mit N verschieben, während die Decker noch gegen die Nadeln gepreßt sind. Die richtige Preßstellung der Decker kann bei der Regulierung 14_1 erfolgen. Sobald die Maschen aufgetragen sind, werden die Decker durch 14 etwas über die Nadeln gehoben und gleichzeitig **um 1—2** Nadelteilungen selbsttätig nach innen geschoben, um dann sofort durch 14 wieder gegen die Nadeln gepreßt zu werden. Schon vor dem Einstellen der Decker gegen die Nadeln müssen die Platinen p durch das Mühleisen c und Zughebel c_1, c_2 mit c_3 und Exzenter der Arbeitswelle nach oben geschoben und die Maschen auf den Nadeln freigegeben werden. Sobald aber die abgedeckten Maschen wieder auf die Nachbarnadeln aufgedeckt sind, bringt die Schwingenpresse g die Platinen sofort wieder in die Stellung, Abb. 87, herab, damit letztere die Ware einschließen können, worauf die Nadelbarre und Deckvorrichtung in ihre Anfangsstellung zurückgehen. Dies geschieht teils unter dem Einfluß der erwähnten Hebelverbindungen, teils unter Federzug 18.

Die seitliche Verschiebung der Decker auf der Deckschiene erfolgt durch einen besonderen Schaltmechanismus, dem sog. Patent, in dem Augenblick, in welchem die Maschen von den Nadeln abgehoben sind. Ein vorne gegabelter, um 42 drehbarer Doppelhebel 40, 41, schwingt unter der Einwirkung eines Exzenters aus und bringt auch den um Bolzen 43 drehbaren Doppelhebel 44, 45, in Schwingung. Die an 44 und 45 angelenkten Stäbe tragen die Schaltklinken der Zahnstangen 47 derart, daß letztere mit den Deckern entgegengesetzt verschoben werden. Hierzu sind an den älteren Pagetstühlen besondere Stellmuffen vorgesehen.

Die Fadenführer müssen eine ähnliche Verschiebung erlangen, damit der Faden den Platinen nur bis zu den eingedeckten Randmaschen vorgelegt werden kann. Diese Verschiebung bewirkt ein außen rechts und links über dem Gestell an der Schüttelwelle 49 sitzender gekröpfter Arm 50, der sich vorne gegen den federnden Klinkhebel 51 legt. Sobald die Welle 49 durch Hebelarm 52 und Nutexzenter der Arbeitswelle A in ihrem Lager gedreht wird, schwingt nun 50 nach oben und gibt 51 einen Augenblick frei. Dies genügt, um die Schaltklinke aus der Zahnstange zu ziehen und sie in die nächstfolgende Zahnteilung einschnappen zu lassen. Hierauf gehen die Arme sofort wieder abwärts und stoßen rechts und links die Kniehebel in ihre Anfangsstellung zurück, wobei auch die Zahnstangen mit den Fadenführeranschlägen um 1—2 Nadelteilungen (je nach dem Eindecken der Maschen) gegen die Warenmitte geschoben werden. Die einzelnen Stellorgane dieser Teile sind ganz genau zu regeln, damit die so begrenzten Fadenführer während der Arbeit auch stets in die Nadellücken treffen und auch sicher in diesen Führung erlangen, ohne die Nadeln zu beschädigen.

Damit die Fadenführer beim Mindern mit den Deckernadeln nicht zusammentreffen, sind letztere über den Nadeln durch die Keilstäbe 19 am Schlitten 20 entsprechend zu heben. Mit dem Eindecken der Maschen empfangen dann die Fadenführer durch die Zahnstangen die oben erwähnte Verschiebung.

Die Zeitdauer der Minderarbeit entspricht einer Maschenreihe, bzw. einer Wellenumdrehung A. In dieser Zeit wird auch die unter den Fühlhebel 8, Abb. 91, geschobene Knagge wieder fortgeschaltet, so daß Hebel 7 unter Federzug 7_1 in die Anfangsstellung zurückgeht und bei der folgenden Wellenumdrehung A die Führungsnase *17*, Abb. 87, sich an dem zweiten Keilarm *6*, Abb. 91, nach rechts führt und die Nabe der Arbeitswelle A wieder zurückschiebt. Sowohl in der einen, wie auch in der andern Stellung erlangt die Nabe an den Exzentern eine sichere Führung in einer Führungsspur, gegen welche sich ein vorstehender Sicherheitszapfen der linken inneren Gestellwand einstellt.

Mit der Umsteuerung ist gleichzeitig auch die Klauenmuffe *20*, *21* des Stirnrädchens ra, Abb. 92, das noch mit dem Kulierrad ra_1 wenig im Eingriff stehen muß, durch die unter Federzug zg, Abb. 87, nach rechts gehende Hebelverbindung *13*, *14*, *28*, *29*, Abb. 87, 91, wieder gegen die starre Klaue kl, *22*, Abb. 92, zurückzuschieben, damit in der Folge *22* in *21* greift und mit ra, ra_1 den Kulierapparat weiter betätigt.

Bei Arbeitsstörungen ist es vielfach nötig, den Kulierapparat von Hand auszuschalten, damit sämtliche Arbeitsteile ohne die Fadenführer- und Rößchenvorrichtung in ihren Arbeitsstellungen leicht und sicher nachzuprüfen sind. Hierzu schaltet man den Hebelzug *28*, *29*, mit Klaue *20* durch den Handgriff *30*, Abb. 87, 91 und 92, ein Stück nach rechts (von der Vorderseite des Stuhles aus gesehen) bis ra in die gezeichnete Stellung, Abb. 92, gebracht ist. Es kommt dabei nicht selten vor, daß das Stirnrädchen ra aus den Zähnen von ra_1 tritt und sich gegen letzteres verschiebt. Die Folge hiervon ist, daß beim Wiedereinstellen dieser Teile der Rößchenzug zu früh oder zu spät auf die Kulierteile und Fadenführer einwirkt und dadurch ein sicheres Arbeiten gefährdet wird.

Soll eine solche Störung richtiggestellt werden, so kann dies nur auf Grund der Nadelbarrenbewegung erfolgen. Ist die Nadelbarre nach erfolgtem Einschließen der Ware w, Abb. 87, ganz vorgeschoben (Stellung Abb. 87), so können die Fadenführer, die dem Rößchenkeil stets etwas vorauseilen müssen, über die Nadeln weggehen und der Kulierkeil kann sofort gegen und über die Platinen laufen. Danach ist dann auch das Kulierrad ra_1 mit seinen Zähnen gegen das Rädchen ra, Abb. 87 und 92, zu regeln und einzustellen. In der Regel sind Markierungspunkte angebracht, die ein genaues Einstellen rasch ermöglichen.

Der Verschub von dem Hebelzug *13*, *28*, *29*, Abb. 91, 92, ist bei den Stellschrauben *12*, 19_1 zu regeln. Auch die Schalt- und Zählkette K kann man derart beeinflussen, daß auf längere Strecken das Fortschalten unterbleibt. Man hat hierzu die Schaltklinke *10*, Abb. 91, mit dem Handhebel *2* zunächst über dem Schaltrad S einzustellen und *4* in *3* zu hängen.

Eine selbsttätige Einstellung geschieht durch den oben an *23* horizontal verschiebbaren Stab *27*, Abb. 87 und 91, der den vorne keilartig gestalteten Doppelhebel *9* in Schwingung bringt und bei der Nase *1* den Hebel *2* mit *10* entsprechend aushebt.

Die Einrichtung und der Arbeitsvorgang des Minderns ist bei diesem System etwas ausführlicher behandelt worden, weil er bei dem System Cotton ganz ähnlich ist und kann dann dort eine kürzere Besprechung stattfinden, ohne das Verständnis zu beeinträchtigen.

Bemerkenswert ist noch, daß bei dem **Mindern der Fußspitzen** in Strümpfen außer der angeführten Deckvorrichtung, welche für die verschiedenartigen Arbeiten Verwendung findet, noch eine Nebeneinrichtung für die Verzierung der Spitzdeckerei benützt wird, welche einen Teil der Decker nach und nach von den Nadeln abhebt und außer Tätigkeit bringt. Hierzu können die Stoßplatten *55*, Abb. 87, die in Führungen *56* verschiebbar sind, durch eine Schubstange dicht hinter die inneren Decker geschoben werden; wenn dann der Deckapparat in Tätigkeit kommt, werden die auftreffenden Decknadeln aufwärts gebogen und über die Stuhlnadeln gehoben, damit dort die Maschen an ihren Nadeln nicht abgedeckt werden. Es entsteht die verzierte sog. franz. Fußspitze.

Die Arbeitswelle A, Abb. 87, empfängt ihren Antrieb entweder von Hand durch die gekröpfte Kurbelwelle W, Abb. 87 und Schaubild 93, von der ein Seil- oder Riementrieb Ri nach der Antriebsscheibe S, Abb. 93, bzw. 53, Abb. 91, geht oder von der Transmission aus und ist dann zu diesem Zwecke im Untergestell des Stuhles ein Vorgelege V, Abb. 93, eingebaut. Dieses treibt mit Riemen 54 die Scheibe 53 mit A an. Soll der Stuhl zum Stillstand gebracht werden, so wird, wie schon angedeutet, eine Spannrolle des Riemens 54 ausgelegt, so daß letzterer über 53 leer fortschleift oder infolge seiner geringen Friktion auf 53 liegen bleibt, während die Vorgelegewelle W einfach weiterläuft.

Abb. 93.

Ferner ist noch zu erwähnen, daß das Mindern der Fußspitzen allgemein nach der neueren Minderart, das ist die franz. Fußspitze, erfolgt, wozu breite Decker benützt werden. Auf den Deckerplatten ist die Deckerzahl ungefähr ein Viertel der Gesamtmaschenzahl des Vorfußes, so daß die einzudeckenden Maschen an jene Stelle zu liegen kommen, wo das Sohlenteil neben dem Oberteil umgeklappt wird.

Während die ältere Konstruktion des Pagetstuhles entsprechend der Arbeitsteilung stets nur für einen bestimmten Teil eines Gebrauchsgegenstandes, z. B. nur für Fersen, Spitzen oder Längen Verwendung fand, und deshalb für ein rationelles Arbeiten ein sogenannter Satz von Maschinen erforderlich war (für Strumpffabrikation ein Satz gleich 3 Längen-, 1 Fersen-, 1 Spitzenmaschine), sind heute diese Maschinen so vervollkommnet, daß auch ganze Gebrauchsgegenstände an derselben Maschine herzustellen sind.

Das Schaubild, Abb. 93, zeigt eine einteilige Hosenmaschine, System Theodor Lieberknecht der Maschinenfabrik Schubert & Salzer, Chemnitz, mit Verstärkungseinrichtung und dreifarbigem Ringelapparat. Der Antrieb erfolgt bei W von Hand und bei der Vorgelegwelle V mit Kraftbetrieb.

In seiner heutigen Verbesserung bietet auch dieser flache, mechanische Kulierwirkstuhl, System Paget, wesentliche Vorteile, die vorwiegend bei der Herstellung regulärer Spezialartikel und Gebrauchsgegenständen zu berücksichtigen sind, wobei noch die wesentlich niederen Anschaffungskosten ausschlaggebend wirken, da dieser mechanische Wirkstuhl mit geringer Fonturenzahl gebaut werden kann.

2. Der flache mechanische Kulierwirkstuhl System Cotton.

Die horizontale Nadelanordnung im mechanischen Wirkstuhl bringt es mit sich, daß die beweglichen Teile nach dem Obergestell der Maschine zu verlegen sind. Hierdurch empfängt der Kulierapparat während des Betriebes Erschütterungen, die insbesondere bei breiteren Stühlen das ruhige, sichere Arbeiten ungünstig beeinflussen.

Zahlreiche Erfindungen, welche diese Nachteile zu beseitigen versuchen, beziehen sich auf die Anordnung der Arbeitsteile im Untergestell des Stuhles. Dadurch muß die Nadelanordnung wesentlich von der Horizontalanordnung abweichen; vorteilhaft ist dies durch die vertikale Nadelanordnung geschehen.

Schon die Einrichtungen von A. Eisenstuck in Chemnitz und L. Rudolf in Zwönitz von 1858—1860 zeigen Bestrebungen dieser Art. Man erlangte auf diese Weise einen sehr stabilen Unterbau, der für mehrköpfige Maschinen besonders geeignet war. Große Vorteile für den Flachwirkmaschinenbau hat die Erfindung von Cotton 1868 gebracht. In diesem Stuhle sind die Nadeln auf einer vertikalen, beweglichen Nadelbarre angeordnet. Es können bis zu 32 Arbeitsstellen nebeneinander im Untergestell eingebaut werden. Durch diese Nadelanordnung wird selbst auch bei diesen sogenannten Viellängenmaschinen ein sicherer und ruhiger Gang erzielt. Auch gestattet die niedere Kulierstelle eine bessere Überwachung der ineinandergreifenden Mechanismen und der Ware.

Die vorteilhafte Konstruktion und die große Leistungsfähigkeit dieses Wirkstuhles sichert demselben große Verbreitung. Seit längerer Zeit wird er auch in Deutschland, vorwiegend in Sachsen gebaut und hat in den letzten Jahrzehnten große Vervollkommnung erlangt, so daß er für die verschiedenartigsten regulären glatten und gemusterten Wirkwaren geeignet ist. Der Cottonstuhl bildet heute eine der wichtigsten Maschinen der Wirkereiindustrie. In der Strumpffabrikation ist er zur größten Bedeutung gelangt; er wird dort entweder als Längen- oder als Vorfußmaschine, seltener für Längen und Vorfüße zugleich, verwendet.

a) Die Haupteinrichtung des Cottonstuhles, wie er z. B. nach dem System G. Hilscher in Chemnitz, sowie nach dem System Schubert & Salzer usw. gebaut wird, ergibt sich aus den Abb. 94, 95 und Schaubild Abb. 96.

Die Nadelbarre N steht mit ihren Nadeln n senkrecht vor den Platinen p und wird von Hebelarmen b, b_1 getragen. Letztere sind teilweise bei c drehbar und bei c_1 fest. Von dort gehen Hebel d mit Rollen ro ins Untergestell, die durch Federn fe gegen Exzenter E der Arbeitswelle A gepreßt werden.

Die Platinen p liegen in der Platinenbarre h, h_1 verschiebbar. In feinen Stühlen werden zweierlei Platinen verwendet: fallende und stehende; die letzteren sind mit Blei bei a_1 beschlagen (das sog. Beschläg), damit sie mit entsprechendem Schwergewicht gegen den zu kulierenden Faden gelegt werden und insbesondere bei hartem Garn, wie Seide, Flor usw. das Zurückschieben der Platinen verhindern. Die fallenden Platinen p werden von Schwingen S, die auf der sogenannten Schwingenbarre B drehbar gelagert sind, mit Hilfe des Rößchens r, siehe auch

Abb. 97, gegen die Nadeln n gestoßen. In dem Cottonstuhl, Abb. 95, fehlen diese Schwingen. Das Kulieren erfolgt dort ähnlich, die Platinen sind aber hinten bei 3 und 4 verlängert und mit einem besondern Beschläge versehen, gegen welches das Rößchen r stößt, damit das Abnützen der Platinenkanten verhütet wird.

Dieser Rößchenstuhl ohne Schwingen ist nach den D. R. P. Nr. 47 251, 53 734 gebaut, kommt in der Praxis jedoch weniger vor.

Damit die Platinen während des Kulierens sichere Führung erlangen, sind sie in Schlitzen der Schienen h, h_1, Abb. 94, und 1, 2, bzw. 3, 4, Abb. 95, möglichst eng geführt, so daß sie sich nicht ohne weiteres verschieben können. Die obere Platinenschiene h_1, bzw. 2, enthält zugleich das Mühleisen. Die Platinen sind rechtwinklig abgebogen und können oben von der Schiene g durch Hebel t, q, o der Welle o_1 durch Exzenter E_1 verschoben werden. Diese Schiene ist gleichzeitig auch Verteilungsschiene, sie stellt die stehenden Platinen während des Kulierens gegen die Nadeln ein. Die Einstellung dieser Schiene g wird unterstützt durch die Hebel u, u_1 und Exzenter der Arbeitswelle A.

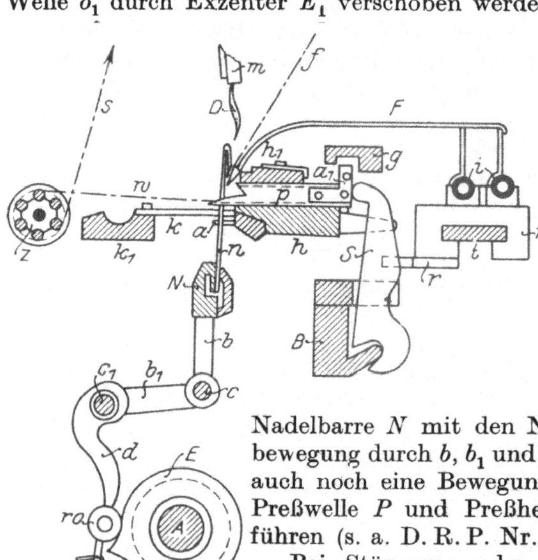

Abb. 94.

Die Presse wird im Cottonstuhl durch die Unterkante der Platinenbarre h gebildet (s. auch Abb. 101). Letztere liegt im Gestell G fest. Es muß deshalb für die Preßarbeit die Nadelbarre N mit den Nadeln n während der Abwärtsbewegung durch b, b_1 und Welle c_1 mit Hebel h, h_1, Abb. 95, auch noch eine Bewegung gegen die Platinenbarre durch Preßwelle P und Preßhebel P_1 mit Exzenter E durchführen (s. a. D. R. P. Nr. 63 964 u. a. m.).

Bei Störungen oder sonstigen Zwischenfällen kann mittels eines an h ausgebildeten Handgriffes die Nadelreihe n von den Platinen p entfernt werden. Hierzu wird h mit den Rasten in eine Stellvorrichtung an P entsprechend eingehängt. b, h_1 schwingt dann um c aus, so daß oben die Nadelreihe n aus dem Bereich der Kulierplatinen gebracht und außer Tätigkeit gesetzt wird. Diese Ausschaltung der Nadelreihe N wird selbsttätig bei der sogenannten Leerreihenbildung in Farbmustern nach Maßgabe einer Zählkette hervorgebracht.

b) Die Rößchenbewegung erfolgt durch Verschieben der Schiene R bzw. t, Abb. 94 u. 97, welche mit sogenannten Puffern in Verbindung steht. Letztere wird vom Schwinghebel erfaßt und seitlich verschoben. Bei schnell laufenden Maschinen wird durch den Anprall der Puffer das Rößchen zurückgeschleudert, es kommen deshalb sog. Stoßdämpfer zur Anwendung.

Zahlreiche Verbesserungen und Patente geben Einrichtungen zur Führung des Rößchens an: D. R. P. Nr. 237 853, 270 247, 267 730, 219 126, 282 674, 267 882, 330 731, 330 575, 330 379, 330 730, 334 506, 332 252; auch 117 153 gibt Vorschläge für das Pufferlager. Die Stoßdämpfung für langsamen Fersengang nach dem D. R. P. Nr. 219 126 ist noch besonders hervorzuheben.

Für das gleiche Kulieren und die Rößchenbewegung geben auch die D. R. P. Nr. 190 801, 227 874, 329 484 Einrichtungen an.

Auch die Randmaschenbildung, welche beim Umkehren des Fadens und beim Übergang von einer Reihe zur andern Unregelmäßigkeiten zur Folge haben kann, wird durch die Patente Nr. 101232, 115497, 87490 und 63958 günstiger gestaltet.

c) Das Mindern oder Eindecken der Randmaschen, sowie auch das Ausdecken, geschieht durch die Mindermaschine m und Decker D. Diese empfängt ihre Bewegung durch Hebel K, i der Minderwelle l. Dazu ist i mit Exzenter bei E der Arbeitswelle A in Verbindung. Hierzu muß aber die Arbeitswelle A noch eine besondere seitliche Verschiebung erlangen. Dieser Arbeitsvorgang ist später zu erklären.

Das Zuführen des Fadens f geschieht durch Fadenführerröhrchen, die auf einer Schiene des Führers F festgeklemmt ist. Es können mehrere solche Fadenführerschienen nebeneinander angeordnet werden. Sie stehen mit dem Rößchenapparat R bei i in Verbindung und werden dort mit verschoben.

Diese Fadenführer führen die Fäden bei f vor die Kulier-

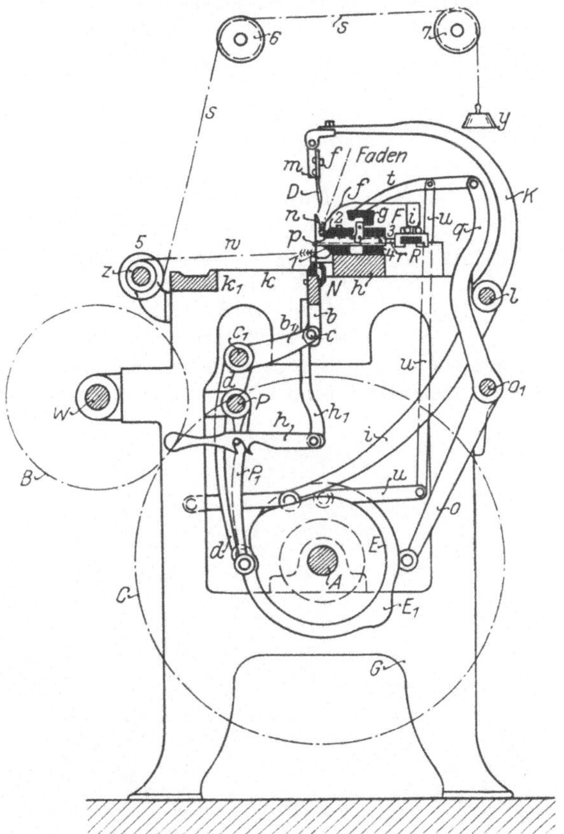

Abb. 95.

Abb. 96.

platinen p und hinter die Nadeln n, damit beim Vorstoßen der Platinen durch das Rößchen r der Faden in Schleifenform mitgenommen wird.

d) Der Antrieb des Cottonstuhles erfolgt direkt bei B der Antriebswelle W, Abb. 95 und 96 und Übersetzungsrad C der Arbeitswelle A, die unterhalb im Gestell G liegt. Neuerdings erfolgt der Antrieb auch durch eingebaute, elektrische Antriebmotoren, siehe auch Abb. 98. Es werden diese elektrischen Einzelantriebe sowohl von den Siemens-Schuckertwerken, Siemensstadt bei Berlin, als auch von dem Sachsenwerke in Niedersedlitz gebaut.

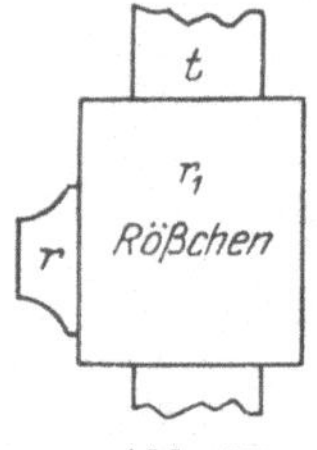

Abb. 97.

Durch einen solchen eingebauten Einzelmotor wird der Wirkmaschine jeweils die höchste Geschwindigkeit erteilt, die bei dem augenblicklichen Arbeitsvorgang, z. B. beim Kulieren oder beim Mindern, zulässig ist.

Wo der Antrieb von einer Transmission aus auf Schwierigkeiten stößt, ist der elektrische Einzelantrieb dem gewöhnlichen Transmissionsantriebe vorzuziehen. Für das eigentliche Wirken kann der Wirker beim Einzelantrieb eine höhere oder niedrigere Reihenzahl einstellen. Hierzu ist an jeder Wirkmaschine eine Ausrückstange vorhanden. Durch einen einfachen Handgriff können die Wirkgeschwindigkeiten beim elektrischen Antrieb an einem Regler in ziemlich weiten Grenzen verändert werden.

Es ist die Deckgeschwindigkeit, d. i. beim Mindern oder Erweitern, niederer oder geringer wie die Kuliergeschwindigkeit.

Da sowohl Gleichstrommotoren als auch Drehstrommotoren ausgeführt werden und beide Stromarten teils günstig, teils ungünstig auf die Wirkmaschine einwirken, so ist es zweckmäßig, vor Beschaffung eines elektrischen Einzelantriebes Beratung einzuholen, bzw. sich über die Art des gelieferten Stromes zu informieren.

Abb. 98.

Schaubild Abb. 98, zeigt einen Einzelantrieb mit eingebautem Elektromotor nach System Theodor Lieberknecht, ausgeführt von der Firma Schubert & Salzer, Chemnitz. Der Kraftverbrauch der Cottonwirkmaschine berechnet sich nach der Fonturenzahl; mit 1 PS können ca. 50 Fonturen bearbeitet werden. Im allgemeinen rechnet man bei durchgehender Transmission zu einer 16—22 fonturigen Maschine ca. $^3/_4$ PS.

Bei elektrischem Einzelantrieb, Abb. 98, sind die einzelnen Motoren wesentlich kräftiger bemessen, weil sich die zur Überwindung des Anlaufwiderstandes der Maschine nötige Kraft nicht auf die ganze Anlage oder Gruppe verteilen kann, sondern von den einzelnen Motoren direkt überwunden werden muß. Nach den praktischen Erfahrungen sind die Drehstrom-Kleinmotoren mit Schleifringmotor zu empfehlen. Für eine ca. 18 fonturige Maschine und größer werden diese Motoren von $0,75\,kW = (1\,PS)$ benützt.

Der Warenabzug erfolgt selbsttätig durch Gewicht und Seilzug. Die Ware w, Abb. 94 und 95, wird von den Nadeln n horizontal an k, k_1 über eine Rolle z geleitet und dort durch Rollen 5 und Seilzug s, der über 6, 7 läuft, durch Gewicht y fortgezogen und auf z gewunden.

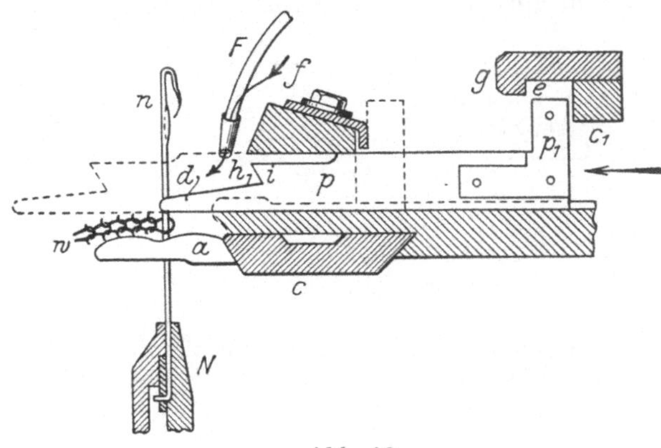

Abb. 99.

e) **Die Arbeitsweise des Cottonstuhles** erfolgt nach den Regeln des Maschenbildungsvorganges mit beweglicher Nadelbarre.

Die Abb. 99—107 geben periodisch die Herstellung einer Maschenreihe wieder. In Abb. 99 ist die Anfangsstellung gezeichnet; die Nadeln n sind mit der Nadelbarre N gehoben, die Platinen p ganz zurückgezogen, der Fadenführer F mit Faden f steht zwischen den Nadeln n und der Führungsschiene h_1 der Platinen p. Letztere sind durch die Verteilschiene g mit dem Einschließteil e, c_1 an p_1 in die Anfangsstellung zurückgezogen. Ware w wird von den Abschlagplatinen a, die fest in c sitzen, getragen und von den Schnäbeln d der Platinen p eingeschlossen. Zunächst wird nun der Fadenführer F dem Rößchenkeil vorangeschoben, damit der Faden f vor die Platinennasen i gelegt wird. Hierauf wird jede einzelne Platine p durch das Rößchen und die Schwingen bei t in Pfeilrichtung x, Abb. 100, so

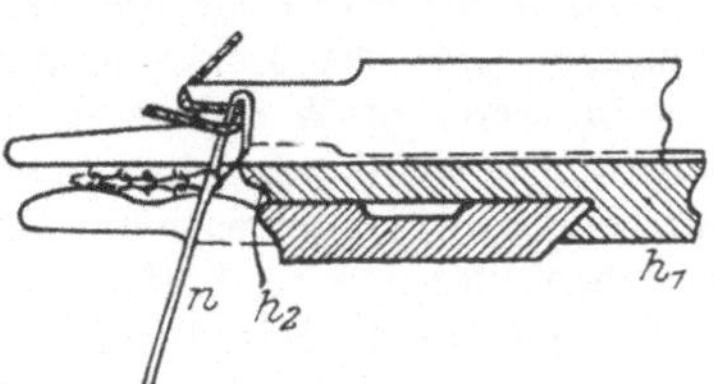

weit zwischen die Nadeln n gestoßen, daß sich der Faden F in Schleifenform s zwischen die Nadeln n schiebt. Schiene g muß mit c_1 in der gezeichneten Stellung verbleiben. Ist die ganze Platinenreihe in die Stellung, Abb. 100, übergegangen und das Kulieren beendet, so werden die Nadeln n nach Abb. 101 zurück und abwärts gezogen, bis sich die Haken an die sogenannte Preßkante h_2 der Platinenbarre h_1

Abb. 101.

anlegen und die Nadeln gepreßt werden. Damit nun das Auftragen erfolgen kann, gehen die Nadeln n noch weiter in die Stellung, Abb. 102, herab, bis sich die Maschen m durch den Abschlag a über die zugepreßten Nadelhaken geschoben haben. Gleichzeitig müssen aber die Platinen p durch die Einschließrinne e

Abb. 99, zurückgezogen werden, damit die noch über den Platinenschnäbeln d liegenden Schleifen s freigegeben werden. Jetzt wird die Nadelbarre mit Nadeln n von der Preßkante nach vorn und weiter abwärts gezogen, bis zu der Einkehlung b und in die Abschlagstellung, Abb. 103, gebracht, wobei die alten Maschen m über die neuen Schleifen s geschoben werden. Hierauf geht die Nadelreihe n in den Abschlagplatinen a wieder bis zu d zurück in die Stellung Abb. 104. Gleich-

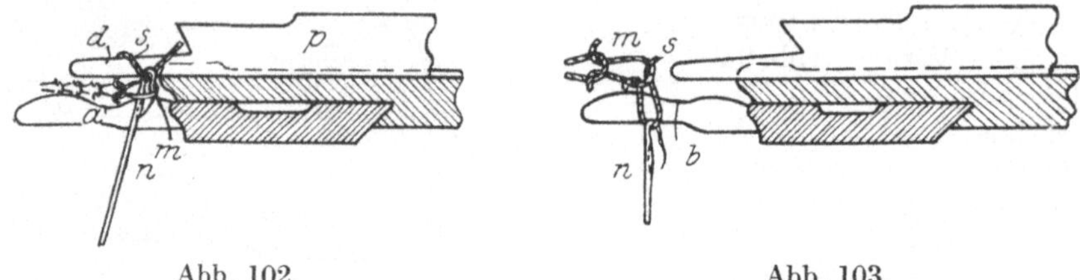

Abb. 102.   Abb. 103.

zeitig erfaßt die Verteilschiene g mit dem Einschließwinkel e, c_1 die Platinen hinten bei p_1, Abb. 99, und schiebt sie so weit nach vorn, daß die Ware w durch die Schnäbel d eingeschlossen wird. Die Nadeln sind noch gesenkt und werden jetzt zunächst vorwärts und dann aufwärts in die gezeichnete Stellung, Abb. 105,

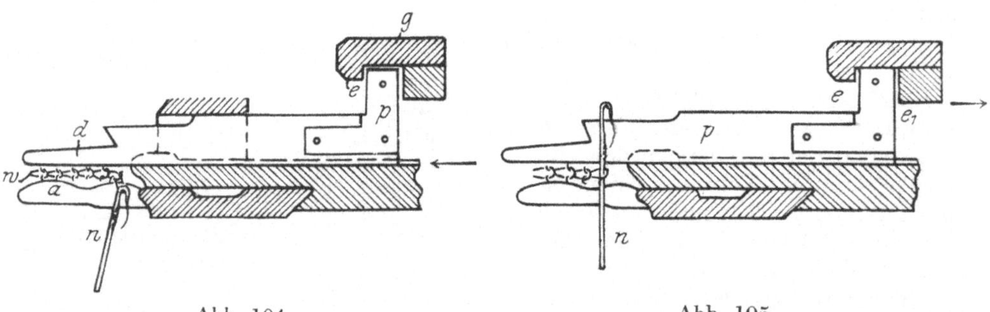

Abb. 104.   Abb. 105.

geschoben. Die Platinen p werden mit dem Einschließwinkel e, e_1 wieder zurückgezogen, ebenso gehen die Nadeln aus der Stellung, Abb. 105, noch weiter nach vorn und aufwärts, bis Platinen und Nadeln die Anfangsstellung, Abb. 99, erreicht haben, in welcher der Fadenführer F wieder vor den Platinennasen und hinter den Nadeln für die nächste Reihe zu verschieben ist.

Diese Arbeitsweise ist am Cottonstuhl die gebräuchlichste. Abweichungen hiervon sind sowohl für die Verarbeitung von Seide und hartem Garn, wie zur Erzielung größerer Leistung der Maschine vorgeschlagen worden.

Von Schubert & Salzer wird für die Verarbeitung von Seide und sprödem Garn ein beweglicher Abschlagkamm verwendet. Der Abschlagkamm empfängt auf- und abwärtsbewegliche Einrichtung in dem Sinne, daß der Zwischenraum zwischen Platinen und Abschlagkamm während des Ausarbeitens der Maschen aufgehoben wird. Hierdurch können die Fadenschleifen nach dem Verlassen der Platinenschnäbel d, Abb. 102, sofort auf die Abschlagplatinen übergehen und zu Maschen ausgebildet werden.

Weitere Verbesserungen sind dahingehend zur Anwendung gekommen, daß durch den beweglichen Abschlagkamm die Arbeitszeit verkürzt wird. Nach dem Patent Hilscher in Chemnitz (Nr. 101232) ist der Abschlagkamm mit sogenannten Einschließplatinen a, Abb. 106, versehen. Der Abschlag wird nach dieser Verbesserung entweder innerhalb der Nadelreihe oder außerhalb derselben von Hebeln getragen und vor- und rückwärts beweglich unter der Platinenbarre h angeordnet. Er steht nur während des Kulierens still. Sonst aber wird er während der Maschenbildung und des Minderns so bewegt, daß die zeitraubenden Bewegungen der übrigen arbeitenden Teile ausgeschaltet werden. Die Abschlagplatinen a übernehmen nicht nur das Abschlagen von Maschen, sondern auch das Einschließen der fertigen Ware und leisten dadurch einen Teil der Kulierarbeit, wodurch die Reihenzahl solcher Maschinen wesentlich erhöht wird (Schnelläufer). Die Abb. 106 und 107 zeigen den Arbeitsvorgang:

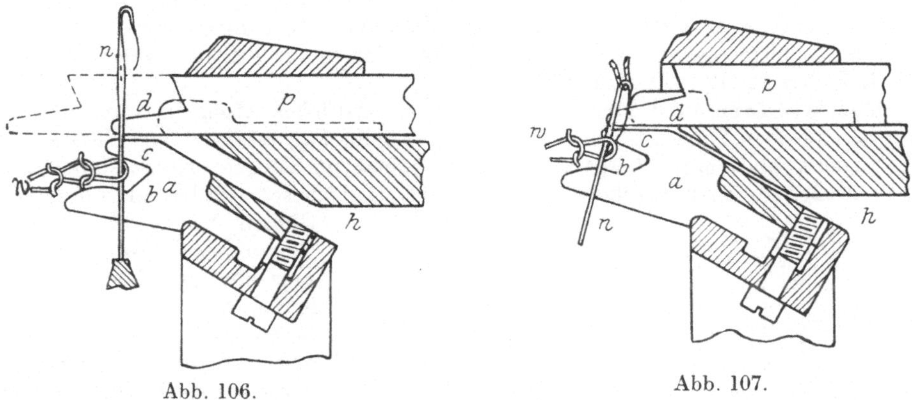

Abb. 106.   Abb. 107.

Zu Beginn einer Maschenreihe stehen Nadeln und Platinen wie in Abb. 106 angegeben. Ist die Schleifenreihe durch die Platinen p kuliert, so müssen bei der üblichen Arbeitsweise die Nadeln n zunächst, wie oben ausgeführt, gegen die Platinenbarre h, zwecks Pressens, gedrückt werden, worauf das Senken der Nadelreihe n zum Auftragen der Ware w zu erfolgen hat; dann gehen die Nadeln zu der Abschlagbewegung über, worauf die Nadeln wieder nach rechts unter die Einschließplatinen c an der schrägen Kante des Abschlagkammes a entlang laufen und in die Einschließstellung gelangen. Diese doppelte Bewegung bedingt einen Zeitverlust. Deshalb soll nach dem Vorschlag des Patentes Nr. 101232 diese Zeit abgekürzt werden. Sind die Nadeln n aus ihrer Stellung, Abb. 106, in die Stellung, Abb. 107, zum Pressen eingestellt, so wird die Nadelbewegung in gleicher Richtung von dem beweglichen Abschlagkamme a mitgemacht, so daß jetzt die Nadeln n ohne weiteres sich zum Abschlagen der Maschen herabsenken können; dann bewegt sich der Abschlagkamm a sofort wieder nach vorn, so daß die schräge Kante der Einschließplatinen c das Abschlagen unterstützen kann, indem sie die alten Maschen der Ware w sicher von den Nadeln n zurückstreicht, wobei letztere wieder nach oben in die Einschließstellung, Abb. 106, zurückgehen. Es kann weiter noch durch den beweglichen Abschlagkamm a, wie schon angedeutet, ein Teil der bisher von den Platinen p ausgeführten Arbeit verrichtet und die zu diesem Zwecke bisher erforderliche Bewegung der letzteren und die Zeit erspart werden. Dadurch, daß die Einschließplatinen c des Abschlagkammes a nicht nur die Ware w beim Einschließen nach unten halten, sondern die Kehle b des Abschlagkammes a auch die Ware w und den Faden derart nach vorn hält, daß die Nadeln am Rande hinter und innerhalb des Fadens aufsteigen können, wird die Arbeit den Platinen p bei d abgenommen; es kann in dem Augenblick, wo die Nadeln ihre Anfangsstellung wieder erreicht haben, schon der erste Faden wieder kuliert werden. Auch die schwierigen Bewegungen der Mindernadeln sind dadurch zu vermeiden, daß während der

Abdeckung der Maschen der Abschlagkamm zurückgeht, die Decknadeln können sich heben, werden verschoben, senken sich wieder, und der Abschlagkamm schiebt sich zum Übertragen der Maschen auf die Stuhlnadeln sofort wieder nach vorn.

Durch den Einschlußhaken c der Abschlagplatinen a werden die Platinen p und die Platinenschnäbel d wesentlich geschont, weil der Druck nach oben auf die Platinen wegfällt. Beim Abschlagen werden die Maschen so über die Nadelköpfe geschoben, daß ein Aufhocken derselben auch ohne Nadelabzug verhütet wird.

Die Arbeitsgeschwindigkeit kann ohne Erhöhung der Kuliergeschwindigkeit mit diesem Abschlagkamm gesteigert werden.

Das Abkürzen des Kulierens in schnellaufenden Cottonmaschinen (Schnellläufersystem) wird auch noch nach anderen Verbesserungen hervorgebracht und die Liefermenge einer Maschine erhöht. Vorschläge hierzu geben auch die D. R. P. Nr. 14748, 27849, 133715, 36544.

Das Mindern und Erweitern eines Warenstückes erfolgt im Cottonstuhl, wie bereits oben bemerkt wurde, ähnlich wie beim Pagetstuhl. Das Umsteuern der Arbeitswelle beim Übergang von einer Arbeit zur andern erfolgt selbsttätig nach Maßgabe einer Zählkette K, Abb. 108. Auf dieser werden an einzelnen Stellen Nasen oder Knaggen aufgesetzt, welche beim Fortschalten über die Rollen m, l unter einen drehbaren Fühler y, x treten und letzteren derart in Schwingung setzen, daß er einen über der Traverse sitzenden Rollenhebel erfaßt und diesen mit der Rolle e gegen den Umsteuerungsexzenter b der Arbeitswelle A legt. Hier

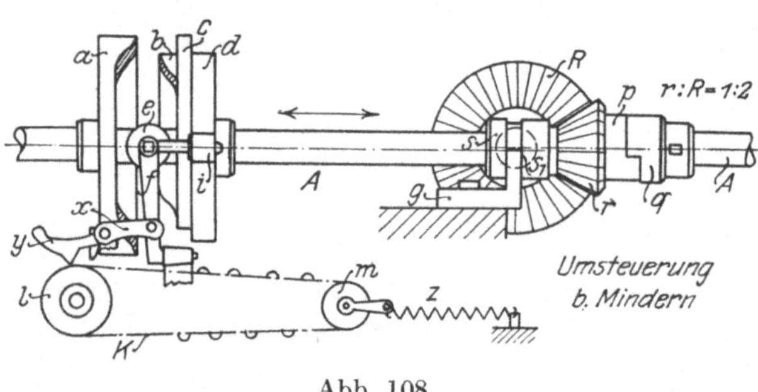

Abb. 108.

bei wird mit b beim Vorbeilaufen an e die Arbeitswelle A, die lose in der Stellmuffe s, s_1 sitzt, nach rechts verschoben. Die Klaue q ist fest auf A, während die Gegenklaue p mit dem Kegelrad r und s, s_1 lose auf A geschoben ist, diese also in der gezeichneten Stellung von der Gabel g erhalten bleibt und durch das mit r im Eingriff stehende R zum Stillstand kommt. Damit ist q von p gelöst und A läuft leer fort, ohne p mitzunehmen. R ist auf der Rößchenwelle W, Abb. 109, fest, so daß auch letztere außer Tätigkeit kommt. An E legen sich die Rollen I, II des Hebels D, der links an G und rechts an die Rößchenstange H angelenkt ist; oben ist H mit der Schubstange L der Rößchenstange S verbunden. Wenn nun die Normalstellung, Abb. 108, beibehalten ist, so wird durch E Hebel H in Schwingung versetzt, und der Rößchenapparat bringt auf S die Rößchen Ro in Tätigkeit. Je nach der Breite des Stuhles und der Anzahl Fonturen sind auch eine entsprechende Anzahl Rößchenkästen Ro anzuordnen, so daß sämtliche Rößchenkeile, siehe auch Abb. 97, an den einzelnen Fonturen die Platinen gegen die Nadeln schieben und das Kulieren übernehmen.

Ist nun das Mindern oder Erweitern vorzunehmen, so muß der Kulierapparat still gelegt und der Kulierexzenter umgesteuert werden, was durch die bereits erwähnte Ausrückung der Klaue q geschieht. Mit dem Verschieben der Arbeitswelle A sind nun auch andere Hubscheiben und Exzenter unter die Nadelbarrenhebel und gegen den Minderapparat eingestellt worden, so daß jetzt letzterer in Bewegung gesetzt und die Decker gegen die Nadeln eingestellt werden können. Die Umsteuerung der Arbeitswelle A muß sowohl beim Eindecken, wie beim Ausdecken vorgenommen werden. Während aber beim Eindecken die Deckerplatten mit ihren Deckern zum Abheben und Übertragen der Maschen gegen die Warenmitte verschoben werden, geschieht dies beim Weitern oder Ausdecken durch eine entgegengesetzte Verschiebung. Die Deckarbeit vollzieht sich während einer Wellenumdrehung A. Während dieser Zeit ist eine Laufrolle über dem Kurvenexzenter a, Abb. 108, mit ihrem Schwinghebel und Schaltklinke so verschoben worden, daß die Kettenrolle l mit dem Schaltrad fortgeschaltet und die oben angeführte Knagge unter dem Fühler y, x weggezogen wird. Sofort schwingt f mit der Rolle i nach links. i kommt auch auf c zu stehen und wird durch eine Erhöhung mit e und f so weit von der Achsenmitte nach außen gezogen, daß jetzt die Rolle e den Exzenter b nicht mehr berührt, sondern an die Führungsspur des Kurbelexzenters a herangestellt wird. Dreht sich letzterer mit der Arbeitswelle A so muß er entlang an e entsprechend seiner Kurve laufen und mit A zur Seite ge-

schoben werden, bis die gezeichnete Stellung erreicht ist. Hierbei kommt die Klaue q wieder mit p in Eingriff und bringt mit r und R die Rößchenwelle W, Abb. 109, in Tätigkeit. Der Rößchenapparat wird mitgenommen und bringt die Platinen zum Kulieren.

Das Ausdecken kann während einer oder während zwei Arbeitswellenumdrehungen vorgenommen werden. Bei feinen Maschinen ist es nicht möglich, die Maschen um zwei Nadeln nach außen zu übertragen (wie dies z. B. beim Mindern um zwei Nadeln nach innen ohne weiteres erfolgen kann) und die freigewordenen Nadeln mit zwei Maschen aus einer

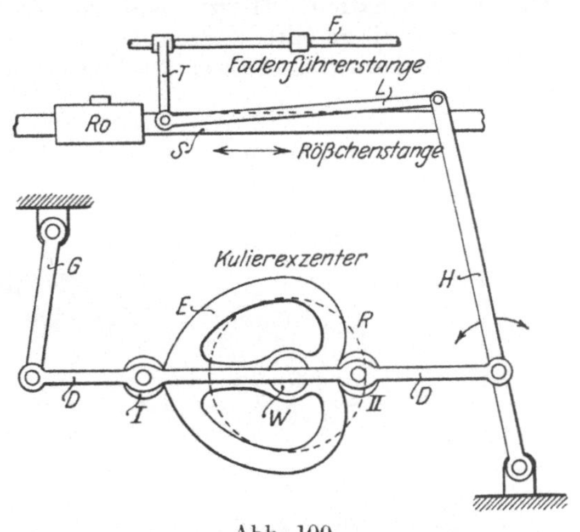

Abb. 109.

vorhergegangenen Maschenreihe zu überhängen. Es müssen deshalb die auszudeckenden Maschen in zwei Partien um je eine Nadel nach außen übertragen werden.

Das Ausdecken oder Erweitern geschieht im allgemeinen in der Weise, daß man die mit den Deckern von den Nadeln abgehobenen Maschen auf weiter außen gelegene, vorher nicht mitarbeitende Nadeln überdeckt, wobei Nadeln an der Deckstelle leer werden, die erst in der folgenden Reihe Faden aufnehmen, so daß dort sich Löcher bilden würden. Dies muß durch Auflegen von Fadenschleifen oder alten abgearbeiteten Maschen verhindert werden. Dieses Aufdecken erfordert am mechanischen Wirkstuhl besondere Einrichtungen. Man benützt neben der Deckmaschine noch besondere Stechdecker, welche aus einer Maschenreihe eine alte Masche erfassen und auf die leergewordene Nadel bringen. Wenn nur um eine Nadelteilung ausgedeckt wird, ist der Vorgang einfacher als beim Ausdecken um zwei Nadeln zugleich.

Nach dem D. R. P. Nr. 130214 geschieht dies in folgender Weise. Zuerst deckt man um eine Nadel aus und läßt Decker und Fadenführer um eine Nadelteilung von der Warenkante auswärts schieben. Hierauf trennen sich die beiden Vorrichtungen, der Fadenführer bleibt stehen und die Mindervorrichtung wandert um so viel nach auswärts, daß ihre innere Randnadel beim Aufdecken nicht auf die innere Nadel, sondern etwa auf die mittelste Nadel der vorher ausgedeckten Maschen trifft. An dieser Bewegung nimmt die Fadenführervorrichtung nicht teil. Nun wiederholt sich der Vorgang des Ausdeckens um eine weitere Nadel, nur daß diesmal die Maschen von den inneren Nadeln nicht, sondern diejenigen von den äußeren Nadeln abgehoben werden; auch geht der Fadenführer wieder gemeinschaftlich mit der Deckvorrichtung um eine Nadelteilung weiter nach außen. Die letzte Randmasche ist hierbei bei zwei Bewegungen des Deckapparates um zwei Nadeln nach auswärts gedeckt worden, d. h. die Minderwelle hat zwei Umdrehungen vollzogen.

Eine wesentliche Vereinfachung dieser Ausdeckarbeit ist durch das D. R. P. Nr. 168415 von Schubert & Salzer in der Weise erzielt worden, daß bei einer Drehung der Welle an jeder Seite des Warenstückes um zwei Nadelteilungen ausgedeckt und erweitert werden kann, und zwar mit den gleichen Mitteln, mit welchen auch gleichzeitig das Mindern durchgeführt wird. Bei diesem Vorgang werden während einer Deckbewegung gleich zwei Deckstellen m, m_1 und m_2, m_3, Abb. 110, geschaffen. Hierzu sind an jeder Seite der Nadelreihe zwei geteilte Deckerplatten a mit den eingesetzten Deckern d und zwei Stechdeckerplatten b mit

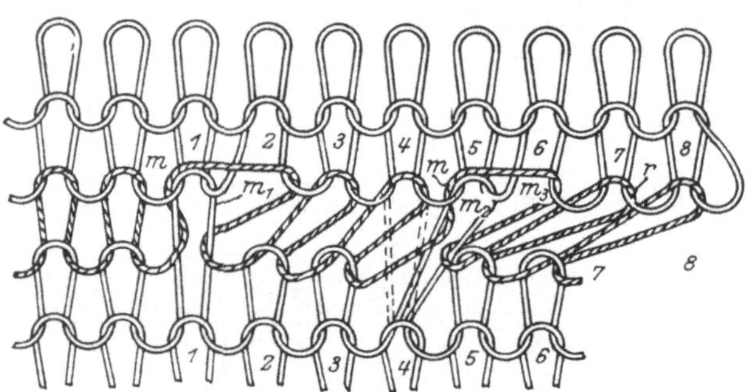

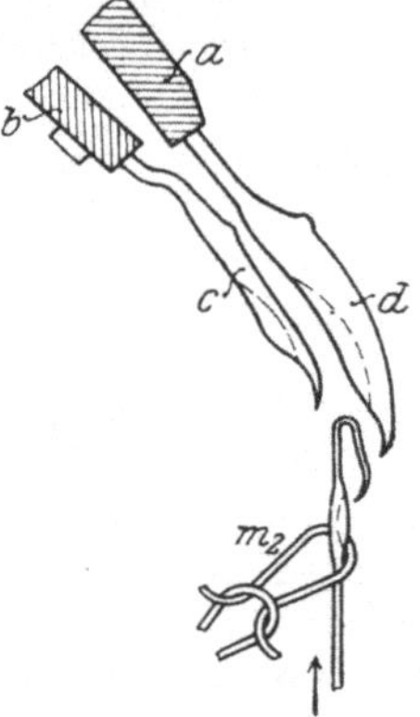

Abb. 110.

Abb. 111.

je einem Einzeldecker c, Abb. 111, nötig. Zu Anfang der Ausdeckarbeit stehen die Deckerplatten a dicht nebeneinander. Unter dem innersten Decker d jeder Platte a steht der etwas herabgeneigte Stechdecker c, und der über demselben stehende Decker d ist etwas breiter wie sonst ausgebildet. Während der Deckarbeit und beim Abheben der Maschen m, Abb. 112, durch die Decker d, sticht der Stechdecker c in die Masche m_1 einer vorhergehenden Reihe. Solange nun der Decker d, Abb. 113, nach außen verschoben wird, und seine Masche auf Nachbarnadeln überträgt, bleibt der Stecher c stehen und stellt sich in die durch das Wegrücken des Deckers d in Pfeilrichtung x entstandene Lücke l, kommt also auf gleiche Ebene mit den Deckern d und hängt die alte Masche m_1 auf die leergewordene Nadel n. Dieser Vorgang muß zur Erzielung der um 2 Nadeln 7, 8, Abb. 110, ausgedeckten Randmaschen r jedoch insofern abgeteilt vor sich gehen, als zunächst der eine innere Decker d_1, Abb. 113, nur die Maschen der Nadeln 1, 2,

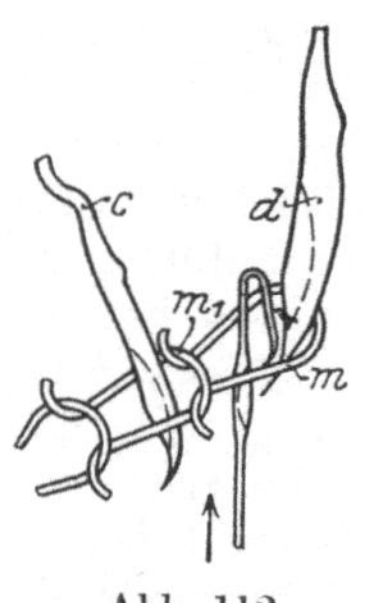

Abb. 112.

3, Abb. 110 (die Deckerzahl kann beliebig gewählt werden), abhebt, der andere äußere Decker d, Abb. 113, dagegen hebt die Maschen von den Nadeln 4, 5, 6, Abb. 110, ab, rückt aber nicht wie der erstere um eine, sondern gleich um zwei Nadelteilungen 7, 8, auswärts. Dazu muß auch der äußere Stechdecker mit der Masche m_2 um eine Teilung verschoben werden, während der linke mit seiner Masche m_1 stehenbleibt. Die Maschenteile m, m_2 sind somit in der ersten Gruppe um eine Teilung, die Maschen m_3, r der zweiten Gruppe um 2 Nadelteilungen ausgedeckt. Ist dies auch an der linken Seite der Ware geschehen, so kann man in einem Arbeitsgang rechts und links die Ware um je 2 Maschen erweitern.

Wie aus Abb. 110 ersichtlich, kommen an den Ausdeckstellen m_1, m_2 mit den alten Maschen m_1, m_2 auch noch die Maschen m als Doppelhenkel, die auf dem Stecher liegengeblieben sind, mit auf die Nadeln, da sie über 2 Nadeln gezogen wurden.

Eine Deck- und Mindereinrichtung zum Erweitern und Mindern nach Patent Nr. 117153 mit geteilter Deckmaschine zeigt das Schaubild, Abb. 114. Die Mindereinrichtung ist in der Mitte geteilt; es kann jede Hälfte der Maschine von einer an ihrem Ende angebrachten Schraubenspindel 3 durch rechts- und linksgängige Gewinde (Patent genannt) und Muffen 4, 5, 12 in Tätigkeit gesetzt werden. Durch 1, 2, sowie durch Schaltung 6, 7 und Stellorgane 8, 9, 10 wird der Deck- und Minderapparat selbsttätig geregelt. Die Differenz, welche durch die Ausdehnung und Zusammenziehung der Metallteile, insbesondere bei großen Maschinen mit über 12 Fonturen, durch Temperaturschwankungen hervorgerufen, entsteht, wird durch diese Einrichtung ausgeglichen.

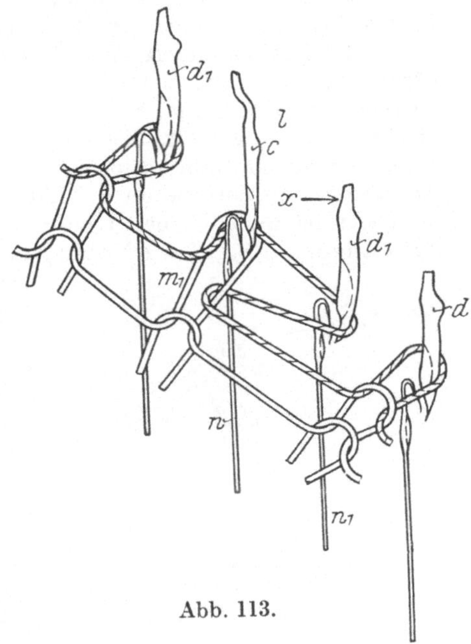

Abb. 113.

Im Zusammenhang mit den Einrichtungen für Minder- und Ausdeckarbeiten, sowie zur Herstellung einer vorteilhaften Randbildung, sei noch auf die D. R. P.

Abb. 114.

Nr. 83719, 93450, 117153, 139415, 139073, 165659, 215748, 216134, 222715, 239341 hingewiesen.

Bemerkenswert ist auch noch für die Strumpffabrikation die Herstellung von Fersenteilen, welche nach einem Vorschlag des D. R. P. Nr. 165660 als Keilferse mit Hilfe einer besonders eingerichteten Presse in einem Arbeitsgang an den Strumpflängen anzuarbeiten ist, worauf der Vorfuß in der Fortsetzung weiter gearbeitet werden kann. Hierher gehören noch die D. R. P. Nr. 78414, 138709, 166192, 169858, 255492, 323286 u. a. m.

In der Strumpffabrikation ist die Arbeitsteilung von Wichtigkeit. Das Anarbeiten der Vorfüße an die Längenteile erfolgt an Sondermaschinen. Man unterscheidet deshalb auch Längen- und Vorfußmaschinen. Die Übertragung der Längenteile auf die Vorfußmaschine geschieht mit Hilfe eines Aufstoß-

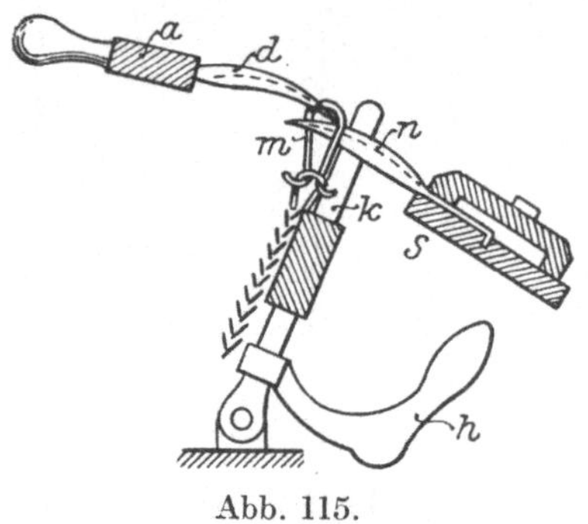

Abb. 115.

apparates auch Aufstoßrechen genannt. In der Regel kann man nach Abb. 115 einen am Tische angeschraubten Kamm S mit Zwischendeckern n verwenden. Zwischen die Decker greift ein Abschlagkamm k, der mit einem Handhebel h zwischen den Deckern n verschiebbar ist. Auf die Decker werden nun die weiter zu verarbeitenden Strumpflängen mit ihren Maschen m aufgehängt. Es können eine größere Anzahl solcher Teile mit ihren Schlußmaschen m übereinander aufgestoßen und eingehängt werden. Von diesem Kamme nimmt man mit je einem Aufstoßdecker a, dessen Deckernadeln d in die

Zaschen der Decker m gesteckt werden, die oberste Warenlage m ab; man überträgt durch Vorschieben des Hebels h mit k die Maschen m der einzelnen Längenteile auf die Decker d. Hierbei kommen allerdings auch die Maschen weiter zurückliegender Längen auf die Decker, welche dann wieder, nachdem k mit h zurückgelegt ist, wieder auf die Nadeln n zurückgeschoben werden, so daß nur der vorderste Teil mit seinen Maschen auf dem Boden d hängen bleibt. Dieser wird nun auf die Nadelreihe der Vorfußmaschine übertragen; es sind entsprechend der Anzahl Nadelfonturen auch eine bestimmte Anzahl solcher Aufstoßdecker mit den Längen aufgeschoben vorzubereiten, damit das Übertragen auf die Vorfußmaschine ohne großen Zeitverlust vorzunehmen ist und die Vorfußmaschine möglichst rasch wieder betriebsfertig gemacht werden kann. Auf ähnliche Weise werden auch andere Teile der Gebrauchsgegenstände von der einen auf die andere Maschine übertragen.

Dieses Aufhängen mehrerer Teile auf einen Aufstoßapparat, von welchem sie mittelst einfonturigen Aufstoßkämmen abgenommen und von Hand auf die Stuhlnadelfontur der Wirkmaschine weiter übertragen werden, ist noch vielfach üblich. Es kommt aber auch eine selbsttätige Warenübertragung zur Anwendung. Man benützt hierzu so viele Aufstoßkämme wie Arbeitsstellen in der Wirkmaschine vorhanden sind. Eine Vorrichtung hält den Aufstoßkamm an jedem einzelnen Arbeitskopf mittelst eines Einsetzapparates. Es kommt die deutsche Aufstoßart und die französische zur Anwendung. Bei der deutschen Art benützt man einteilige Aufstoßkämme, die leichter und bequemer zu bedienen sind. Nach der franz. Art wird ein zweiteiliger Aufstoßapparat und auch ein solcher Aufstoßkamm verwendet, welcher mit dem Halter beim Hochgehen der Nadelbarre mitgenommen wird.

Die Aufstoßkämme werden durch eine am Kopfstücke der Maschine angebrachte

Vorrichtung umgekippt und von den Nadeln, nachdem die Warenstücke auf die Nadeln übertragen sind, selbsttätig abgehoben. Diese französische Einrichtung spart gegenüber der deutschen wohl einige Handgriffe, ist aber etwas verwickelter und auch teuerer und erfordert durch die langen, schweren Aufstoßkämme mehr Geschicklichkeit.

II. Flache mechanische Kulierstühle mit Mustereinrichtung.

1. Zur Herstellung von Plüsch- oder Futterware.

Zur Erzeugung einer Futterdecke auf der Rückseite der Ware ist der flache mechanische Kulierstuhl bis jetzt nur teilweise verwendet worden. Vorwiegend kommt als Futterdecke der Plüsch zur Herstellung. Die sogenannte eingekämmte Ware, das ist der Pelz, ist versuchsweise nur am Kettenstuhl nach einem englischen Patent mit selbsttätiger Zuführung des Fasermaterials verwendet worden.

Der Plüsch als Futterware kann am Cottonstuhl mit Hilfe besonderer Plüschplatinen hergestellt werden. Einen Vorschlag hierzu macht das D. R. P. Nr. 79851. Darnach sind die Plüschplatinen p, Abb. 116, mit zwei Kuliernasen k, k_1 ausgebildet. Zwischen den Nadeln n und der Platinenbarre a sitzt ein verschiebbarer Fadenführer F mit zwei verschieden hoch eingestellten Fadenröhrchen r, r_1, durch r wird der Grundfaden f, durch r_1 der Futter- oder Plüschfaden f_1 den Nadeln zugeleitet. Die Kuliernase k_1 nimmt den Faden tiefer zwischen die

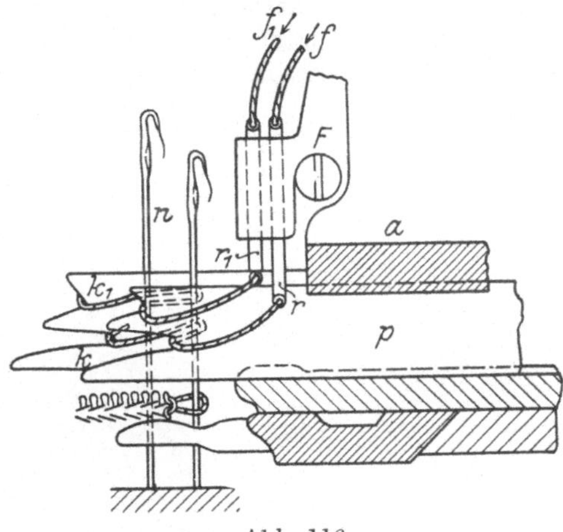

Abb. 116.

Nadeln' wie k, so daß beim Ausarbeiten der Maschenreihe die Maschen in den durch k gebildeten kurzen Schleifen hängen bleiben, während die längeren Schleifen auf der Warenrückseite liegen und die Plüschdecke bilden. Sowohl die Plüschschleifen, wie auch die Grundschleifen bilden jedoch gleichmäßig Maschen, so daß der Plüschfaden mit der Ware unausziehbar verbunden ist.

2. Zur Herstellung von Farbmustern.

Farbmusterungen lassen sich sowohl am Paget- wie am Cottonstuhl, teils durch Vertauschen der Fäden, teils durch Zuführen einer größeren Anzahl verschiedenfarbiger Fäden herstellen. Das Vertauschen der Fäden wird durch den sog. Ringelapparat selbsttätig bewirkt. Solche Farbmusterungen nennt man deshalb auch Ringelware. Je nachdem die Ringelmusterung in einer Ware zum Ausdruck kommen soll, sind die Maschinen mit 2-, 3-, 4- und 5farbigen Ringeleinrichtungen zu versehen. Für ungerade Musterreihenzahl kommt noch der sogenannte Leerreihenapparat zur Anwendung, damit bei ungerader Reihenzahl ein Faden, welcher entgegengesetzt der Rößchenvorrichtung steht, durch Zurückgehen des Rößchenkeiles nachgeholt werden kann. Bei dieser Bewegung ist auch beim Cottonstuhl, so, wie bereits bei der Besprechung des Pagetstuhles ausgeführt wurde, die Nadelbarre entsprechend zu regeln, damit ein Abwerfen der Maschen durch die Preßbewegung verhütet wird. In der Regel wird am Cottonstuhl zum selbsttätigen Einstellen und Vertauschen der Fadenführer eine Musterkette mit einzelnen Knaggen oder Stiften über ein Schaltrad geführt. Für jeden Fadenführer ist eine Knaggenreihe zu berücksichtigen, so daß z. B. für ein vierfarbiges Muster auch 4 Knaggenreihen auf der Musterkette angeordnet sind. Auf dieser Kette ist nun auch für die Leerreihe eine Stift- oder Knaggenreihe vorgesehen, mittels welcher ein Fühler in Schwingung gebracht wird. Diese zieht mit einem Stellhebel einen Raster gegen den Nadelbarrenhebel und, wenn letzterer, beim Pressen und Abschlagen der einer der Leerreihe vorausgegangenen Maschenreihe, durch den Abschlagexzenter nach vorn gestellt wird, so hängt sich der Rasterhebel ein, so daß die Nadelbarre gesenkt bleibt und bei dem folgenden Leerreihengang außerhalb der Preßvorrichtung stehenbleibt. Inzwischen ist der zu vertauschende Faden vom Fadenführermitnehmer erfaßt und durch Fortschalten der Musterkette der Raster ausgelegt und der Nadelbarrenhebel freigegeben worden.

Die selbsttätige Umstellung der Fadenführer nach Maßgabe eines Musters geschieht durch Einstellen von Stellhebeln, die sich gegen eine verschiebbare Stange legen und letztere in ihrem Aushub entsprechend der Hebelstellung begrenzen. Durch diesen verlängerten oder verkürzten Hub stellt sich oben im Kulierapparat ein sogenannter Fadenführerkopf ein (auch Mitnehmer genannt), welcher den für das Muster erforderlichen Fadenführer erfaßt und mit der Rößchenverschiebung vor den Platinen herführt.

Wenn vier- und mehrfarbige Muster herzustellen sind, so werden besondere Platinen und andere Hubbewegungen der Exzenter benötigt und die Geschwindigkeit wird wesentlich vermindert.

3. Zur Herstellung von Plattierfarbmustern.

Das Plattieren der verschiedenartigen Gebrauchsgegenstände, wie Strümpfe, Socken, Hosen usw. wird am mechanischen Flachkulierstuhl mit großem Vorteil durchgeführt.

Der Paget- und Cottonstuhl besitzt hierzu Plattiereinrichtungen, die entweder dazu dienen, bessere Materialien mit geringeren, z. B.

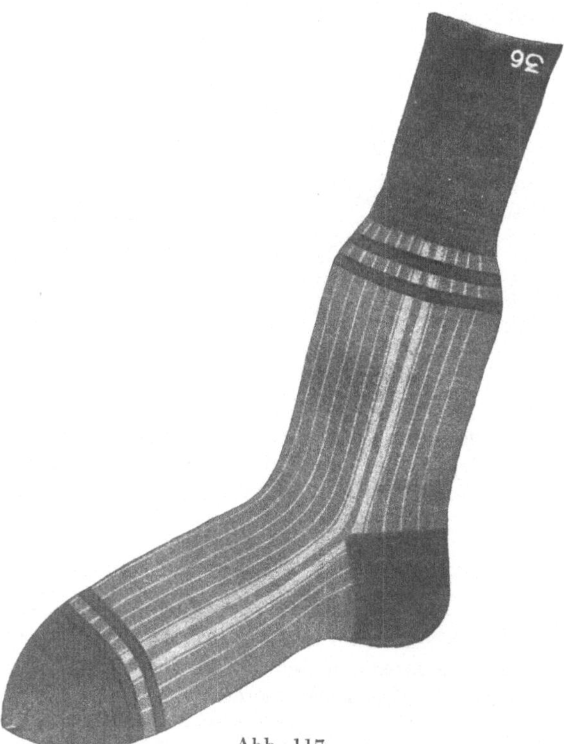

Abb. 117.

Seide mit Flor, bzw. Baumwolle oder Wolle mit Baumwolle usw. zu plattieren, wodurch besondere Warenqualitäten zu erzeugen sind oder aber zur Hervorbringung besonderer Farbeffekte. Bei der letzteren Art der Plattierung verwendet man verschiedenfarbige Garne, die jedoch möglichst passend auszuwählen sind. Man erzielt hierdurch die sog. Changeant-Plattiermusterungen (schillernde Muster).

Vielfach ist mit der Plattiereinrichtung auch die Ringeleinrichtung in Verbindung. Man unterscheidet Plattiereinrichtungen für gleichmäßige glatte Ware

und Plattiereinrichtungen für plattierte, gestreifte und durchplattierte Ware
und solche mit Streifen und Farbwechseleinrichtungen. Zu der Herstellung von
durchplattierten Langstreifenmusterungen sind besondere, sogenannte Wende-
platinen erforderlich, die nach Maßgabe eines Musters in der Platinenbarre zwischen den Nadeln einzuteilen sind. Ein Beispiel einer durchplattierten Lang-
streifen- und Farbwechselmusterung zeigt Abb. 117. Hieraus ist auch ersichtlich, welche Wechselwirkungen in Socken und Strümpfen mittelst diesen Farbmustereinrichtungen hervorzubringen sind.

Außer dieser Plattiereinrichtung ist noch erwähnenswert, die Arbeitsweise
mit sogenannten Splitplatinen, das sind Platinen, welche neben der Kuliernase
noch einen Einschnitt für den sog. Splitfaden enthalten. Verwendung finden
diese vorwiegend in der Strumpf- und Sockenfabrikation.

4. Plattiereinrichtung zum Aufplattieren besonderer Figurfäden.

Mittelst dieser Einrichtung wird ebenfalls eine Art Plattieren durchgeführt.
Sie dient zur Herstellung bunt gemusterter Fantasieartikel. Je nachdem einfache
oder doppelte Langstreifenmuster oder
Jacquardmuster herzustellen sind, sind die
Paget- und Cottonmaschinen mit einfachen
oder doppelten Langstreifenapparaten,
auch mit einem Jacquardfarbmusterappa-
rat eingerichtet. Die Musterfäden werden
von besonderen kleinen Spulen den Plat-
tierfadenführern zugeleitet. Das Aufplattieren der Fäden geschieht durch Umlegen
der Fäden um einzelne Nadeln und kann
zum Einstellen der Plattierfadenführer
entweder ein besonderer Musterapparat
oder der Jacquardapparat zur Anwendung
kommen. Vielfach werden
diese so erzielten Farb-
muster auch Umlegmuster
genannt; in einzelnen Ge-
genden auch Stickma-
schenmuster. Das D.R.P.
Nr.166906 verwendet zum
mustermäßigen Einstellen
der mit Fadenführern
besetzten Musterschiene
(D.R.P.Nr.129033) einen
besonders konstruierten
Spiegel, dessen Musterfel-
der beidseitig auf die Musterschiene einwirken.

Eine einfache Einrich-
tung zum Aufplattieren
der verschiedenfarbigen

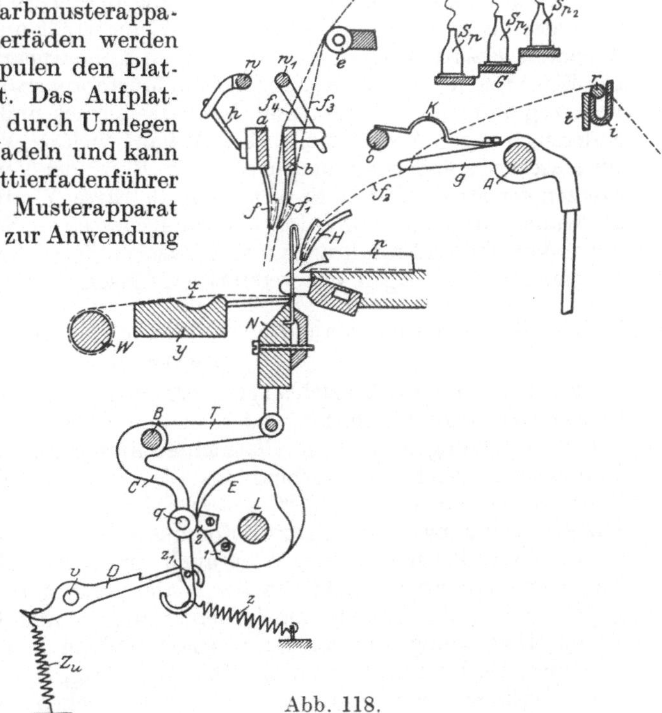

Abb. 118.

Fäden nach System Hilscher zeigt Abb. 118. Vor und über den Nadeln N des
Cottonstuhles sitzen auf Schienen a, b Fadenführer f, f_1, die mit a, b, um eine oder
mehrere Nadelteilungen an den Stäben w, w_1 mit h verschiebbar sind. Diese Stäbe
bringen die Fadenführer f, f_1 in Schwingung, derart, daß sie entweder vor oder
hinter den Nadeln stehen. Wenn hierbei durch ein Musterrad (Spiegel) die Schie-

nen mit den Fadenführern eine seitliche Verschiebung erlangen, so werden die Figurfäden f_3, f_4, welche von den Spulen Sp bis Sp_2 ablaufen, über die Nadeln gelegt und können gleichzeitig mit den durch H laufenden Grundfäden f_2 von den Platinen p in Schleifenform zwischen die Nadeln genommen werden. Hierauf erfolgt die Ausarbeitung der kulierten Schleifenreihe durch Senken der Nadelbarre N mit Hilfe der Hebel T, C der Welle B und Nadelbarrenexzenter E der Hauptwelle L. Die sichere Führung der Musterfäden f_3, f_4 erfolgt über einem Gestell G an Leitschienen s, s_1, s_2 und Stäben d über Rollen e. Da verschiedene Fadenführerschienen a, b zur Anwendung kommen können und jede dieser Schienen bei h, w, w_1 durch ein besonderes Musterrad verschiebbar ist, so lassen sich mit dieser Einrichtung nicht nur Langstreifen, sondern auch Zickzack-Karomuster usw. aufplattieren. Der Grundfaden f_2, der für Ringelmusterung auch, wie bereits oben ausgeführt, zu vertauschen ist, läuft von i, t, r zu der sogenannten Fadenspannung k, g, o und von dort zum Fadenführer H. Durch diese Einrichtung kann eine gleichmäßige Warenkante gebildet werden. Der an der Seite der Ware herabhängende Faden wird beim Ausarbeiten der Maschenreihe leicht angespannt, sobald g um A ausschwingt und die Plattfeder k durch g von o abgehoben und dadurch mit k und g der Faden festgeklemmt und wenig nach oben gezogen wird. Diese Bewegung führt ein besonderer Hubexzenter aus. Der Fadenspanner ist sowohl am Cottonstuhl als auch am Pagetstuhl in Anwendung.

Für einreihige Ringel kann zur Bildung der Leerreihe, wie oben ausgeführt, die Raste bei z_1 des Nadelbarrenhebels C eingestellt und beim Weiterdrehen des Exzenters E zurückgehalten werden. Der Kulierapparat geht dann leer weiter. Die Welle v steht in Verbindung mit dem Musterapparat. Dieser Teil v geht unter Federzug Zu nach Vollendung der Leerreihe zurück und C wird mit Rolle q unter Federzug z gegen E eingestellt. Die Auflaufstücke 1, 2 des Exzenters E können zur Maschenveränderung dienen, so daß z. B. bei der Verstärkung von Fersen und Spitzen der Strümpfe und Socken die Nadelbarre N mit den Nadeln näher gegen die Kulierplatinen gestellt wird, und infolgedessen die Schleifen entsprechend länger zu kulieren und somit auch losere Maschen herzustellen sind. Hierdurch wird ein sicheres Abschlagen der verstärkten Maschen erlangt.

5. Die Herstellung von Zuglaufmaschen- und Nadellaufmaschenmustern.

Es kommen dafür Einrichtungen vor, welche teils auch zur Erzeugung von Petinetmustern benützt werden, andererseits werden auch verschiedenartige Nadeln und Nadelstellungen benötigt. Platinenlaufmaschenmuster erfordern vielfach eine Einrichtung, welche die Verbindungsteile zweier Nachbarmaschen, das sind die Platinenmaschen, so vergrößert, daß zwischen den Maschenstäbchen durchlässige Farbenverbindungen als Langstreifenmuster zum Ausdruck kommen. In Verbindung mit Petinetmustern oder auch durch Besticken solcher Musterstellen lassen sich prächtige Effekte in der Ware, vorwiegend in regulären Gebrauchsgegenständen, wie Strümpfen, Socken, Handschuhen, hervorbringen.

Zur Herstellung von Zuglaufmaschen sind an Paget- und Cottonmaschinen besondere Deckvorrichtungen mit Deckern nötig, mittels welchen das Abheben und Überhängen von bestimmten Maschenstäbchen, deren Maschen später aufgezogen werden, möglich ist. Die Decker müssen die Maschen von jenen Nadeln abheben, an welchen die Laufmaschen gebildet werden. Es ist insbesondere wichtig, daß nach Vollendung einer vollen glatten Stelle, wie z. B. nach dem Doppelrand an Strümpfen, die Maschen, bei welchen die Zugmaschen aufhören, auf Nachbarnadeln übergehängt und auf diese Weise gesichert werden. An den Stellen der Wade usw., an welchen die Laufmaschen zu unterbrechen sind, sowie vor Beginn der Ferse, sind die betreffenden Mustermaschen von den Deckern aufzunehmen und von den Nadeln abzuwerfen. Die Deckereinrichtung hierzu muß eine Vor- und Rückwärtsbewegung machen und entspricht die Konstruktion dieser Maschine etwa einer Petinetmaschine mit sogenanntem Deckmaschinenaushub, nur fällt der Musterapparat hier weg.

Die Einrichtung für die Musterung mit Nadellaufmaschen besteht entweder aus besonderen Nadeln oder aus beweglichen Nadeln. Es kommen entweder runde Nadeln oder geflächte Nadeln zur Anwendung. Jene Nadeln, welche die Laufmaschen zu bilden haben, sind in eine besondere, gefräste und durch sog. Mechanik zu beeinflussende Nadelbarre gebettet; sie können so weit zurückgezogen werden, daß beim Kulieren der Faden an ihnen langgestreckt vorbeigeht. Dadurch entstehen besonders zarte und wirkungsvolle Musterbilder in der Ware. Diese Einrichtung hat aber den Nachteil, daß bei regulären geminderten Warenstücken, wie z. B. Strumpflängen, das Musterbild wegfällt. Zu derartigen beliebig durchführbaren Nadellaufmaschenbildungen ist noch eine besondere, der Wadendeckerei entsprechende Einrichtung zu berücksichtigen.

In der Regel fällt hierbei jeweils eine Laufmasche weg und es muß dann auch die Möglichkeit gegeben sein, die Maschengruppen nach der Minderung anzuordnen. Es ist auch möglich, derartige Muster durch Herausnehmen von Nadeln zu bilden, so daß an den fehlenden Stellen langgestreckte Platinenmaschen zustande kommen. Derartige Einrichtungen sind natürlich nur für das Einarbeiten von Längsstreifen anwendbar.

Damit nun auch die Effekte in solchen Mustern verschiedenartig ohne Rücksicht auf die Nadelstellung in einer Ware hervorzubringen sind, wird eine Einwirkung auf die Abschlagplatinen ausgeübt und bildet man hiernach die Platinenlaufmaschen, kurz Laufmaschenmuster genannt. Es bestehen zur Ausführung solcher Muster mehrere Neuerungen, die auch mit der Musterpresse in Verbindung stehen können. Schubert & Salzer, Chemnitz, verwendet einen besonderen Abschlagkamm mit beweglichen Platinen. Die Kulierplatinen und der Rößchenkeil sind entsprechend der Musterung angeordnet. Es sind somit die Kulier- und Abschlagtiefen der Laufmaschenplatinen voneinander abhängig, und durch besondere Mechanik kann die Länge der Laufmaschen beliebig verändert werden. Nach dem Patent Nr. 97528 lassen sich die Abschlagplatinen, die einzeln beweglich im Abschlagkamm angeordnet sind, durch Musterzähne oder Stellhebel einer Musterwalze beliebig einstellen. Die Musterwalze kann auch als Jacquardapparat benützt werden, so daß nach Maßgabe der gelochten Musterkarten die Stellhebel die Abschlagplatinen beeinflussen· können. Da diese Einrichtung in Verbindung mit der Musterpresse vorkommt, so ist sie mit dem Preßmusterapparat noch näher auszuführen.

6. Einrichtung für unterlegte Farbmuster.

Die Zug- und Laufmaschenmuster sind vielfach in Verbindung mit den Farbmustern und sind deshalb auch an dieser Stelle hervorgehoben worden. Eine andere Art Farbmusterung bildet man durch das Unterlegen der Maschen, d. i. das wechselweise Maschenbilden mit verschiedenfarbigen Fäden. Dies geschieht in der Weise, daß jeweils derjenige Faden, welcher an der Maschenbildung nicht teilnimmt, hinter den Maschen, d. h. den Nadeln, langgestreckt bis zu seiner Weiterverarbeitung fortläuft. Die Nadeln hierzu sind entweder für sich verstellbar, oder es sind besondere Nadelbarren in Anwendung, in welchen die Nadeln mustermäßig verteilt liegen. Nach dem D. R. P. Nr. 89492 sind die Nadeln in der Nadelbarre einzeln beweglich gelagert. Sie können durch Vermittlung einer Mustervorrichtung so geregelt werden, daß nur jene Nadeln mit der Nadelbarre an der Maschenbildung teilnehmen, welche den Faden in Maschenform auszubilden haben, während die übrigen Nadeln ausgeschaltet sind. Die Teilung der Nadeln in arbeitende und nicht arbeitende geschieht durch verstellbare Fühlerhebel, welche mit der Musterwalze in Verbindung stehen. Diese Musterhebel sind außerhalb der Nadelbarre angeordnet. Nach einer andern Ausführung werden zwei übereinander liegende Nadelbarren benützt, in welchen die Nadeln mustermäßig zu verteilen sind, die dann zusammen eine gemeinsame Nadelreihe darstellen. Auch hier regelt eine entsprechende Mustereinrichtung das jeweilige Aus- und Einschalten der einen oder anderen Nadelbarre. Der Ringelapparat schaltet jeweils die entsprechenden farbigen Fäden ein, wodurch an den Nadeln beider Fonturen wechselweise Maschen in verschiedener Farbe gebildet werden.

Diese verschiedenfarbigen Maschen lassen sich zu einem langgestreiften Warenstück zusammensetzen, und Abwechslungen lassen sich durch glatt oder gewöhnlich gestreifte Ware hervorbringen, wenn zeitweilig durch den Musterapparat beide Nadelbarren gemeinschaftlich in Arbeitsstellung kommen. Dadurch kann eine vielseitige Musterung erzielt werden. Hierher gehört noch die Einrichtung D. R. P. Nr. 80515, sowie die D. R. P. Nr. 23314, 89492.

7. Einrichtung zur Herstellung von Preßmustern.

Die Musterpresse besteht am mechanischen Kulierstuhl entweder aus einer in Zähne und Lücken geteilten Presse oder aus einzeln verstellbaren Zähnen. Sowohl die Preßschienen, wie auch die Preßzähne sind durch Musterräder, Zählketten, oder durch eine Jacquardvorrichtung selbsttätig nach Maßgabe eines Musters, zu regeln. Die einfachste Musterpresse ist auch am mechanischen Wirkstuhle die 1 : 1- und die Zweinadelpreßvorrichtung. Vielfach ist aber die Einrichtung so getroffen, daß an Stelle einer glatten Presse die Musterpressen so in Arbeitsstellung gebracht werden, daß sich die Zähne und Lücken gegenseitig ergänzen und für glatte Maschenreihen so eine Vollpresse bilden.

Sobald dann auf irgend eine Musterung überzugehen ist, sind die Preßschienen entsprechend durch den Musterapparat seitlich zu verschieben.

Für umfangreiche, mannigfaltige Preßmusterungen müssen die Nadeln in beliebiger Gruppierung gepreßt werden. Hierzu eignet sich eine Preßeinrichtung mit einzeln verstellbaren Zähnen (Universalpresse). Eine Einrichtung für den Pagetstuhl zeigt Abb. 119. Die Presse

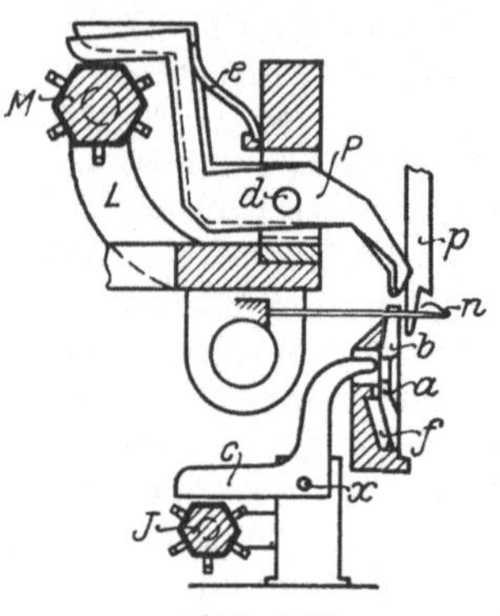

Abb. 119.

besteht aus einzelnen hebelartigen Zähnen P, die an Stelle der Kammpresse sitzen. Zwischen diesen führen sich die Platinen p wie sonst. Eine Musterwalze M oder ein Jacquardprisma mit verschieden gelochten Karten beeinflußt die um d drehbaren und unter Federdruck e stehenden Preßzähne P. Dort wo die Nadeln n zu pressen sind, müssen die Hebel P hinten gehoben und vorn gegen die Nadeln gepreßt werden, während die übrigen über den Nadeln stehen bleiben. Ein am Lager L vorgesehener Schaltmechanismus überwacht und regelt den Musterapparat M. Mit dieser Preßeinrichtung ist der verstellbare Abschlagplatinenkamm zur Herstellung von Platinenlaufmaschenmustern verbunden. Die Abschlagplatinen b, die bei a, f im Abschlagkamm sitzen, sind mit verstellbaren, um x drehbaren Hebel c versehen. Diese liegen ähnlich, wie die Preßhebel, über einem Jacquardzylinder oder einer Musterwalze J. Wird durch diese Musterwalze einer der Hebel c ausgehoben, so stellt er sich oben gegen eine Abschlagplatine b ein und kann diese während des Abschlagens der

Maschenreihe etwas weiter vor die Nadelköpfe schieben. Dadurch werden an dieser Stelle die Platinenmaschen angespannt und erweitert, während die Nachbarmaschen entsprechend zusammengezogen werden. Man erlangt auf diese Weise, wie schon oben ausgeführt, zarte Durchbrechungen in der Ware, die derselben einen sehr weichen duftigen Charakter verleihen.

Eine andere Preßmustereinrichtung besteht aus einer gewöhnlichen vollen Presse, aber die Nadeln sind so gewählt, daß sie mit langen und kurzen Spitzen arbeiten. Wenn nun sämtliche Nadeln oder nur jene mit kurzen Spitzen zu pressen sind, so muß der Preßdruck für die Nadelbarre geändert werden, je nachdem an den Nadeln mit langen Spitzen die Henkel oder Doppelmaschen zu bilden sind oder. daß auch an diesen die Maschen abgepreßt werden. Die Nadelbarre kann mit Hilfe des Ringelapparates in die geeignete Preßstellung gebracht werden. Außerdem lassen sich durch Verbindung der Preßmuster mit verschiedenfarbigen Querstreifen, Langstreifen, Laufmaschen und dergl. mit Handstickerei ausgeschmückt, reichhaltige Musterungen erzielen.

Wie am Pagetstuhl ist auch am Cottonstuhl noch eine ähnliche Einrichtung mit verstellbaren Preßzähnen vorhanden, die jedoch in entgegengesetztem Sinne auf die Nadeln einwirkt. Die Nadelbarre N, Abb. 120, ist wie sonst beweglich angeordnet, auch werden die Nadeln in üblicher Weise gegen die Preßkante p_1 der Platinenbarre p, c angepreßt. Unterhalb der Platinenbarre liegen um e drehbar die Preßhebel h, h_1, gegen welche ein Pressenrad P einwirkt. Letzteres ist drehbar und mit einer größeren Anzahl (in der Regel 12) verschieden in Zähne und Lücken geteilte Musterpressen 1—12 versehen. Es las-

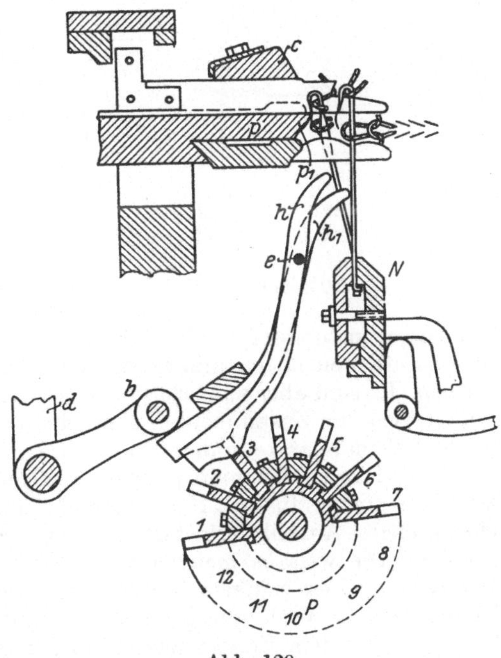

Abb. 120.

sen sich somit auch 12 verschiedene Preßmuster oder aber eine größere Anzahl verschiedenartiger Fadenverbindungen, je nach der Einstellung einer Preßschiene gegen die Hebel h, hervorbringen. Durch die Zähne kann man die Hebel h hochschieben in die Stellung h_1 und oben die Nadeln, wie gezeichnet, beim Senken der Nadelbarre N von der Preßkante p_1 wegdrücken, so daß diese Nadeln nicht gepreßt werden und diese die Henkelmaschen bilden. Die übrigen Zähne deren Hebel in Stellung h bleiben, geben die Nadeln frei und können diese wie sonst gepreßt werden. Bei der Herstellung glatter Ware kann man b mit d gegen die Preßhebel h, h_1 niederdrücken und sämtliche Nadeln freigeben, damit der Preßvorgang durch Senken der Nadelbarren N wie sonst erfolgen kann.

Eine größere Mannigfaltigkeit ermöglicht die mit dem Jacquard in Verbindung gebrachte Universalpreßmaschine, Abb. 121 (D. R. P.). An Stelle der Presse sind eine Art Preßdecker d, d_1 über den Nadeln n einzeln verstellbar angeordnet. Sie sind oben an verlängerten Hebeln mit den Jacquardschnuren s verbunden und lassen sich um a drehen.

Für irgendein Preßmuster werden die Zugschnuren s mustermäßig durch den Jacquard beeinflußt und jene Hebel angezogen, deren Preßdecker d die Nadeln n zu pressen haben, während die Nadeln, deren Decker d_1 von den Zugschnuren freigegeben sind, Doppelmaschen bilden. Das Herausdrängen der Nadeln aus der normalen Preßstellung wird auch noch in anderer Weise hervorgebracht. Die Deutschen Reichspatente, welche sich auf Preßeinrichtungen an mechanischen Flachkulierstühlen beziehen, sind folgende: Nr. 16160, 19100, 16517, 66506, 79135, 58058, 64584. 144158, 288335.

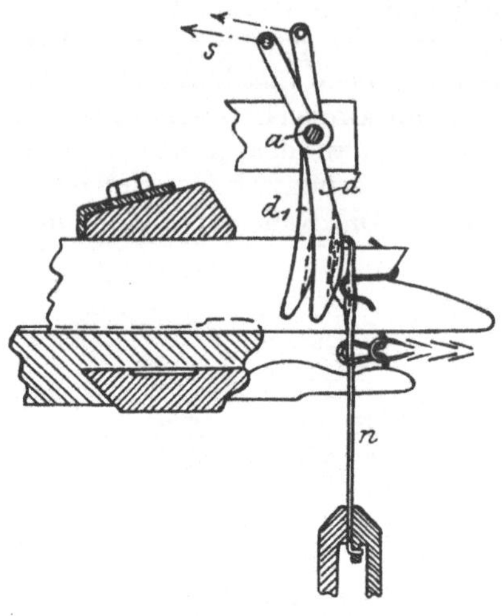

Abb. 121.

8. Einrichtung zur Herstellung von Ränder- und Fangmustern.

In seiner neuzeitlichen vervollkommneten Einrichtung bildet der flache mechanische Kulierwirkstuhl für die Herstellung von Ränder- und Fangmustern eine der verwickeltsten Wirkmaschinen.

Die älteren Einrichtungen sind nur für die Herstellung von Rechts-Rechtsware verwendet worden. Die neueren Ausführungen besitzen auch Einrichtungen für die Herstellung von Fangmusterung und reguläre Gebrauchsgegenstände. Der Maschenbildungsapparat ist in seiner Gesamtanordnung im wesentlichen noch ähnlich wie zur Erzeugung der glatten Ware erhalten geblieben. Es sind aber zum Einstellen der Rändermaschine und deren selbsttätige Arbeitsweise im Zusammenhang mit den bekannten Mechanismen noch umfangreiche Nebenapparate in dem Stuhl unterzubringen.

Da die Rändermaschine (sie wird im allgemeinen in der Wirkereiindustrie so bezeichnet) am häufigsten für die Ränderfabrikation Verwendung findet, so sind eine größere Anzahl Arbeitsstellen, sogenannte Fonturen nebeneinander vorgesehen. Die weitaus meisten Verbesserungen beziehen sich auf die rationelle Herstellung eines schönen, guten Randstückes mit Doppelrand, Aufstoß- und Trennreihen in Verbindung mit Farb- und Perlfangmusterungen.

Gegenüber dem Handräderstuhl und dem älteren mechanischen Ränderstuhl, ist die Bauart der heutigen mechanischen Rändermaschine im allgemeinen so ausgeführt, daß sowohl für die Stuhl-, wie auch für die Maschinennadelreihen nur eine gemeinschaftliche Preßvorrichtung verwendet wird. Hinsichtlich der Konstruktion unterscheidet man zwei Haupttypen von Rändermaschinen dieser Art: Die Pageträndermaschine, sogenanntes hohes System und die Cottonrändermaschine.

a) Die Pageträndermaschine, hohes System, ist in ihrer Haupteinrichtung durch Abb. 122 veranschaulicht. N mit n ist die Stuhlnadelreihe, welche im Abschlag a mit h, h_1 und h_2 beweglich ist. Die Rändermaschine wird durch N_1 mit Nadeln n_1 gebildet, welche mit dem Lager L bei L_1 mit C, C_1 zu heben und zu senken ist. Da die Stuhlreihe n vor- und rückwärts beweglich ist, so empfängt die Rändermaschine nur eine Auf- und Abwärtsbewegung. Zwischen der Nadelreihe n_1, und dem beweglichen Abschlag a befindet sich das sogenannte Scheuerblech s, das sich dicht gegen die Nadeln n_1 legt und die Ware w an den Nadelschäften hochschiebt. Die Hebelverbindung i, i_1, welche mit Rolle ro und Scheuerblechexzenter Se der Arbeitswelle A die Tragstäbe t trägt, stellt das Scheuerblech beim Auftragen und Abschlagen der Maschenreihe selbsttätig ein. s sitzt lose auf den Stäben t und wird mit Zugfedern zurückgehalten. Die Kulierplatinen p besitzen sogenanntes Beschläg p_1; sie werden in Schlitzen der Presse P und der Schiene d geführt und außerdem noch in den Rasten 1, 2 durch Federn f eines Federstockes in der jeweiligen Hoch- oder Tiefstellung gehalten. Sie werden nicht wie im Pagetstuhl direkt von den Rößchen zwischen die Nadeln, sondern durch Schwingen S geführt und zum Kulieren am Beschläge p_1 niedergebracht. Jede Platine p besitzt eine Schwinge S; der Stuhl ist also ein Einnadelstuhl.

Das Rößchen R empfängt seine Führung bei R_1 und wird wie im Pagetstuhl horizontal geführt; die Schwingen sind im Schwingkopf Sk um die Schwingenrute S_1 drehbar. Durch eine Schraube x, Abb. 123, die oben in x_1 gabelförmig getragen wird, kann in der Schlitzführung z das an R_1 geführte Rößchen R geregelt werden. Dies geschieht aber nur dann, wenn Unregelmäßigkeiten in den einzelnen Warenbändern bemerkbar sind,

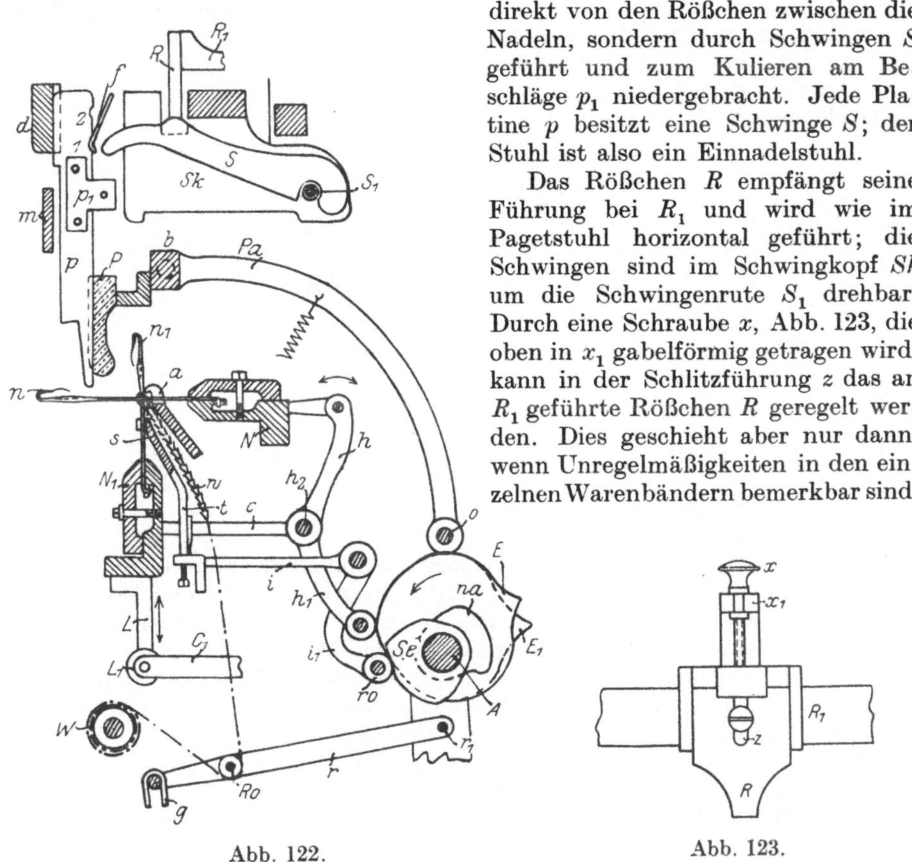

Abb. 122.   Abb. 123.

sonst wird im allgemeinen dort keine Veränderung vorgenommen. Die Maschenlänge des ganzen Kulierapparates wird durch Stellschraube am Werkexzenter der Hauptwelle (dem „Herz" der Maschine) geregelt. Hierdurch kann der Platinenapparat entsprechend höher oder tiefer gegen Nadeln und Schwingen umgeschaltet werden, wodurch auch längere oder kürzere Schleifen an den Nadeln zu bilden sind. Dieser Apparat ist äußerst empfindlich und mit größter Sorgfalt zu behandeln.

Die Falltiefe der Platinen p wird durch die Mühleisenschiene m, Abb. 122, begrenzt.

Die Presse P ist, wie im Pagetstuhl, eine Kammpresse, muß aber während einer Maschenreihe eine zweimalige Preßbewegung ausüben, da, wie schon oben angedeutet, für beide Nadelreihen nur eine Preßvorrichtung vorkommt. Sie empfängt die erste Preßbewegung für die Stuhlnadelreihe n beim Zurückziehen der letzteren nach Beendigung der Schleifenbildung mit Pa, o vom Preßexzenter E aus durch die verstellbare Spitze. Dabei dreht sich b im Gestell rechts und links, so daß Presse P, Abb. 124, mit der Unterkante 1 die Nadeln n preßt. Die zweite

Pressung erfolgt an der Maschinennadelreihe n_1, wenn die Stuhlnadelreihe n zum Abschlagen zurückgezogen ist und n_1 gesenkt wird. Dann bringt Exzenter E_1, Abb. 122, mit der Exzenterspitze den Preßarm Pa so in Schwingung, daß das hintere Preßstück 2 der Presse P, Abb. 125, die Maschinennadeln n_1 trifft. Die beiden Preßbewegungen und die Stellung der beiden Nadelreihen n, n_1 ergibt sich aus Abb. 124 und 125. Bei Abb. 124 wird die Stuhlnadelreihe n durch P und 1 gepreßt und in Abb. 125 preßt P die Maschinennadelreihe n_1 bei der Preßstelle 2.

Wichtig ist bei der Ränderarbeit die bewegliche Abschlageinrichtung a in Verbindung mit dem Scheuerblech s, welche bei Ableerreihen ein sicheres Arbeiten ermöglicht und die Ware w führt.

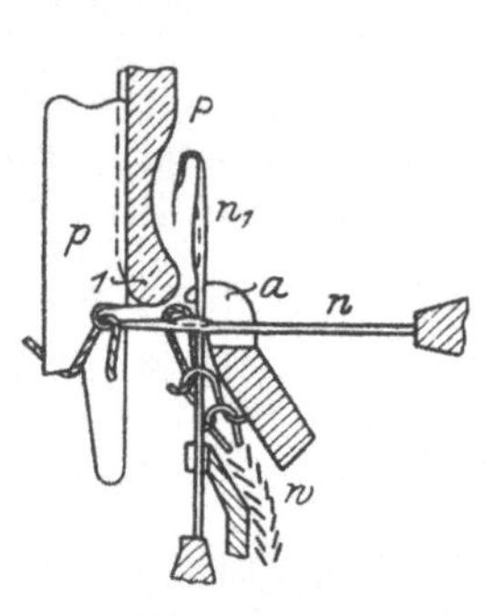

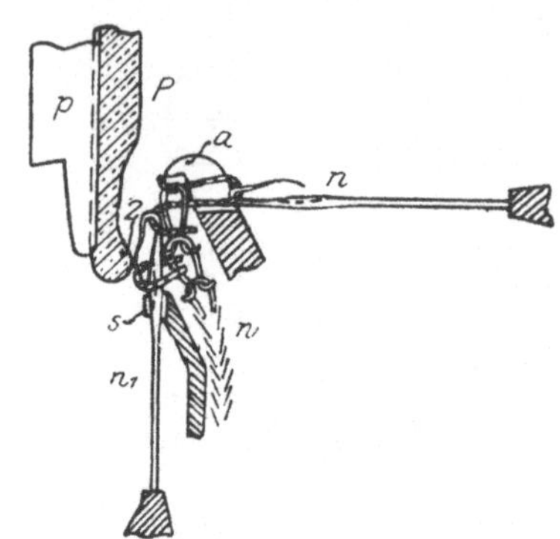

Abb. 124.   Abb. 125.

Die Preßarmrolle o ist eine sogen. Doppelrolle und läßt sich mit einer Gabel so umstellen, daß bei der Herstellung von Perlfangmusterung und beim Doppelrand die Maschinennadeln im gegebenen Augenblick nicht gepreßt werden. Die Stuhlnadelreihe wird während dieser Zeit regelmäßig gepreßt; die Rolle o muß also auf E und der Spitze eingestellt bleiben und wird jeweils von E_1 abgerückt. Bemerkenswert ist, daß bei Störungen durch Abfallen von Maschen von den Nadeln und zum Aufhängen der Maschen die Nadelbarre N_1, Abb. 122, um L_1 nach vorn ausgedreht oder aber dort herausnehmbar ist. Dort ist L scharnierartig verbunden. Zu diesem Zwecke muß Stuhlreihe n, s. auch Abb. 125, ganz in den Abschlag a zurückgezogen werden, damit zwischen beiden Nadelreihen n, n_1 ein freier Raum zum Heraufholen der abgefallenen Maschen entsteht.

Die Herstellung regulärer Randstücke mit sogen. Doppelrand erfolgt jetzt meist mit Ableerreihen (Trennreihen). Diese Trennreihen bildet man aus einem glatten, haltbaren Zwirnfaden oder Flor. Den Anfang einer Arbeit stellt man hier durch Kulieren einer Schleifenreihe an den Stuhlnadeln n her, in welche sich die Maschinennadelreihe n_1 einhängt. Hierauf wird die Rändermaschine (Vordermaschine) ausgerückt, Scheuerblech s bleibt ausgeschaltet, so daß jetzt die Maschinennadelreihe als Abzugsgewicht dient, worauf eine beliebige Anzahl glatter Maschenreihen an den Stuhlnadeln n gearbeitet wird. Diese Reihen sind etwas kürzer zu kulieren und hierzu ist der bewegliche Abschlag a besonders geeignet. Nach dieser glatten Arbeit ist die Maschinennadelreihe wieder in Arbeitsstellung zu bringen, und das Scheuerblech stellt sich wieder für den Abschlag automatisch ein. Es beginnt die Ränderarbeit wechselweise an Stuhl- und Maschinennadeln n, n_1.

Ist die entsprechende Warenlänge erreicht, welche durch ein Zählrad oder eine Zählkette überwacht wird, so erfolgt die Umschaltung auf die Perlreihe. Vielfach wird auch ein sog. Zierrand oder Perlkopf dazwischengearbeitet, und dann folgt der Abschluß und Übergang zum nächsten Rand.

Als Aufstoßreihe, die zum Übertragen des Randstückes auf eine andere Maschine oder auf eine Kettelmaschine zur Weiterverarbeitung mit dem Gebrauchsgegenstand dient, ist noch eine sog. Langreihe zu kulieren, die ebenfalls automatisch vom Zählapparat ausgeführt wird. Nach einigen Schutzreihen würde also jetzt die erwähnte Perlreihe oder Schlußreihe folgen, die derart abschließt, daß beide Nadelreihen gepreßt und ihre Maschen ausgearbeitet haben. Eine Knagge der Musterkette bewirkt jetzt, daß der Mitnehmer den zweiten Fadenführer an der linken Maschinenseite mit dem Trennfaden in Tätigkeit bringt. Beide Nadelreihen müssen gepreßt werden. Nun folgt eine sog. Leerreihe in der Weise, daß beim Weitergang der Maschine das Rößchen und der Fadenführer stehenbleiben und hierbei die Stuhlnadelreihe gepreßt und die Maschen von diesen Nadeln abgeworfen werden, so daß das Warenstück nur noch an den Maschinennadeln hängt. Hierauf folgt wieder eine Leerreihe; es wird wohl auch gepreßt, aber da an den Maschinennadeln das Scheuerblech gesenkt bleibt, so kann auch die Ware nicht aufgetragen und nicht abgeschlagen werden. Die Stuhlnadeln sind schon vorher von Maschen befreit worden. Jetzt kann der Florfaden von rechts nach links eingelegt und die sog. Verbindungsreihe gearbeitet werden und zwar, von rechts nach links; dort wird Fadenwechsel vorgenommen, so daß wieder der Grundfaden durch den Mitnehmer erfaßt und die folgende Reihe als Anfangsreihe gebildet werden kann. Dies ist gleichzeitig die Anschlagreihe für das nächste Randstück.

Der durch das Ableeren der Maschen an der einen Warenseite freigelegte Trenn- oder Florfaden kann an der einen Warenkante entweder leicht angeschnitten oder, ohne weiteres, erfaßt und später beim Trennen der Randteile leicht herausgezogen und dadurch die Stücke voneinander getrennt werden. Es können auf diese Weise die abgepaßten Regulärrandstücke als endlose Bänder hintereinander gearbeitet werden.

Diese Warenstreifen w, Abb. 122, laufen hinter der Maschinennadelreihe n_1 und dem Scheuerblech s nach hinten abwärts zu einem in r_1 beweglichen Spannrahmen r mit Warenrolle Ro und von dort zu der Wickelwalze W, welche selbsttätig die Ware aufwindet. Gewichte g können je nach Qualität und Warendichte an r gehängt werden.

b) Die Cottonrändermaschine enthält die Maschinennadelreihe horizontal vor der lotrecht stehenden Stuhlnadelreihe. Dadurch wird der Vorderbau der Maschine komplizierter; es eignet sich aber diese Konstruktion für die Herstellung von Ränder- und Fangmustern, sowie auch für reguläre Teile der Gebrauchsgegenstände, besser wie jedes andere System. Die Anordnung der beiden Nadelreihen gestattet auch hier, den Warentransport nach vorn und abwärts ins Untergestell zu einer Warenaufwickelvorrichtung.

Ein beweglicher Abschlagkamm ermöglicht die sichere Führung der Maschenreihen an den Stuhl- und Maschinennadeln. Dieser Abschlag ist unabhängig von der Platinenbarre und kann im gegebenen Augenblicke auch stillgelegt werden, so daß er wie ein feststehender Abschlag zu verwenden ist.

Die Herstellung von Ränder- und Fangmustern am Cottonstuhl ist ziemlich spät ausgeführt worden. Eine größere Anzahl neuerer Patente bilden den Gegenstand von Einrichtungen und zweckmäßigen Arbeitsbewegungen der Cottonrändermaschine. Die Umgestaltung des Cottonstuhles in eine Ränder- und Fangmaschine geschah 1874 von Kiddier in Nottingham. Man kann von den neueren Ausführungen unterscheiden: Cottonrändermaschinen für die Herstellung regulärer Randstücke ohne Minderung in der Breite von ca 12—32 Fonturen, so daß 12—32 Randstücke mit- und nebeneinander herstellbar sind und Cottonrändermaschinen für reguläre, geminderte Strümpfe,

Jacken, Hosen und Sportartikel von etwa 4—20 Arbeitsköpfen. Außer der Ränder- und Fangmusterung lassen sich auch noch mit Hilfe eines Ringelapparates, sowie einer Plattier- und Petineteinrichtung vielseitige Abwechslungen in der Ware hervorbringen.

In Abb. 126 sind die wichtigsten Organe einer Cottonrändermaschine zusammengestellt. Es lassen sich aus derselben die Arbeitsbewegungen entnehmen. Die Nadelbarre ist auch hier genau so wie für glatte Ware bei N mit den Nadeln n senkrecht eingestellt. Die Maschinennadelreihe n_1 liegt nahezu horizontal mit N_1 vor der Stuhlnadelreihe n. Die Kulierplatten p bestehen aus kulierenden, sog. **fallenden und stehenden Platinen**. Die ersten sind mit Beschläg p_1 versehen und werden durch die Schwingen i der Schwingenbarre B mit Hilfe des an rs sitzenden Rößchens r so weit in der Platinenbarre P, P_1 vorgeschoben, daß der Faden f eines Fadenführers F in Schleifenform zwischen die Nadeln mitgenommen wird, worauf sich die Nadelbarre N im Abschlag a abwärts bewegt. Diese Bewegung wird durch die Hebelverbindung g, c, e, ro der drehbaren Welle y mit Hilfe eines Exzenters E der Arbeitswelle A vollzogen.

Damit nun die Maschinennadeln n_1 ebenfalls Fadenschleifen erlangen, muß die Stuhlnadelreihe n zu-

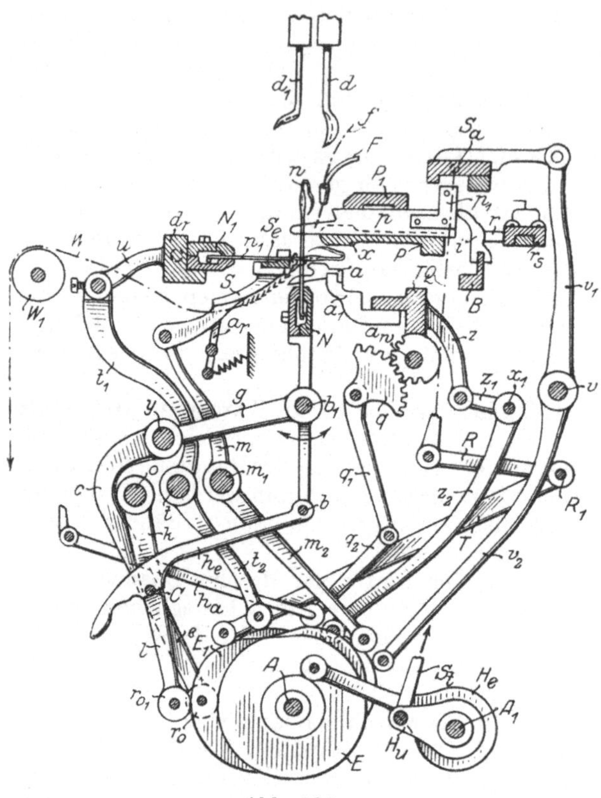

Abb. 126.

nächst die aufgenommenen Schleifen zu Maschen weiterverarbeiten, worauf dann die Maschinennadeln die Platinenmaschen als neue Schleifen aufnehmen. Dieser Vorgang ist noch besonders zu erwähnen.

Zum Pressen der Stuhl- und Maschinennadeln wird nur eine gemeinschaftliche Presse verwendet, die aus dem Vorderteil der Lagerschiene P der Platinen p gebildet ist. Die beiden Nadelreihen werden zu diesem Zwecke mit ihren Haken gegen diese Preßstelle angedrückt. Nach dem Kulieren wird das sog. Verteilen auch hier, wie beim Cottonstuhl für glatte Ware, durch die Verteilschiene Sa bewirkt. Diese empfängt ihre Vorwärtsbewegung und auch die spätere Rückwärtsbewegung, von der drehbaren Verteilwelle v, an welcher die Hebel v_1, v_2 sitzen. v_2 reicht bis zu einem Exzenter E der Arbeitswelle A. Die Preßbewegung der Stuhlnadelbarre N führt ein an der Verlängerung b angelenkter Rastenhebel he aus, der in einem Bolzen C des an der Welle o sitzenden Schwinghebels k eingehängt ist. Die Nadelbarre N ist bei b_1 drehbar und wird sobald der Preßhebel k, l mit seiner Rolle ro_1 durch einen Exzenter E_1 der Hauptwelle A in Schwingung kommt, durch he, b um b_1 ausgedreht und so, wie noch später auszuführen ist, gegen die Preßstelle vorn an P gedrückt.

Die Maschinennadelbarre N_1, (auch Vordermaschine genannt), empfängt ihre Vor- und Rückwärtsbewegung durch Hebel u, t_1 der drehbaren Welle t, von welcher ein weiterer Hebel t_2 mit Laufrolle bis zu der Exzenterwelle A reicht. Die Preßbewegung wird hier durch eine zweite Welle A_1 der sog. Preßwelle ausgeführt. Von letzterer geht ein Hebel H_e zu der Hauptwelle A und wird mittels eines Exzenters von dort aus eingestellt. Von A_1 geht noch ein zweiter Hebel H_u mit Stange S_t zu der Maschinennadelbarre N_1. Diese liegt bei d_r im Gestell drehbar und kann von dort aus durch die angeführte Hebelverbindung so eingestellt werden, daß die Maschinennadeln n_1 gegen die untere Kante x der Preßstelle P angedrückt und dort die Preßarbeit vollzogen wird. Bei dieser Preßbewegung kann sowohl der Abschlag a, wie auch das sog. Scheuerblech Se mit S einerseits zum Auftragen, andererseits zum Einschließen der Maschen in Bewegung gesetzt werden. Der Abschlag a muß auch noch eine solche Bewegung während des Ausarbeitens der Stuhlmaschenreihe mit a_1, T, z—z_2 vornehmen, wobei z_1, z_2 an der drehbaren Welle x_1 befestigt sind. Die zweite Bewegung wird dem Abschlag durch einen Quadranten q, der mit der Verzahnung der Abschlagwelle aw in Verbindung ist, erteilt. q empfängt seine Schwingbewegung durch die Hebel q_1, q_2 und Exzenter der Arbeitswelle A. Von der Laufrolle des Hebels q_2 geht ein weiterer Hebel ha nach links bis zu einer Ausschaltstelle; dort kann der Abschlag durch Umschaltung geregelt werden.

Die Scheuerblechbewegung übernimmt ein Hebelarm ar, der mit Schwinghebel m der drehbaren Welle m_1 verbunden ist. m_1 wird durch einen weiteren bis zur Exzenterwelle A reichenden Schwinghebel m_2 gedreht. Das Scheuerblech S_e steht mit S unter Federzug und wird nur an den Maschinennadeln n_1 zum Auftragen und Abschlagen der alten Maschen durch die genannte Hebelbewegung vorgeschoben und fällt dann sofort wieder zurück.

Der bewegliche Abschlag a, a_1, in der ausgeführten Form, ist für das sichere Arbeiten der Cottonrändermaschine von großer Bedeutung. Hierdurch ist es auch möglich, daß man die alten Maschen an Stuhl- und Maschinennadeln sicher führen und ein Zurückspringen oder Aufhocken während der Arbeit verhindern kann. Die Leistungsfähigkeit ist dadurch wesentlich gefördert worden (s. auch D. R. P. Nr. 219 770, 225 605). Die Verteilschiene Sa, auch Platinenschachtel genannt, muß vor der Kulierarbeit durch einen Hebelzug Q, R der drehbaren Welle R_1 und eines Schwinghebels T der Exzenterwelle A so weit gehoben werden, daß beim Kulieren die Beschläge p_1 der Kulierplatinen p unter S_a vorzuschieben sind.

Für die Herstellung regulär geminderter Ränderware ist auch die Cottonrändermaschine mit einer Mindereinrichtung ausgerüstet. Es sind sowohl für die Stuhlnadeln n, als auch für die Maschinennadeln n_1 Decker an jeder Fonturenseite angeordnet. d sind die Minderdecker für die Stuhlnadeln, d_1 jene für die Maschinennadeln. Beide Deckereinrichtungen d, d_1 werden durch eine unter Einfluß der Musterkette stehende Deckvorrichtung gegen die Nadeln gesenkt und entsprechend betätigt. Hierbei werden die Randmaschen abgehoben und auf weiter innen liegende Nadeln übertragen. Die fertige Ware W wird zunächst unter dem Scheuerblech S_e, S fortgezogen und bis zu der Warenrolle W_1 geleitet und von hier aus nach unten zu einer mit Gewicht versehenen Abzugsrolle gezogen, wo sie selbsttätig aufgewunden wird.

Der Maschenbildungsprozeß mit Hilfe dieser besprochenen Einrichtung ist kurz folgender:

Nachdem die Platinen p, Abb. 127, zur Bildung der Schleifen s zwischen die Nadeln n vorgeschoben sind und das Verteilen mit der Verteilschiene erfolgt ist, werden die Stuhlnadeln n durch die Nadelbarre N und die oben erwähnte Hebel-verbindung gesenkt; die Maschinennadeln n_1 (Vordermaschine), sind unter P nach hinten geschoben. Während die Stuhlnadeln abwärts gehen, werden sie vom Preß-hebel gegen die Preßkante 1 der Lagerschiene P, Abb. 128, gedrückt, sobald die Schleifen s unter den Nadelhaken ange-kommen sind (s. a. D. R. P. Nr. 175219). Sodann werden die Platinen p von der Verteilschiene zum Freigeben der Schlei-fen s zurückgezogen, in die Stellung Abb. 129; auch die Stuhlnadeln n gehen noch weiter nach unten, bis die Maschen m aufgetragen und endlich als fertige Ma-schen über die neuen Schleifen s durch den Abschlag a abgeschlagen sind. Letzterer

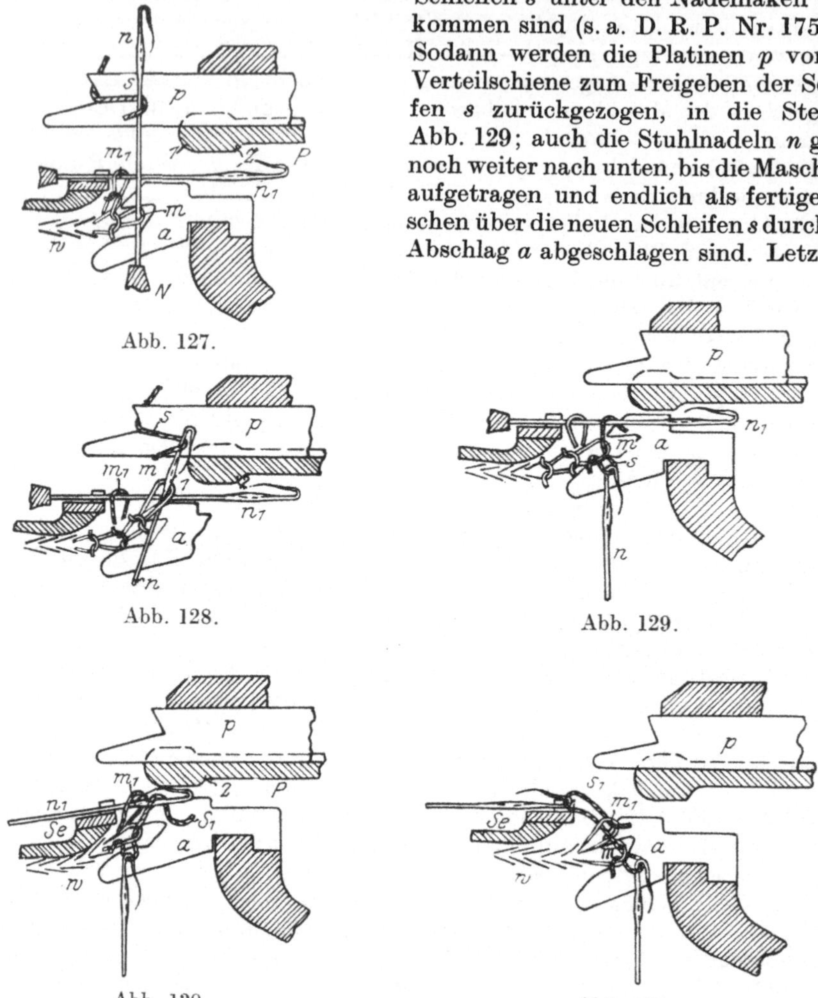

Abb. 127.

Abb. 128.

Abb. 129.

Abb. 130.

Abb. 131

wird hierzu etwas nach oben und vorwärts geschoben. Nun liegen auch die Verbin-dungsstücke s_1 zweier Nachbarmaschen auf den Maschinennadeln n_1. Zieht man jetzt letztere nach vorn, durch die oben angeführte Hebelverbindung, so kommen die Schleifen s_1 unter die Nadelhaken, Abb. 130, gleichzeitig drückt der Preßhebel-apparat die Nadelbarre gegen die untere Preßkante 2 der Schiene P; das Scheuer-blech S_e schiebt die Ware w mit den alten Maschen m_1 auf die zugepreßten Nadel-spitzen, worauf die Maschinennadeln wieder nach unten und vorwärts gezogen werden, bis durch S_e, Abb. 131, die alten Maschen m_1 über die aufgenommenen Schleifen s_1 sicher abgeschlagen sind und auch hier eine Maschenreihe vollendet ist. Während das Scheuerblech S_e vorgezogen wird, schließt der bewegliche Abschlag a

die Ware w mit den Maschen m, m_1, Abb. 131, ein und führt eine zweite Bewegung aus, worauf die Nadeln wieder in ihre Anfangsstellung zurückgehen.

Bei der Perlfang- und Fangmusterung muß die Presse außer Tätigkeit gesetzt werden, d. h. man verhindert das Andrücken der Nadeln gegen die Preßkanten. In der Regel wird in der Ränderfabrikation an jedem Randstücke ein sog. Perlkopf und vor der Ableerreihe eine Perlmaschenreihe gearbeitet. Hierbei wird nur die Maschinennadelreihe nicht gepreßt. Zu diesem Zwecke befindet sich an der Preßwelle eine Umschaltvorrichtung mit Stellrollen, welche unter dem Einfluß einer mit Knaggen versehenen Zählkette stehen. Sobald eine Knagge dieser Kette unter einen Fühler tritt, stellt letzterer die Laufrolle gegen einen Kurvenexzenter der Welle und schiebt mit diesem letztere zur Seite, damit die Preßarmrolle auf eine runde oder sog. Leerscheibe zu stehen kommt und so das Pressen verhindert wird. Nach vollendeter Perlreihe stellt eine zweite Knagge die andere Laufrolle gegen einen rechtssitzenden Kurvenexzenter, der die Rückwärtsverschiebung der Welle, in die Normalstellung, übernimmt.

Ringel- und Farbmuster lassen sich an der Cottonrändermaschine durch den Ringelapparat in ähnlicher Weise hervorbringen, wie dies beim gewöhnlichen Cottonstuhl angedeutet wurde. Die ähnlichen Einrichtungen, wie sie dort angeführt wurden, sind auch für die Herstellung von Plattiermustern erforderlich.

Wie die Herstellung der Petinetmuster auch an der Cottonrändermaschine zustande kommt, ist später noch bei der Besprechung der Petineteinrichtung auszuführen (s. auch D. R. P. Nr. 137963 und 140063).

Weitere Ausführungen über Einrichtungen der Cottonrändermaschine siehe auch die D. R. P. Nr. 56612, 95240, 189135, 215442, 219770, 225605, 234330 u. a. m.

Von Interesse ist noch eine Einrichtung an der Cottonrändermaschine zur Herstellung von schlauchförmiger Ware. Es haben sich zwar diese Einrichtungen bis jetzt in der Praxis noch wenig eingeführt (siehe auch D. R. P. Nr. 305707, 161701).

Das D. R. P. Nr. 97258 hat auch vorgeschlagen, außer der rundgeschlossenen Ware auch halboffene, regulär geminderte Ware, an der Cottonrändermaschine herzustellen.

Bemerkenswert ist endlich noch der Arbeitsvorgang bei Fang- und Perlfangversatz. Man läßt hierzu die Vordermaschine vor der Stuhlnadelreihe mit Hilfe eines Versatzhebels seitlich verschieben. Dazu muß auf der Musterkette eine besondere Knagge aufgesetzt werden. Auf diese Weise lassen sich auch die sog. Versatzmuster in beliebiger Reihenfolge hervorbringen.

9. Einrichtungen zur Herstellung von Petinet- oder Stechmaschinenmustern.

Durchbrochene, spitzenartige Musterungen, sog. Petinet- oder Stechmaschinenmuster, lassen sich am mechanischen Flachwirkstuhl nach zwei verschiedenen Prinzipien herstellen.

1. Mit Hilfe der einfachen Petinetmaschine, in welcher die Decker mustermäßig angeordnet werden müssen, weshalb die Musterung beschränkt ist.

2. Unter Zuhilfenahme einer vollbesetzten Deckerschiene, deren Decker in unbeschränkter Reihenfolge regelbar sind.

Da bei der letzteren Art das Einstellen der Decker unter Einfluß einer Jacquardmaschine erfolgt, so ist eine derartige Petinetmaschine als Jacquardpetinetmaschine zu bezeichnen. Sie ist auch am Cottonstuhl die am meisten vorkommende Einrichtung dieser Art.

a) Die einfache Petinetmaschine kommt vorwiegend am mechanischen Flachwirkstuhl mit horizontal angeordneter Nadelreihe vor. Die Deckmaschine befindet sich mit ihren Deckern vor der Stuhlnadelreihe und wird ähnlich wie die Mindermaschine gegen die Nadeln eingestellt. Ähnlich erfolgt auch die seitliche Verschiebung beim Abheben und Übertragen der Mustermaschen auf Nebennadeln. Die seitliche Verschiebung kann entweder durch Musterkette oder durch ein sog. Spiegelrad selbsttätig vorgenommen werden. Wenn nun hierbei die Maschenübertragung in ein und derselben Reihe nach rechts und links vorzunehmen ist, so muß man die Abdeckung und Übertragung der Maschen in zwei Arbeitsbewegungen ausführen lassen. Die Leistungsfähigkeit der Maschine ist dann eine geringere. Nach dem D. R. P. Nr. 90 781 kann dies dadurch verhütet werden, daß zwei oder mehr Deckerreihen in der Petinetmaschine zur Anwendung kommen. Auch bei dieser Einrichtung sind im allgemeinen immer nur so viele Decker-

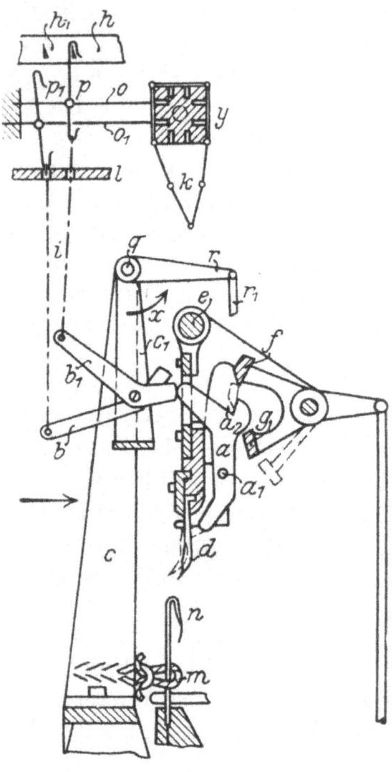

Abb. 132.

nadeln im Musterapparat angebracht, als der Mustereffekt erfordert. Trotzdem hat auch diese einfache Einrichtung manche Vorteile. Da die Deckerschienen um 1—2 Nadeln beim Übertragen der Maschen verschiebbar sind und einen Versatz über ca. 28 Nadeln ermöglichen, so ist eine vielseitige Verwendung gewährleistet.

b) Mit Hilfe der Universal-Petinetmaschine, d. i. die mit vollen Deckern besetzte Musterschiene, die so viele Decker besitzt, wie der Stuhl Nadeln enthält, kann jedes beliebige Muster ausgeführt werden. Die Einwirkung der Jacquardvorrichtung gegen die Decker ist sehr verschieden und sind auch verschiedene Konstruktionen in Anwendung. Bei den gebräuchlichsten Arten ist der Arbeitsgang derart, daß Hilfsschwingen oder Hilfsplatinen während der Deckbewegung der Petinetmaschine diese Bewegung mit ausführen. Hierbei muß der Schnurenzug (Harnisch), Platinenboden und Messerkasten der eigentlichen Jacquardvorrichtung dieser Bewegung angepaßt werden. Es entsteht dann eine große Belastung des ganzen Musterapparates. Die Umgehung dieser Nachteile ist der Gegenstand mehrerer Patente.

Hilscher, Chemnitz, bringt über den Deckern einzelne schwingende Doppelhebel oder Taster an, welche nach Patent Nr. 193143 und 193342 unter Einfluß einer Jacquardvorrichtung diejenigen Decker gegen die Stuhlnadeln drückt, welche die Maschen von letzteren zu übertragen haben.

c) Die Petinetjacquardeinrichtung von Boeßneck nach dem D. R. P. Nr. 250032, die vorwiegend für den Cottonwirkstuhl konstruiert ist, besitzt manche Vorteile. Wesentlich ist, daß der Rahmen c, c_1, Abb. 132, der die Schwingenhebel b, b_1 trägt, unabhängig von der Petinetmaschine d angeordnet ist. Es ist hierdurch die Möglichkeit gegeben, sämtliche Bewegungen der Petinetmaschine, wie bei der gewöhnlichen, einfachen Petinetvorrichtung, auszuführen.

Der Jacquardapparat ist ähnlich wie im Webstuhl angeordnet. Das Prisma y mit den teils durchlochten Musterkarten k kann die Jacquardnadeln o, o_1 mit den Platinenhaken p, p_1 entsprechend dem Wirkmuster beeinflussen, so daß da, wo ein Loch in der Karte vorgesehen ist, die Nadeln o die Platinen p, wie gezeichnet, stehen bleiben, während ein Widerstand eine Nadel o_1 mit Platine p_1 zurückdrängt. Sobald nun der Messerkasten h mit den Messern h_1 hochgeht, werden die stehengebliebenen Platinenhaken p erfaßt und mit hochgezogen, während die übrigen abgelenkten auf dem Platinenboden l stehenbleiben. In bekannter Weise sind, wie in der Weberei, an den Platinen die Schnuren i aufgehängt, an welchen unten die Schwinghebel b, b_1 des Schwingrahmens c_1 hängen. Oben ist letzterer im Stützlager c drehbar gelagert und kann um q ausgedreht werden und die Schwingen b, b_1 gegen die Stellhebel a drücken, sobald die Zugarme r, r_1 aufwärts gehen.

Vor einer Musterreihe bringt das Prisma mit dem Jacquard, durch die Schnuren i, die zu einem Muster erforderlichen Schwingen in die Stellung b_1. Bei der in Pfeilrichtung x ausgeführten Bewegung des Rahmens c_1 erfolgt jetzt die Einstellung gegen die Stellhebel a. Diese werden um a_1 gedreht und können unten gegen die Decker d der Petinetmaschine treffen und die Decker in die punktiert gezeichnete Deckerlage bringen. Sofort nach dieser Bewegung legt sich eine Messerschiene f in die Rasten a_2 (punktiert), welche die durch b_1 angedrückten Hebel a versteift und während der Deckarbeit festhält. Dadurch kann nach dieser Verriegelung der Schwingrahmen c_1 sofort wieder in seine frühere Stellung zurückkehren. Inzwischen können die Schwingen b, b_1 von der Jacquardmaschine aus für die nächste Musterreihe eingestellt werden. Das Abheben der Maschen m von den Nadeln n wird dann durch die Decker d übernommen und muß hierbei die gegen die Nadeln n eingestellte Petinetmaschine e, a, d mit f die Auf- und Abwärtsbewegung der Nadelreihe n mit ausführen. Auch ist zum Übertragen der Maschen der Petinetmaschine eine seitliche Verschiebung in dem Augenblick zu erteilen, in welchem gerade die Maschen von den Nadeln abgehoben sind.

Nach Vollendung der Maschenübertragung entfernt sich das Messer f, gleichzeitig tritt eine Schiene g hinter die Vorsprünge a_2 der Deckerhebel a und bringt diese wieder in die Anfangsstellung zurück.

Beachtenswert ist noch, daß die Deckervorrichtung d, a, e gegen r ausgehoben und beliebig außer Tätigkeit gebracht werden kann und zwar, vollständig unabhängig vom Rahmen c, c_1.

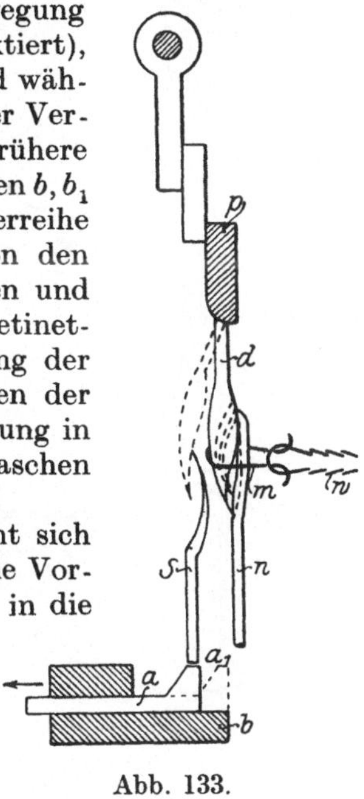

Abb. 133.

Das D. R. P. Nr. 227652 von Schubert & Salzer, Chemnitz, verwendet zum Einstellen der Decker unterhalb der Platinenbarre angeordnete Stechnadeln (Stecher), die von einem hinter der Maschine angeordneten Jacquardapparat zu beeinflussen sind. Dieser Apparat gewährt größere Übersicht und hat manchen Vorteil. Er kann auch an der Rändermaschine mit angebracht werden (s. auch D. R. P. Nr. 137963, 140063).

Die über die ganze Nadelbreite reichende, mit voll besetzten Deckern d, Abb. 133, ausgerüstete Universal-Petinetmaschine p dient einerseits zur Petinetmusterung und andererseits auch noch zur Minderung regulärer Gebrauchsgegenstände. Durch die hinter der Wirkmaschine liegenden Jacquardkarten sind die sog. Hubplatinen a eines Platinenbettes b in Verbindung gebracht.

Die nach einem Musterentwurf geschlagenen Karten ziehen mit Zwischenorganen die Platinen a in die gezeichnete Stellung zurück, wodurch die Keilnasen a_1 die Stechnadeln s heben. Schwingt nun die Petinetmaschine p oben mit den Deckern d aus, so werden letztere von den Stuhlnadeln n abgedrängt und bleiben außer Tätigkeit. Ein Loch in einer Karte bewirkt, daß die Platinen a mit s stehenbleiben und dort können sich die Decker d gegen die Stuhlnadeln n einstellen und die Maschen m der Ware w von ihren Nadeln abheben und auf Nachbarnadeln überhängen, wobei die Deckmaschine p, d seitlich zu verschieben ist.

Darnach ist beim Musterzeichnen in kariertem Papier für eine Musteröffnung ein Karo auszufüllen, und für ein solches ist auch in der Karte ein Loch zu schlagen.

Diese Einrichtung eignet sich, wie schon angedeutet, vorteilhaft für die Herstellung von Petinetmustern an der Rändermaschine. Nur ist noch hier beachtenswert, daß, je nachdem die Musterung im Randstück oder im Warenstück der Ware hervorzubringen ist, nur an den Stuhlnadeln oder aber nur an der Vordermaschine ein Petinetapparat zur Anwendung kommt. Es kommen somit zwei Petinetmaschinen für beide Nadelreihen nicht vor. Sollen z. B. Waren hergestellt werden, in welchen der Doppelrand gemustert sein soll, so ist die Petineteinrichtung für die Stuhlnadelreihe einzurichten. Das gleiche gilt auch für Ränder mit sog. Perlkopf in versetzten Musterungen, die nach der Warenoberseite zu liegen kommen. Wenn aber die „Maschinenseite" des Randes nach außen gerichtet wird, und der Doppelrand keine Petinetmusterung erlangt, dann ist die Petinetmaschine für die Maschinennadelreihe anzuordnen.

Nach einer andern Einrichtung erhält der englische Cottonstuhl lotrecht über der Nadelreihe n, Abb. 134, in Schlitzen einer Schiene B geführte Platinenhaken p, welche die Decker d aufnehmen. Federn s halten diese Decker in oberster Stellung. Sämtliche Deckerplatinen p stehen in Verbindung mit einer Welle w, welche die seitliche Verschiebung, sowie mit a die Auf- und Abwärtsbewegung beim Übertragen der Maschen m bewirkt. Jedem Platinenhaken ist oben ein vierarmiger Hebel h zugeordnet, der um Welle b drehbar ist. Diese Hebel tragen am Ende von h_1 bei y Stifte, welche mit dem Jacquardapparat in Verbindung kommen.

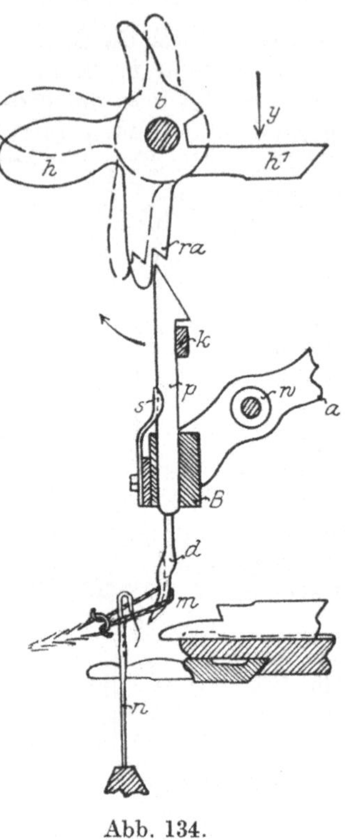

Abb. 134.

Ein Loch in der Karte läßt h, h_1 stehen. Es stößt das Hebelsystem mit Rasten ra die Platinen p mit d gegen die Nadeln n abwärts, und ein Widerstand in der Karte stößt h_1 abwärts und ra schwingt in punktierte Stellung, also außer Tätigheit. Hebel a bringt den Deckapparat in die Arbeitsstellung. Mit der Sammelschiene k werden sämtliche Platinen p gesammelt und nach oben gestellt, also für die nächste Reihe in Bereitschaft gehalten.

III. Mechanische Rundwirkstühle (Rundkulierstühle).

Rundwirkstühle sind bereits schon 1798 in Frankreich gebaut worden. Man kann annehmen, daß die ersten Rundwirkstühle ihre Hauptorgane, so z. B. die Platinen, vom Flachwirkstuhl übernommen haben. Da sich diese Platinen für die Schleifenbildung im Rundstuhl nicht für jede Arbeit vorteilhaft eigneten, so sind bald dahingehende Verbesserungen vorgenommen worden.

So wurde schon 1808 ein Rundstuhl mit Mailleusen, d. s. Maschenräder, von dem Uhrmacher Julien Leroi ausgeführt und 1803 ist ein Rundwirkstuhl von Aubert in Lion auf der Ausstellung in Paris vorgeführt worden.

Das erste Maschenrad war ein Flügelrad, das teilweise heute noch Verwendung findet. Von 1815—1845 sind eine größere Anzahl Verbesserungen an diesem Maschenrad vorgenommen worden. Geschichtliche Bedeutung haben außer dem Flügelrad von Leroi die Maschenräder von Audrieux, Gillet und Jacquin erlangt.

Gillet hat schon 1838, ebenso auch Audrieux, bewegliche Kulierplatinen vorgeschlagen. Später wurden diese beweglichen Platinen von Fouquet mit dem heute allgemein vorkommenden Maschenrad verbunden.

Neben diesen Maschenrädern ist der Rundwirkstuhl auch mit so viel Kulierplatinen im Nadelkranz verwendet worden, als Nadeln im Stuhl vorkommen. Von dieser Art sind zwei Konstruktionen von Bedeutung: Der Rundstuhl von Jouvé und der Rundstuhl von Berthelot. Die Kulierplatinen sind hierbei um den Nadelkranz verteilt und entweder zwischen den Nadeln oder vor denselben geführt. Anregung zum Bau der Rundkulierstühle hat die Arbeitsweise des Flachkulierstuhles gegeben. Die einzelnen Arbeitsmechanismen in letzterem arbeiten periodisch, d. h., sie sind während der Herstellung einer Maschenreihe jeweils nur kurze Zeit tätig und müssen in der übrigen Zeit in Ruhestellung kommen. Die Produktion wird hierdurch wesentlich beeinträchtigt. Dieser Umstand war beim Rundstuhlbau mitbestimmend. Durch die Anordnung der Nadeln auf

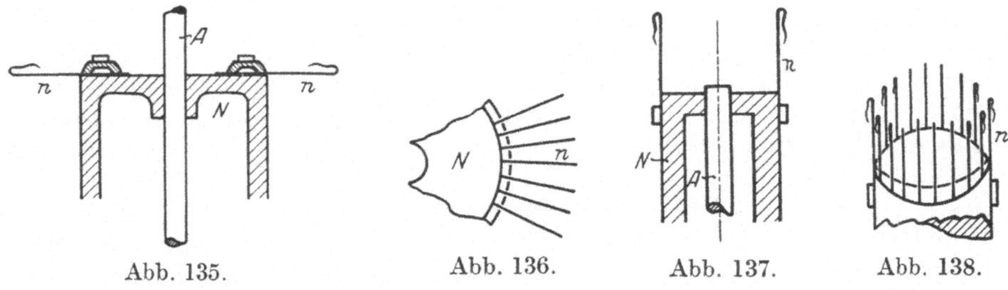

Abb. 135.   Abb. 136.   Abb. 137.   Abb. 138.

einem geschlossenen Kreisring, der mit den Nadeln gedreht wird, ist eine anhaltende, gleichmäßige Maschenbildung zu erzielen. Auch lassen sich an einem so ausgebildeten Nadelring mehrere Arbeitsstellen, sog. Systeme, hintereinander anordnen.

Je nach der Anordnung der Nadeln auf dem Kreisringe haben sich zwei Hauptsysteme von Rundkulierstühlen herausgebildet. Das eine mit horizontal liegenden Nadeln, das sog. französische System, das andere mit lotrecht stehenden Nadeln, sog. englische System.

Bei der horizontalen Nadelanordnung n, Abb. 135 und 136, liegen die Nadeln auf dem um A drehbaren Ring N horizontal und strahlenförmig. Diese radiale Stellung der Nadeln weist mancherlei Nachteile auf, so z. B. kann bei verschieden großen Maschinen und gleicher innerer Feinheit keine genau gleiche Ware erzielt werden. Auch ist durch die Stellung der Nadeln die Durchmessergröße nach unten beschränkt. Trotzdem hat sich dieses System in der Praxis für die Trikotagenfabrikation, bezw. für die Herstellung von Schlauchwaren, am besten bewährt.

Bei dem englischen System sind die Nadeln n, Abb. 137, 138, auf dem Nadelzylinder N lotrecht und parallel zueinander gestellt. Der Zylinder N ist um A drehbar. Diese Konstruktion gestattet noch die Ausführung des kleinsten Rundstuhles für schmale Schlauchwaren.

Vielfach besteht die Annahme, daß dieser englische Rundstuhl nur für schmale Schlauchstücke, z. B. für Strümpfe, Handschuhe usw. verwendet werden könne, während der französische Rundstuhl nur für große Warenstücke (Leibweitengrößen usw.) Verwendung finde. Die Praxis zeigt jedoch, daß auch der englische Rundwirkstuhl sowohl für schmale, wie auch für weite Warenstücke gebaut und verwendet wird. Die Verwendungsmöglichkeit der beiden Rundstuhlarten ist sehr weitgehend, vorwiegend stellt man die sog. geschnittenen, das sind die nach Normalschnittmustern zugeschnittenen Artikel an ihnen her.

Aus dieser Herstellungsweise der Wirkwaren hat sich nach und nach eine eigene Industrie entwickelt. Es ist dies die weitverzweigte Trikotagenindustrie. Man spricht deshalb vielfach von Trikotwaren, in einzelnen Gegenden auch Trikotgeweben, im Gegensatz zu den sonstigen Erzeugnissen der Wirkerei und Strickerei. Die Trikotware kommt stets als Stückware vom Rundstuhl und wird dann in der Konfektion weiter verarbeitet. Es sind aber auch jetzt schon Regungen vorhanden, die Ware in Stückform, so wie dies die Weberei tut, auf den Markt zu bringen. Heute hat sich die Trikotagenindustrie nicht nur auf die Wäschefabrikation eingestellt, sondern bringt auch andere Erzeugnisse, z. B. in Seide, vorwiegend in Kunstseide zu Oberkleidern, Sportartikeln usw. auf den Markt. Der Rundwirkstuhl ist somit eine der wichtigsten Wirkmaschinen der Wirkereiindustrie geworden.

Die Anfänge der Trikotagenindustrie gehen bis zum Jahre 1844 zurück. Einen mächtigen Aufschwung hat diese Industrie durch den Einfluß Prof. Dr. Jägers in Stuttgart und dessen Wollregime, sowie durch das Reformbaumwollsystem Dr. Lahmanns in Dresden erlangt.

Wenn auch der Rundstuhl in seinen Grundprinzipien französischen und englischen Ursprungs ist, so hat er doch seinen Ausbau und seine heutige hervorragende Vervollkommnung dieser mächtigen, deutschen Industrie zu verdanken. Es gilt dies hauptsächlich vom französischen Rundstuhl.

1. Französische Rundwirkstühle.

Von französischen Rundstühlen sind zu unterscheiden: solche mit vollbesetzten Kulierplatinen, deren Platinen mit den Nadeln im Kreise gedreht werden und solche, bei welchen die Kulierplatinen starr oder auch einzeln beweglich, nur auf einen kleinen Raum am Nadelring beschränkt sind. Die letztere Art wird auch Mailleusen- oder Maschenradrundstuhl genannt und hat die größte Verbreitung erlangt. Eine neuere Art, welche wieder zurückgreift zu der Konstruktion mit vollbesetzten Platinen und mit dem Nadelkranz laufend, ist der deutsche Rundstuhl.

a) Der französische Rundstuhl mit Kulierplatinen. Vertreter dieser Art sind die Rundstühle von Jouvé und Berthelot. Der letztere wird in einzelnen Gegenden, so z. B. in Frankreich, auch heute noch verwendet. So wurde z. B. ein solcher mit mehreren Arbeitsstellen und selbsttätiger elektrischer Abstellung auf der Ausstellung zu Paris 1900 im Betriebe vorgeführt.

Der Rundstuhl von Jouvé zeigt am deutlichsten die Umgestaltung des Flachwirkstuhles in einen Rundstuhl. Zwischen den Nadeln n, Abb. 139, stehen Platinen p mit Kuliernasen und Einschließschnäbeln, so wie sie noch im Flachwirkstuhl angewendet werden. Sämtliche Platinen stehen reitend auf einem Kurvenring b und können auf diesem mit den Nadeln n und dem um A drehbaren Nadelkranz N, N_1 fortgeschoben werden. Sie kommen an einer Ansatzstelle b_3, gezogen durch die Fäden f, so weit mit ihren Nasen zwischen die Nadeln, daß der vorgelegte Faden in Schleifenform s mitgenommen wird. Hierauf bringt ein sog. Streicheisen einzeln nacheinander jede Platine so weit nach vorn, bis die Schleifen S unter den Nadelhaken liegen. Dann drückt ein Preßrad P die Nadelhaken zu, und während die Platinen an der Kurve b_1 aufwärts steigen und durch einen Abschlagkeil a einzeln vorgeschoben werden, kommen die alten Maschen der Ware w über die zugepreßten Nadelhaken und werden endlich in die neuen

Schleifen abgeschoben. Die Führung der Platinen erfolgt in einem geschlitzten Ring i, der von Stäben i_1 des Nadelkranzes N getragen wird. Letzterer ist bei r_1 in einem Zahnkranz ausgebildet, in welchen das Antriebrad r der Kurbel k ein-greift. Dort erlangt der Stuhl seinen An-trieb. Die Preß- und Abschlagorgane und auch diejenigen Ap-parate, welche an der Drehung des Stuhles nicht teilnehmen, sind oben an einer festliegenden Scheibe B eingestellt. Da bei dieser Platinenanord-nung die Nadeln erst gepreßt werden, wenn die Schleifen bereits schon ein Stück vor dem Preßrad ausge-bildet und in die Na-delhaken vorgescho-ben sind, so kommt es leicht vor, daß bei Verwendung von har-tem und elastischem Garn, so z. B. bei Seide und Kamm-

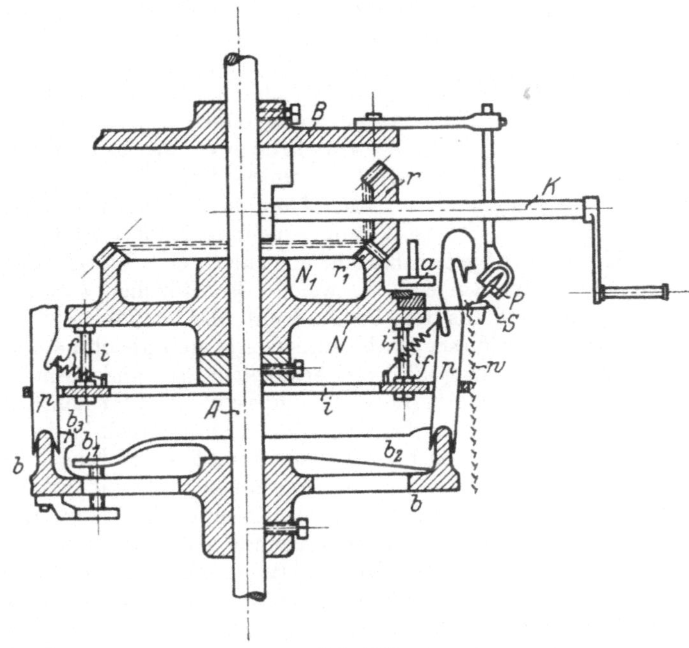

Abb. 139.

garn, die Schleifen sich verschieben oder teilweise aus den Haken ausspringen, wodurch das gleichmäßige und sichere Arbeiten gestört wird.

Der Rundstuhl von Berthelot sucht den Nachteilen des Jouvé-schen Stuhles zu begeg-nen. Dieser bringt seine Kulierplatinen von einem außen vor den Nadeln n, Abb. 140, liegenden Pla-tinenring b zwischen die Nadeln zum Kulieren, wodurch der Nadelkranz nach innen frei wird. Die-ser Stuhl zeigt schon eine wesentliche Verbesserung in der Nadelanordnung.

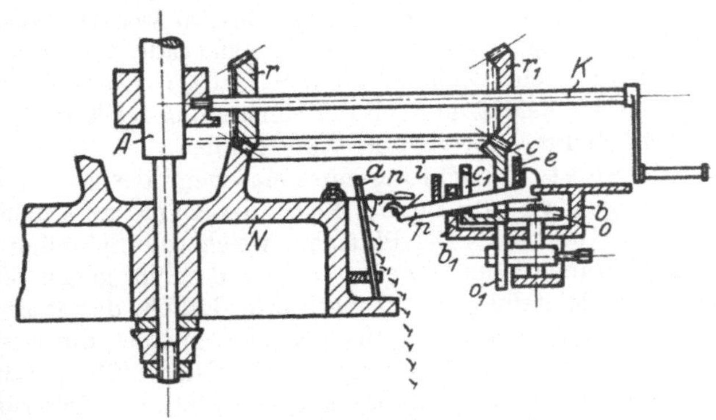

Abb. 140.

Es sind zur Ausarbeitung der Maschen zwischen den Nadeln besondere Abschlag-platinen a eingestellt, welche auf einem Vorsprung des Nadelkörpers N ruhen. Der Ring b, welcher die Platinen p aufnimmt und führt, ist fest und nach innen bei b_1 mit Aussparungen versehen. Innerhalb dieses Ringes liegt drehbar auf Rollen o_1 ein zweiter Ring c, c_1, der in Schlitzen c_1 die Platinen p aufnimmt, und sie mit den Nadeln n im Kreise fortführt. Hierzu ist c oben gezahnt und im Eingriff mit dem Triebrad r_1 der Kurbelwelle k, welche mit r gleichzeitig den

Stuhlkörper N um A dreht. Bei dieser Bewegung laufen die Platinen p zunächst an der Aussparung b_1 aufwärts und an b vorwärts und kommen durch Zwangsführung bei i von oben zwischen die Nadeln n, dort nehmen sie den vorgelegten Faden in Schleifenform zwischen die Nadeln, worauf dann die alten Maschen durch Pressen der Nadeln von a aufgetragen und auch abgeschlagen werden, solange noch die Platinen p die Schleifen festhalten. Ein Verschieben oder Ausspringen derselben ist somit vollständig verhütet. Die Vorwärtsbewegung der Platinen erfolgt an einer Kurve bei b unter Mitwirkung eines Streicheisens e. Je nach dem Durchmesser des Stuhles lassen sich um den Nadelkranz mehrere Kulierstellen, sog. Systeme, anbringen.

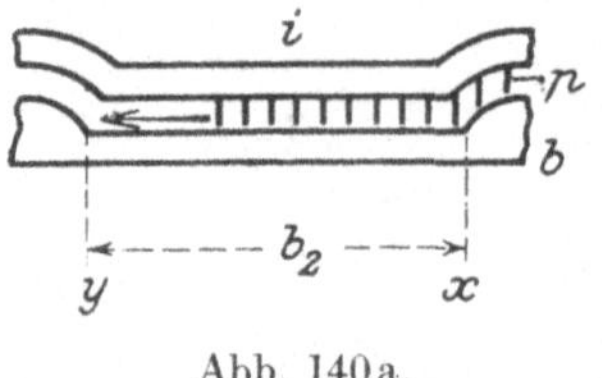

Abb. 140a.

Ein solches System besteht aus einer von x bis y, Abb. 140a, reichenden Aussparung b_2 des Ringes b, in welche das Rößchen i zum Führen der Platinen p hinabgreift und aus dem Preßrad mit Abschlagkeil.

Wenn auch dieser Stuhl ein sicheres und gleichmäßiges Verarbeiten der verschiedensten Garnqualitäten ermöglicht, so sind immerhin noch verschiedene Nachteile vorhanden, die insbesondere in der Platinenführung, welche die Übersicht des Stuhles beeinträchtigt, liegen, sowie auch in der schwierigen Einstellung der Platinen zu den Stuhlnadeln bei feiner Teilung, zum Ausdruck kommen. Die Zentrierrollen o sollen das Schwanken des Platinenringes c, c_1 verhüten. Diese Einrichtung ist später bei der Einstellung einer sog. Maschinennadelreihe zum Herstellen von Ränderwaren zugrunde gelegt worden.

Die Verwendung von Kulierplatinen mit und in den Nadeln laufend, nach den neueren verbesserten Einrichtungen, ist später bei dem deutschen Rundstuhl noch näher auszuführen.

b) Französischer Rundstuhl mit Maschenrädern (Mailleusen). Die um den Nadelring des Rundstuhles liegenden vollbesetzten Kulierplatinen erschweren nicht nur die Bearbeitung, sondern verhindern auch wesentlich das Ausbessern bei Arbeitsstörungen. Durch die Benützung von Maschenrädern, die nur an eine bestimmte Stelle des Rundstuhles gesetzt werden, wird Raum frei, der einesteils die Einstellung mehrerer solcher Maschenräder hintereinander gestattet und außerdem noch freien Zugang zu den Nadeln zwischen diesen Arbeitsstellen läßt. Man unterscheidet, je nach der Einstellung der Kulierplatinen in diesen Maschenrädern, mehrere Arten von Rundstühlen.

Die älteste Einrichtung eines Maschenrades ist das Flügelrad von Leroi.

Flügelrad von Leroi. Es ist dies ein mit schaufelartigen Stahlplättchen versehenes Kulierrad. Die Platinen, welche die Schleifen zu bilden haben, sind auf dem Umfange einer Scheibe starr und schief gegen die Achsenmitte eingesetzt. Diese Schiefstellung ist deshalb erforderlich, damit die, wie Zähne, zwischen die Nadeln eingreifenden Kulierplatinen mittels ihren schnabelförmigen Spitzen den Faden als Schleifen zwischen die Nadeln führen und gleichzeitig auch in die Nadelhaken vorziehen können. Diese Platinenspitzen bilden um den ganzen Umfang des Rädchens eine Spur, in welcher der vorgelegte Faden Führung bekommt. Mit seiner Achse, die über den Nadeln eingestellt wird, muß für sicheres Arbeiten ein solches Rädchen etwa in einem Winkel von 45 Grad zu den Nadeln und weiter noch so eingestellt werden, daß der Faden rechts hinter den Spitzen zugeführt und links neben dem Rädchen zu Schleifen eingeleitet wird; diese Schleifen müssen dann bis zu der Preßstelle mit den Nadeln geführt werden. 1815 hat Audrieux dieses Maschenrad (Flügelrad) mit einem Führungsrädchen versehen, das den Antrieb mit den Nadeln vermittelt. Aber auch bei diesem sind die etwas schmäler gehaltenen Kulierplatinen starr eingestellt. Dieses Flügelrad von

Audrieux bildet den Grundgedanken für das heutige Futter- oder Chaineuserad, nur mit dem Unterschiede, daß letzteres im umgekehrten Verhältnis über den Stuhlnadeln eingestellt wird (siehe Futtereinrichtung). Das Flügelrad von Leroi wird heute noch am englischen Rundstuhl als englische Mailleuse verwendet.

Das Maschenrad, wie es von Jacquin 1841 am französischen Rundstuhle angebracht wurde, enthält bewegliche Kulierplatinen. Die starren Platinen haben den Nachteil, daß die Schleifenbildung namentlich in feinerer Teilung ungünstig beeinflußt wird. Auch die sichere Stellung zu den Nadeln kann nicht immer eingehalten werden. Die Platinen p, Abb. 141, 142, sind in einer Spur S_p einer birnenförmigen Scheibe S_e, siehe auch Abb. 143, 144 und in Schlitzen einer hinter dieser Scheibe gelagerten zweiten Scheibe S_{e1}, geführt. Außerdem führen sich die Platinen in dem auf a befestigten Körper A, der hinten das mit den Nadeln n im Eingriff stehende Triebrädchen r enthält. Die Achse a liegt drehbar in Tragstücken c, d

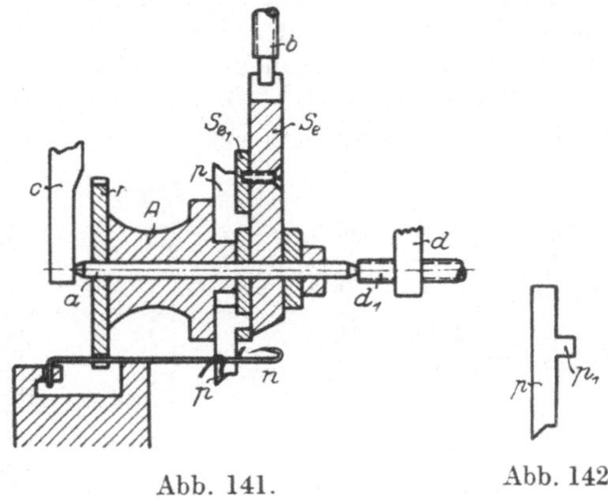

Abb. 141.   Abb. 142.

mit Stellschraube d_1. Die Birne S_e ist lose auf a mit S_{e1} und wird oben bei b festgehalten. Die Stellung zu den Nadeln ergibt sich aus Abb. 144. Rechts bei f_1 wird der Faden f zugeleitet. Wenn sich nun das Kulierrad mit r, A dreht, so werden die Platinen p in der Spur S_p, Abb. 143, geführt und zwangsläufig

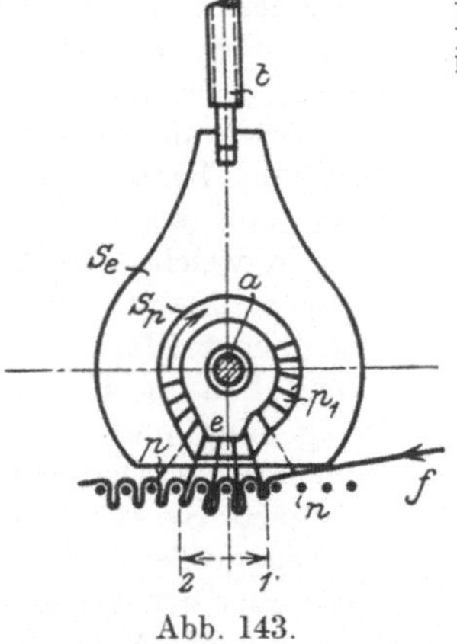

Abb. 143.

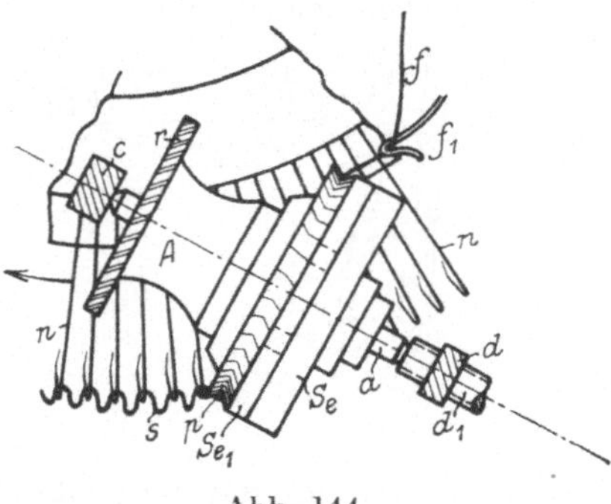

Abb. 144.

an dem Exzenterstück e zwischen die Nadeln geschoben, wobei der Faden f getroffen und von 1—2 zwischen die Nadeln geführt wird. Durch die Schiefstellung, Abb. 144, werden nicht nur die Schleifen s gebildet, sondern kommen auch in die Nadelhaken und werden links bei s zu der später noch besprochenen Preßstelle geleitet. Es ist hierdurch möglich, die Platinen bei 1, Abb. 143, sofort in die richtige Kuliertiefe hinabzuführen und bis zum Vorbringen der Schleifen in gleicher Tiefe zu erhalten, worauf sie in der Spur S_p wieder zurückgezogen und nach oben geführt werden. Später hat G. Hilscher, Chemnitz, dieses Maschenrad in verbesserter Art gebaut und die Presse gleich hinter die Kulierstelle gesetzt.

Das kleine Maschenrad von Fouquet. Die Schiefstellung des Maschenrades führt zu mancherlei Nachteilen. Man hat deshalb die sog. gerade Führung der

Platinen angestrebt. Schon 1839 versuchte der Franzose Gillet ein Maschenrad mit beweglichen Platinen am Rundstuhle anzubringen, das zu den Nadeln gerade gerichtet war. Aber erst später gelang es Fouquet[1]), das gerade Maschenrad wesentlich zu verbessern, so daß bei der geraden Einstellung zu den Nadeln sowohl die Schleifen gebildet, wie auch gleichzeitig diese in die Nadelhaken sicher vorgezogen werden konnten. Diese Einrichtung wurde zur Unterscheidung einer späteren, größeren verbesserten Art der kleinen Mailleuse, vielfach auch Altsystem-Mailleuse genannt. Sie wird zur Verarbeitung weicher Garne, z. B. Imitatgarn, heute noch mit großem Vorteil verwendet.

Die Platinen p, Abb. 145, sind als lange Stahlplättchen vorn mit Einschnitt und hinten mit Kulierschnabel versehen, sie sind in Schlitzen s, s_1 der sog. Platinenscheiben b, e eingesetzt. Letztere sind mit Schrauben I, II, einer Muffe h (Kern) befestigt und mit dieser auf der Achse a fest. Vorn legt sich gegen die Scheibe b, lose aufgeschoben auf a, die Führungsscheibe E (s. a. Abb. 146), die von einem Stellring i gehalten ist (auf a). Das oben an E angesetzte Tragstück E_1, welches von der Stellschraube o gehalten wird, verhindert ein Drehen während des Arbeitens. Hinten schließt sich eine sog. Hülse H an, in welche die Platinen p hineinragen. Sie ist oben bei H_2 an einem verstellbaren Haken e eingehängt und wird dort ebenfalls am Drehen verhindert. Sie besitzt eine etwas größere Öffnung,

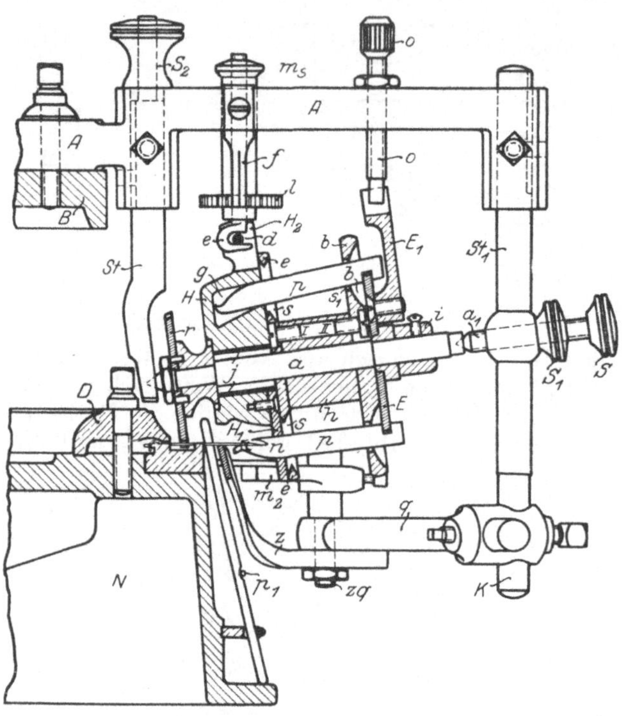

Abb. 145.

als für den Achsendurchmesser nötig wäre, so daß dort lose über der Achse eine quadratische Hülse j einzuschieben ist, welche auch lose auf a sitzt. Nach unten endet H in eine Aussparung H_1 (siehe auch Abb. 149) oder es ist dort dieser Teil auswechselbar. Man nennt dies das Rößchen oder den Exzenter. Die Hülse H bildet im Innern zur Führung der Platinen p eine Spur, welche auf der untern Hälfte geöffnet ist, damit dort die in p_1, Abb. 149, zwangsläufig geführten Platinen freien Auslauf erlangen. Damit sie jedoch nicht zu früh gegen die Nadeln und auf den Faden treffen, legt sich bei m_1 ein verstellbarer Platinenhalter gegen letztere. Ferner begrenzt das Mühleisen m, m_2 die herabfallenden Platinen und führt sie zwangsweise wieder in p_1 nach oben. Die Achse a, Abb. 145, wird hinten im Stab St der Stellschraube S_2 und vorn von der Spitzschraube a_1 der

---

[1]) Gründer der Firma Fouquet & Frauz, Rottenburg a. N.

Stellschraube S des Trägers St_1 frei getragen. Durch das fest auf a und mit den Nadeln n im Eingriff stehende Rädchen r kann beim Drehen des Nadelkörpers N das Maschenrad angetrieben werden. Die Einrichtung ist nun so getroffen, daß jede einzelne Platine p bei dem Einschnitt c, Abb. 147, an der Führungsscheibe E, bevor sie die Spur p_1, Abb. 149, verläßt, ganz nach hinten geschoben wird. In dieser Stellung kommt sie hinter den Nadelhaken zwischen die Nadeln n, Abb. 147a, und zieht den Faden f in Schleifenform zwischen die Nadeln, worauf die nach vorn ausgebogene Scheibe E, Abb. 146, von y_1—x_1 jede einzelne Platine so weit vorzieht, bis die Fadenschleife nach Abb. 148 unter den Nadelhaken vorgeschoben ist. Dieses Hinabstoßen der Platinen muß bei y_1, Abb. 149, durch das Rößchen H bei y geschehen. Bei der Einstellung dieses Maschenrades ist deshalb auch darauf zu achten, daß die Kurve E bei der Strecke y_1, x_1 mit dem Rößchen H, bzw. H_1, bei y, x zusammentrifft. Beide Teile, E und H sind bei E_1 und H_2 verstellbar. Außerdem ist für die Herstellung von loser und dichter Ware beachtenswert, daß das Rößchen H_1, Abb. 145, mehr oder weniger tief gegen die Plati-

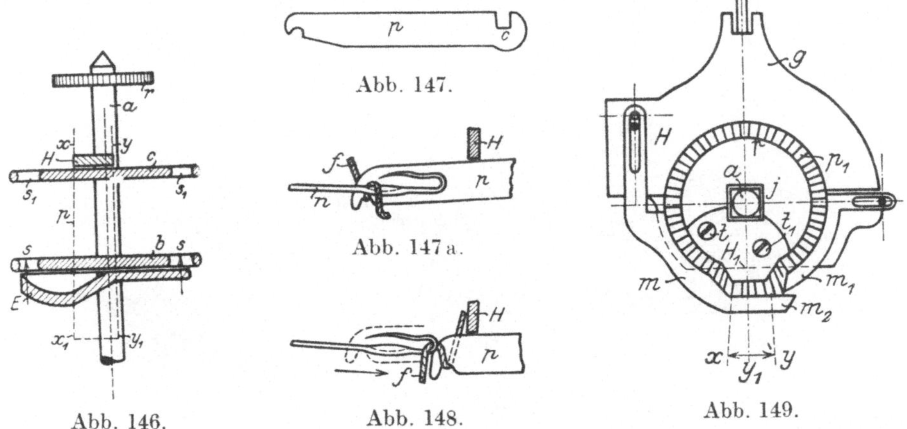

Abb. 147.

Abb. 147 a.

Abb. 146.　　　　Abb. 148.　　　　Abb. 149.

nen p zu stehen kommt und dementsprechend muß oben H, H_2 bei d mit e und Stellschraube m_s tiefer oder höher gestellt werden. Der Zwischenraum bei j gestattet eine solche Stellung.

Es kann notwendig werden, daß das Maschenrad vorn oder hinten in den Tragstücken eine veränderte Stellung empfängt, ebenso ist es nicht ausgeschlossen, daß der Träger A, der durch Schrauben an der Tragscheibe B befestigt ist, eine gelegentliche Verschiebung durch Arbeitsstörungen, Stöße usw. erlangen kann. In einem solchen Falle muß zunächst die richtige Stellung der Platinen zu den Nadeln nachgeprüft werden, so daß ein Zusammenstoßen der Platinen und Nadeln verhütet wird. Die Stellschrauben bei S_2 ermöglichen eine Regelung der Achse a mit St, ebenso ist dies oben bei St_1 möglich. Diese Veränderungen erfordern aber große Sachkenntnis und sind mit größter Vorsicht auszuführen. Nähere Ausführungen hierüber sind noch bei dem großen Maschenrad zu machen.

Bei Beschädigungen der Platinen, oder beim Auswechseln des Rößchens H_1, das mit Stellschrauben t, t_1 an H, Abb. 149, festsitzt, ist das Maschenrad vom Nadelkranz N, Abb. 145, abzunehmen. Hierzu sind Stellschrauben o und S, S_1 zu lösen und mit Vorsicht das Maschenrad aus den Nadeln n und dem Haken e bei d herauszunehmen.

Beim Wiedereinsetzen wird zunächst die Achse a mit der Spitze in St eingestellt, ohne daß die Platinen p mit den Nadeln in Berührung kommen, worauf dann oben e in d gehängt und auch S mit a_1 ohne starke Spannung gegen a gestellt wird. Die Befestigungsmutter S_1 dient als Sicherung der Schraube a_1, S. Dann wird auch E, E_1 mit o in Verbindung gebracht.

Zu bemerken ist noch, daß die Einstellung des Rößchens mit H, H_2, Abb. 145, durch das Stellrad l und Raste f genau geregelt und überwacht werden kann.

Außer den Platinen p sind zwischen den Nadeln die Abschlagplatinen p_1 eingesetzt, wie sie bereits schon bei dem Berthelotstuhl erwähnt wurden. Die Nadeln n sind mit abnehmbaren Deckplatten D und Schrauben befestigt.

Ein sog. Untersetzer z, der von q getragen wird, hält während der Arbeit die Ware so lange auf den Nadelschäften zurück, bis die Platinen p die Schleifen in die Stellung Abb. 148 vorgezogen haben, so daß ein Zusammentreffen der Platinenschnäbel mit der Ware verhütet wird, ferner erlangen die Nadeln dort eine gute Auflage während des Kulierens. Die richtige Einstellung dieses Teiles erfolgt einesteils bei K und bei zq.

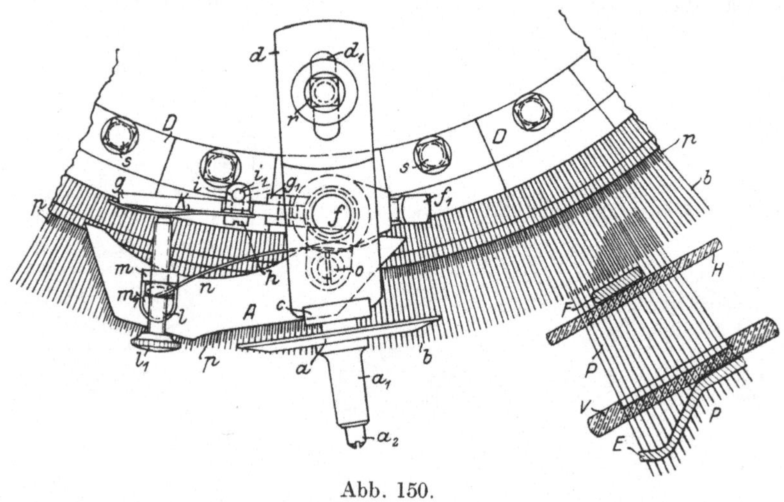

Abb. 150.

Die Preß- und Abschlageinrichtung befindet sich bei dem kleinen Maschenrade links über den Nadeln. Es müssen deshalb auch bei dieser Kuliereinrichtung die Schleifen noch bis zu der Preßstelle freihängend in den Nadelhaken geführt werden. Damit ein Ausspringen und ein Verschieben der Schleifen verhütet wird, kann mit dieser Einrichtung nur weiches Material oder solches, das geschmeidig gemacht ist, verwendet werden. Die Preßeinrichtung steht mit dem Abschlag über den Nadeln b, Abb. 150 und 151. Beide werden von Stäben c, f getragen und oben am Winkel d über B mit e und f_1 befestigt. Abb. 150 zeigt die Stellung der durch H, V, E mit F geführten Platinen P. Sind dort die Schleifen gebildet, so laufen sie mit den Nadeln b unter dem Preßrad a fort und die Nadeln werden von letzterem an ihren Haken gepreßt. a sitzt mit der Nabe a_1 lose auf der Achse a_2 und muß schon deshalb etwas schief gegen die Nadeln eingestellt werden, weil es sonst durch letztere von der Achse abgeschoben würde. Andererseits aber wird diese Schiefstellung zum Zwecke der sicheren Preßarbeit vorgenommen. Während die Nadeln vom Preßrad gepreßt werden, bringt der Abschlag A mit seiner Auftragecke die Abschlagplatinen p langsam nach vorn, wodurch die alten Maschen noch auf die Nadelhaken geschoben werden, bevor das Preßrad die Nadeln freigegeben hat. Durch weiteres Vorschieben der Platinen kommen endlich die alten Maschen über die neuen Schleifen und in dieser Stellung laufen die Abschlagplatinen noch ein Stück weiter, bis sie vom Abschlag freigegeben und mit der Ware nach hinten geschoben sind. Eine Stellschraube l, l_1, des Winkels m, m_1 hält an dem federnden Stege k, g den Abschlagkeil A in der richtigen Lage. Je loser nun die Ware herzustellen ist, um so weiter müssen die Abschlagplatinen p vor die Nadelköpfe geführt werden und ist dementsprechend auch bei l, Schraube l_1 einzustellen und A um o zu drehen.

Reißt ein Faden oder entstehen sonstige Störungen, so muß A nach innen geschoben werden, oder der Steg g wird bei i durch den eingehängten Abstellhaken i_1 hinter l weggezogen, worauf m, A unter dem Federdruck n nach innen geht. Der Abschlag ist geöffnet. Weitere Ausführungen über die selbsttätige Abstellung siehe großes Maschenrad.

Beachtenswert ist für die Einstellung des Preßrades mit dem Abschlag die Höhe über den Nadeln b. Der Preßdruck a ist so zu wählen, daß die Nadelhaken sicher in die Nuten gelegt, aber nicht flach gedrückt werden, während die Abschlagsohle etwa 2—3 mm über den Nadelhaken stehen soll. Diese Stellung kann noch besonders durch die Stellschraube g_2 und f_1 vorgenommen werden.

Der Rundstuhl mit großem Maschenrad. Da durch die Außenpressung im kleinen Maschenrade die kulierten Schleifen leicht aus den Nadelhaken geschoben werden, bevor sie zur Preßvorrichtung gelangen und somit ein Verarbeiten von Kammgarn und Seide oder sonstigen harten Garnen außerordentlich erschwert wird, so

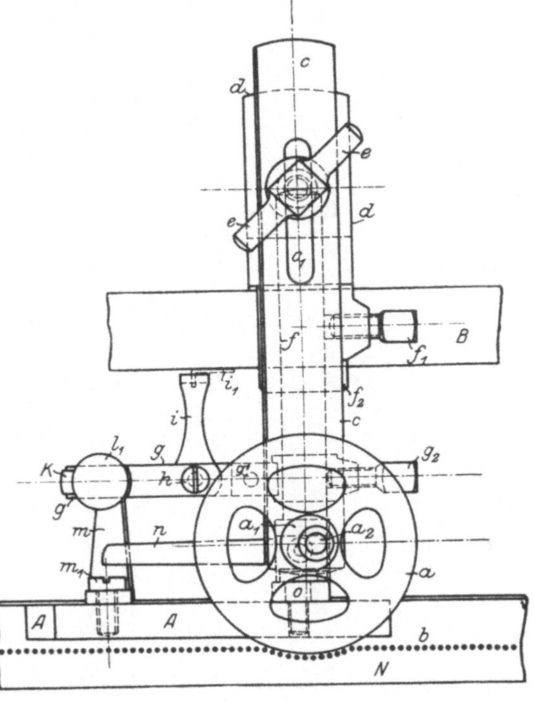

Abb. 151.

mußte man die Preßstelle möglichst nahe an die Kulierstelle verlegen. Hilscher hat auch deshalb schon das Jacquinrad in diesem Sinne verbessert und in einer solchen Größe gebaut, daß unter der Achse der Preß- und Abschlagapparat untergebracht werden konnte. Bei diesem verbesserten Jacquinrad war aber noch die schiefe Stellung zu den Nadeln erhalten, so daß auch hier noch manche Nachteile in Erscheinung traten. Eine vollständige Beseitigung der verschiedenen Übelstände wurde erst durch die Verbesserung des Maschenrades von Fouquet erzielt.

Außer der Umgestaltung desselben in die sogenannte große oder Stuttgarter Mailleuse ist durch D. R. P. Nr. 248845 durch den Italiener Alizari versucht worden, ein kleines Preßrädchen mit Abschlag dicht unter die Mailleusenachse und nahe an die Kulierstelle zu setzen. Es scheint jedoch, daß die Verbesserung des kleinen Maschenrades bis jetzt noch keine große Verbreitung erlangt hat.

Die größte Verbreitung hat jedoch der französische Rundstuhl mit dem großen Maschenrad, in vielen Gegenden auch Neusystem genannt, erlangt. Bei diesem Maschenrade wurde die Achse, wie schon angedeutet, möglichst weit über die

Nadeln verlegt und auch das sog. Antrieb- oder Konduktricerad hat man hinter
dem Nadelkranz in einen besonderen Antriebkranz, den Konduktriceradzahn-

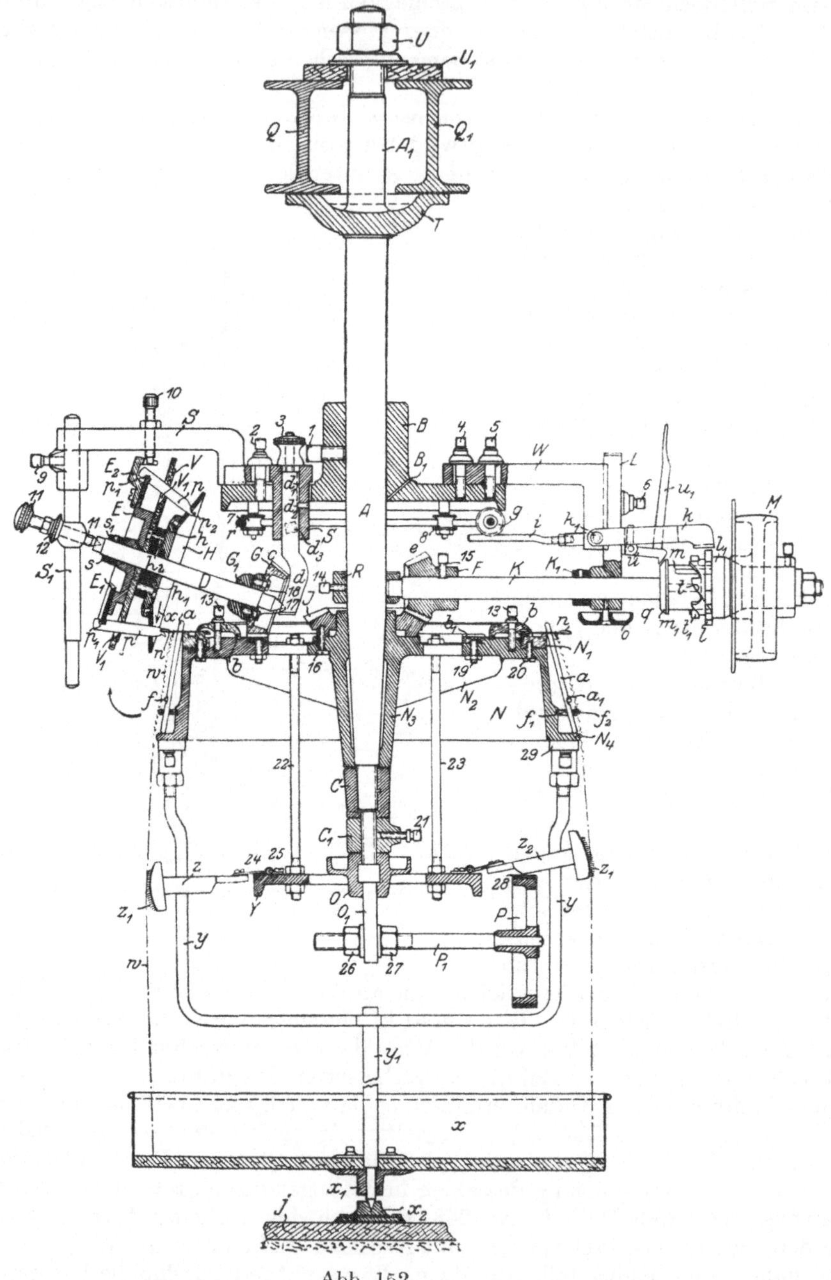

Abb. 152.

kranz, eingestellt. Hierdurch erhielt die Achse eine wesentliche Verlängerung
und steht zu den Nadeln, je nach dem Durchmesser des Stuhles, mehr oder weniger
schief. Aus dieser Stellung ist auch die Bezeichnung schiefe Mailleuse abzuleiten.

Sie steht aber in Wirklichkeit im Gegensatz zu den oben ausgeführten schief-stehenden Maschenrädern, so wie das kleine Maschenrad, mit den Platinen zu den Nadeln gerade gerichtet. Auf diese Einrichtung hat Fouquet schon im Jahre 1856 ein Patent erlangt.

Bei dieser Umgestaltung der von Fouquet ausgeführten kleinen Einrichtung ist der Exzenter (Rößchen) vom Platinenkörper getrennt und ist für sich als ein abnehmbares Stück hinten über den Nadeln und Platinen eingestellt worden. Die Einrichtung und Anordnung einer solchen Neusystem-Mailleuse im Zusammen-hang mit dem Nadelkörper ergibt sich aus Abb. 152. Diese Abbildung zeigt auch die übrigen Einrichtungen des französischen Rundstuhles, welche bisher eine eingehendere Berücksichtigung noch nicht erfahren haben. Das Maschenrad kann je nach dem Durchmesser des Stuhlkörpers N, dessen Nadeln n in einen Lagerring N_1 (Sattel) eingesetzt sind, an verschiedenen Stellen des Umfanges eingestellt werden. Hierzu befinden sich hinter den mit Schrauben 13 auf N zum Befestigen der Nadeln n sitzenden Deckplatten b das Triebrad G, G_1, befestigt durch Schrauben 19. Der Nadelkörper N besitzt Arme N_2 und endigt in eine koni-sche Muffe N_3 mit Bohrung zur Aufnahme der Achse A. Mit dieser Muffe sitzt N_3 auf einem Konus C, der von der Stellmuffe C_1, die von 21 gehalten wird, getragen ist. Hierzu ist die Maschinenstange A am unteren Ende mit dem verjüngten Schraubengewinde versehen, das entweder mit C_1 oder noch am Schlusse von A, die Ölschüssel O aufnimmt. Während des Betriebes wird das Maschenrad durch die Ver-zahnung b_1 und Triebrad c bzw. G, G_1 der Achse D mit angetrieben. Zum Kulieren werden auch hier dieselben Platinen p verwendet, wie beim kleinen Maschenrade. Sie sind auch ebenso in den Schlitzen V_1 der Platinenscheiben V, H eingesteckt, und sind ferner ebenso mit ihren Einschnitten p_1 um die Führungsscheibe E, E_1 gelegt, so daß sie von letzterer auf dem ganzen Umfange bei p_1 zwangsläufig zu führen sind. Diese Scheibe ist auch hier ebenfalls lose auf D und dicht gegen V geschoben. Sie wird oben an dem gegabelten Plattenstück E_2 von der im Support S sitzenden Stellschraube 10 festgehalten. E wird von dem Stellring s, s_1 gesichert. Wie er-sichtlich, sitzt auch hier die Achse D frei in dem Tragstücke d und vorn an der Spitzschraube 11, die mit 12 bei S_1 befestigt ist. Es ist dasselbe in bezug auf Stellung der Platinen p zu den Nadeln n zu beachten, was bereits beim kleinen Maschenrade ausgeführt wurde. Die Einstellungsmöglichkeit ist jedoch hier noch weitgehender und ist ganz besonders der Stellung des Trägers S und dem Stab d, d_1 besondere Sorgfalt angedeihen zu lassen. Wenn auch die einzelnen Teile von Haus aus ihre richtige und sichere Stellung empfangen haben, so besteht immerhin noch die Möglichkeit, daß sich die einzelnen Teile durch Störungen und Erschüt-terungen während des Betriebes verschieben; dadurch wird der sichere Arbeits-gang der Maschine wesentlich beeinflußt. Die meisten Störungen treten durch Verbiegen der Platinen p oder durch Verschieben des Tragstückes S, weniger durch Senken der Stäbe S_1, d auf. Der erstere Übelstand ist durch Herausnehmen der Platinen und Ausbessern derselben zu beseitigen. Es kann auch vorkommen, daß die Führungsplättchen E_1 sich auslaufen und muß deshalb dieser Führungs-teil, der die Kurve bildet und die Platinen bei p_1 nach dem Schleifenbilden nach vorne zieht, nachgeschliffen oder ausgewechselt und sodann wieder betriebsfähig gestaltet werden. Da diese Kurve aus mehreren Stahlplättchen besteht und äußerst genau gestellt sein muß, so muß diese Reparatur mit größter Vorsicht ausgeführt werden. Hat sich das Tragstück S über B verschoben, so äußert sich dies in der fehlerhaften Stellung der Platinen p zu den Nadeln n; diese fallen nicht mehr gleich-mäßig zwischen, sondern auf die Nadeln und beschädigen letztere. Abreißen der Nadelspitzen ist meist die Folge einer solchen fehlerhaften Stellung. Hier hilft nur eine richtige Nachstellung des Tragstückes S an den Stellschrauben 2, bzw. 3.

In der Regel ist S mit drei Stellschrauben auf B befestigt. Man löst jedoch nur zwei (rechte und linke), so daß die mittlere das Tragstück noch festhält, worauf dann bei der Befestigungsstelle von S_1, etwa oben bei 9 vorsichtig nach rechts oder links durch leichte Schläge geschoben wird, bis die Platinen p wieder genau zwischen die Nadeln treffen.

Weit sicherer wird jedoch diese Nachstellung durch Lösen der Spitzschraube 11 und 12 gelingen. wobei durch Drehen der Führungsscheibe E, E_2 die Platinen p erst aus dem Bereiche der Nadeln n zu bringen sind; vorher ist aber oben auch die Stellschraube 10 zu lösen. Dann läßt sich die Achse D durch leichtes Ausschwingen hinter der geöffneten Spitzschraube 11 auf ihre richtige Stellung nachprüfen. Bei diesem Ausschwingen muß jedoch beachtet werden, daß D in d sitzt und die Zähne c in b_1 eingreifen. Man wird dann bei den kurzen Schwingungen die Differenz zwischen 11 und D leicht feststellen und dann durch seitliches Verschieben des Trägers S die richtige Lage ermitteln können. Hierauf dreht man E, E_2 wieder in die gezeichnete Stellung zurück und sucht durch Heben und Senken bei p_1 die Platinenschnäbel p_2 zwischen den Nadeln zu verschieben, um so den richtigen Eingriff der letzteren vor Augen zu haben. Je nach der Genauigkeit der Stellung kann dann noch S nachgestellt und die Spitzschraube 11 wieder gegen D eingestellt werden. Mit 12 wird gesichert.

Da bei dieser Nachstellung sowohl der noch besonders zu besprechende Exzenter, und womöglich auch der Platinenhalter zu entfernen war, so sind auch diese Teile wieder in ihre richtige Lage zu bringen.

Zu bemerken ist noch, daß die, die beiden Platinenscheiben V, H verbindenden Schrauben h_1, h_2 des Kerns h, nur dann gelöst werden dürfen und ein Nachstellen einer solchen Scheibe vorzunehmen ist, wenn man einwandfrei festgestellt hat, daß eine unrichtige Platinenstellung durch eingetretene Verschiebung einer solchen Scheibe zustande gekommen ist. Die fehlerhafte Stellung läßt sich leicht dadurch feststellen, daß man eine Platine über die Mitte der Achse D einstellt, die dann ungefähr eine Gerade durch D darstellen muß.

Derartige Eingriffe können nur vorgenommen werden, wenn man mit den Hauptorganen vollständig vertraut ist. Es könnte sonst vorkommen, daß aus einem kleinen Übel ein viel größeres entsteht und statt der beabsichtigten Verbesserung nur eine Verschlechterung der Stellung herbeigeführt wird und Betriebsstörung die Folge sein kann.

Erwähnt sei noch, daß das Triebrad G, G_1 mit seinen Zähnen c möglichst lose in b_1 eingreifen muß, d. h. ein leichtes Spiel (toter Gang) muß nachweisbar sein. Die Achse D kann hierzu durch Heben oder Senken des Stabes d mit Stellschraube 3 wenig mit c und G nachgestellt werden. Ein zu voller Gang erschwert den Arbeitsgang der Maschine. Bei d_3 wird der in S laufende Stab, der sich in einer Nut d_1 mit d_2 führt, befestigt und am Drehen verhindert.

Der Nadelkörper ist bei N_4 zur Aufnahme der Abschlagplatinen a mit einem Vorsprung versehen, außerdem ist bei f_1 ein mit Schlitzen versehener Ring aufgezogen, in welchem die Platinen a Führung und Halt erlangen. Der Eisendraht f_2 verhindert sie am Herausfallen. Eine Spiralfeder f legt sich in eine durch die Auskehlungen a_1 gebildete Nut, wodurch die Abschlagplatinen a gezwungen werden, nach dem Abschlagen und Ausarbeiten einer Maschenreihe wieder bis zum Sattel N_1 zurückzugehen.

Der Antrieb des Stuhlkörpers N erfolgt entweder durch den Unter- oder Oberantrieb, in neuerer Zeit auch durch Hoch- oder Balkenantrieb. Letzterer befindet sich über dem Tragbalken Q, Q_1, wodurch der Raum, der für diese Einrichtung benötigt wird, zur Anbringung anderer Einrichtungen frei wird. In Abb. 152 ist der Unterantrieb angebracht. Die Antriebwelle K ist vorn im Kurbellager L des Tragwinkels W und hinten im Tragringe R, der mit 14 an A fest ist, lose drehbar eingestellt. An K ist hinten fest mit 15 das Triebrad F, das mit seinen Zähnen e mit J im Eingriff steht und mit letzterem den Stuhlkörper N, N_1, N_3 um A dreht.

Außen an K befindet sich eine Klauenkupplung m, t mit Sperrad l, l_1. Antriebscheibe M ist mit dem vorderen Klauenteil verbunden. Wenn nun t, t_1 mit m gekuppelt ist, kann K angetrieben und mit F, J der Stuhlkörper N in Bewegung gesetzt werden.

Damit nun bei Fadenbruch und Leerlaufen der Spulen der Stuhl selbsttätig zum Stillstand kommt, befindet sich über dem Sperrad l, das lose über m aufgeschoben ist, die um k_1 drehbare Sperrfalle k. Diese wird durch den verlängerten Stab von einer Rolle g des um die Laufrollen 7, 8 liegenden Stellringes r in der gezeichneten Stellung erhalten. Wird jedoch letzterer mit g durch den Fadenwächter oder eine sonstige Veranlassung verschoben, so wird i frei, k fällt vorn gegen l, so daß jetzt das Sperrad festgehalten wird.

Die Scheibe M läuft weiter und nimmt m noch ein Stück fort, bis sich der Stift t_1 an einem Kurvenzahn von l mit m nach innen schiebt und sich vor m_1 der Stellhebel u legt. Dabei führt sich m, m_1 innen auf K an einem Keil der punktiert gezeichneten Keilnut t. Die Klaue wird hierbei entkuppelt, die Scheibe M läuft weiter, K bleibt mit dem Stuhl stehen. Die Inbetriebsetzung des Stuhles geschieht durch Anheben des Stellhebels u_1, worauf m, m_1 durch eine Spiralfeder bei q nach vorn geschoben und dadurch die Klauen wieder in Eingriff kommen. Vorher ist jedoch der Abstellring r mit seiner Rolle g wieder über i einzustellen und k aus l herauszuheben. Der Stuhl kann jetzt wieder von K angetrieben werden.

Die Befestigung und Aufstellung des Rundstuhles erfolgt an einem Holz- oder an Eisenbalken Q, Q_1, etwa in einer Höhe von ca. 1900—2000 mm. Bei der Verwendung von Eisenbalken benützt man entweder „U"- oder „T"-Form und stellt sie so, wie Q, Q_1 zeigt, einander gegenüber, daß das Maschinenende A_1 in den Zwischenraum geschoben und oben mit der Schraubenmutter U über der Unterlagscheibe U_1 zu befestigen und die Rossette T gegen Q, Q_1 zu pressen ist. Der Stuhl soll im Lot hängen.

Hinsichtlich des Maschenbildungsvorgangs ist bei dieser Einrichtung das Kulieren und Vorbringen der Schleifen ähnlich wie bereits beim kleinen Maschenrad ausgeführt. Es werden aber die Nadeln sofort gepreßt, wenn die Schleifen in die Nadelhaken vorgezogen und noch von den Platinenhaken p_2 gehalten sind, damit ein Verschieben oder ein Ausspringen aus den Nadeln verhütet wird. Hierzu befindet sich gleich unter der Achse D ein unten zu besprechendes Preßrade mit der Abschlageinrichtung. Ferner sind noch Hilfsteile, wie Fadenführer, Abstreif- und Einschließräder erforderlich, die oben über der Tragscheibe B ihre Anordnung erlangen.

Die fertige Ware w wird entweder durch eine in den Warenschlauch eingehängte Rillenscheibe oder durch selbsttätigen Warenabzug von den Nadeln abgezogen und in den Warenkessel x geleitet, dessen Muffe x_1 den Stab y_1 aufnimmt und mit letzterem in einem Bodenlager x_2 am Boden j Führung erlangt. Die Stange y_1 trägt oben in einem einstellbaren Zapfen die Warenscheibe, welche beim Freigeben mit der Ware langsam an y_1 herabsinkt und durch ihr Schwergewicht die Ware mitnimmt. Von Zeit zu Zeit muß sie wieder neu aufgehoben und in die Ware eingebunden werden. Für die selbsttätige Warenabnahme wird in der Regel ein sogenannter Kratzenabzug verwendet. Es bestehen mehrere Patente, welche sich auf das selbsttätige Abziehen der Ware am Rundstuhl beziehen. Der in Abb. 152 gezeichnete Kratzenabzug besteht aus einer Anzahl hammerartiger Hebel z, z_2, die an ihren Stirnseiten mit einem Stahlkratzenbelag z_1 versehen sind. Sie liegen kreisförmig nebeneinander und bilden eine volle Scheibe, die frei in der Ware w hängt. Jeder Hebel ist bei *24, 25* an einem Ring Y befestigt. Letzterer ist mit den Stäben *22, 23* des Stuhlkörpers N verbunden. Beim Drehen des Stuhles nehmen diese Stäbe den Kratzenabzug mit fort; hierbei läuft jeder Hebel einzeln nacheinander über ein mit Gummibelag *28* versehenes Rad P, das mit P_1 an der Verlängerung O_1 mit Schrauben *26, 27* befestigt ist. Sobald die Hebel das Rad verlassen haben, fallen sie durch Schwergewicht nach unten und hängen sich mit den Kratzenhäkchen z_1 in die Ware ein und ziehen letztere immer wieder neu ab. Durch die bügelförmigen Stäbe y, die mit *29* am Vorsprung N_4 des Nadelkörpers N sitzen, wird der quadratische Stab y_1 und damit auch der Warenkessel x gedreht. Soll die Ware aus dem Stuhl entfernt werden, so hebt man x mit y_1 so weit in y nach oben, bis der Dorn von y_1 aus x_2 herausgehoben ist, worauf dann durch eine seitliche und Abwärtsbewegung der Stab y_1 auch aus dem Bügel y herauszunehmen

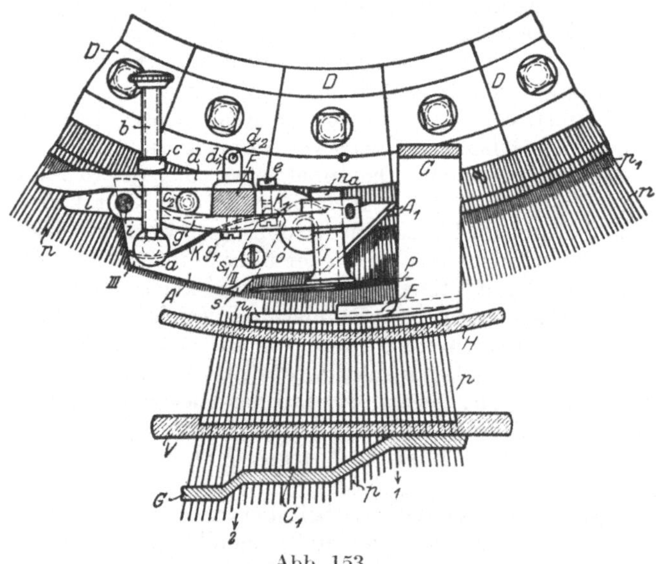

Abb. 153.

ist. Unterhalb der Abzugscheibe z, z_2 kann die Ware abgeschnitten und dann aus dem Kessel x entnommen werden. Der Warenabzug mit Abzug- und Wickelwalzen wird vorteilhaft nur an kleineren Leibweitenmaschinen vorteilhaft angewendet, da erfahrungsgemäß bei größerem Durchmesser die Wikkelwalzen weit über den Stuhl heraustreten und die Bedienung erschweren.

Die Innenpresse mit Abschlag. Wie bereits oben hervorgehoben worden ist, hat man die Achse des Neusystem-Maschenrades in einer solchen Höhe über den Nadeln gelagert, daß dicht hinter der Kulierstelle auch gleich die Presse mit dem Abschlag angeordnet werden kann. Diese Teile liegen somit innerhalb des Kulierraumes; sie werden nach außen von dem Maschenrad ganz verdeckt. Hiervon rührt auch die Bezeichnung Innenpresse her.

Die Grundlage für die Einstellung dieser wichtigen Teile bildet die Führungskurve der Platinenscheibe G, Abb. 153 und der Kulierexzenter E. Auch beim großen Maschenrade ist die Führungsscheibe von *1—2*, siehe auch Abb. 155, stufenartig auswärts gebogen. Diese Kurve wird hier durch die schon erwähnten Stahlplättchen gebildet. Denkt man sich an den Punkten *1, 2* Gerade zu den Nadeln n, bzw. bis zum Mittelpunkt des Nadelkranzes gelegt, so muß der Exzenter E dort die Kulierplatinen zwischen die Nadeln bringen, und zwar stößt er mit seiner rechten Kulierecke *1a*, Abb. 155, auf die Platine p und mit der linken *2a* auf jene Platine der Ecke *2*; nur innerhalb dieser Strecke dürfen sich die Platinen zwischen die Nadeln senken. Es wird somit der vorgelegte Faden bei *1* von der herabgedrückten Platine getroffen und in Schleifenform s auf dem Wege von *1—2* in die Nadelhaken vorgeführt (s. a. die Abb. 147a, 148, Seite 99). Von *2* ab laufen die

Platinen an G Abb. 153, 155 nach oben, sie geben auch dort die bisher gehaltenen Schleifen wieder frei. Der Kulierexzenter E Abb. 154 ist mit Schrauben v v_1 am Exzenterstab C auswechselbar befestigt.

Bei Arbeitsstörungen, wie z. B. bei Nadelbruch, Zerreißen des Fadens usw. prüft man die Platinenstellung mittels der Nadelzange in der Weise, daß man bei der Ecke 1 der Führungsscheibe G, Abb. 153, 155, die Platine p erfaßt und diese mehrmals vor- und rückwärts zieht, damit sie beim Exzenter E, Abb. 155, von den übrigen Platinen unterschieden werden kann. Genau so verfährt man mit der in die Ecke 2 treffenden Platine p_1. Bei richtiger Stellung des Exzenters E muß die Platine p direkt auf die Ecke $1a$ und jene p_1 auf die Ecke $2a$ treffen. Ist

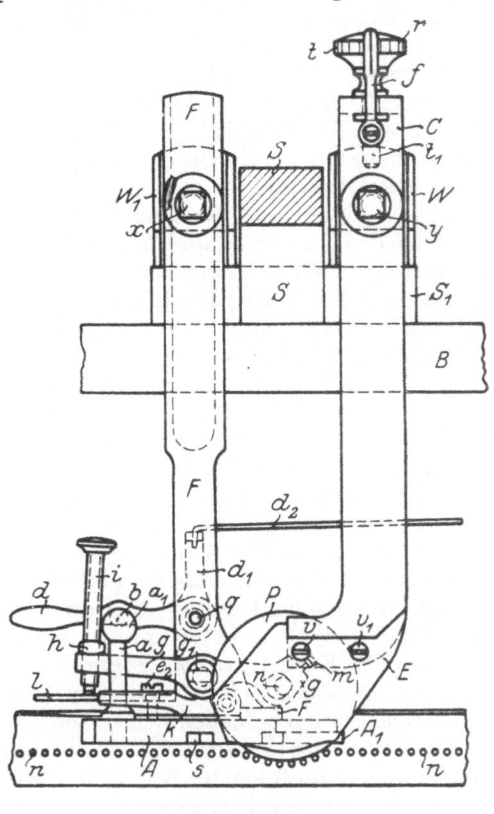

Abb. 154.

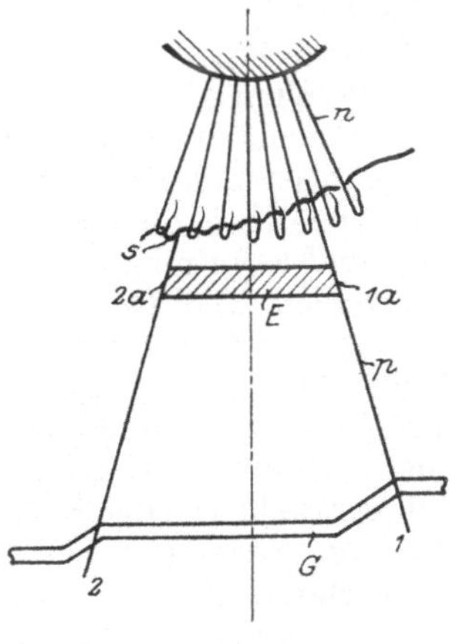

Abb. 155.

dies nicht der Fall, so muß man oben den Exzenterstab C, Abb. 154, mit seinem Befestigungswinkel W wenig nach rechts oder links verschieben.

Der Exzenter kann mit C entweder allein oder auch mit dem Winkel W vom Träger S, S_1 abgenommen werden. Damit jedoch die richtige Stellung stets erhalten bleibt, darf nicht ohne weiteres bei W, sondern bei y gelöst und C entfernt werden. Dies geschieht z. B. beim Auswechseln des Exzenters oder beim Nachschleifen des letzteren. Ferner wird y leicht gelöst, wenn die Maschenlänge für lose oder dichte Ware zu verändern ist. Hierzu ist dann der Exzenter E mit der Stellschraube t mehr oder weniger tief gegen die Platinen einzustellen. Dreht man t mit dem Knopf r, in dessen Rasten die Falle f einfällt, rechts herum (im Sinne des Uhrzeigers), so geht E, da t_1 in W hereingeschraubt wird, mit C an W herab und die Schleifen werden verlängert, während eine Drehung im entgegengesetzten Sinne ($\curvearrowleft$) ein Heben von E und ein Verkürzen der Schleifen hervorbringt.

Nach erfolgter Stellung ist y mit C wieder zu befestigen.

Der Exzenter muß frei hinter der Platinenscheibe, H Abb. 153, sitzen, damit dort keine Reibung entsteht. Das mit seiner Nabe n lose auf den Zapfen n_u aufgeschobene Preßrad P steht unter der Maschenradachse so hinter dem Exzenter E (siehe auch Abb. 154), daß die Nadelspitzen in ihre Nuten gelegt werden. Außerdem wird es durch den um g_1 drehbaren Doppelhebel g gegen die Nadeln gedrückt. Der Preßdruck, bzw. das Maß, um wieviel die Nadelspitzen in die Schaftnuten (Zaschen) hineinzudrücken sind, damit die alten Maschen mittels des Abschlages bei A, A_1 nahe bei I durch die Abschlagplatinen aufzutragen sind, kann durch die auf l ruhende Stützschraube i geregelt werden. Hierzu ist die Sicherungsmutter h zu lösen. Ein Ausrücken der Presse von den Nadeln kann man durch Vorziehen des Stützhebels l unter gleichzeitigem Niederdrücken der Stellschraube i mit g bewirken und hierdurch das Preßrad von den Nadeln abheben. Beim Wiedereinstellen braucht man nur i mit g etwas zu heben, worauf l unter Federdruck k um e_2 selbst nach innen schnappt und sich unter l einstellt.

In bezug auf die Nadellage und Abschlagstellung muß das Preßrad zur Erzielung einer sicheren Arbeit etwas schief zu den Nadeln n und über dem Abschlag A geneigt stehen, etwa so, daß die Nabe ca. 5 Grad nach rechts zu den Nadeln geneigt und gerade über der Abschlagecke I liegt. Hierdurch wird auch ein Abrutschen von der Achse während des Betriebes verhütet. Abb. 153 zeigt gerade die richtige Stellung in Verbindung mit dem Abschlag. Man denke sich eine Gerade durch den Mittelpunkt der Radachse gelegt, die mit I zusammentrifft, dann findet dort die tiefste Pressung der Nadeln statt, und dort können auch die Abschlagplatinen die alten Maschen vorbringen und auf die geschlossenen Nadelspitzen schieben. Sie laufen dann bis zur Abschlagecke II, werden dort über die Nadelköpfe geschoben und bei III ist das Abschlagen ganz beendigt.

Der Abschlagschieber. Der sog. Schieber s liegt unten in einer Führungsnut und kann mit einem Schlitz bei s_1 etwas vor die Abschlagecke II geschoben werden. Man kann mit dieser verlängerten Ecke die Abschlagplatinen p_1, Abb. 153, etwas früher vor die Nadelköpfe bringen und damit auch die alten Maschen früher über die neuen Schleifen abschieben. Dies ist von großer Bedeutung bei der Verarbeitung harter Garne, wie z. B. Kammgarn und Seide, Kunstseide usw. Durch dieses frühere Abschlagen der Maschen wird verhindert, daß die an dieser Stelle von den Kulierplatinen freigegebenen Schleifen sich verschieben und das sog. „Griesigwerden" der Ware nicht so leicht eintritt. Wenn also eine Ware ein schönes glattes Aussehen erlangen soll, so muß bei der Schraube s_1 mittels eines hinter der Mailleusenscheibe eingesetzten Schraubenziehers der Schieber entsprechend vor II geschoben werden. Es ist aber bei dieser Stellung darauf zu achten, daß die Abschlagplatinen zwischen s_1 und der Preßradkante noch freien Durchgang erlangen.

Der Abschlag A wird von dem Stab F, der oben bei x am Winkel W_1, Abb. 154, sitzt, getragen und kann dort jederzeit entweder mit F allein, oder mit dem Winkel W_1 zusammen, abgenommen und mitsamt der Presse aus den Nadeln n gehoben werden.

Noch ist zu bemerken, daß hinten um q drehbar ein Winkelhebel d, d_1 sitzt, Abb. 153, 154, der sich mit seiner Stellschraube b gegen den Knopf a_1 des Zapfens a legt und A in vorderster (geschlossener) Stellung hält. Hier kann auch durch Vor- oder Rückwärtsdrehen von b, für lose oder dichte Ware der Abschlag mit den Abschlagplatinen mehr oder weniger vor die Nadeln geschoben werden; b ist entsprechend vor- oder rückwärts zu drehen. Bemerkt sei auch noch, daß die Abschlagsohle A, A_1, Abb. 153 und 154, etwa 3—4 mm über den Nadeln n stehen muß, um ein freies Durchlassen der Nadeln in jeder Stellung zu sichern. Geregelt wird dies durch Höher- oder Tieferstellen des Stabes F bei x.

Es ist weiter noch wichtig, das Öffnen oder Abstellen des Abschlages A beim Ausrücken der Presse oder bei Fadenbruch, damit ein Abwerfen der Maschen über die Nadelköpfe verhütet wird. Man stellt dann nur den Winkel d nach oben, damit d von a weggeht und A unter Federdruck k, k_1 nach innen springt.

Selbsttätige Abstellung bei Leerlaufen der Spulen oder Fadenbruch geschieht durch den Abstelldraht d_2, der in d_1 eingreift und durch Zug nach rechts b hinter a wegzieht, damit A um o sich dreht und nach innen schnappt. Der Abschlag ist dann geöffnet.

Diese Abstellung ist meist in Verbindung mit dem Absteller des Stuhles; bevor deshalb der Stuhl wieder in Betrieb zu nehmen ist, muß A bei a in die gezeichnete Stellung, Abb. 153, gebracht und b hinter a gelegt werden. Erwähnt sei noch die im D. R. P. Nr. 356625 vorgeschlagene neue Einrichtung für Rundstühle, die Nadeln mit kurzen Haken besitzen. Zum Pressen und Abschlagen sind Decker in der Mailleuse, die mit den Platinen laufen.

Die Behandlung des Exzenters erfordert ein besonderes Augenmerk. Während des Betriebes erleidet nicht nur der Exzenterwinkel, sondern auch die Exzentersohle durch die Platinenführung rasche Abnützung; nach und nach bilden sich an diesen Stellen Rillen, welche die Platinen unregelmäßig zwischen die Nadeln bringen und dadurch Störungen verursachen. Dadurch werden Löcher in der Ware und sonstige Unregelmäßigkeiten verursacht. Man begegnet diesem Übelstande durch Nachschleifen des Exzenters. Doch ist hierzu die genaue Form des Exzenters zu berücksichtigen. Auch der Exzenterwinkel muß scharf eingehalten werden.

Die Entstehung und Form des Exzenters wird später noch erwähnt werden. Es ist nur darauf hinzuweisen, daß der Exzenter mit dem Stabe C bei y, Abb. 154, gelöst und von W abgenommen wird. Zum Nachschleifen, das große Sachkenntnis erfordert, benützt man einen guten Schmirgelschleifstein. Abb. 156 zeigt die Form des Exzenters E mit den Markierungspunkten x, x_1. Über diese Punkte darf sich die Exzentersohle a nicht ausdehnen und kann deshalb auch nur das Nachschleifen bis zu diesen Stellen durchgeführt werden. Es liegt nun die Gefahr nahe, daß beim Nachschleifen der Sohle a der Weg verlängert wird, weshalb auch sowohl rechts wie links, also bei x, x_1 bis zu der markierten Stelle geschliffen werden muß. Die Strecke a, bzw. die Sohle,

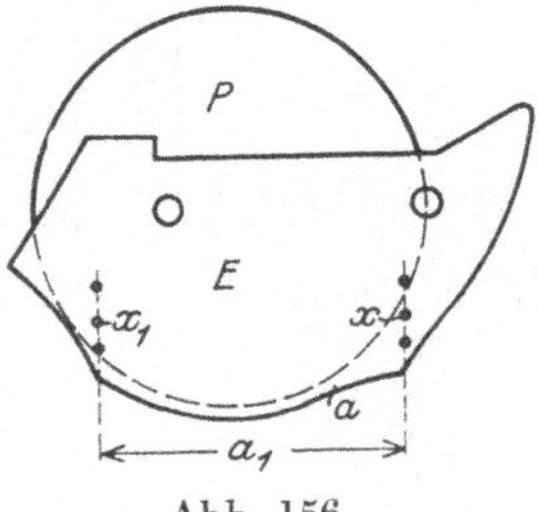

Abb. 156.

das ist die Exzenterbreite, ist für die verschiedenen Stuhlnummern in folgender Tabelle zusammengestellt: Wie die Ecke x bestimmt wird, ist dann später noch zu erklären. Es ist die Exzenterstrecke „a_1" bei:

franz. grob	$= Fg$	Nr. 6—8	$= 42$ mm	franz. fein	$= Ff$ Nr. 20	$= 37,5$ mm
„ „	$= Fg$	Nr. 12	$= 42,5$,,	„ „	$= Ff$ Nr. 22	$= 37$ mm
„ „	$= Fg$	Nr. 16	$= 41$ „	„ „	$= Ff$ Nr. 24	$= 36,5$,,
„ „	$= Fg$	Nr. 18	$= 40$ „	„ „	$= Ff$ Nr. 26	$= 36$ „
„ „	$= Fg$	Nr. 20	$= 39,5$,,	„ „	$= Ff$ Nr. 28	$= 36$ „
„ „	$= Fg$	Nr. 22	$= 39$ „	„ „	$= Ff$ Nr. 30	$= 36$ „
„ „	$= Fg$	Nr. 24	$= 38,5$,,	„ „	$= Ff$ Nr. 32	$= 36$ „
„ „	$= Fg$	Nr. 27	$= 38$ „	„ „	$= Ff$ Nr. 34	$= 35$ „
					bis $= 44$	$= 35$ „
				Für Plüsch allgemein	$= 41$ „	

Die Stellung des Preßrades erfordert bei der Kulierstelle praktisch ca. 30—35 mm und es kann deshalb die Exzenterbreite nicht unter 35 mm gewählt werden. Der Punkt x des Exzenters E, Abb. 156, ist der Ausgangspunkt der Platinenführung. Es muß dort die erste Platine zwischen die Nadeln eingeführt werden. Dieser Punkt liegt etwa 15 mm rechts, vom Mittelpunkt der Maschenradachse aus gerechnet. Man bestimmt diesen Punkt mittels einer besonders hierzu konstruierten Lehre und überträgt auf den Exzenterteil von rechts nach links aus der Tabelle die erforderliche Sohlenbreite, wonach die Punkte x, x_1 mit einer Stahlnadel angerissen werden. Ebenso ist nach dem Preßradbogen P die Form zu geben. Über diesen Markierungsstellen ist dann der Exzenter gebrauchsfähig zu gestalten, worauf er dann einem Härteprozeß unterzogen wird. Die Bogenform am Exzenter muß der Nadelpressung angepaßt sein. Es ist schon gesagt worden, daß dicht hinter der Kulierstelle des Exzenters auch das Preßrad P einzustellen ist. Da nun die Pressung der Nadeln erfolgt während die Platinen die kulierten Schleifen in die Nadeln vorziehen und dort festhalten, werden diese Nadeln aus der Ebene herausgedrückt und nehmen ihre Schleifen mit nach unten. Wenn nun hierbei die Platinen nicht im selben Sinne vom Exzenter eine zwangsläufige Führung erteilt bekommen, so können sich die Schleifen lockern, so daß sie sich bis zur Abschlagstellung in den Nadelhaken leicht verschieben können, wodurch bei hartem Material unregelmäßige Ware entsteht. Daher muß das Sohlenteil des Exzenters dem Preßrad angepaßt werden. Deshalb ist es auch so wichtig, daß für gutes Arbeiten das Preßrad mit dem Abschlag richtig zusammenarbeitet. Abb. 153 und 154 gibt die richtige Stellung an.

Die Bestimmung des Neigungswinkels des Exzenters ergibt sich aus der Falltiefe der Platinen und aus der Größe der Nadelteilung. Da ein richtiges Kulieren nur dann möglich ist, wenn eine Platine den Faden vollständig

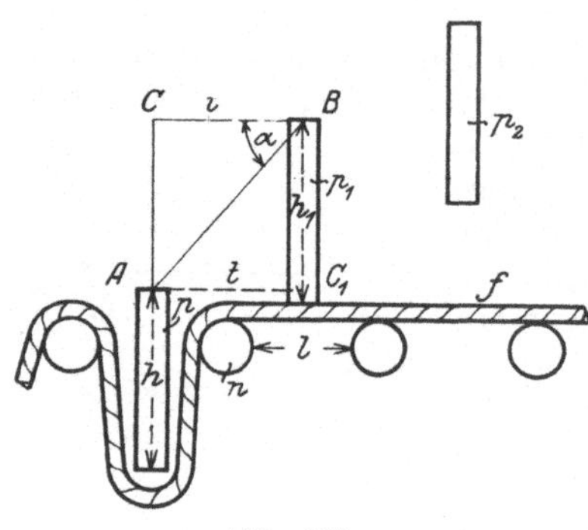

Abb. 157.

zwischen die Nadeln gesenkt hat, bevor die nächstfolgende auf den Faden trifft, so muß der Neigungswinkel des Exzenters durch Konstruktion oder Berechnung wie folgt bestimmt werden: Es sei p, Abb. 157, die erste Platine, welche den Faden f in Schleifenform zwischen die Nadeln n geschoben hat und darf die nächstfolgende Platine p_1 nur so tief herabfallen, daß wohl der Faden, resp. die Nadelreihe erreicht ist, aber nicht getroffen wird. Die nachlaufenden Platinen p_2 läßt man allmählich in die Stellung p, p_1 übergehen, damit der Anprall an den Exzenter abgeschwächt wird. Man rundet deshalb den Exzenter nach oben ab. Die Entfernung von einer Platine zur andern ist genau gleich einer Nadelteilung t zu setzen, wobei Platinenstärke etwa 0,45mal Lückenweite l oder, da die Lückenweite l in der Regel 0,5mal $t = 0,45 \times 0,5 = 0,225\,t$ zu wählen ist, so wird Platinenstärke, z. B. bei $t = 2\,\mathrm{mm} = 0,225 \times 2 = 0,45\,\mathrm{mm}$.

Ist die Kuliertiefe von der wagerechten Fadenlage f auf den Nadeln bis zum Kulierpunkt $= h$, so steht die folgende Platine p_1 im Abstand einer Teilung t um die Kuliertiefe h höher. Danach läßt sich sofort die Neigung der schiefen Ebene bzw. der Kulierwinkel des Rößchenkeiles ermitteln. Es ist nämlich der Winkel BAC_1, bzw. Winkel CBA, den die schiefe Ebene AB mit AC_1 bildet. Zugleich ist BA als Hypotenuse des rechtwinkeligen Dreiecks ABC aufzufassen, in welchem die beiden Katheten bekannt sind. $CB = AC_1 = $ der Teilung t, ferner $AC = BC_1 = $ der Kulierhöhe h. Es ist $tg \sphericalangle CBA = \dfrac{\text{Gegenkathete}}{\text{Ankathete}} = \dfrac{h}{t}$. Am Rundstuhl steht das Rößchen (Kulierexzenter) fest und die beweglichen Platinen werden an letzterem vorbeigeführt. Es sei der Neigungswinkel CBA des Rößchenkeiles für eine Rundwirkmaschine mit der Teilung $t = 1{,}905\,\mathrm{mm}$ zu bestimmen. Die Kuliertiefe sei $h = 1{,}5$mal der Teilung t, somit $h = 1{,}9 \times 1{,}5 = 2{,}85$. Man konstruiere ein rechtwinkliges Dreieck, dessen Katheten 1,9 und 2,85 Einheiten lang sind; der der größeren Kathete gegenüberliegende Winkel a ist dann der gesuchte Neigungswinkel, welcher mit dem Gradmesser ohne weiteres abgelesen werden kann. Rechnerisch ergibt sich unmittelbar $tg\,a = \dfrac{h}{t} = \dfrac{2,85}{1,9} = 1,5$. Dieser Wert entspricht einem Winkel von $56^0\,18'\,36''$. Erfahrungsgemäß kann ein Winkel bis ca. 70^0 gewählt werden; man rundet nach Abb. 156 nach außen ab und läßt die Platinen allmählich in den steilen Winkel übergehen.

c) Die Numerierung der französischen Rundstühle erfolgt nach dem französischen Numerierungssystem. Es bedeutet danach die Nummer die Anzahl Bleie, welche auf $3''$ franz., das sind $3 \times 27,78 = 83,34$ mm, liegen. Die Bezeichnung nach Blei wird also auch hier beibehalten, obwohl die Nadeln nicht mehr in Blei befestigt sind, sondern im Sattel direkt in Bohrungen gesteckt werden. Es ist dann immer noch zu unterscheiden zwischen der Nummer grob, bei welcher das Blei mit 2 Nadeln angenommen ist und der Nummer fein, bei welcher im Blei 3 Nadeln anzunehmen sind. Es kommt noch hinzu, daß die Nadeln radial liegen und daher die innere Teilung sich anders verhält wie die äußere Teilung. Dies ist bei verschieden großen Stühlen wesentlich, da bei innerer gleicher Teilung verschieden feine Ware gebildet würde. Der Durchmesser oder die Größe des Rundstuhles wird stets am Sattel bestimmt, da wo die Nadeln die Lagerungsstelle verlassen und frei vor letzterer stehen. Vielfach wird die Nummer auch an der Kulierstelle, d. i. hinter den Nadelhaken, bestimmt. Soll ein Rundstuhl mit einem bestimmten Durchmesser mit einem vorhandenen Stuhl, aber mit anderem Durchmesser, gleiche Ware liefern, so müßte dieser, wenn die Nummer innen am Sattel, d. i. bei der Bohrung bestimmt würde, sowohl für die Teilung, sowie für die Nadelzahl, besonders berechnet werden.

Für verschieden große Stühle die gleiche Ware zu liefern haben, müßte hiernach die Nummer außen an den Nadelköpfen oder da, wo die Maschen gebildet werden, genau gleich sein, während die innere Teilung an der Befestigungsstelle

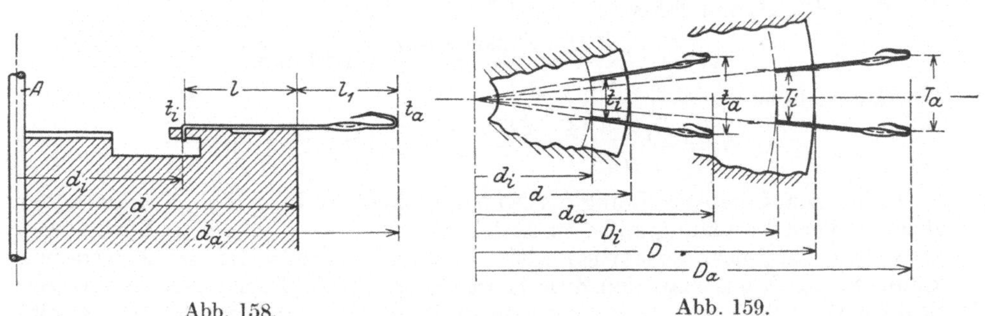

Abb. 158.Abb. 159.

verschieden groß ausfallen würde. Abb. 158, 159, zeigen zwei verschieden große Stühle; einen kleinen Stuhl mit dem Durchmesser d, einen großen Stuhl mit dem Durchmesser D. Es habe z. B. der kleine Stuhl einen Durchmesser $d = 12''$ und die Nummer $Ff = 22$ erhalten. Mit diesem soll der größere Stuhl mit $D = 32''$ Durchmesser genau gleiche Ware liefern. Es bedeutet l, Abb. 158, die Nadellänge im Sattel, l_1 ist das vor dem Sattel liegende Stück. Dies sei für beide Stühle gleich, und zwar: $l = 21$ mm, $l_1 = 24$ mm. Somit die Gesamtnadellänge $l + l_1 = 21 + 24 = 45$ mm.

Es bedeutet ferner $d_i =$ innerer Durchmesser an der Einsatzstelle, $d_a =$ äußerer Durchmesser am Nadelkopf, $t_i =$ Nadelteilung bei d_i, $t_a =$ Nadelteilung bei

d_a, n_z = Nadelzahl, s = Sattel für den kleinen Stuhl. Für den großen Stuhl sind große Buchstaben gesetzt.

Der innere Durchmesser d_i des kleinen Stuhles:

$$di = d - 2 \times 21 = 12 \times 27{,}78 - 2 \times 21 = 291{,}36 \text{ mm.}$$

Die Feinheitsnummer ist innen am Sattel Nr. = 22 Ff = 22 Bleie zu 3 Nadeln = 66 Nadeln auf $3 \times 27{,}78 = 83{,}34$ mm, das ist metrisch:

$$M = \frac{66 \times 100}{83{,}34} = 79 \text{ Nadeln}$$

auf 100 mm und somit ist die Teilung $t_i = \dfrac{100}{79} = 1{,}26$ mm. Daraus wird die Nadelzahl berechnet zu:

$$n_z = \frac{d_i \times 3{,}14}{t_i} = \frac{291{,}36 \times 3{,}14}{1{,}26} = 726 \text{ Nadeln.}$$

Der äußere Durchmesser da bei den Nadelköpfen ist:

$$d_a = d + 2 \times 24 = 12 \times 27{,}78 + 48 = 381{,}36.$$

Die äußere Teilung ta ist:

$$t_x = \frac{d_a \times 3{,}14}{n_z} = \frac{381{,}36 \times 3{,}14}{726} = 1{,}659 \text{ mm.}$$

Diese äußere Teilung muß für gleiche Ware an beiden Stühlen zugrunde gelegt werden. Der Durchmesser des großen Stuhles ist $D = 32'' = 32 \times 27{,}78 = 888{,}9$ mm und der innere Durchmesser D_i ist: $D_i = D - 2 \times 21 = 888{,}9 - 42 = 847$ mm und der äußere Durchmesser D_a ist:

$$D_a = D + 2 \times 24 = 889 + 48 = 937 \text{ mm.}$$

Da die äußere Teilung $T_a = t_a = 1{,}659$ mm sein muß, so ist die innere Teilung T_t zu berechnen. Die Teilungen sind proportional dem Durchmesser. Es ist somit: $T_i : T_a = D_i : D_a$ und daher

$$T_i = \frac{T_a \times D_i}{D_a} = \frac{1{,}659 \times 847}{937} = 1{,}49 \text{ mm.}$$

Die Nadelzahl ist

$$N_z = \frac{D_i \times 3{,}14}{T_i} = \frac{847 \times 3{,}14}{1{,}49} = 1785 \text{ Nadeln.}$$

In bezug auf die Anordnung der Nadeln ist noch zu bemerken, daß außer der gleichmäßigen Verteilung auf dem Nadelkranz auch noch ungleiche Einstellung, bei welcher die Lücke wesentlich größer ist als die Nadel selber, zur Anwendung kommen. Auch hat man den Zwischenraum, um grobe Garne auch an feineren Stühlen vorteilhaft verarbeiten zu können, dadurch vergrößert, daß jede zweite Nadel aus dem Sattel entfernt wird. Diese Nadelanordnung ist während des Krieges benützt worden. Diese hat auch zu der Verwendung von besonderen Nadeln mit einem nach hinten verjüngten Schaft geführt (siehe hierüber auch die D. R. P. Nr. 306106, 308003, 315887, 318958 und Gebrauchsmuster 671276).

d) Der Fadenregler oder Fadenlieferer (Fournisseur) hat den Zweck, den Kulierplatinen immer so viel Faden zuzuleiten, wie für die Schleifengröße erforderlich ist. Je nachdem ein solcher Fadenregler von den Nadeln oder von einem besonderen Zahnkranz angetrieben wird, sind verschiedene Arten zu unterscheiden. Während im allgemeinen für jedes Maschensystem der Fadenregler auch besonders eingestellt werden muß, sind neuerdings Einrichtungen bekannt geworden, welche die Regulierung sämtlicher Systeme von einer Zentrale aus gestattet (siehe auch Deutscher Rundstuhl und Deutscher Maschenradstuhl). Zum Durchleiten des Fadens f, Abb. 160, 161, werden zwei übereinander stehende Stirnrädchen a, b benützt, welche mit tief ausgeschnittenen Zähnen ineinandergreifen. Das untere Rädchen b sitzt bei b_1 am Stabe l drehbar, während das obere a drehbar um a_1 an einem bei u_1 verschiebbarem Schlitten u_2 tiefer oder höher gegen b einstellbar ist. Der Faden läuft durch die Zuleitungen g, p, p_1 und von da in den Fadenführer des Maschenrades. Der Antrieb erfolgt hier durch ein im Nadelkranz n des Stuhlkörpers N eingesetztes Rädchen r, das fest mit x

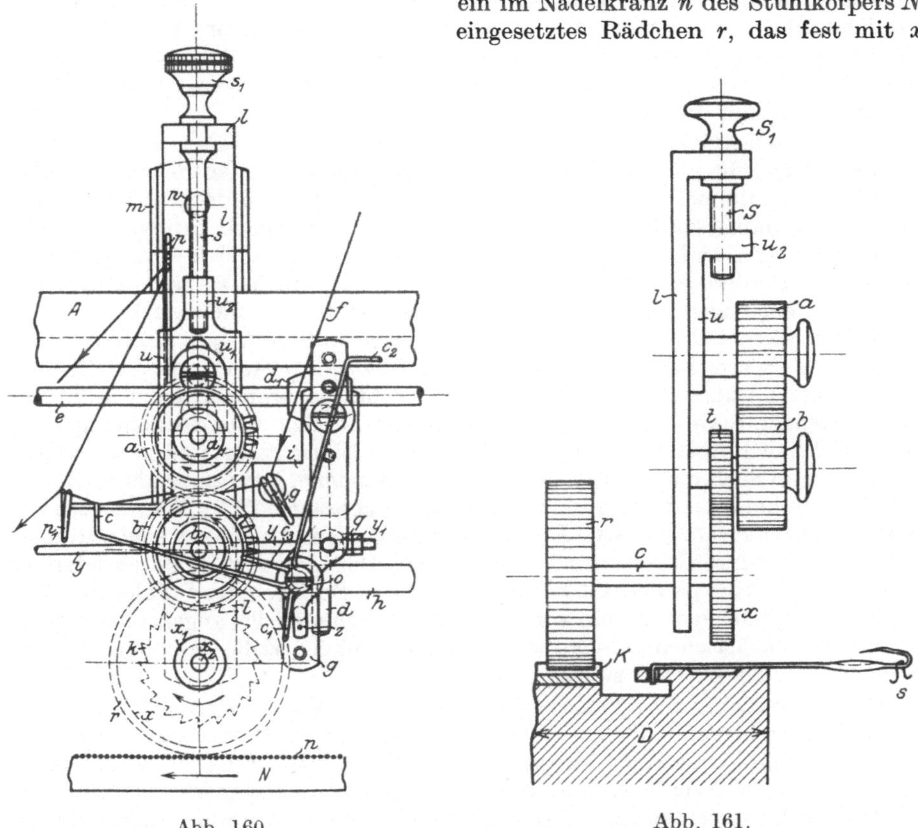

Abb. 160.   Abb. 161.

verbunden ist und hinten noch das Sperrädchen k trägt. x greift in ein mit b befestigtes Rädchen t, wodurch auch b beim Drehen des Stuhles in Pfeilrichtung angetrieben wird. a empfängt seine Bewegung durch b. Leitet man den Faden f von g ab zwischen die Zähne von a und b, so wird dieser wellenförmig zwischen die Zahnlücken gepreßt und den Nadeln zugeleitet. Je tiefer nun die Zähne ineinandergreifen, um so größer ist die gelieferte Fadenmenge bei einmaliger Umdrehung der Räder. Für verschieden lange Fadenstreifen ist auch die Fadenzubringung entsprechend zu regeln. Dies geschieht oben durch die Regulierschraube s_1, welche bei l an der Traverse gabelförmig umschlossen und dort getragen wird. Dreht man diese von rechts nach links (Uhrzeigerrichtung) ↙, so führt die Schraube s, welche in die Muffe u_2 eingreift, den Schlitten u, der lose an l sitzt, nach oben und zieht das Rad a entsprechend aus den Zähnen b heraus. Hierdurch wird die Fadenzubringung geringer. Stellt man jedoch s_1 entgegengesetzt der Uhrzeigerrichtung ↘, so wird umgekehrt, durch s und u, bei u_2 Rädchen a

herabgeführt, so daß die Zähne von a tiefer gegen b gestellt werden und somit eine größere Fadenlieferung vermittelt wird. Diese Regelung muß übereinstimmend mit der Einstellung des Kulierexzenters vorgenommen werden. Wird dort tiefer kuliert, so muß auch der Fadenregler entsprechend mehr Faden den Platinen zubringen. Umgekehrt verhält es sich bei Höherstellung des Exzenters. Nun ist aber die Stellschraube des Exzenters im Stellwinkel beweglich und nimmt den Exzenter in selber Richtung zwischen die Nadeln, als die Einstellung erfolgt. Umgekehrt ist dies bei der festliegenden Lagerung l, Abb. 160. Hier ist s als bewegliche Schraube aufzufassen, an welcher sich u, u_2 verschiebt; deshalb ist auch die Stellung von s_1 stets entgegengesetzt der Rößchenstellung vorzunehmen. Neuerdings wird das obere Lieferrad auch an einem einarmigen Hebelstück eingestellt und kann direkt geregelt werden.

Für die selbsttätige Abstellung bei Fadenbruch und Leerlaufen der Spulen ist ein Fadenwächter vorgesehen. Dieser besteht aus zwei oder mehreren Drahtstäbchen c, c_2, die bei c_3 rechtwinklig abgebogen und auf o drehbar sitzen. Sie werden mit ihrem vorderen hakenförmigen Teil freihängend in den durch die Räder laufenden Faden f gelegt. Wird nur ein Faden zugeleitet, so legt man den nicht erforderlichen Fadenwächter nach oben zurück, so wie c_2, c_3 zeigt. Reißt nun ein Faden oder läuft die Spule leer, so kann c nicht mehr getragen werden, sondern fällt herab, schwingt um o aus und stößt mit c_1 gegen einen Stift z des Sperrzahnes h. Dadurch wird letzterer gegen k eingestellt und mit letzterem während des Betriebes nach rechts gerissen. Hierbei stößt ein an g sitzender Stab beim Ausschwingen mit h an den vom Abstellring e, d_1 herabreichenden Abstellstift d und zieht diese Einrichtung mit nach rechts. Dadurch wird auch die mit der Abstellfalle verbundene, bereits erwähnte Rillenscheibe verschoben und der Stuhl zum Stillstand gebracht. Mit g, q wird auch der Stab y, y_1 nach rechts gerissen. Dieser reicht bis zu dem Abschlagwinkel und zieht letzteren mit seiner Stützschraube hinter dem Abschlag weg, wodurch letzterer geöffnet wird. Dies ist deshalb nötig, weil bis zum Stillegen des Stuhles die ohne Schleifen befindlichen Nadeln schon an der Abschlagstelle angekommen sind, so daß dort die Maschen abfallen würden. Der Winkel i ist fest hinten an l, während q an diesem drehbar sitzt.

Die Lieferrädchen a, b müssen zu der erforderlichen Fadenlieferung für die sämtlichen Fadenschleifen während einer Stuhlumdrehung entweder eine bestimmte Umdrehungszahl oder einen entsprechenden Durchmesser erhalten, während die Ausgleichung bei loser oder dichter Ware durch die Zahneingriffe geregelt wird.

Für die kürzesten Schleifen sind die Zähne nur ganz wenig miteinander in Eingriff, so daß der Faden nahezu gestreckt hindurchgeleitet wird. Die gelieferte Fadenmenge ist dann bei einer Umdrehung der Lieferrädchen: $d \times 3{,}14$, wobei d den Durchmesser bedeutet. Bei Kunstseide und sonstigen glatten Garnen schleift der Faden teilweise zwischen den Rädern weg und ist deshalb mit einem Gleitverlust zu rechnen. Dieser beträgt ca $9\,\%$.

Bei einer Stuhlumdrehung dreht sich das Lieferrädchen $b : y = \dfrac{n \times x}{r \times t}$ mal und ist somit bei dichtester Ware die Liefermenge L bei einer Stuhlumdrehung: $L = y \times d \times 3{,}14$. Soll nun der Durchmesser d eines Lieferrades berechnet werden, so muß die dichteste Schleifenlänge, sowie die Nadelzahl nz des Stuhles bekannt sein. Es muß dann der Fadenregulator liefern für jede Stuhlumdrehung bei s Schleifenlänge: $L = s \times nz$ mm Faden. Der Durchmesser des Lieferrades b ist

$$d = \frac{L}{y \times \pi}.$$

Wenn der Fadenlieferer von einem besonderen Zahnkranz k, Abb. 161, des Nadelkörpers N angetrieben wird, so steht das Triebrädchen r hinten auf der Achse c, und b wird durch die Übersetzung $\dfrac{k \times x}{r \times t}$ angetrieben. An Stelle eines besonderen Zahnkranzes wird vielfach auch der Zahnkranz des Maschenrades gewählt. Dieser ist dann etwas breiter ausgeführt, damit das Triebrädchen z im vorderen Teil und das Triebrad (Konduktricerad) des Maschinenrades im hinteren Teil angetrieben werden kann.

Es sei für einen Rundstuhl mit der Stuhlnadelzahl $nz = 1010$ der Durchmesser d des Lieferrades b, Abb. 161, zu berechnen. Schleifenlänge sei $s = 3,4$ mm, Zähnezahl von $k = 212$, von $r = 34$, von $x = 93$, von $t = 26$.

Es muß dann der Fadenregler bei einer Stuhlumdrehung eine Gesamtfadenlänge:

$$L = s \times nz = 3,4 \times 1010 = 3434 \text{ mm liefern.}$$

Aus der Übersetzung ergibt sich:

$$y = \frac{k \times x}{r \times t} = \frac{212 \times 93}{34 \times 26} = 22,3.$$

Hieraus der Durchmesser des Lieferrades b:

$$d = \frac{L}{y \times 3,14} = \frac{3434}{22,3 \times 3,14} = 41 \text{ mm.}$$

Macht der Stuhlkörper N in der Minute $Tr = 28$ Touren, so entspricht dies einer Liefergeschwindigkeit

$$c = \frac{Tr \times L}{60} = \frac{28 \times 3434}{60} = 1602,5 \text{ mm}$$

in der Sekunde. Wählt man, wie dies in der Praxis vielfach geschieht, die Lieferräder für alle Durchmesser gleich groß, so muß die Übersetzungszahl y, bzw. die Zähnezahl der Antriebräder nach der Fadenmenge L berechnet werden.

Fadenregler, welche für die Herstellung von Plüsch Verwendung finden, müssen zwei Lieferräder mit verschieden großer Geschwingigkeit erhalten, damit sowohl für die Grund- wie auch für die Plüschschleifen die nötige Fadenmenge zugeleitet wird.

Bei Farb- oder Ringelmustern bekommt der Fadenregler besondere Wechselstellen zum Vertauschen der farbigen Fäden. Wenn mehr als zwei Farben in einem Maschensystem zu verarbeiten sind, so müssen auch mehrere Lieferräderpaare nebeneinander angeordnet werden. So sind z. B. für Vierfarbenmuster, d. h. 4 Farben in einem System verarbeitet, auch 4 Lieferräderpaare im Fadenregler erforderlich (siehe auch Ringelapparate).

Beim Plattieren von Garnen mit verschiedenen Feinheiten (Stärken) tritt der Übelstand auf, daß der stärkere Faden tiefer zwischen die Zähne geführt wird und gegenüber dem gleichzeitig mitdurchgeleiteten Faden etwas losere Schleifen bildet, die sich bei der Ausarbeitung der Maschen verschieben und auf der Warenoberseite als unreine Plattierung wahrzunehmen sind. Nach Patent Terrott Nr. 54579 wird deshalb über dem Lieferrad, das etwas breiter ausgeführt ist, ein Räderpaar eingestellt. Diese Lieferräder sind schmäler gehalten wie sonst, und das vordere, welches auf der Achse des hinteren, sowie auf einer exzentrischen Hülse lose aufgesetzt ist, kann mit letzterer und mittels einer Stellschraube gegen das hintere Rädchen um den Betrag verstellt werden, als die Differenz der beiden zu verarbeitenden Fäden beträgt. Beide obere Rädchen kann man für die Umstellung verschieden langer Schleifen gemeinsam, wie beim gewöhnlichen Fadenlieferer, regeln.

Zu erwähnen ist noch, daß man die genaue Einstellung mehrerer Fadenlieferer auch durch eine Skala vornehmen kann. Einen Vorschlag hierzu gibt das
Patent Benger, Stuttgart. In ähnlichem Sinne erfolgt auch die Einstellung
sämtlicher Fadenlieferer am deutschen Rundstuhl (siehe Einrichtung desselben).

Eine weitere Verbesserung ist dadurch erzielt worden, daß man bei unregel-
mäßiger Fadenspannung, sowie auch bei Verarbeitung verschieden starker Garne,
beim Einführen des Fadens einen schwingenden Hebel so beeinflussen kann, daß
letzterer das obere Lieferrädchen selbsttätig entsprechend der Fadenstärke und
der Fadenspannung gegen das untere einstellt.

Bemerkenswert ist noch der Fadenlieferer für den mehrfarbigen Ringelapparat. Bei diesem müssen die verschiedenfarbigen Fäden durch mehrere Lieferräderpaare wechselweise geleitet werden. Nähere Ausführungen hierüber siehe Ringelapparat (s. a. D. R. P. C. Terrott Nr. 351342, 352920).

**e) Zusammenstellung eines Arbeitssystemes in Verbindung mit dem Lochab-
steller.** Außer den erwähnten Einrichtungen, welche zur Herstellung einer Ma-

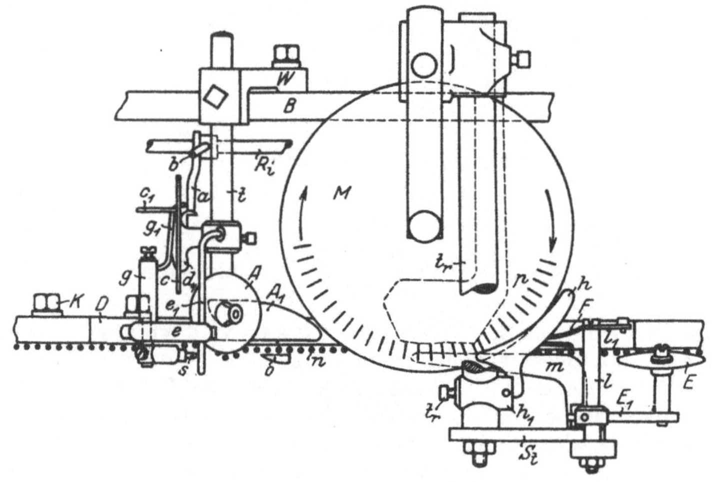

Abb. 162.

schenreihe am Rundwirkstuhl Anwendung finden, sind noch weitere Hilfsapparate
erforderlich. Für den mechanischen Betrieb und für ein rationelles Arbeiten ist
ferner noch ein sogenannter Lochabsteller neben jedem zweiten oder jedem vierten
Arbeitssystem in Verwendung. Die Abb. 162—165 geben einen Überblick über die
Zusammensetzung und die Arbeitsweise eines Arbeitssystemes in Vorderansicht
und Grundriß. Da die Ware an den Nadeln nach außen geführt wird, so muß sie,
bevor im folgenden Arbeitssystem mit einer Maschenreihe begonnen wird, auf den
Nadelschäften nach hinten geschoben und beim Weiterdrehen des Stuhles auch
in dieser Lage gehalten werden. Hierzu befindet sich zunächst rechts von dem
Kulierrad M, Abb. 162 u. 163, möglichst dicht unter den Nadeln n ein Einstreifrädchen E, das vielfach auch Einschließrad genannt wird. Dieses muß mit E_1 am
Stabe l des Trägers S_t möglichst dicht vor den Abschlagplatinen eingestellt werden.
Nach diesem folgt, ebenfalls an S_t eingestellt, das Einstreifblech m, vielfach auch
Untersetzer genannt. Der Einstellung desselben muß besondere Aufmerksamkeit
zugewendet werden, weil die schon von E zurückgestreifte Ware noch weiter auf
den Nadelschäften n zurückzuschieben ist und dort so lange gehalten werden muß,
bis die Kulierplatinen p, Abb. 162, den Faden in Schleifenform in die Nadelhaken

vorgezogen haben. Dies ist um so mehr erforderlich, als beim Vorspringen der Ware die Platinenschnäbel mit dem Gewirke zusammentreffen und dadurch Arbeitsstörungen entstehen können. Die Einstellung muß ferner noch in der Weise berücksichtigt werden, daß erst beim Preßrad A_2 mittels des Abschlages A_b die Maschen vorzuschieben und auf die zugepreßten Nadeln zu bringen sind. Ein früheres Freigeben der Ware würde sogenannte Preßfehler zur Folge haben. Neben dem Einstreifrad befindet sich oben über dem Bolzen l verstellbar mit l_1 der Fadenführer F, der den Faden sicher über den Nadeln n den Kulierplatinen p zuleitet. An dieser Stelle dürfen die Kulierplatinen nicht früher zwischen die Nadeln treffen, als bis sie vom Exzenter (siehe punktierte Stellung Abb. 162) einzeln nacheinander zwischen die Nadeln gestoßen werden. Die genaue Führung übernimmt der Platinenhalter h. Dieser kann entweder rechts außen, zwischen den beiden Platinenscheiben, oder rechts vorn, an der Führungsscheibe E, Abb. 164, angeordnet sein.

Nach Abb. 162 ist der Platinenhalter h verstellbar an dem Stabe t_r bei h_1 angeordnet. Es ist dies die meist vorkommende Verwendungsart. Nach Abb. 164 befindet sich der Platinenhalter h vorn an der Führungsscheibe E; er kann bei h_1 verschoben werden und drückt gegen die vorderen Platinenkanten, so daß hinten

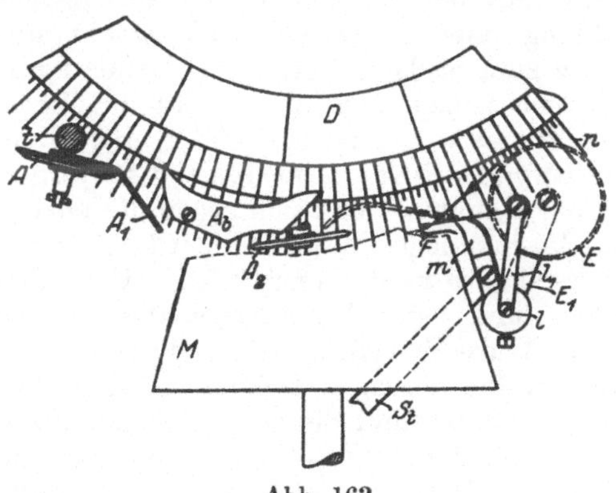

Abb. 163.

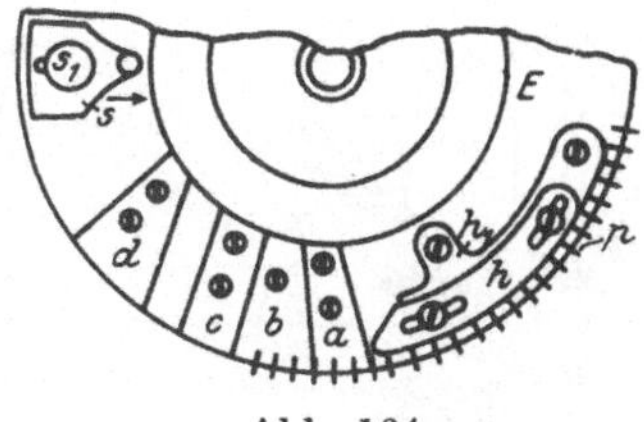

Abb. 164.

ein Heben der Platinen möglich ist, während andererseits bei der Einstellung h die in der Pfeilrichtung bei p, Abb. 162, im Kreise geführten Platinen von h zwischen den beiden Platinenscheiben aufgefangen und am zu frühen Niederfallen gegen die Nadeln verhindert werden. Beide Stellungen sind so zu wählen, daß zwischen der Platinenhalterecke und dem Exzenter gerade eine Kulierplatine frei niederfallen kann. Man prüft diese Stellung vorn mit der ersten, am Blättchen a, Abb. 164 ankommenden Kulierplatine. Dies ist auch die Anfangsstelle, an der der Faden erfaßt und in Schleifenform zwischen die Nadeln gezogen wird. Dies geschieht durch den Kulierexzenter, wie schon früher ausgeführt wurde. Die Stellung des Platinenhalters darf weder zu dicht noch zu lose gewählt werden, so daß ein leichtes sicheres Durchleiten der Platinen gesichert ist.

Die Stellung des Preßrades A_2 mit Abschlag A_b ist bereits schon früher erwähnt worden.

Eine genaue Führung der Platinen während des Kulierens geschieht, wie bereits schon oben ausgeführt, durch die Kurvenscheibe E. Durch die beständige Reibung werden diese Kurventeile verhältnismäßig rasch abgenützt. Man setzt deshalb die Kurven aus einzelnen Stahlplättchen a, b, c, d, Abb. 164, zusammen, die leicht auswechselbar sind. Sie können auf diese Weise nachgeschliffen und wieder eingesetzt werden.

Schadhaft gewordene Platinen oder solche, welche verbogen worden sind, müssen ebenfalls ausgewechselt oder wieder gerade gerichtet werden. Das Herausnehmen geschieht bei dem Schiebeplättchen s, das mit der Schraube s_1, Abb. 164, festgehalten ist. Löst man s_1, so kann s in Pfeilrichtung nach innen geschoben werden, es entsteht dort eine Öffnung in der Scheibe E, an welcher die Platinen herauszunehmen sind. Ebenso müssen sie auf demselben Wege wieder eingestellt werden. Während dieses Vorganges muß der Stuhl in Ruhe verbleiben. Bevor eine neue Platinenpartie an die Öffnung gebracht wird, muß stets s erst in die gezeichnete Stellung gebracht werden.

Links vom Abschlag Ab, Abb. 163, befindet sich das Abstreifrad A, das wie ein Preßrad über den Nadelköpfen eingestellt ist. Dieses hat den Zweck, die nicht ganz über die Nadeln geschobenen Maschen sicher abzustreifen. Deshalb muß auch die Stellung von A so erfolgen, daß die unter die Achse des Abstreifrädchens treffende Nadel freigegeben und wieder nach oben zurück geschleudert wird. Die Einstellung geschieht etwa unter einem Winkel von ca. 15 Grad, Abb. 162 und 163 zeigt die richtige Stellung.

Damit nun der Rundstuhl bei Nadelbruch, Lochbildung oder Fallmaschen überwacht und selbsttätig zum Stillstand gebracht werden kann, befindet sich neben dem Abstreifrad ein Lochabsteller. Dieser wird an dem Stab t so eingestellt, daß ein federnder Stift s, Abb. 162 und 165, unter den Nadeln n eingreift und sich gegen die vorbeilaufende Ware w legt. Wenn nun ein Loch in der Ware entsteht, so kann dieser Stift in ein solches einstechen, und beim Weiterdrehen des Stuhles erfaßt die Ware den Stift und zieht ihn nach links fort, wobei der an e drehbare Stab g oben mit g_1 ausschwingt und die bei c_1 hochgehaltene Falle c freigibt. Letztere fällt gegen die Schraubenköpfe K der Deckplatten D und wird zur Seite gerissen.

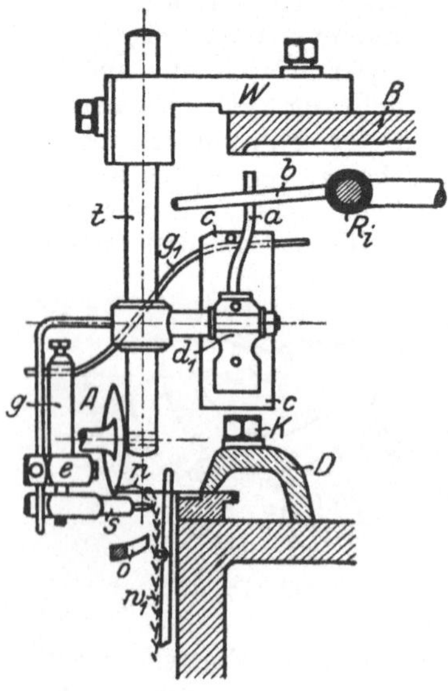

Abb. 165.

Die Gewichtsfalle c, welche um d_1 drehbar ist, trägt oben den Stab a, der sich gegen den Abstellstift b des Abstellringes R_i legt. Sobald nun c, a in Schwingung kommt, wird R_i mitverschoben, wodurch die Sperrfalle an der Klauenkupplung des Antriebes frei wird und der Stuhl zum Stillstand kommt. Ist der Fehler behoben, so bringt man die verschobenen Teile wieder in die gezeichnete Stellung zurück und der Stuhl ist wieder betriebsfertig. Die genaue Einstellung des Abstreifrades A mit Lochabsteller erfolgt über der Tragscheibe B mit dem Winkel W.

f) Die Friktionskupplung des Rundstuhlantriebes. Jede Antriebvorrichtung des Rundstuhles ist derart konstruiert und eingestellt, daß bei Nadelbruch, Hängenbleiben der Platinen in den Nadeln oder beim Zusammentreffen der Ware mit den Platinen usw. der Stuhl zum Stillstand kommt, ohne daß ein gewaltsames Fortreißen eintritt. Letzteres muß unter allen Umständen verhütet werden, weshalb die Antriebvorrichtung auf ihre richtige Arbeitsweise jeweils nachzuprüfen ist. Die Antriebvorrichtung ist zu diesem Zwecke mit einem federnden Kreuzband eingerichtet. Dieses ist hinter der Antriebscheibe R, Abb. 166, bei D eingestellt. Es ist mit einem Ring lose auf die Hülse B aufgeschoben und wird mit diesem gegen die Klauenmuffe B_1 gepreßt. Solange B_1 mit der zweiten Klaue k, k_1 im Eingriff steht, wird der Stuhl durch die Antriebwelle A_n regelmäßig in Betrieb gesetzt. Die Abstellung kann nur dadurch erfolgen, daß die vorhin erwähnte Falle F, freigegeben durch S_a, in das Sperrrad j einfällt und letzteres plötzlich am Weiterdrehen verhindert wird. Hierdurch stößt Stift s gegen die kurvenartigen Zähne z und wird mit der lose auf A_n sitzenden Muffe k, k_1 an k_2 nach links geschoben. Hierbei fällt der Rastenstift a unter dem Federdruck f hinter u herab und hält k, k_1 zurück, während die vordere Klauenmuffe B_1 und Scheibe R leer weiterläuft.

Soll nun der Stuhl auch bei einer der oben angeführten Störungen stehenbleiben, so ist darauf zu achten, daß der Stellring S der Antriebscheibe R auf der Hülse B möglichst so eingestellt wird, daß die Pressung mit D nur mäßig erfolgt. Wenn dann eine der erwähnten Störungen eintritt, vermag die Scheibe R mit dem Friktionsband D und dessen Ring den Druck bei B_1 nicht mehr zu überwinden, vielmehr läuft der Ring an B_1 leer vorbei, und B mit der Antriebwelle A_n, bzw. der Stuhl, bleibt stehen, bis das Hindernis beseitigt ist und der Ring, durch Friktion, B_1 wieder weiterdreht. Natürlich muß bei einer solchen auftretenden Störung sofort die Reibung bei dem Federring B_1 durch Herabsenken der Falle F und Auskuppeln der Klaue k_1 behoben werden, damit der Stuhl vollständig ab-

gestellt ist. Man kann dies an jedem Stuhl prüfen, indem man einen in Betrieb befindlichen Stuhl außerhalb des Nadelkörpers mit beiden Händen erfaßt und an der Weiterbewegung zu verhindern sucht. Es muß dann die Friktion, wie angedeutet, in Wirkung treten. Ist dies nicht der Fall, so ist die Spannung zwischen D und B_1 zu groß, es muß dann bei S entsprechend nachgeholfen werden. Die Stelle bei D darf nicht geölt werden. Soll der Stuhl wieder betriebsfertig gemacht werden, so muß zunächst durch Zu-

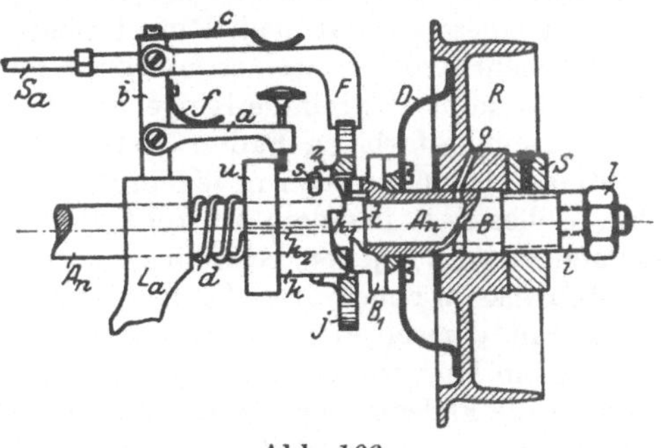

Abb. 166.

rückschieben des Abstellringes die unter Federdruck c stehende Falle F aus j gezogen und sodann a bei b über u gehoben werden, damit die Klaue k, k_1 unter Federdruck d mit B, B_1 wieder gekuppelt wird. Eine genaue Einstellung der Hülse B, welche die Stellschraube s aufnimmt, geschieht bei i, l.

g) Farbmusterapparate. Außer den Preßmustern, welche am Rundstuhl durch Anwendung eines in Zähne und Lücken geteilten Preßrades herstellbar sind, lassen sich Abwechslungen in der Gleichförmigkeit der Maschenbildung durch Auswechseln der Faden während des Arbeitens hervorbringen. Dieses Auswechseln geschieht entweder mittels sog. Ringelapparaten oder durch entsprechende Farbmusterapparate. Zu letzteren gehört auch die Plattiereinrichtung. Diese Farbmuster werden für Sportartikel, Badekostüme und in neuerer Zeit auch für Oberkleider usw. mit großer Vorliebe verwendet. Die ringförmig in den Warenschlauch eingearbeiteten Farbmuster hat man früher und zum Teil auch heute noch, durch wechselweises Einführen verschiedenfarbiger Fäden in die Maschenräder hervorgebracht. Der Rundstuhl muß aber hierzu eine größere Anzahl Arbeitssysteme besitzen. So könnte man z. B. an einem zwölfsystemigen Rundstuhl eine gestreifte Ware in folgender Weise bilden: 1 Reihe schwarz, 3 grün, 1 gelb, 4 grün, 2 schwarz 1 gelb und erlangt man dann einen Musterumfang von 12 Reihen. Wenn jedoch eine solche Musterung an einem Rundstuhl mit kleinem Durchmesser herzustellen ist, so muß an diesem zum Auswechseln und Zubringen der verschiedenfarbigen Fäden der selbsttätig arbeitende Ringelapparat Anwendung finden. Sollen hierbei auch noch Preßmusterungen berücksichtigt werden, wie dies z. B. bei dem sogenannten Börtchenmuster für Hemden und Jacken erwünscht ist, so ist noch ein Preßwechselapparat mit dem Ringelapparat in Verbindung. Ein solcher Ringelapparat ist mit 2, 4, seit neuerer Zeit sogar mit mehr verstellbaren Fadenführern versehen. Da sich der Nadelkranz mit dem Warenschlauch um die Maschine dreht, so müssen zum Abschneiden und Festhalten der auswechselbaren Fäden Schneidvorrichtungen oder Scherenmesser zur Anwendung kommen. Es sind mehrere Konstruktionen solcher Ringel- und Preßwechselapparate in der Praxis eingeführt. Nach dem Patent Gebrüder Haaga, Stuttgart, Nr. 47246 vom Jahre 1888 erfolgt das Auswechseln der Fäden durch ausschwingende Fadenführer. Dasselbe wird auch durch D. R. G. M. Nr. 234626 angestrebt. Ein anderer Apparat, Patent Terrot, Cannstatt, Nr. 47290 vom selben Jahre, benützt beim Auswechseln der Fäden einen Knüpfapparat. Diese Einrichtung war jedoch für die Praxis zu verwickelt und ist später wesentlich vereinfacht worden. Die Patente Nr. 52408, 56832, 64109, 73693 und andere mehr, zeigen Verbesserungen und Vorschläge zum Auswechseln und Vertauschen von mehr als zwei verschiedenfarbigen Fäden. Am vorteilhaftesten hat sich von diesen mehrfarbigen Ringelapparaten der zwei- und vierfarbige Ringelapparat bewährt.

Mit einem zweifarbigen Ringelapparate lassen sich an einem Rundstuhle mit 2 und mehr Arbeitssystemen nur dann mehr als 2 farbige Muster herstellen, wenn man sogenannte einreihige Ringel ausführt. Das ist das Einarbeiten je einer Reihe mit je einem farbigen Faden, weil für breitere Musterstreifen in jedem Arbeitssysteme und somit auch in jedem Ringelapparate auch die gleiche Farbe zu führen ist. Sollen z. B. in einem Muster 9 Reihen schwarz, 6 Reihen violett aufeinanderfolgen, so muß in jedem System schwarz und violett den Nadeln zugeführt werden, so daß also für eine weitere Farbe ein Fadenführer nicht zur Verfügung steht. Sollte aber mit demselben zweifarbigen Musterapparate und der dreisystemigen Maschine ein Muster mit 6 schwarz, 2 violett, 1 braun hervorgebracht werden, dann müßte die Fadenverteilung wie folgt sein: jedes System schwarz, außerdem 2 Systeme noch violett und das 3. System außer schwarz noch braun. Dieser Reihenfolge entsprechend hätte dann nach Maßgabe einer Musterkette das Auswechseln der Farben zu erfolgen. Die Umstellung geschieht durch sogenannte Knaggen, welche auf der Musterkette einzustellen sind.

Es kommt nun beim Zusammenstellen einer Musterkette in Frage, ob die Knaggen neben und hintereinander der Reihenfolge nach oder nur nebeneinander für je eine Wechselreihe anzuordnen sind. Im ersteren Falle müßte die Musterkette bei einer Stuhlumdrehung so oft mal um je ein Kettenglied geschaltet werden, als der Stuhl Mustersysteme besitzt, während im zweiten Falle bei einer Stuhlumdrehung nur um ein Kettenglied fortzuschalten ist.

Legt man für die Zusammenstellung der Musterkette das obige erste Beispiel mit 9 und 6 Reihen zugrunde, so müßte man für die dreimalige Schaltung der Kette auch für jedes System ein Kettenglied, zusammen also 15 Kettenglieder in der Kette benützen, während für die einmalige Schaltung 15 : 3 = 5 Kettenglieder in der Musterkette hinreichend wären. Es ist somit für die gleichmäßige Schaltung Kettengliederzahl einer Musterkette gleich Musterumfang oder Reihenzahl eines Musters, also wenn M Musterumfang und g Kettengliederzahl bedeutet, so ist $g = M$ zu setzen.

Andererseits ist für die einmalige Schaltung $g = \dfrac{M}{s}$ wobei s Anzahl Mustersyteme bedeutet.

h) Die Einrichtung und Arbeitsweise des Ringelapparates. Wie schon hervorgehoben, kann der Fadenwechsel in einem Ringelapparate verschieden vorgenommen werden. Die Fadenführer sind teils vor- und rückwärts, teils auch noch auf- und abwärts beweglich angeordnet. Eine der wichtigsten Nebeneinrichtungen ist der

Schneid- und Klemmapparat zum Abschneiden und Festhalten der einzelnen Fäden. Gerade diese Einrichtung macht die Arbeitsweise des Ringelapparates verwickelt.

Der zweifarbige Ringelapparat nach dem System Haaga verwendet die nach außen und abwärts schwingenden Fadenführer und eine Schere zum Abschnei-

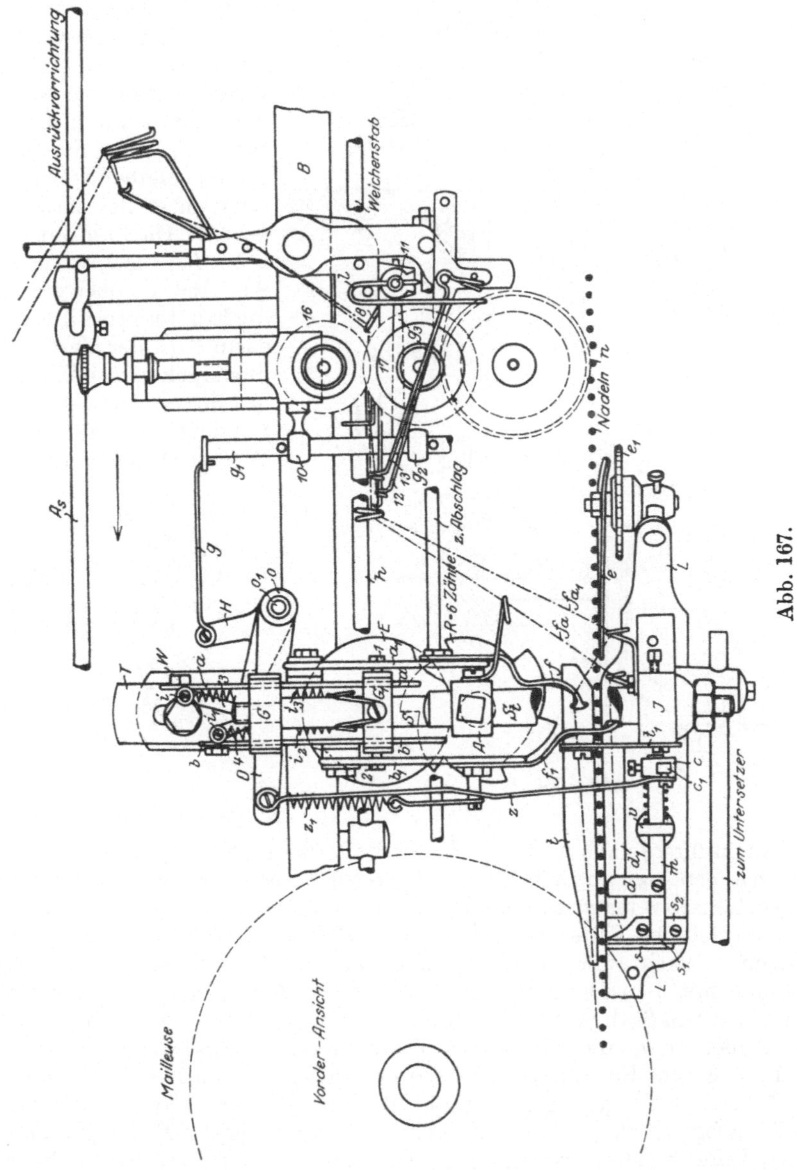

den des Fadens. Die Abb. 167 u. 168 zeigen den Ringelapparat in Vorder- und Seitenansicht in Verbindung mit dem Fadenregler. Die Fadenführerbewegung geschieht hier zwangsläufig. Jeder Fadenführer f, f_1 befindet sich an einem Stäbchen a_1, b_1, das oben an einem zweiten solchen a, b gelenkig befestigt ist. An a, b sind fest die Bolzen i, i_1 mit Federn i, i_3. Diese Bolzen ruhen mit den Fühlern 3, 4 (siehe auch

Abb. 169) auf den Daumenhebeln *5, 6*. Durch die Exzenter P, P_1 der Welle q empfangen die Fadenführer eine Auf- bzw. Abwärtsbewegung, sobald die Welle q gedreht wird. Durch die kurvenförmige Schlitzführung x, Abb. 168, greift ein Schraubenkopf *1*, bzw. *2*, des Tragstückes G_1. Wird nun durch die Daumenhebel *5, 6* den Fadenführern eine Auf- bzw. Abwärtsbewegung erteilt, so schwingen durch die Führung x unten die Fadenführer f, f_1 um die Nadeln n aus und bleiben entweder über oder unter den letzeren eingestellt. Die Einrichtung ist so getroffen, daß, wenn z. B. *5*, Abb. 169, gehoben wird, durch die Erhöhung des Exzenters P dann *6* an der Vertiefung P_1 niedergeht, so daß auch der mit diesem Hebel jeweils verbundene Fadenführer eine Wechselstellung erlangt, d. h.

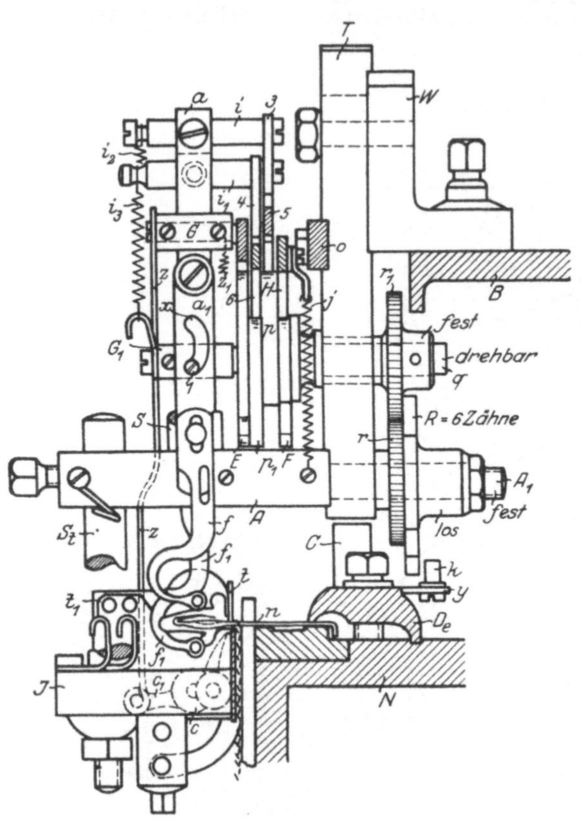

Abb. 168.

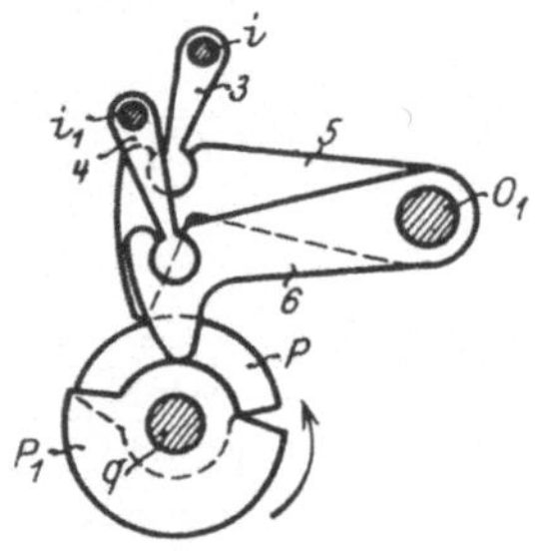

Abb. 169.

wenn Fadenführer f nach außen und über die Nadeln schwingt, der andere f_1 ebenfalls nach außen, aber abwärts geschwungen wird. Die beiden Exzenterscheiben P, P_1 stehen deshalb versetzt zueinander. Während nun der hochgestellte Fadenführer f seinen zugeleiteten Faden fa_1, Abb. 167, den Nadeln n zuführt, legt der andere f_1 den Faden fa_1 nach außen und unterhalb die Nadeln. Ein wenig später zieht in Verbindung mit dem Daumenhebel D die unter Federzug z_1 stehende Stange z unten den an dem Stab m sitzenden Bolzen c, c_1 an und dreht m im Lager L, v nach außen. Außen an m sitzt die Scherenplatte s fest, während die andere s_1, die zugleich die Lagerung für m bildet, bei s_2 an L festliegt. L wird bei J von dem Stabe S_t des Trägers A, T getragen. Sobald nun die Scherenplatte s in die Stellung, Abb. 172, ausgeschwungen ist, legt sich der ausgewechselte Faden fa_1, Abb. 167, zwischen beide Scherenplatten und kann beim darauffolgenden Schließen der letzteren abgeschnitten werden. Da nun an dem Stab m gleichzeitig noch die Blattfeder d befestigt ist, so kann diese die gleiche Bewegung wie s mit ausführen und legt sich bei der letzteren Bewegung scharf gegen die Lagerplatte L und drückt zugleich den Faden fest. Mit der Auswechslung der Fäden findet zugleich eine Umschaltung im Fadenregler, Abb. 167, statt. Hierbei ist wichtig, daß jeweils der außer Tätigkeit gebrachte Faden (hier also der Faden *fa*) außerhalb der Lieferräder gehalten wird. Der andere dagegen (fa_1) wird den Lieferrädern zugeleitet. Dies geschieht durch den unter Federzug *j* stehenden Umschalthebel *H* (siehe auch Abb. 170), der vom Exzenter *F* gehoben oder gesenkt wird. Hierbei wird oben

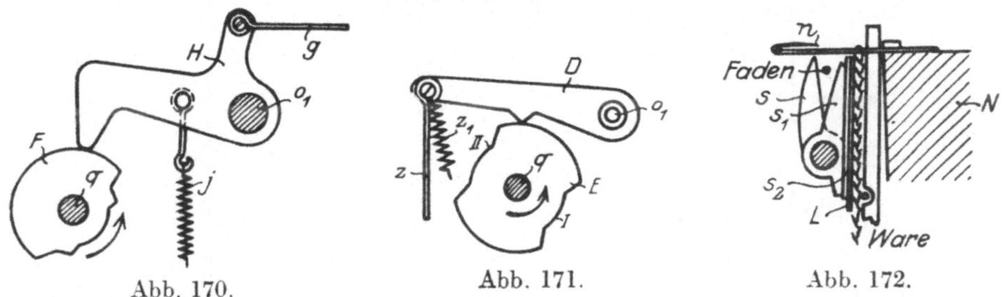

Abb. 170.	Abb. 171.	Abb. 172.

der an *H* angelenkte und mit g_1 verbundene Zugdraht *g*, Abb. 167 und 173, verschoben, so daß bei dem in g_2 um 10 drehbaren Stäbchen g_1 das Hebelstück g_3 ausschwingt und bei *11* (siehe auch Abb. 173 und 174) die Fadenösen *7, 8* hinter den Lieferrädchen *16, 17* verschieben kann. In der gezeichneten Stellung wird durch Öse *8* der Faden fa_1 augenblicklich den Lieferrädchen zugeleitet, während der Faden *fa* außerhalb liegt. Damit nun die Fadenwächter *12, 13*, jeweils entlastet

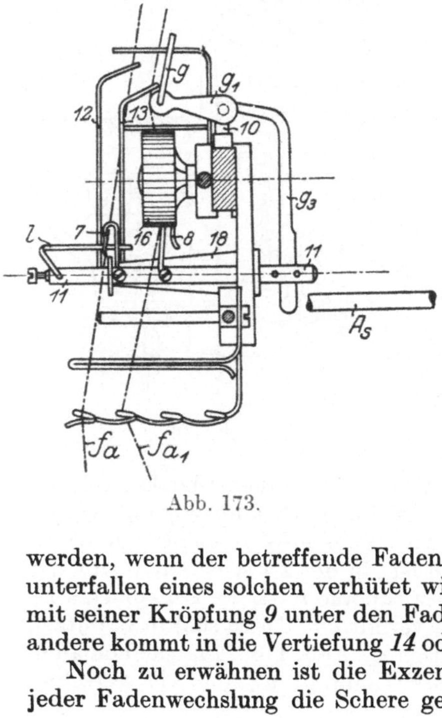

Abb. 173. 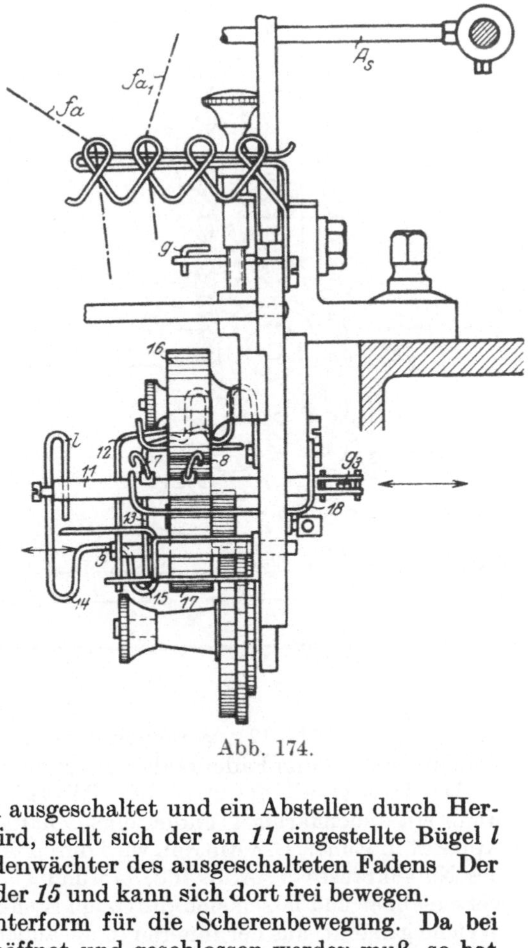	Abb. 174.

werden, wenn der betreffende Faden ausgeschaltet und ein Abstellen durch Herunterfallen eines solchen verhütet wird, stellt sich der an *11* eingestellte Bügel *l* mit seiner Kröpfung *9* unter den Fadenwächter des ausgeschalteten Fadens Der andere kommt in die Vertiefung *14* oder *15* und kann sich dort frei bewegen.

Noch zu erwähnen ist die Exzenterform für die Scherenbewegung. Da bei jeder Fadenwechslung die Schere geöffnet und geschlossen werden muß, so hat auch jedesmal die gleiche Bewegung mit dem Zughebel zD, Abb. 167, durch die eine Exzenterhälfte I oder II des Exzenters E, Abb. 171, zu erfolgen. Dieser Exzenter ist somit auf jeder Hälfte I und II mit einer Erhöhung und einer Vertiefung, also vierteilig ausgebildet. Die Zusammenstellung sämtlicher Bewegungsexzenter ist derart auf der

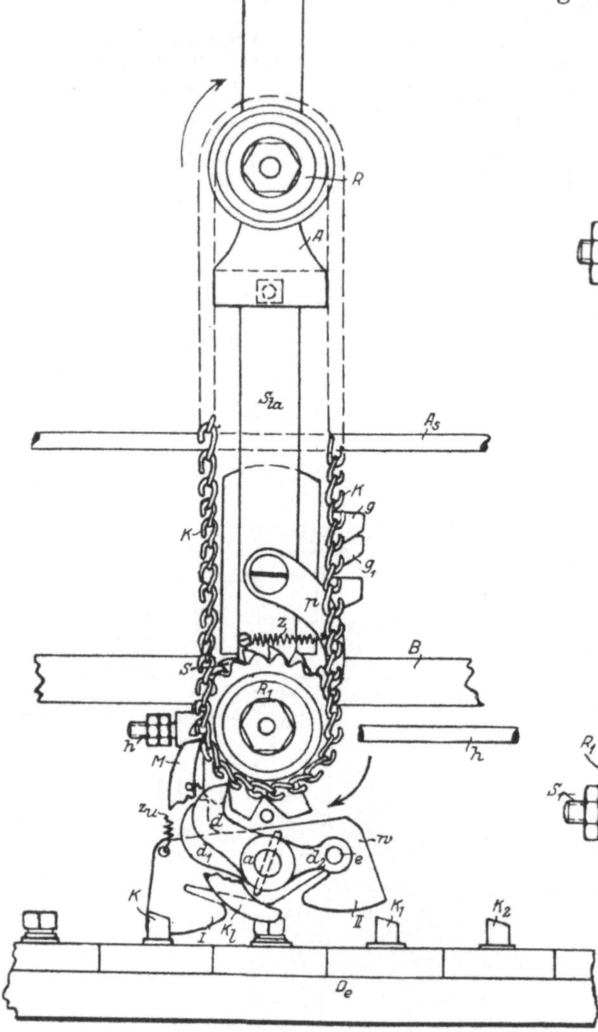

Abb. 175.

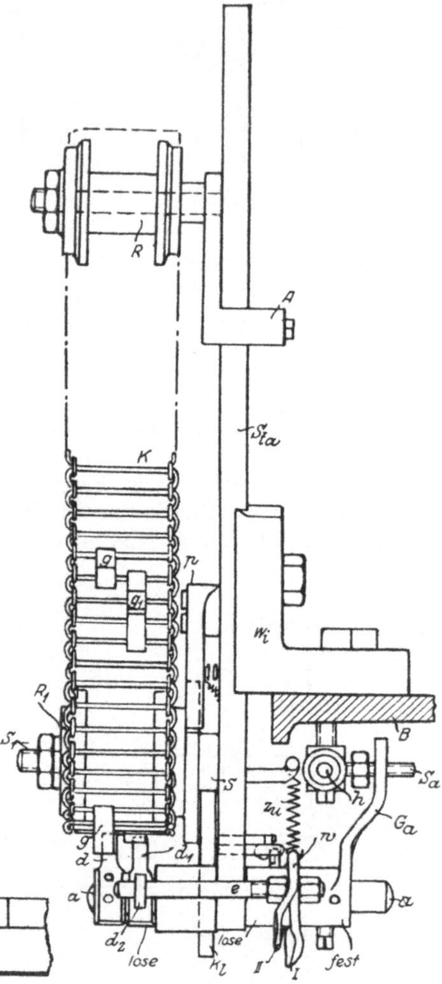

Abb. 176.

Achse q, Abb. 168—171, vorgenommen, daß beim Drehen dieser Welle zunächst Fadenwechsel, dann Fadenreglerbewegung und endlich Scherenbewegung erfolgt.

Die Inbetriebsetzung des Ringelapparates erfolgt jeweils nur dann, wenn ein andersfarbiger Faden einzuschalten ist; in der Zwischenzeit bleibt der Apparat in Ruhe. Der Antrieb wird durch Schaltknöpfe k—k_2 der Deckplatten D_e des Nadelkranzes N, Abb. 168, 175 und 177, vermittelt. Diese sind in Schlitzen verschiebbar und lassen sich durch ein Stelleisen w, Abb. 175, 176, vielfach auch Weiche genannt, aus der inneren in die äußere Stellung y—y_2, Abb. 177, verschieben. Hierzu setzt man auf der Kette K, Abb. 175 und 176, Schaltknöpfe oder Knaggen g, g_1. Es sind soviele Knaggenreihen auf einer solchen Kette anzuordnen, als Ringelapparate an einem Stuhle zur Anwendung kommen, so daß also nur eine Musterkette auch für mehrere Mustereinrichtungen zu verwenden ist. In dem angeführten Beispiel sind zwei Ringelapparate zugrunde gelegt; der eine wird von der Knaggenreihe g, der zweite von derjenigen g_1 beeinflußt. Man hat zu beachten, daß jede Knagge auf der Kette gleichbedeutend ist mit einer Schaltung oder Wechslung des Musterapparates. Kommt eine solche Knagge unter einen Daumenhebel d, d_1, Abb. 175, 176, wie dies z. B. bei d_1 geschehen ist, so schwingt mit einem solchen direkt oder mittels Zwischenhebels, hier also mit d_2, e, die Weiche w mit dem vorderen Schaltstück I nach unten, sodaß an diesem die Nasen k—k_2 einzeln nacheinander vorbeilaufen und nach y—y_2 geschoben werden. In dieser Stellung treffen die Nasen gegen das Schaltrad R, Abb. 167, 168 und schalten dieses um drei Zahnteilungen fort. Da R und r fest miteinander verbunden ist, und die Zähnezahl von $R = 6$ ist, so wird gleichzeitig auch das Stirnrädchen r_1 mit der Achse q in selbem Sinne gedreht. $r : r_1$ ist wie $1 : 1$, d. h. bei der Zähnezahl $R = 6$ und 3 Schaltknöpfen k—k_2, wird die Schaltung um eine halbe Drehung durchgeführt, wobei auch die Fadenführer einmal umgewechselt werden. Hierbei folgen die einzelnen Bewegungen, wie schon oben ausgeführt, einzeln nacheinander. Bei der nächsten Stuhldrehung fällt der Daumenhebel über die Knagge ab, gleichzeitig schwingt Weiche w nach rechts zurück, so daß die heranlaufenden Schaltknöpfe k—k_2 jetzt an das rechte Streicheisen II treffen

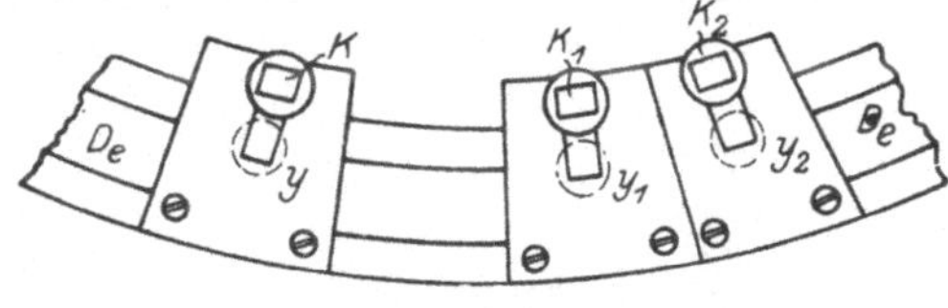

Abb. 177.

und nach innen in die Stellung k—k_2, siehe auch Abb. 177, gelangen. Sie laufen beim Weiterdrehen des Stuhles dann rechts, d. h. innen am Schaltrad R, Abb. 167, 168, vorbei; es kann also erst wieder der Ringelapparat in Tätigkeit kommen, wenn wieder eine Knagge den Daumenhebel und die Weiche mit dem Stelleisen I nach unten bringt.

Nun würde aber bei der vorhin erfolgten Naseneinstellung k—k_2 auf der ganzen Stuhlumdrehung jedes Schaltrad eines Ringelapparates getroffen und zur Hälfte fortgedreht werden. Es würde dann jeder Apparat Fadenwechsel vornehmen. Da dies aber nicht immer gewünscht wird, so müssen dort durch Normalstellung der Weichen, d. h. durch Weglassen von Knaggen, auf der Musterkette die Schaltknöpfe sofort wieder nach innen geschoben werden. Dadurch ist man auch in der Lage, jeden einzelnen Apparat mustermäßig zu beeinflussen. Eine solche Einzelstellung geschieht eben durch die Weichen vor jedem Ringelapparate. Es muß zu diesem Zwecke von der Kette aus ein Stellring, wie z. B. bei h, Abb. 175, 176, durch einen gabelförmigen Hebel G_a verschoben und die entsprechende Weiche eingestellt werden. Oben greift G_a an S_a an und verschiebt h, sobald der Daumenhebel d, der fest auf a sitzt, auf die Knagge g zu stehen kommt.

Ist einmal die Umschaltung eines Ringelapparates erfolgt, so bleibt der vertauschte Faden so lange in Tätigkeit, bis auf der Kette K wieder eine Knagge kommt. Wie aber schon oben angedeutet wurde, läßt man in eine Musterung oft auch nur einreihige Farbstreifen in beliebiger Abwechslung einarbeiten; es muß dann die Umschaltung der Fadenführer während zwei aufeinanderfolgenden Stuhlumdrehungen, also hintereinander, folgen und können somit die Schaltknöpfe k—k_2 jetzt zweimal hintereinander den Ringelapparat betätigen, es müssen auch zum Herabdrücken der Daumenhebel an einer solchen Stelle zwei Musterknaggen auf der Kette hintereinander gesetzt werden. Eine solche Stellung ist in der zweiten

Reihe g_1, Abb. 176, zum Ausdruck gebracht, während bei g erst nach mehreren Reihen (6) die Schaltung wiederholt wird.

Die Weichen w werden durch Zugfedern zu in ihre Normalstellung zurückgebracht.

Die Kettenschaltung erfolgt durch Schaltstifte, bzw. Schaltplättchen C, Abb. 178. Diese sind je nach der Anzahl Ringelapparate auf der Deckplattenreihe D_e so verteilt, daß für jeden Ringelapparat die Kette je um eine Zahnteilung durch die Schaltklinke Kl, M, Abb. 175, 176, erfolgt. M greift in das Schaltrad S ein; p ist Gegenklinke. Z. B. ist für zwei Ringelapparate auf jeder Hälfte des Nadelringes auf den Deckplatten D_e, Abb. 178, je ein solcher Stift C vorgesehen. Dann sind auch die Knaggen g, g_1 je um eine Gliederteilung versetzt zueinander und nebeneinander eingestellt, wie dies deutlich aus Abb. 176 ersichtlich ist.

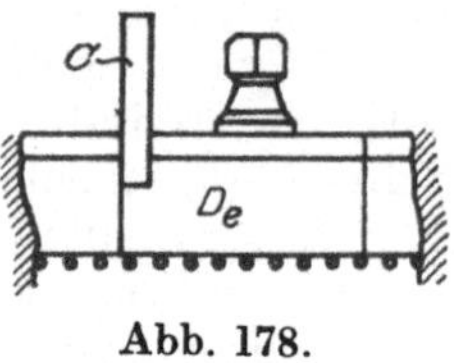

Abb. 178.

Je nachdem die Musterkette K kürzer oder länger verwendet wird, hat man die Laufrollen R, R_1 entsprechend auseinanderzustellen. Man schiebt hierzu die obere Rolle R mit dem Schlitten A am Stab S_{ta} nach oben oder abwärts.

Eine genaue Einstellung der Ringelapparate sowie der Zählkette geschieht über der Tragscheibe B mit den Stellwinkeln W, W_i, Abb. 167, 168 und 170.

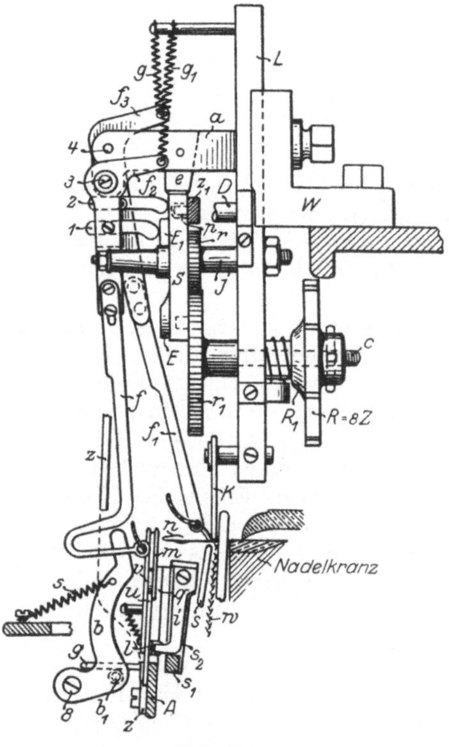

Abb. 179.

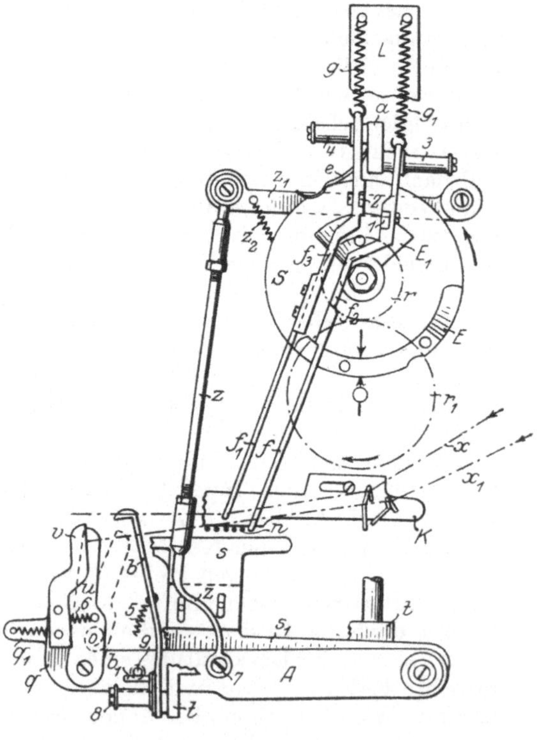

Abb. 180.

Eine andere Ausführungsart eines Ringelapparates nach dem System C. Terrot, Cannstatt, zeigen die Abb. 179 und 180. Hier sind die Fadenführer f, f_1 oben mit Fühlern 1, 2 durch Zugfedern g, g_1 gegen eine Exzenterscheibe S gepreßt. Sie können also nur eine Aus- und Einwärtsschwingung ausführen. Sie gestatten aber auch zugleich ein Herausziehen vor die Nadelreihe n, um das Einführen des Fadens x, x_1 vorteilhaft zu gestalten. Die Exzenterplättchen E, E_1, die fest auf S sitzen, liegen versetzt zueinander, so daß z. B. der eine Fadenführer f_1 mit seinem Fühler 2 nur auf der Scheibe S anliegt und innerhalb den Nadeln steht, während der andere, f mit dem Fühler 1 auf dem Exzenterplättchen E_1 sitzt. Letzterer wird somit um die Achse 3 des Tragstückes a nach links ausgeschwungen und mit dem Faden x_1 außerhalb den Nadeln n gehalten.

Die Schaltung von S wird auch hier durch Vermittelung der Musterkette und durch zwei umlegbare Schaltknöpfe mittels des Schaldrades R hervorgebracht. Letzteres besitzt 8 Zähne und ist fest auf c. Auf c sitzt ebenfalls fest das Stirnrädchen r_1, welches mit dem an S befestigten Stirnrädchen r in Eingriff steht. Das Übersetzungsverhältnis von $r : r_1$ ist wie $1 : 2$. Wenn daher die angeführten zwei, von der Zählkette eingestellten, Schaltnasen das Rad R um zwei Zahnteilungen fortschalten, so entspricht dies einer Vierteldrehung bei r_1 und einer halben Drehung bei r, bzw. S. Hierbei kann nun E oder E_1 unter die Fühler gestellt und gleichzeitig der Fadenwechsel bei f oder f_1 bewirkt werden, wobei der auf E oder E_1 treffende Fadenführer außer Tätigkeit kommt. Die Schere besteht hier aus einem unter Federzug 6 beweglichen Hebel u und zwei nebeneinander sitzenden Schenkeln v, m des Tragstückes A. Das Plättchen v ist von m gerade nur so weit entfernt angeordnet, daß u in dem Zwischenraum knapp Aufnahme findet. u besitzt innen ein halbkreisförmiges Exzenterstückchen l, gegen das sich ein rechtwinklig geformtes Stahlplättchen i, des Tragstückes s_1, s_2 legt. Dieser Teil bildet mit i die Plattfeder. A ist mit Zughebel z, der oben an z_1 z_2 federnd ist, beweglich. Hinter der Scheibe S ist eine Führungsnut zur Aufnahme eines Zapfens p, Abb. 179, des Scherenhebels z_1 vorgesehen. In dieser Nut befindet sich auf jeder Scheibenhälfte eine Erhöhung, mittels welcher der Schere durch z, z_1, A eine Auf- und Abwärtsbewegung erteilt wird. Beim Heben öffnet sich infolge des Exzenterstückchens l an i die Schere und zwar wird hierdurch u in die punktiert gezeichnete Stellung, Abb. 180, gedrückt, damit der aus den Nadeln herausgeleitete Faden, hier also x_1, zwischen die geöffneten Scherenplatten hindurchgeleitet wird. Am höchsten Punkt angelangt, schnappt unter Federzug 6 die Platte u und unter dem Druck von i, gegen v, m und weil bei v und u scharfe Kanten vorgesehen sind, so wird der Faden einerseits abgeschnitten und andererseits festgehalten. Es dient somit dieser Schneidapparat gleichzeitig auch als Klemmvorrichtung, damit der Faden bis zu seiner Wiederverarbeitung festgehalten wird. Auch bei dieser Einrichtung muß, wie bei dem Ringelapparat von Haaga, der ausgeschaltete Faden im Fadenregler aus den Lieferrädern geführt und bis zur Wiederverarbeitung außer Tätigkeit gebracht werden. Diese Umstellung bewirkt hier eine an jeder Hälfte des Schaltrades R vorgesehene Aussparung R_1. Gegen diese legt sich ein federnder Doppelhebel, der bei seiner Ausschwingung ein Stäbchen seitlich verschiebt, welches die Fadenführer trägt.

Damit das Einlegen des zur Wiederverarbeitung gelangenden Fadens sicher erfolgen kann, befindet sich vor den Nadeln n ein sogenannter Fadeneinleger b. Dieser ist um 8 drehbar und besitzt bei b_1 einen Fühlerstift, gegen welchen ein zweiter solcher 9 des Trägers A eingestellt ist. Wenn nun der bei 7 angelenkte Zughebel z, bevor die Scherenbewegung erfolgt, eine kleine Abwärtsbewegung ausführt, so schwingt b gegen die Nadeln nach innen und drückt den hinter ihm liegenden Faden unter den Nadeln gegen die Ware. Gleichzeitig nehmen die fortlaufenden Nadeln den Faden auf und führen ihn in das folgende Arbeitssystem.

Eine sichere Führung des Fadens bildet bei sämtlichen Ringelapparaten ein vor den Abschlagplatinen und über den Nadeln n, aber dicht gegen letztere eingestelltes Führungsblech K. Die Stellung desselben ist zeitweilig nachzuprüfen, damit beim Auswechseln der Fäden ein Zurücklaufen hinter die Platinen verhütet wird.

Auch hier wird durch den Winkel W, der das Lagerstück L mit j trägt, eine genaue Einstellung des Ringelapparates über der Tragscheibe ermöglicht.

Der Ringelapparat der Firma Fouquet & Frauz, Rottenburg a. N. mit einmaliger Kettenschaltung arbeitet mit Zughebel, welche von der Zählkette aus beeinflußt an jedem Musterapparat ein sternartiges Schaltrad so verschieben, daß ein Mitnehmer die Inbetriebsetzung des jeweiligen Musterapparates hervorbringt. Der Mitnehmer ist u-förmig gestaltet und nur einmal über dem Deckplattenkranz angeordnet. Er läuft also während einer Stuhlumdrehung an sämtlichen Ringelapparaten vorbei und nimmt dort das Schaltrad um zwei Teilungen fort (wodurch die Fadenwechslung zustande kommt), wo die Zughebel der Musterkette das Schaltrad auf der Achse verschoben haben. Es genügt somit eine einmalige Schaltung der Zählkette, um während einer Stuhlumdrehung sämtliche Ringelapparate zu beeinflussen. Die Kettengliederzahl ist dann nach dem Musterrapport wie folgt:

Reihenzahl durch Systemzahl, d. i. $\dfrac{R}{s}$, wobei R die Anzahl Farbreihen pro Musterrapport, s die Anzahl Farbmustersysteme bedeuten. Die Knaggen auf der Musterkette sind da, wo ein Fadenwechsel erfolgen soll, über einem Kettenglied so nebeneinander zu setzen, daß sämtliche Zughebel zu beeinflussen sind. Hier ist aber noch besonders zu beachten, daß bei sogenannten einreihigen Ringelmustern eine lange Nase, auch Überbrückungsknagge genannt, zu verwenden ist, weil die Anordnung von zwei dicht aufeinanderfolgenden Knaggen eine ganz andere Wirkung verursachen würden. Diese Einrichtung wird von der Firma Fouquet und Frauz, Rottenburg, in neuerer Zeit auch in der Weise ausgeführt, daß an Stelle der über den Rollen nach oben laufenden Zählkette eine solche kommt, welche vor dem Nadelkranz eine freihängende Lage empfängt. Die Kettenspannung kommt hier in Wegfall und kann die Kettenlänge ohne weiteres beliebig lang gewählt werden.

Der vierfarbige Ringelapparat. Wenn ein Ringelapparat mehr als zwei Farben zu führen hat, so treten insofern Schwierigkeiten ein, als das Auswechseln im Fadenregulator nicht mehr mit einem Räderpaar erfolgen kann, vielmehr müssen so viele Lieferräderpaare benützt werden, als Farben in den betreffenden Apparat geführt werden. Ferner müssen die einzelnen Fadenführer durch einen sog. Taster in Arbeitsstellung überführt werden. Hierzu benützt man entweder verschieden hohe Knaggen, die auf der Zählkette anzuordnen sind, oder man läßt von gleich hohen Knaggen verschieden große Fühlerhebel beeinflussen.

Für die Grundfarbe wird in der Regel keine Knagge auf der Kette eingestellt, so daß also für vier Farben entweder drei verschieden hohe Knaggen, oder drei verschiedene geartete Fühlerhebel zu berücksichtigen sind. In ähnlichem Sinne werden auch die Fäden im Fadenregler außerhalb oder innerhalb den Lieferrädern geführt.

Ein Ausführungsbeispiel eines vierfarbigen Ringelapparates nach System Terrot zeigen die Abb. 181—183. Abb. 181 ist Seitenansicht, 182 Vorderansicht. Die vier Fadenführer b—b_3 sind lose auf dem Stab e aufgeschoben und werden durch Zugfedern z beständig nach rechts außen gezogen. Der Taster a, der ebenfalls unter Federzug zg steht, befindet sich oben drehbar bei a_2 an dem um i drehbaren Schalthebel a_1. Dieser ist fest an t_i, bzw. i und kann durch den Ring Ri, Abb. 183, durch eine der oben erwähnten Knaggen oder Fühlerhebel verschoben werden. Hierbei stellt sich a, a_1 hinter einem Fadenführer b—b_3 ein; gleichzeitig wird durch den Exzenter E, E_1 das Winkelstück c in Schwingung versetzt, wobei sich der Taster a gegen den vor ihm stehenden Fadenführer legt und letzteren, so wie Abb. 181

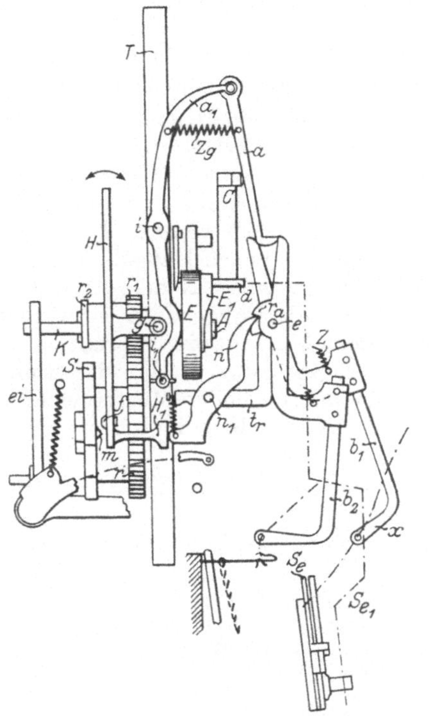

Abb. 181.

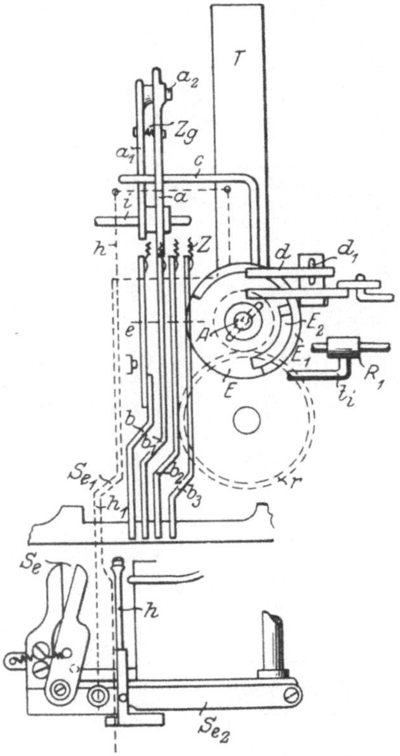

Abb. 182.

zeigt, oben nach außen drückt und wenig um e dreht. Bei dieser Schwingung legt sich der Rastenhebel n, der um n_1 drehbar ist, in die Raste r_a und hält den Fadenführer b_2 in seiner Arbeitsstellung so lange fest, bis der Taster a hinter einen andern Fadenführer drückt und diesen einstellt. Sobald n durch den Druckhebel H, H_1 oben nach innen ausschwingt, werden die Fadenführer in die Stellung b_1 und außer Tätigkeit gebracht. Bei diesem Auswechseln der Faden kommt sowohl die Schere S_e, Abb. 182, durch Exzenter E, E_1 und die Zugstange d, d_1 und S_{e_1} als auch der Fadenklemmer h durch h_1 in Arbeitsstellung, so daß einerseits der ausgewechselte Faden abgeschnitten und andererseits auch festgehalten wird. h wird durch einen Schwinghebel e_i, K, der mit Stelleisen eines Ringes r_2 in Verbindung steht (siehe auch Abb. 183) in Schwingung gebracht. Die Schaltung des Exzenters E, E_1, der fest auf Achse A sitzt, wird durch Schaltrad S und Räderübersetzung r, r_1, ähnlich wie beim gewöhnlichen Ringelapparat ausgeführt. Durch eine vorstehende

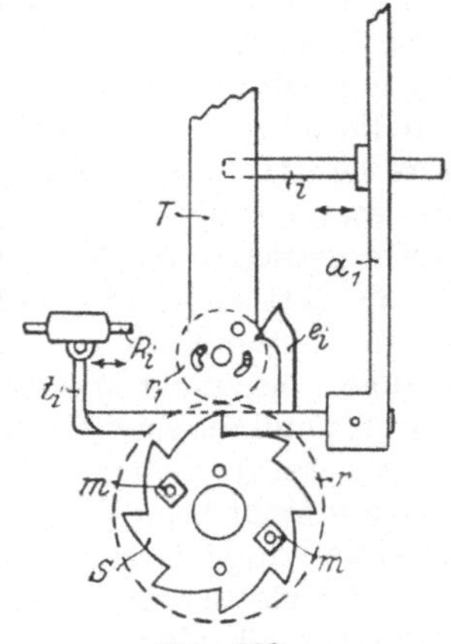

Abb. 183.

Schraube m des Schaltrades S kann der Schalthebel H bei der Noppe f, Abb. 181, wenig nach rechts gedrückt werden, wodurch H_1 die Rastenfedern n aus

r_a drückt und die Fadenführer freigibt. Diese gehen unter Federzug z in Stellung x nach außen. t_r bildet einen Rahmen zur Aufnahme der Fadenführer, und T wird am Winkel der Tragscheibe befestigt und kann mit dem ganzen Apparat abgenommen werden. Der sechsfarbige Ringelapparat arbeitet ähnlich, jedoch mit 5 Musterfarben und einer Grundfarbe.

i) Der Preßwechsel mit Ringelapparat. Wenn in der glatten Farbmusterung zur Hervorbringung von Bordüren auch noch Preßmuster einzuarbeiten sind, so muß außer dem glatten Preßrad noch ein Musterrad in jedem zweiten, mitunter sogar in jedem Arbeitssystem berücksichtigt werden. Das Musterrad bleibt in der Regel stets über den Nadeln, Abb. 184, eingestellt und kann, wie sonst, durch Stellschrauben geregelt werden. Das glatte Preßrad kann durch Schalthebel nach Maßgabe des Musters von der Zählkette aus gegen die Nadeln eingestellt werden. Ist dieses von den Nadeln abgehoben, so werden vom Musterrad die Nadeln nur teilweise gepreßt, z. B. jede zweite Nadel. Man erlangt dann, je nach der Stuhlnadelzahl und der aufeinanderfolgenden Mustersysteme, einnädelige Preßware oder Köper, bzw. Piqué.

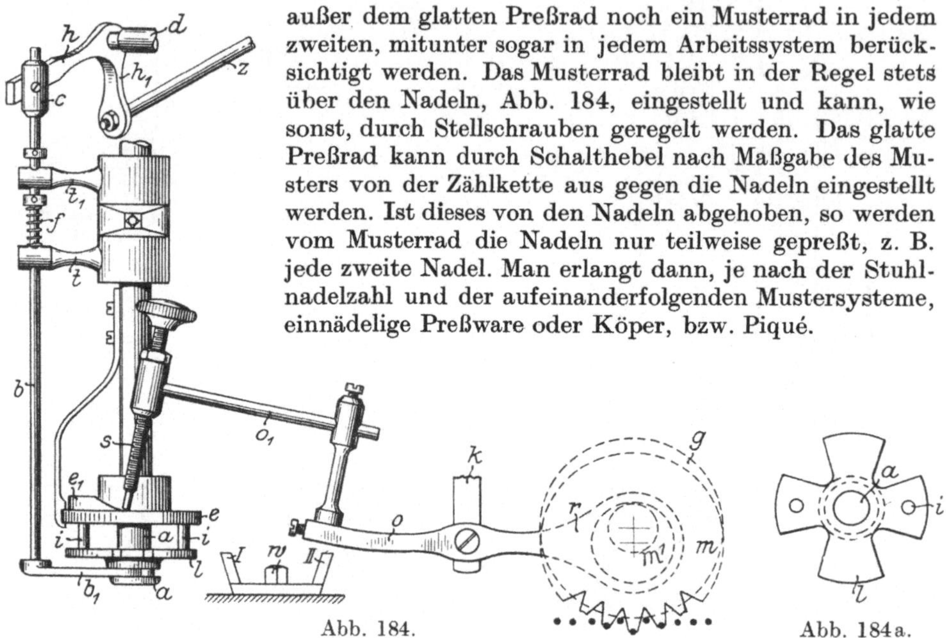

Abb. 184.   Abb. 184a.

Die Umschaltung des Preßrades erfolgt entweder direkt vom Ringelapparat aus oder durch eine besondere Preßwechseleinrichtung. Abb. 184 zeigt eine Einrichtung nach System Fouquet & Frauz. Das glatte Preßrad g steht hinter dem Musterrad m. Die Einrichtung ist so getroffen, daß die Achse m_1 durch die ringförmige Öffnung r greift. Um letztere liegt gabelförmig der um k ausschwingende Stellhebel o, o_1, dessen Stützschraube s über der Exzenterscheibe e ruht. Letztere besitzt die exzenterartige Kurve e_1, sowie auf jeder Hälfte Stifte i, welche in die sternförmige Scheibe l, siehe auch Abb. 184a, eingreifen. Letztere wird lose auf a getragen und kann von der winkelförmigen Schubstange b, b_1, die oben in t, t_1 geführt ist, beliebig auf und nieder geschoben werden. Dazu befindet sich oben an der festen Muffe c ein um d ausschwingender Doppelhebel h, h_1, dessen Zugstange z bis zu der Musterkette geleitet wird. Kommt dort eine Knagge, so wird durch z und die Zughebelverbindung h, b, b_1, die Scheibe l in die gezeichnete Stellung herabgeschoben. Ein über den Deckplatten sitzendes u-förmiges Winkelstück w stößt beim Drehen des Stuhles mit den Schenkeln I, II gegen das Schaltrad l und dreht dieses um die Hälfte fort, wobei e_1 unter s zu liegen kommt und mit o, o_1 das glatte Preßrad g gegen die Nadeln gepreßt wird. Von jetzt ab werden die Nadeln von beiden Preßrädern g, m gepreßt, so daß plötzlich glatte Ware entsteht.

Sobald nun wieder eine gemusterte Ware zu bilden ist, muß l von neuem an a herabgeschoben und durch den Mitnehmer w mit e um die zweite Hälfte gedreht werden, wobei e_1 unter s weggeht und das glatte Preßrad g in die gezeichnete

Stellung gehoben wird. Das Musterrad m preßt von jetzt ab die Nadeln allein, es entsteht ein Preßmuster.

Ist der Preßwechselapparat gleichzeitig mit dem Ringelapparat in Verbindung, wie dies in der Regel der Fall ist, so kann man auf der Zählkette eine besondere Knaggenreihe für den Preßwechselapparat berücksichtigen und ist hiernach dann die Musterkette vor Beginn der Arbeit zusammenzustellen.

Bei dem Ringelapparat nach Gebrüder Haaga erfolgt die Schaltung des Preßwechselapparates genau so, wie beim Ringelapparat. Hier würde aber Ringelapparat und Preßwechselapparat gleichzeitig geschaltet werden, weshalb für den Ringelapparat ein Schaltrad mit Umsteuerung vorgesehen ist, das durch eine besondere Knaggenreihe von der Zählkette aus beliebig gegen die Schaltnasen einzustellen ist. Es ist dann möglich, den Ringelapparat oder den Preßwechselapparat allein oder aber beide zugleich, während einer Stuhlumdrehung in Tätigkeit zu bringen und kann man so von einem Muster zum andern übergehen.

k) Preßwechsel mit Langreihenapparat. Für Börtchen, die als Verzierung an Hemden und Jacken Verwendung finden, muß der sogenannte Börtchenapparat mit einem Langreihenapparat versehen sein. Das ist eine Einrichtung, welche während des Arbeitens in einem Arbeitssystem sowohl den Kulierexzenter wie auch den Fadenregler zu einer Langreihe selbsttätig umstellt. Dies geschieht nur während einer Stuhlumdrehung. Meist dienen Langreihen als Trenn- oder

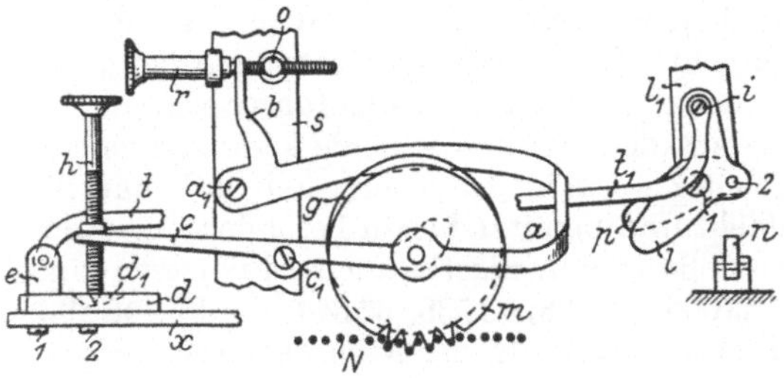

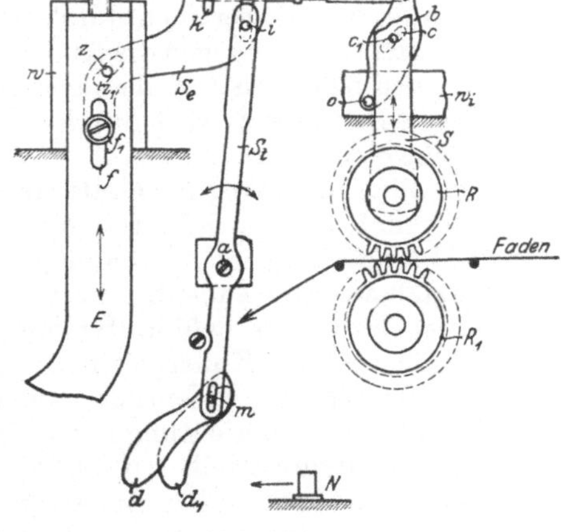

Abb. 185.
Abb. 185a.

Schneidreihen. Da die Börtchen, wie schon oben ausgeführt, auch mit Farbmustern zusammengestellt werden, so ist der Börtchenapparat auch in Verbindung mit dem Ringelapparat. Die Musterkette muß dann noch je eine Knaggenreihe für den Preßwechsel- und Langreihenapparat aufnehmen.

Die Abb. 185, 185a zeigen einen Preßwechsel mit Langreiheneinrichtung nach System Terrot. Hier wird die Musterpresse m, Abb. 185, von einem bügelartigen Stellhebel a getragen und gegen die Nadeln N gepreßt. Dieser ist um a_1 drehbar und wird oben bei b durch die Stellschraube r an o geregelt. Die glatte Presse g steht auch hier, wie beim vorigen Apparat, hinter der Musterpresse m, wird aber frei von einem Hebel c, der um c_1 des Tragstabes s drehbar ist, getragen. Die Stützschraube h von c ruht auf einem Schlitten d, der bei d_1 versenkt ist.

Soll die glatte Presse g, welche während der Musterarbeit gehoben ist, gegen die Nadeln N gepreßt werden, so stellt man die durch die Zählkette zu beeinflussende Nase n so ein, daß der um 1 drehbare Daumen l getroffen und nach links gestoßen wird. Hierbei schwingt der an l_1 und bei i drehbar liegende Stab t_1 aus und nimmt mit t den Schlitten e, d nach rechts, so daß h aus d_1 herausgehoben und mit c das Rad g gegen die Nadeln gestoßen wird; d führt sich an Stellschrauben $1, 2$ der Schiene x.

Damit nun auch die Zurückstellung des Rades g in die gezeichnete Stellung ebenfalls durch die Nase n erfolgen kann, wenn letztere zurückgelegt ist, so wird durch eine Verbindung des zweiten Daumenstückes p bei 2 eine solche Stellung erlangt, daß p nach rechts unten ausschwingt und von n getroffen werden kann, d. h. die beiden Daumenstücke l, p stellen sich jeweils im umgekehrten Sinne ein. Sie sind auf diese Weise dann jeweils dem Schaltknopf n in den Weg gelegt.

Ähnlich kann auch der Langreihenapparat eingestellt werden. Trifft z. B. nach Abb. 185a N an d_1, so wird bei m der um a drehbare Stab S_t in Schwingung versetzt und drückt oben das Stelleisen S_e zur Seite. S_e ist bei f_1 drehbar und besitzt bei z_1 zur Aufnahme des Bolzens z eine Schlitzöffnung z_1. z ist fest an E. Ferner ist oben bei k, k_1, i_1 der Zugstab t eingestellt, der gelenkig mit dem um o drehbaren Hebelstück b in Verbindung steht. Auch b besitzt bei c eine Schlitzöffnung, in welche ein Bolzen c_1 des Schlittens S greift. An S ist, wie sonst, das Lieferrad R des Fadenreglers eingestellt, das mit R_1 den Faden liefert. Wird nun S_t wie angegeben, z. B. nach rechts geschoben, so drückt der Bolzen i das Stelleisen S_e rechts abwärts und gleichzeitig wird auch t mit b nach rechts abwärts gestoßen und mit c_1 der Schlitten s, sowie das Rad R, tiefer gegen R_1 herabgestellt; die Zähne greifen tiefer ineinander und können somit mehr Faden liefern. Im selben Augenblick wird aber auch durch S_e bei z_1 der Bolzen z des Exzenters E erfaßt und der Exzenter tiefer gegen die Kulierplatinen geschoben. Letztere können jetzt losere Schleifen bilden, so daß die angeführte Lang- bzw. Schneidreihe zustande kommt.

Der Exzenter E wird durch w und der Fadenregler durch wi über der Tragscheibe eingestellt.

l) Die Einrichtung für plattierte Farbmuster. Das Plattieren mit verschiedenfarbigen Fäden zur Herstellung von Flächenmusterungen wird am Rundwirkstuhl sehr häufig zur Anwendung gebracht. Die älteren Einrichtungen benützen hierzu bewegliche Fadenführer derart, daß z. B. der eine Fadenführer seinen Musterfaden bald vor, bald hinter den Grundfaden legt und so beide Fäden nebeneinanderliegend den Kulierplatinen zugeleitet werden. In neuerer Zeit hat man die Plattiermusterung wesentlich vereinfacht und benützt hierzu besondere Plattierplatinen. Auf Einrichtungen zur Herstellung von plattierten Farbmustern sind mehrere Patente erteilt. (Nr. 42 357, 53 090, 53 098, 53 588, 65 844, 65 022, 48 893, 52 634), das letztere benützt einen Elektromagneten, der nach dem Buxtorfverfahren nicht nur die glatten Plattiermuster, sondern auch Farbplüschmuster in unbegrenzter Mustervielseitigkeit herzustellen ermöglicht. Nach Patent Terrot, Nr. 55 562 und Patent Gebrüder Haaga kommt die Plattiermusterung dadurch zustande, daß Plattierplatinen mit zwei Kulierschnäbeln zur Anwendung kommen, die in zwei Führungsscheiben geführt werden und so zwischen die Nadeln gelangen, daß die vorgelegten farbigen Fäden nach Maßgabe eines Musters zwischen die Nadeln geschoben werden. Das Einsetzen der Platinen geschieht wechselweise und hat man hierzu zwei Platinenarten, sogenannte Wechselplatinen und Stehplatinen voneinander zu unterscheiden. Während nun Terrot die Wechslung an einer besonderen innen liegenden Führungsscheibe bewirkt, erlangen Gebrüder Haaga diese Wirkung nach dem D. R. P. Nr. 399 562 vom August 1923 durch die gewöhnliche Führungsscheibe, an welcher sich noch eine patentierte Verbesserung beider Platinensorten befindet. (Siehe auch Wirkwarenkunde.)

m) Einrichtung zur Herstellung unterlegter Farbmuster. Die Nachteile der unterlegten Farbmuster, welche namentlich durch die auf der Warenrückseite flottliegenden Fadenlagen scharf zum Ausdruck kommen, haben die Verwendung dieser Waren nie recht aufkommen lassen. Die Gebrauchsgegenstände verziehen sich und zeigen eine unregelmäßige Maschenbildung. Auch die Verbesserungen, welche das Einbinden der Henkel auf der Warenrückseite bezwecken, haben sich in der Praxis nur langsam durchgesetzt. Nach den Patenten Nr. 48148 und 66312 erlangt man solche hinterlegte Farbmuster, wobei letztere Einrichtung Platinen mit Preßstäbchen verwendet. Weit vorteilhafter stellt man solche Musterarten nach Art der Preßmuster oder nach Art der erwähnten Plattiermusterungen her.

Abb. 186.

n) Einrichtung zur Herstellung von Broschiermustern. Das Einarbeiten einzelner Farbfäden in ein Grundgewirke wird auch am Rundstuhl angewendet. Man benützt dazu, ähnlich wie am Kettenstuhl, Fadenführer oder Lochnadeln, die jedoch in Segmenten S (siehe Schaubild Abb. 186) auch Blocks genannt, so eingestellt

sind, daß an einzelnen Stellen des Nadelkranzes eine bestimmte Anzahl Effekt-
fäden über die Nadeln zu legen sind, bevor letztere mit der glatten Ware in das
folgende Arbeitssystem gelangen.

Diese Segmente bilden vor und unter den Nadeln zusammen einen oder zwei
Kreisringe. Jedes Segment wird gegen ein Muster- oder Schneidrad r angepreßt
und kann von dort aus unter- bzw. über den Nadeln eine seitliche Verschiebung erlangen.

Nach dem Patent Pester, Nr. 199252, das von der Firma C. Terrot Söhne in
Cannstatt praktisch verwendet wird, können die Segmente S vor jedem Arbeitssystem von einem Kurvenring R gehoben und gesenkt werden. Die hierbei aufgelegten farbigen Fäden sind von einem Leitungsdraht so geführt und gehalten,
daß sie beim Kulieren des Grundfadens hinter letzteren treten und beim Ausarbeiten der Maschen auf die Warenoberseite zu liegen kommen.

Je nach der Verwendung und Einteilung eines Musterrades lassen sich Langstreifen, Zickzackmuster und dgl. in den Warenschlauch W einarbeiten. Die Segmente drehen sich mit den Nadeln des Stuhles und da sie hintereinander angeordnet sind, so können nach Art eines Kettenstuhles zwei verschiedenartige Muster
zugleich ausgeführt werden. Die Musterfäden läßt man von einzelnen Spulen
über Führungsringe laufen und den Fadenführern zuleiten.

Jeder Faden trägt einen Ring, der zugleich zur Fadenspannung dient und beim
Reißen des Fadens oder Leerlaufen der Spule gegen einen Eisenreif fällt, und da
letzterer mit der elektrischen Abstellung des Stuhles in Verbindung steht, hierdurch den Stuhl sofort zum Stillstand bringt. (Über Muster dieser Art, die auch
Umlegmuster genannt werden, siehe Wirkwarenmuster.) Mit dem Ringelapparat
A in Verbindung gebracht, können Karos-Rechtecke und andere Muster hervorgebracht werdem.

o) Die Plüscheinrichtung. Der Rundwirkstuhl ist zur Herstellung von Plüschware sehr gut geeignet. Vorteilhaft verwendet man hierzu besondere Plüschplatinen. Es ist natürlich auch möglich, die gewöhnliche Platine zu benützen, wenn
das eine System sehr tief kuliert und das andere die Grundmaschen bildet. Dazu
ist aber dieses Plüschsystem mit einer besondern Kulierung zu versehen, und die
Produktion ist geringer und zwar um die Hälfte. In neuerer Zeit bilden die Plüschplatinen gleichzeitig auch die Grundschleifen, so daß schon mit Hilfe eines Arbeitssystemes eine vollständig ausgearbeitete Plüschreihe zu bilden ist. Die Plüschplatinen sind mit langen und kurzen Kulierschnäbeln versehen, so daß sowohl der
Grundfaden als auch der Plüschfaden gleichzeitig in Schleifenform zwischen die
Nadeln geführt wird. In demselben System werden somit Grund- und Plüschschleifen zusammen zu Maschen ausgebildet und liegen die alten Maschen in den
kurzen Schleifen des Grundfadens.

Die Plüschhenkel, welche auf der Warenrückseite lang emporstehen, können
auch aufgeschnitten werden. Es sind hierzu verschiedene Vorrichtungen paten-
tiert worden, so z. B. besitzen die Platinen nach Patent Wever Schneidhebel,
welche durch eine Anschlagvorrichtung zu schließen und die Plüschschlingen durch-
zuschneiden sind. Ferner lassen sich lange und kurze Plüschhenkel in der Weise
bilden, daß einzelne Platinen mit zwei tieferen Schnäbeln mustermäßig in das
Maschenrad eingestellt werden, die dann den Plüsch- und Kulierfaden zu kurzen
Schleifen kulieren. Auf diese Weise lassen sich Plüschmuster mit langen und kurzen Henkeln bilden, sog. Reliefmuster. Patente für die Herstellung von Rund-
stuhlplüsch sind: Nr. 73161, 77975, 79328, 82613, 83911 und andere mehr. Für
die gleichmäßige Zuführung des Grund- und Plüschfadens benützt man auch den
bereits schon angeführten Plüschfadenregler. Er ist aber da nicht zu gebrauchen,
wo die Plüschhenkel verschieden lang und mustermäßig kuliert werden. In neue-

rer Zeit ist man bestrebt, die Plüscheinrichtung so zu gestalten, daß die Plüschhenkel unabhängig vom Grundfaden länger oder kürzer zu kulieren sind. Man benützt dazu zwei verschieden ausgebildete Platinen, die zusammen in eine Schlitzführung des Maschenrades gebracht werden.

p) Die Twisteinrichtung. Diese Einrichtung benützt man für die glatte Kulierware mit verschränkten Maschen. Es ist dies eine neuere Kulierware, die vorteilhaft nur am Rundstuhl herzustellen ist. Sie wurde zuerst in England bekannt. Die Herstellung erfordert ein besonderes Maschenrad, das entweder unterhalb den Nadeln, oder über denselben eingestellt ist. Die letztere Art hat sich am besten bewährt. Die Ware wird zwar auf dem Markt nur selten verlangt, da die Eigenart der Maschenform ein unregelmäßiges Verziehen der Ware zur Folge hat. Zur Herstellung einer Ware mit verschränkten Maschen müssen die Platinen unter den Nadeln eingeführt und über diesen seitlich verschoben werden, damit beim Vorziehen der einkulierten Schleifen letztere in die Nadelhaken eingehängt und beim Freigeben um die Nadelköpfe gedreht werden. Die Platinenmaschen der ausgearbeiteten Maschen verhalten sich dann wie Anschlagmaschen. Dies hat den Vorteil, daß ein Auflösen der Ware in der Arbeitsrichtung verhütet wird. Auch erlangt die Ware durch das Zusammenziehen der Maschenstäbchen größere Durchlässigkeit.

Das Einhängen der kulierten Schleifen in die Nadelhaken ist nur dadurch möglich, daß das Maschenrad entweder den Nadeln um eine Teilung voreilt oder um eine solche zurückbleibt.

Man verwendet diese Schleifenform jetzt weniger mehr für die glatte Kulierware, sondern hauptsächlich zum Einführen der Futterfäden in der Chaineuse- oder Futterware, weil hierdurch eine größere Dehnbarkeit erzielt wird.

q) Einrichtung zur Herstellung von Futterware. Mit dieser Einrichtung bezweckt man das Einführen besonderer Futterfäden auf der Warenrückseite in glatter oder gemusterter Ware. Als gemusterte Ware wird nur die Preßmusterung zugrunde gelegt. Dann ist aber meist der Futterapparat mit dem Musterrad in Verbindung zu bringen.

Man unterscheidet gewöhnliche Futtereinrichtung und Einrichtung für Binde- und Deckfadenfutter. Die erstere Einrichtung kann an jeder gewöhnlichen Rundwirkmaschine angebracht werden, während für die letztere noch besondere Futterplatinen

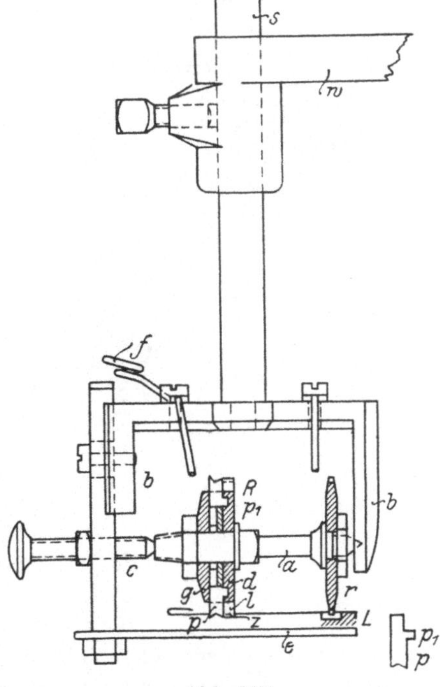

Abb. 187.

in jedem zweiten Maschenrade zur Anwendung kommen. Für beide Einrichtungen wird ein Futterrädchen, das ähnlich einem Maschenrad arbeitet, vor dem letzteren und über den Nadeln eingestellt.

Abb. 187 zeigt einen Futterapparat mit Tragstück w, das über der Tragscheibe und rechts vom Maschenrad angeordnet wird. An dem Stabe s sitzt unten der Rahmen b, welcher das Futterrädchen R aufnimmt. Dieses wird hinten mit der spitzen Achse a in einer Kerbe von b und vorn durch die Stellschraube c frei über den Nadeln getragen. Auf a sitzt fest die Scheibe d, welche mit einer Spur zur

Aufnahme der Kulierplatinen p versehen ist. Diese Platinen p sitzen mit ihren Nasen p_1 in dieser Spur und außerdem noch in radialen Schlitzen der Scheibe d. Eine zweite Scheibe g hält die Platinen p auf d fest. Die Scheibe d besitzt außen an ihrem Umfange Zähne z und Lücken l. Je nach dieser Einteilung, z. B. 1:3 (siehe Warenkunde) kann man die Nadeln in zwei Reihen teilen und den durch die Platinen p eingeführten Faden f zwischen beide Nadelreihen leiten. Der Faden liegt dann unter den Nadeln, wenn letztere in die Lücke des Rades treffen und über diesen, wenn sie vom Rad nach unten gedrückt sind; bei der Einteilung 1:3 würde somit der eingeführte Futterfaden f über eine und unter drei Nadeln weglaufen.

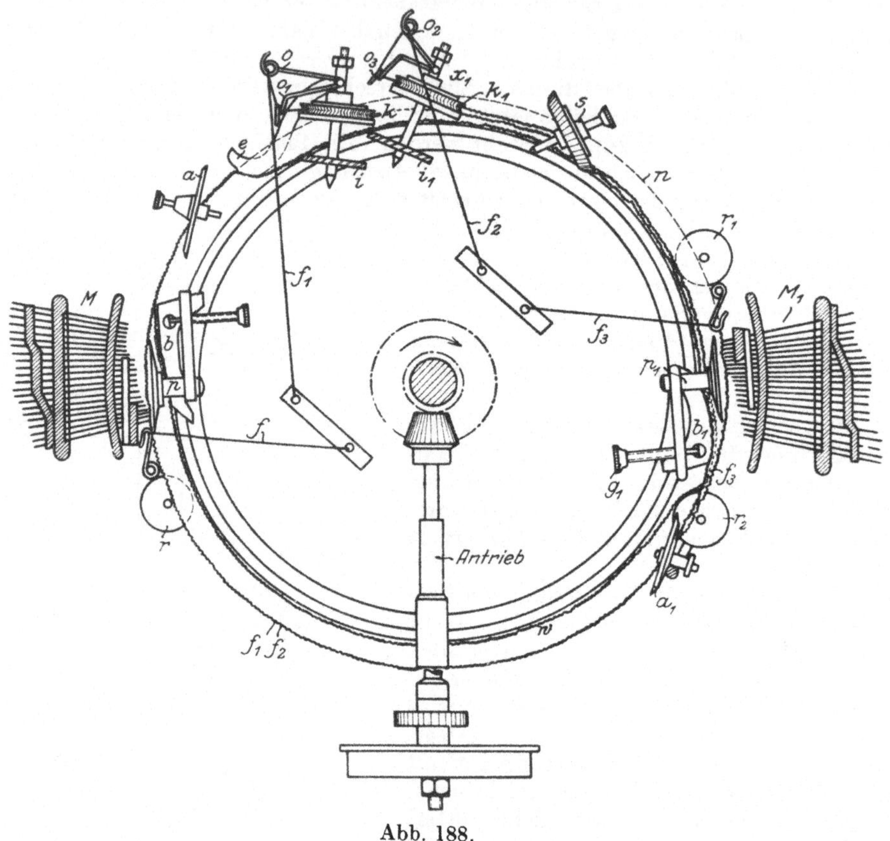

Abb. 188.

Das hinter a eingestellte Zahnrädchen r dient als Antriebrad und wird im Stuhl hinten in das Nadellager L eingestellt, so daß der Antrieb durch die Nadeln selbst erfolgt. Die Einstellung erfolgt schief (Winkel von ca. 45°) zu den Nadeln, ähnlich wie ein Flügelrad, jedoch aber so, daß der Faden von außen rechts nach hinten links zwischen die Nadeln geführt wird. Das Streicheisen e dient zum Einstreifen der Ware und Führen der Abschlagplatinen, und ein zweites solches muß die Abschlagplatinen so weit nach vorn leiten, daß ein Zusammentreffen mit dem Triebrädchen r vermieden wird.

Damit die eingeführten Futterhenkel sicher zu der alten Ware zurückgestreift werden, stellt man neben das Futterrädchen noch ein Einstreifrädchen (Sporn genannt). Dieses kann entweder aus Stahl oder aus Borsten bestehen. Dieses schiebt die Henkel dicht zu der alten Ware. Im folgenden Arbeitssystem werden nun die Futterhenkel mit der Maschenreihe aufgetragen und über die neue Schleifenreihe abgeschlagen.

Die Futterhenkel liegen auf der Warenrückseite zwischen den Platinenmaschen und kommen dort auch auf der Warenoberseite zum Vorschein.

Damit nun eine reine glatte Ware zu erzielen ist, sucht man die nach oben durchschlagenden Henkel dadurch zu beseitigen, daß die Futterhenkel im ersten Maschensystem nicht zu Maschen ausgearbeitet werden. Es müssen somit zwei Maschenbildungsapparate zur Herstellung einer Maschenreihe zusammenarbeiten. Man benützt hierzu folgende Einrichtung:

Die Futterräder $k\,k_1$ bei x_1, Abb. 188, sind nebeneinander über den Nadeln n, etwa in einem Winkel von 45^0 und vor dem Maschenrad M_1 eingestellt. Für leichte Ware ist vielfach auch nur ein solches Futterrad, z. B. bei x_1, verwendet. Der erste Futterfaden f_1 wird zunächst nach o bis o_1 und dann durch das Kulierrädchen k zwischen die Nadeln n geleitet. Der zweite Futterfaden f_2 wird ähnlich bei o_2, o_3 nach k_1 und dann den Nadeln zugeführt. Bei dieser doppelten Futterfadenzubringung wählt man meist die Einteilung der Futterrädchen $1:3$, und stellt sie um zwei Teilungen versetzt gegeneinander ein, so daß die Futterfäden f_1, f_2 nach Abb. 189 in die Nadeln eingeführt sind.

Das Bürstenrädchen S streift sie auf den Nadeln zurück. Im folgenden Maschenrad M_1 wird der erste Maschenfaden f_3 kuliert. Dort werden die Nadeln bei p_1 gepreßt und die Ware mit dem

Abb. 189.

Abschlag b_1 aufgetragen, aber nicht abgeschlagen. Es muß deshalb die Stellschraube g_1 entsprechend weit zurückgestellt werden, damit die aufgetragenen Maschen gerade noch hinter den Nadelköpfen liegen bleiben.

Abb. 190 zeigt die Preß- und Abschlagstellung. Sofort hinter dem Abschlag folgt ein Einstreifrädchen r_2, das neben dem sonst üblichen Abstreifrad a_1 angeordnet ist; dieses schiebt die alte aufgetragene Ware w, siehe auch Abb. 191, auf den

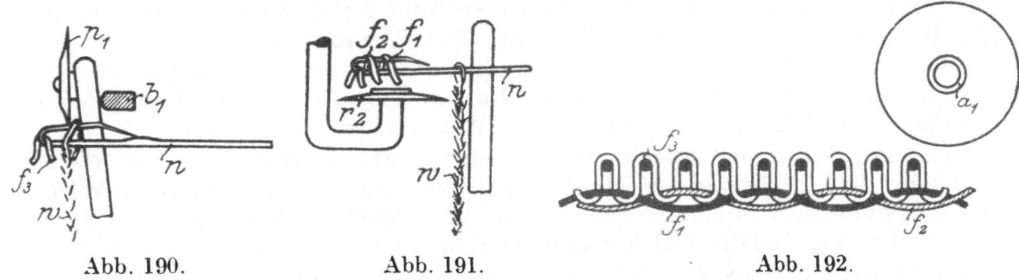

Abb. 190.   Abb. 191.   Abb. 192.

Nadeln nach hinten und ein Abstreifrad a_1, Abb. 188, streift die aufgetragenen Futterhenkel f_1, f_2 über die neukulierte Schleifenreihe ab. Diese in den Bindefaden f_3 eingehängten Henkel sind deutlich aus Abb. 192 ersichtlich. In dieser Stellung laufen die Futterhenkel mit dem Bindefaden, vorn in den Nadeln hängend, in das zweite Maschenrad M, Abb. 188. Dieses besitzt nicht wie M_1 gewöhnliche Kulierplatinen P_1 mit einfachen Schnäbeln s_2, sondern Futterplatinen P mit Doppelschnäbeln s, s_1, Abb. 193. Der zweite Maschenfaden f, Abb. 188 und 193a, wird durch die Schnäbel s_1 geleitet und von diesen zu Schleifen kuliert. Dabei gelangen die Futterhenkel in die Auskehlung s; dort wird auch die Schleifenreihe f_3, Abb. 192, geführt. Bei der Preß- und Abschlageinrichtung p, b, Abb. 188, wird wieder gepreßt und diesmal auch aufgetragen und abgeschlagen. Das Abstreifrad a streift wie sonst etwa nicht abgefallene Maschen sicher von den Nadeln ab, und das

Streicheisen *e* schiebt die Ware wieder auf den Nadeln zurück. Der Arbeitsvorgang kann sich sodann wiederholen. Durch diese Einrichtung werden die Futterfäden zwischen dem ersten Bindefaden f_2 und dem zweiten Deckfaden f eingearbeitet, so daß sie auf der Oberseite nicht sichtbar sind. (Näheres siehe Warenkunde.)

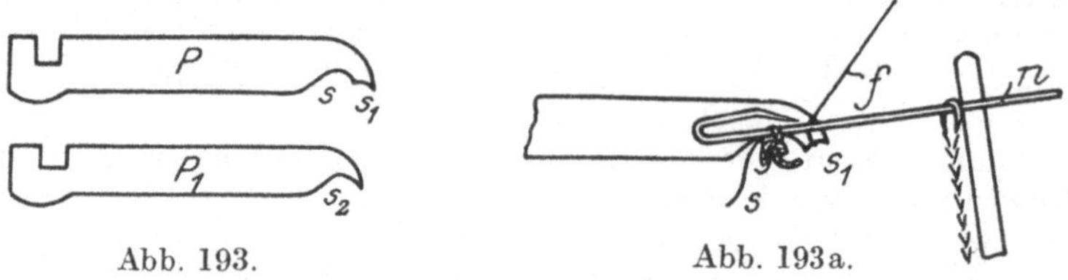

Abb. 193.   Abb. 193a.

Es ist jetzt vielfach üblich, die Binde- und Deckfadenware ohne das Einstreifrad a_1, Abb. 188, zu arbeiten; dann müssen aber die Kulierplatinen P, Abb. 193, mit tieferen Kehlen s ausgebildet werden, damit ein Zerschneiden der noch auf den Nadeln liegenden Futterhenkel verhütet wird.

Für sehr elastische Futterware benützt man den oben angeführten Twistappparat. Der Futterfaden wird dann durch das Twistmaschenrad geleitet, das die Futterhenkel nach Art der Anschlagmaschen um die Nadeln führt. Diese Einrichtung nennt man Twistfuttereinrichtung.

Bemerkenswert ist noch der Exzenterfutterapparat. Das ist ein Futterrad, welches in einer Kurvenscheibe bewegliche Platinen besitzt, wodurch die Futterfäden tiefer zwischen die Nadeln geschoben und z. B. bei Verwendung von hartgedrehtem Kammgarn auch auf der Oberseite eine noppenartige Musterung erzielt wird. Ebenso auch Astrachan oder Krimmer. (Siehe auch D. R. P. Nr. 291 571, 315 670, 97 374, 101 542, 155 579.)

Das Aufschneiden der Futterhenkel nach Patent Wever, Nr 62 072 ist ebenfalls versucht worden, auch sind Maschinen dieser Art heute noch in Verwendung und werden von der Firma C. Terrot Söhne gebaut zur Herstellung von samtartigen Futterstoffen. Das Aufrauhen der Futterhenkel während der Herstellung am Wirkstuhl wird nach dem D. R. P. Nr. 190 197 durchgeführt.

Ebenso wird nach neueren Einrichtungen mittels um den Stuhlkörper oder an einzelnen Stellen desselben geführter Rauhkratzen die Futterseite aufgerauht und auf diese Weise die schwach gerauhte Ware erzielt.

r) Einrichtungen am französischen Rundwirkstuhl zur Herstellung von Wirkmustern. In der Wirkerei bezeichnet man bekanntlich diejenigen Waren als Wirkmuster, zu deren Herstellung noch eine besondere Mustereinrichtung in der Weise erforderlich ist, daß die Maschenlagen entweder schon während des Ausarbeitens der Maschen an den Nadeln oder nach diesem Arbeitsvorgang eine Veränderung erlangen. Die Gleichförmigkeit der Maschenbildung ist somit unterbrochen. Es sind daher die mit den bereits besprochenen Farbmustereinrichtungen usw. hergestellten Rundstuhlwaren nicht als wirkliche Wirkmuster zu bezeichnen. Am Rundstuhl lassen sich mehrere Arten dieser Wirkmuster herstellen und sind hierzu die folgenden Einrichtungen erforderlich:

s) Die Ränder- und Fangmustereinrichtung zur Herstellung von Rechts-Rechtsund Fangwaren. Da diese Rundstuhlware zu der doppelflächigen Ware gehört und somit genau so wie am Flachwirkstuhl zwei Nadelreihen zu ihrer Herstellung erforderlich sind, so muß auch der franz. Rundwirkstuhl außer der horizontalliegenden Nadelreihe noch eine solche mit vertikal angeordneten Nadeln erlangen. Diese Nadeln sind jedoch nicht fest auf dem Nadelring, sondern einzeln beweglich angeordnet.

Die Einrichtung ist in der Weise durchgeführt, daß außer der gleichmäßigen Rechts-Rechts-Fang- und Perlfangware auch noch die für Randstücke erforderlichen Doppelränder, sowie auch Trennreihen herstellbar sind. Die neueren Ränder- und Fangmaschinen besitzen hierzu selbsttätige Umschaltvorrichtungen, welche nach Maßgabe einer Zähl- und Musterkette die Einstellung der Preß- und Abschlagvorrichtungen beeinflussen.

Im allgemeinen sind die Stuhlnadeln a, Abb. 194 bis 196, genau so wie im gewöhnlichen Rundstuhl in dem um A, Abb. 196, drehbaren Nadelring N angeordnet. Es fehlen jedoch die Abschlagplatinen, an deren Stelle sind die Rändernadeln b, auch Maschinennadeln genannt, einzeln beweglich angeordnet. Jede Nadel sitzt in einem platinenartigen Blechstreifen p, der unten einen Einschnitt besitzt, mit letzterem können die Nadeln b, Abb. 195 und 196, auf einem Kurvenring r reitend,

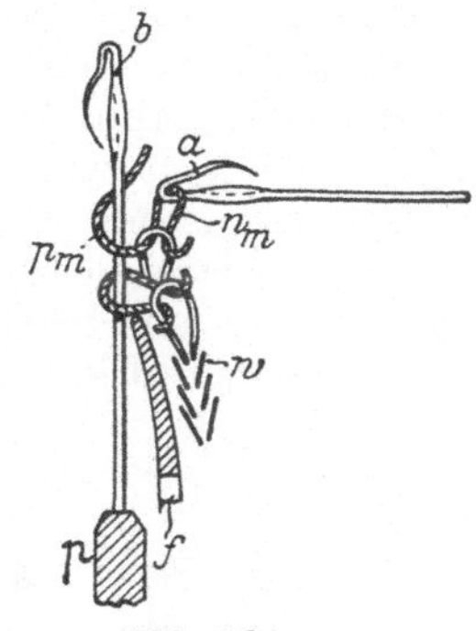

Abb. 194.

eingestellt werden. Sie sitzen zu ihrer sicheren Führung noch in Schlitzen s, s_1, eines um den Stuhl herumgeführten, auf Rollen y laufenden Ringes t; dieser

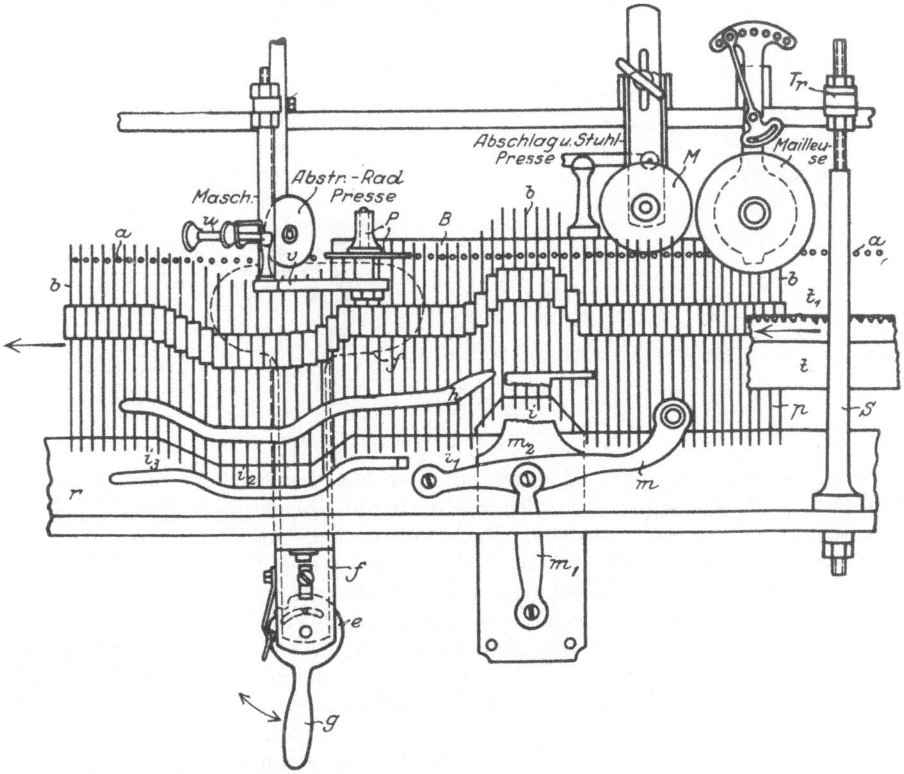

Abb. 195.

ist oben in einen Zahnkranz t_1 ausgebildet, in welchen das Antriebrad A_n der Antriebkurbel K eingreift. Durch die entsprechende Zahneinteilung der Triebräder x, A_n ist es möglich, die beiden Nadelführungsringe N, t gleichmäßig fortzudrehen, so daß die Stuhl- und Maschinennadeln a, b auch gleichmäßig miteinander gedreht und in richtiger Arbeitsstellung zueinander gehalten werden. Die Zentrierrollen y_1, Abb. 196, verhindern ein Schwanken des Ringes t. Diese, sowie die Laufrollen, können nachgestellt werden.

Der Maschinennadelring r ist an seinem Umfange mit Erhöhungen und Vertiefungen $i-i_3$, Abb. 195, ausgerüstet. An einzelnen Stellen sind dort die Führungsstücke verstellbar, wie z. B. i, damit die Maschinennadeln mit ihren Platinen p beliebig weit zwischen die Stuhlnadeln b hinaufzuheben sind. Außerdem sind noch verstellbare Streicheisen und Kurvenstücke, sog. Halbmonde, teils außen, teils innen zur Vor- und Rückwärtsbewegung der Maschinennadeln an diesem Kurvenring vorhanden. Dieser wird von den Stangen S der Tragstücke T_r festgehalten.

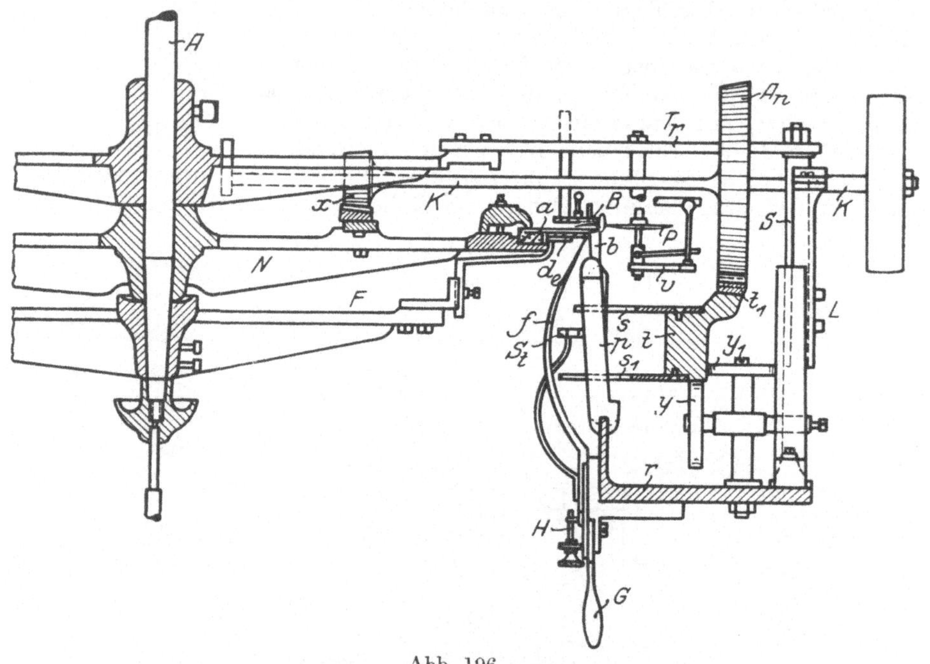

Abb. 196.

Der Arbeitsvorgang zur Herstellung einer Maschenreihe ist nun folgender: Zunächst wird, wie am gewöhnlichen Rundstuhl, durch die Kulierplatinen des Maschenrades die Schleifenreihe an den Stuhlnadeln a kuliert. Es wird dort auch durch das Preßrad gepreßt und durch die Abschlagkonsole B das Auftragen der alten Maschen mittels der Maschinennadeln b vollzogen.

Auch das Abschlagen bewirken die letzteren. Bei diesem Vorgang laufen jedoch die Maschinennadeln an der Einschließstelle i, Abb. 195, so weit nach oben, bis die Platinenmaschen pm, Abb. 194, unter den Nadelhaken der Maschinenadeln b stehen. In dieser Stellung werden sie kurze Zeit erhalten; deshalb führt das Streicheisen h links von i, Abb. 195, die Maschinennadeln b an ihren Platinenstücken p wieder abwärts, bis die Platinenmaschen unter den Nadelhaken liegen, worauf dann die Maschinennadelpresse P, Abb. 195, 196, die von der Konsole B noch vorn gehaltenen Nadeln b preßt, und dann kann bei der Vertiefung i_2, Abb. 195, zum Auftragen und Abschlagen der alten Maschen jede Nadel einzeln nacheinander an der Abschlagschaufel f, siehe auch Abb. 194, 196, herabgeführt werden. Die Schaufel f kann für jede Warendichte entweder unten, durch eine Stellschraube H und Stellhebel G, mit Exzenter e oder selbsttätig geregelt werden.

Während die Maschinennadeln noch vor die Stuhlnadeln geführt sind, müssen die ersteren bei der Kurve i_3, Abb. 195, wieder aufwärts und von hier aus durch ein Einstreifeisen wieder zwischen die Stuhlnadeln a zurückgeschoben werden. In dieser Stellung bleiben sie erhalten, bis wieder im nächsten Arbeitssystem der Vorgang neu vollzogen wird.

Auf diese Weise ist sowohl an den Stuhl- wie auch an den Maschinennadeln eine Maschenreihe vollzogen worden. Solange dieser Arbeitsvorgang regelmäßig durchgeführt wird, erlangt man die Rechts-Rechts- oder Ränderware.

Soll nun aber Fang- oder Perlfangware hergestellt werden, so muß eine Veränderung in der Weise erfolgen, daß z. B. für Fangware das eine Mal die Maschinennadeln nicht, das andere Mal jedoch die Stuhlnadeln nicht gepreßt werden. Hierzu sind entweder die Preßorgane dauernd über den Nadeln eingestellt oder von diesen weggezogen. Meist arbeitet man die Randstücke, die als Schlußstücke für Hosen, Jacken usw., vielfach auch zu Strumpflängen, zu verwenden sind, mit einem sog. Fang- oder Perlfangkopf. Es muß dann nach einer bestimmten Anzahl Rechts-Rechts-Reihen eine entsprechende Anzahl Fang- oder Perlfangreihen folgen. Hier muß dann der Übergang von der einen zur andern Maschenart durch Verwendung einer Zählkette selbsttätig geregelt werden. Sowohl die Stuhlnadel- wie auch die Maschinenadelpresse ist zu diesem Zwecke mit Stellhebeln versehen, die mit den Zughebeln der Zählkette in Verbindung stehen. So kann z. B. nach Abb. 195 bei der Regulierung u der Maschinenpresse P ein automatischer Hebel angreifen und u unter dem Fühler des Preßhebels r wegziehen, damit das Preßrad P von den Maschinennadeln b abgehoben wird.

Zu bemerken ist noch, daß die sog. Halbmonde oder Vorstreicher S_t, Abb. 196, entweder von Tragstücken F getragen sind oder, daß diese bei S_t hinter den Platinenstücken p sitzen. Auch diese Teile sind jeweils entsprechend der Warendichte zu regeln.

Von Wichtigkeit ist die Umstellung von einem Randstück zum andern. Der Anfang eines Randstückes wird, wie schon früher ausgeführt, durch den sog. Doppelrand gebildet. Man läßt zu diesem Zwecke sobald die erste Anschlagreihe an den Stuhl- und Maschinennadeln a, b, Abb. 194, ausgeführt ist, die Schaufeln f, siehe auch Abb. 195, 196, so weit nach unten ziehen, damit das Auftragen und Hochschieben der Ware w bis zu den Nadelhaken h unterbrochen wird. Außerdem sind auch die Maschinennadeln b durch das Exzenterstück i, Abb. 195, das bei m—m_2 verstellbar ist, nur so weit nach oben zu schieben, daß die Platinenmaschen p_m beim Abschlagen der Stuhlnadelreihe nicht unter, sondern um die Nadelhaken zu liegen kommen, s. Abb. 197. Laufen nun die Maschinennadeln mit ihren Platinenstücken p an h, Abb. 195—198, abwärts, so fallen die Platinenmaschen p_m über die Nadelhaken h, Abb. 197, ab, so daß nur noch die alten Maschen a_m der Ware w an den Maschinennadeln b hängen und an den Nadeln a eine glatte Reihe zustande gekommen ist. Diese Stellung wird während einigen Reihen beibehalten, bis ein Stückchen glatte Ware w an den Stuhlnadeln a fertiggestellt ist. Hierauf läßt man durch Heben des Exzenters am Kurvenring die Maschinennadeln

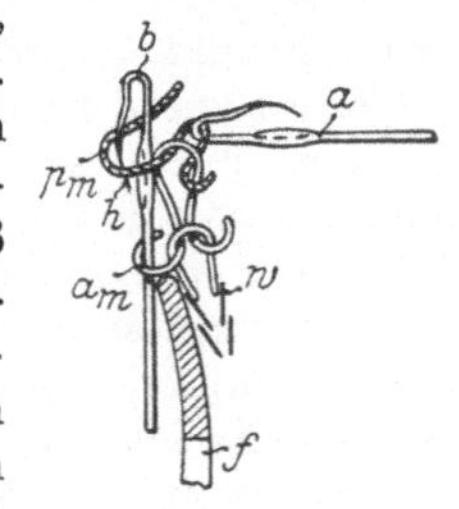

Abb. 197.

wieder in die gezeichnete Stellung, Abb. 194, emporheben und von jetzt ab kann wieder die Maschinennadelreihe b in Verbindung mit den Stuhlnadeln a die Rechts-Rechtsmaschen bilden.

Das Umstellen des Kurvenstückes zum Höher- und Tieferstellen der Maschinennadeln mit den Platinen p, Abb. 198, geschieht selbsttätig durch Schaltnasen, welche gegen die Daumenstücke d, d_1, stoßen und die Zugstange z mit dem Hebel a

beeinflussen. Durch den Schlitz f_1 des Doppelhebels a greift ein Bolzen t des Kurvenstückes, der sich in dem Schlitz f des Tragstückes g zwangsläufig führt (siehe auch D. R. P. Nr. 76358 von C. Terrot).

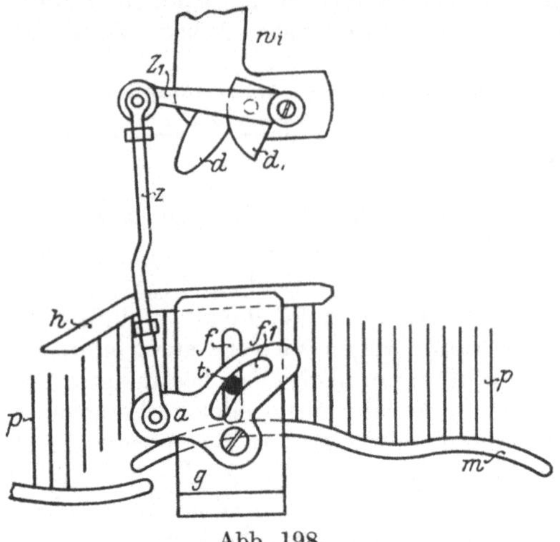

Abb. 198.

Beim Umstellen der Daumen d, d_1, die drehbar und gelenkig am Winkel w_i sitzen, werden zugleich auch die Streicheisen h, m in die richtige Lage gebracht und so die Umstellung der Maschinennadeln selbsttätig vollzogen.

Die Trennreihen werden jetzt meist durch sog. Ableerreihen gebildet. Eine solche Ableerreihe entsteht durch selbsttätiges Einstellen eines besonderen Preßrades, das während einer Stuhlumdrehung die Stuhlnadelreihe außerhalb des Maschenrades preßt. Da dort die Nadeln keine neuen Fadenschleifen aufnehmen, so fallen die alten Maschen von den Nadeln a ab und die Ware bleibt nur an den Maschinennadeln b hängen. Eine solche Ableerreihe läßt sich entweder als Schneidreihe oder als Trennreihe verwenden. In diesem Zusammenhange sind noch die zur Herstellung von Links-Linksware erteilten Patente Nr. 26218, 157129, 142014, 47799 und 136191 hervorzuheben (siehe auch Links-Linksstrickmaschine).

t) Einrichtung zur Herstellung von Preßmustern am franz. Rundwirkstuhl. Da die Preßmuster am Rundwirkstuhl nur durch Anwendung eines in Zähne und Lücken geteilten Musterrades herstellbar sind und die Nadeln in einem geschlossenen Kreisring liegen, so kann sich das von den Nadeln angetriebene Musterrad beliebig abwickeln und gegen die Nadeln einstellen. Je nach der Stuhlnadelzahl ist es somit möglich, die fertigen Maschen und Henkel in beliebiger Reihenfolge neben- und übereinander in der Ware anzuordnen. Die einfachste Preßmustereinrichtung bildet das Einnadelrad, dessen Umfang mit je einem Zahn und einer Lücke geteilt ist, so daß also jede zweite Nadel gepreßt wird, die übrigen aber nicht gepreßt werden. An diesen entstehen somit sog. Henkel- oder Doppelmaschen. Ist die Stuhlnadelzahl eine gerade Zahl, so wird sich nach jeder Stuhlumdrehung das Einnadelrad immer wieder über derselben Nadel einstellen, so daß auch die Maschen- und Henkelbildung sich gleich verhalten wird. Schon nach einigen Stuhlumdrehungen könnte man wegen der Henkel- und Maschenanhäufung praktisch nicht mehr weiterarbeiten, weshalb entweder mittels eines glatten Preßrades, z. B. in einem zweiten System, jeweils in den folgenden Reihen sämtliche Nadeln zu pressen sind, oder man stellt im zweiten System ein zweites Einnadelrad versetzt gegen die Nadeln ein, so daß dieses Rad im zweiten System nur diejenigen Nadeln abpreßt, die im vorhergehenden System nicht gepreßt wurden.

Dieselbe Wirkung erzielt man mit einem System und bei ungerader Nadelzahl. Es versetzt sich dann das Einnadelrad nach jeder Stuhlumdrehung um eine Nadelteilung und preßt so abwechselnd jede zweite Nadel. In ähnlichem Sinne kann man auch bei Herstellung von Preßmustern mit größerem Musterumfang verfahren; es müssen dann nur Musterumfang und Stuhlnadelzahl zueinander in Beziehung gebracht werden. Eine Vielseitigkeit ermöglicht das D. R. P. Nr. 99298, wonach die Nadelzahl zu verändern ist. Man hat deshalb für jedes herzustellende

Preßmuster das Preßrad einesteils nach der Stuhlnadelzahl, andererseits nach der Systemzahl zusammenzustellen. Die Musterung kann sehr vielseitig gestaltet werden. Sowohl die Musterzusammenstellung, wie auch die vorzunehmende Berechnung hierzu soll in dem Kapitel Wirkwarenkunde noch näher ausgeführt werden. Der Vollständigkeit halber sind noch zu erwähnen, die D. R. P. Nr. 73 374 von Schießer, Nr. 84 343 von Fouquet & Frauz und Nr. 94 336 zur Herstellung von preßmusterartigen, unterlegten Farbmustern mit teils eingebundenen Henkeln.

u) À jour-Einrichtung am franz. Rundstuhl zur Herstellung von À jour- oder Petinetmustern. Die petinetartigen Wirkmuster, wie sie vom Flachwirkstuhl mittels Deckervorrichtungen erzeugt werden, können am Rundwirkstuhl nicht ohne weiteres zur Ausführung gelangen. Es sind zwar Einrichtungen bekannt geworden, welche auch am Rundstuhl das Forthängen und Übertragen der Maschen auf Nebennadeln mittels einer Deckereinrichtung ermöglichen. Diese haben aber praktische Bedeutung erst dann erlangt, als die Decker nach Art der Kulierplatinen in einem Deckerrad untergebracht wurden (siehe D. R. P. Nr. 125 342 von Dietrich).

Die größte Bedeutung für die Praxis haben jedoch die sog. à jour- oder Drängvorrichtungen erlangt. Es sind dies Musterräder mit schaufelartigen Zähnen, welche je nach der Einteilung derselben in Zähne und Lücken, einzelne Nadeln unter ihre Nachbarnadeln drängen, während andere Nadeln unverändert bleiben. Ein solches Musterrad wird stets nach einer ausgearbeiteten Maschenreihe, also links neben dem Maschenrad, über den Nadeln eingestellt. Man kann ein solches Rad nach zwei Richtungen gegen die Nadeln einstellen. Einmal so, daß die Maschen nach links, das andere Mal, daß sie nach rechts auf Nachbarnadeln übergehängt werden.

Ferner ist noch eine andere Art von à jour-Ware zu erwähnen, deren Maschen nur über die Nachbarnadeln geschlungen werden, sog. überkippte Ware. Hiernach müssen dann auch einesteils die Räder, gegen die Nadeln eingestellt, andernteils die Maschen auf letzteren verschoben werden. Die D. R. P. Nr. 139 675, 146 556, 147 199, 91 525 mit Zusatzpatent 96 444, sowie die Patente für eine besondere à jour-Ware mit geschränkten Maschen Nr. 131 382, ferner 148 722, 143 304, 144 792 und das Patent Schießer, 302 724, für sog. Knüpftrikot, geben verschiedene Ausführungsmöglichkeiten an.

Denkt man sich das Drängrad D, Abb. 199, 1:1 geteilt mit schief geformten Zähnen z und Lücken l, so wird jede zweite Nadel n_1 mit ihrer Masche m_1 unter ihre

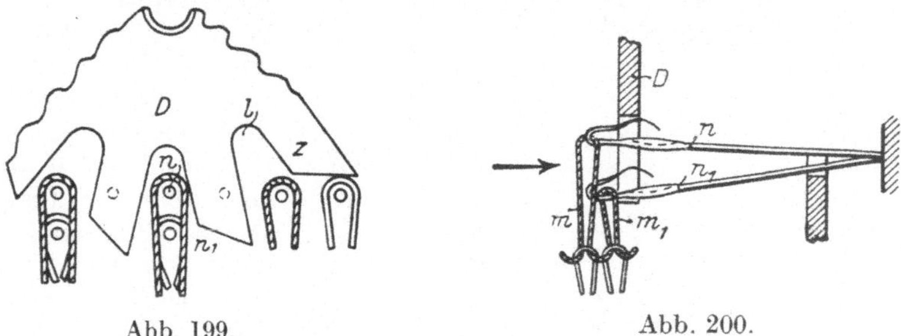

Abb. 199.   Abb. 200.

Nebennadel n, siehe auch Abb. 200, gedrängt und vor der Masche m eingestellt. Beide Nadeln n, n_1 werden in einer Lücke l in dieser Stellung erhalten. Die abwärtsgedrückte, verdrängte Nadel wird etwas verkürzt. Wenn nun in dieser Stellung durch ein entsprechendes Streicheisen die vorher straff vorgezogene Ware auf den Nadeln zurückgestreift wird, so schieben sich die vor den gedrängt liegenden

Nadeln hängenden Maschen m auf die Nadeln n_1, so daß nach dem Verlassen des Rades und beim Zurückschnappen der Nadeln n_1 letztere $1\,^1/_2$ Maschen aufgenommen haben, während die Nadeln n nur noch je eine halbe Masche, z. B. m_2, Abb. 201, tragen. Dadurch würde zwar zunächst nur ein Werfmuster mit Maschen m, m_2 entstehen, das in dieser Zusammensetzung für bestimmte Gebrauchsgegenstände auch vorkommen kann. Es muß aber für die ausgesprochene Petinet- oder à jour-Ware, die noch an den Nadeln n, Abb. 200 u. 201, hängende halbe Masche m_2 an jeder Nadel n durch ein besonderes in Zähne z und Lücken l geteiltes Preßrad P abgeworfen werden. Dann hängen sie nur noch an den Nachbarnadeln als Doppelmaschen m, m_1. Die Nadeln n sind dagegen leergeworden. An diesen Stellen entstehen dann die Muster-

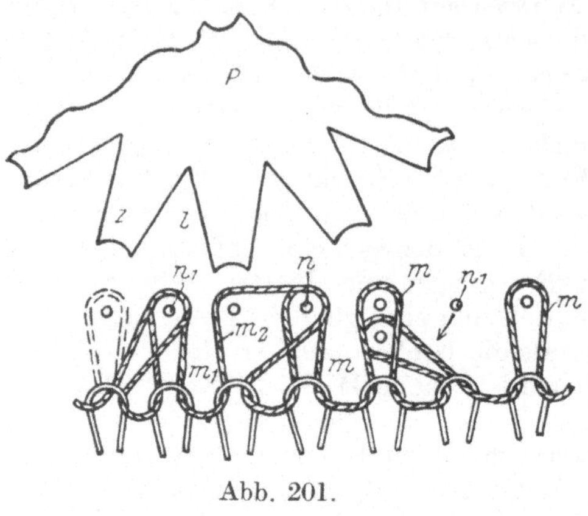

Abb. 201.

öffnungen oder Durchbrechungen. Dieser gewaltsame Eingriff in die Nadeln wird neuerdings dadurch vereinfacht, daß außer dem Drängrad noch ein Teilrad unter den Nadeln eingestellt wird. Die Abb. 202—204 zeigen die Anordnung des à jour-Apparates in Verbindung mit einem solchen Teilrad. Für die einfache à jour-Ware benutzt man meist die Zahneinteilung 1:1, wie die Abb. 199 und 201 andeuten. Das à jour-Rad besteht aus dem Drängrad D und dem Antriebrad A, Abb. 202—204, das mit a fest auf der Achse a sitzt und drehbar in einem Rahmen h, i, k, Abb. 203, frei über den Nadeln getragen wird. Oben wird dieser Rahmen von r an dem Tragstück t festgehalten und über der Tragscheibe B des Rundstuhles eingestellt; er kann von dort auch jederzeit wieder entfernt werden. An dem Stabe r sitzt noch ein Win-

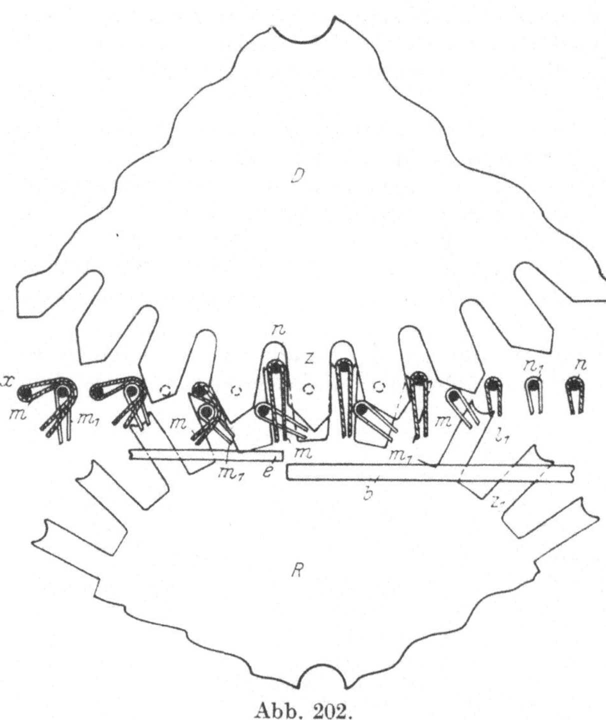

Abb. 202.

kel g, f, an dem sich unten das Streicheisen e, mit dem Einstreifrad q befindet.

Die Einstellung des Drängrades über den Nadeln, in Verbindung mit den Streicheisen, ist für das sichere Umhängen oder Überhängen der Maschen von Bedeutung. Auch das Teilrad R, das innerhalb dem Warenschlauch w und unter den Nadeln an dem Tragstücke c, d einzustellen ist, muß hierbei besonders berücksichtigt werden.

Je nachdem nun die Streicheisen b und e unter und über den Nadeln, sowie auch teils vor denselben eingestellt sind, kann die Ware w früher oder später an den zur Seite gedrängten Nadeln n, n_1 zurückgeschoben werden. Erfolgt dies in dem Augenblick, wo bei y, Abb. 204, die Nadeln n, n_1, Abb. 203 und 204, gerade in den Lücken untereinanderstehen, so erlangt man die à jour-Musterung, Abb. 201, mit Doppelmaschen m_1 bei n_1. Wenn aber dieses Zurückschieben etwas später erfolgt, und die Ware mit den Maschen durch b scharf nach rechts auswärts gezogen wird, Abb. 202 bis 204, so kann man die Maschen m neben den Nadeln n_1, Abb. 202, zurückschieben (und zwar durch e, y) und es legen sich dann nach dem Verlassen des Rades die Seitenteile der Maschen m über die Nadeln n_1. Dieser Vorgang ist deutlich bei x der Maschen m, m_1, Abb. 202, ersichtlich. Es entsteht dann das sog. Heidelmann-à jour-Muster.

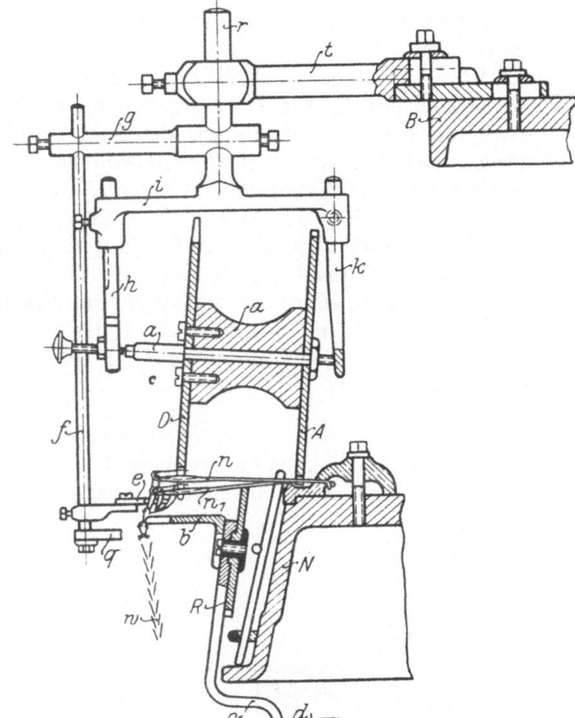

Abb. 203.

Eine andere Ausführungsart ist die unter der Bezeichnung B-à jour auf den Markt kommende Petinetware. Diese wird nach Patent Nr. 131 382 und 148 722 von der Firma C. Terrot Söhne, Cannstatt, in der Weise hergestellt, daß die verdrängten Nadeln unter den Einfluß eines besonderen Preßrades kommen, wodurch die Nachbarmaschen zweier Nadeln nicht nur übergehängt, sondern die umgehängte Masche noch ge-

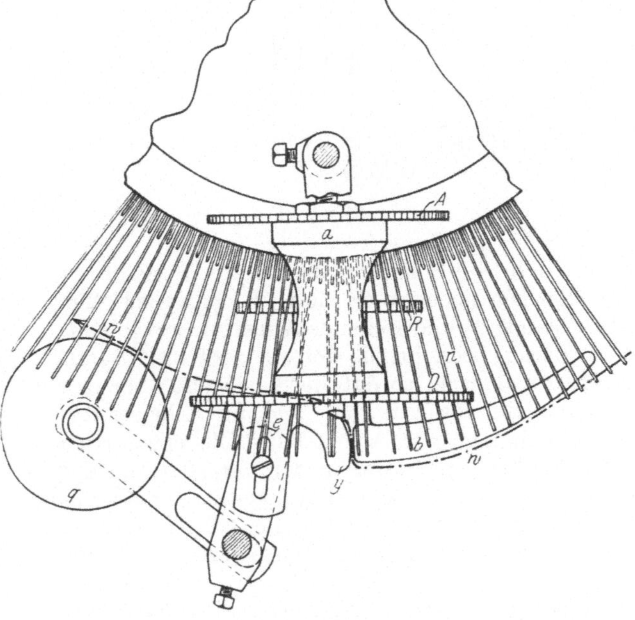

Abb. 204.

dreht wird. Dies hat hauptsächlich den Zweck, die Maschenübertragung in kurzen, dichten Reihen hervorzubringen. Die Arbeitsweise der ersterwähnten Art erfordert nämlich sehr lange Maschenreihen, damit das Überhängen und Aufschieben der Maschen auf die Nadeln erleichtert wird. Das Umstellen der Kulierexzenter von glatt auf gemustert kann auch selbsttätig erfolgen. Nähere Ausführungen siehe auch Wirkwarenkunde.

v) Einrichtung für Deckmaschinenmuster. Während man für die Hervorbringung von Petinetmustern die fertigen Maschen auf Nachbarnadeln umzuhängen hat, läßt man bei Deckmaschinenmustern die Platinenmaschen auf ihre Nachbarnadeln überhängen. Am Rundstuhl kommt diese Arbeitsweise praktisch bis jetzt nur selten zur Anwendung. Nach dem Patent C. A. Roscher, Mittweida, Nr. 85343, werden die zum Aufdecken erforderlichen Deckernadeln wie Platinen in einem Maschenrad angeordnet. Die Decker lassen sich mustermäßig zwischen die Nadeln einstellen, so daß auch die Platinenmaschen nach Maßgabe eines Musters sich aufdecken lassen. Auch die Firma C. Terrot Söhne, Cannstatt, stellt neuerdings Deckmaschinenmuster mittels besonderer Deckplatinen am Rundstuhl her.

<h2 style="text-align:center">2. Deutscher Rundstuhl.</h2>

Dieser neue Rundstuhl, der nach dem Patent E. Haaga von Schubert & Salzer, Maschinenfabrik A-G., Chemnitz, ausgeführt wird, ist auf der Grundlage des

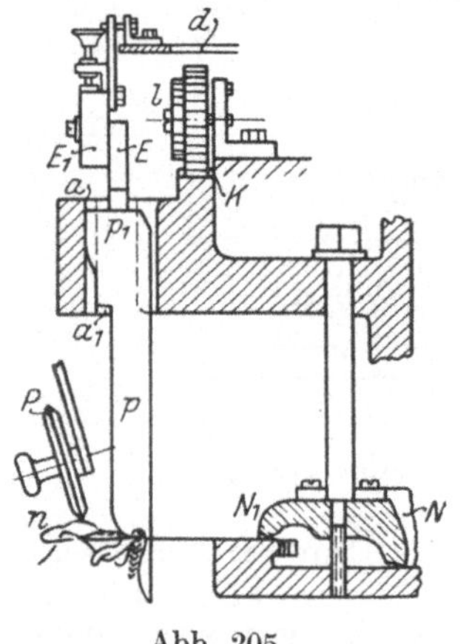

Abb. 205.

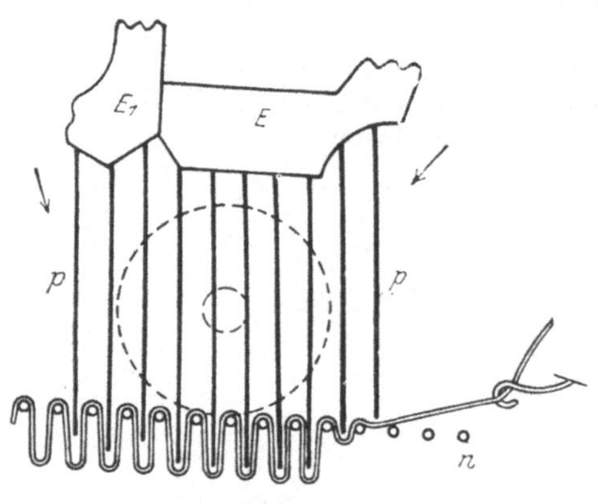

Abb. 206.

Jouvéschen Rundstuhles aufgebaut, d. h. die Schleifenbildung erfolgt nach Art des Wirkstuhles mit vollbesetzten Platinen (siehe auch die D. R. P. Nr. 211428, 221308, 319668). Der Stuhl wird als hängende und stehende Konstruktion gebaut.

Der Konstrukteur E. Haaga war darauf bedacht, die Vorteile des franz. Rundstuhles mit großem Maschenrade beizubehalten, so daß die Übersicht über den Stuhl auch bei größerer Systemzahl nicht verloren geht, und der Arbeiter das von den Nadeln ablaufende Gewirke immer vor Augen hat. Die eigenartige Platinenanordnung gestattet einen großen Spielraum in der Verarbeitung der verschiedensten Garnqualitäten; auch ist eine große Vielseitigkeit in der Warenmusterung ähnlich wie am franz. Rundwirkstuhl mit Maschenrädern möglich. Die Einrichtung und Arbeitsweise des Stuhles ergibt sich aus den Abb. 205, 206 und 207.

Abb. 207 zeigt eine hängende Konstruktion. Der Antrieb ist als Balkenantrieb ausgeführt.

Genau so wie beim franz. Rundstuhl sind auf dem Nadelkranz N, N_1 die Preß-
oder Spitzennadeln n angeordnet. Da die Maschenräder in Wegfall kommen, so
treten an deren Stelle eigenartige paten-
tierte Kulierplatinen p. Diese Platinen
sind ähnlich wie im Pagetstuhl, der auch
mit horizontalliegender Nadelreihe arbeitet, oberhalb und zwischen zwei geschlitzten Führungen a, b, Abb. 205 und 207,
eingesetzt, sie können zwischen den Nadeln
n vor- und rückwärts, sowie auf- und abwärts, zum Zwecke der Schleifenbildung, verschoben werden. Hierbei laufen sie mit
dem Nadelkranz N und dem
Führungsapparat a, b, der einen geschlossenen Ring bildet,
im Kreise fort.

Als Kulierexzen-
ter (Rößchen) dient
eine oben über den
Platinen p_1 einge-
stellte Kurvenplatte
E, welche je nach
der Warendichte in
ähnlicher Weise wie
der Exzenter des
franz. Rundwirkstuh-
les bei E_1, Abb. 205,
zu regeln ist. Es sind
zwei Kulierstellen
vorgesehen; der eine
Teil dient als Kulier-
exzenter, der andere
E_1, Abb. 206, zum
Nachkulieren. Durch
eine gemeinschaft-
liche Zentralstellung
d, d_1, Abb. 205 und
207, welche auch den
Fadenregler l bei U
und d_1 regelt, lassen
sich sämtliche Kulier-
exzenter eines Stuh-
les an einer Stell-
schraube regulieren.
Von großer Bedeu-
tung ist bei dieser
neuen Konstruktion
die Anordnung der
Platinen p. Diese

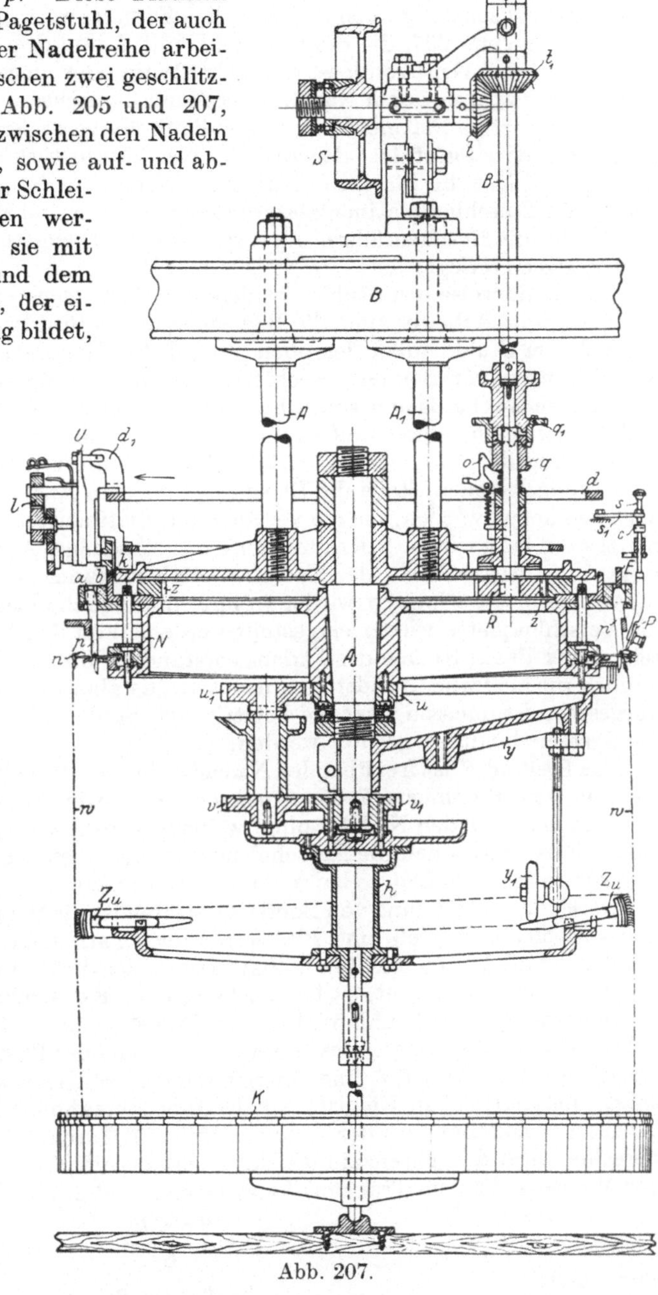

Abb. 207.

stehen nicht genau lotrecht zwischen den Nadeln n, sondern, wie aus Abb. 206
ersichtlich ist, etwas schräg unten nach rechts geneigt, damit der Kulierexzenter E

möglichst steil auszuführen ist. Für die Verarbeitung verschieden starker Garne ist dies sehr wesentlich. Auch weiches und weniger haltbares Garn läßt sich noch vorteilhaft verarbeiten.

In Verbindung mit der Zentralstellung der Kulierexzenter lassen sich, wie schon angedeutet, gleichzeitig auch die über dem Zahnkranz K eingestellten Fadenregler l, Abb. 205 und 207, die durch Hebel U mit d_1 und dem Stellring d verbunden sind, durch einen Griff von loser auf dichte Ware oder umgekehrt, einstellen. Der Zahnkranz k wird mit dem Nadelkörper N um die Achse A_3 gedreht.

Die eigenartige Platinenform, sowie die Stellung zu den Nadeln und die Führung der Platinen gestattet den Anfang eines Warenstückes ohne jegliche Vorbereitung, weil hier die Platinen nicht nur kulieren, sondern zugleich auch als Abschlag und Einschließplatinen ausgestaltet sind. Sie sind also nicht wie im franz. Rundstuhl mit Maschenrädern oder wie beim Berthelotstuhl in Kulier- und Abschlagplatinen zerlegt.

Die Arbeitsweise des Stuhles ist derart, daß der schon mit dem franz. Rundstuhl vertraute Arbeiter auch die Bedienung dieses Stuhles übernehmen kann, da ja an diesem Stuhle außer den oben angeführten Neuerungen keine wesentlichen Abweichungen vorkommen, wechle die Bedienung erschweren könnten. Die arbeitenden Mechanismen sind übersichtlich angeordnet, so daß die Einstellung und Überwachung ohne weiters möglich ist. In der Auswechslung der Nadeln besteht nur der Unterschied, daß vor dem Einsetzen der letzteren an einer hierzu freigelassenen Stelle die Platinen p mit dem Ansatzstück a_1, Abb. 205, so hoch geschoben werden, bis die verlängerten Platinenstücke p_1 in der Verschlußplatte oben bei a ruhen. Hierdurch wird das Nadellager N_1 am Nadelkranz N frei, worauf das Auswechseln der Nadeln n erfolgen kann. Vor dem Weiterarbeiten müssen dann die Platinen wieder in ihre ursprügliche Lage zurückgebracht und die Verschlußplatte wieder eingestellt werden. Von den Nadeln abgefallene Maschen oder durch Reißen des Fadens entstandene Löcher in der Ware, lassen sich ähnlich wie am franz. Rundstuhl ausbessern; da aber nur eine Ausbesserungstelle vorgesehen ist, müssen zwar die betreffenden Stellen bis zu dieser Strecke durch die Systeme hindurch geleitet werden.

Das Preßrad P ist frei über den Nadeln n eingestellt; es kann somit bei der Herstellung von Preßmustern das Auswechseln, sowie das genaue Einstellen der Musterräder über den Nadeln, ohne weiteres vorgenommen werden. Die genaue Einstellung, sowie auch die Ausschaltung, erfolgt oben bei c, s, s_1, Abb. 207; wird s, s_1 zur Seite geschoben, so kann P nach oben gehen.

Durch die Anbringung von Sonderapparaten ist die Möglichkeit gegeben, außer den verschiedenen Preß- und Plattiermusterungen, ähnlich wie am franz. Rundstuhl, auch die à jour- und Binde- bzw. Deckfaden-Futterwaren herzustellen.

Wie schon angedeutet, ist bei der hängenden Konstruktion der Balkenantrieb in Anwendung. Der Stuhl wird an den Tragstangen A, A_1, Abb. 207, am Tragbalken B frei aufgehängt. Der Antrieb erfolgt von der Riemenscheibe S aus durch die Räderübersetzung t, t_1 und Antriebwelle B, welche unten das Stirnrädchen R trägt. Letzteres ist in Eingriff mit der Innenverzahnung z des Nadelkörpers N.

Ist $S =$ Durchmesser der Antriebscheibe, T Turenzahl per Min. derselben, so berechnet sich die Turenzahl Tz des Stuhlkörpers N bei Tr Transmissionsturen per Minute und einem Transmissionsscheibendurchmesser Ts wie folgt:

$$T = \frac{Tr \times Ts}{S}$$

und somit

$$Tz = \frac{T \times t \times R}{t_1 \times z}$$

oder in einem Ansatz:

$$Tz = Tr \times \frac{Ts \times t \times R}{S \times t^1 \times Z}.$$

Das sind mit eingesetzten Werten

$$Tz = 75 \times \frac{180 \times 25 \times 35}{200 \times 20 \times 150} = 19,7 = \sim 20 \text{ Turen}.$$

Die selbsttätige Abstellung bei Fadenbruch oder Leerlaufen der Spulen, sowie auch das Verschieben des Abstellringes von Hand, bewirkt die Auslösung der Klauenkupplung q, q_1, Abb. 207. Für die Inbetriebsetzung wird o von q weggezogen, damit die Klauenkupplung q_1 wieder verbunden wird.

Die fertige Ware w wird durch einen selbsttätigen Kratzenabzug Zu von den Nadeln n abgezogen und in den mit dem Nadelkörper gedrehten Warenkessel K geführt. Der Kratzenabzug Zu empfängt mit h seine Drehung mit dem Nadelkörper N durch die Übersetzung u, u_1 und v, v_1. Das Ausheben der Kratzenhebel Zu aus der Ware bewirkt das Rädchen y_1, das oben an dem Arm y getragen wird.

3. Der Maschenradstuhl.

Dieser Rundwirkstuhl ist nach den Grundprinzipien des franz. Rundwirkstuhles gebaut. Die Konstruktion nach Patent E. Haaga, Fabrikat Schubert und Salzer, weist jedoch hinsichtlich des Maschenrades wesentliche Veränderungen auf, Vorschläge hierzu geben die Patente: D. R. P. Nr. 313 604, 371 427, 385 960. Hiernach soll das Wesentliche bei der neuen Anordnung des Maschenrades sein, daß zwecks Einsetzens der Musterpressen, Reinigen der Innenteile, sowie beim Auftreten von Wirkfehlern, Arbeitsstörungen usw. mit einem Griff das Maschenrad leicht von den Nadeln abnehmbar ist. Diese Einrichtung ermöglicht auch das Reinigen der Innenteile, wie Preßräder, Abschläge, das Nachprüfen der Exzenter, sowie das Ölen dieser Teile.

Durch das Wegnehmen des Maschenrades können diese Arbeiten sehr leicht durchgeführt werden. Auch die Feststellung von Arbeitsstörungen oder Fehlern in der Ware und deren Beseitigung, soll ebenfalls erleichtert werden. Das Auseinandernehmen und das Wiederzusammensetzen der ganzen Maschine bei etwa eintretenden Störungen, sowie bei Reinigungsarbeiten, ist bis zum Freilegen der Nadelfontur durchzuführen. Es setzt ein derartiger Eingriff in den Gesamtmechanismus des an und für sich verwickelten Rundstuhles voraus, daß jedes Organ mit Führungen und Begrenzungsanschlägen ausgerüstet ist, damit beim Wiederzusammenstellen der Einzelteile letztere auch wieder genau in wirktechnisch richtige Stellung gelangen. Die Anordnung der Nadeln, die zwar hier außerhalb des Achsenmittelpunktes verlaufen, sowie die maschenbildenden Organe zeigen Ähnlichkeit mit dem franz. Rundstuhl (s. franz. Rundstuhl).

Bemerkenswert ist, daß die Maschenräder im Gegensatz zu der bisher üblichen Konstruktion des franz. Rundstuhles eben zu den Nadeln stehen, und daß sie von ihren Führungsrädern beim Wegnehmen des Maschenrades zu lösen sind. Dies ist ein Vorteil, weil das Führungsrad stets im Eingriff mit dem Zahnkranz bleibt. Bei der Wiedereinstellung des Maschenrades ist dadurch der Platineneingriff in die Nadeln gesichert und das empfindliche Nachstellen des Maschenrades durch das übliche „Rechts- oder Linksschlagen" an der Lagerstelle (System) kann in Wegfall kommen.

Das Locker- und Feststellen der Ware bei Verwendung verschiedener Garnqualitäten und Garnstärken geschieht wie beim deutschen Rundstuhl durch eine Zentralstellung mit Skala.

Auch das Zuführen des Fadens in die Kulierplatinen geschieht durch ein eigenartiges Führungsstück automatisch. Der Arbeiter kann dann so den Stuhl betriebsfertig gestalten. Während dieser Anfangsarbeit befindet sich der Faden außerhalb des Lieferrades, und da die Abstelldrähte arretiert sind, so wird ein Wiederausrücken verhindert. Die Arretierung wird beim Schließen des Abschlagläufers aufgehoben. Bei mehreren Arbeitssystemen, und dazu gehörigen Muster- und Chaineuseeinrichtungen, ist meist der Raum für das Einsetzen von Nadeln, Aufstoßen der Ware, sehr knapp, wie auch die Behandlung der Maschine schwierig ist. Es ist deshalb die Arbeitsweise so gedacht, daß, wenn z. B. ein 15″ Stuhl mit

Abb. 208.

6 Maschenrädern versehen ist und auf Deckfadenfutter umgestellt werden soll, so wird bei jedem 3. System das Maschenrad fortgenommen und auf die feststehende Achse des letzteren, das besonders dazu konstruierte Futtersystem eingeschoben. Allerdings wird in diesem Falle der Stuhl nur noch mit 4 Systemen arbeiten. Der Futterapparat ist dann so eingerichtet, daß er sich jedesmal genau in die richtige Lage einstellt. Durch Hochklappen kann er bei Störungen aus dem Bereiche der Nadeln gebracht werden. Der Futterapparat kann nach dem D. R. Patent dieselbe Abstellvorrichtung des Maschenrades auch für das einzuführende Futtergarn zum Abstellen des Stuhles benutzen.

Soll wieder auf glatte Ware umgestellt werden, so stellt man die weggenommenen Maschenräder wieder an ihren Ort, d. h. auf die Achsen ein.

Die ausgeschalteten Maschenräder, bzw. Futterapparate, bringt man bis zur Wiederverwendung in besonders am Stuhl angebrachte, verschließbare Kassetten. Bei größeren Maschinen mit Futtereinrichtung erlangt der Futterapparat seinen Platz neben dem Maschenrad; er kann durch Hochklappen ausgeschaltet werden. Da sich die Futterräder hierbei nicht verschieben, so stellen sie sich beim Niederklappen wieder selbsttätig in die richtige Lage zu den Nadeln. Der Fadenregler ist auch für diese Futterapparate beibehalten. Da die übrigen Arbeitsorgane gleich sind wie am franz. Rundstuhl, so soll hier nur über das Maschenrad und seine Anordnung noch das Wesentliche ausgeführt werden.

Die Abb. 208 zeigt einen Gesamtüberblick und die Anordnung der Maschenräder. Bei einem Durchmesser von 44″ sind ca. 12 Maschenräder angeordnet. Bei K sind die Kassetten vorgesehen. Dort kann ein vom Stuhl entferntes Maschenrad M bis zu seiner Wiederverwendung verwahrt werden.

Der Antrieb ist auch hier bei A als Balkenantrieb ausgeführt. Dieser läßt sich nach 4 Seiten drehen und kann zweimal in der Querrichtung und zweimal in der Längsrichtung des Gebälkes verlegt werden.

Der Raum, den ein Maschenrad M des Stuhles einnimmt, wird durch den Durchmesser des ersteren begrenzt. Der Maschenbildungsraum, an welchem sich der Arbeitsprozeß für eine Maschenreihe vollzieht, beträgt am Nadellager N ca. 180 mm.

Für die Herstellung von Deckfadenfutter ist, wie schon oben ausgeführt, bei F jedes

Abb. 209.

3. Maschenrad weggenommen und an dessen Stelle ist ein Futterapparat gesetzt. Dieser ist so eingerichtet, daß durch Hoch- oder Niederklappen der Teile die Futterräder bei F in die richtige Arbeitsstellung gelangen. Durch Einführen der Futterfäden kommt auch die Henkelbildung, wie beim franz. Rundstuhl ausgeführt, zustande. Es ist somit die Einstellung des Futterapparates wesentlich einfach.

Eine instruktive Darstellung des eingestellten und vom Stuhl abgenommenen Maschenrades M ergibt sich aus den Abb. 209 und 210. In Abb. 209 ist das Maschenrad M noch in seiner wirktechnischen Lage. Soll nun zum Aufstoßen der Ware oder zum Einstellen eines Musterrades, bzw. zum Reinigen und Ölen der Innenteile das Maschenrad M vom Stuhl abgenommen werden, so wird zunächst die Fadenführung 1 durch einen hinter dem Gehäuse befindlichen Hebel ausgelöst, wodurch der Faden aus den Zubringerrädern geschleudert wird. Hierauf wird auf den im Zentrum des Maschenrades befindlichen Griffhebel bei 2 gedrückt und dann das ganze Maschenrad *M* mit beiden Händen von der Achse *13*, Abb. 210, weggezogen; man bringt sie sofort auf die oberhalb des Kuliergehäuses befindliche Nabe *3*. Gleichzeitig dreht man die Griffhebel *4* und *5*, worauf durch Federwirkung jetzt der Abschlag *7*, ebenso auch das Abstreifrad *10* und der Exzenter *8* abspringt. Dann löst man noch die Hebelschraube *6* und die Rückstreifvorrichtung *9*. Diese besteht aus Einstreichrad, Fadenführer, Untersetzer und Platinenbügel. Ist diese Einrichtung gelöst, so wird sie hochgedreht. Damit ist auch, wie Abb. 210, zeigt, der ganze Nadelraum *N*, Abb. 208, freigelegt. Man kann dort jede Arbeit bequem vornehmen. Abgeworfene Ware läßt sich leicht wieder auf die Nadeln bringen. Diese Operation nimmt wenig Zeit in Anspruch. Beim Reinigen der Maschine oder beim Ölen des Preßrades *11*, Abb. 210, wird der Exzenter *8* durch Lösen der Schraube *12* weggenommen. Das Preßrad wird dann freigelegt. Der Exzenter kann durch Anschlag leicht wieder in seine richtige Stellung zurückgebracht werden. Ferner kann durch Lösen der Schraube *14* das Kuliergehäuse in zwei Halbdeckel zerlegt werden. Dadurch erhalten die Innenteile Zugang. Die Griffschraube *15* dient zur Generaleinstellung sämtlicher Exzenter und Fadenregler, während Schraube *16* zur Einstellung der einzelnen Systeme dient. Ein Friktionsantrieb der

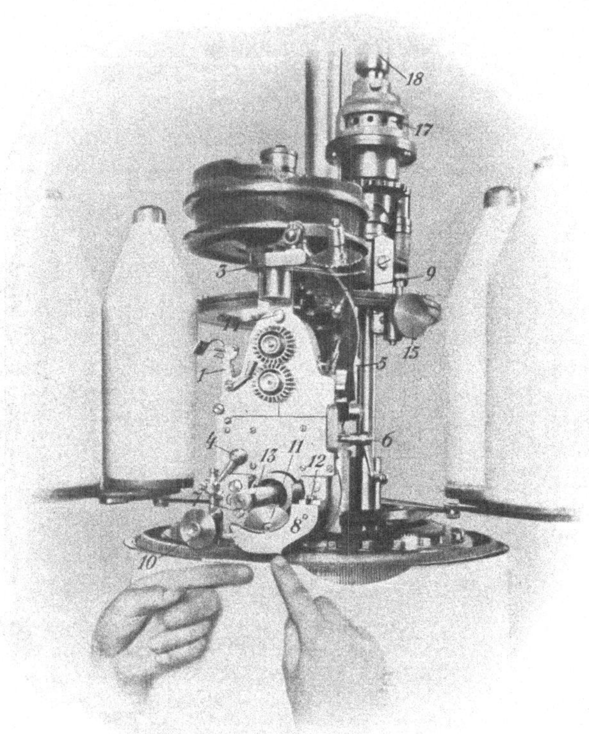

Abb. 210.

Maschine ist durch *17* zu regeln. Die Hülse *18* kann bei etwa vorkommenden Störungen die Friktion sofort vom Hauptantrieb auskuppeln.

Wenn auf diese Weise die Fehler behoben, oder die entsprechenden Arbeiten vollendet sind, so kann man das Maschenrad wieder von der Nabe *3* abnehmen und auf die Achse *13* schieben, worauf auch die übrigen Teile mit einem Griff in ihre Arbeitsstellung zurückkehren. Die übrigen Organe verhalten sich ähnlich wie beim franz. Rundstuhl.

4. Der englische Rundwirkstuhl.

Wie schon auf Seite 93 ausgeführt wurde, besitzt der englische Rundwirkstuhl lotrecht stehende Nadeln, die entweder fest oder auch einzeln beweglich in einem drehbaren Nadelzylinder angeordnet sind. Da bei dieser Nadelanordnung der Durchmesser des Nadelzylinders noch sehr klein auszuführen ist, so ist die Verwendungsweise dieses sehr handlichen und übersichtlichen Rundstuhles vorzugsweise auch für billige Strumpfwaren, Zipfelmützen usw. häufig.

Der Stuhl kann aber auch in größerem Durchmesser für Trikotagen, Sportartikel usw. gebaut werden. Wesentliche Verbesserungen sind durch die Anordnung von Futtereinrichtungen, Plüsch, Farbmuster usw. entstanden.

Auch die Einrichtung zur Nachbildung einer Naht ist für die Strumpffabrikation und da, wo eine Naht vorgetäuscht werden soll, bemerkenswert.

Durch die Verwendung von einzeln beweglichen Haken- und Zungennadeln hat sich der englische Rundstuhl sehr leistungsfähig gestaltet, so daß er für eine Menge von billigen Gebrauchsgegenständen in der Praxis Aufnahme gefunden hat.

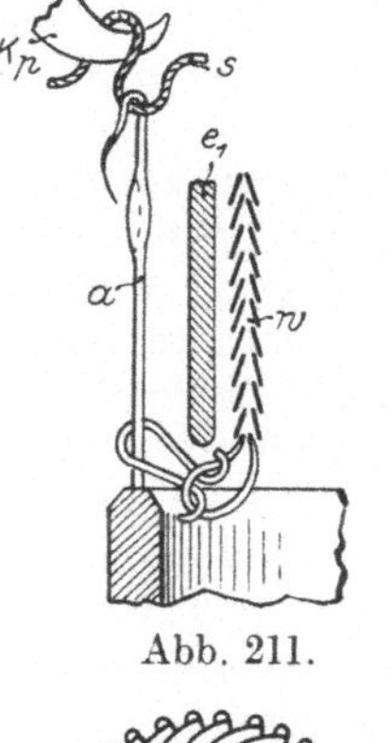

Abb. 211.

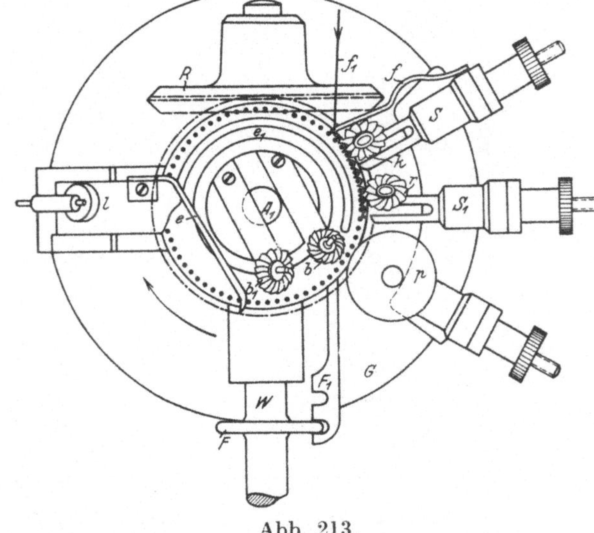

Abb. 212.

Abb. 213.

Im allgemeinen sind mehrere Arbeitsköpfe auf einem Gestell, auch Bank genannt, aufmontiert und werden gemeinschaftlich angetrieben.

a) Der englische Rundstuhl mit Spitzennadeln verwendet zum Schleifenbilden ein Kulierrädchen. Am vorteilhaftesten hat sich hierzu das Flügelrad von Leroi erwiesen. Ein solches wird schief zu den Nadeln und zwar in einem Winkel von 45 Grad so eingestellt, daß die platinenartigen Zähne Kp nach Abb. 211 zwischen die Nadeln a eingreifen und den vorgelegten Faden in Schleifenform s unter die Nadelhaken nach oben schieben. Die Kulierplatinen Kp, Abb. 212, des Kulierrades k sind ebenfalls schief eingestellt. Sie bilden Tangenten an einem Kreisring der Scheibe k.

Außer dem Kulierrädchen k sind noch weitere ähnliche Flügelräder erforderlich. Abb. 213 und 214 zeigt einen englischen Rundstuhl im Grundriß und Vertikalschnitt. Der Nadelkörper A sitzt drehbar auf der Achse A_1 und wird angetrieben durch das unter dem Gestell G der Welle W sitzende Kegelrad R, das mit den Zähnen Z im Eingriff steht. Mit A drehen sich die Nadeln a, die durch Deckplatten festgehalten sind. Das Kulierrad k wird durch einen verstellbaren Stab S entsprechend der Warendichte so zwischen die Nadeln eingestellt, daß der durch den Fadenführer f geleitete Faden f_1 in Schleifenform s, Abb. 211, zwischen die Nadeln nach oben geschoben wird. Von einem zweiten Tragstück S_1 wird ein zweites Flügelrädchen r ähnlich eingestellt. Dieses hat den Zweck, die Schleifen nachzukulieren, auszugleichen und in die Nadelhaken zu drücken. Sodann folgt das Preßrad p, das die Nadeln preßt. Bis zu dieser Stelle wird die Ware w durch ein bogenförmiges Streicheisen e_1 an den Nadelschäften nach unten gehalten und dann bei dem Preßrad p freigegeben. Dort befindet sich innerhalb des Nadelringes ein Auftragrädchen b, das die alten Maschen nach oben über die zugepreßten Nadelhaken schiebt, worauf dann ein ebenfalls innen eingestelltes Abschlagrad b_1 die aufgetragenen Maschen sicher über die Nadelköpfe abschiebt. Unmittelbar hierauf bringt das oben eingestellte Streicheisen e, das bei l einstellbar ist, die Ware nach innen, damit sie von e_1 wieder an den Nadelschäften nach unten geleitet werden kann. Von hier aus läuft sie innerhalb des Streicheisens e_1 wieder nach oben und wird in Pfeilrichtung, Abb. 214, abgezogen. Oben im Gestell befindet sich ein automatischer Warenabzug, der durch eine von unten nach oben laufende Welle angetrieben wird und mittels eines Walzenpaares den Waren-

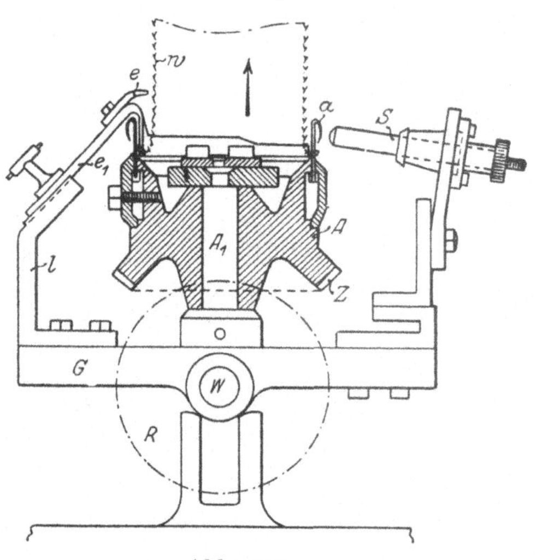

Abb. 214.

schlauch faltet und die Ware aufwindet. Dieser Abzugsapparat dreht sich mit dem Stuhlkörper im Kreise um.

Bei Fadenbruch oder Leerlaufen der Fadenspulen, ebenso bei Arbeitsstörungen, kann die Welle W, Abb. 213, mit dem Antriebrad R so verschoben werden, daß F in die Raste F_1 tritt, dort festgehalten und R aus dem Zahnkörper Z geschoben wird. W, R läuft dann weiter, während der Stuhl in Ruhe bleibt.

An größeren Stühlen lassen sich an dem Nadelzylinder mehrere Arbeitsstellen, sog. Systeme bilden. Es wiederholen sich dieselben Vorgänge.

Für die Herstellung von Futterware gewöhnlicher Art, sowie solche mit Binde- und Deckfaden, werden vor den einzelnen Kulierstellen Futterräder eingestellt. Diese besitzen besondere Kulierplatinen, die beliebig auswechselbar sind. Diese Maschinen sind sehr leistungsfähig. Ein Stuhl mit 26″ engl. kann z. B. je nach Garnstärke bis zu 36 kg Futterware pro Tag leisten. Ein 17″-Stuhl mit vier Arbeitssystemen und Futtereinrichtung mit Binde- und Deckfaden kann ca. 55 Touren per Minute ausführen. Bei diesen schnellaufenden Rundköpfen ist ein sehr empfindlicher Abstellapparat erforderlich, damit die Maschine bei Störungen selbsttätig stillsteht.

Die Versuche, den englischen Rundstuhl mit Maschenrädern nach Art des französischen Rundstuhles auszurüsten, haben sich praktisch nicht bewährt, weshalb, wie schon ausgeführt, sowohl für das Kulieren des Grundfadens, wie auch für das Einführen der Futterfäden das Flügelrad am zweckmäßigsten ist.

b) Der englische Rundstuhl mit beweglichen Spitzennadeln arbeitet ähnlich, wie der oben ausgeführte Stuhl. Die Nadeln sind jedoch einzeln in Kanälen mit fußartigen Ansätzen verschiebbar und werden durch einen Kurvenring, in welchen die Nadelfüße hineinragen, zwecks Schleifenbildung und Ausarbeitens einzeln nacheinander auf- und niedergeführt.

Einrichtungen für den englischen Rundstuhl geben auch die D. R. P. Nr. 177 219, 239 444 an.

Die Herstellung von Preßmustern kann auch am englischen Rundstuhl durch die Verwendung von Musterpreßrädern ähnlich wie am französischen Rundstuhl erfolgen. Bei kleineren Stühlen ist man jedoch hinsichtlich des Musterrapports wesentlich begrenzt, weshalb hauptsächlich die einfacheren 1 : 1, Köper-, Langstreifen- und Diagonalmuster bevorzugt werden. Nach System Stibbe werden die einzeln beweglichen Nadeln von Preßplatinen besonders gepreßt. Diese sind auch für Preßmuster leicht einstellbar. Jede Nadel besitzt ihre eigene Kulierplatine.

Plattier- und unterlegte Farbmuster, insbesondere die sog. Umlegmuster wie sie für die Strumpffabrikation und Sportartikel Verwendung finden, lassen sich am englischen Rundstuhl vorteilhaft herstellen; Vorschläge hierzu gibt auch das Patent Nr. 123 662.

Die Herstellung von Rechts-Rechtsware benötigt eine zweite Nadelreihe. Diese wird oben in einer mit dem Nadelzylinder drehbaren Scheibe gebildet. Diese Scheibe kann auch geneigt zu den Stuhlnadeln stehen. Verschiedene Einrichtungen hierzu zeigen die D.R.P. Nr. 149 923, 104 516, 124 961, 155 514, 162 418 und andere mehr.

c) **Rundwirkstühle mit beweglichen Zungennadeln.** Die Verwendung von Zungennadeln kommt am Rundwirkstuhl sehr häufig vor: die Erfahrung hat jedoch gelehrt, daß der französische Rundwirkstuhl hierzu weniger geeignet ist.

Die verschiedenen Neuerungen und Patente, welche sich mit diesem Problem befaßt haben, haben in der Praxis bis jetzt noch wenig Aufnahme gefunden.

Mit größerem Erfolg hat man die Zungennadel am eng-

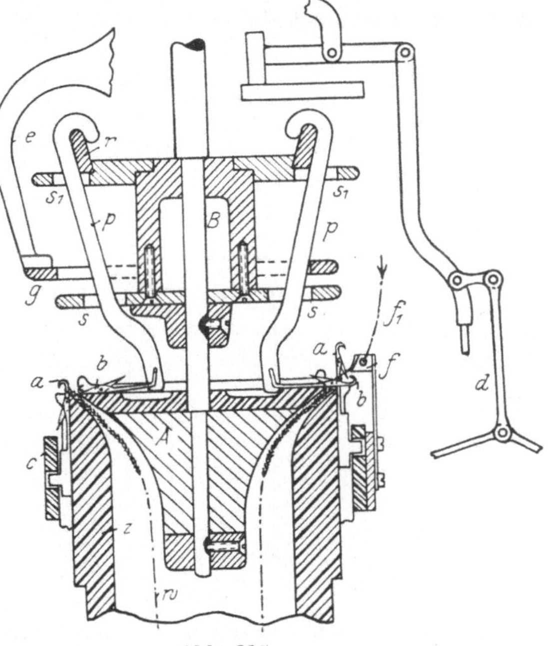

Abb. 215.

lischen Rundstuhl benutzt. Zur Herstellung von glatter Ware sind fast ausschließlich die Zungennadeln, ähnlich wie in einer Rundstrickmaschine in Kanälen des Nadelzylinders einzeln beweglich angeordnet; meist werden solche Zungennadelrundmaschinen auch als Rundstrickmaschinen bezeichnet. Die Nadeln ragen mit ihren Füßen in einen innerhalb des Nadelzylinders feststehenden Kurvenzylinder, der den Zweck hat, die Führung der Nadeln zu übernehmen. Es sind somit die Nadeln im Nadelzylinder nach innen verlegt; es ist dann möglich, die Ware nach außen und abwärts von den Nadeln abzuziehen, ähnlich wie am französischen Rundwirkstuhl. Solche englischen Zungennadelrundstühle sind außerordentlich leistungsfähig und eignen sich vorteilhaft nur für billige Stapelartikel.

Zur Herstellung von Ränder- und Fangware erfordert der englische Rundstuhl mit Zungennadeln eine zweite Nadelscheibe A, Abb. 215, vielfach auch Rippscheibe genannt, in welcher sich die Zungennadeln b führen. Diese sind an schwingenden Hebeln p eines Ringes r aufgehängt. Sowohl der Nadelzylinder Z mit den Nadeln a, als auch der Nadelkörper A bewegt sich um B im Kreise fort. Die Führungsringe s, s_1 halten die Nadeln in Ordnung und bewirken ein sicheres Arbeiten. Bei f wird der Faden f_1 den Nadeln a, b zugeleitet. Dort werden auch die Nadeln

einzeln nacheinander durch entsprechende Führung, sowie durch Kurven des Schloßmantels c in ihre Kanäle zurückgezogen, damit der Faden in Schleifenform durch
die alten Maschen gezogen und zu neuen Maschen umgebildet wird. Für die Umstellung zu Randstücken, Fang-Perlfangware usw. besitzt der Stuhl eine selbsttätige Regulierung bei d, welche von einem Zählapparat aus geregelt wird. Die
fertige Ware w wird zwischen A und Z nach unten geführt und von einem
selbsttätig arbeitenden Warenabzug aufgewunden.

Zu erwähnen ist noch, daß der Zylinder Z von einem unterhalb im Gestell
sitzenden Antriebrad in Bewegung gesetzt wird, und durch Aussparungen bei A,
die mit Z in Eingriff kommen, kann auch die Rändermaschine A mit s, s_1 gedreht
werden. Die Achse B wird oben festgehalten. Diese trägt auch die Arme e mit g
(siehe auch weiter noch die D. R. P. Nr. 255449, 294784 und 337854).

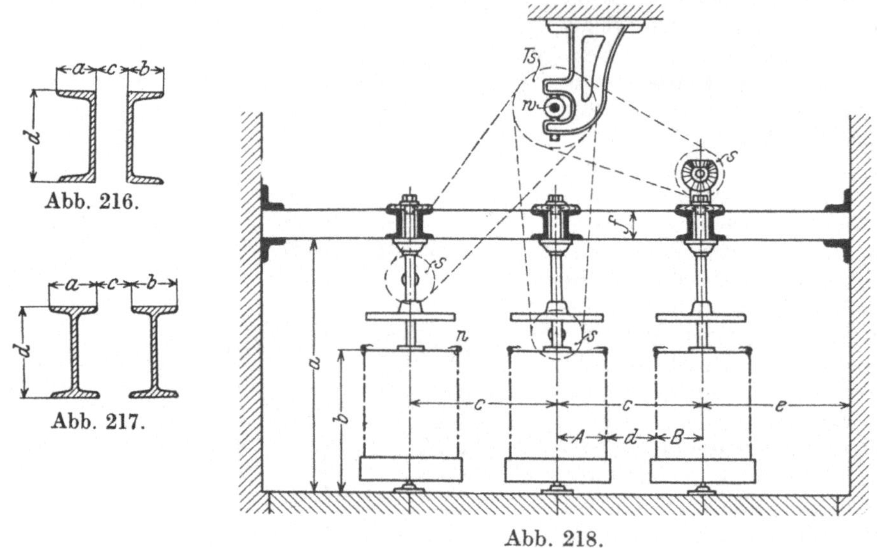

Abb. 216.

Abb. 217.

Abb. 218.

Ferner sind noch erwähnenswert die Einrichtungen, welche für die Herstellung von Futterware, sowie Links-Linksware durch die D. R. P. Nr. 94335
und 170736 bekannt geworden sind.

Die Herstellung von Links-Linksware an Rundwirkmaschinen wird bis
jetzt nur für die billigeren geschnittenen Gebrauchsgegenstände vorgenommen.
Es sind jedoch Bestrebungen vorhanden, die Rund-Links-Linksmaschine noch
weiter auszubauen, damit sie auch für die allgemeinen Gebrauchsgegenstände
Verwendung finden kann. Es b stehen mehrere Patente auf solche Maschinen.

5. Aufstellung von Rundwirkmaschinen und Berechnung der Tourenzahl.

Die Beschaffung und Aufstellung der Rundwirkmaschinen ist nach verschiedenen Gesichtspunkten vorzunehmen.

1. Kommt die Wahl für die Feinheitsnummer, bzw. die herzustellende Ware,
2. die Größe oder der Durchmesser in Frage. Außerdem ist noch die Antriebsart
von Bedeutung. Von letzterem unterscheidet man den Unterantrieb, den Oberantrieb und den Balken- oder Hochantrieb. Die älteste Art ist der Unterantrieb.
Der Balken- oder Hochantrieb ist neueren Ursprungs, der jetzt vielfach mit dem
elektrischen Einzelantrieb gekuppelt wird.

Zum Aufhängen und Befestigen der Rundstühle benutzt man allgemein Eisenbalken. Entweder wählt man die U-Form, Abb. 216, und stellt sie, wie gezeichnet, einander gegenüber oder T-Eisen, Abb. 217, und stellt sie ebenfalls, wie gezeichnet einander gegenüber. Es ist für Abb. 216 $a = 60$, $b = 60$ und $c = 45$ mm und für Abb. 217 (Normalprofil 14) ist $a = 66$, $b = 66$, $c = 45$ und d ist für Abb. 216 und 217 $= 140$ mm.

Die Entfernung, in welcher die Stühle aufzuhängen sind, richten sich nach der Größe des Durchmessers. Die Transmissionswellen sind womöglich parallel zu den Aufhängebalken der Maschinen zu legen. Beim deutschen Rundstuhl ist die Entfernung von Mitte zu Mitte Maschine bei 10—16″-Maschinen etwa 950 mm anzunehmen. Die Entfernung für verschieden große Maschinen von Mitte bis Mitte der Maschine ist nach Abb. 218:

$$A + B + d = c,$$

wobei für den Zwischenraum $d = 520$ mm normal zu wählen sind. Die Entfernung a

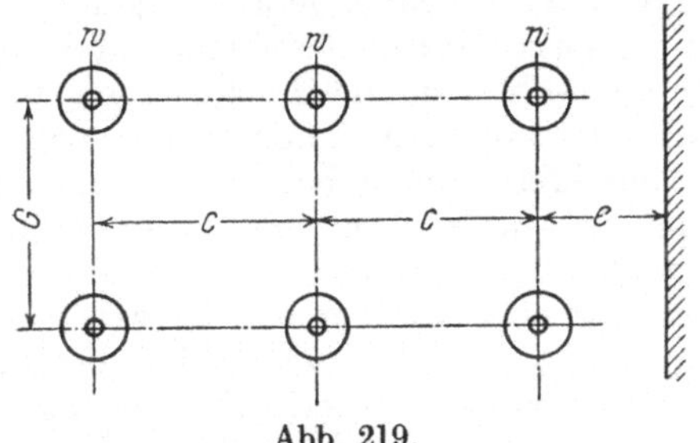

Abb. 219.

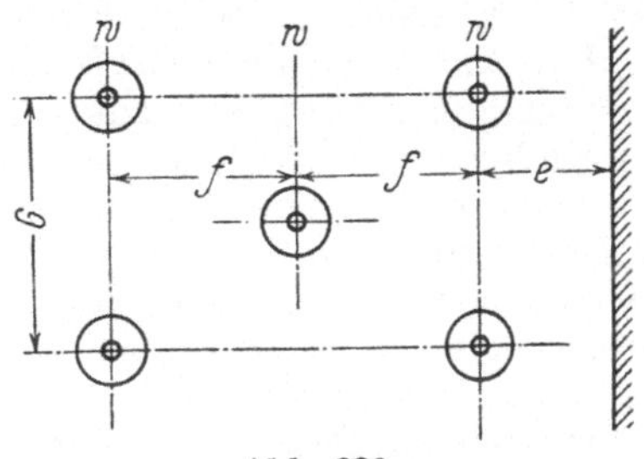

Abb. 220.

beträgt von Unterkante des Aufhängebalkens f bis zum Fußboden 2000 bis 2100 mm, die Entfernung b von Nadelfontur n bis Fußboden wählt man ca. 1300 mm.

Für den französischen Rundstuhl, bei welchem die Maschenräder über den Nadelkranz heraustreten, sind die Entfernungsverhältnisse etwas größer zu wählen. Ebenso kann bei versetzter Aufstellung der Maschinen eine Änderung eintreten. Einen Aufhängeplan für französische Rundwirkstühle zeigen die Abb. 219 und 220. Abb. 219 ist die Reihenaufstellung, nach Abb. 220 sind die Rundstühle versetzt aufgehängt. Die Entfernungen für die verschiedenen Durchmessergrößen ergeben sich aus folgender Aufstellung:

| Zoll ∅ | Maschinen nebeneinander gehängt Plan Abb. 219 | | | Maschinen versetzt Plan Abb. 220 |
	G Mindestmaß mm	c mm	e mm	f mm
10	1010	910	820	790
12	1240	1140	850	990
13	1270	1170	860	1010
14	1300	1200	880	1040
15	1330	1230	890	1070
16	1380	1280	900	1110
18	1410	1310	930	1130
20	1470	1370	960	1190
22	1530	1430	990	1240
24	1590	1490	1020	1290
26	1670	1570	1050	1360
28	1720	1620	1080	1400
30	1780	1680	1110	1450
32	1830	1730	1140	1500
34	1880	1780	1160	1540
36	1940	1840	1190	1590
38	1990	1890	1210	1640
40	2050	1950	1240	1690
42	2100	2000	1270	1730
44	2160	2060	1300	1780
46	2210	2110	1330	1830
48	2270	2170	1350	1880

Aus Abb. 218 sind außer den Entfernungsangaben noch die verschiedenen Antriebsarten ersichtlich. Die Transmissionswelle w liegt parallel zu den Aufhängebalken, wie dies aus den Abb. 219 und 220 ersichtlich ist. Die Transmissionsriemen sind je nach der Stellung der Maschine teils offen, teils geschränkt von den Transmissionsscheiben Ts über die Antriebsscheiben s der Maschinen zu führen.

Der Kraftverbrauch einer Rundwirkmaschine hängt von der Systemzahl und von den an einer solchen Maschine angebrachten Muster- und Nebenvorrichtungen ab. Für die normale Bauart kann man ca. 45—50 Arbeitssysteme auf 1 PS annehmen, oder für die Leibweitengrößen mit ca. 12—14″ mit 2—3 glatten Arbeitssystemen ca. 15 Stühle auf 1 PS.

Die Feinheitsnummer der französischen Rundstühle beginnt etwa bei 8 franz. grob bis 27 franz. grob, in der groben Numerierung und bei 20 franz. fein bis ca. 48 franz. fein in der feinen Numerierung.

Die Größen oder Durchmesser sind beim franz. Rundstuhl von ca. 10″ bis 48″ franz., beim deutschen Rundstuhl ca. 6″ bis 36″ franz. gebräuchlich.

Die Arbeits- oder Liefergeschwindigkeit wird in der Regel durch die Umfangsgeschwindigkeit zum Ausdruck gebracht, denn in derselben Geschwindigkeit, in welcher sich eine Maschine mit dem Nadelkörper dreht, werden an ihr auch die Maschenreihen gebildet. Als Arbeits- oder Liefergeschwindigkeit, bzw. Umfangsgeschwindigkeit wählt man $c = 550$—650 mm per Sekunde, und bei neueren Schnelläufermaschinen geht man bis zu 1000[1]) mm Geschwindigkeit per Sekunde; solche Maschinen sind mit Turenregler versehen.

Hieraus läßt sich für jede Durchmessergröße die Normaltourenzahl Tz per Minute berechnen. Bedeutet D allgemein den Durchmesser des Rundstuhles, so ergibt sich bei der normalen Arbeitsgeschwindigkeit c eine Tourenzahl nach der Formel

$$Tz = \frac{c \times 60}{D \times 3{,}14}$$

z. B. für einen Rundwirkstuhl mit einem Durchmesser $D = 16″$ und einer Sekundengeschwindigkeit $c = 600$ mm würde die Tourenzahl sein

$$Tz = \frac{600 \times 60}{16 \times 27{,}78 \times 3{,}14} = 25{,}8 = \sim 26 \text{ Touren.}$$

In der Regel wird die Tourenzahl der Antriebscheibe s angegeben und hiernach ist dann die Transmissionsscheibe Ts, Abb. 218, zu berechnen.

Bedeutet Tz_1 die Tourenzahl der Antriebscheibe, so würde bei einer Transmissionstourenzahl Tr per Minute die Transmissionsscheibe $Ts = \dfrac{Tz_1 \times s}{Tr}$ mm sein.

Ist jedoch die Tourenzahl Tz_1 nicht bekannt, so muß diese nach der berechneten Tourenzahl Tz des Stuhles und dem Übersetzungsverhältnis des Antriebes berechnet werden. Dieses Übersetzungsverhältnis ist je nach dem Durchmesser verschieden, so daß die Tourenzahl der Antriebscheibe $s = 55$—100 per Minute betragen kann.

Die Transmissionswelle w, Abb. 218, soll 80—90 Touren per Minute nicht überschreiten. Nimmt man für $Tz = 85$ per Minute an, und ist die Tourenzahl der Antriebscheibe $Tz^1 = 65$, und ist der Durchmesser $s = 200$ mm, so muß der Transmissionsscheibendurchmesser Ts sein:

$$Ts = \frac{Tz_1 \times s}{Tr} = \frac{65 \times 200}{85} = 153 \text{ mm} \sim.$$

Voraussetzung ist natürlich, daß bei dieser Tourenzahl $Tz_1 = 65$ der Stuhl auch die normale Umdrehungszahl ausführt. Man ist in der Praxis jetzt vielfach dazu übergegangen, die Tourenzahl und Leistung eines Rundstuhles durch die Tourenzahlen der Maschenräder auszudrücken.

---

[1]) Die Hochleistungsmaschine System Terrot 1200—1400 mm.

Strickmaschinen.

Nach streng technologischer Untersuchung müßte man in der Wirkerei jene Maschinen als Strickmaschinen bezeichnen, welche nicht nur das Maschenbilden, sondern auch die Herstellung und Vollendung eines Gebrauchsgegenstandes nach Art des Handstrickens vollziehen. Es sind jedoch zahlreiche Maschinen in der Wirkerei als Strickmaschinen bezeichnet, welche dieser Forderung nur teilweise nachkommen. So z. B. werden vielfach Rundstühle, welche mit einzeln beweglichen Zungennadeln arbeiten und nur einen gleichmäßig fortlaufenden Warenschlauch bilden, als Strickmaschinen bezeichnet. Man begegnet dieser Einteilung nicht nur in der Warenerzeugung, sondern sehr häufig auch im Maschinenbau.

Nach der Anordnung und Arbeitsweise der Strickmaschinen unterscheidet man Rundstrickmaschinen und Flachstrickmaschinen. Die Rundstrickmaschinen werden vorwiegend für die Strumpffabrikation und für Schnittwaren verwendet, während die Flachstrickmaschinen für die verschiedenartigsten Gebrauchsgegenstände und Sportartikel Verwendung finden.

A. Rundstrickmaschinen.

Man unterscheidet Hand- und Motor-Rundstrickmaschinen.

I. Rundstrickmaschinen für den Handbetrieb.

Es sind dies in der Regel kleine Maschinen mit einem Nadelzylinder, dessen Größe einen Warenschlauch liefert, der für die Strumpffabrikation geeignet ist. Seit dem Bekanntwerden der Zungennadel im Jahre 1858 werden solche Rundstrickmaschinen fast ausschließlich mit Zungennadeln gebaut. Die von der Strickmaschine erlangte Ware entspricht der Kulierware. Man könnte deshalb diese Maschinen auch ebensogut Kuliermaschinen nennen.

Die ältesten Einrichtungen haben nur noch geschichtliche Bedeutung. Die Rundstrickmaschine von MacNary,

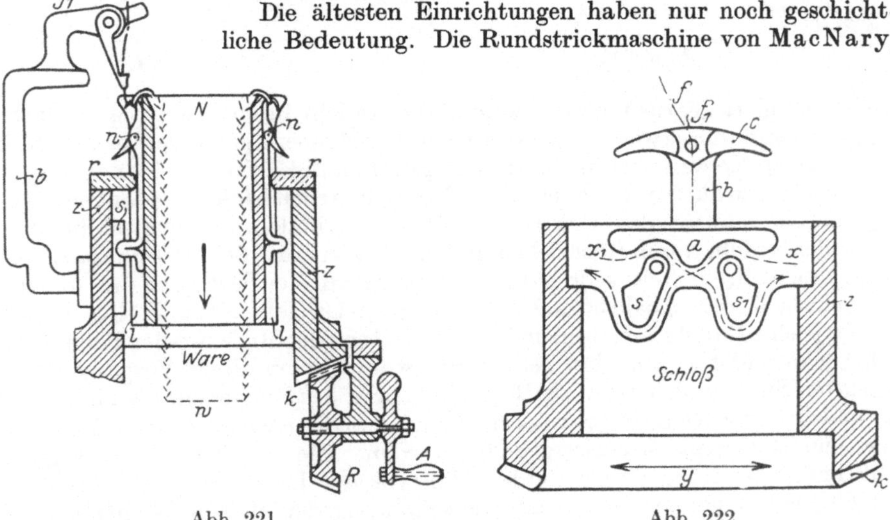

Abb. 221.   Abb. 222.

die zunächst für die Strumpffabrikation bestimmt war, ist später auch nach Art eines Rundstuhles zur Herstellung von Leibweiten verwendet worden (D. R. P. Nr. 4555, 8266, 16591).

Ähnlich der MacNary-Rundstrickmaschine sind auch noch andere Konstruktionen ausgeführt worden (D. R. P. Nr. 22311, 25540).

Die einfache Rundstrickmaschine zur Erzeugung glatter Strickwaren. Abb. 221 und 222 zeigen die Hauptteile einer Rundstrickmaschine für glatte Ware zur Herstellung von regulären Strümpfen und Schlauchwaren. Der Nadelzylinder N ist fest und außen auf seinem Umfang mit Kanälen l versehen. In diesen sind einzeln beweglich die Zungennadeln n eingestellt. Sie werden oben durch einen um den Nadelzylinder gelegten und verschließbaren Ring r am Herausfallen verhindert. Die über die Kanalwände l hinausragenden Nadelfüße greifen beim Drehen des sog. Schloßzylinders z in die Schloßnuten a, s, s_1, Abb. 222. Dreht man den Schloßmantel, der unten bei k gezahnt ist und mit einem Triebrädchen R in Eingriff steht, durch A im Kreise fort, so bewegen die Schloßteile a, s, s_1, die Nadeln in den Kanälen einzeln nacheinander nach oben und zurück. Hierbei wird der von einem Fadenführer f_1 vorgelegte Faden f erfaßt und von jeder einzelnen Nadel als neue Schleife durch die alte Masche hindurchgeholt. Es ist dies der Vorgang, wie er sich auch beim Handstricken vollzieht. Der Fadenführer ist an dem Bügel b befestigt, und letzterer ist am Schloßzylinder z fest und wird mit

diesem gedreht. Als Zungenschützer dient das Bogenstück c, das ein Zurückspringen der Zungen beim Hochbringen der Nadeln verhütet. Solange gleich-

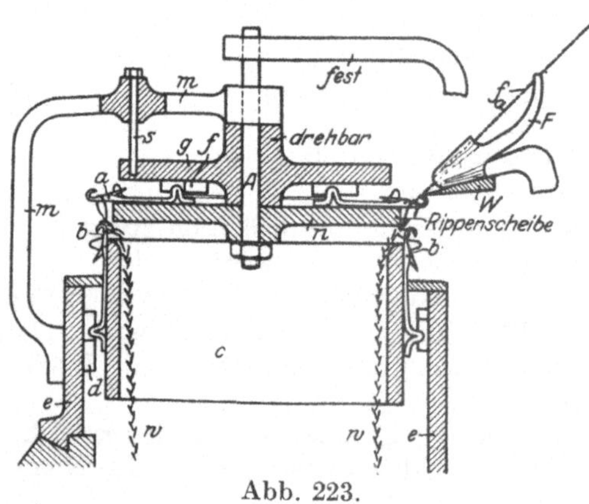

Abb. 223.

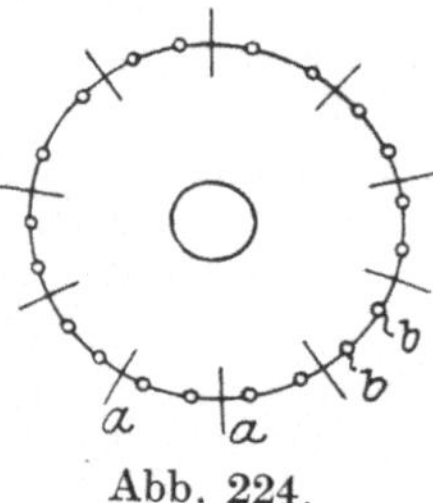

Abb. 224.

mäßig rund-glatt gearbeitet wird, werden die Nadeln in der Richtung x_1 nach a und s_1 und von dort aus wieder aufwärts geleitet. Soll aber irgendeine Form, z. B. die Ferse oder Spitze eines Strumpfes, in den gleichmäßigen Warenschlauch eingearbeitet werden, so dürfen die Nadeln nur teilweise in Arbeitsstellung gelangen. In der Regel beginnt man mit der einen Nadel-Hälfte des Zylinders und schaltet die übrige Hälfte der Nadeln durch Hochziehen in den Kanälen aus. Sobald sich das Schloß bis an die nadelfreie Stelle gedreht hat, kehrt man mit der Bewegung um. Zugleich zieht man bald rechts, bald links, bis etwa noch ein Drittel der Nadelhälfte in Tätigkeit ist, je eine Nadel nach oben, und zwar jeweils an der Stelle, wo der Fadenführer steht; man bildet so eine Art Beutelform, worauf dann dieser Vorgang im umgekehrten Sinne vollzogen wird. Beim Umkehren des Schloßzylinders laufen nun die Nadeln in der Richtung x an a, s nieder und wieder nach oben, so daß also beim Vor- und Rückgang Maschen gebildet werden. Die schwingende Bewegung y muß immer so durchgeführt werden, daß vor der Umkehrung die Nadeln das Schloß passiert haben. Ferner ist, wie schon angedeutet, von Wichtigkeit, daß vor jeder Umkehrung die nächstausscheidende Nadel, die also neben dem Fadenführer steht, hochgezogen wird, damit in der folgenden Reihe der Faden als Henkel um den Nadelschaft zu liegen kommt. Dies bildet die sog. Minderung. Man hat diese Arbeitsmethode auch an den selbsttätig arbeitenden Rundstrickmaschinen zugrunde gelegt und darnach die Schlösser für das Hochbringen der Nadeln, bzw. für das Ausschalten derselben, konstruiert.

Die Herstellung von Ränder- oder Rechts-Rechtsware ist ebenfalls an der Rundstrickmaschine möglich, wenn, wie schon beim englischen Rundstuhl ausgeführt, noch eine sog. Rippscheibe zu den senkrecht stehenden Nadeln hinzukommt. Nach dem D. R. P. Nr. 8516 vom Jahre 1878 von Griswold wird die Rippscheibe an einer Achse A, Abb. 223 und 224, fest eingestellt und über dieser drehbar um A die Schloßscheibe g gesetzt. Diese Einrichtung kann sowohl für glatte und gemusterte Rechts-Rechtsware verwendet werden. Der Zylinder c nimmt genau so wie bei der vorigen Einrichtung die Nadeln b auf, die von den Schloßteilen d des Schloßmantels e in Arbeitsstellung gebracht werden.

Der Schloßmantel reicht mit seinem Bügel m nach oben und umschließt lose die Achse A. Von dort kann ein Stift s in die Schloßscheibe g gesteckt werden. Dreht man den Schloßmantel e im Kreise fort, so wird mit m, s auch g um A gedreht; dabei erfassen die unter der Scheibe g eingestellten Schloßstücke f die Nadeln a und bringen diese so weit nach vorn, daß sie mit den Nadeln b, welche bei d hoch kommen, den vom Fadenführer F vorgelegten Faden fa aufnehmen und zu Rechts- und Linksmaschen verarbeiten.

Soll z. B. im Vorfuß eines Strumpfes auf glatt übergegangen werden, oder daß nur das Fersen- und Sohlenstück glatt gearbeitet wird, so hängt man die Maschen der Nadeln a auf die Nadeln b über und nimmt die Nadeln a von der Rippscheibe fort. Während der Fersenbildung, welche nur an der einen Hälfte der Nadeln b und dort wo die Rippnadeln entfernt sind, zustande kommt, zieht man den Stift s heraus, so daß während dieser Zeit die oberen Nadeln a in Ruhe verbleiben.

In der Regel ist die Rippscheibe nur mit halb so vielen Kanälen versehen, wie der Zylinder c. Es entsteht somit eine Ware 1 : 2. Für 1 : 1 müßte deshalb auch jede zweite Zylindernadel ausgeschaltet werden. Abb. 224 zeigt die Nadelstellung 1 : 2 mit den Rippnadeln a und Zylindernadeln b. W dient als Zungenschützer.

II. Motorrundstrickmaschinen.

Man unterscheidet auch von diesen selbsttätig arbeitenden Rundstrickmaschinen solche für die glatte Ware und solche für Ränder- und Fangware.

1. Rundstrickmaschinen für glatte Waren.

Solche für glatte Ware, die hauptsächlich für die Herstellung nahtloser Strümpfe verwendet werden, lassen sich in zwei Hauptarten unterscheiden, deren Arbeitsweise bei der Fersenbildung wesentlich verschieden ist.

Die eine Art bildet die Ferse durch Hochschieben der nicht gebrauchten Nadeln, wie dies bei der Handstrickmaschine geschehen ist, die andere Art läßt ihre Nadeln unverändert; sie kommen außer Tätigkeit durch Versenken der Nadelfüße in den Kanälen. Die ersteren Arten sind unter der Bezeichnung: Invincible, Expreß, Georges, Ideal, Corona, National usw. bekannt, die andere Art kennt man unter der Bezeichnung Standard. Ferner unterscheidet man Einrichtungen, bei welchen sich das Schloß dreht und der Nadelzylinder feststeht (Invincible, Expreß, Georges, Standard) und solche, bei welchen ähnlich wie im Rundwirkstuhl, der Nadelzylinder gedreht wird und der Schloßmantel festliegt (Corona, Schubert & Salzer, Ideal, G. Hilscher). Bei der sehr verwickelten Fersenarbeit ist ein ganz eigenartiges Schloß mit sog. Minderungszungen und Greifer erforderlich. Ebenso muß zum selbsttätigen Verstärken der Ferse und Fußspitze ein besonderer Verstärkungsfadenführer mit Schneid- und Klemmvorrichtung vorhanden sein.

Eine selbst arbeitende Rundstrickmaschine, auch Strumpfautomat genannt, nach dem System Lederer (Invincible) ergibt sich aus den Abb. 225—229. Die Nadeln sind genau so wie bei der Handrundstrickmaschine einzeln beweglich in einem vertikal und fest angeordneten Zylinder Z, Abb. 225. Die Maschine arbeitet mit Abschlag- und Einschließplatinen p, die in einem Ring p_1

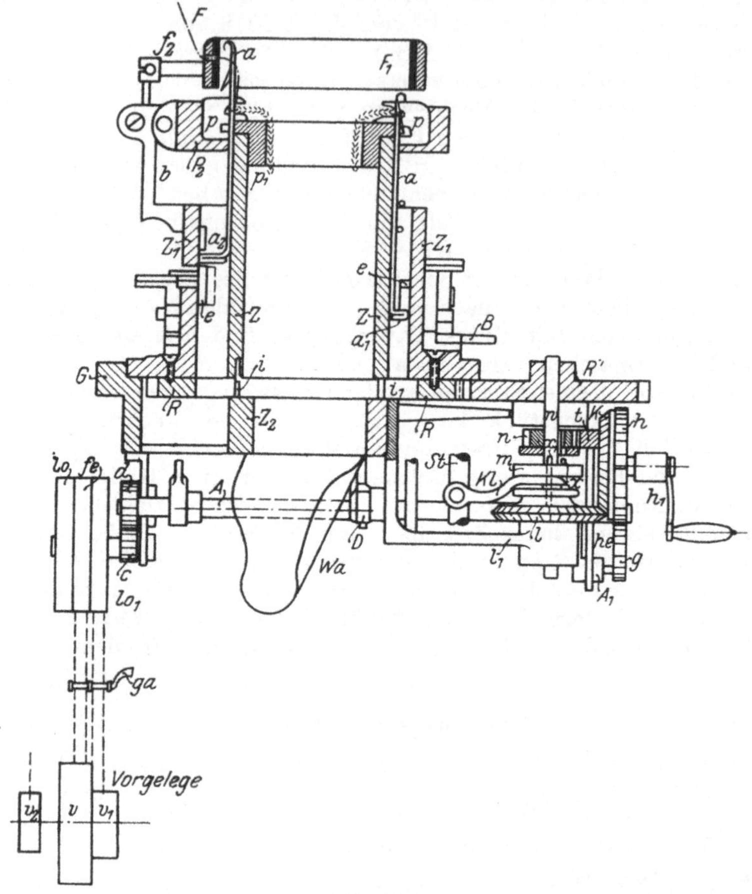

Abb. 225.

sitzen und durch einen drehbaren Ring p_2 mit Kurven zwischen die Nadeln a zum Einschließen und Abschlagen der Maschen geschoben werden. Der Zylinder Z

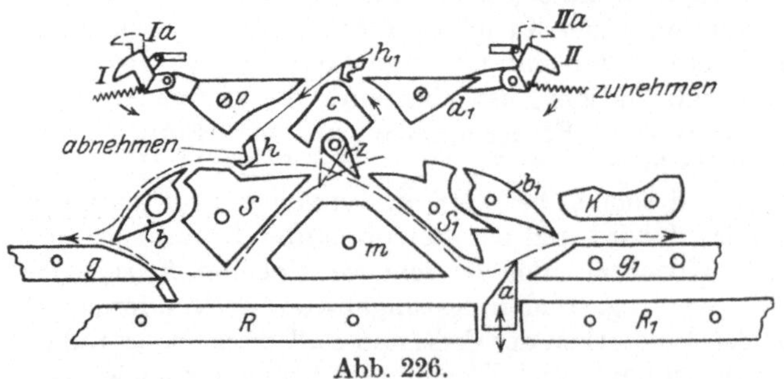

sitzt mit Führungsstiften i, i_1 in dem festen Zylinderstück Z_2 und kann von letzterem abgehoben werden. Drehbar mit R sitzt um den Nadelzylinder der Schloßmantel Z_1 mit den Schloßteilen e, in welche die Nadelfüße a_1, a_2 hineinragen. Es sind zweierlei Nadeln

eingestellt. Die eine Zylinderhälfte mit kurzen Füßen a_1, die andere mit langen a_2. Letztere sind für die Fersen- und Spitzenbildung vorgesehen. Solange die Maschine gleichmäßig rund arbeitet, laufen auch sämtliche Nadeln gleichmäßig durch die Schloßteile s_1, s, b_1, b, m, Abb. 226, wobei die Schienen g, g_1 die Bahn bilden.

Angetrieben wird die Maschine von einem Vorgelege v—v_2 durch die Antriebscheiben lo, lo_1, fe und Räderübersetzung c, d der Welle A und Stirnräder g, h. An h ist fest das Kegelrad K, das mit l in Eingriff steht. Letzteres ist lose auf der Welle w und ruht auf dem Lagerstück l_1. In die Muffe m, die eine Keilnut besitzt, greift die Gabel kl der Hubstange St.

Solange diese gesenkt ist, nimmt ein Anschlagbolzen des Kegelrades die Scheibe m bei x mit, wodurch oben das Stirnrad R_1, welches mit R im Eingriff steht, gleichmäßig gedreht wird. Soll nun aber auf die für die Fersen- und Spitzenbildung erforderliche schwingende Bewegung übergegangen werden, so wird kl mit m nach x, x_1 geschoben und n wird mit m gekuppelt und das Rad l läuft

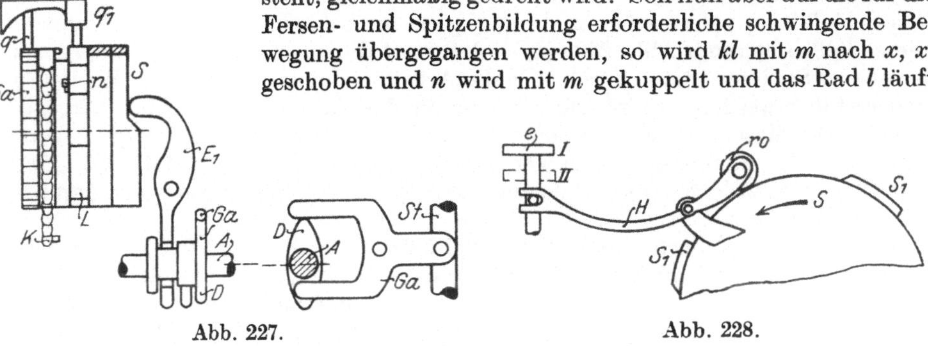

Abb. 227.
Abb. 228.

leer fort. Dagegen übernimmt jetzt die von A^1 mit he in Schwingung gebrachte und mit n im Eingriff stehende Zahnstange t die Schwingbewegung. R_1 empfängt jetzt eine vor- und rückwärtsgehende Bewegung, wodurch auch R mit Z_1 dieser Bewegung folgt. Zu dieser Umsteuerung ist eine Zählkette K, Abb. 227, über das Schaltrad Sa geführt, welche mit den Knaggen bei n die Exzenterscheibe S dreht, sobald ein Glied mit einer vorstehenden Nase bei n angreift und ein Stück gedreht wird und jetzt durch q, q_1 die entsprechende Stellung erreicht ist. Dann schwingt E_1 unten aus und bringt Ga gegen das Daumenstück D der Welle A. Von dort aus wird der Gabel Ga die Umschaltbewegung erteilt. Gleichzeitig wird aber auch durch Ansätze S_1 der Scheibe S, Abb. 228, dem Rollenhebel H, der mit ro auf S liegt, eine Schwingung erteilt, wodurch

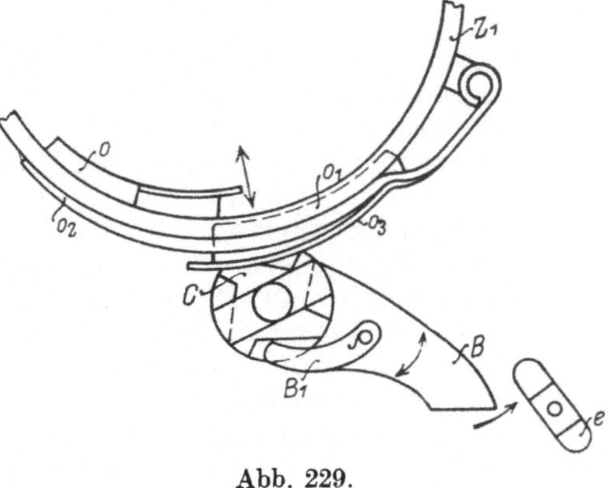

Abb. 229.

das Anschlagstück e, Abb. 228, aus der Stellung I in die Stellung II gelangt. Letzteres stellt sich gegen den mit dem Schloßzylinder gedrehten Daumen B, Abb. 225 und 229, der nun eine Verschiebung erlangt und mit B_1 das Exzenterstück C schaltet. Dieses bringt mit o_2 das Schloßteil o, Abb. 229 und 230, nach innen, an welchem die Nadeln mit hohen Füßen emporlaufen und außer Tätigkeit kommen.

Inzwischen laufen die Nadeln abwechselnd an b, b_1, Abb. 226, empor und die Zunge z bringt sie wieder zurück. Es stößt aber jeweils die erste Nadel mit ihrem Fuß an h, wobei durch Drehung bei c diese Nadel nach h_1 über das Schloß b, b_1

11*

geführt und zu den übrigen Nadeln außer Tätigkeit gebracht wird. Dies erfolgt so lange, bis ein Umschaltstück das Zurückschieben der Nadeln bewirkt. Im entgegengesetzten Sinne treten jetzt die sog. Zunehmergreifer bei o, d_1 aus der Stellung Ia, IIa in die Stellung I, II und bringen abwechselnd je zwei Nadeln in das Schloß zurück. Von diesen wird die vorderste bei h bzw. h_1 jeweils erfaßt und wieder nach oben geführt und wird so der Weg bei s, s_1, c, z frei.

Unterdessen hat die Kette K Abb. 227 und 231, ein Ansatzstück n, bei l erfaßt und den langen Zahn z_1 unter der Klinke q_1, Abb. 227, verschoben; L kann bei z_1 fortgedreht werden, und zwar durch q_1, Abb. 227. Dabei wird der ganze Apparat zurückgeschaltet. B, Abb. 225 und 229 empfängt durch e eine weitere Schaltung. Das Schloß o, o_2 geht zurück und o_1, o_3 geht im Schloßzylinder z_1 nach innen. Dieses stellt sich nach Abb. 230 ein, so daß jetzt die ausgeschalteten Nadeln aus der oberen Stellung I jetzt durch o_1 in die Arbeitsstellung II bis zu der Schiene g niedergeführt werden, wo sie dann wieder in das Arbeitsschloß, Abb. 226, gelangen. Die Maschine geht wieder auf Rundgang über und die Kette K wird durch q, Abb. 227 mit Sa weiter geschoben, während L, S stehen bleibt. Das Schaltstück n, welches unter Federzug steht, wird an einem Exzenter l herausgehoben, bzw. versenkt.

Zu bemerken ist noch, daß mit dem Schloßzylinder Z_1, Abb. 225, außer dem Platinenring p_2 mit b auch der Fadenführerring F_1 bei f_2 gedreht wird. Dieser

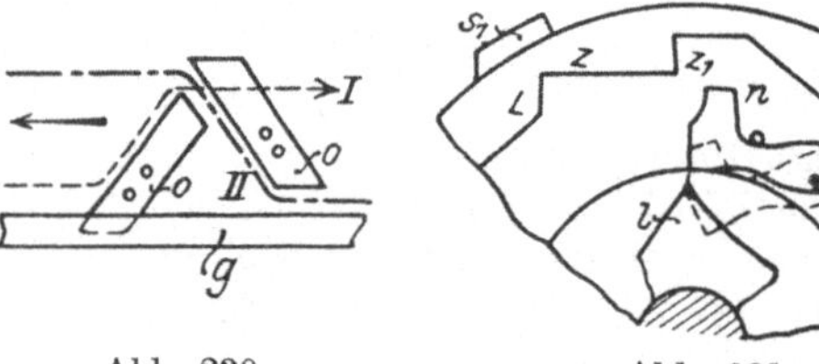

führt bei F den Faden den Nadeln a zu, F_1 dient zugleich als Zungenschützer und kann bei Arbeitsstörungen an f_2 nach links oben zurückgelegt werden, insbesondere auch dann, wenn die Randstücke zum Weiterarbeiten auf die Nadeln zu hängen sind. Für diesen

<table><tr><td>Abb. 230.</td><td>Abb. 231.</td></tr></table>

Vorgang müssen sämtliche Nadeln auf der Höhe von R, R_1, Abb. 226, stehen und zieht man hierzu das Schloß a nach unten zurück.

Wie aus dem Antrieb ersichtlich, läuft die Maschine mit zwei Geschwindigkeiten. Und zwar bei Fersenbildung langsamer, hierzu schaltet die Riemengabel ga, Abb. 225 die Riemen wechselweise von der Festscheibe ef, auf die Losscheibe lo, lo_1. Der Schloßzylinder empfängt somit bald langsamere, bald schnellere Drehung.

Sämtliche Bewegungen erfolgen selbsttätig von der Zählkette aus.

Die Rundstrickmaschine Standard, System Schubert & Salzer. Bei dieser Maschine sitzen die Nadeln a, Abb. 232, in gabelförmigen Fingern fi, fi_1, sog. Platinen, die um o ausschwingen, die Nadelschäfte erfassen und oben die Füße f in die Nadelkanäle vorziehen oder aus diesen herausdrücken. Der Zylinder Z, der zur Aufnahme der Nadeln die Kanäle k besitzt, ruht mit Z_1 auf der Stellschraube Rs. Er kann zugleich dort geregelt oder auch durch sr_1 in seiner tiefsten Lage begrenzt werden. Ferner legt sich sr, des um he_1 drehbaren Hebels he gegen Kr und hält he in höchster Stellung. Durch he_3 und Keilhebel he_2, der sich gegen die Kette Kt legt, kann der Zylinder Z höher und tiefer gestellt werden. Da die Nadeln in die Schloßstücke e greifen, so bleiben sie dort hängen; es ist also hier die lose und dichte Stellung, im Ober- und Unterlängenteile der Strumpfes, nicht durch das Schloß, wie bei den übrigen Strumpfautomaten, sondern durch den Zylinder zu regeln. Auch bei dieser Maschine sind Einschließplatinen p, Abb. 233, die im Platinenring tr, Abb. 232, liegen, wie bei der vorigen Maschine angeordnet. Dadurch ist es auch möglich, an diesen selbsttätig arbeitenden Rundstrickmaschinen ohne Abzugsgewicht zu arbeiten.

Die Nadeln werden bei *ba* durch ein Federband zusammengehalten; dort können sie auch durch Herausziehen und Aufwärtsbewegen ausgewechselt werden.

Fadenführer *fa* und Platinenring *ri*, der das Einschließen besorgt, werden mit *R* durch den Bügel *B* gedreht. *fa* kann mit Faden *x* bei *fa₁* ausgelegt werden. Die Maschine empfängt ihren Antrieb durch das Vorgelege *Vo* mit A, A_1 und durch die

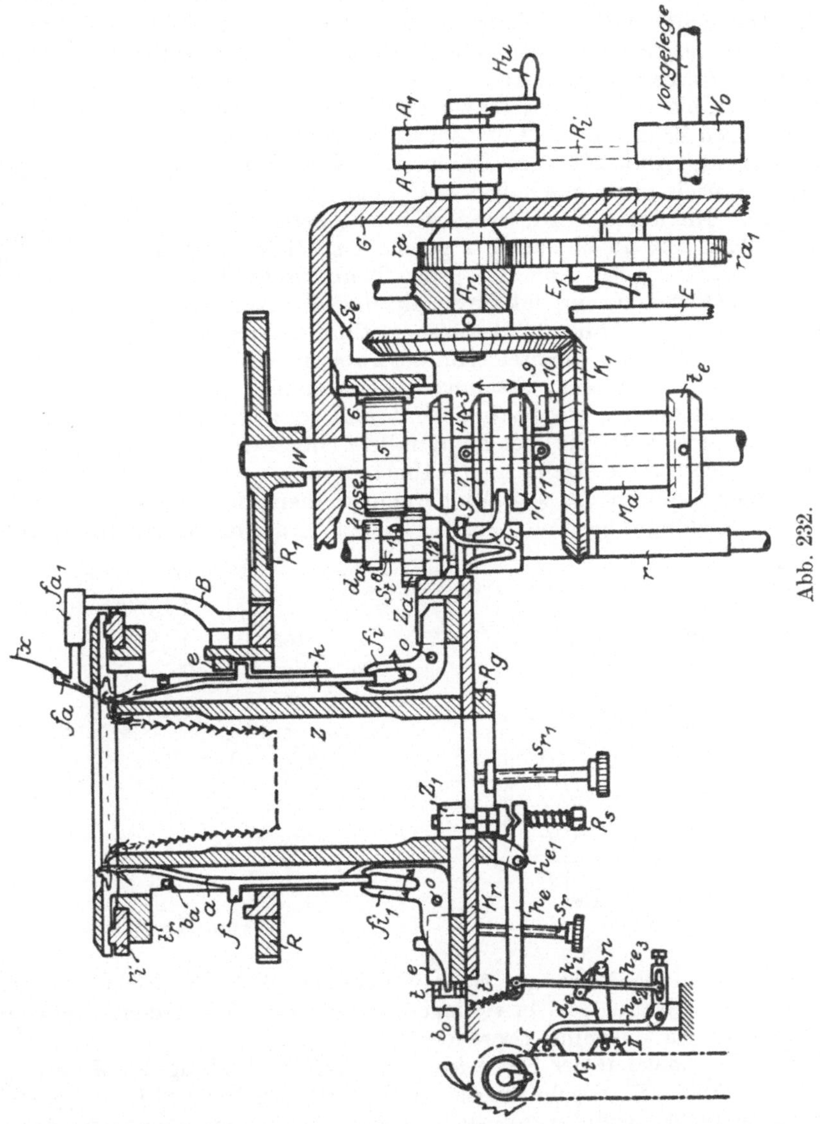

Abb. 232.

Räderübersetzung An, K_1, und R_1, R. Durch *ra* der Welle *An* empfängt das Kurbelrad ra_1 gleichmäßige Drehung, wodurch der an E_1 angelenkte Hebel *E*, der nach oben reicht, und mit der Zahnstange *6*, die in Schlitten *Se* geführt ist, verbunden wird.

Für den Rundgang treibt das Kegelrad K_1, das mit Muffe *Ma* auf dem Teller *te* ruht, durch die Verbindung *10, 9* und Muffe *7*, die Welle *W* mit dem Stirnrad R_1. Für die schwingende Bewegung, die bei der Fersen- und Spitzenarbeit einsetzt, wird durch einen Umsteuerungsapparat, der mit r in Verbindung steht, durch g, g_1 die Muffe 7 an 11 hochgeschoben. Sie greift mit 3 in 4 und verbindet das bisher auf der Welle W durch 6 lose hin- und hergeschwungene Rad 5, so daß von jetzt ab letzteres die Welle W mit R_1 und dadurch auch R mit dem Schloßteil e, die Vor- und Rückwärtsbewegung hervorbringt. Dies bewirkt die Zählkette Kt, auf welcher verschiedene Knaggen, I, II, III sitzen (siehe auch Abb. 234). Diese Knaggen besitzen Stifte si si_1. Kommt ein solcher, z. B. si_1, gegen den Klinkhebel d, e, so wird letzterer ein Stück nach oben gedreht und seine Schaltklinke ki schiebt die Achse n des Exzenters c, Abb. 235, ein Stück fort, so daß jetzt die Klinke Kl, Abb. 236, die bisher leer ausgeschwungen ist, hinter den unter dieser Klinke liegenden langen Zahn tritt und die Achse n so lange dreht, bis der Hubansatz sa, Abb. 235, des Rahmens r vom Hubexzenter j erfaßt und nach oben geschoben ist. Auch St wird mit hoch-geschoben. Hierdurch wird, wie schon angedeutet, mit g_1 die Muffe 7, Abb. 232, an W aufwärts geschoben. Gleichzeitig stößt

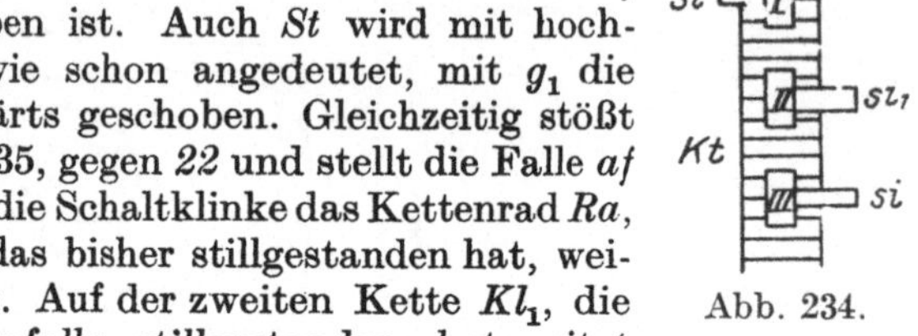
Abb. 234.

21, Abb. 235, gegen 22 und stellt die Falle af so ein, daß die Schaltklinke das Kettenrad Ra, Abb. 236, das bisher stillgestanden hat, weiter schaltet. Auf der zweiten Kette Kl_1, die bisher ebenfalls stillgestanden hat, sitzt

Abb. 233.

Knagge 14, die unter s weggezogen wird und jetzt kn unter Federzug zg freigibt. Hierdurch tritt die Hemmungsfalle d unter kl. Es kann von jetzt ab Achse n stehenbleiben. Dann ist die Umsteuerung vollendet und der Rahmen r an sa gehoben; durch die sog. Minderung können die Nadeln für die Fersen und Spitzenbildung eingestellt werden. Hierzu werden die Segmente bo, Abb. 232,

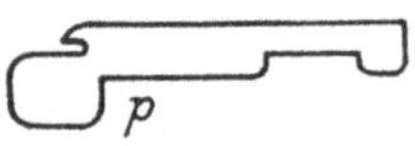

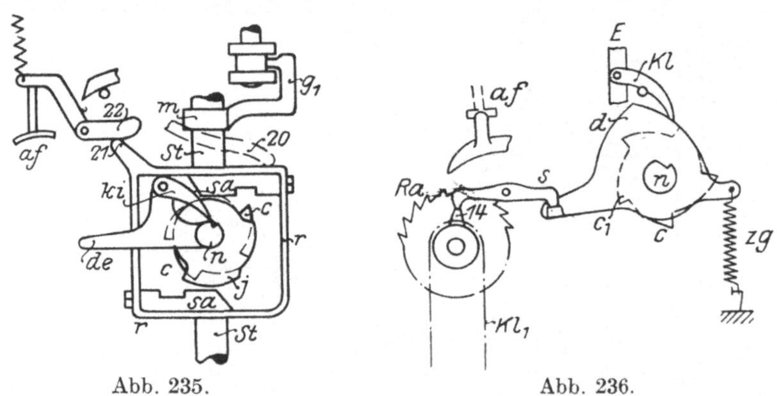
Abb. 235.　　　　Abb. 236.

mit t und e gegen die Schwingen fi_1 so verschoben, daß abwechselnd, bald rechts, bald links eine Nadel aus- bzw. eingeschaltet wird. Es werden 5 verschiedene Schwingen in der Maschine verwendet.

Durch die Knaggen der Kette Kl_1 wird nach Vollendung der Minderung der Exzenter c, Abb. 235, wieder um die Hälfte fortgeschaltet und in die gezeichnete Stellung gebracht, wodurch sämtliche Umsteuerungsorgane auch wieder in die Stellung, Abb. 232, zurückgeschoben werden. Dies geschieht, sobald Knagge 14 wieder unter s, Abb. 236, tritt und die Klinke Kl bei c so lange schaltet, bis der lange Zahn c_1 unter Kl läuft und Kl dort leer gleitet. Auch die Kette Kl_1, Abb. 236, bleibt stehen. Bei dem Heben von St, Abb. 235, wurde zugleich auch durch Hebel 20 der Verstärkungsapparat selbsttätig eingeschaltet und beim Senken wieder abgestellt und der Verstärkungsfaden über x, Abb. 232, abgeschnitten, sowie fest-

gehalten. Ein Schaubild von einer Strumpfstrickmaschine für Herstellung nahtloser regulärer Strümpfe und Socken zeigt Abb. 237. Über weitere Einrichtungen
sowie auch über Verbesserungen zur Herstellung von Plattier-, Umlege-, Farb-
und Preßmuster usw. geben die D. R. P. Nr. 94 884, 177 626, 177 865, 196 207, 200 257,
208 971, 217 598, 223 873, 226 139, 227 863, 230 140, 293 661, G. F. Großer, Markersdorf, Nr. 330 380, 331 429, 341 194 u. a. mehr, Aufschluß.

Für Jacquardmusterungen in Strümpfen und Socken hat die Standard-
rundstrickmaschine einen „Jacquardapparat" erhalten, der die Musterung
selbsttätig auf die Nadeln überträgt (siehe auch Brit. Pat. Nr. 230 366,
Amer.-Brit. Pat. 195 603,
Brit. Pat. 210 046, Brit.
Pat. 217 745, Brit. Pat.
211 913, Amer. Pat.
1 483 905).

Die Rundstrickma-
schine mit Spitzennadeln
der Firma Ed. Dubied,
Couvet, welche unter der
Bezeichnung New Na-
tional bekannt ist, ar-
beitet ähnlich wie ein
Kulierstuhl mit Kulier-
platinen. Die Spitzen-
nadeln liegen auf zwei
Halbzylindern lotrecht.
Sie werden abwechselnd
gehoben und gesenkt.
Während die eine Hälfte
durch ein Kulierrößchen
und Platinen die Schlei-
fen zugeteilt empfängt,
wird die andere Hälfte
zum Ausarbeiten der Ma-
schen gesenkt, wobei die
mit hohem Preßhaken
ausgebildeten Nadeln
zum Pressen an einem
Ring niedergehen (siehe
auch D. R. P. Nr. 121 916
zum Mindern der Ferse
und Spitze).

Abb. 237.

2. Rundstrickmaschine für gemusterte Waren.

Die selbsttätig arbeitende Rundränderstrickmaschine. Man
unterscheidet selbsttätig arbeitende Rundränderstrickmaschinen für die Strumpffabrikation und solche für größere Warenschläuche, sog. gerippte Waren. Maschinen der letzteren Art sind solche, wie sie allgemein auch als Rundwirkmaschinen mit Zungennadeln ausgeführt werden. Aber auch diese Maschinen besitzen
Vorrichtungen zur Herstellung abgepaßter Randstücke oder Teile von Gebrauchsgegenständen, wie z. B. Leibstücke für Jacken, Westen usw. Für die Herstellung

von Strumpflängen, welche eine Art Minderung erlangen sollen, sind diese selbsttätig arbeitenden Rundränderstrickmaschinen mit einer Art Mindervorrichtung eingerichtet. Jedoch handelt es sich hier lediglich um ein selbsttätiges, allmähliches Umstellen der Rändermaschine, damit losere oder dichtere Ware entsteht. Meist wird dies dadurch erzielt, daß man die Rändermaschine höher oder tiefer gegen die Zylindernadeln einstellt. Dazu verwendet man eine Umschaltkette e, Abb. 238, welche über das Kettenrad f wegläuft und mit verschieden hohen Knaggen den Hebel g und oben h verschiebt. Es wird dann die an i sitzende Muffe, bzw. die Rändermaschine c, d mit i aus der Stellung, Abb. 239, nach und nach in die Stellung, Abb. 240, übergeführt und herabgesenkt, so daß die Nadeln a des Zylinders N mit den Nadeln b der Rippscheibe c die Maschen dichter zusammenarbeiten und die Verbindungsteile dieser Maschen kürzer werden. Umgekehrt entsteht dann wieder losere Ware, wenn man aus der Stellung, Abb. 240, in die Stellung Abb. 239 übergeht und die Hebelverbindung h, g, Abb. 238, auf leere Glieder der Kette e übertreten läßt.

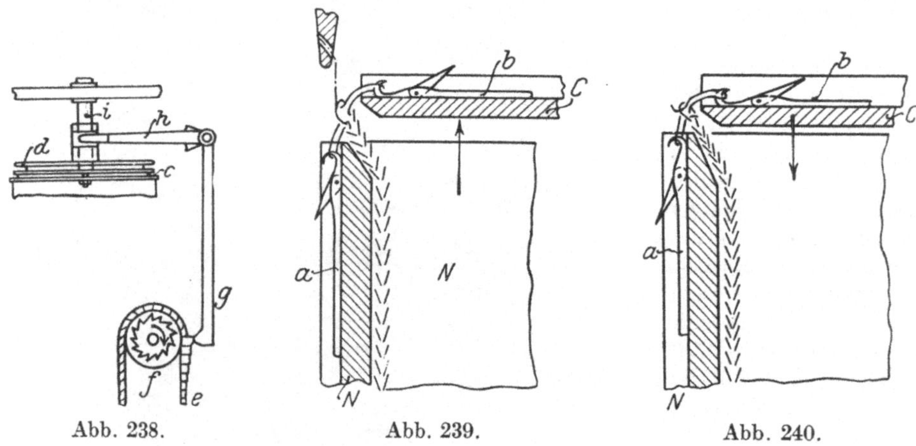

Abb. 238.　　　　　　　　　　Abb. 239.　　　　　　　　　　Abb. 240.

　　Da zu dieser Umstellung verschieden hohe Knaggen erforderlich sind, hat man die Umschaltung vereinfacht. Es sind verschiedene Vorschläge hierzu bekannt geworden.

　　Nach dem D. R. P. Nr. 12791 von Niendorf wird nur eine Knaggengröße benützt. Sobald dann die Kette t_1, Abb. 241, des Kettenrades R eine solche Knagge t unter den Hebel u bringt, wird letzterer mit u_1 gehoben, und die auf u_1 ruhende Stange v wird aus der Stellung I in die Stellung II hinaufgehoben.

　　So wie schon bei der Rundränderstrickmaschine für Handbetrieb ausgeführt wurde, wird auch bei der Kraftmaschine durch ein Antriebrad A, das mit der Verzahnung Z in Eingriff steht, der Schloßzylinder S um den Nadelzylinder N gleichmäßig gedreht. Mit diesem wird auch der Träger q, der die Maschinenstange k trägt, gedreht. An diesem sitzt bei n_1, n_2 ein Schaltstück m, dessen Verlängerung n_3 bis zu dem Anschlag w reicht. Kommt nun bei dieser Drehung n_3 an dem in die Stellung II gebrachten Anschlag w vorbei, so muß n_3 um o (s. a. Abb. 242), ausschwingen und schaltet dabei die oben an k sitzende Muffe l. Diese führt sich in einem Gewinde nach und nach der Achse k entlang, wodurch unten die Rippscheibe c mit d verschoben wird. Ist die erforderliche Reihenzahl erreicht, oder soll auf eine andere Warendichte umgestellt werden, so kann durch eine besondere Knagge t_2, Abb. 241, mit u, u_1 das Anschlagstück vw bis nach 3 hinaufgeschoben werden; dort stellt sich dann y gegen w ein und hält das Rad l zurück, so daß sich

die Schraubenmutter wieder zurückdreht und die Rippscheibe in ihre Anfangsstellung zurückkehrt.

Der Übergang von Rechts-Rechts- zu Fangware oder Perlfangware kann ebenfalls entweder durch Musterketten oder durch Musterscheiben mit eingestellten
Schraubenköpfen selbsttätig erfolgen. Es werden dann mit diesen Stellorganen
teils Anschlagstücke oder Zughebel umgestellt, welche mit den Schloßteilen der
Stuhl- und Maschinennadeln in Verbindung stehen. Abb. 243 ist das Schloß der

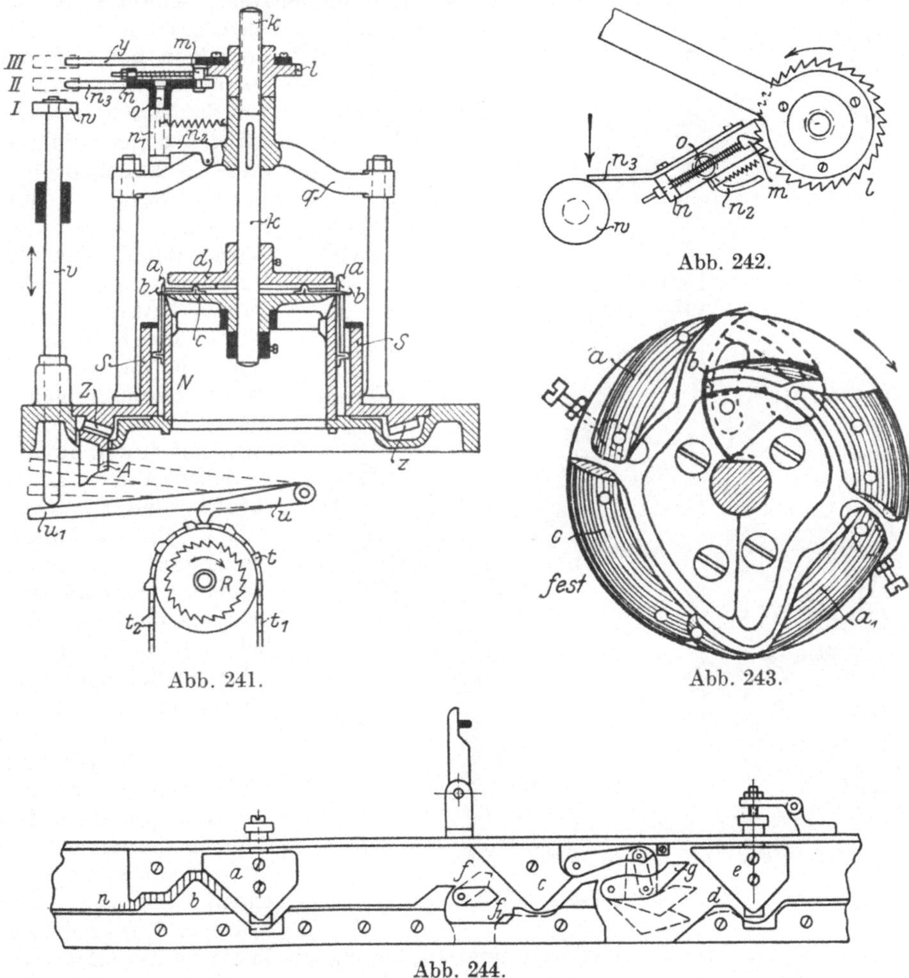

Abb. 242.

Abb. 241.

Abb. 243.

Abb. 244.

Rippscheibe, Abb. 244 zeigt die Abwicklung des Schloßzylinders, mit dem Schloßteil nach außen gelegt. Die Nadeln führen sich in der bei a, b, c gebildeten Spur.
Zwischen a, c, Abb. 243, ist ein kleiner freier Raum gelassen, dort können die Rippnadeln ausgewechselt werden. Zwischen a_1, c werden die Nadeln nach vorn, und
zwischen a, c zur Aufnahme der Fadenschleifen zurückgeführt. Dies wiederholt
sich im zweiten System bei b, wobei b nach außen in die punktierte Stellung zu
bringen ist. Wird aber b nach innen zurückgezogen, so bleiben die Nadeln außer
Tätigkeit. Die Zylindernadeln greifen mit ihren Füßen in die durch die Schloßteile a, b gebildete Führungsnut n, Abb. 244. Sie werden zunächst bei b über den

Abschlagkamm gehoben und zur Aufnahme des Fadens bei a wieder herabgeführt.

Im nächsten System kann sich die Arbeit wiederholen. Zieht man dort das
Schloßteil f_1 zurück, so kann auch Schlauchware als Doppelrand gebildet werden.
c bringt die Nadeln in die Kanäle zur Maschenbildung zurück. Für Rechts-
Rechtsware geht f_1 nach f aufwärts; es ist hierzu die Kette einzustellen.

Die Trennreihenbildung erfolgt meist durch Ableeren der Zylindernadeln.
Hierzu wird das in punktiert gezeichneter Stellung gehaltene Schloßteil d nach
oben geschoben und da dort kein neuer Faden eingeführt wird, so können die Nadeln bei e leer zurückgezogen und über diese die Maschen abgeworfen werden. Man nennt dieses Schloß auch Ableerschloß, das mit Hebel bei g umgeschaltet werden kann.

Für die Fabrikation von Strümpfen mit Rechts-Rechtslängen ist die Rändermaschine auch mit einem zweiten Nadelzylinder ausgeführt worden. Die Nuten beider Zylinder münden ineinander, so daß die Nadeln, welche als Doppelzungennadeln, ähnlich wie in einer Links-Linksstrickmaschine verwendet werden, von einem in den anderen Zylinder überzuführen sind. Die Einstellung und Bewegung der Nadeln geschieht durch besondere Führungsplatinen. Für die glatte Ware, z. B. für das Fuß-

Abb. 245.

stück, läßt man die sonst verteilt eingestellten Nadeln in einen Zylinder überführen. Dort bleiben sie so lange, bis der Vorfuß vollendet ist. Es ist auch
möglich, nur die Sohle, Ferse und Spitze glatt und das sog. Fußblatt in Ränderware zu arbeiten.

Auf derartig arbeitende Rundrändermaschinen sind mehrere Patente erteilt,
so z. B. die D. R. P. Nr. 254854, 258481, 266136, 341194.

Eine selbsttätig arbeitende Rundrändermaschine, System Schubert & Salzer,
die zugleich auch Laufmaschen- und Preßmuster bildet, veranschaulicht Abb.
245. Durch die Zählketten k, k_1, auf welchen die Musterknaggen eingesetzt
sind, werden die verschiedenen Organe selbsttätig umgestellt. (Siehe auch ferner
noch die D. R. P. Nr. 330380, 320169, 339268, von welchen die beiden letzteren

zum Herstellen von Handschuhen noch besondere Einrichtungen bekannt geben [(siehe auch D.R.P. Nr. 411825)]. Das Patent Nr. 292289 von C. Terrot Söhne, Cannstatt, ermöglicht selbsttätige Abstellung durch die Fadenführer. Für besondere Muster sind die D. R. P. 221174, 225502 von W. Scott noch zu erwähnen.

Der Bau der Rundstrickmaschinen ist außerordentlich vielgestaltig. Es würde den Rahmen dieser Ausführungen weit überschreiten, wollte man auch nur im wesentlichen den verschiedenen Konstruktionen Rechnung tragen. Zum eingehenden Studium der einzelnen Ausführungsarten ist auf die Erklärungen und Arbeitsvorschriften, welche die Maschinenbauer ihren Fabrikaten mit auf den Weg geben, zu verweisen.

B. Die Flachstrickmaschinen.

Auch von diesen unterscheidet man Hand- und Motorstrickmaschinen. Ferner hat man noch zu unterscheiden Flachstrickmaschinen für glatte und Rechts-Rechts- oder Fangware und solche für ausgesprochene gemusterte Waren, wie z. B. Jacquard-, Bunt- und Noppenmuster.

Die verbreitetste Strickmaschine dieser Art ist diejenige nach dem System Lamb vom Jahre 1866.

Die älteren Einrichtungen, welche für ähnliche Zwecke gebaut wurden, haben sich in der Praxis nicht bewährt. Sie haben nur geschichtliche Bedeutung (siehe auch D. R. P. Nr. 79262, 80150, 81588).

I. Die flache Handstrickmaschine.

Die leichte, übersichtliche Einrichtung dieser von W. Lamb im Jahre 1866 erfundenen und von Amerika nach Deutschland eingeführten Strickmaschine hat außerordentliche Verbreitung erlangt und wird auch heute noch sowohl im Klein- wie im Großbetriebe vielseitig angewendet.

Ihre zweckmäßige Nadelanordnung gestattet nicht nur die Herstellung von Rechts-Rechts-, d. h. Ränder-, Fang- und Perlfangware, sondern ebenso auch die schlauchförmige glatte Ware. Es ist außerdem noch das Mindern und Erweitern der Ware auf einfache Weise vorzunehmen, so daß die an dieser Maschine hergestellten Produkte teilweise oder ganz regulär, vielfach sogar für den Gebrauch fertig, an der Maschine herstellbar sind.

Die Nadeln kommen bis jetzt fast ausschließlich als Zungennadeln vor. Die Ausführungsform derselben ist außerordentlich vielgestaltig.

Die Abb. 246 zeigt einen Schnitt durch die einfache Handstrickmaschine. Die beiden Nadelplatten A, B, auch Nadelbetten genannt, liegen dachförmig etwa 45 Grad geneigt in einem Bockgestell auf Schienen A^4, B_1. Die Platten sind mit Kanälen versehen, die oben in den sog. Abschlagkamm k, ausgebildet sind. In diesen liegen die Nadeln a, b einzeln beweglich. Sie werden durch sog. Federn c, c_1 oben in Arbeitsstellung gehalten, sie können aber auch beliebig durch Herabziehen ausgeschaltet werden (s. a. D. R. P. Nr. 79919). Für die Maschenbildung sind nun ähnlich, wie bei den Rundstrickmaschinen, diese Nadeln in ihren Kanälen einzeln nacheinander zu verschieben. Dazu benützt man besondere Dreiecke, sog. Exzenter l, m, r, l_1, m_1, r_1, Abb. 247, die in einem Schlitten D, E und in der Schloßplatte e, e_1, Abb. 246, bzw. B, Abb. 247, teilweise verstellbar eingesetzt sind. Je nachdem der Schlitten über die Platten A, B an Schienen H, J nach rechts oder links verschoben wird, stoßen die Mittelstücke m, m_1, Abb. 247, gegen die Nadelfüße f, f der Nadeln a, b, Abb. 246 und bringen diese in die Stellung, wie b zeigt, nach oben.

Es bildet sich durch die Dreiecke eine Führungsspur a, b, in welcher die Nadeln an ihren Fußstücken f, f zwangsläufig geführt werden.

Ein Fadenführer F, der gerade über den Abschlagzähnen k, k eingestellt und mit dem Schlitten bei G am Schlittenstabe J geführt wird, legt den Faden x den hochgeschobenen Nadeln vor und letztere erfassen ihn beim Zurücklaufen in die Kanäle mit ihren offenen Haken und formen ihn zu Maschen um (Stellung I bis IV).

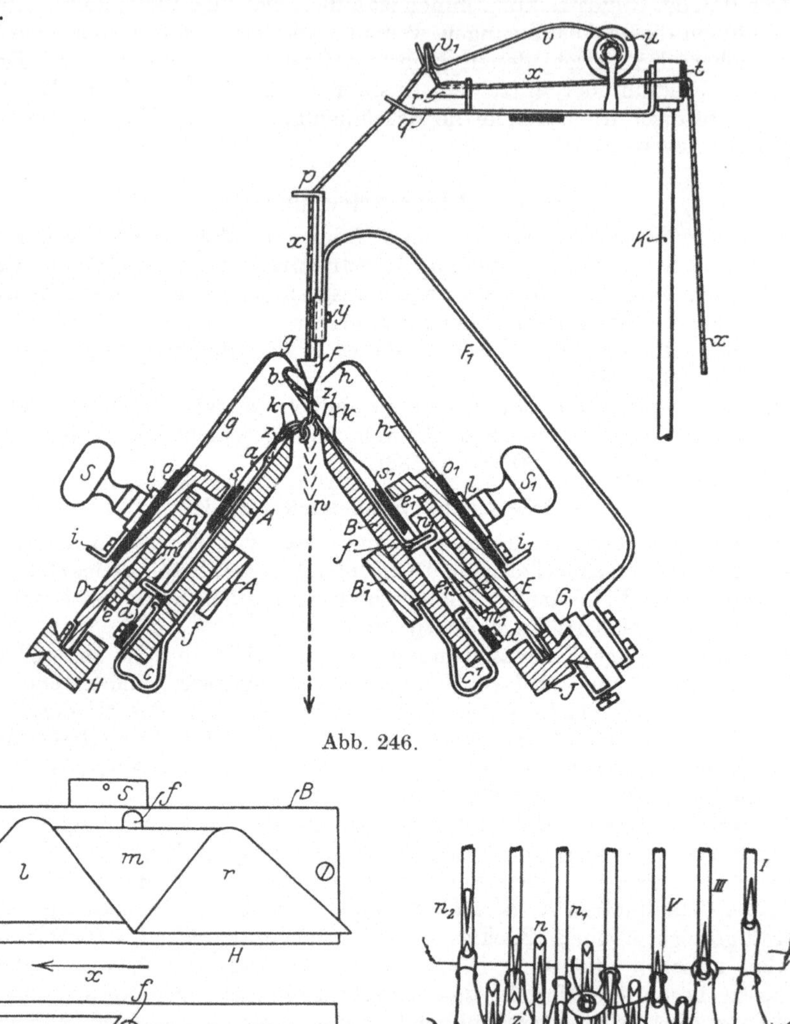

Abb. 246.

Abb. 247.　　　　Abb. 248.

Dieser Vorgang ist deutlich aus Abb. 248 und 248a ersichtlich.

Die Stellung der Nadeln im vorderen und hinteren Nadelbett v, h ist versetzt; es soll die maschenbildende Nadel I vollständig in den Kanal und Abschlag k, Abb. 248a, zurückgezogen sein und die Masche m ausgearbeitet haben, bevor die nächste

II den Faden *f* in Schleifenform *s* in den Kanal hereinzieht. Der Fadenführer *F* ist ebenfalls in seiner Stellung genau zu überwachen; er darf gegen die Nadeln *n*, n_1 weder zu hoch noch zu tief stehen, weil sonst der Faden entweder nicht richtig erfaßt wird oder Reibung an den Nadeln entsteht.

Der Fadenführer kann entweder am Schlitten oder, so wie Abb. 246 zeigt, bei *y* an einem Bügel F_1, der an einem verschiebbaren Kästchen *G* sitzt, befestigt sein und mit diesem verschoben werden. In letzterem Falle ist noch bei *p* eine winkelförmige Fadenöse vorgesehen, welche den Faden senk-recht leitet. Damit beim Umkehren des Schlit-tens und vor dem Übergang von einer Reihe zur andern der durch *t, r* laufende Faden straff ge-legt wird, legt man oben zwischen *q, r* einen mit Öse v_1 und bei *u* einstellbaren Spanndraht *v* ein. Dieser Teil wird oben bei *q* von einem im Stehgewicht sitzenden Stab *K* getragen.

Die Zungenschützer, fälschlicherweise auch Zungenöffner genannt, welche den Zweck haben, das Zurückspringen der Zungen wäh-rend des Vorschiebens der Nadeln zu verhüten, sind entweder aus messerartigen Stahlplatten *g, h* geformt, die an den Stäben sitzen und mit dem Schlitten geführt werden, oder, wie dies heute fast ausschließlich geschieht, sie können als sog. Zungenbürsten mit Bor-sten ausgebildet sein. Diese sind gegen die Nadeln und über die zurückgelegten Zungen z_1 einzustellen, um ein Zurückschnellen der letz-teren zu verhindern. Sie sollen aber auch zu-gleich zu Beginn einer Arbeit die gegen die Nadelhaken gelegten Zungen z z_1 zurücklegen und die Nadelhaken öffnen.

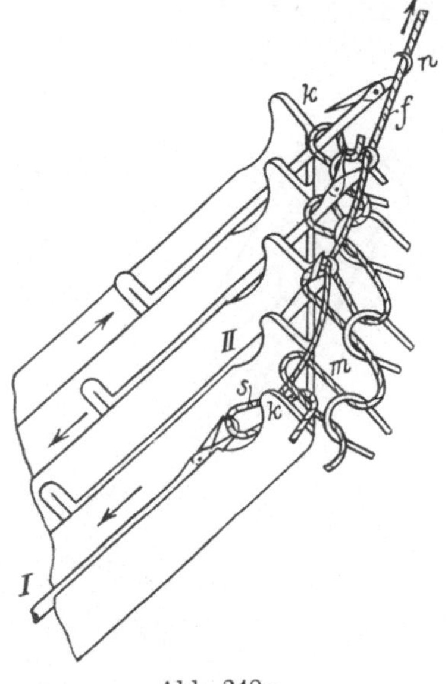

Abb. 248a.

Die D. R. P. Nr. 61767, 99265, 102914, 106861, 111457, 113492, 118870, 120114, 120326 geben Vorschläge über Bürstenein-richtung und Abstreifen der Ware an den Nadeln an.

Die Regelung der sog. Seitenexzenter, welche die Nadeln in die Kanäle zu-rückführen, erfolgt durch Stellschrauben *S*, S_1, Abb. 246, deren Bolzen durch die Schlittenwände gehen und unten die Seitenex-zenter tragen. Je nach-dem diese Stellschrauben

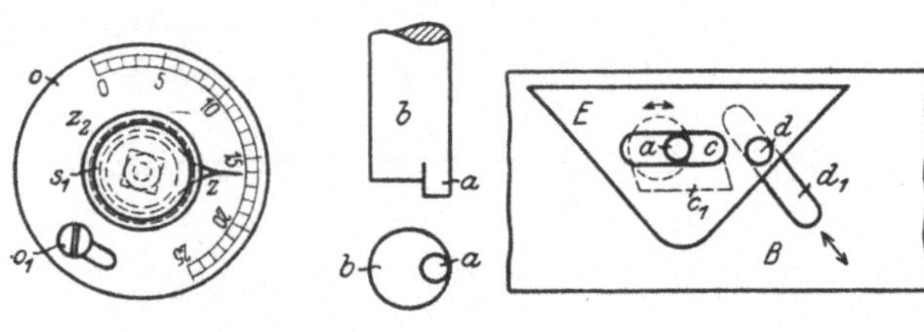

Abb. 249.

geformt und eingestellt sind, unterscheidet man zwei Arten. Die ältere kreisförmige Art, Abb. 249, und die neuere, ellipsenartige Form, Abb. 250. Die Stellschrauben sind mit Zeiger *z* versehen, die gegen eine Zifferplatte *o*, o_1 (s. Abb. 246) einzustellen sind. Je tiefer die Seitenexzenter in der Schloßplatte *B* herabgezogen werden, um so tiefer können sie auch die Nadeln in die Kanäle zurückführen, wodurch lose Maschen gebildet werden. Bei der alten Schloß-stellung, Abb. 249, ist die Zifferplatte von *0—25* geteilt, bei der neueren Aus-führung, Abb. 250, in der Regel von *0—15*.

Soll nun für irgendeine Maschenart das Schloß eingestellt werden, so sind, je nach der Garnstärke, die Schrauben $s\,s_1$ und mit deren Bolzen auch die Seitenexzenter E über einem entsprechenden Teilstrich einzustellen. Beim Drehen des Bolzens b, Abb. 249, greift der exzentrische Zapfen a in den Schlitz c des Exzenters E und bringt letzteren mehr oder weniger tief gegen die Nadeln. Das gleiche trifft zu, wenn s mit s_1, Abb. 250, in dem Schlitz b, b_1 verschoben wird.

Die Stellschrauben s führen sich in c, c_1 und sind bei i, i_1, Abb. 246 u. 250, begrenzbar.

Die Exzenter sind in der Regel bei f, bzw. d, d_1 federnd; dadurch ist es möglich, die arbeitenden Nadeln an der vorlaufenden Schlittenseite zu entlasten, wodurch das Reißen der Maschen verhindert wird. Die richtige Exzenterstellung ergibt

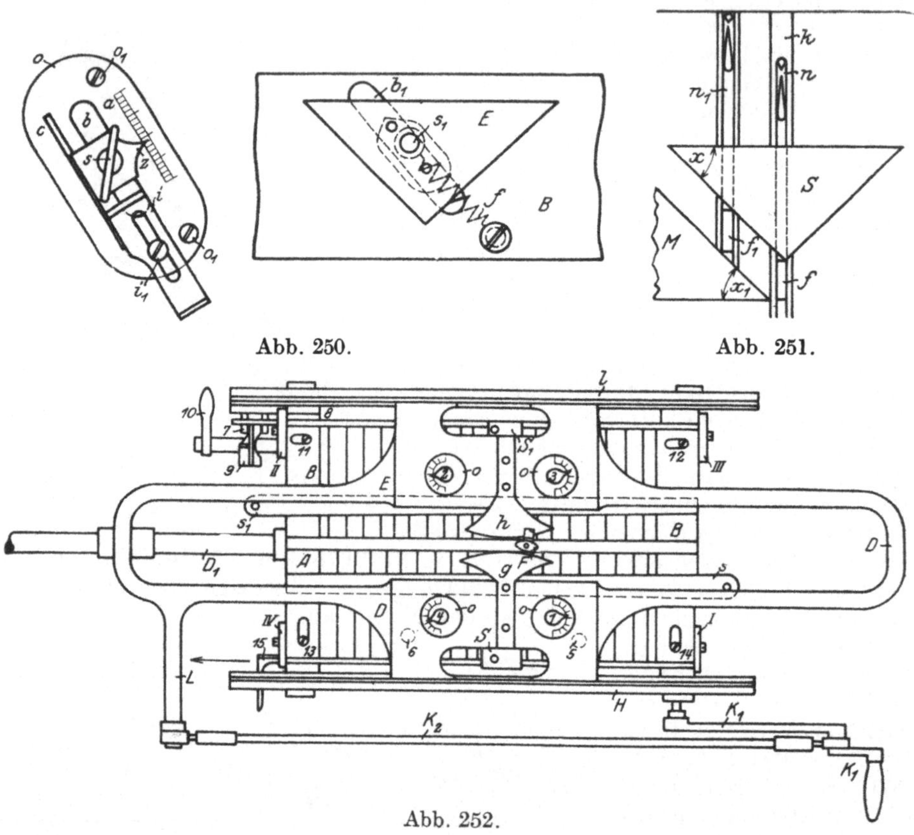

Abb. 250.   Abb. 251.

Abb. 252.

sich aus Abb. 251. Hieraus ist auch ersichtlich, wie die Nadelstellung n, n_1 durch die Exzenter, und zwar Seitenexzenter S und Mittelexzenter M, vorzunehmen und der Neigungswinkel x, x_1 gebildet werden muß. Es soll die eine Nadel n vollständig in den Kanal gezogen sein und die Masche gebildet haben, bevor die nächste n_1 die Schleife aufnimmt und in den Kanal k (Abb. 248a) einzieht.

Bezüglich der Schlittenanordnung unterscheidet man den Lambschlitten oder langen Schlitten, den halblangen Schlitten, den Supportschlitten und den kurzen Schlitten und neuerdings noch den Industrieschlitten. Der lange Schlitten hat den Vorteil, daß die verschiedenen Handarbeiten an der ganzen Nadelbreite und in jeder Stellung des Schlittens bequem ausführbar sind, auch kann man die Fadenführer für beliebig breite Waren einstellen und für Farbmusterungen, sowie für geteiltes

Arbeiten auswechseln. Beim kurzen Schlitten ist dies nicht möglich. Dieser kommt in der Regel auch meist bei den kleinen Strumpfmaschinen und für Schlauchwaren zur Anwendung. Zu erwähnen ist noch der Industrieschlitten, der mit so hohen Bügeln ausgebildet ist, daß unter diesen noch die Fadenführerstangen unterzubringen sind, an welchen mehrere Fadenführer angebracht werden können.

Der lange Supportschlitten D, Abb. 252, der hier beispielsweise zu erwähnen ist, führt sich bei D_1 und läßt die beiden Nadelplatten A, B vollständig frei. Die Führung erfolgt mit der Handkurbel K, K_1, die mit K_2 an L angelenkt ist. Für das allgemeine Schloß muß zum Übergang von einer Maschenart zur andern so umgestellt werden, daß z. B. für Schlauchware der vordere Mittelexzenter m_1, der auch Heber genannt wird, durch S_1, Abb. 246, 247, herab, der andere m durch S in f heraufgeschoben wird (geschlossen). Umgekehrt, wenn der Schlitten nach rechts geht, wird m_1 geschlossen und m geöffnet. Dazu stoßen die Ansatzstücke s, s_1, Abb. 247, an die Riegel $I—IV$, Abb. 252, die außen an der Bockseite herauszuziehen sind. Man nennt ein solches Schloß Riegelschloß.

Für die gewöhnliche, doppelflächige Ware sind diese Riegel nach innen geschoben oder aber so, daß beim Schlittenhub nach rechts I, und II beim Hub nach links, vorgezogen ist.

Es ist noch für die Stellung der Nadeln die sog. Nadelschiene s, s_1, Abb. 246, anzuführen. Diese kann beim Auswechseln schadhaft gewordener Nadeln bis zu der betreffenden Nadelstelle zurückgezogen werden.

Ferner ist noch der sog. Nadelversatz zum Verschieben der hinteren Nadelplatte beachtenswert. Dieser besteht aus einem Handgriff 10, Abb. 252, und aus einem exzentrischen Kurvenstück 9, das sich gegen die Bolzen 7 einstellen läßt, wodurch die Nadelplatte bei 8, 11 und 12 um 1—3 Teilungen seitlich zu verschieben ist. Dies kann bei der Herstellung von verschiedenen Musterarten von großer Bedeutung sein.

Die vordere Nadelplatte ist herablaßbar durch Keilstücke oder durch eine Zugschiene 15 und ist hierzu bei 13, 14 eine Schlitzführung vorgesehen.

Die Seitenexzenter mit ihren Stellschrauben werden numeriert in der Weise, daß vorn rechts Nr. 1, hinten links Nr. 2, vorn links Nr. 4, hinten rechts Nr. 3 folgt. Die Reihenfolge 1, 2 wird stets beibehalten, dagegen kann 3, 4 auch verändert sein. Vielfach kommen noch sog. Randschlösser hinzu, die dann mit 5 und 6 bezeichnet werden.

Mit dieser einfachen Schloßeinrichtung lassen sich die folgenden Musterarten hervorbringen:

1. Glatte Strickware.

Es ist dies die einfache Kulierware, welche dadurch zustande kommt, daß man abwechselnd die vordere und hintere Nadelreihe in Arbeitsstellung bringt. Grundsatz ist, daß bei der Schlittenführung nach links die vordere Nadelreihe und umgekehrt die hintere in Arbeitsstellung gelangt.

Hierzu ist entweder das Riegelschloß oder das Schlauchschloß erforderlich, damit die Umstellungen der Mittelexzenter in dieser Wechselwirkung die Nadeln betätigen. Bei Verwendung des älteren Riegelschlosses stellt man die Anschlagriegel $I—IV$, Abb. 252 so nach außen, daß die Mittelexzenternasen S, S_1, Abb. 247, bei dem Ausfahren des Schlittens, also vor jeder Umkehrung anstoßen und abwechselnd in die Arbeitsstellungen m_1 bzw. tote Stellung m, gelangen. Damit dieser Schlittenweg bei schmalen Schlaucharbeiten, wie z. B. Fußspitzen, Fingerstücke in Handschuhen, abgekürzt wird, und die Umkehrung des Schlittens gleich nach dem Verlassen der letzten Arbeitsnadel erfolgen kann, die Leistungsfähigkeit der Maschine also wesentlich zu erhöhen ist, verwendet man jetzt allgemein Schlauchschlösser.

Von diesen gibt es mehrere Ausführungsarten. Sowohl für die Arbeit mit dem Riegelschloß, wie auch mit dem Schlauchschloß, müssen die Seitenexzenter nach folgendem Schema auf der Zifferplatte eingestellt werden.

$$I. \quad \begin{matrix} 2 = 17 \div 18 & 3 = 13 \div 15 \\ & \times & \\ 4 = 13 \div 15 & 1 = 17 \div 18 \end{matrix} \qquad\qquad II. \quad \begin{matrix} 2 = 11 \div 12 & 3 = 8 \div 9 \\ & \times & \\ 4 = 8 \div 9 & 1 = 11 \div 12 \end{matrix}$$

Die Schloßstellung I ist dann für die alte Konstruktion, während die Stellung II für die neue Ausführung angenommen ist.

Die Seitenexzenter $1, 2$, können je nach der Warendichte und der Garnstärke um ein bis zwei Teilstriche höher oder tiefer eingestellt werden. Die Verwendung und Erklärung der verschiedenartigen Schlauchschlösser ist weiter unten ausgeführt.

2. Rechts-Rechts- oder Ränderware.

Diese erfordert die Schloßstellung in der Weise, daß einesteils beide Mittelexzenter dauernd in Arbeitstellung bleiben, ebenso daß die 4 Seitenexzenter nach der Stellung I oder II auf gleichen Teilstrichen über den Zifferplatten stehen.

$$I. \quad \begin{matrix} 2 = 14 \div 16 & 3 = 14 \div 16 \\ & \times & \\ 4 = 14 \div 16 & 1 = 14 \div 16 \end{matrix} \qquad\qquad II. \quad \begin{matrix} 2 = 8\tfrac{1}{2} \div 11 & 3 = 8\tfrac{1}{2} \div 11 \\ & \times & \\ 4 = 8\tfrac{1}{2} - 11 & 1 = 8\tfrac{1}{2} \div 11 \end{matrix}$$

Hierbei ist I Stellung für alte Konstruktion, II für neue Konstruktion zugrunde gelegt.

Eine gleichmäßige dichte Ränderware erzielt man mit dem **Randschloß**, Abb. 253, das meist mit dem vorderen Mittelexzenter M verbunden ist. Neben den zwei Seitenexzentern S, S_1 sitzen die Randexzenter R, R_1. Diese haben den Zweck, die durch S, oder S_1 nicht ganz herabgezogenen Nadeln nach dem Ausbilden der Maschen noch etwas tiefer in die Kanäle zurückzuziehen, wie z. B. Exzenter R zeigt. Wird der Schlitten entgegengesetzt des Pfeiles y geführt, so erzielt man dieselbe Wirkung bei S_1, R_1. Hierzu läßt man das hintere Schloß, wie sonst üblich, die Nadeln abziehen; es können dann die vorderen Seitenexzenter S, S_1 wesentlich dichter eingestellt werden. Wenn dann einzelne Maschen, insbesondere an den Randnadeln, nicht ganz über die Nadelköpfe abgeschoben werden, so geschieht dies beim Nachziehen durch die Randexzenter R, R_1, welche mit 5 und 6 numeriert werden. Die geeignete Stellung kann entweder nach dem folgenden Schema I oder nach II ausgeführt werden:

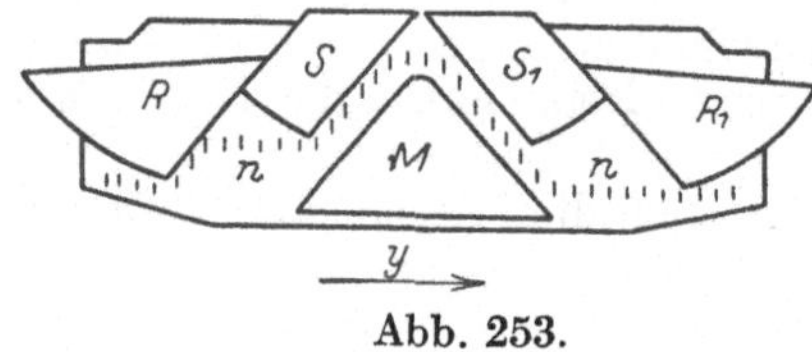

Abb. 253.

$$I. \quad \begin{matrix} 2 = 10 \div 11 & 3 = 10 \div 11 \\ & \times & \\ 6 = 10 \quad 4 = 8 & 1 = 8 \quad 5 = 10 \end{matrix} \qquad II. \quad \begin{matrix} 2 = 12 \div 13 & 3 = 12 \div 13 \\ & \times & \\ 6 = 10 \quad 4 = 0 \div 5 & 1 = 0 \div 5 \quad 5 = 10 \end{matrix}$$

3. Fangware.

Man hat hier denselben Grundsatz zu befolgen wie bei der Schlauchware angegeben. Es muß Exzenter *1* und *2* abwechselnd bald vorn, bald hinten die Maschen ausarbeiten, während Exzenter *3* und *4* die Doppelmaschen, bzw. Fangbildung bewirkt. Fangware wird immer so hergestellt, daß abwechselnd eine Henkelreihe am einen, z. B. hinteren Nadelbett beim Schlittenhub nach links, das andere Mal eine solche an der vorderen Reihe, beim Schlittenhub nach rechts, entsteht. Hierzu sind die Seitenexzenter wie nachstehend anzuordnen:

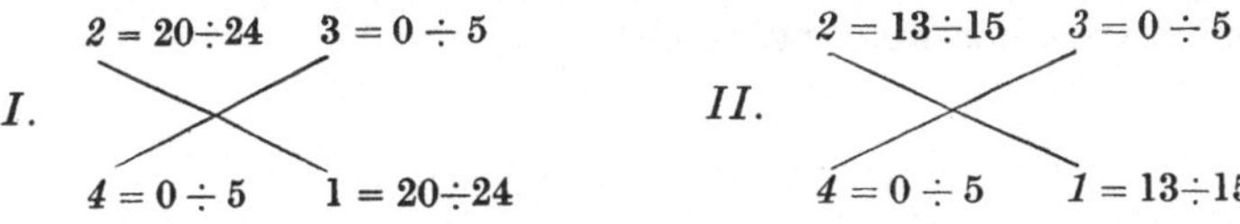

Auch hier ist wieder Stellung *I* für alte Schloßkonstruktion, *II* für neue Schloßkonstruktion.

4. Perlfangware (auch Halbfang genannt).

Es ist dies eine Verbindung von einer Reihe Rechts-Rechts im Wechsel mit einer Fangreihe, welche aber ihre Henkel stets an derselben Nadelreihe erlangt hat. Man kann deshalb, je nachdem in einem Gebrauchsgegenstand das Muster auf der vorderen oder Oberseite auftreten soll, dementsprechend das Schloß mit den Seitenexzentern regeln, wie dies aus folgender Aufstellung ersichtlich ist:

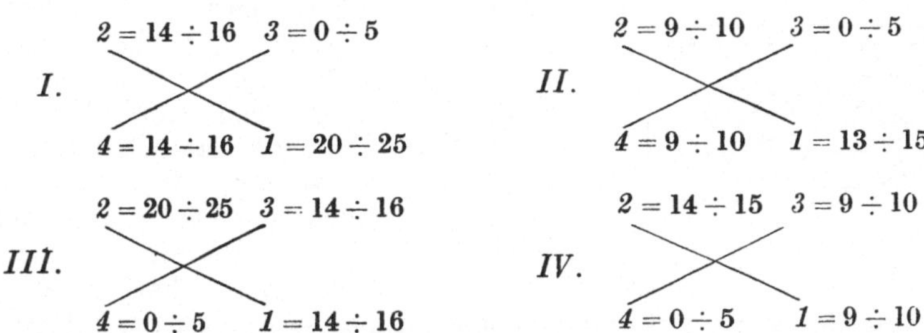

I und *II* ergeben eine Perlfangware mit der Musterung nach vorne gerichtet, *III* und *IV* bringt dieselbe auf die hintere Seite. Die Stellungen *I* und *III* sind bei alter Einrichtung, *II* und *IV* bei neuer anzuwenden.

Es ist darauf zu achten, daß die Rechts-Rechtsreihe möglichst dicht, die Fangreihe dagegen da, wo die Maschen ausgearbeitet werden, möglichst lose zu arbeiten ist, weil nur dann eine scharf ausgeprägte Musterung entsteht.

5. Doppelschloß- und Achtschloßmaschine.

Bemerkenswert ist noch die Doppelschloß- und die Achtschloßeinrichtung. Letztere dient vorzugsweise zur Erzeugung von Langstreifen- und Karomustern.

Bei Doppelschloß sind die Schlösser *I* und *II* hintereinander

eingeteilt und bei Achtschloß, wo zweierlei Nadeln (lange und kurze) vorkommen, ist folgendes Schema der Doppelschlösser *I* u. *II*, die ebenfalls hinter- und übereinander liegen.

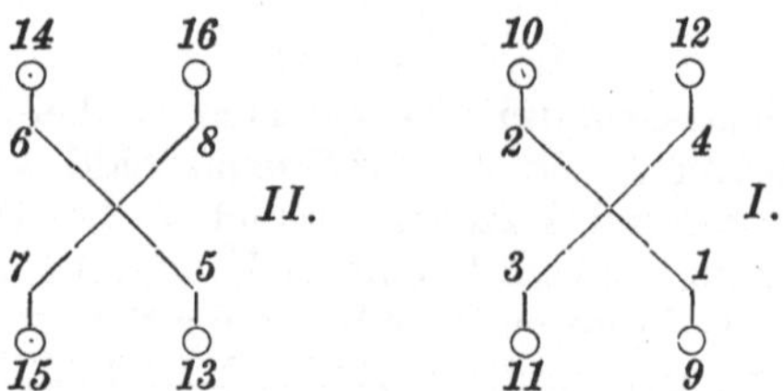

für die Einstellung der Exzenter *1—16* zu beachten (s. a. D. R. P. Nr. 227 106). Die Achtschloßstrickmaschine eignet sich auch zur Herstellung von Schlingenplüsch.

6. Die Schlauchschlösser.

Wie schon angedeutet, wird die Schlittenbewegung für glatte Strickware durch Verwendung eines Schlauchschlosses abgekürzt. Je nachdem der Mittelexzenter 2- oder 3teilig gestaltet ist, kann man die Nadeln verschieden erfassen oder unberührt lassen. Die Wirkungsweise ist immer dieselbe, nur ist die Einstellung der Mittelexzenterteile entweder durch Hubriegel über dem Schlitten, oder durch verschiebbare Riegel seitlich am Schlitten durchführbar. Es gibt zahlreiche Ausführungsformen. Die wichtigsten sind folgende:

a) Das Schlauchschloß von Großer ist eines der ältesten und kommt zum Teil auch heute noch in der Praxis vor. Der Mittelexzenter besteht aus einem versenkbaren Schenkel a, Abb. 254, der bei z_1 von einem über dem Schlitten B, Abb. 255, umlegbaren Riegel r, z einzustellen ist und aus dem federnden Zungenstück b, das sich gegen c, Abb. 254, legt. Das andere Schloß liegt entgegengesetzt und ist genau so ausgeführt. Vor Beginn der Schlaucharbeit zieht man

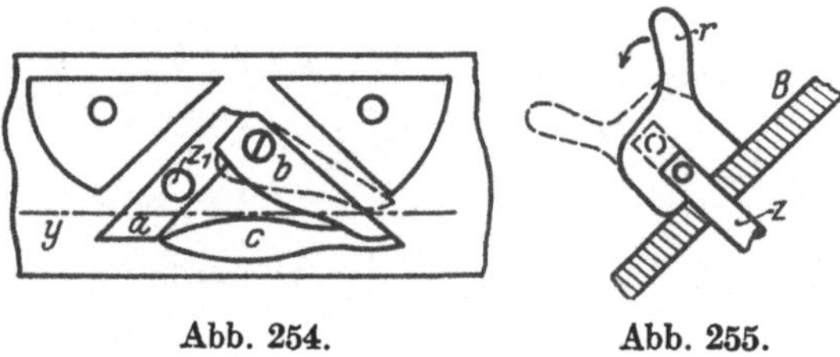

Abb. 254.   Abb. 255.

mit r, z, Abb. 255, a, z_1 in die Schloßplatte zurück. Wird dann der Schlitten nach links geführt, so läuft z. B. hinten in Richtung y der Teil a mit der Schloßplatte über den Nadelfüßen weg, letztere stoßen dann innen an b und heben diesen Teil in die punktiert gezeichnete Stellung nach rechts, so daß die Nadelfüße zwischen b, c heraustreten und somit die Nadeln in ihren Kanälen liegen bleiben. Ist b über den letzten Nadelfuß weggeglitten, so schnappt die Zunge unter Federzug gegen c und beim Umkehren des Schlittens können die Nadeln jetzt durch b über das Nadelbett hinaus und in Arbeitsstellung gehoben werden. An der entgegengesetzten Nadelreihe dagegen bleiben sie außer Tätigkeit. Soll wieder auf Rechts-Rechts umgestellt werden, so wird a durch Zurücklegen des Riegels r aus der Schloßplatte herausgedrückt und das Schloß arbeitet wie ein ungeteilter Mittelexzenter. Soll jedoch nur einseitig, wie z. B. bei der Herstellung der Ferse in Strümpfen, gearbeitet werden, so zieht man außer a durch einen zweiten, ebenfalls über dem Schlitten sitzenden Riegel, auch noch b, c, welch beide Teile an einem Dreieck liegen, in die Schloßplatte zurück; das Schloß ist ganz abgestellt.

b) Das Schlauchschloß von Dubied besteht ebenfalls aus drei Teilen, a, m, b, Abb. 256, von welchen aber nur a, b versenkbar ist. Es werden hierzu dieselben Riegel r, Abb. 256a, benützt. a, b ist nach innen bei h, h_1 abgeschrägt. Zieht man vorn rechts und hinten links den Teil a in die Schloßplatte zurück, so geht z. B. hinten, beim Schlittenhub nach links, a über die Nadelfüße weg, dagegen stoßen letztere gegen die Schräge h_1 und heben b in die Schloßplatte zurück, bis b über sämtliche Nadeln weggelaufen ist. Dann schnappt dieser Teil unter Federdruck f sofort wieder nach unten und ist für die entgegengesetzte Schlittenbewegung in Arbeitsbereitschaft. Auch dieses Schloß wird bei a und b für einseitig glatte Arbeit vollständig ausgeschaltet, wie auch auf diese Weise das ganze Schloß abzustellen ist. In ähnlichem Sinne ist auch

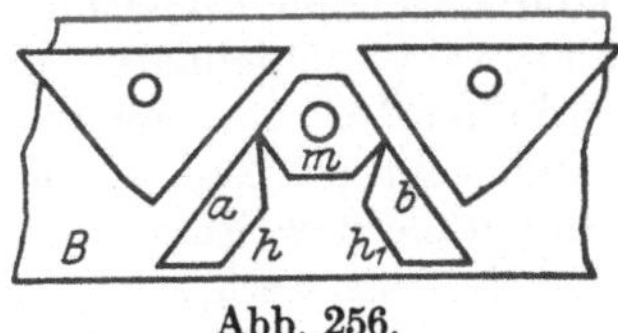

Abb. 256.

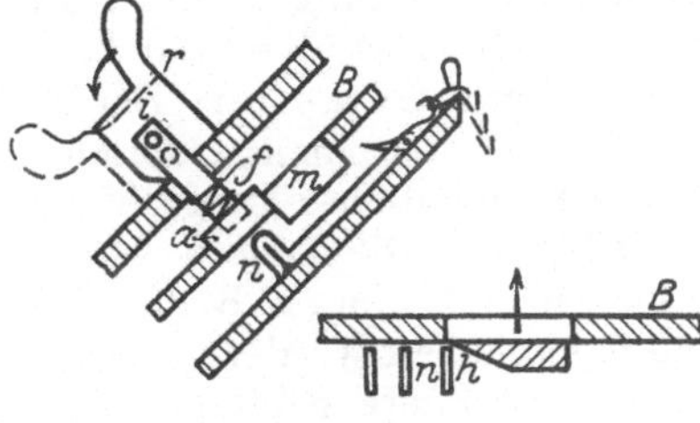

Abb. 256a.

c) Das Klappschlauchschloß ausgeführt und kann auch genau so verwendet werden. Die Schenkel a, b, Abb. 257, liegen jedoch unter Federdruck f, Abb. 258, mit den Nasen c auf der Schloßplatte B. Sie können durch die Nadelfüße in letztere hinaufgehoben werden, sobald der eine oder andere Teil mit der Platte k dauernd zurückgezogen wird. Hierbei drehen sie sich an dem Scharnier g um die Achse x, x. Jeder Schenkel a, b legt sich noch mit dem Vorsprung d gegen eine rechts und links unter dem Schloß herausragende Schiene S, S_1, deren Stifte i, i_1 über den Schlitten vorstehen. Beim Verschieben einer solchen Schiene schiebt sich unter d eine Erhöhung e, wodurch das betreffende Schloßteil in die Schloßplatte zurückgezogen wird. Man schiebt vorn rechts und

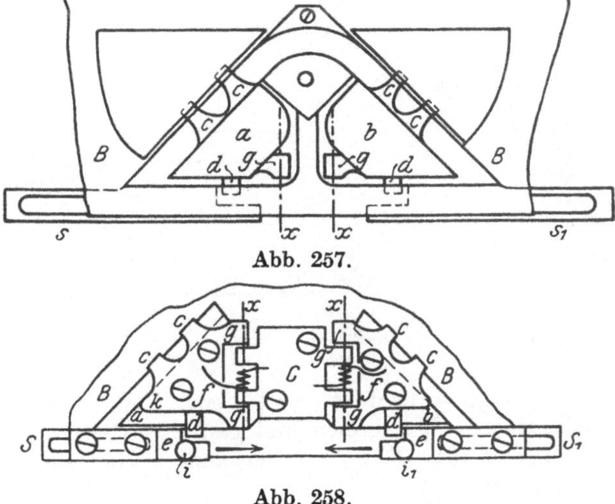

Abb. 257.

Abb. 258.

hinten links für Schlauchware nach innen, oder für einseitig glatte Ware sind an dem betreffenden Schloß beide Schienen nach innen zu schieben.

Nach diesen Anordnungen kommen auch noch andere, ähnliche Arten vor (s. a. D. R. P. Nr. 82 332 Seyfert & Donner).

7. Fangschlösser.

Die Fangware kann nach zwei Arten an der Strickmaschine hergestellt werden. Erstens als sog. Fang über den Nadeln, nach der bereits besprochenen Ausführung, zweitens als Fang in den Nadeln, wozu ein sog. Fangschloß benötigt wird.

Ein solches bringt die Nadeln n, Abb. 259, nur bis in die Stellung I, das ist die Fangstellung, so daß die Maschen m noch über den Zungen z hängen bleiben und beim Zurückziehen der Nadeln der Faden f in den Nadelhaken mit den alten Maschen zu Doppelmaschen vereinigt wird. Bei der folgenden Schlittenbewegung werden dann die Nadeln in die Einschließstellung *II* gehoben, die Maschen fallen hinter die Zungen *z* zurück und werden über den aufgenommenen und zur neuen Schleife gebildeten Faden *f* abgeschlagen, worauf sich der Vorgang an derselben Nadelreihe wiederholt.

Diese Nadelstellung erzielt man durch das Fangschloß. Man unterscheidet mehrere Arten. Das älteste und auch heute noch vielfach vorkommende ist das Fangschloß vom Oemmler. Der Mittelexzenter besteht aus 2 Seitenstücken *a, c,* Abb. 260, und aus einem federnden, bei *a* ausschwingenden Mittelteil *b*. Es ist dies ein sehr handliches Fangschloß, das durch die zwei verschiebbaren Riegel *s, s₁* einzustellen ist. Die Teile *b* liegen in den Schloßplatten entgegengesetzt angeordnet, so daß, wenn z. B. der Schlitten nach links geht, die Nadeln zuerst von *a* bis zu *b* geschoben werden, worauf dann die Nadelfüße das Stück *b* in die ausgezogen gezeichnete Stellung herabdrücken. Nach dem Verlassen der letzten

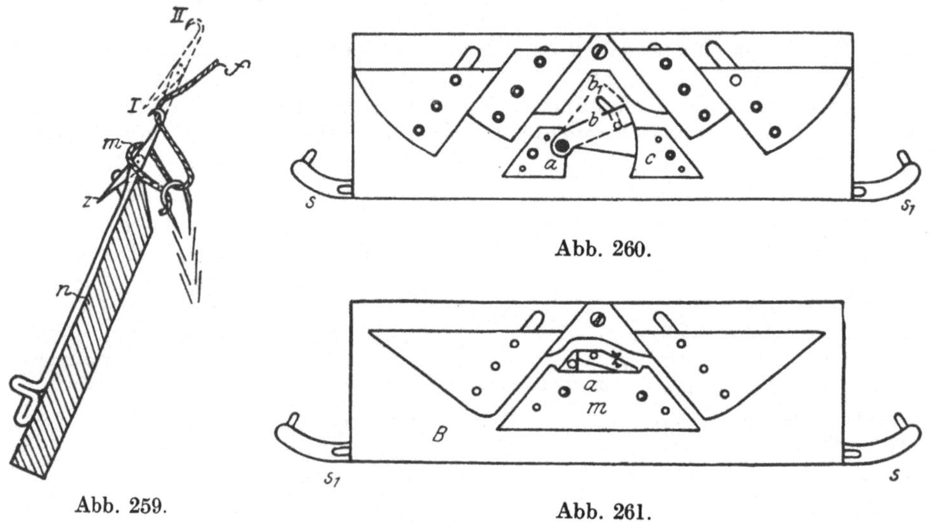

Abb. 260.

Abb. 259.   Abb. 261.

Nadel springt *b* nach b_1 und beim Umkehren des Schlittens werden die Nadeln an *c, b—b₁* gehoben und ganz in Arbeitsstellung gebracht. Das ist die Stellung *II*, Abb. 259. Auf der andern Nadelseite tritt die entgegengesetzte Wirkung ein.

Ein anderes Fangschloß, System Dubied und auch Großer besteht aus dem Zungenteil *z*, Abb. 261, und einem versenkbaren Dreieck *a*, das über dem Exzenterstück *m* steht. Durch *s, s₁* kann *a* in die Schloßplatte *B* zurückgezogen werden, so daß die Nadeln bei der Linksbewegung des Schlittens an *m* emporsteigen bis *a* und, da *a* versenkt ist, stoßen die Nadelfüße innen gegen *z* und drücken diesen Teil nach oben; es entsteht bei *z, m* eine Auslaßpforte; die Nadeln sind also nur bis in die Fangstellung gehoben worden, wie in dem vorigen Schloß. Hat *z* die letzte Nadel passiert, so schnappt diese Zunge gegen *m* zurück und beim entgegengesetzten Schlittenhub laufen die Nadeln an *m, z* empor und kommen in die normale Arbeitsstellung. Auch hier sind die Schloßteile versetzt in den Schloßplatten *B* angeordnet, so daß immer die eine Nadelreihe Fanghenkel bildet, wenn die andere die Maschen ausarbeitet. Bei derartigen Offenfangarbeiten stellt man die 4 Seitenexzenter in der Regel auf gleiche Teilstriche, z. B. auf *9—10*. Die Teile *a, z*, werden vielfach auch durch über dem Schlitten sitzende Riegel *r*, Abb. 256a, in die Schloßplatte zurückgezogen.

8. Zusammengesetzte Schlauch- und Fangschlösser.

Die beiden besprochenen Schloßarten für glatte und Fangware können auch in einem Schloß vereinigt sein. Es ist dann möglich, sehr rasch durch einen Griff die eine oder andere Maschenbildung in der Ware hervorzubringen. In der Regel ist das Schlauchschloß nach Art des Klappschlosses angeordnet.

Abb. 262 zeigt eine solche Vereinigung. Für Schlauch wird der Teil a oder b durch s, bzw. s_1 versenkt, für Fang dagegen bleibt a, b eingestellt und c wird versenkt. Hierzu ist dann über dem Schlitten ein umlegbarer Riegel (Abb. 256a) vorgesehen und die Zunge z ist wieder federnd gedacht. Es kann jedoch auch das

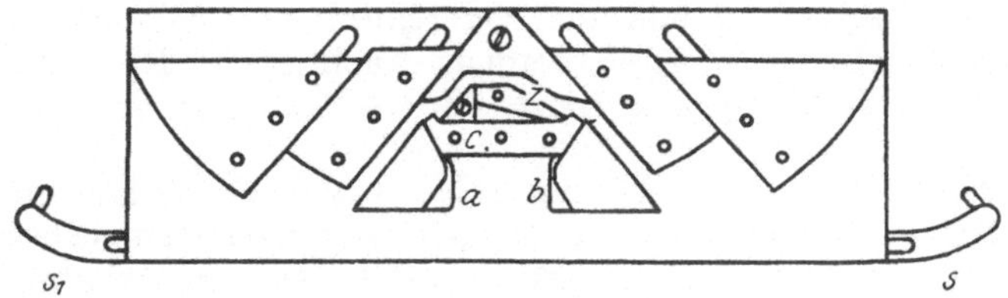

Abb. 262.

Zungenstück z durch einen zweiten Riegel in die Schloßplatte zurückgezogen werden. Dies wird hauptsächlich für die sog. Doppelfangware, auch französische Fang- oder Rippchenware genannt, durchgeführt. Natürlich muß nach zwei oder vier Henkelreihen sowohl c wie z wieder normal eingestellt werden, damit die zwei- oder vierfachen Henkelmaschen über die Nadeln abgeschlagen werden. An der entgegengesetzten Nadelreihe wird beständig normal gearbeitet. Bei solchen Rippchenwaren wird also nur eine Nadelreihe in Offenfang gestellt.

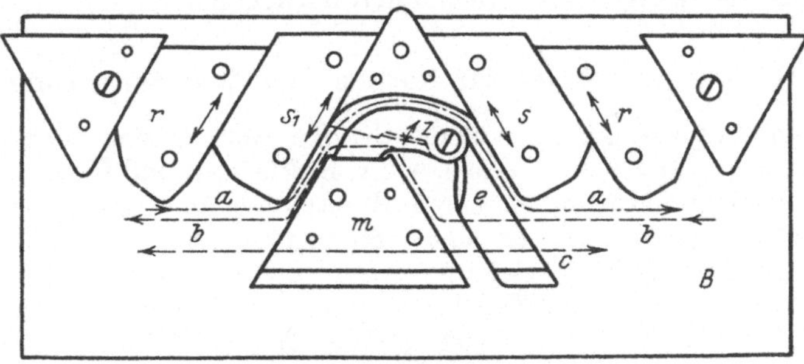

Abb. 263.

Eine neuere Art von Schlauch- und Fangschloß zeigt Abb. 263. Hier sind auch noch neben den Seitenexzentern s, s_1 die Randschlösser r vorgesehen. Das Fangschloß besteht aus dem Teil m, z, das Schlauchschloß aus dem Scheitel e, der nach innen abgeschrägt ist. Auch hier sind beide Schlösser (vorderes und hinteres) entgegengesetzt ausgebildet. Sowohl m wie auch e kann durch je einen über dem Schlitten liegenden Riegel in die Schloßplatte B zurückgezogen werden. Für Schlauchware wird m zurückgezogen; m geht dann über die Nadeln weg, letztere stoßen gegen e, wodurch dieser Teil so lange nach oben gedrückt wird, bis er über der letzten Nadel weggelaufen ist. Er schnappt dann unter Federdruck sofort wieder nach außen und die vorher in der Richtung c liegengebliebene Nadeln kommen jetzt an e, z in die normale Arbeitsstellung.

Für Offenfangware muß e an jeder Schloßseite dauernd in die Schloßplatte B zurückgezogen werden. Von jetzt ab werden die Nadeln entweder in der Richtung *a* oder in der Richtung *b* durch *m* betätigt. Beim Schlittenhub nach links laufen sie z. B. vorn, in der Richtung *a*, an *m*, *z* empor und werden durch *s* zur Maschenbildung gebracht. Es entsteht eine gewöhnliche Maschenreihe. An der andern Seite dagegen die Fangreihe.

Beim Schlittenhub nach rechts geht *e*, da dieser Teil versenkt ist, über die Nadelfüße weg und letztere stoßen erst bei *m* gegen die Schloßkante und werden dort bis zu *z* emporgeführt. Dort drücken sie *z* nach oben, so daß sie in der Richtung *b*, zwischen *m*, *z* nach links heraustreten und an s_1 in die Kanäle zurückgeführt werden. In dieser Richtung wird also die Fangbildung ermöglicht.

Wie ersichtlich, kann mittels einer derartigen sinnreich eingerichteten Schloßvorrichtung die Musterung und die Herstellung von Gebrauchsgegenständen außerordentlich vielseitig gestaltet werden. Auch das D. R. P. Nr. 11380 gibt schon Vorschläge hierzu an (s. a. franz. Pat. 543363, schweiz. Pat. 104081 und brit. Pat. 197915).

Bemerkenswert ist auch noch eine sehr vorteilhafte Schloßeinrichtung für die Fabrikation von Fingerhandschuhen oder schmalen Schlauchstreifen. Man

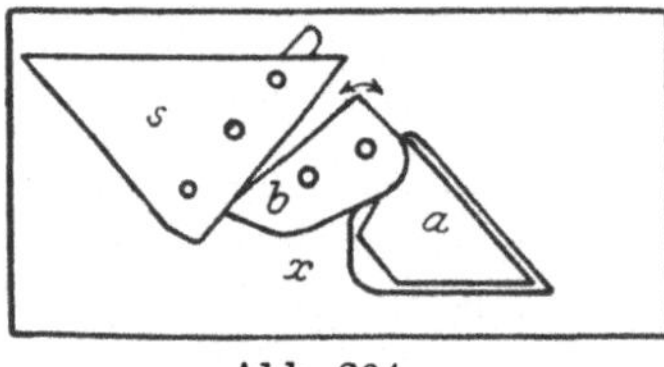

benützt hierzu meist zum Arbeiten der Finger und Besatzstreifen schmale Maschinen, welche nur mit einem sog. halben Schlauchschloß arbeiten. Es ist dann an jeder Nadelseite, aber entgegengesetzt eingestellt, nur ein Seitenexzenter *s*, Abb. 264, und ein selbsttätig sich einstellendes Mittelexzenterstück *a* mit *b* angebracht. Läuft das Schloß nach links, so stoßen die hinteren Nadeln in Richtung *x* gegen *a* und bleiben außer Tätigkeit. Bei der entgegengesetzten Bewegung gehen sie an *a*, *b* nach oben in Arbeitsstellung und werden von *s* zurückgeführt, wobei sie das federnde Stück *b* herabdrücken.

Abb. 264.

II. Strickmaschinen für Noppen- und Jacquardmuster.

Außer den Fangwaren können an der Strickmaschine auch noch verschiedene andere Musterarten angeführt werden, wie z. B. Plattier- und Umlegmuster, sowie auch sog. unterlegte Muster, zu deren Herstellung auch wieder entsprechende Sondereinrichtungen erforderlich sind. So benützt man z. B. für die Umlegmuster farbige Einzelfäden, welche nur einzelnen Nadeln zugeführt werden, die dann mit einem über sämtliche Nadeln geleiteten Grundfaden mustermäßig zu verarbeiten sind (D. R. P. Nr. 265513, 50763, 56787, 279207, 326551, 149352, 213964) ferner die Patente Nr. 96887, 99402 von Großer zur Herstellung unterlegter Ware.

Das gleichmäßige Plattieren bewirkt man mit einem Plattierfadenführer, um dessen Fadenöse zur Führung des Plattierungsfadens noch eine halbmondförmige Öffnung gelegt ist. Auch die sog. Jaspé-Muster stellen eine Art Plattiermuster dar, die mit verschiedenfarbigen, teils zusammengespulten Fäden in glatter Ware hervorgebracht werden (s. D. R. P. Nr. 36876, 52113).

Für die Herstellung noppenartiger Musterung, sowie auch für hinterlegte Farbmuster, sind die Nadeln in der Strickmaschine besonders eingestellt, außerdem verwendet man meist noch besondere Stift- oder Musternadeln, welche von besondern Schloßorganen beeinflußt werden. Ebenso sind auch lange und kurze Nadeln gruppenweise in den Nadelbetten eingestellt. Die Achtschloßstrickmaschine bildet einen besondern Typ dieser Art. Sie arbeitet mit langen und kurzen Nadeln, welche entsprechend der Farbmusterung gruppiert werden. Die 8 Schlösser sind so angeordnet, daß die verschiedenen Nadelgruppen in einem

Arbeitsgang mit verschiedenfarbigen Faden gespeist und zur Maschenbildung gebracht werden (s. auch D. R. P. Nr. 227 106).

Da nun die Umstellung und Einteilung der Nadeln für irgendein Muster und auch während der Arbeit zeitraubend ist, so benützt man für derartige gemusterte Waren zweckmäßiger die Jacquardvorrichtung (s. a. D. R. P. Nr. 79 665 Großer).

Im allgemeinen besteht die Jacquardvorrichtung aus einer unter den Nadelbetten einzustellenden Walze mit Blechkarten, welche durchlocht sind. Diese

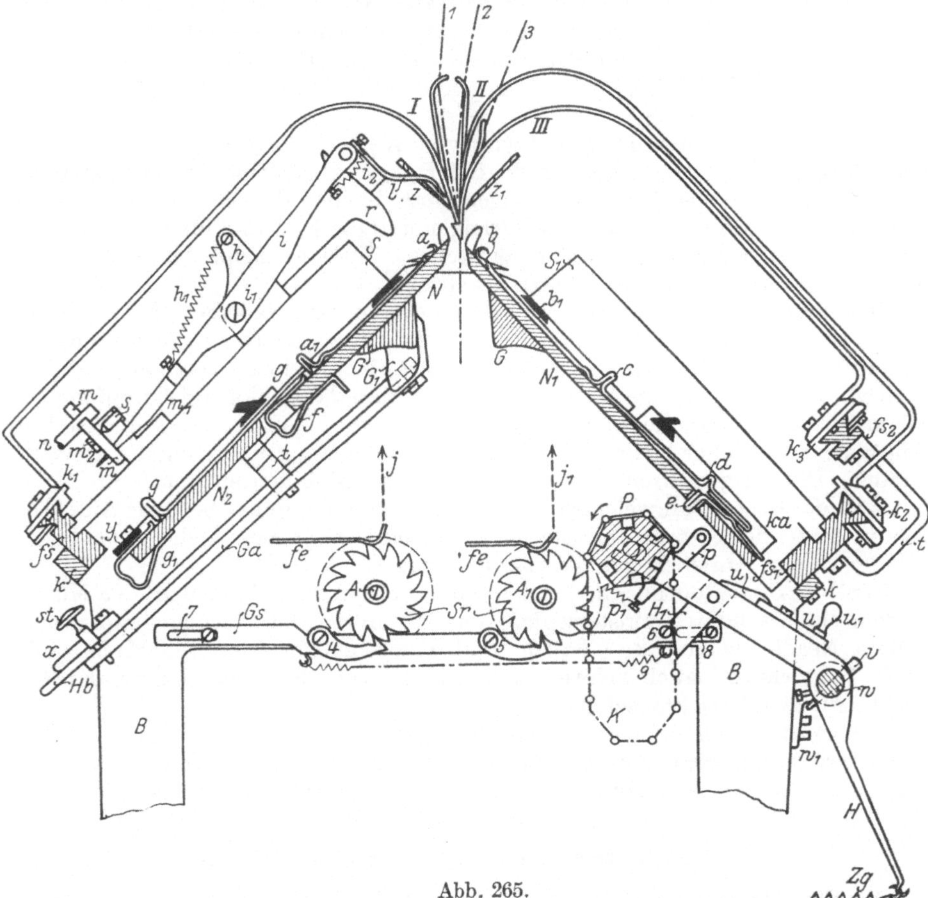

Abb. 265.

Walze kann entweder unterhalb des Nadelbettes oder aber auch hinter bzw. vor demselben in Verlängerung der Nadelschäfte angeordnet sein.

Ferner können außer der Jacquardvorrichtung auch noch besondere Musterstifte im andern Nadelbett für besondere Musterzwecke vorgesehen sein. Je nach diesen Zusammensetzungen unterscheidet man Jacquardstrickmaschinen, Jacquardnoppenstrickmaschinen und Jacquardnoppen- und Buntmusterstrickmaschinen. Sämtliche Einrichtungen lassen sich in einer Maschine vereinigen, wodurch große Mustervielseitigkeit erzielt wird.

Abb. 265 zeigt die letztere Ausführungsart im Schnitt. Durch das Prisma P, das die Musterkarten K führt, lassen sich beim Anheben mit H die Hilfsnadeln e gegen d andrücken, wodurch die Nadeln b bei d über ka herausgehoben und von einem besonderen Schloß betätigt werden, während das Normalschloß bei c

abgestellt ist. Die vorderen Nadeln a, a_1 können durch besondere Musterstifte g und auch durch ein besonderes Musterschloß in Arbeitsstellung gebracht werden. Die drei Fadenführer I, II, III, führen die Fäden 1, 2, 3 wechselweise den Nadeln a, b zu. In dieser Reihenfolge müssen auch die Karten K durch P gegen die Nadeln geführt werden. Die Kartenzahl entspricht dem Musterrapport mal der Farbenzahl ($M \times F$). Hat ein Muster $M = 12$ Musterreihen und ist mit $F = 3$ Farben gearbeitet, so sind $M \times F = 3$mal $12 = 36$ Karten erforderlich. Die Fadenführer werden durch die Schalträder Sr, drehbar um A, A^1 und durch 4, 5 mit außen am Bockgestell B liegenden Anschlägen j, j_1 eingestellt. Sie laufen mit den Kästchen $k_1 - k_3$ an den Schienen $fs - fs_2$. Die Schaltung bewirkt der an H sitzende Ansatz H^1, der sich gegen den bei 9 federnden und in 7, 8 geführten Stab Gs bei 6 legt.

H steht unter Federzug zg und wird von Welle w durch einen Exzenter vor jeder Schlittenbewegung so ausgedreht, daß P gegen die Hilfsnadeln e ausschwingt. Da, wo Löcher in der Karte geschlagen sind, bleiben die Hilfsnadeln e liegen, während Widerstände sie nach oben drängen und die Nadeln d über den Kanälen ka, die dort tiefer wie bei c sind, einstellen. Dies ist beim Aufzeichnen der Muster und beim Kartenschlagen zu beachten.

Durch Hb läßt sich mit Ga bei t das vordere untere Nadelbett N_2 gegen das obere N verschieben, wodurch die Hilfsnadeln g eine andere Arbeitsstellung einnehmen und so die Nadeln a, a_1 mit Hilfe eines Musterschlosses beliebig betätigen können. Für noppenartige Musterungen stellt man das Schloß auf Offenfang um. Die sich bildenden Henkel können durch einen bei i, i_1 i_2 um m, m_1, s einzustellenden Warenabstreicher l beim Hochgehen der Nadeln am Emporsteigen verhindert werden. Die Zungenöffner z, z_1 sind durch Zungenbürsten ersetzt.

B ist das Gestell, an welchem sich außen, rechts und links oben, die Anschläge für die Fadenführer zum selbsttätigen Umstellen befinden. Siehe auch Patent Nr. 79665 zum Anheben des Jacquardprismas.

Stoll & Co, Reutlingen, benutzt zum Führen und Einstellen der Musternadeln ein besonderes Musterschloß, das die durch den Jacquardapparat geteilten Neadln beeinflußt. Faden- und Knotenmelder sind mehrfach durch D. R. P. geschützt; auch Schweiz. Pat. 102727 von 1923 schützt einen Knotenmelder für Handstrickmaschinen.

Buntmuster nach Art der Jacquardbuntmuster lassen sich auch an Maschinen ohne Jacquardapparat dann herstellen, wenn ein sog. Nadelteiler vorgesehen ist, wie dies z. B. bei dem Buntmusterautomaten Dubied der Fall ist.

III. Flachstrickmaschinen für den Motorbetrieb.

Die Flachstrickmaschine konnte zu einer Großbetriebsmaschine erst dann ausgebaut werden, nachdem sie mit einer geeigneten Motoreinrichtung ausgerüstet war. Diese besteht hauptsächlich aus dem Antrieb mit Zähleinrichtung. Je nach der Nadelraumgröße unterscheidet man den Kurbelradantrieb und den Kettenantrieb. Der erstere ist nur etwa bis zu 50 cm Nadelraum mit Vorteil anzuwenden, während der Kettenantrieb oder ähnliche Antriebe für jede Maschinenbreite geeignet ist. Neuerdings sind diese Antriebe derart vereinfacht, daß sie ohne weiteres auch auf Handstrickmaschinen übertragbar und letztere in Motormaschinen umgebaut sind.

Man hat ferner noch die einfachen Motorstrickmaschinen und solche mit Zunahme- und Mindereinrichtung zur Herstellung regulärer Ware zu unterscheiden. Ferner sind noch zu erwähnen, die Motorstrickmaschinen für die Herstellung von Jacquard- und Noppenmuster.

Die eingehende Behandlung dieser teils sehr verwickelten Motorstrickmaschinen muß ihres großen Umfangs wegen einem Spezialwerk vorbehalten bleiben. Es seien hier nur einige wichtige Einrichtungen hervorgehoben.

1. Die einfache Motorstrickmaschine.

Je nachdem nur einzelne Sonderartikel, wie z. B. Strumpflängen oder Westenteile an der Motorstrickmaschine herzusteellen sind, werden auf einem Gestell einzelne oder mehrere sog. Arbeitsköpfe aufmontiert. Die Umschaltung der Schloßorgane erfolgt von einer Zählkette aus, welche schwingende Anschlagriegel gegen die Schloßriegel einstellt und letztere beim Herausführen des Schlittens verschiebt. Außer der Antriebvorrichtung ist die selbsttätige Abstellvorrichtung bemerkenswert. Eine Reduzierkette oder an deren Stelle auch eine sog. Reduziertrommel nach dem Patent Dubied übernimmt außer dem Überwachen der Musterkette auch die selbsttätige Abstellung der Maschine.

Von den verschiedenen Abstellvorrichtungen hat sich folgende bewährt:

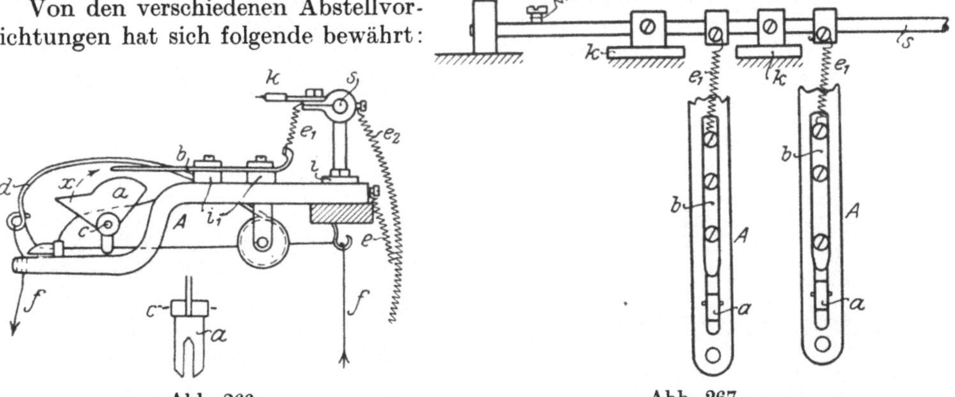

Abb. 266.   Abb. 267.

Die elektrische Abstellung, über dem Fadengestell angeordnet, besitzt auf einem Lagerstück einen oder mehrere Arme A, Abb. 266, 267, mit einer um c ausschwingenden hebelartigen Platte a, die unten zum Durchführen des Fadens f gabelförmig geschlitzt ist. Ferner liegt oben fest eine Stange s, die für jeden ablaufenden Faden einen Metallkamm oder eine Metallbürste k aufnimmt oder eine andere geeignete Stromübertragung empfängt. Außerdem liegt isoliert von A durch i_1 bei b ein Fühler, der in dem Augenblick in der Pfeilrichtung x von a berührt wird, wenn ein Knoten oder eine Fadenverstärkung durch den Schlitz von a läuft.

Dadurch wird bei A, b der Stromkreis geschlossen und die Maschine kann selbsttätig abgestellt werden. Das gleiche geschieht, wenn der von dem Faden nach unten gezogene Fadenspanner d nach oben gegen k schnellt. Bei e, e_1, e_2 sind die Stromleiter angeschlossen.

2. Die Motor-Jacquardstrickmaschine.

Der Jacquardapparat wird nicht nur für die Musterzwecke innerhalb der Ware, also für Jacquardnoppen- und Buntmuster mit großem Vorteil auch an der Motorflachstrickmaschine angebracht, sondern man benutzt ihn auch vorzugsweise als Zähl- und Regulierapparat. Für die Hervorbringung von Musterungen werden genau so wie bei der Handjacquardmaschine, Abb. 265, die Jacquardkarten benutzt, nur daß aber hier unter beiden Nadelbetten je ein Kettenprisma eingestellt wird, das selbsttätig durch Exzenter der Arbeitswelle geregelt wird.

Für die Zähl- und Reguliervorrichtung kommt an Stelle der Zählkette oder
der Reduziertrommel, wie z. B. nach dem System Dubied bekannt geworden ist,
vielfach auch ein Seitenjacquard, der ähnlich wie ein Webstuhljacquard arbeitet.
Es kommen hier also auch Pappkarten zur Anwendung, die genau so wie in der
Weberei mit der Stanzmaschine durchlocht werden. Eine Ausführungsform nach
dem System Seyfert und Donner ergibt sich aus Abb. 268.

An den Platinenhaken p sind um b ausschwingend einarmige Hebel a aufgehängt, die unter Federzug f stehen. Diese tragen bei c gelenkige Stangen d, welche eine im Gestell der Maschine drehbare Welle w_1, sowie eine solche w verbinden.
Auf diesen Wellen sitzen außen die Anschlagriegel e, gegen welche sich die schon
oben erwähnten Schloßriegel legen und genau so, wie bei Anwendung einer Zählkette umgeschaltet werden, wodurch dann die
Schloßteile, sowie die Fadenführer, ihre jeweilige Umstellung empfangen. Auch das
selbsttätige Abstellen der Maschine nach
Fertigstellung eines Gebrauchsgegenstandes

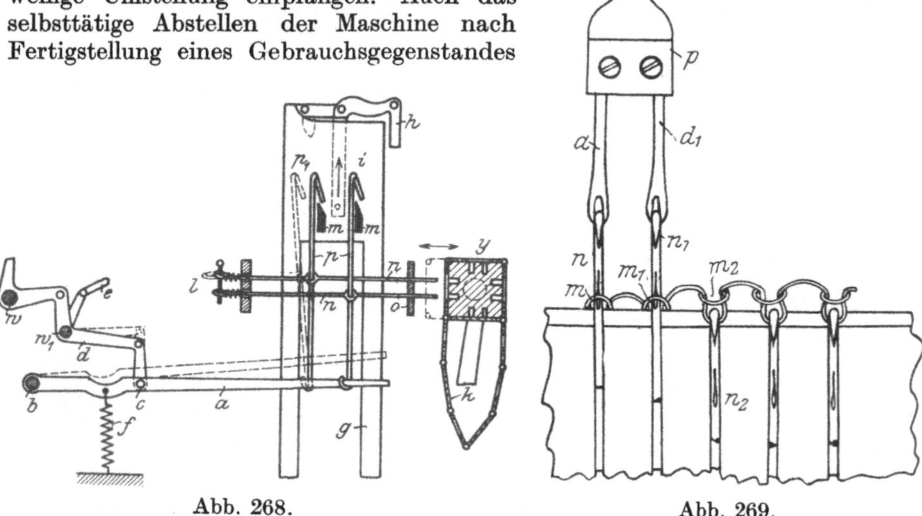

Abb. 268.   Abb. 269.

ist hierdurch zu bewirken. Zu diesem Zwecke wird über das Prisma y eine
mit entsprechenden Lochungen versehene Kartenkette k geführt, welche beim Andrücken gegen die im Nadelbrett o und bei l federnd gelagerten Jacquardnadeln n
beeinflussen. Ein Widerstand in der Karte treibt die Nadel n mit p in die punktiert gezeichnete Stellung p_1, während ein Loch sie unberührt läßt. In diesem
Falle werden sie durch den Messerkasten m, der sich in dem Rahmen g, i, führt,
durch Hebevorrichtung h hochgezogen. Dadurch können dann, wie schon ausgeführt, die aufgehängten Hebel a um b ausschwingen und die Stelleisen e an w, w_1
mustermäßig einstellen.

3. Die selbsttätige Minderstrickmaschine.

Während das Erweitern oder Zunehmen an der Flachstrickmaschine in der
Weise erfolgt, daß man die Randnadeln nach und nach durch Taster oder Stößer
in den Bereich des Arbeitsschlosses bringt und so an der Maschenbildung teilnehmen läßt, sind zum Mindern oder Eindecken der Ware besondere Decker erforderlich, welche durch eine eigenartige Mindervorrichtung selbsttätig gegen die
Randnadeln eingestellt werden.

Das Eindecken der Randmaschen geschieht von Hand im allgemeinen in der
Weise, daß man die in einer Deckerplatte p, Abb. 269, befestigten Decker d, d_1

über die äußersten Randnadeln n, n_1 setzt und die Nadelhaken durch deren Ösen greifen läßt. In dieser Stellung zieht man dann die Nadeln so weit empor, bis die Maschen m, m_1 hinter die Zungen zurückgefallen sind, worauf man dann die Decker mit den Nadeln zurückführt; dabei schieben sich die Maschen über die vorgeklappten Zungen und endlich auf die Decker d, d_1. Diese hebt man nun von den Nadeln n, n_1 ab und legt sie auf innen liegende Nadeln, so daß die Masche m_1 auf die Nadel n_2 zu liegen kommt und mit der Masche m_2 als Doppelmasche vereinigt wird, während die Masche m als Randmasche auf n_1 verbleibt. Nach dem Abheben der Decker d, d_1 ist die leergewordene Nadel n durch Abziehen außer Tätigkeit zu bringen.

Dieser umständliche Vorgang muß auch an der Motorstrickmaschine vollzogen werden. Man benutzt hierzu die nach dem Patent Nr. 38715 von Beyer und Nr. 50570, 89741 bekannt gewordenen Deckernadeln mit Ösen und Zaschen. Es sind mehrere Decker b, Abb. 270, 271 (mindestens 3) im Deckapparat d, d_1, d_2

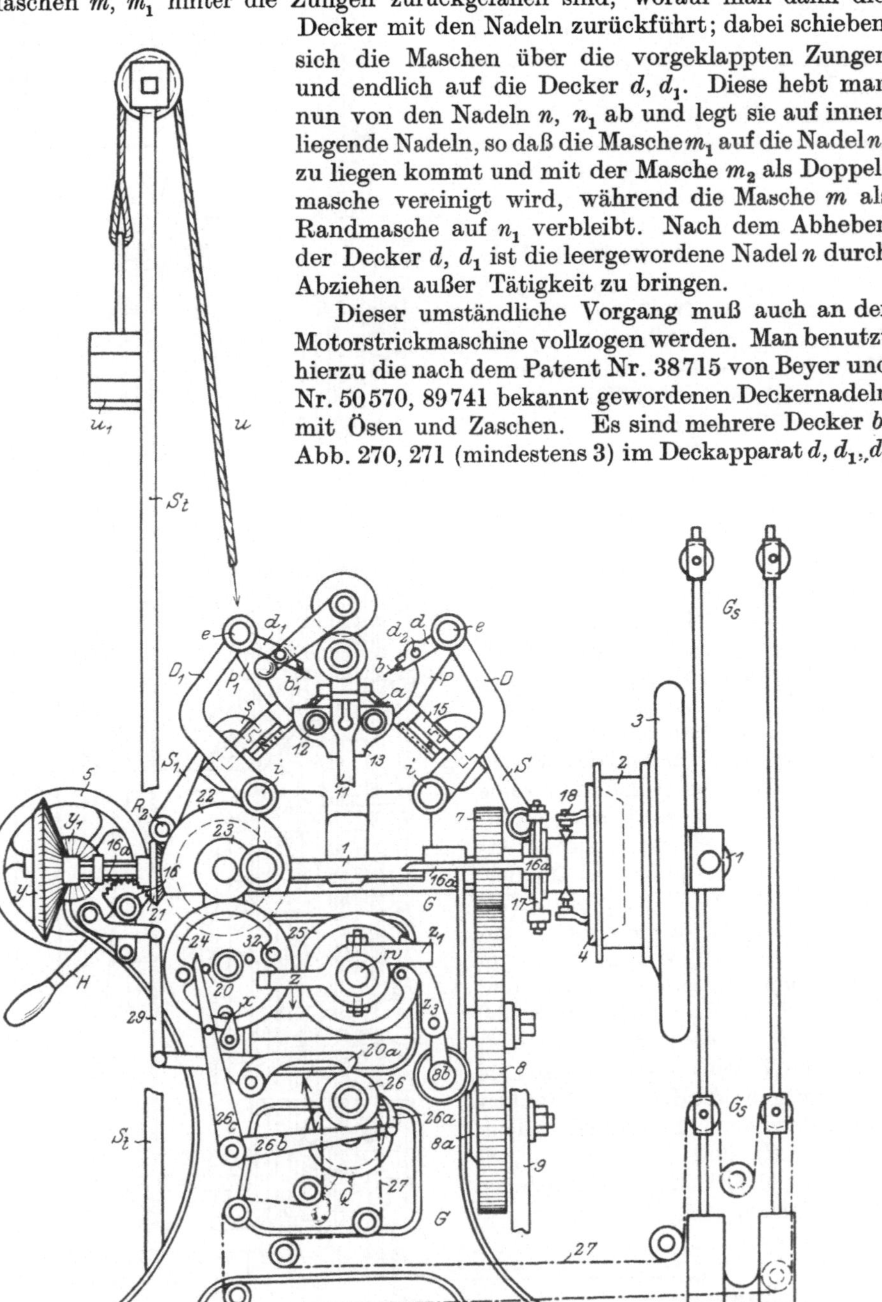

Abb. 270.

einzustellen. Letzterer ist an jedem
Arbeitskopf rechts und links, vorn
und hinten vorgesehen.

Die Abbildungen zeigen eine
vierköpfige, selbsttätige Minder-
strickmaschine System Seyfert und
Donner. Über jedem Nadelbett A
und vor, bzw. hinter einem solchen
sitzt eine durch schwingende Arme S,
S_1 einstellbare Nutenschiene s, s_1.
Diese kann die Nadeln an ihren
Füßen erfassen in die Deckerhöhe
über die Abschlagkämme a heben,
worauf mit den Deckern b, b_1 unter
Einwirkung der Fühler P, P_1 das
Mindern wie oben beschrieben erfolgt. Während dieser Zeit muß der
Maschenbildungsprozeß unterbrochen werden. Es tritt ein durch
Zählkette 27 des Gestelles Gs bei 26,
$26a$, Abb. 270, beeinflußter Umsteuerungsapparat in Tätigkeit. Hierbei wird durch die Aussparung $8a$
des Antriebrades 8 die Rolle $8b$ des
Hebels z_3 so in Schwingung versetzt,
daß der auf Welle w sitzende Doppelhebel z, z_1 so ausschwingt, daß z gegen
32 stößt. Beim Drehen des Stirnrades 24 tritt 32 an z heran und dadurch wird dann z, w und damit auch
das Rad 25 welches stillsteht und eine
zahnfreie Lücke besitzt, mitgedreht,
bis sich 24 mit 25 verbindet. Hierdurch empfängt die mit den Minder-
exzentern v_1, v_3, E, E_1, Abb. 271,
vorgesehene Welle w eine Umdrehung, so daß von dort aus, in
Verbindung mit den Hebeln und
Wellen R_1, R_2 L_1 außer den Schienen mit D, D_1 noch die Decker d, d_1
gegen die Nadeln eingestellt und zum
selbsttätigen Mindern in Tätigkeit
versetzt werden. Durch Schrauben-
spindeln Sp und Stirnräder 30, 31
der Schalthebel 32, 33 empfangen
die Decker
zum Übertra-
gen der Ma-
schen ihre
seitliche Ver-
schiebung.
Die selbsttä-

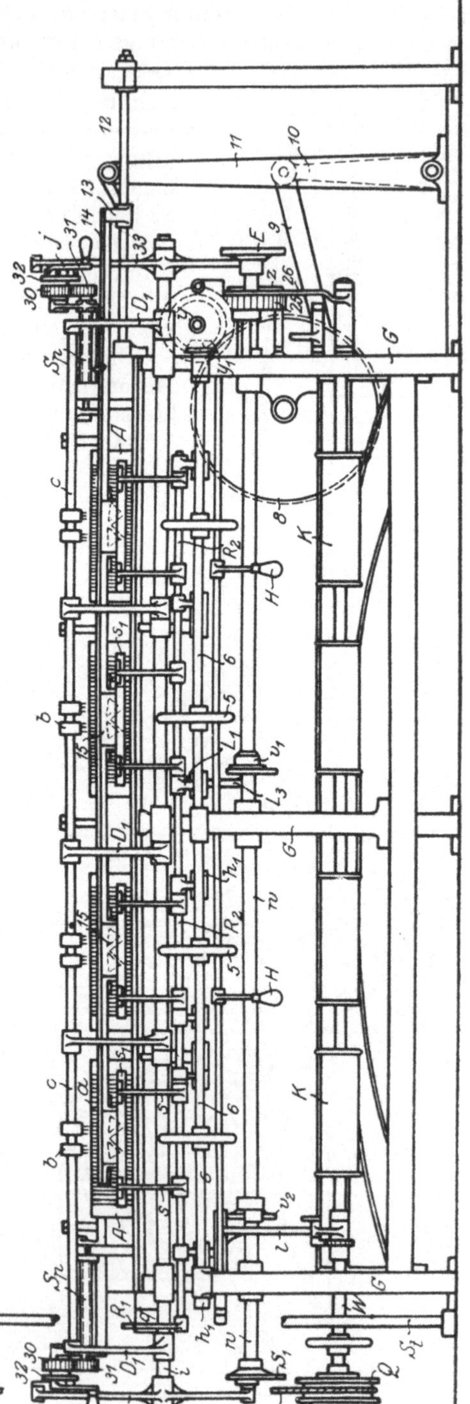

Abb. 271.

tige Abstellung erfolgt durch Schaltung *29* und Zahnsegment *16, 16a*, welches die Friktion *17, 18* bei *2, 4* der Welle *1* auslöst. Ebenso kann durch Handhebel H die Maschine abgestellt werden. Durch die Handräder *5* der Welle *6* und Kegelräder y, y_1 mit Welle *1*, die im Gestell G liegt, kann die Maschine für den Handbetrieb zugängig gemacht werden. Während des Minderns bleiben die Schlitten *15* mit *13, 14* außen an *12* stehen und Antriebskurbel *9—11* schwingt an *12* leer aus. Nach dem Mindern stellt sich die Stehkurbel *9—13* mit *14* wieder so gegen eine Mitnehmervorrichtung ein, daß die Schlitten mit *15* wieder gleichmäßig weitergeschoben werden. Zurückdrehen bei j bringt die Decker in die Anfangsstellung zurück. Die Schaltklinke *26a, 26b, 26c* kann durch Einhängen des Sperrhakens x, Abb. 270, ausgelegt und dadurch die Minderung unterbrochen werden. Großer, Markersdorf, verwendet auch noch andere Stellorgane.

Die fertige Ware wird durch Fallgewicht und Schnurenzug u, u_1 der Stange St mit Q auf die Warenrollen K der Welle w selbsttätig aufgewunden. Von Interesse sind noch die Einrichtungen der D. R. P. Nr. 212347, 113611, 101103 und 303825. Für den Warenabzug ist vorgeschlagen: D. R. P. Nr. 29177, 106615, 106619. 116098, 176397, 205966, 261699, 278250.

4. Die Links-Links-Strickmaschine.

Links-Linksware läßt sich vorteilhaft nur an der Flachstrickmaschine mit Doppelzungennadeln hervorbringen. Von den verschiedenen, bekannt gewordenen Links-Linkseinrichtungen hat sich in der Praxis vorzüglich die Einrichtung mit Doppelzungennadeln und Auskupplungsplatinen nach dem System Stoll bewährt (siehe auch D. R. P. 62734, 64534).

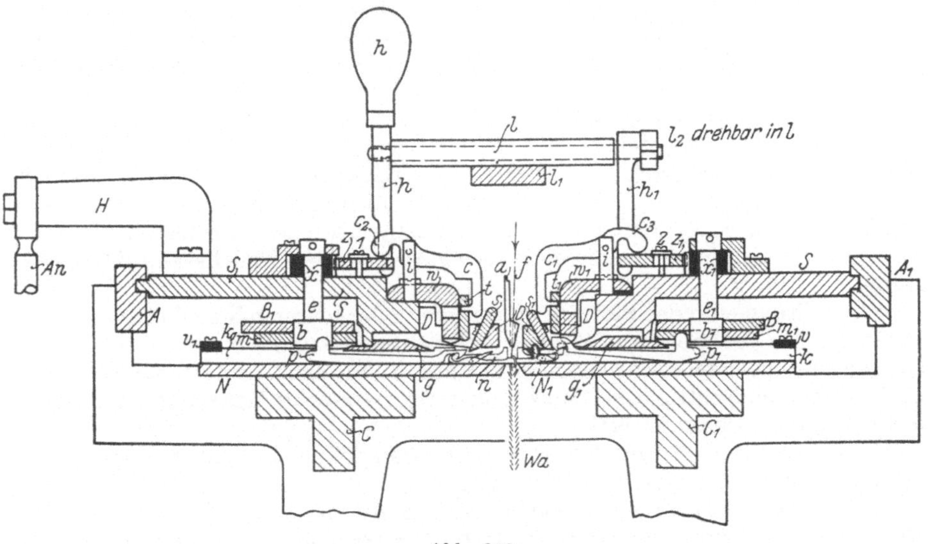

Abb. 272.

Die Nadelbetten N, N_1, Abb. 272, liegen eben im Gestell C, C_1. Ihre Kanäle k, k_1 münden ineinander, so daß die Doppelzungennadeln n durch die Stoß- und Zugplatinen p, p_1, die wechselweise an den sog. Schrägen s, s_1 emporsteigen, und dort die Nadeln erfassen und sie bald nach der einen, bald nach der andern Seite in die Nadelbetten N, N_1 hinüberziehen. Dabei wird der von dem Fadenführer a zugeführte Faden f das eine Mal zu Linksmaschen, das andere Mal zu Rechtsmaschen oder je nach der Platinenstellung auch zu Mustermaschen ausgebildet. Ein sicheres Arbeiten erzielt man jetzt durch Verwendung sog. hakenloser Platinen. Die Praxis hat ergeben, daß diese Platinen nicht nur die Produktion wesentlich erhöhen, sondern auch die Nadeln weniger beschädigen. Im Schlitten S, S_1 wird mit dem Schloß B, B_1 vorn am Mittelexzenter m, m_1 ein sog. Drehbolzen b, b_1 (siehe auch Abb. 273) geführt. Dieser wird von einem nach oben gehenden Zapfen e, e_1 des Stirnrädchens x, x_1 getragen und kann beim Umstellen des an l bis l_2 sitzenden Hebels h, h_1 mit den Zahnschienen z, z_1, die sich bei 1, 2 führen, um die Hälfte vor- oder rückwärts gedreht werden. Der Bolzen b geht dann entweder vorwärts in die Stellung I (Linksstellung) oder zurück in die Stellung II (glatte Stellung), wodurch der Platinenweg verkürzt oder verlängert wird. Im letzteren Falle findet das Überführen der Nadeln statt und man erlangt die Links-Linksware. Im anderen Falle dagegen schieben die Platinen ihre Nadeln nur bis zur Aufnahme des Fadens vor, die gegenüberliegenden Platinen können die Haken nicht mehr erreichen, auch nicht an s, s_1, Abb. 272, emporsteigen und kehren wieder in ihre Kanäle an den Seitenexzenter Se, Abb. 273, zurück. Die Nadeln bilden auf diese Weise die glatte Ware. Die jeweilige Drehbolzenstellung kann oben über b, b_1 an der Markierung („G", „L") nachgeprüft werden. Ein willkürliches Vorspringen der Platinen bis zu s, s_1, Abb. 272 wird durch eine mit z, z_1 bei c—c_3, i einstellbare Falle t, t_1, welche sich vor die Winkelöffnung legt, verhindert. Die mit diesen Durchlaßöffnungen versehenen Winkel w, w_1, welche mit dem Schlitten S, S_1 geführt werden, führen die Platinen bei s, s_1 zwangsweise. Dort sitzt auch die sog. Deckplatte D, welche den Nadeln sichere Führung erteilt. Bei An, H empfängt der in A, A_1 laufende Schlitten S seinen Antrieb. Die fertige Ware Wa wird mit gleichmäßiger Spannung zwischen den beiden Nadelbetten N, N_1 abgezogen.

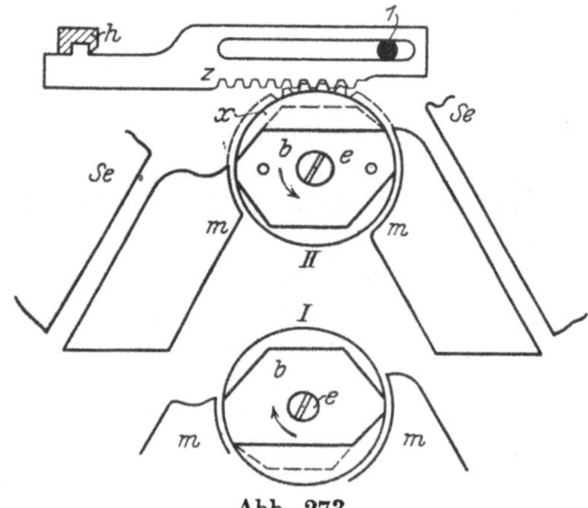

Abb. 273.

Durch Gruppieren der Platinen im vorderen oder hinteren Nadelbett und durch Umstellen der Drehbolzen b, b_1 lassen sich zahlreiche und sehr effektvolle Links-Linksmusterungen an dieser Maschine ausführen. Sie dient vornehmlich zur Nachbildung der handgestrickten Links-Linksware, sowie zur Herstellung der Sportbekleidung und Phantasieartikel.

Auch diese für die Großindustrie vervollkommnete und hochinteressante Strickmaschine ist für den Kraftbetrieb ausgerüstet.

Die Motor-Links-Linksstrickmaschine hat einen der Führung und Bewegung der Doppelzungennadel Rechnung tragenden, eigenartigen Antrieb erlangt. Schaubild, Abb. 274, zeigt eine solche Maschine mit dem Spindelantrieb Sp, Sp^1 nach System Stoll & Co. Sämtliche Übergänge von einer Musterart zur anderen erfolgen selbsttätig, entweder durch eine Zählkette oder, wie aus Abb. 274 ersichtlich ist, durch einen Seitenjacquard J mit Pappkarten K, der außen im Gestell liegt.

Ferner ist für die umfangreichen und verwickelten Musterarten ein einfacher oder Doppel-Musterjacquard mit Blechkarten zum selbsttätigen Gruppieren der

Platinen vorgesehen. Eingehendere und weitere Ausführungen müssen einer Sonderbearbeitung vorbehalten bleiben.

Über Verbesserungen, sowie Vorschläge für Rund-Links-Linksmaschinen siehe auch die D. R. P. Nr. 64534, 218219, 229017, 238764, 240618, 244462, 246022, 256306, 334656, 291346, 294449, 113822, 155577, 168745, 172645, 220554, 220949, 95683, 105927, 114874, 125866, für Jacquard: D. R. P. Nr. 19510, 24886, 56787 und endlich für Petinetware D. R. P. Nr. 5074, 118682, 120789, 136882. —

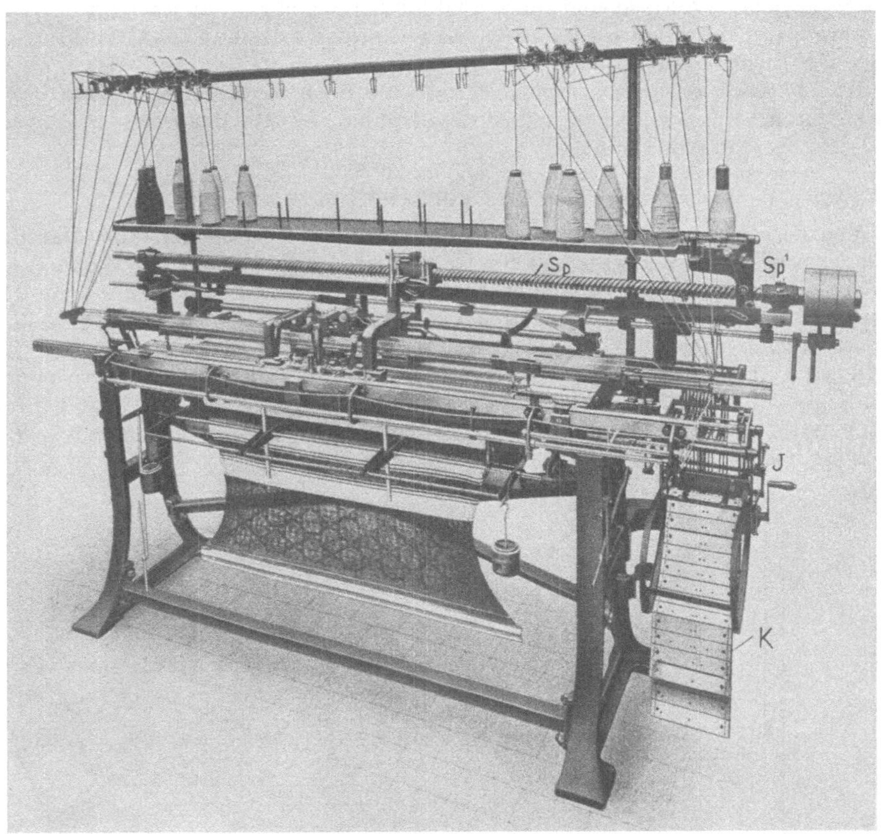

Abb. 274.

Strickmaschinen zur Herstellung von Schußwaren, welche vornehmlich zur Erzeugung steifer, wie auch besonders elastischer, sog. Gummiwaren in Frage kommen, sind nach dem D. R. P. Nr. 103949, 85444, 63626, 88324, 160661, 170545 bekannt geworden. Ebenso ist die Erzeugung von Plüschmustern an der Lambstrickmaschine mit Hilfe einer Plüscheinrichtung von Interesse. Nach D. R. P. Nr. 71227 entsteht die Plüschmusterung nur an einzelnen Nadeln, so daß eine Art plastische Musterung erzielt wird.

Die Anbringung von Hakennadeln ist an der Lambstrickmaschine nach den Vorschlägen der D. R. P. Nr. 1775, 3658, 174549, 197767 vorgenommen worden. In der Praxis hat sich jedoch diese Einrichtung nicht bewährt. Neuere Versuche sind im Gange (Patent Großer).

Die Kettenwirkerei.

Während die Kulierwirkerei zur Herstellung ihrer Produkte nur einen einzigen Faden (Schußfaden) verwendet, benutzt die Kettenwirkerei viele Fäden, eine sog. Kette, ähnlich wie in der Weberei. Auch diese Fäden müssen zur Erzeugung einer Maschenreihe, bzw. der Ware, mit sich selbst verschlungen werden. Dabei läßt man die Fäden bald links, bald rechts auslenken, damit die benachbarten Maschen eine Verbindung erlangen. Da hier eine große Anzahl Fäden geführt und verarbeitet werden müssen (die zwar als ein Fadensystem gelten, aber in mehreren Fadenführerschienen laufen), so sind zur Aufnahme derselben ganz andere Apparate am Kettenstuhl erforderlich wie in der Kulierwirkerei, wo das Fadenmaterial nur von einer sog. Pfeifenspule abläuft.

Es sind auch außer dem Spulen der Garne noch weitgehendere Vorarbeiten auszuführen. Diese bestehen, neben dem Spulen, in dem Haspeln oder Scheren und dem Zetteln oder Bäumen.

A. Die Vorarbeiten.

Von der sachgemäßen Vorarbeit hängt die Leistungsfähigkeit der Maschine und der Ausfall der Ware ab. Als Spulen werden, ähnlich wie in der Weberei, die Zweischeibenspulen zum Aufspulen des Garnes verwendet. Der Faden muß im Kettenstuhl mehr Spannung aushalten wie im Kulierstuhl und der Strickmaschine. Es ist deshalb entweder ein gut gedrehtes, einfaches Garn, sog. Trossel- oder Zettelgarn oder mehrfach gezwirntes Garn, für die Fadenkette zu verwenden. Ein Schuß kommt in der Kettenwirkerei im allgemeinen nicht vor. Nur bei sog. Schußkettenwaren, die nach besondern Prinzipien herzustellen sind, kann jedoch auch der Schuß gewählt werden.

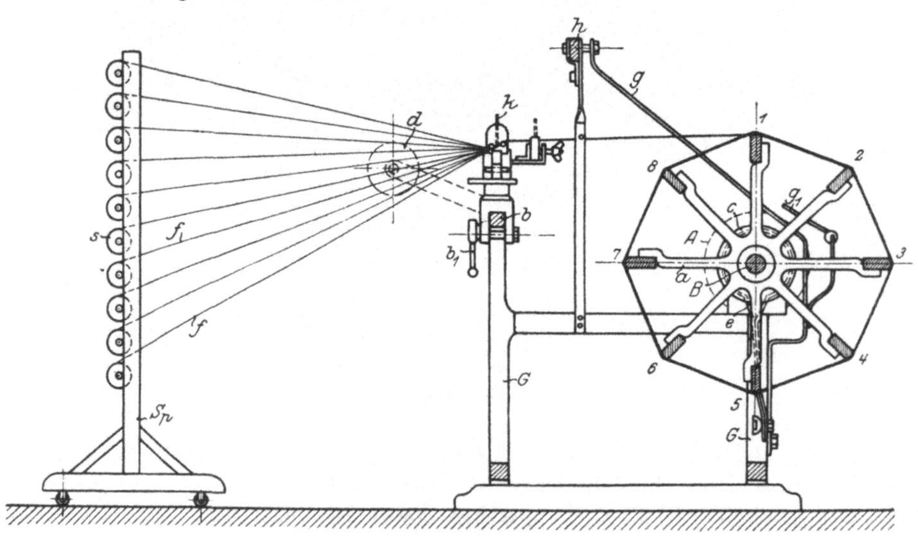

Abb. 275.

I. Das Zetteln oder Scheren.

Dies ist die wichtigste Vorarbeit in der Kettenwirkerei. Sie besteht im Parallellegen der Fäden zu einer Kette in bestimmter Länge. Damit eine solche Kette nicht aus vielen kleinen Fadenpartien zusammengesetzt werden muß, wählt man ein Spulengestell, das bis zu 200 Spulen aufzunehmen vermag.

Die Haspel- oder Schermaschine bildet einen liegenden drehbaren Rahmen A, Abb. 275, der in der Regel als Achteck mit den Querlatten *1—8* ausgeführt ist. Letztere sind fest auf den Armen a eines Querbalkens B, der drehbar im Gestell G liegt. Vorn trägt das Gestell auf einer Querschiene b verschiebbar einen Fadenkamm k (siehe auch Abb. 276). Dieser kann durch Festklemmen bei b_1 in jeder Lage festgehalten werden. Die von den Spulen s des Spulenständers Sp ablaufenden Fäden f läßt man durch den Kamm k nach der Haspel A laufen. Dort bildet man eine sog. Partie und hängt sämtliche Fäden zusammengeschlungen als Schlinge an dem Lattenstück *1* ein. Hierauf läßt man die Haspel A von der Transmission aus bei c gleichmäßig anlaufen und die Fäden über die Latten *1—8* führen und aufwinden. Außen sitzt an B eine Schnecke Se, Abb. 277, die mit dem Zählrad Z im Eingriff steht. Auf diesem sind die Anschlagbolzen I, II, III, IV vorgesehen, sowie ein Zahlensystem, das einem sog. „Hundert" entspricht. Nach einer bestimmten Anzahl Umdrehungen, z. B. 24 oder 25, der Haspel A, ist ein Hundert vollendet. Stößt einer der Bolzen *I—IV* gegen das Hunderterrädchen r, so wird dort um einen Zahn fortgeschaltet, so daß der Arbeiter die Länge der Fadenkette ablesen und dort nachprüfen kann. Außerdem kann man die Anzahl Einzelumdrehungen auch auf der Zählscheibe Z beim Zeiger a ablesen. Eine Glocke o gibt nach jedem vollendeten Hundert ein Signal, der Arbeiter kann somit rechtzeitig nach vollendeter Kettenlänge bei h, Abb. 275, durch den Absteller g, g' die Haspel A zum Stillstand bringen.

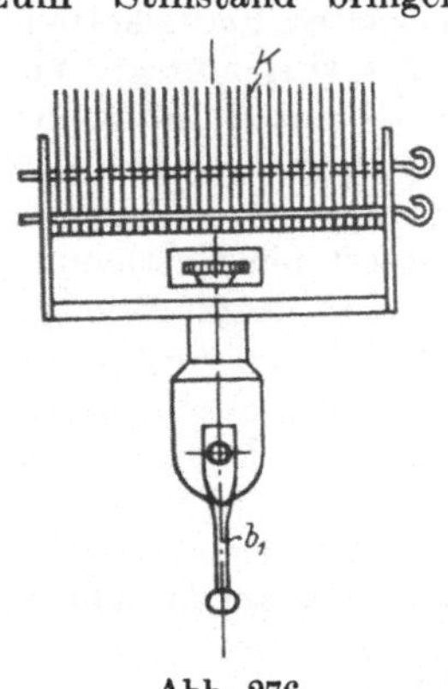

Abb. 276.

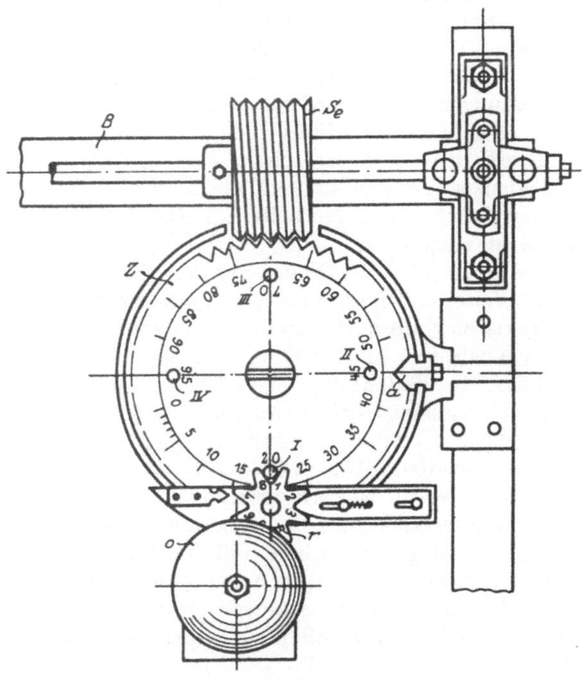

Abb. 277.

Ein Hundert besteht aus 100 sächs. Ellen, die Elle zu 60 cm angenommen. Es bedeutet daher bei 2,5 m Haspelumfang die Anzahl Umdrehungen eines Hunderts $60 \times 100 = 60$ m. Das sind bei einem Haspelumfang $Hu = 2{,}5$ m $60 : 2{,}5 = 24$ Einzelumdrehungen der Haspel A.

Ist mit K allgemein die Kettenlänge, mit Hu Haspelumfang bezeichnet, mit y Anzahl Umdrehungen, die für eine Kettenlänge erforderlich sind, mit H die Anzahl Hundert, so ist im allgemeinen

$$y = \frac{K}{Hu} \quad \text{und} \quad H = \frac{y}{24}.$$

Eine Kettenlänge $K = 550$ m soll gehaspelt werden, bei Haspelumfang $Hu = 2,4$; es ist dann die Anzahl Einzelumdrehungen

$$y = \frac{K}{Hu} = \frac{550}{2,4} = 229 \text{ und } H = \frac{y}{25} = \frac{229}{25} = 9,1.$$

Hier ist das Hundert $\frac{60}{2,4} = 25$ Umdrehungen angenommen. Der Haspelumfang kann also verschieden groß sein. Ebenso könnte man auch die Kettenlänge $K = 550$ m durch die Meterzahl pro Hundert $= 60$ dividieren und erhält dann ebenfalls $\frac{550}{60} = 9,1$. Bei dieser Berechnung werden die Anzahl Hundert meist in einer Dezimale ausgedrückt sein. Der Arbeiter weiß dann nicht genau, wieviel Einzelumdrehungen auszuführen sind, weshalb es besser ist, wenn der sich ergebende Rest, der hier gleich 10 m wäre, durch den Haspelumfang Hu, also $10 : 2,4 = 4$ Einzelumdrehungen dividiert wird. Bei der Konuszettelmaschine nach dem System Schönherr, Chemnitz, kann man das Zählwerk nach Metersystem stellen.

Hervorhebenswert wäre auch noch die Berechnung des Materialgewichts sowie die Berechnung der Fadenzahl für eine herzustellende Ware. Das Materialgewicht wird aus der Feinheitsnummer, Fadenzahl und Kettenlänge berechnet. Die Fadenzahl ergibt sich aus dem Musterrapport und der Warenbreite.

Da jedoch in der Regel verschiedene Lochnadelmaschinen für ein Muster zur Anwendung kommen und das Einarbeitsverhältnis der Fäden sehr verschieden ist, so müssen diese Fäden von einem besonderen Kettbaum ablaufen. Dann sind auch die Fadenketten nach einem solchen Verhältnis zu haspeln. Damit der Wirker die Fadenspannungen während der Arbeit nachprüfen kann, sind schon beim Haspeln der Fadenketten und beim Aufbäumen der Fäden, Verhältniszeichen zwischen die Fäden einzulegen.

Das Aufwinden der Fäden auf den Kettbaum, das ist das Zetteln, geschieht in der Weise, daß man zunächst sämtliche Fäden der gehaspelten Fadenkette in einen breiten Kamm, der an die Stelle von k, Abb. 275, gesetzt wird, einlegt. Von dort aus befestigt man partienweise die Fadenenden am Kettbaum d und windet auf diesen die Fadenkette. Während dieser Arbeit muß die Haspel A, Abb. 275, durch eine Bremse e, die außen an einer Rillenscheibe angebracht ist, so in Spannung gehalten werden, daß sämtliche Fäden möglichst dicht auf den Kettbaum d gewunden werden. Das Abfallen der Randfäden verhütet man durch Einlegen von Papierstreifen. Neuerdings sind auch Randscheiben am Kettbaum vorgesehen.

Der Kettenwirkstuhl besitzt zur Führung der Fäden die Lochnadeln, welche auf Schienen angeordnet sind und die Maschinen darstellen. Je nachdem die Nadeln horizontal oder vertikal angeordnet sind, kommen die Kettbäume unterhalb in das Gestell des Kettenstuhles oder über den Stuhl zu liegen, und von dort aus sind sie über Führungsrollen oder Spannkreuze den Lochnadeln dieser Maschinen zuzuleiten.

B. Die Einrichtung des Kettenstuhles.

Wenn im Kettenstuhl die Hakennadeln verwendet werden, so sind genau wie im Kulierstuhl Platinen und Presse erforderlich. Da aber die Schleifenbildung durch Auflegen der einzelnen Fäden zustande kommt, so können die Platinen ohne Kuliernasen verwendet werden. Bei der Anwendung von Zungennadeln fallen in der Regel die Platinen ganz weg, und wenn sie dann zur Anwendung kommen, so werden sie als Einschließ- und Abschlagplatinen benutzt. Man unterscheidet den Handkettenstuhl und den mechanischen Kettenstuhl.

Der Handkettenstuhl kommt in der Praxis nur noch selten vor. Da wo er noch Verwendung findet, nimmt er den Platz einer sog. Mustermaschine zum Mustern ein. Außerdem lassen sich die Kettenstühle noch einteilen in solche mit horizontal angeordneten Nadeln und solche mit lotrecht stehenden Nadeln.

Die letztere Art verwendet sowohl Haken- als auch Zungennadeln und kommt unter der Bezeichnung Raschelmachine oder Fangkettenstuhl vor.

C. Der Handkettenstuhl.

Die Hauptteile desselben ergeben sich aus den Abb. 278, 279. Die Nadeln n, welche in Blei a befestigt und auf der Nadelbarre N durch Deckplatten d festgehalten sind, liegen horizontal genau so wie im Kulierstuhl. Vor und unterhalb den Nadeln sind die Lochnadeln l etwa in einem Winkel von ca. 45 Grad eingestellt. Diese sind ebenfalls in Blei gegossen und bilden auf der Schiene m die Maschine oder Leiter. Es können mehrere solche Maschinen übereinander angeordnet werden. Sie sind entweder mit einem Handgetriebe in Verbindung oder legen sich unter Federzug

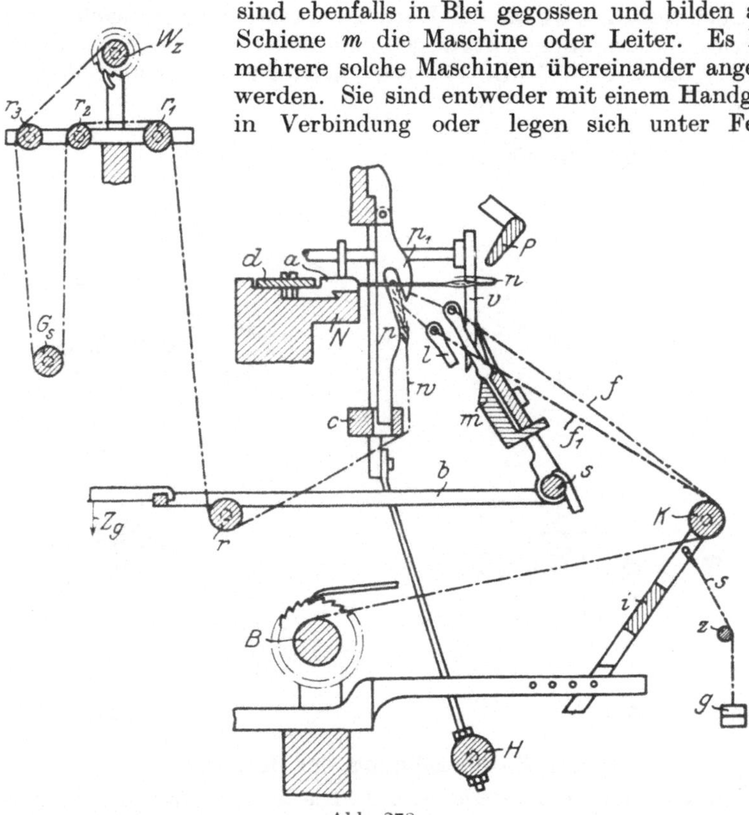

Abb. 278.

gegen ein Musterrad. Von dort aus empfangen sie eine seitliche Verschiebung, und zwar einmal, solange sie unter den Nadeln stehen und dann, wenn sie über den Nadeln eingestellt sind. Hierzu werden die Lochnadelmaschinen durch den Maschinenarm b, der um r drehbar ist, gehoben und gesenkt. Außerdem können sie durch den sog. Vortreiber v, gegen welchen die Maschinen gelegt sind, etwas vor- und rückwärts geschoben werden. Dies ist nötig, damit einerseits die Lochnadeln so weit unter den Stuhlnadeln hereinragen, daß beim Heben und seitlichen Verschieben die Fäden sicher über die Nadeln zu legen sind. Sodann, daß beim Vorschieben der Platinen ein Zusammenstoßen der letzteren mit den Lochnadeln verhütet wird; die Lochnadeln weichen den Platinen aus.

Die Fäden f laufen von dem unterhalb im Gestell liegenden Kettbaum B ab, über das Spannkreuz K und werden von links nach rechts durch die Ösen der Lochnadeln l geführt und von da den Nadeln zugeleitet. Damit eine der Fadenzahl und der Warendichte entsprechende Spannung erzielt wird, läßt man von dem Spannrahmen i aus Zugschnuren s über Rollen z laufen, welche Spanngewichte g tragen. Diese sind entsprechend der Fadenzahl und Warendichte zu regeln.

Die Platinen p empfangen ihre Auf- und Abwärtsbewegung durch Tritthebel im Untergestell; ihre Vor- und Rückwärtsbewegung geschieht durch die Handstange H. Auch die Lochnadelmaschinen werden durch eine ähnliche Vorrichtung gehoben und gesenkt in Verbindung mit einem Trittschemel, der an Zg hängt. Hierzu reicht von Stange s, welche die Lochnadelmaschine trägt, ein zweiarmiger Hebel b nach hinten, der mit dem Hebelzug Zg verbunden ist. Die fertige Ware w läuft senkrecht von den Nadeln n ab, an der Platinenschachtel c vorbei nach r über r_1, r_2, wird durch Gewichtstange Gs abgezogen und über r_3 von der Warenrolle Wz aufgewunden. Die Presse P wird von schwingenden Hebeln über den Nadeln n getragen.

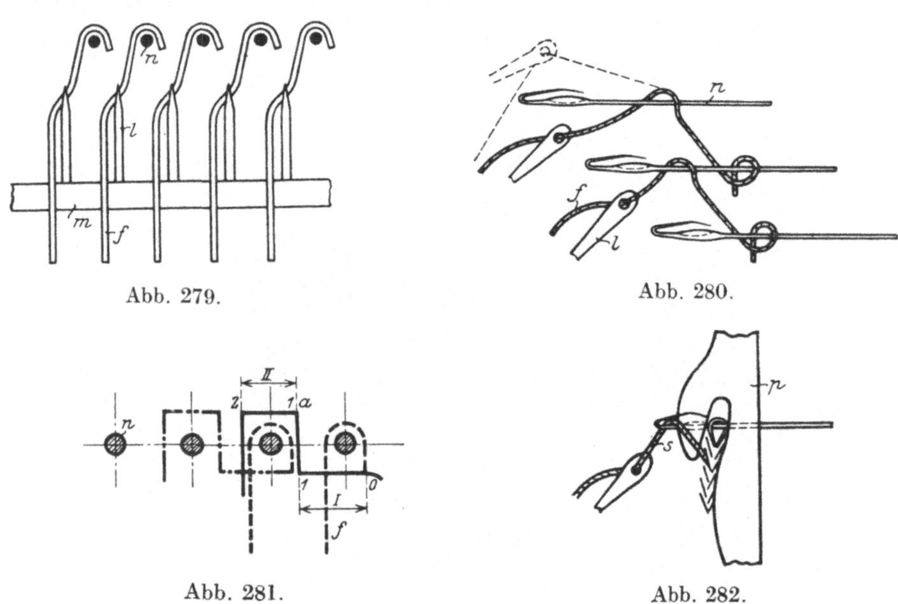

Abb. 279.

Abb. 280.

Abb. 281.

Abb. 282.

I. Die Maschenbildung der Kettenware.

Sie vollzieht sich in folgender Weise: Die an den Nadeln n hängende alte Ware w, Abb. 278, wird von den Platinen p eingeschlossen und nach hinten gezogen und in dieser Stellung erhalten. Hierauf verschiebt man die Lochnadelmaschine m nach links oder rechts um eine oder mehrere Nadelteilungen, damit sich die Fäden f (s. a. Abb. 279 und 280) vor die Platinenschnäbel p_1, Abb. 278, legen und auch unter den Nadeln n weggeführt werden. Abb. 281 zeigt schematisch eine Verschiebung von 0—1 um eine Nadelteilung nach links. Dies ist die Zeit I der Fadenlegung. Sodann hebt man die Maschine mit den Lochnadeln über die Nadeln in die punktiert gezeichnete Stellung, Abb. 280 und 281 bis $1a$; dann geht man in dieser Stellung von $1a$ durch Verschieben der Lochnadelmaschine um eine Nadelteilung nach links weiter bis 2. Es entspricht dies der zweiten Zeit II der Fadenlegung (Legung über die Nadeln). Senkt man jetzt die Lochnadeln l, Abb. 280, in die gezeichnete Stellung herab, so werden die Fäden f über die Nadeln n hinter die

Nadelhaken gelegt. Man hat also eine Fadenlegung unter *1* links über *1* links ausgeführt. Nun sind aber noch die so gebildeten Schleifen unter die Nadelhaken durch Vorschieben der Platinen p, Abb. 282, zu bringen. Damit dies sicher erfolgen konnte, mußten auch vorher die Fäden durch die Legung „unter" vor den Platinenschnäbeln weggeführt werden. Nun folgt das Pressen durch Niederziehen der Presse P, Abb. 278 und 283, mittels eines Tritthebels im Untergestell, damit die Nadelhaken in die Nadelschäfte gepreßt und durch weiteres Vorziehen der Platinen p durch die Handstange H das Auftragen der alten Maschen w bewirkt werden kann. Bei einem noch weiteren Vorziehen der Platinen wird die alte Ware w über die neuen Schleifen s, Abb. 283 und 284, abgeschoben bzw. abgeschlagen. Bei diesem Vorgang stößt ein Anschlag gegen den Vortreiber v, Abb. 278, damit die Lochnadeln l von den Platinen p, die bis vor die Nadelköpfe getreten sind, ein Stück entfernt werden. Durch Herabziehen der Platinenbarre p, Abb. 284, kann man die Ware w mit den neuen Maschen s einschließen und durch Zurückziehen in die Anfangstellung, Abb. 278, bringen. Es folgt jetzt wieder nach der Legung *1*, *1a*, *2*, Abb. 285, die Fadenlegung „unter", jedoch entgegengesetzt, also nach

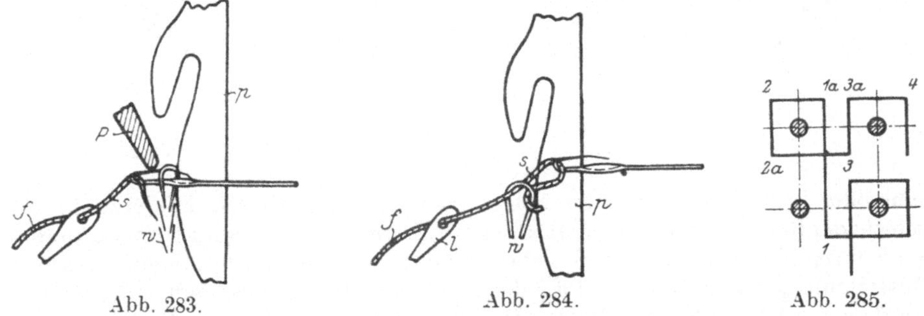

Abb. 283.   Abb. 284.   Abb. 285.

rechts, von *2a* nach *3*, und dann durch Hochbringen der Lochnadelmaschine bis *3a* und Verschieben über „eine" Nadel nach rechts bis *4*, die Legung „über" die Nadeln, worauf das Vorbringen der Schleifen und Ausarbeiten der Reihe erfolgt. Auf diese Weise erlangt man die einfachste Kettenware, welche halber, einfacher Trikot genannt wird (siehe auch Wirkwarenkunde).

II. Das Selbstgetriebe.

Sowohl am Hand- wie auch am mechanischen Kettenstuhl können die Fadenlegungen durch Verschieben der Lochnadelmaschinen mittels eines Selbstgetriebes bewirkt werden. Ein solches muß entsprechend den „Zeiten" durch ein Schaltrad ruckweise geschaltet werden, damit der Hammer h, Abb. 286, von einem Feld e auf ein nächsthöheres oder nächstniedrigeres Feld e_1 mit seiner Rolle r zu stehen kommt. Dadurch kann die durch Zugfeder Z beständig nach rechts gezogene Lochnadelmaschine m ihre seitliche Verschiebung erlangen. Die Felder werden eingeteilt entsprechend den Fadenlegungen und bildet man sich hierzu eine Patrone oder Schema, in kariertem Papier, wobei die Kreuzungspunkte die Nadeln n darstellen. Zwischen diesen denkt man sich die Lochnadeln. Setzt man bei der Rechtsstellung des Schneidrades in der Patrone, Abb. 287, dort den Punkt *0* ein, wo die Fäden am weitesten nach rechts gelegt sind, so müssen für die Legung des halben einfachen Trikots die verschieden hohen Felder *0*, *1*, *2* auf das Schneidrad R, Abb. 286, übertragen werden. Von *0—1* ist die erste Zeit (*I*) „unter", also muß, wenn im Schneidrad, Abb. 286, bei dem *0*-Kreis begonnen wird, das nächstfolgende Feld e für die Legung „unter" den Nadeln (*0—1*) auf den Teilkreis *1* treffen und das zweite Feld e_1 für die zweite Zeit *II* auf den Teilkreis *2*. Man liest die Höhenunterschiede, bzw. die Verschiebungen der Reihenfolge nach von unten nach oben und von rechts nach links aus Abb. 287 ab, und überträgt die Teilungen oder Felder von links nach rechts, d. h. entgegengesetzt der Drehrichtung, auf das Schneidrad *R* des Selbstgetriebes. Es sind dann hintereinander die Felder *1, 2, 1, 0* zu übertragen. Man kann das Rad auch abgewickelt darstellen und benutzt hierzu kariertes Papier, in welches nach Abb. 287a übertragen wird. Der Nullpunkt und das Feld *0* wird an der Anfangsstelle *a* nicht berücksichtigt, wenn nur mit zwei Zeiten gearbeitet wird, dagegen ist dies nötig, wenn die Verschiebung der Lochnadelmaschinen während 3 Zeiten erfolgt. Dann sind aber auch für eine Maschen-

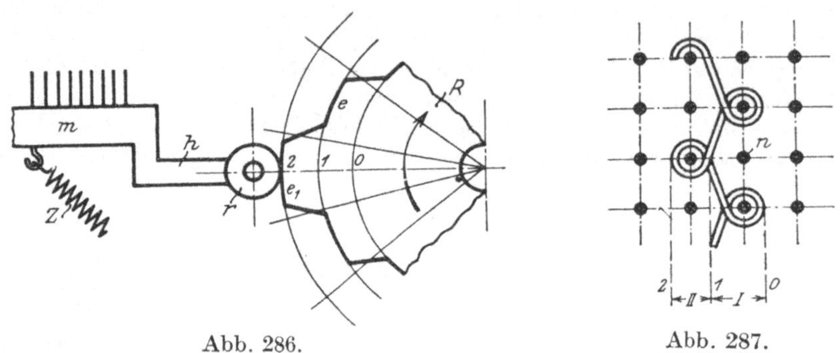

Abb. 286.
Abb. 287.

reihe oder Legung 3 Felder im Schneidrad vorzusehen. Die Felderzahl ergibt sich aus der Reihenzahl des Musters × Zeitenzahl pro Reihe. Wenn der Musterumfang so klein ist, daß das Schneidrad nicht die richtige Größe erlangt, so setzt man den Musterumfang mehrmals ein. Da jedes Musterrad für eine bestimmte Feinheit zu konstruieren ist, und die Teilkreisentfernungen je einer Teilung des Stuhles entsprechen, so kann man die Schneidräder auch nur für gleich feine Stühle benutzen. Auch ist für jedes neue Muster ein anderes Rad zu konstruieren. Man muß hierbei die Größe des Rades nach der Feinheitsteilung des Stuhles und nach der

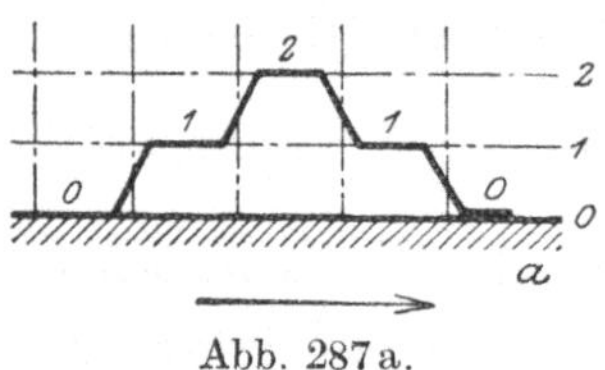

Abb. 287a.

Felderzahl berechnen. Dabei legt man den innersten Teilkreis *0*, Abb. 286 und die Felderlänge an diesem Kreise, zugrunde. Diese muß mindestens dem Durchmesser der Hammerrolle *r* entsprechen. Es sind dann zwei Durchmesser (*d* und *D*) zu berücksichtigen. Der innere *d* am Nullkreis und der äußerste *D*. Da die Verschiebung einer Maschine von dem innersten bis zum äußersten Kreis sehr verschieden sein kann (sie ist nach Abb. 287 von *0—2* = 2 Teilungen), so nennt man dies den Versatz *v*. Ist *r* der Rollendurchmesser, so kann die Berechnung allgemein in folgender Weise vorgenommen werden, wobei *F* Anzahl Felder im Schneidrad bedeutet: $d = \dfrac{F \times r}{\pi}$ und hieraus $D = d + (v \times t \times 2)$; *t* ist, da Kettenstühle sächsisch numeriert werden: $\dfrac{23{,}6}{\text{Nr.}}$. Z. B. für einen Stuhl Nr. 28 soll ein Musterrad mit $F = 36$ Felder bei $r = 15$ mm und Versatz der Maschine $v = 9$ Teilungen, berechnet werden. Es ist $t = \dfrac{23{,}6}{28} = 0{,}842$ mm. Nullkreisdurchmesser $d = \dfrac{F \times r}{\pi} = \dfrac{36 \times 15}{3{,}14} = 172$ mm; $D = d + (v \times t \times 2) = 172 + (9 \times 0{,}842 \times 2) = 187$ mm. Auf diesen Durchmesser ist das Rad abzudrehen.

III. Das Arbeiten mit drei Zeiten.

Es wird da angewendet, wo entweder die Legungen „unter" den Nadeln an mehreren Nadelteilungen fortlaufen und infolgedessen in zwei Zeiten zerlegt werden oder, wo ein sog. Versatz als Hilfslegung für ganz kurze Platinenmaschen in Frage kommt. Der letztere Fall tritt bei den sog. Atlaslegungen ein. Hier würde, da die Legung unter den Nadeln wegfällt, der über die Nadeln gelegte Faden neben den Platinen beim Vorbringen der Ware liegen bleiben und nur zum Teil unter die Nadelhaken gelangen, so daß Fallmaschen entstehen würden. Deshalb muß man zuerst vielleicht um zwei Teilungen entgegengesetzt der Legung „über" die Nadeln

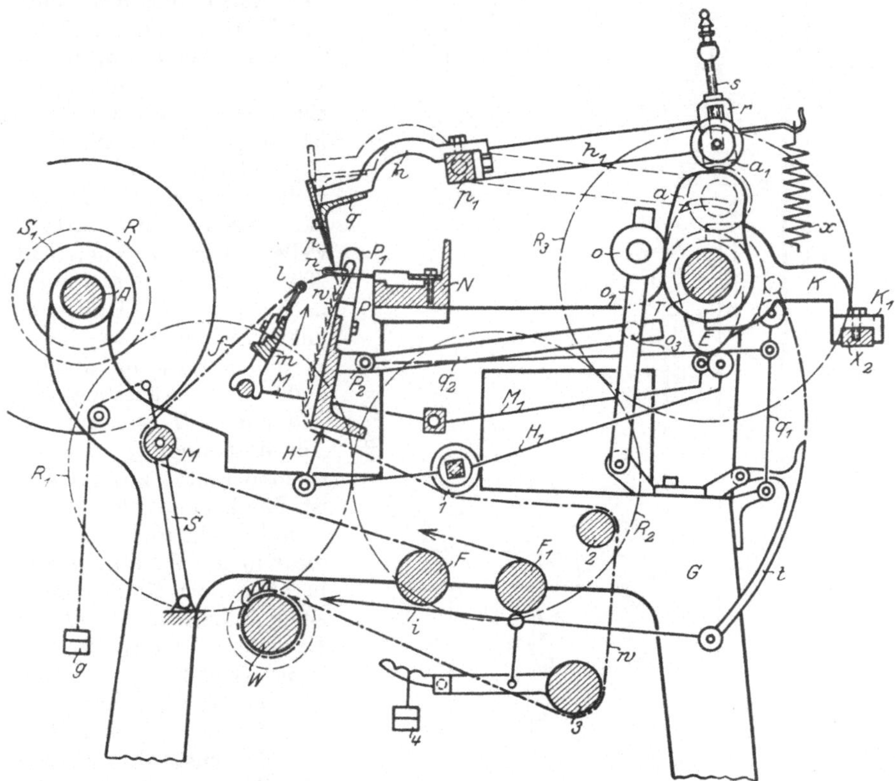

Abb. 288.

verschieben, bevor eingeschlossen wird, dann nach dem Einschließen wird genau um so viele Nadelteilungen wieder zurückverschoben, damit die Fäden vor die Platinenschnäbel zu liegen kommen, und jetzt erst kann die Legung über den Nadeln durchgeführt werden. Es sind somit 3 Zeiten für je eine Reihe in dem Schneidrad anzubringen. Beim Ausarbeiten der Maschenreihe zieht sich die Versatzlegung durch Anspannen der Fäden wieder zurück und ist diese somit in der Ware nicht ersichtlich. Bei Schnelläufern mit beweglicher Nadelbarre fällt die dritte Zeit weg.

D. Der mechanische Kettenstuhl.

Dieser besitzt in der Hauptsache die gleichen Einrichtungen wie der Handstuhl. Es werden nur die einzelnen Bewegungen mittels Hubhebel und Hubscheiben der Exzenterwelle T, Abb. 288 und 289, selbsttätig hervorgebracht. Die seitliche Verschiebung der Lochnadelmaschinen m, Abb. 288, erfolgt entweder durch das Selbstgetriebe mit Schneidrädern, Abb. 286, oder durch ein Kettengetriebe J, Abb. 289. Dieses ist so eingerichtet, daß für gemusterte Waren auch der Preßapparat p zu beeinflussen ist. Die zwischen den Nadeln n, Abb. 288, sitzenden Platinen P_1 sind unter und vor der Nadelreihe auf einem durch Hubstange H, H_1 und Schwinghebel q_2, o_1 in Bewegung zu setzenden Platinenbaum P eingestellt. q_2 ist bei o_3 mit einem Hebelarm o_1 gelenkig verbunden, dessen Rolle o an dem Platinenbaumexzenter der Arbeitswelle T liegt (s. auch Abb. 290). Von dort aus reicht noch ein weiterer Hebel, der mit q_1 verbunden ist, bis P_2, so daß mit diesen die Vor- und Rückwärtsbewegung und mit H, H_1 die Auf- und Abwärtsbewegung des Platinenapparates zu bewirken ist. Die Lochnadelmaschinen m mit Lochnadeln l, welche die Fäden f führen, werden in ähnlichem Sinne mittels eines Hubarmes M, M_1 und Exzenter E der Welle T betätigt. Sind die von den Kettbäumen F, F_1 ablaufenden Fäden f in der oben beim Handkettenstuhl beschriebenen Weise unter und über die Nadeln n gelegt und als neue Schleifen durch die Platinen P_1 unter die Nadelhaken geschoben, so wird die Presse p, die an q sitzt, durch den um p_1 drehbaren Preßarm h, h_1, dessen Rolle a_1 über dem Preßexzenter a steht, gepreßt. Hierauf folgt

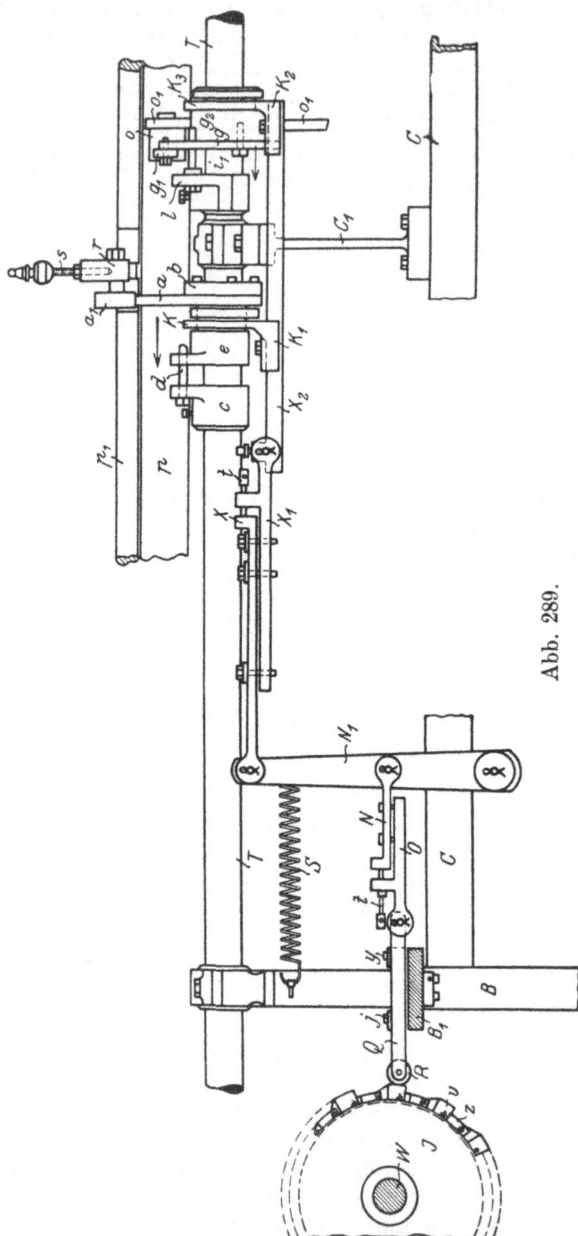

Abb. 289.

das Auftragen und Abschlagen der Ware w, welche unter 1 nach 2, 3 geht und vom Warenbaum W aufgewunden wird. Die Preßarmrolle a_1 kann bei r durch Stellschraube s höher oder tiefer eingestellt und für schwächere oder stärkere Pressung der Nadeln geregelt werden. Ist die Ware w auf die zugepreßten Nadelspitzen übergeschoben (aufgetragen), so wird, nachdem die Erhöhung a des Preßexzenters unter a_1 weggeführt ist unter dem Federzug x wieder von den Nadeln abgezogen und in die punktiert gezeichnete Stellung gebracht. Als Antrieb benutzt man Kegelräder oder Stirnräder. Die Bewegungsübertragung der Antriebwelle A auf die Exzenterwelle T geschieht durch Getriebe $\dfrac{S_1 \times R \times R_2}{R_1 \, R_3}$.

Die Kettfäden f sind für dichtere oder losere Ware durch Gewicht g bei M, S zu regeln. Ebenso kann man auf die Warendichte durch An- oder Abhängen von Gewicht am Warenabzug 3, 4 einwirken. Die Warenrolle W wird durch t, i zum Aufwinden der Ware w geschaltet.

I. Das Kettengetriebe J (Abb. 289).

Dieses ist in Rinnen zur Aufnahme verschieden hoher Kettenglieder v, z geteilt. Es wird durch ein sog. Temporad mit auswechselbaren Flügeln von der Hauptwelle T aus, Abb. 288, ruckweise fortgeschaltet. Die Kettfäden, welche über die Spannkreuze SM geführt werden, regeln sich unter Einwirkung einer Schalt- und Ablaßvorrichtung selbsttätig. Ebenso wird die Ware w welche durch 3, 4 abgezogen wird, selbsttätig mit der Schaltvorrichtung t, i auf den Warenbaum W gewunden.

Für die Herstellung von Waren mit blinden Legungen muß die Presse von Zeit zu Zeit außer Tätigkeit gebracht werden. Hierzu verwendet man einen Ausrückapparat, der mit dem Kettengetriebe J, Abb. 289, verbunden ist. Solange die Presse p, p_1 die Nadeln pressen soll, läuft die Rolle R des Hammers Q auf hohen Gliedern v. Die mit 0, N, N_1 verbundenen Schubstangen $X \div X_2$ tragen gabelförmige Hebelstücke $K \div K_3$, welche die lose auf T sitzenden Muffen e, g_2 umschlingen. Diese Muffen werden an Bolzen d, i_1 der Bundstücke c, l geführt und so gehalten, daß sie mit letzteren und mit der Welle T gleichmäßig gedreht werden. An der Muffe b sitzt nun der Preßexzenter a

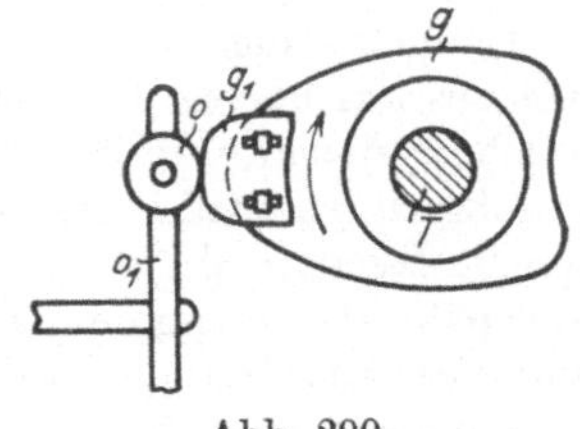

Abb. 290.

und an g_2 der Abschlag- und Platinenbaumexzenter g mit dem Ansatzstück g_1 (siehe auch Abb. 290). Sobald nun eine blinde, d. i. eine nicht gepreßte Reihe folgen soll, muß unter die Rolle R, Abb. 289, ein niederes Glied z geführt werden. Dann wird unter dem Federzug S die Hebelverbindung 0, N_1, $X—X_2$ mit den Gabelstücken K, K_1 zur Seite geschoben, so daß jetzt der Preßexzenter a unter der Preßarmrolle a_1 weggezogen wird und an diese Stelle die niedere runde Scheibe b tritt. Infolgedessen bleibt der Preßarm mit seiner Presse in der folgenden Reihe in der punktiert gezeichneten Stellung, Abb. 288. Während dieser Zeit führen jedoch die Lochnadelmaschinen die Fadenlegungen weiter aus, auch werden die Schleifen in den Nadelhaken durch die Platinen vorgeschoben und die Ware w eingeschlossen. Dabei werden die alten Maschen mit den neuen Schleifen zu Doppelmaschen vereinigt. Diese hinzugeschobenen neuen Schleifen sind aber auf der Oberseite durch die alte Maschenreihe verdeckt, sind deshalb nicht sichtbar und haben deshalb die Bezeichnung blinde Legung bekommen. Wenn diese blinde Legungen über mehr als eine Nadelteilung ausgeführt worden sind, muß der Platinenbaum in seinem Abschlagweg so geregelt werden, daß die Platinenkanten hinter den Nadelköpfen bleiben, um ein Durchscheuern der scharf gespannten Fadenschleifen zu verhindern. Dazu befindet sich am Abschlagexzenter g das Ansatzstück g_1, welches verstellbar ist, (siehe auch Abb. 290), dieses wird beim Verschieben der Muffe g_2 mit g unter der Abschlagrolle o, Abb. 288 und 289, weggezogen, so daß letztere nur noch auf dem niedereren Exzenterstück g_1 läuft.

Die genaue Einstellung der Muffen und Exzenter gegen die Laufrollen kann bei S, N, N_1 der Regulierung t, O, N, X, X_1, t vorgenommen werden.

Zu bemerken ist noch, daß zum Ausrücken der Presse ganz niedere Glieder z, zum Einrücken ausgewählte höhere Glieder v verwendet werden, und daß auf je eine Reihe auch niedere oder hohe Glieder, entsprechend der Zeitenzahl, zu setzen sind.

II. Die Herstellung von Preßmustern.

Hierzu kommt vor die glatte Presse noch eine solche verschiebbare in Zähne und Lücken geteilte. Diese wird durch Kettenglieder einer Rillenscheibe, welche neben dem Kettenbetriebe liegt, seitlich verschoben, so daß die Nadeln mustermäßig gepreßt werden. Dabei ist zu beachten, daß die Fäden in die Lochnadeln nur da einzuführen sind, wo die Zähne die Nadeln bearbeiten. Es ist dann auch Lochnadelmaschine und Preßschiene in mustermäßigem Sinne seitlich zu verschieben. Solche Preßmuster dürfen jedoch nicht mit den Preßmustern der Kulierwirkerei verglichen werden, weil letztere nach ganz andern Gesichtspunkten entstehen und die Musterung durch Henkelbildung zustande kommt. Durch wechselweises Einstellen der glatten und Musterpresse lassen sich die mannigfaltigsten Fadenverbindungen hervorbringen. Auch hierzu benutzt man zum Regeln der Pressen das Kettengetriebe.

III. Die Raschelmaschine oder der Fangkettenstuhl.

Doppelflächige Kettenwirkware, sowie auch Phantasiewaren, erfordern auch am Kettenstuhl neben der Stuhlnadelreihe noch eine zweite Maschinennadelreihe, welche in den älteren Kettenstühlen dieser Art, ähnlich wie am Ränderstuhl rechtwinklig zu der Stuhlnadelreihe eingestellt wurde. In England, wo dieser Rechts-Rechts-Kettenstuhl zuerst verwendet wurde, benützte man die Hakennadeln, die später durch Zungennadeln ersetzt worden sind. Auch verließ man die rechtwinklige Anordnungsweise und ging nach und nach mit beiden Nadelreihen in eine nahezu lotrechte Stellung über. Beide Nadelreihen wurden so einander gegenübergestellt, daß die Lochnadeln, beim Hindurchschwingen zwischen den Nadeln, hin und her gehen konnten (s. a. D. R. P. Nr. 388060 v. Saupe).

Die neueren Fangkettenstühle sind fast ausschließlich in dieser Ausführungsweise gebaut. Dadurch wird nicht nur die Bearbeitung wesentlich einfacher, sondern auch die Ausnützung bezüglich der Mustergestaltung nahezu unbegrenzt. Die überaus große Mustervielseitigkeit dieser Maschine, die in den 80er Jahren des vorigen Jahrhunderts nach der französischen Schauspielerin Rachel (Raschel), die Bezeichnung Raschel erhalten hat, erfuhr durch die Hinzusetzung von selbsttätig arbeitenden Kettenwechselapparaten, Anbringung eines sog. Fallbleches, Plüscheinrichtung usw. eine ganz bedeutende Steigerung.

Hinsichtlich der Nadelanordnung unterscheidet man Fangkettenstühle oder Raschelmaschinen mit Zungennadeln und solche mit Hakennadeln. Beide Arten können aber auch so, wie ein gewöhnlicher Kettenstuhl, verwendet werden, wenn man eine der beiden einander gegenübergestellten Nadelreihen, in der Regel die vordere, wegnimmt. Es wird sogar in vielen Fällen da, wo nur einfache glatte Kettenwaren herzustellen beabsichtigt sind, die Maschine von Haus aus nur mit einer Nadelreihe gebaut.

Die Einrichtung mit Zungennadeln und zwei Nadelreihen zeigt Abb. 291 im Vertikalschnitt und Abb. 292 zeigt, wie die Nadeln a, b im Grundriß nebeneinander angeordnet stehen. Die vordere Nadelreihe b kann mit ihrer Winkelschiene e_1 bei 7 von den Hubarmen H_1 abgenommen werden. Es ist dann auch die Abschlagschiene s zu entfernen. Beide Nadelreihen a, b stehen fast lotrecht hintereinander und können mit ihren Winkelschienen e, e_1 die durch Schrauben 6, 7

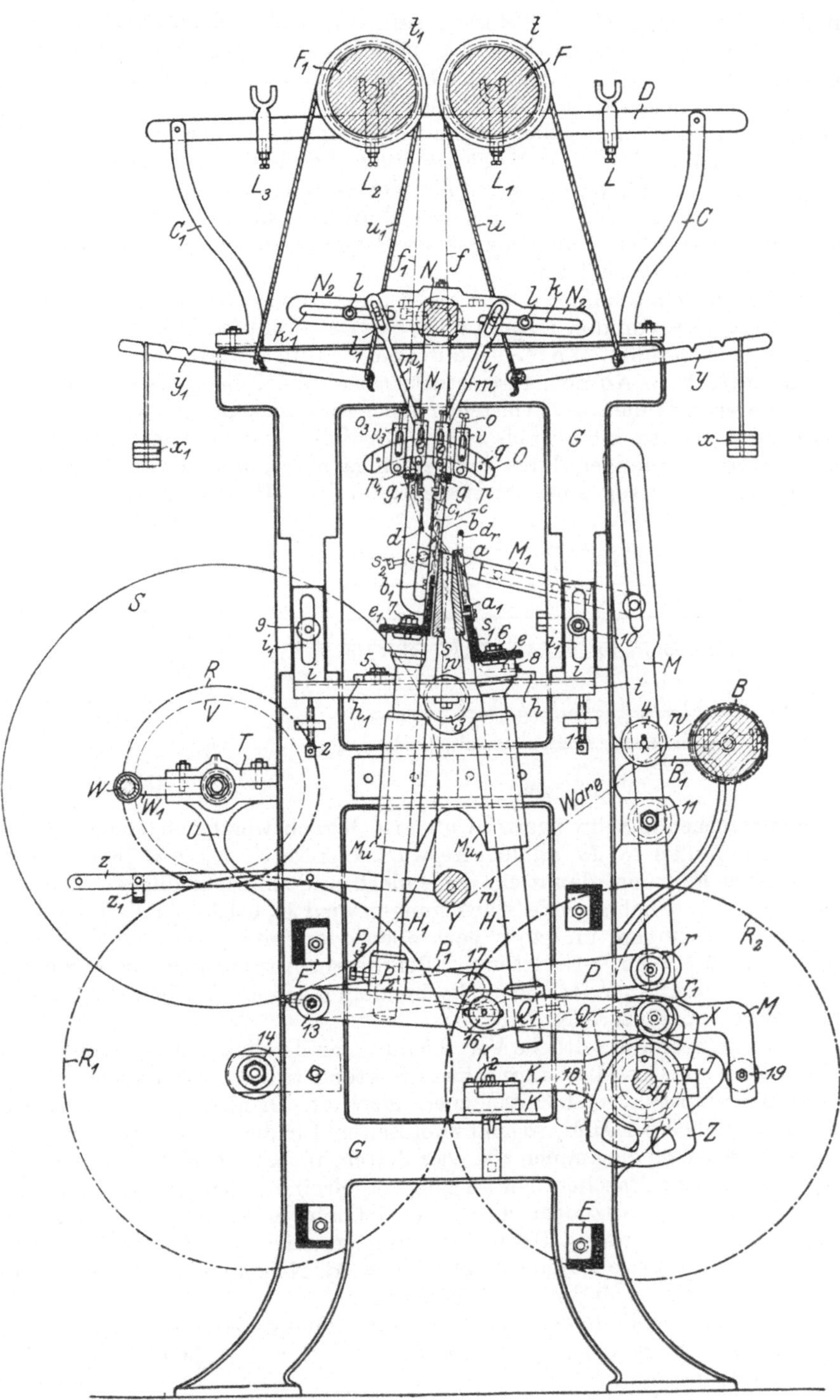

Abb. 291.

auf den Hubstangen H, H_1 befestigt sind, abwechselnd gehoben und gesenkt
werden. Letztere führen sich in den Muffen M_u, M_{u1} und werden unten von den
Bundstücken bei Q_1, $P_1 P_2$ der Hubhebel Q, P, deren Rollen r, r_1 über den Hub-
exzentern X, Z liegen, gehoben und gesenkt. Wie aus dieser Abbildung deutlich
ersichtlich ist, wird immer die eine Nadelreihe gehoben, wenn die andere gesenkt
ist. Die Nadeln a, b legen sich oben in einen Abschlagkamm der Abschlagschie-
nen s, s_1, die mit Winkeln h, h_1 auf den Verbindungsstäben i des Gestelles G getragen werden. Für losere oder dichtere Ware ist durch die Stellschrauben 1, 2
eine höhere oder tiefere Einstellung dieser Schienen möglich. Hierzu ist dann bei
i, i_1 Schraube 9, 10 zu lösen.

Die Lochnadelmaschinen g, g_1 hängen mit ihren Lochnadeln c, d frei an Bolzen p und werden von den Trägern m, m_1 oben ebenfalls an Führungsbolzen l und
Schlitzen bei l_1 geführt. Erstere sind in dem Schlitz k, k_1 des Auswurfstückes N_2
beliebig einstellbar. An dem Bogenstück O lassen sich bei q bis zu 6 Tragbolzen
v—v_3 mit Stellschrauben o—o_3 einstellen und ebenso viele Bolzen l sind auch oben in
k, k_1 anzubringen, so daß also bis zu 6 Lochnadelmaschinen untergebracht werden
können. Diese empfangen durch den Schwingarm N_1, der oben an dem Balken N
befestigt ist und den sog. Auswurf darstellt, durch die Hebelverbindung M, M_1 eine

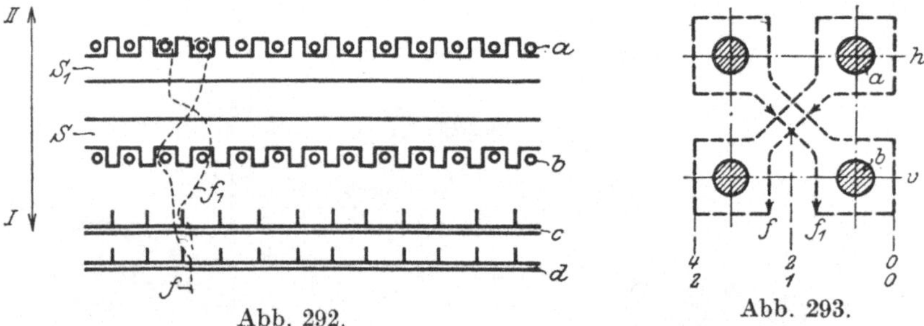

Abb. 292.Abb. 293.

hin- und hergehende Schwingung. Unten ist M rechtwinklig abgebogen und steht
mit den Laufrollen 18, 19, an dem Auswurfexzenter J. Diese Rollen laufen vielfach in einer Führung, damit ein Schleudern und unregelmäßiges Arbeiten verhütet wird. Für beliebig große Schwingungen wird M_1 bei M und N_1 durch Schrauben bei s_2 verschoben, und zwar nach oben oder unten, wodurch der Schwing-
bogen vergrößert oder verkürzt wird. Bei diesem Ausschwingen bewegen sich die
Nadelreihen auf und nieder und die Lochnadeln legen ihre Fäden f, f_1 abwechselnd
auf vordere und hintere Nadelreihen.

Hierzu ist noch die seitliche Verschiebung der Lochnadelmaschinen durch das
außen rechts am Gestell G angeordnete Kettengetriebe vorzunehmen, die genau
so wie im Kettenstuhl nach Zeiten zu erfolgen hat. Da hier aber zwei Nadelreihen
mit Faden zu belegen sind, so sind zwei Zeiten für die vordere und zwei für die
hintere Nadelbarre, zusammen also vier Zeiten, im Kettengetriebe zu berücksichtigen, d. h. für eine Maschenreihe an jeder Nadelreihe ausgeführt, sind vier Kettenglieder in der Kette anzuordnen und das Getriebe muß durch vier Flügel in vier
Zeiten geschaltet werden. Diese Schaltung geschieht durch eine Welle, welche
unten von der Hauptwelle A aus angetrieben wird. Neuerdings erfolgt die Schaltung
dieser Einrichtung auch durch Schraubenräder.

Es sind nun die Fadenlegungen für doppelflächige Ware so auszuführen, daß
die Fäden f, f_1 möglichst gekreuzt um die Nadeln a, b (siehe auch Abb. 292) gelegt werden.

Die einfachste Legung mit zwei Lochnadelmaschinen und vollen Fäden ergibt
sich dann, wenn die eine Maschine f, vorn an den Nadeln b von links nach rechts,

und hinten an den Nadeln a von rechts nach links, aber auf die Nebennadeln links, legt. Die andere Maschine f_1 legt genau so, aber entgegengesetzt und da die Fäden voll eingelesen sind, so erlangt man zweifache oder Doppelmaschen, wie dies aus dem Schema, Abb. 293, hervorgeht. Man kann hiernach die Fadenlegungen in kariertem Papier der Reihenfolge nach einzeichnen, berücksichtigt aber stets dabei, daß v die vordere Nadelreihe, h die hintere darstellt. Hiernach lassen sich dann auch die Kettenglieder für die Musterkette, welche nichts anderes als die Felder des Selbstgetriebes darstellen, der Reihenfolge nach zusammenstellen.

Diese Glieder werden entsprechend ihrer Höhenabstufung mit Zahlen markiert, wobei die niederste Stufe mit 0 bezeichnet wird; die aufeinanderfolgenden höheren Glieder sind der Reihenfolge nach $1, 2, 3$ usw. bezeichnet. In einzelnen Fällen kommen die ungeraden Ziffern in Wegfall, so daß die Reihenfolge der Glieder 0, $2, 4$ usw. zum Ausdruck kommt. Dies ist natürlich beim Zusammenstellen der Musterketten nach einem Schema, Abb. 293, besonders zu beachten. Darnach sind dann auch in das Schema von der äußersten Legung rechts beginnend, nach links fortfahrend, die Teilungen, bzw. Kettenglieder, einzutragen. Für die laufenden Ziffern würde sich eine Kette für die Fäden f_1 mit $1, 0, 1, 2$ usw. für die Fäden $f: 1, 2, 1, 0$ ergeben. Für die geraden Zahlen jedoch für $f_1: 2, 0, 2, 4$, für $f: 2, 4$, $2, 0$. Zu bemerken ist hierbei, daß jede Fadenlegung einer besonderen Maschine auch besonders in der Fadenskizze mit den Teilzahlen angedeutet wird.

Die Fadenführung erfolgt, wie aus Abb. 291 ersichtlich ist, von den über dem Gestell G liegenden Kettbäumen F, F_1 nach unten. Diese liegen drehbar in Lagerstücken $L-L_3$ der Verbindung D, welche von Armen C, C_1 getragen wird. Jeder Kettbaum wird an einer Rillenscheibe t, t_1 mittels Schnuren oder Riemen u, u_1 in Spannung gehalten. Je nach der Fadenzahl und Warendichte, sowie nach der Durchmessergröße des Kettenbaumes, werden an u, u_1 und deren Hebel y, y_1, Gewichte x, x_1 zur Belastung gehängt. Diese müssen jedoch während der Arbeit und mit dem Kleinerwerden des Durchmessers verringert werden, entweder durch Zurückhängen an y, y_1, oder durch Abheben einzelner Gewichte. Die Spannschnuren müssen stets entgegengesetzt dem Fadenabzug f, f_1 laufen und an den Hebeln y, y_1 befestigt werden.

Es ist noch auf eine kleine, aber wichtige Nebeneinrichtung, auf den Zungendraht dr, aufmerksam zu machen. Dieser ist vor jeder Nadelreihe in einer solchen Höhe von einer Gestellseite zur andern gezogen, und muß so eingestellt sein, daß bei gehobener Nadelreihe gerade die nach oben und nahezu horizontal gelegten Zungen der Nadeln mit dem Löffel sich unterhalb des Drahtes legen. So wird dann auch ein Aufwärtsspringen dieser Zungen und das Schließen der Nadeln beim Heben der Nadelreinen verhütet.

Der Warenabzug für die Fortführung der Ware w besteht zunächst aus der Abzugstange Y, welche in zwei Doppelhebel z, mit Gegengewicht z_1 liegt, und aus dem Schaltapparat des Warenbaumes B, welcher drehbar in B_1 gelagert ist. Von dem rechten Hebel z geht eine lose Kette zu der durch einen Schwinghebel in Bewegung gesetzten Schaltklinke des Kettbaumes. Letztere wird von der Kette freigegeben, wenn der Spannstab Y herabsinkt und z links nach oben und rechts geht. Dann wird B fortwährend geschaltet und die Ware w aufgewunden; da die Maschine aber nicht soviel Ware liefert, hebt sich Y immer höher und z geht links nieder, zieht die Kette an und letztere nimmt die Klinke vom Schaltrad des Kettbaumes weg, so daß sie leer ausschwingt, bis wieder Y mit der Ware entsprechend weit herabgesunken ist.

Der Antrieb der Maschine ist ein Stirnradantrieb in Verbindung mit einer Triebwelle oder Krummachse W, W_1, welche im Lager T, U vor dem Gestell G, E liegt. Der Antrieb kann sowohl von Hand, wie auch durch Riementrieb von der Transmission aus erfolgen. Fest auf der Welle W sitzt außen das Stirnrad R, das mit R_1 in Eingriff steht und mit R_1 das Stirnrad R_2 der Exzenterwelle A in Bewegung setzt. Außerdem sitzt neben R noch das Schwungrad S und die Riemenscheibe V. Das Übersetzungsverhältnis von R zu R_2 ist so gewählt, daß die Antriebwelle ca. 2 Umdrehungen ausführt, bis die Exzenterwelle eine Umdrehung macht. Jede Wellenumdrehung A entspricht dann einer Maschenreihe oder einer Hebung einer Nadelreihe.

1. Das Arbeiten mit Doppelexzenter.

Die Leistung der Raschelmaschine kann nahezu um das Doppelte erhöht werden durch Verwendung von Doppelexzentern. Diese lassen sich aber nur bei solchen Waren benützen, die mit einer Nadelreihe zu arbeiten sind. An Stelle des einfachen Hubexzenters der hinteren Nadelreihe bringt man dann einen Doppelexzenter a, b, Abb. 294. Dieser ist zweiteilig und kann auf der Scheibe S der

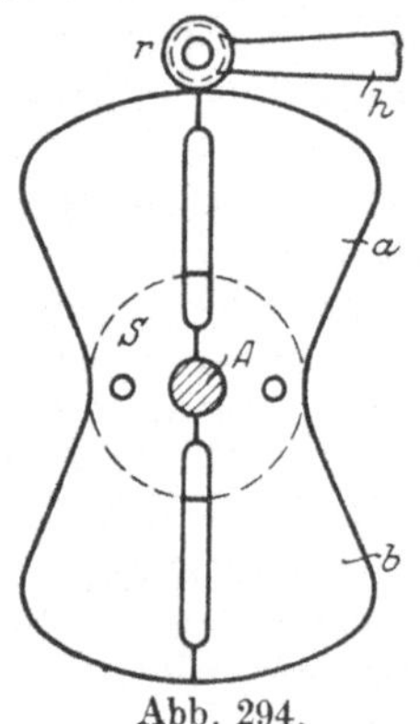
Abb. 294.

Arbeitswelle A befestigt werden. Bei jeder Wellenumdrehung A wird dann die Hubarmrolle r mit dem Hubarm h zweimal gehoben und gesenkt, so daß auch die Nadelreihe zweimal in Arbeitsstellung gelangt und zwei Maschenreihen bildet. Natürlich ist hierzu auch die Schwingung der Lochnadelmaschinen zweimal durchzuführen und an Stelle des Auswurfexzenters ein Doppeldaumenexzenter zu setzen.

Schnelläufer-Systeme sind auch eine Art Fangkettenstühle, aber mit Hakennadeln ausgerüstet. Es kommen also auch Platinen und Presse zur Anwendung. Infolge der günstigen Nadelanordnung kann eine Leistung von 180 bis 225 Reihen pro Minute (bei einer Nadelreihe) erzielt werden.

2. Der Ausrück- oder Kreppapparat.

Mit dieser Einrichtung lassen sich in doppelflächiger Ware sehr wirkungsvolle Musterungen erzielen, die sehr plastisch wirken und die den Kreppcharakter ergeben. Auch Nachahmungen von Strickwaren sind auf diese Weise durchzuführen.

Der hierzu erforderliche Apparat besteht aus einem Umschalthebel a, der sich bei c um a_1, Abb. 295 u. 296 dreht und oben mit seiner Rolle b, b_1 beständig gegen einen Musterexzenter oder, was vorteilhafter ist, gegen die Kettenglieder einer mit der Hauptkette verbundenen Musterkette K, K_1 des Getriebes g, w legt. Unten ist a bei a_2 mit einer Stange d gelenkig verbunden, welche im Untergestell der Maschine bei d_1 bis d_4 liegt. Sie trägt die gabelförmigen Hebel i (siehe auch Abb. 291 bei K bis K_2), welche die Exzentermuffen m der hinteren Nadelbarre umschließen. Diese sind lose verschiebbar auf A und werden an den festen Teilen l, l_1 geführt und mitgedreht. Da diese Muffen m die hinteren Nadelbarrenexzenter f, sowie die der runden Scheiben f_1 aufnehmen, so kann man, sobald durch verschieden hohe Glieder K, K_1 den Hebel a ausschwingen läßt und d, i, f_1 zur Seite geschoben wird, Hubexzenter f unter den Hubrollen r, r_1 der Hubarme h, h_1 wegziehen, so daß letztere über die niederen Scheiben f_1 zu stehen kommen (punktiert gezeichnete Stellung) und dadurch die hintere Nadelbarre so lange gesenkt bleibt, bis wieder die Umschaltung erfolgt. Die Rollen r mit Hubarm h werden dagegen von den vorderen Nadelbarrenexzenter e gleichmäßig gehoben und gesenkt, so daß also

die vordere Nadelreihe gegenüber der hintern eine größere Reihenzahl ausführt.
Dadurch entstehen Veränderungen und Maschenanhäufungen auf der Warenoberseite, welche die Mustervielseitigkeit wesentlich erhöhen können.

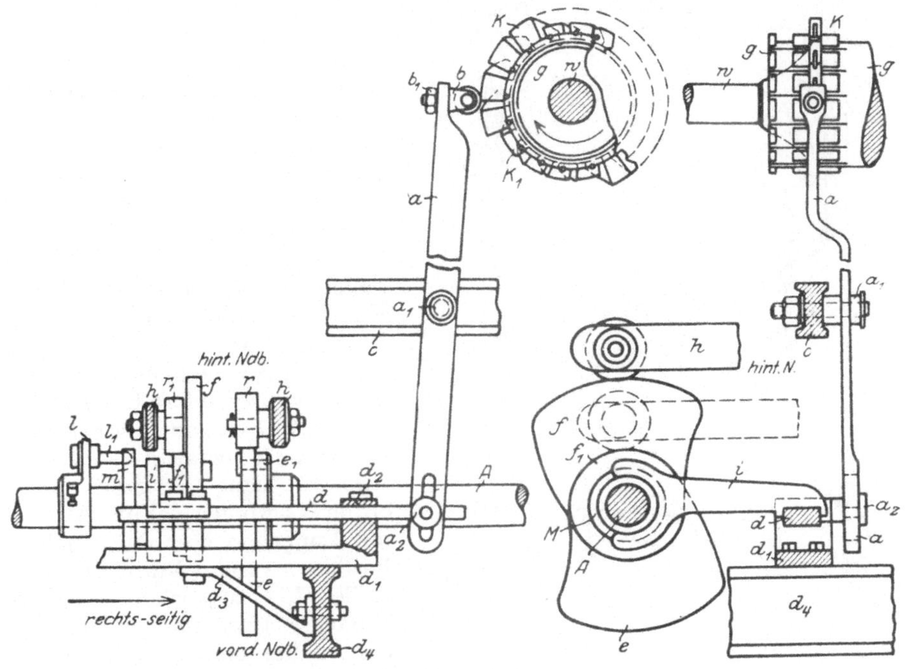

Abb. 295 und 296.

3. Die Fallblecheinrichtung (auch Schlagblech genannt).

Diese Einrichtung kommt sowohl bei einfachen wie bei doppelflächigen
Waren zur Anwendung. Sie dient hauptsächlich zur Nachbildung blinder
Legungen, die zwar in dieser Ausführungsweise meist für die Steigerung der
Mustermöglichkeiten zugrunde gelegt werden.

Mit dieser Einrichtung sucht man gewisse Fadenlegungen zu der alten Ware
hinter die Zungen zu schieben, damit diese sofort mit der alten Ware über andere
neue Schleifen abgeschoben werden und somit in der nächstfolgenden Reihe an der
Maschenbildung nicht mehr teilnehmen. Man bringt dort, wo die Fadenlegungen
zu beeinflussen sind, hinter den betreffenden Lochnadelmaschinen eine Blech-
schiene a, Abb. 297, an. Diese wird von den Stäben b_1, welche in die Verlän-
gerungen b eingreifen, getragen und empfängt von den Hebeln h, h_1 und Exzentern E eine kurze Abwärts- und Aufwärtsbewegung. Die Abwärtsbewegung kann
jedoch erst eintreten, wenn die Fäden f der vorderen Lochnadelmaschine l um die
Nadeln n gelegt sind. Abb. 297 zeigt das Fallblech a gesenkt. In dieser Stellung
können die Fadenlegungen e hinter die Zungen z zu der alten Ware w hinabge-
stoßen werden. Hierbei ist Grundsatz, daß die durch das Fallblech erfaßten Legungen stets entgegengesetzt den Grundlegungen der hinter dem Fallblech a
stehenden Lochnadelmaschine l_1 um die Nadeln legen. Würde dies nicht beachtet,
so wären Fallmaschen im Gewirke die Folge.

Die Fäden f_1 können als Grundfäden angenommen werden. Der Daumenexzenter E ist entsprechend der Nadelbarrenbewegung, bzw. derjenigen des Aus-
wurfes, genau zu regeln, so daß die Hubarmrolle r des Hebels d mit h_1 im rich-

tigen Augenblick die Schwingung oben mit h, b_1 um c ausführt, und b_1, b, das Fall-

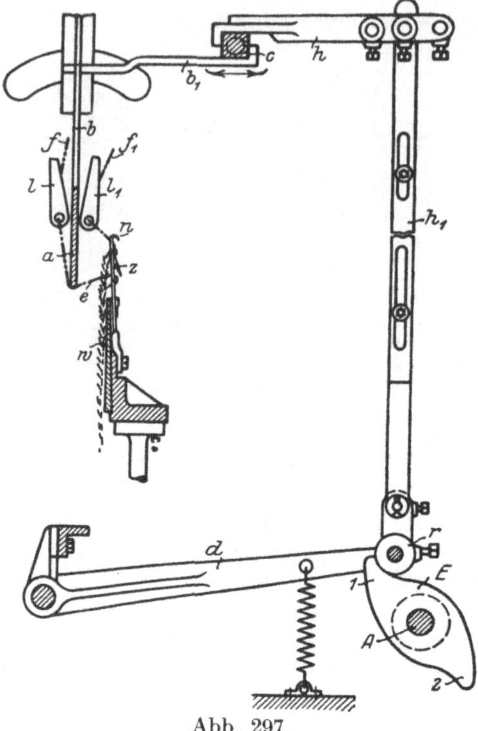

Abb. 297.

blech a erst an den Nadeln n nieder-führt, wenn die Lochnadeln l, l_1 nach links ausschwingen und a links von n niederfällt.

Die Bewegung des Fallbleches muß auch bei den sonst noch vorkommenden anderen Einrichtungen in ähnlichem Sinne eingehalten werden. An Maschinen mit Schlingenplüscheinrichtung geschieht dies durch Verbindung des Hubarmes der vorderen Plüschnadelbarre durch eine von dem Fallblech herablaufende Zugkette. Vorteilhaft ist es jedoch, wenn das Fallblech, so wie oben ausgeführt, durch eine besondere Hebelverbindung b, b_1, h, h_1 und dem Fallblechexzenter E betätigt wird. Der Apparat kann jederzeit wieder entfernt werden. Für Arbeiten mit Doppelexzenter muß auch der Fallblechexzenter E mit zwei Hubstellen 1, 2 ausgerüstet sein. Bei einfacher, gewöhnlicher Arbeit ist er dann nur mit dem Daumenstück 1 zu benützen. Wie man an der

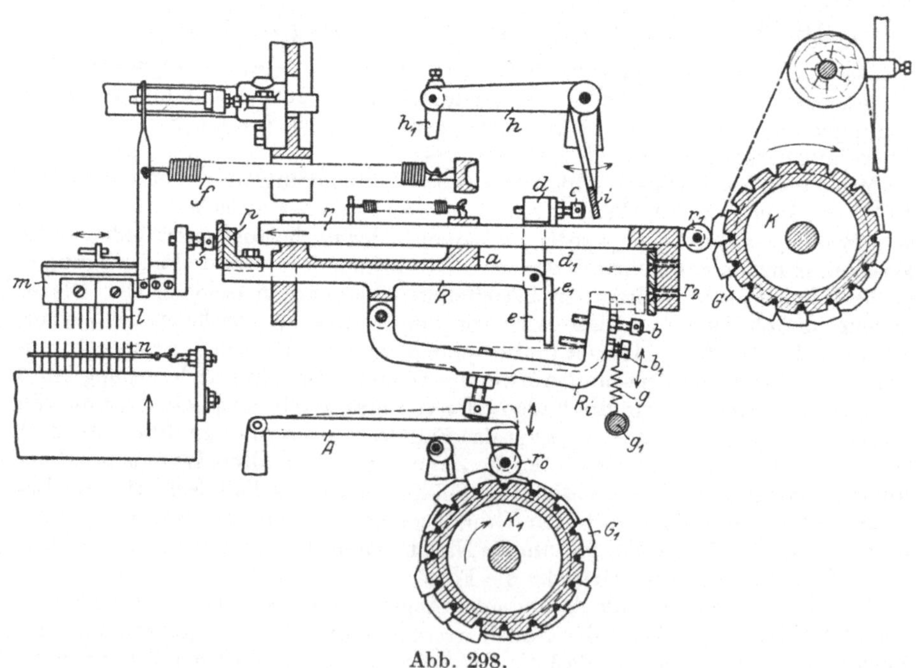

Abb. 298.

Raschelmaschine auch schlauchartige Waren herstellen kann, ergibt sich aus den Patentschriften der D. R. P. Nr. 290176, 291471 und 257615.

Von Interesse sind auch die D. R. P. Nr. 27434, 42368, 43419, 45791, 46198, 51921, 52971, und 58603 zur Herstellung von Plüschware.

4. Der selbsttätige Kettenwechselapparat.

Die seitliche Verschiebung der Lochnadelmaschinen geschieht, wie schon oben ausgeführt ist, durch ein Kettengetriebe mit beliebig einstellbaren Musterketten. Eine solche einmal aufgelegte Musterkette kann jedoch während der ganzen Arbeitszeit nur die gleiche Musterart hervorbringen. Für eine Menge Gebrauchsgegenstände, sog. abgepaßte Warenstücke, muß jedoch während der Arbeit die Musterung gewechselt werden. Entweder durch Vertauschen der Musterketten oder durch seitliches Verschieben des Kettengetriebes, um andere Musterketten unter die Maschinenriegel zu bringen. Diese Umschaltung erfolgt an den neueren Raschelmaschinen durch den sog. automatischen oder selbsttätigen Kettenwechselapparat.

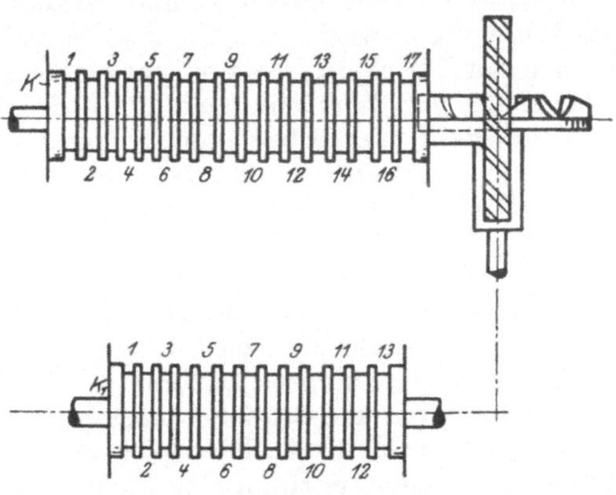

Abb. 299.

Im allgemeinen sind die Maschinenriegel, für welche je 3 Ketten nebeneinander vorgesehen sind, dem Muster entsprechend automatisch zu beeinflussen. Es sind für 6 Lochnadelmaschinen dann $3 \times 6 = 18$ Riegel erforderlich. Meist sind nur 4 Lochnadelmaschinen mit je 3 Riegeln ausgerüstet, während die übrigen zwei, die erste und die letzte, mit je einem Riegel unabhängig arbeiten, so daß also 12 Riegel für die abgepaßte Musterung zu benützen sind. Dadurch ist eine überaus große Mustervielseitigkeit möglich und man kann nach einer beliebigen Warenlänge von dem einen zum andern Muster übergehen und zwar kann jede Lochnadelmaschine 3 verschiedene Musterarten bilden. Abb. 298 zeigt beispielsweise eine Ausführungsform nach dem D. R. P. Knobloch. Die Maschinenriegel r, Abb. 298, liegen nicht direkt hinter den Lochnadelmaschinen m, s, sondern frei verschiebbar in einem Lager a. Sie werden durch Zugfedern mit ihren Rollen r_1 beständig gegen die Kettenglieder G des Kettenrades K gezogen und besitzen einen nach unten gehenden rechtwinkligen Ansatz r_2. Ist dort der Raum leer, so laufen während der Arbeit diese Riegel leer hin und her. Wie schon angedeutet, sind für je eine Lochnadelmaschine und somit auch für je eine hinter der Anlegschraube s stehende Riegelplatte p je 3 Riegel vorgesehen. Ebenso viele liegen aber auch winkelförmige Riegel Ri an den Nebenriegeln R. Letztere empfangen keine direkte Verschiebung vom Kettengetriebe aus, sondern nur dann, wenn durch ein zweites unterhalb K liegendes Kettengetriebe K_1 durch Glieder G_1 mittels Rollen ro und Hubriegeln A einer der Riegel Ri mit den Anschlagschrauben b in die punktiert gezeichnete Stellung vor r_2 hinaufgehoben wird. Die übrign werden von g, g_1, b_1 herabgezogen.

Wird jetzt r, r_1, r_2 von den Kettengliedern G verschoben, so empfängt auch b, Ri und R mit der Platte p die gleiche Verschiebung, wodurch die Maschine m, s, l für die Fadenlegung zu beeinflussen ist. Es liegen für jede Maschine, sowie für die Nebenapparate, die Musterketten in den Rillen $1-17$ und $1-13$ der Kettenräder $K-K_1$, Abb. 299 verteilt. Natürlich kann man entsprechend einem Muster jede gewünschte Anzahl Musterketten anordnen. Es ist nur nötig, daß für die eine oder andere Maschine sowohl auf K, wie auch auf K_1, eine Musterkette eingestellt wird. Während aber das oberste Kettenrad K die verschieden hohen Kettenglieder G, Abb. 298, für die Musterlegungen aufnimmt, sind auf K_1, 298 u. 299, nur ganz niedere Glieder und ganz hohe derart einzustellen, daß ro, A die Einschaltung von Ri nach r_2 hervorbringt, wenn auf ein anderes Muster überzugehen ist.

Hiernach wird auch das obere Kettenrad K wie sonst gleichmäßig geschaltet, während K_1, nur dann eine Schaltung empfängt, wenn ein selbsttätiger Kettenwechsel zu erfolgen hat. Diese Schaltung erfolgt durch eine Kette, die in der Rille 1, Abb. 299, des Kettengetriebes K liegt, wobei auch durch eine zweite Kette in Rille 2 ein Umschaltexzenter betätigt wird, der den Hubarm h_1 mit h, Abb. 298, hebt und die Platte i gegen die Anschlagschrauben c der Anschläge d mit d_1, e und damit auch den Riegel R so lange vorwärtsschiebt, bis die Riegelschrauben b in die punktiert gezeichnete Stellung hinter r_2 gehoben sind. Diese Bewegung erfolgt in der Zwischenzeit zweier Tempo, so daß hierdurch die Verschiebung bei r, r_1 nicht beeinflußt wird. Die Lochnadelmaschinen m, s, t mit ihren Lochnadeln l werden mit Zugfedern f beständig gegen die Platten p der Riegel R gelegt. Erstere können also nur dann eine Legung an den Nadeln n ausführen, wenn einer der Winkelriegel Ri hinter bzw. vor r_2 eingestellt ist. Da für jede Maschine drei vorgesehen sind und ebenso auch bei r drei solche, so kann bei richtiger Ausnützung der Wechselwirkung eine unbegrenzte Mustervielseitigkeit erzielt werden.

5. Die Plüscheinrichtung.

Plüschware kann an der Raschelmaschine nach zwei Arten hergestellt werden. Die eine Art entsteht an der Raschelmaschine mit 2 Zungennadelbarren und kann als Schneidplüsch hergestellt werden. Die andere Art erfordert eine besondere Plüschnadelbarre und wird Schlingenplüsch genannt.

a) Der Schneidplüsch. Hierzu ist erforderlich, daß die Nadelreihen mindestens 30 mm voneinander entfernt eingestellt werden. Es sind mindestens 3 Lochnadelmaschinen zu verwenden, von welchen die vorderste die Grundfäden nur auf die vordere Nadelreihe zur Erzeugung des Grundgewirkes legt; die hinterste dagegen legt nur ihre Fäden auf die hintere Nadelreihe und bildet dort ebenfalls ein Grundgewirke. Diese beiden Grundgewirke werden durch die mittlere Lochnadelmaschine, deren Fäden wechselweise auf die vordere und hintere Nadelreihe gelegt werden, miteinander verbunden.

Sollen noch Muster durch eine weitere Lochnadelmaschine eingearbeitet werden, so sind deren Fäden ebenfalls abwechselnd, aber mustermäßig in die Grundgewirke einzuarbeiten. Außerdem lassen sich auch sog. Reliefmusterungen dadurch erzeugen, daß man einzelne Mustermaschinen nur in das Grundgewirke der einen Nadelreihe legen läßt. Hierzu sind in der Regel bis zu 6 Lochnadelmaschinen erforderlich. Die Verbindungsfäden werden durch eine Plüschschneidmaschine so in der Mitte durchschnitten, daß man zwei Warenstücke erlangt. Für eine reine gleichmäßige Plüschware muß durch Scheren und Bürsten noch nachbehandelt werden.

b) Der Schlingenplüsch kann ebenfalls auch als Schneidplüsch hergestellt werden, wenn die Plüschschlingen entweder schon während ihrer Herstellung an der Maschine oder durch eine besondere Schneidvorrichtung aufgeschnitten oder aufgerauht werden. Man erhält aber nur e i n Plüschwarenstück, während mittels der vorigen Einrichtungen zw e i solche herzustellen sind.

Für die Erzeugung der Plüschhenkel bringt man an Stelle der vorderen Zungennadelbarre eine Stiftnadelbarre b, Abb. 300. Diese wird mit v auf H, je nach der Länge der Plüschhenkel, entsprechend weit vor die hintere Nadelbarre a, h eingestellt. Sie empfängt durch den Plüschexzenter C der Arbeitswelle A eine kurze Ab- und Aufwärtsbewegung. Die Exzenterform ist so gewählt, daß mit r, i die Plüschnadelbarre nahezu während der ganzen Reihe gehoben ist. Es kann somit die die Plüschfaden f_1 führende Plüschmaschine d ihre Fäden zuerst um die Plüschnadeln b legen, sodann, wenn auch die hintere Nadelbarre a, h durch den Exzenter E und Hubarm K und Stange H_1 gehoben ist, legen Grund- und Plüschmaschine c, d ihre Fäden f, f_1 um die Nadeln a. Sofort geht dann die Rolle r_1 am Nadelbarrenexzenter E wieder nieder und senkt die hintere Nadelbarre a, h, damit dort die eingelegten Fäden zu Maschen ausgearbeitet werden. Kurz hierauf geht dann auch die Rolle r mit i an dem Plüschexzenter C nieder und senkt die Plüschnadelbarre v, b, damit die noch gehaltenen Plüschschlingen abgeworfen werden. Mit dem sofortigen Heben der Plüschnadelbarre beginnt dann auch die nächste Reihe. Hierzu muß der Auswurfarm B, B_1 durch den 6teiligen Auswurfexzenter D die Lochmaschinen, ähnlich wie bei doppelflächiger Ware, 3mal vor- und 3mal rückwärts schwingen lassen. Während dieser Zeit sind in mindestens 3 oder 4 Zeiten die Fadenlegungen an den Nadeln vorzunehmen.

Nach verschiedenen Vorschlägen können die Plüschnadeln entweder in scharf zugeschliffene hakenförmige Messer oder mit Scherenhebel ausgebildet werden, damit die aufgelegten Fadenschlingen, nachdem sie zuvor als Maschen in die Ware eingearbeitet sind, durchschnitten werden.

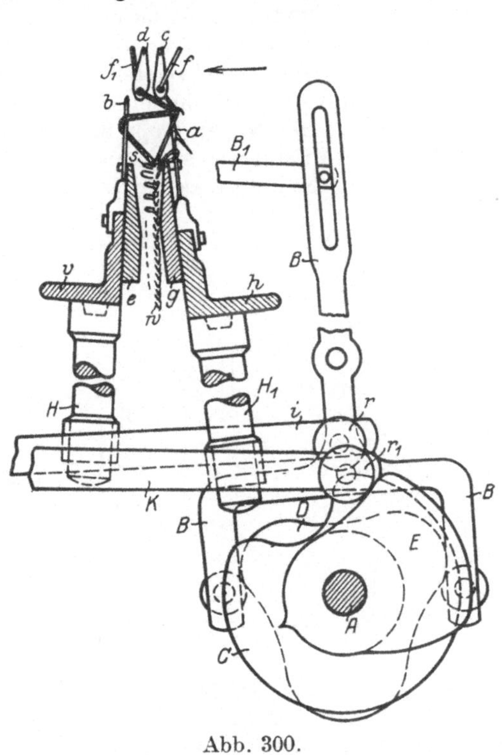

Abb. 300.

6. Einrichtung zur Herstellung von Preßmustern am Fangkettenstuhl.

Wenn der Fangkettenstuhl, bzw. die Raschelmaschine, mit Hakennadeln ausgerüstet ist, so ist genau so wie am Kettenstuhl wieder der Preßapparat erforderlich. Es können dann auch die verschiedenartigen Preßmusterungen, die bei der Verwendung von Zungennadeln nicht ausführbar sind, hervorgebracht werden.

Für die umfangreichen Ananas- und Spitzenmusterungen und für Tücher mit Spitzenbordüren sind jedoch verwickelte Preßarbeiten vorzunehmen. Auch kommen bei der Verwendung gewöhnlicher, in Zähne und Lücken geteilter Musterpressen mancherlei Schwierigkeiten vor. Mit der Musterung ist man beschränkt. Diese Nachteile werden durch neuere Vervollkommnungen behoben, und eine wesentliche Steigerung der Mustervielseitigkeit erzielt man jetzt durch Sondermusterpressen. Das D. R. P. Nr. 250585 Zech, Apolda und andere dieser Art, benützen eine größere Anzahl Musterpressen mit verschiedener Zahneinteilung. Die Hauptpresse besitzt z. B. Einzelzähne a, Abb. 301, welche mit d gesperrt

14*

werden und mit c wie eine gewöhnliche Presse gegen die Nadeln n einzustellen
sind. Nachdem die Fäden F der Lochnadelmaschinen o um die Nadeln gelegt sind,
kann man eine der Musterpreßmaschinen $e—k$, die mit ihren Unterlagen $l—q$ in
der Preßbarre r liegen, gegen die Zähne a, a_1 vorschieben. Eine solche Schiene ist
in Einzelzähne geteilt, nach Art einer Musterpresse. Diese bringen die Preßzähne a, a_1 in Musterstellung, worauf dann die Hauptpresse c mit b, a die Pressung
an den Nadeln n vollführt und nur da Maschen zur Ausarbeitung bringt, wo diese
Zähne eingestellt wurden.

Barfuß in Apolda bringt diese Wirkung durch eine Musterpresse nach dem
D. R. P. Nr. 288333 dadurch hervor, daß er die Musterpresse aus zweiarmigen,
ausschwingbaren Preßhebeln darstellt. Vor jeder auszuarbeitenden Maschenreihe
stellen unterhalb der Hebel verstellbar gelagerte Einzelmusterpressen die Musterhebel ein, worauf dann in ähnlichem Sinne, wie mit einer in Zähne und Lücken
geteilten Presse, die Nadeln gepreßt werden können.

Außer den Musterpressen kann noch durch eine glatte Preßschiene (sog.
Schlagblech) auf die Vollpresse umgestellt werden, so daß ohne weiteres auch gleich-

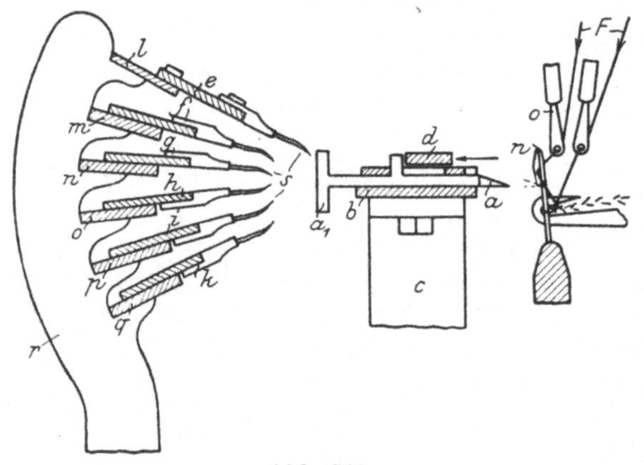

mäßig glatte Reihen im Wechsel mit den Musterreihen zu
bilden sind. Mit derartigen Mustereinrichtungen lassen sich
effektvolle und prächtige Wirkungen in der Ware erzielen.

Man hat derartige Wirkun-
gen auch bei der Verwendung
von Zungennadeln dadurch
erzielt, daß man diese Zungennadeln einzeln beweglich in
Kanälen der Nadelbarre an-
ordnete und durch Gruppieren,
mittels einer in Zähne und
Lücken geteilten Muster-
schiene, die Nadeln nur teilweise
in die Arbeitsstellung brachte.

Abb. 301.

Nach dem D. R. P. Nr. 169859 können die Nadeln durch Jacquardhebel
gruppiert werden. Zu diesem Zwecke ist jeder dieser Hebel mit einer Zugschnur
des Jacquardapparates in Verbindung.

7. Der Schußapparat.

Schußkettenwaren werden entweder mittels besonderer Lochnadelmaschinen
oder durch Verwendung eines Schußapparates hergestellt. Der sog. Durchschuß-
apparat kann bis ca. 40 cm oder über die ganze Nadelbreite der Maschine, den
Schußfaden einführen. Ein solcher Schußapparat kann auch für Tücher, Phantasie-
muster, Spitzen, Fransen usw. Verwendung finden. Man bringt ihn hinter der
Nadelbarre am Gestell so an, daß eine Anzahl Fadenführer, die auf einer verstellbaren Schiene sitzen, vor den Nadeln zu verschieben sind. Sie führen ihre Fäden
zwischen die Nadeln und die eingelegten Grundfäden, so daß letztere sie umschließen und beim Ausarbeiten der Maschenreihe durch die Platinenmaschen
im Grundgewirke festhalten. Ein Ausführungsbeispiel zeigt Abb. 302. Auf der
Lagerschiene h, die hinter der Maschine eingestellt wird, liegt, verschiebbar in h_1
durch einen Exzenter, eine Stange a. Auf dieser kann man beliebig viele Fadenführer o, b, b_1 bei i so einstellen, daß die von Spulen s ablaufenden Fäden f beim
Verschieben der Stange a mit den Fadenführern o genau vor die hochgehenden

Nadeln n geführt werden. Legen in dieser Stellung die Lochnadeln l ihre Grundfäden F um die Nadeln n, so werden die Schußfäden beim Ausarbeiten der Maschen in die Ware w eingebunden und festgehalten. Zwischen den Einbindungskanten läßt man in der Regel eine größere Anzahl Nadeln fehlen, damit dort die Schußfäden frei liegen. Die später durchschnittenen freien Fadenstrecken bilden die Schußfransen. Es ist auch möglich, neben jeder Warenkante einer Franse den vom Fadenführer o eingeführten Faden f durch einen Greifer zu erfassen und ihn lang als Fransenfaden herauszuziehen, so daß der freie Weg auszunützen und die Maschine leistungsfähiger zu gestalten ist. Nach dem D. R. P. Nr. 250584 ist die Möglichkeit gegeben, das Einarbeiten der Fransenfaden so zu gestalten, daß die zeitraubende Handknüpfarbeit (Knüpfen der Fransenfaden zu Zierknoten) in Wegfall kommt (s.a.D.R.P.Nr.67747 und 106860).

IV. Der Jacquardkettenstuhl.

Der Jacquardapparat ist für die Kettenwirkerei von großer Bedeutung. Er kann einesteils als Ersatz für die Musterkette dienen, andererseits auch zur Hervorbringung von wirklichen Jacquardmustern. Im ersteren Falle wird die Einrichtung Seitenjacquard, vielfach auch Tropperjacquardgetriebe genannt und im letzteren Falle spricht man von einem Mitteljacquard.

Es bestehen mehrere Einrichtungen dieser Art.

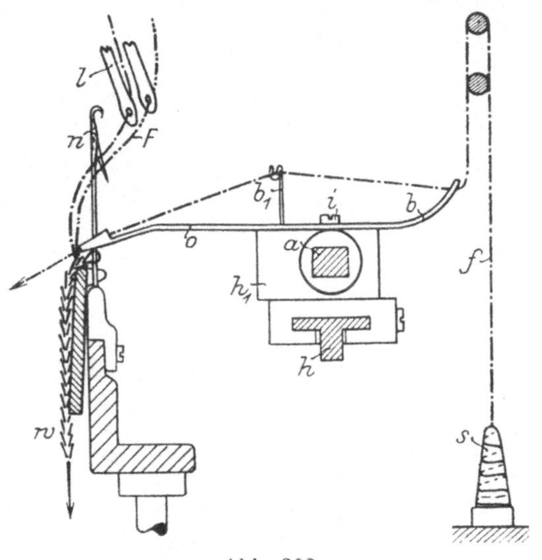

Abb. 302.

1. Der Seitenjacquard oder Jacquardgetriebe.

Für besonders große Musterumfänge ist es sehr schwierig, die langen Musterketten unterzubringen oder aber es sind besonders große Musterräder, die großen Raum beanspruchen, erforderlich. Auch ist die Musterung beschränkt. Durch das Jacquardgetriebe lassen sich die Lochnadelmaschinen ganz beliebig seitlich verschieben. Hierzu verwendet man, ähnlich wie im Webstuhljacquard, durchlochte Pappkarten, welche zusammengehängt als endlose Kette q, Abb. 303, über die Jacquardwalze P laufen und durch Einstellen bei dem Wendehaken h die durch Federn bei n, w vorgeschobenen Jacquardnadeln d ähnlich wie beim Webstuhl beeinflussen, so daß die Haken (Platinen) e gegen die Messer m des Messerkastens K eingestellt oder, z. B. durch eine nicht durchlochte Stelle, wie d_2, e_1 von diesen zurückgedrängt werden. Der Messerkasten m wird vor jeder Maschenreihe mit K einmal gehoben. Sind Haken e mit ihren Nadeln d, welche in Löcher der Karte treffen, über den Messern m eingestellt, so werden diese mit gehoben, die übrigen dagegen bleiben auf dem Platinenboden o stehen. An den mit e, e_1 verbundenen Schnuren u hängen unten bei i, i_1 Eisenplatten p, p_1, die mit eingestellt werden. Beim Heben kommen die Platten über den Zwischenraum y, y_1, während da, wo die Haken liegen geblieben sind, die Platten so wie bei y zwischen den Riegeln s_1, b_1 liegen bleiben. Die Stärke einer Platte entspricht einer Nadelteilung des Stuhles. Für jede Reihe sind 3mal 4 Platten und ebenso viele für eine Links- und Rechtsverschiebung berücksichtigt. Das gleiche ist für jede Maschine der Fall. Auf den Wellen a, a_1 sitzen entsprechend den 3 Tempo, Daumenexzenter *1—6*, die durch die Räder R bis R_2 gedreht werden. Diese schieben der Reihenfolge nach die bei f federnden Riegel b, b_1 mit v, v_1 in die leeren Räume y, y_1. Ist eine Eisenplatte dort eingestellt, so wird eine solche (oder mehrere) gegen einen T-förmigen, ebenfalls bei f_1 federnden Riegel s oder s_1 gestoßen, so daß ein solcher um die Plattenstärke mit seiner Klinke k oder k_1 verschoben und hierbei das Schaltrad S nach links oder rechts um so viel Zähne fortgeschaltet wird, als Platten unten stehen geblieben sind. Mit S wird auch r verschoben. r ist mit der Zahnstange Z in Eingriff, gegen welche sich der Maschinenriegel Ri der Lochnadelmaschine M legt. Durch r wird somit der Maschine die für die Fadenlegung erforder-

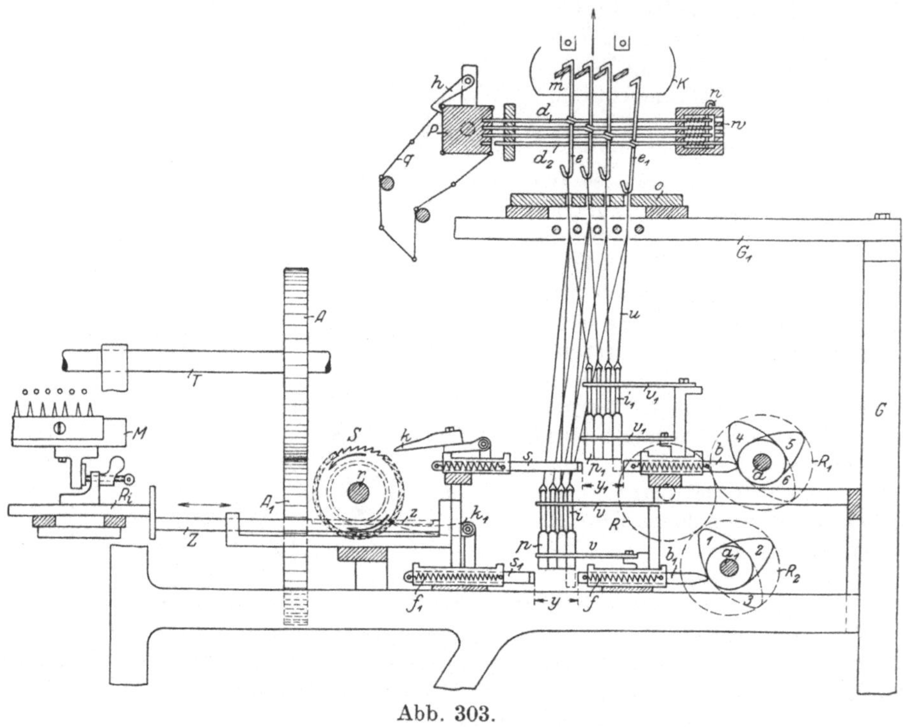

Abb. 303.

liche Rechts- oder Linksverschiebung erteilt. Die Legungen sind in Patronenpapier einzuzeichnen, wonach die Karten zu schlagen sind.

Auf diese Weise lassen sich durch Einhängen einer Musterkarte bei q die Musterungen in jeder Reihengröße ausführen. Der Antrieb des Apparates, der außen über dem Gestell G, G_1 sitzt, geschieht durch die Antriebwelle T und Stirnräder A, A_1 (s. a. D. R. P. Nr. 7733, 10521, 90683, 204446, 210865). Nach dem D. R. P. Nr. 265540 wird eine Reduzierung der Riegelverbindung vorgeschlagen. Der Jacquardapparat liegt hier unterhalb dem Getriebe. Denselben Zweck, nur mit andern Mitteln, verfolgt das Jacquardgetriebe D. R. P. Nr. 270494.

2. Der Mitteljacquard.

Diese Einrichtung wird auch Drängvorrichtung genannt und kommt sowohl am gewöhnlichen Kettenstuhl, wie auch an dem Fangkettenstuhl oder an der Raschel, vielfach zur Anwendung. Es kommen sowohl die Haken- als auch die Zungennadeln zur Verwendung. Die Musterung erzielt man in dichter Ware dadurch, daß an einzelnen Stellen einer Maschenreihe die seitliche Verbindung der Nachbarmaschen unterbrochen wird, so daß spitzenartige Musterungen entstehen.

Das Aufzeichnen der Muster wird nach Art des Patronierens in der Weberei vorgenommen. Nach einer solchen Patrone sind dann die Musterkarten zu schlagen. Der Jacquard liegt meist über dem Kettenstuhl oder der Raschelmaschine in der Mitte. Durch die Jacquardschnuren t, Abb. 304, die von einem Webstuhl-jacquard von o zu den Musterstiften herabreichen, können die in Schienen a, a_1 bei x, x_1 federnd eingesteckten Drängstifte s, s_1 beeinflußt werden. Diese Stifte stehen zwischen den besonders ausgebildeten und sehr elastischen Lochnadeln l, l_1, welche die von Kettbäumen B ablaufenden Fäden f, f_1 führen. Solange diese Stifte durch die Schnuren t aus den Lochnadeln l, l_1 herausgehoben sind, entsteht die gewöhnliche glatte bzw. Grundware. Treten aber einzelne derselben zwischen die Lochnadeln, so können letztere seitlich verdrängt und infolgedessen die Fäden außer der von dem Kettengetriebe aus erteilten Grundlegung eine besondere Legung auf den Nadeln n ausführen. Auch die Stiftreihen a, a_1 erhalten Extraverschiebungen.

Diese Legungen werden wie sonst von den Platinen p und Nadeln n nach dem Pressen mit der Presse P zur Maschenreihe ausgearbeitet. Die Presse empfängt vom Preßexzenter E aus, der auf A sitzt, durch die Arme h, h_1, q ihre Preßstellung. Bei Anwendung von Zungennadeln kommt die Presse in Wegfall.

Die Abschlagplatinen p, die auf u angeordnet sind, werden durch einen Abschlaghebel c, e, e_1 unter Vermittlung der Exzenterwelle A geführt und zum Auftragen und Einschließen der Ware w mit u betätigt. Die Muffe Mu, die hinten

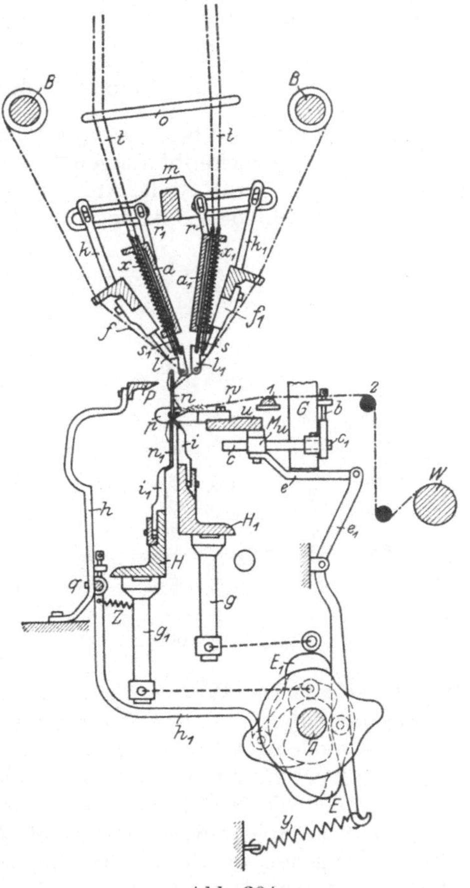

Abb. 304.

an G sitzt, kann bei b, c_1 für höhere oder tiefere Einstellung des Abschlages geregelt werden. Für ganz feine gemusterte Waren ist die Nadelreihe n aus zwei Nadelreihen zusammengesetzt D. R. P. Nr. 106618 und D. R. P. Nr. 184759). In die Lücken der einen n tritt noch eine zweite n^1, die wechselweise mit n die Fadenlegungen zu Maschen ausarbeitet. Die Nadeln sind an winkelförmigen Bleien i, i_1 auf den Hubschienen H, H_1 der Stangen g, g_1 angeordnet. Letztere erlangen ihre Auf- und Abwärtsbewegung durch Exzenter E. Die fertige Ware w geht über 1, 2 und wird bei W aufgewunden.

Mit einer vollständig mit Nadeln besetzten Nadelreihe arbeitet in ähnlichem Sinne auch der sog. englische Kettenstuhl, der noch mit einer zweiten Nadelreihe ausgerüstet sein kann und dann die doppelflächige Ware liefert. Eine Fadenvorrichtung für Jacquardraschelmaschinen wird durch D. R. P. Nr. 273991 vor-

geschlagen und nach dem D. R. P. Nr. 263657 wird die Grundware aus Legungen
über zwei Nadeln gebildet, während in den Durchbrechungen nur über eine Nadel
gelegt wird. Auch hier werden die Lochnadelmaschinen mit Hilfe der Drängvorrichtung und durch die Jacquardmaschine beeinflußt. Man erlangt dann eine
Fadenverbindung, nach Abb. 305. Bei *o* li‧ gen die über eine Nadel gelegten Maschenstäbchen und bei *b* ist über 2 Nadeln gelegt. Weitere Vorschläge geben die D. R. P.
Nr. 225027, 226006, 239677, 243433, 250585, 315669 und 331157, sowie Nr.
66800 für Preßmuster.

V. Der Milanese- oder Diagonalkettenstuhl.

Für die Handschuhfabrikation verwendet man schon seit vielen Jahren einen
aus besonderen Maschenbildungen zusammengesetzten, feinen trikotartigen und
gleichmäßig dehnbaren Stoff. Am gewöhnlichen Kettenstuhl sind derartige Stoffe
außer den verschiedenen trikot- und tuchartigen Ausführungen hauptsächlich
als Atlas hergestellt worden.
Diese Atlasware entsteht durch
seitliches Fortlegen der Fäden
in gleicher Richtung über je
eine Nadel. Da jedoch schon
nach einer kleineren Reihenzahl,
wegen dem Abfallen der Randfäden, einRückwärtsverschieben
der Maschinen erforderlich ist,
bilden sich einesteils durch die
sog. Umkehrreihen und andernteils durch die ungleiche Rück-
strahlung des auffallenden Lich-
tes, je nach der Reihenhöhe des
halben Musterrapportes, Querstreifen in der Ware. Je größer

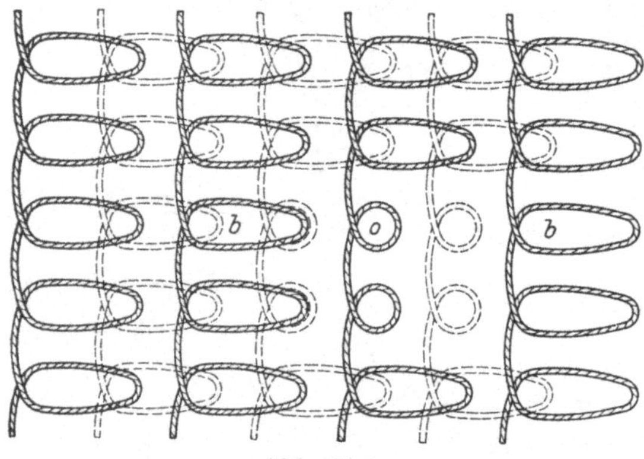

Abb. 305.

diese Streifen in der Ware vorkommen, um so wertvoller ist der Handschuhstoff,
um so größer aber auch der entstehende Abfall an den Warenkanten.

Damit nun eine Ware dieser Art ohne Umkehrreihen herzustellen ist, hat man
schon durch den Bau von Rundkettenstühlen versucht, die Fäden stets nach einer
Richtung über die Nadeln zu legen. Von Bedeutung für die Handschuhfabrikation war diese Arbeitsweise erst durch die neue Erfindung des Diagonalketten-
stuhles, der genau so wie ein Flachkettenstuhl mit Nadeln, Platinen und Presse
arbeitet, der aber zum Führen und Legen der Fäden keine Lochnadeln verwendet, sondern offene Rechen (s. a. D. R. P. Nr. 9575).

Dieser neue Kettenstuhl, der zuerst in England gebaut wurde, ist heute allgemein unter dem Namen Milanesekettenstuhl bekannt. Seine Bauart und Arbeitsweise ist außerordentlich interessant. Die an ihm erzeugte Ware wird heute
nicht nur für Handschuhe, sondern auch für eine Menge anderer Gebrauchsgegenstände, ja sogar für feinere Blusen- und Kleiderstoffe verwendet.

Da die Fäden in diesem Stuhl in der ganzen Breite des Warenstückes niemals
umkehren und 2 Fadenketten nach Art von 2 vollbezogenen Lochnadelmaschinen
arbeiten, so müssen sie von der einen äußersten Nadel zur letzten der andern
Seite wandern. Dort würden sie aber über die Nadelreihe hinaustreten und über
die Nadelreihe abfallen, weshalb sie mittels einer eigenartigen, automatischen
Einrichtung aufgefangen und durch schwingende Greifer zur Rückwärtsbeförde-
rung auf eine andere Vorrichtung übertragen werden. Deshalb können auch die

Fäden nicht von einem Kettbaum laufen, sondern müssen auf kurze Spulen, die unter dem Stuhl mit den Fäden fortrücken, gehaspelt werden.

Der Arbeitsvorgang und die Haupteinrichtung eines solchen Stuhles ergibt sich aus Abb. 306. Vor den Nadeln n steht zunächst eine bajonettartige Legmaschine a mit Fadenschiene a_1 und vor dieser stehen hinter und übereinander zwei sog. Deckmaschinen d, d_1, die abwechselnd auf und ab bewegt werden; sie lassen sich wie eine Lochnadelmaschine durch ein Getriebe um einige Nadelteilungen seitlich verschieben. Die von den einzelnen Fadenspulen ablaufenden Fäden f, f_1, welche 2 Fadenketten entsprechen, laufen über die Fadenschienen s, s_1, und zwar die Fäden f_1 über s und unter s_1, die Fäden f dagegen über s

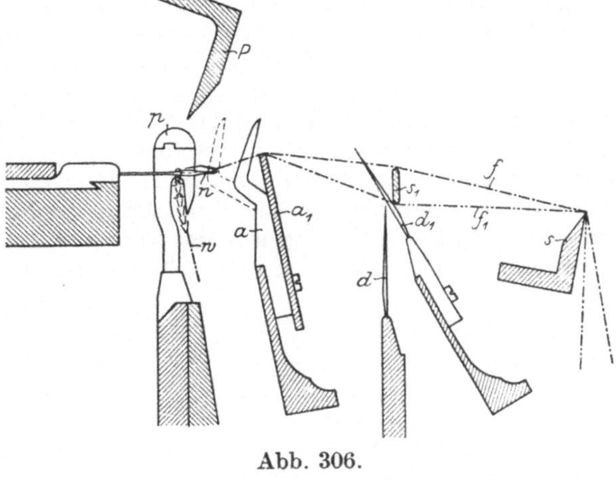

Abb. 306.

und über s_1 zu den Nadeln n. Die Platinen p schließen die Ware w ein. Die Nadelbarre empfängt eine kleine Verschiebung. Die Presse P preßt die Nadeln n, sobald die Legmaschine a die gekreuzten Fäden durch Hochgehen und Zurückschwingen gegen die Nadeln aufgelegt hat. Die Deckmaschinen treten mit den Zaschennadeln d, d_1 abwechselnd in die Fadenketten ein, damit sie sich immer wieder in ihre alten Stellungen zurückversetzen können. So wird zunächst, während die Nadeln durch P gepreßt werden, die Deckmaschine d_1 leer, also ohne Faden nach unten gezogen; die Legmaschine a geht nach unten und nach vorn und sobald d_1 in den Nadeln d nach oben geführt und seitlich verschoben ist, geht die Legmaschine in die punktiert gezeichnete Stellung nach vorn zwischen die versetzten Fäden. Hier-

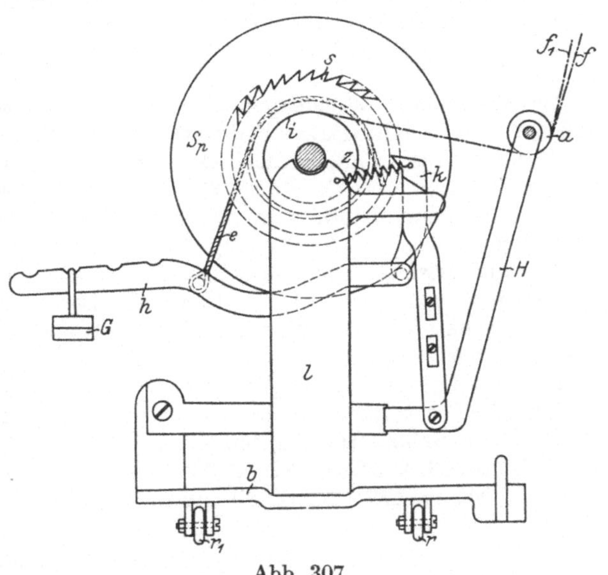

Abb. 307.

auf folgt die Aufwärtsbewegung der vorderen Deckmaschine. Diese nimmt die Fäden f, f_1 auf, versetzt auch entsprechend der Fadenlegung nach rechts, so daß ein sog. Kreuz gebildet wird. In dieses Kreuz schiebt sich vollends die Legmaschine a und schwingt in die gezeichnete Stellung, das ist gegen die Nadeln n, damit die Fäden als neue Schleifen über die Nadeln n zu liegen kommen.

Die Fadenspulen, welche zusammen einen wandernden Kettbaum, der Spulenwagen genannt wird, darstellen, müssen ähnlich wie die Fäden, welche über die Nadeln gelegt werden, eine ruckweise Verschiebung unterhalb dem Stuhle erlangen. Es sind ca. 40 kurze Spulen Sp, Abb. 307, in dem Lager l, das auf dem Bodenlager b sitzt, eingestellt. Mit den Rollen r, r_1 bildet dieser Apparat einen fahrbaren Wagen, der eine endlose Kette darstellt und rechts und links im Kreisbogen umkehrt bzw. sich dreht. Jede Spule Sp, die einem kleinen Kettbaum gleicht, besitzt ein Sperrad s, in welches eine Klinke k eingreift, so daß das Abwickeln der Fäden f, f_1 verhindert wird. Ferner wird durch ein in die Rillenscheibe i eingelegtes Seil e, das an dem Spannhebel h eingehängt ist, die Fadenspannung geregelt. Diese kann durch Gewicht G beliebig verstärkt, bzw. erhöht werden. Während die Fäden f, f_1 den Hebel H bei der Spannrolle a nach und nach hochziehen, wird auch k aufwärts geführt und aus dem Schaltrad s herausgehoben, so daß letzteres frei wird und die Fäden abgewunden werden können. Hierbei senkt sich aber sofort wieder a, H mit den Fäden f, f_1, letztere unter Spannung haltend, nach unten, und k fällt unter Federzug z wieder in das Schaltrad s ein und verhindert dort ein Weiterdrehen.

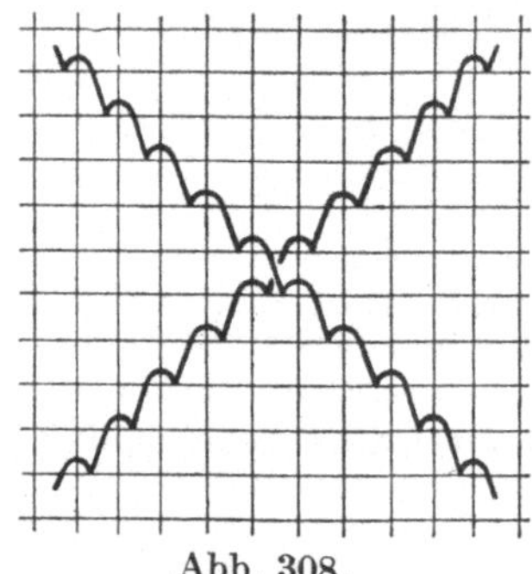

Abb. 308.

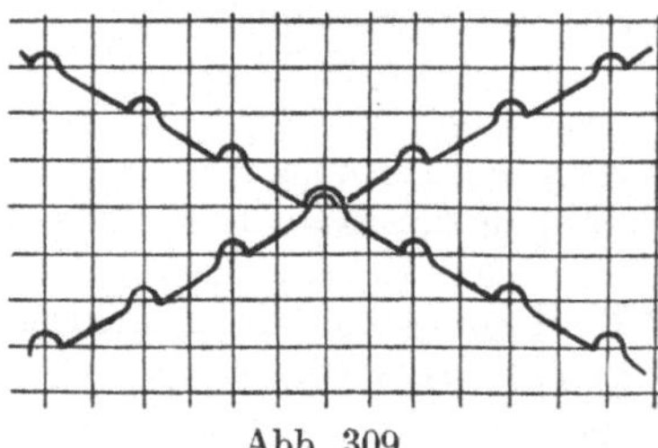

Abb. 309.

Durch einen sog. Wendeapparat werden die Spulenwagen seitlich so gewendet, daß nach und nach die innere Fadenkette nach außen wandert und auf diese Weise das Zirkulieren der Fäden entsprechend den oben an den Nadeln gelegten Fäden erfolgen kann (s. a. D. R. P. Nr. 231735 und 328239).

Im allgemeinen stellt man nur 2 Hauptfadenlegungen für Atlasware ohne Umkehrreihe her. Die Atlaslegung, Abb. 308, gleichmäßig fortlegend über 1 und die fälschlicherweise bezeichnete Neumilanesenlegung, Abb. 309, mit der Fadenverschiebung unter 1, über 1 fortlaufend. Bei beiden Ausführungsarten laufen zwei Fadenketten, bzw. Maschinen fortwährend gleich, aber entgegengesetzt. Die Ware wird, wenn sie von der Maschine kommt, auf Rahmen gespannt und leicht appretiert und gedämpft, bzw. befeuchtet und getrocknet.

Über Kettenstühle und Raschelmaschinen geben noch weiteren Aufschluß, die D. R. P. Nr. 61920, 106618, 114755, 116183, 169859, 209758, 218296, 219127, 224058, 225463, 225843, 242938, 330733, 330736, 331933. Endlich ist noch das D. R. P. Nr. 395457 von G. Saupe zu erwähnen, für ganz feine Kettenware.

VI. Der Rundkettenstuhl.

Das Bestreben, die Kettenware ohne Umkehrreihe herzustellen, führte zum Bau des Rundkettenstuhles. Da, wie oben ausgeführt, eine solche Ware weit vorteilhafter auf andere Weise erzeugt wird, mußten diese Rundkettenstühle für andere Zwecke eingerichtet werden, so z. B. für Gasglühlichtstrümpfe, nachgeahmte Trikotschläuche für Hemden usw. In der Praxis haben sich diese Rundkettenstühle nur in einzelnen Gegenden eingeführt und kommen im allgemeinen

nur selten vor. Für Schals wurde der kleine Rundkettenstuhl als sog. Bolognaer-
maschine verwendet. Es wurden hierzu nur Zungennadeln benützt in gröberer
Ausführung, zur Verarbeitung starker Streich- und Mulegarne für lose Ware.
Vorschläge für Rundkettenstühle geben die D. R. P. Nr. 39904, 100486, 122344,
131575, 136880, 155578, 160481 und 247777.

Galonmaschinen sind eine Art Kettenstühle, welche sowohl mit Haken- als
auch mit Zungennadeln ausgerüstet sein können. Sie dienen zur Herstellung von
Spitzen, Bordüren, Besatzbändern und Häkelarbeiten, welche als Häkelspitzen
an Gebrauchsgegenständen verwendet werden und daher diese Maschinen vielfach als Häkelmaschinen bezeichnet werden.

Wirk- und Strickwaren.

Wie schon eingangs des Kapitels Wirkerei und Strickerei hervorgehoben wurde,
unterscheidet man zwei Hauptarten von Wirkwaren, das sind Kulierwaren und
Kettenwaren. Unter die Kulierwaren gehören auch die Strickwaren.

Die Kulierwaren unterscheiden sich von den Kettenwaren dadurch, daß zu
ihrer Herstellung immer nur ein Faden verwendet wird, während bei den Kettenwaren viele Fäden zur Anwendung kommen. Bei der ersteren Art verlaufen die
Fäden in der Ware stets horizontal (schußartig) es hängt immer je eine Schleifenreihe in der andern. Anders ist dies bei der Kettenware. Hier haben sämtliche
Fäden das Bestreben, in der Richtung des Warenstückes fortzulaufen. Sie kehren
also selbst auch dann, wenn sie wie z. B. im Atlastrikot, eine Zeit lang seitlich
auslenken, bald wieder nach oben zurück, verlaufen also zickzackartig in der
Warenrichtung.

In der Kettenware tritt zwar beim Untersuchen noch die Schwierigkeit auf,
daß Maschen mehrerer Fadenketten, die durch sog. Lochnadelmaschinen geführt
werden, verschiedene Maschenbildungen musterartig aufweisen. Man hat dann
jeweils eine solche Fadenlegung zu untersuchen und das Gesamtmuster zu zerlegen. Man teilt ferner noch die Wirkwaren ein, in glatte Wirkwaren und in gemusterte Wirkwaren, sog. Wirkmuster.

A. Kulierwaren.

Von den Kulierwaren unterscheidet man die glatte Kulierware und die gemusterte Kulierware.

I. Glatte Kulierware.

Wenn in einer Wirkware der Faden regelmäßig in Schleifenform als Doppel-„S“,
das heißt bogenförmig geschlungen, durch die die ganze Ware verläuft, so entstehen gleichförmige Maschenlagen. Die so nebeneinanderliegenden einzelnen
Maschen werden voneinander umschlungen gehalten. Das Maschenbild der Kulierware besitzt auf der linken Seite in unausgestrecktem Zustande nahezu wellenförmige Reihen und zeigt die bogenförmigen Fadenlagen nach außen gerichtet.
Auf der Oberseite dagegen sind die Seitenteile der Maschen dicht nebeneinander
gelegt, sie bilden parallele, streifenartige Maschenstäbchen, die bei geschlossener
Ware so eng zusammengeschoben sind, daß sie eine glatte, gleichmäßige Oberseite darstellen.

Man nennt die an den Nadeln n gebildeten Maschenteile m, Abb. 310, Nadelmaschen, und die Verbindungsstücke p von zwei Nachbarmaschen werden, da sie
von den Platinen gebildet wurden, Platinenmaschen genannt. Diese Nadel- und
Platinenmaschen liegen auf der linken Seite nach Abb. 311 bogenförmig neben-

und übereinander. Es lassen sich hieraus auch leicht die einzelnen Reihen *r*
voneinander unterscheiden. Die Oberseite zeigt die Maschen *m* nach Abb. 312.
Diese Maschenstäbchen mit den Seitenteilen *s* sind durch die Verbindungsstücke *o*
miteinander verbunden. Letztere sind nur dann sichtbar, wenn die Ware wenig
in die Breite gespannt wird. Es ist für diese Ware bezeichnend, daß eine Maschenreihe *r* sowohl in der Arbeitsrichtung, als auch entgegengesetzt derselben leicht
auflösbar ist.

Je nach der Feinheit des Wirkstuhles und der Feinheit oder Stärke des
Materials sind die einzelnen Maschenarten mehr oder weniger scharf ausgeprägt
und sind hiernach auch sog. Qualitäten voneinander zu unterscheiden.

In der Trikotagenfabrikation werden diese glatten Waren, entsprechend der
Garnqualität, sehr verschieden bezeichnet, wie z. B. Baumwolltrikot, Makotrikot,
Kammgarntrikot, Seidentrikot, ebenso auch Flor usw. Schon die aus reiner
Baumwolle hergestellten Wirk- und Strickwaren zeigen in ihrem Wesen Unter-
schiede, je nach der Art des zur Anwendung gelangten Gespinstes, z. B. Mule-
garn, Imitatgarn, Vigogne usw.

Abwechslungen in der Gleichförmigkeit der glatten Ware lassen sich nach verschiedenen Richtungen hervorbringen.

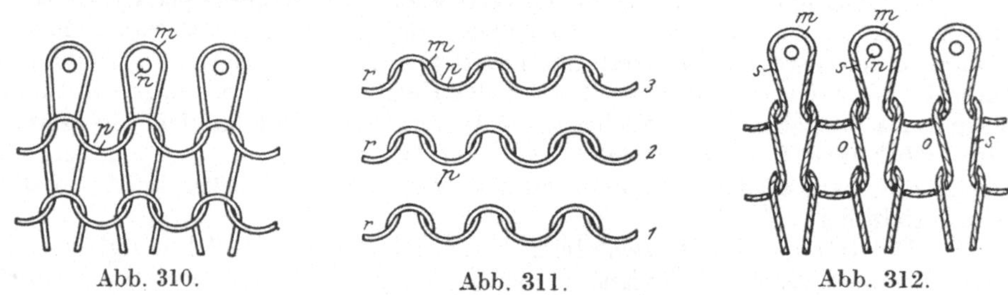

<table>
<tr><td>Abb. 310.</td><td>Abb. 311.</td><td>Abb. 312.</td></tr>
</table>

1. Halbwollgewirke.

Dieses Gewirke, auch Halbwolltrikot genannt, ist eine glatte Kulierware aus
sog. Vigognegarn hergestellt. Je nach der Qualität des Materials, bzw. nach
dem Wollgehalt, unterscheidet man 5 proz., 50 proz. usw. Gewirke. Bei niede-
rem Prozentsatz der Wolle auch Vigogneware genannt. Die Ware wird meist
an Rundstühlen hergestellt, stark gewaschen oder leicht gewalkt, vielfach auch
auf der einen oder auf beiden Seiten leicht gerauht.

2. Kammgarntrikot.

Er ist ebenfalls glatte Wirkware, hergestellt aus Kammgarn (gekämmte Wolle)
meist an feineren Flach- und Rundwirkstühlen. Eine große Verbreitung hat diese
Ware durch das Wollregime, Prof. Jäger, Stuttgart, erlangt.

3. Makotrikot.

Dieser ist ein Gegenstück der vorhergehenden Ware, vielfach unter der Bezeichnung Lahmanngewirke oder Lahmanntrikot, auf dem Markt bekannt. Die Mako-
ware besteht aus ägyptischer Baumwolle und unterscheidet sich von der gewöhnlichen Baumwollware, sofern sie im rohen Zustande konfektioniert wird, durch ihre
weißgelbliche Farbe. Es gibt jedoch auch Imitationen, d. i. gefärbtes Mako, bestehend aus gewöhnlicher Baumwolle, welche entweder schon in der Flocke ge-
färbt, oder im fertigen Gespinst durch Dämpfen, Färben usw. die Makofarbe
empfängt.

4. Florgewirke.

Sie sind meist feine, durchlässige, glatte Gewirke mit reinem Maschenbild. Hergestellt wird diese Ware aus Florgarn, d. i. gezwirntes Makogarn
(gute Qualitäten sind gekämmt), welches eine Nachbehandlung in der Gasier-
oder Sengmaschine durch Abbrennen der vorstehenden Fasern erlangt hat. Auf
diese Weise wird dem Florgarn der glatte Charakter verliehen. Ist dieses Florgarn noch mercerisiert, so kommt die Ware vielfach unter der Bezeichnung
„Glanzflor“, mercerisierter Flor usw. auf den Markt. In ähnlichem Sinne entsteht
auch der Seidenflorstoff.

5. Gewirke aus Links- und Rechtsdraht.

Diese Gewirke, hergestellt nach dem Patent Benger, sind glatte Wirkwaren,
jedoch auf der die Oberseite eine schwache Musterung durch seitliches Verschieben der Maschen zeigen. Bei dieser Ware wechselt gesetzmäßig eine Maschenreihe, hergestellt aus einem Rechtsdrahtfaden, mit einer Maschenreihe aus einem
solchen, der linksgedreht ist. Dieser Drahtwechsel verändert die Maschenlage
sehr wesentlich, die Ware erlangt einen kreppeartigen Charakter.

6. Wirkwaren mit Farbmusterungen.

Farbmuster können sehr mannigfach in Wirkwaren hervorgebracht werden.
Hervorhebenswert sind die folgenden Arten:

a) Bedruckte Wirkwaren. Das Farbmuster kann entweder in der fertigen Ware
durch Bedrucken hervorgebracht werden oder man verwendet zur Herstellung
der Ware bedrucktes Garn. Beim Bedrucken der Ware ist zunächst eine sorg-
fältige Vorbehandlung durch Waschen, Spannen, Kalandern oder Pressen erforderlich. Von Wichtigkeit ist, daß die Ware maschengerade gespannt ist,
d. h. die Maschenstäbchen der Warenoberseite müssen gerade gerichtet liegen.
Es gibt hierzu besondere Farbdruckmaschinen, die auch zum Bedrucken der
fertigen Gebrauchsgegenstände, wie Strümpfe, Verwendung finden. Das gleiche
gilt von dem Bedrucken der Garne. Während jedoch bei der bedruckten Ware
das Farbmuster gleichmäßig rapportiert und rein zum Ausdruck kommt, entsteht
durch die Verarbeitung bedruckter Garne ein willkürliches Muster, das, je nach
dem Zusammentreffen der einzelnen Farbeffekte, mitunter eigenartige Wirkung
hervorbringt. Das gleiche gilt von den

b) Jaspémustern, welche ebenfalls verschiedenartig hervorzubringen sind.
Diese Muster beherrschen heute den Markt. vornehmlich in Rechts-Rechtsware.
Die Jaspierung kann entweder schon beim Spinnprozeß durch Verwendung ver-
schiedenfarbiger Vorgarne oder durch Zusammenzwirnen verschiedenfarbiger
Fäden, erzielt werden. Die schönsten und auch am häufigsten durchgeführten
Jaspierungen erlangt man aber durch Zusammenführen oder Zusammenspulen
zweier oder mehrerer verschiedenfarbiger Fäden, wobei auch außer der Farbe noch
die Garnqualität, z. B. Wolle und Seide, verschieden vorkommen kann, worauf
dann das Material in diesem Zustande zur Weiterverarbeitung in die Wirk- oder
Strikmaschine gelangt. Bei diesem Zusammenführen der Fäden muß darauf geachtet werden, daß die Fäden wechselweise zur Maschenbildung gelangen und
so bald die eine, bald die andere Farbe auf die Warenoberseite gebracht wird.
Dies wird vorteilhaft dadurch erreicht, daß man die Fäden durch Übereinander-
stellen der Spulen wenig umeinander dreht, was beim Abziehen von den Spulen
und Überleiten in den Kulierapparat, selbsttätig bewirkt wird.

c) Ringelware oder Streifenware. Das wohl am meisten in der Wirkerei und
Strickerei zur Anwendung kommende Farbmuster ist die Ringelware. Diese

wird dadurch erlangt, daß man verschiedenfarbiges Material systematisch so verarbeitet, daß während einer oder mehreren Reihen die eine Farbe, dann wechselweise wieder die andere in den Maschenbildungsapparat geleitet wird. Hierbei müssen die Fäden jeweils vertauscht werden. Dieses Vertauschen erfolgt durch selbsttätig arbeitende Ringelapparate oder Farbwechsel. Für jedes Farbmuster wird entsprechend dem Musterrapport eine mit sog. Knaggen ausgerüstete Musterkette zusammengestellt und auf dem Schaltapparat angeordnet.

d) Plattiermuster. Das Plattieren kommt in Wirkwaren sehr häufig zur Anwendung. Man bezweckt hiermit entweder das Zusammenarbeiten zweier verschiedener Materialqualitäten, z. B. Wolle und Baumwolle oder das Verarbeiten verschiedenfarbiger Garne derart, daß immer das eine Material nur auf der einen Seite zum Vorschein kommt. Die Plattierung zum Zwecke verschiedener Qualitäten verwendet besondere Plattierfadenführer derart, daß das eine Material, z. B. Baumwolle, mit einem andern, z. B. Wolle, während der Schleifen- und Maschenbildung so verarbeitet wird, daß die geringere Qualität auf die Rückseite zu liegen kommt und die bessere Qualität die Oberseite bildet. So kann auch eine andersfarbige Ober- und Rückseite hergestellt werden, wenn die zu plattierenden Garne verschiedenfarbig gewählt werden. Es entstehen dann plattierte Farbmuster.

Wirkungsvolle Plattiermuster erzielt man jedoch durch die Verwendung von Plattierplatinen. Diese sind sowohl am Flachwirkstuhl, wie auch am Rundwirkstuhl in Verwendung und können nach Maßgabe des Plattiermusters in der Wirkmaschine angeordnet werden. Man erzielt dann entweder die Plattierlangstreifenmuster, oder auch die Wechselplattiermuster, wie sie z. B. am franz. Rundwirkstuhl sehr vorteilhaft zustande kommen. Bei diesen Plattiermustern werden die Grundfäden gleichmäßig miteinander verarbeitet, empfangen aber durch die Stellung der Platinen eine Veränderung in ihrer Fadenlage, wodurch auch die Musterung entsteht. Nach dem Patent C. Terrot, Cannstatt, und Gebr. Haaga, Stuttgart, D. R. P. Nr. 399562 vom 21. 8. 1923 werden Wechselplattierplatinen verwendet.

Anders ist dies bei den

e) Aufplattierten Mustern. Diese entstehen durch Aufplattieren nur einzelner Fäden auf einzelne Nadeln und Maschen, wobei nur der Grundfaden über sämtliche Nadeln kuliert wird. Solche aufplattierte Muster kommen vielfach auch unter der Bezeichnung

f) Umlegmuster vor, denn die Fäden, welche von besondern Spulen ablaufen und den Nadeln zugeführt werden, müssen ähnlich wie in der Kettenwirkerei dort um oder über die Nadeln gelegt werden, wo das Plattiermuster zu erzeugen ist. Außer Langstreifenmusterungen, bei welchen die Fäden immer über dieselben Nadeln zu legen sind, lassen sich auch Zickzack-, Karo- und ähnliche Muster hervorbringen. Dieses Aufplattieren bewirkt, daß die Musterfäden mit den Grundschleifen so vereinigt werden, daß beim Ausarbeiten der Maschen die farbigen Fadenteile auf die Oberseite treffen.

In Verbindung mit den Streifen- oder Ringelmustern lassen sich die mannigfaltigsten Mustereffekte erzielen. Es ist hierbei nur darauf Bedacht zu nehmen, daß die Farben sorgfältig gewählt und harmonisch zusammengestellt werden, wobei der Mode die erforderlichen Konzessionen gemacht werden können.

7. Laufmaschenmuster.

Das sind solche glatte Wirkwaren, deren Musterung entweder durch Verlängern der Platinenmaschen oder Zusammenziehen der letzteren entstehen oder dadurch, daß man an der Musterstelle Nadeln entfernt, bzw. die kulierten Schleifen abfallen läßt. An diesen Stellen entstehen dann zarte Durchbrechungen, welche eine prächtige Effektwirkung in der Ware, insbesondere in Strümpfen, Handschuhen usw. bewirken. Diese Musterungen lassen sich noch in Verbindung mit einer der vorhergehenden Musterarten, hauptsächlich unter Zuhilfenahme der Aufplattierung, wesentlich erweitern.

8. Twistware.

Dies ist eine neue Kulierware, die im Gegensatz zu der gewöhnlichen Kulierware sog. verschänkte Maschen, m, m_1, Abb. 313, besitzt. Es sind dies eine Art Anschlagmaschen, bei welchen die Plattiermaschen p unter zwei Nadeln, bzw. Maschen m, m_1 weggeführt sind. Zur Herstellung dieser Ware ist eine besondere Kuliereinrichtung zu benützen. Am vorteilhaftesten hat sich hierzu der französische Rundwirkstuhl geeignet. Man läßt die Kulierplatinen im umgekehrten Sinne wie sonst, also von unten nach oben, durch die Nadeln führen, wobei sie den fortlaufenden Nadeln entweder um eine Nadel vor- oder um eine solche nacheilen, und beim Vorziehen hängt sich der kulierte Faden seitlich in die Nadelhaken ein und schlingt sich dabei in der Fortsetzung auf die Nebennadeln, so daß das Ma-

schenbild, Abb. 313, entsteht. Die Ware besitzt große Dehnbarkeit, und da sich beim Breitspannen des Stoffes die Maschen wie Knoten eng zusammenziehen, erlangt man eine große Durchlässigkeit in der Ware. Durch die eigenartige Verschränkung der Maschen wird ein Auflösen der Ware in der Arbeitsrichtung verhütet. Ein Nachteil ist jedoch das Verziehen dieser Ware beim Tragen und das schwierige Ausbessern abgefallener oder brüchiger Maschen.

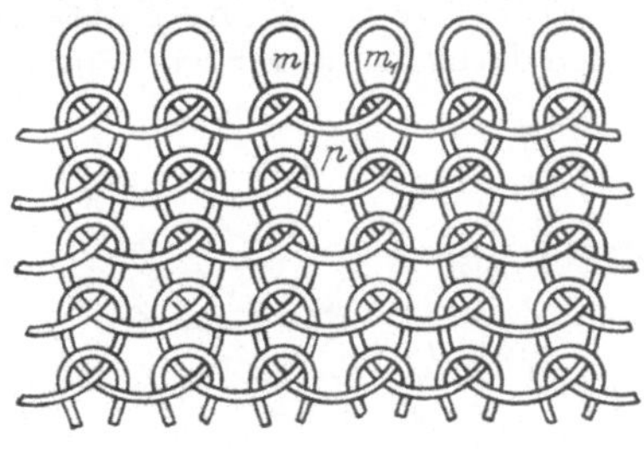

Abb. 313.

9. Futterwaren.

Eine Futterdecke kann auf der Rückseite der Wirkware verschieden ausgeführt werden. Man unterscheidet die folgenden Arten:

a) Pelz- oder eingekämmte Ware. Diese erlangt man durch Einhängen oder Einkämmen von losem Baumwoll- oder Wollmaterial zwischen die Nadeln. Am vorteilhaftesten wird hierzu Vlies- oder Krempelwolle, bzw. Baumwolle, verwendet. Das Einkämmen kann von Hand oder auch auf mechanischem Wege erfolgen. Ein solches in die Nadeln eingehängtes Fasermaterial wird zu der alten Maschenreihe geschoben und mit dieser dann über eine neu kulierte Schleifenreihe abgeschoben bzw. abgeschlagen. Man kann nach jeder oder jeder zweiten, ausgearbeiteten Maschenreihe das Einkämmen der Fasern wiederholen. Auf diese Weise entsteht an der Warenrückseite eine pelzartige Decke. Man verwendet diese Ware als Futter in Schuhen und Mäntel, auch zu Hosen für den hohen Norden, sog. Friesenhosen. Am mechanischen Wirkstuhl, insbesondere am Rundstuhl, wird diese Ware dadurch nachzuahmen gesucht, daß man mittels des Futterapparates lose Fleyerbänder den Nadeln zuführt (siehe auch Chaineuseware).

b) Gewirkter und gestrickter Plüsch kann sowohl an Flach-, wie an Rundwirkstühlen und Strickmaschinen mittels besonderer Plüschplatinen, bzw. Nadelschlösser, hergestellt werden. Man unterscheidet den Henkelplüsch und den Kulierplüsch. Beim Henkelplüsch liegen die kulierten Plüschschleifen nur auf der Warenrückseite als Henkel hinter den Grundmaschen und lassen sich leicht verschieben. Beim Kulierplüsch dagegen sind die Plüschschleifen mit den Grundschleifen zu Maschen ausgearbeitet, die Ware ist somit dauerhafter. Benützt werden hauptsächlich am Rundstuhl die Kulierplatinen p, Abb. 314, welche zwei verschieden tiefe Kulierschnäbel a, b besitzen. Durch die hinteren Schnäbel a läßt man den Grundfaden g, durch die vorderen b den Plüschfaden P, zwischen die Nadeln n führen. Dadurch erlangt man bei a kurze Schleifen s und bei b die langen Plüschschleifen s_1. Beim Ausarbeiten der Maschen bleiben dann letztere in den kurzen Schleifen s hängen, während die langen s_1 noch weiter auf die Rückseite gezogen werden und dort die Plüschdecke darstellen. Diese Ware wird sehr vielfach zu Unterkleidern, als Woll- und Seidenplüsch, auch zu Oberkleidern, wie Damenjacken usw. verwendet. Meist wird plattiert, wobei der Grundfaden aus einem geringeren Material, der Plüschfaden aus dem wertvolleren Material zur Verarbeitung gelangt. Sog. Reliefmusterungen werden erzielt durch wechselweises Einstellen von Plüschplatinen p, Abb. 314, mit solchen, welche zwei kurze, bzw. gleich hohe Kulierschnäbel besitzen so daß dort Plüsch- und Grundfaden gleichlang kuliert wird. Die Strickmaschine ist hierzu besonders ausgebildet worden.

c) Gewirktes Futter. Es ist dies das am häufigsten vorkommende Rundstuhlfutter, das vielfach auch die Bezeichnung Chaineuse führt; von diesen unterscheidet man zwei Arten:

a) **Das gewönliche Futter.** Die Futterdecke erlangt man bei diesen Futterarten durch Einführen von Futterfäden in die Warenrückseite. Die Grundware ist

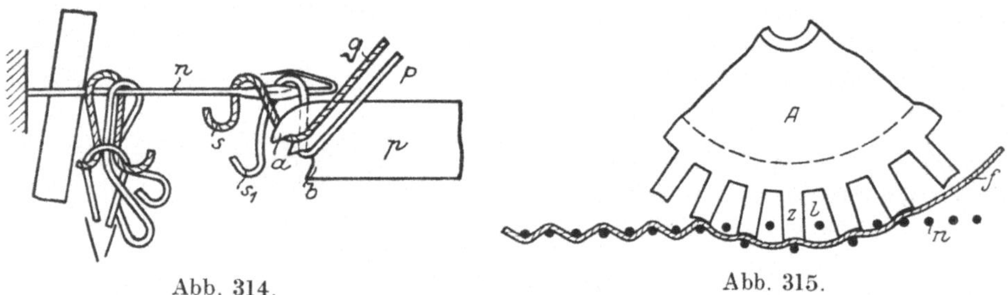

Abb. 314.Abb. 315.

glatte Kulierware oder Rundstuhltrikot. Beim einfachen, gewöhnlichen Futter werden die Futterfäden vor jedem maschenbildenden System durch das Futter- oder Chaineuserad zwischen die Nadeln geleitet und der alten Ware zugeführt. Das Futterrad ist in Zähne und Lücken geteilt und besitzt die zum Einführen des Futterfadens eingestellten Futterplatinen. Je nach der Dichte und Futterdecke, welche die Ware bekommen soll, läßt man einen oder zwei Futterfäden hintereinander einführen. Für das einfache Futter mit einem Futterfaden hergestellt, wählt man ein Futter- oder Chaineuserad A, Abb. 315, das 1 : 1 (1 Zahn z, 1 Lücke l) geteilt ist und den Futterfaden f über jede zweite Nadel n wegleitet und unter den übrigen einführt, so daß auf jeder zweiten Nadel ein Futterhenkel liegt. Es kann aber auch die Stellung 1 : 3 gewählt werden, so daß der Futterhenkel je unter 3 und über eine Nadel weggeht. In ähnlicher Weise stellt man auch das Doppelfutter her, das im Gegensatz zu dem einfachen Futter auf der Warenrückseite die doppelte Materialmenge aufnimmt. Bei diesem sind die Futterfäden f, f_1, Abb. 316, in der Regel in versetzter Reihenfolge in das Grundgewirke eingeführt. Hierzu sind dann vor jedem Arbeitssystem zwei hintereinanderfolgende Futterräder A, A_1 mit Zähnen z und Lücken l vorteilhaft 1 : 3 geteilt, deren Zähne z versetzt gegen die Nadeln n gestellt werden, so daß die Futterfäden f, f_1 zusammen ähnlich wie ein Futterfaden f, Abb. 315, über den Nadeln n verteilt liegen. Der Unterschied gegenüber dem einfachen Futter macht sich aber durch die starke Verdichtung der Doppelhenkel geltend. Das Maschenbild dieser Ware zeigt Abb. 317. Hier sind die Futterfäden f, f_1 dort, wo die Henkel h, h_1 über die Nadeln n zu liegen kamen, durch die Platinenmaschen p, p_1 in die Ware eingebunden. An diesen Stellen sind auch die Futterhenkel auf der Warenoberseite sichtbar, sie bilden dort zwischen den Maschenstäbchen Streifen in der Ware, welche teilweise sogar störend wirken können, die aber andererseits auch, insbesondere dann, wenn das Futtergarn verschiedenfarbig gewählt wird, zur Erzeugung von Farbmusterungen herangezogen werden. Meist wird die Futterseite, je nach dem Verwendungszwecke, mehr oder weniger scharf aufgerauht und man erlangt eine dichte, weiche oder pelzartige Ware.

Die buntgemusterte Futterware ist, wie schon bemerkt, das gewöhnliche Futter, bei welcher die Futterfäden die Farbmusterung bilden. Es ist jedoch vor-

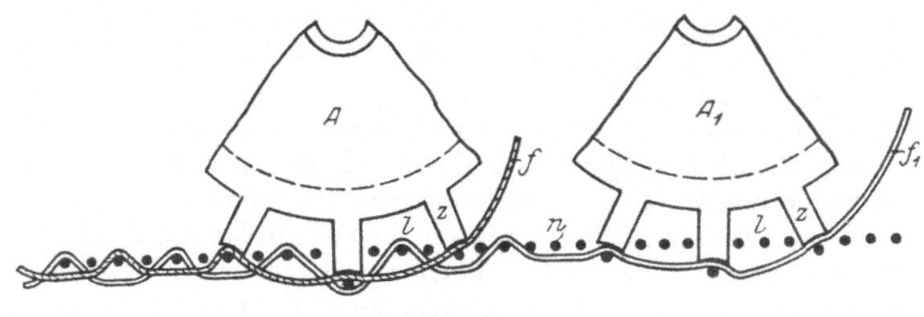

Abb. 316.

teilhaft, zur Erzielung reiner Langstreifen oder punktartiger Effekte auf der Warenoberseite, die Bindungsstellen scharf zwischen den Maschenstäbchen hervortreten zu lassen, und zwar durch gleichmäßiges Einführen dieser Futterfäden über und unter die gleiche Anzahl Nadeln. Z. B. 2:2, 3:3 usw. Wenn hierzu noch abwechselnd die Grundfäden andersfarbig verarbeitet werden, so lassen sich Abwechslungen in der Musterung hervorbringen. Auf diese Weise entsteht auch

b) Die karierte Futterware. Bei dieser ist meist das Futterrad 3:3 geteilt; die Futterfäden sind als Musterfäden gedacht und jede vierte Grundmaschenreihe ist womöglich andersfarbig verarbeitet. Diese Ware kann auch zu Oberkleidern verwendet werden.

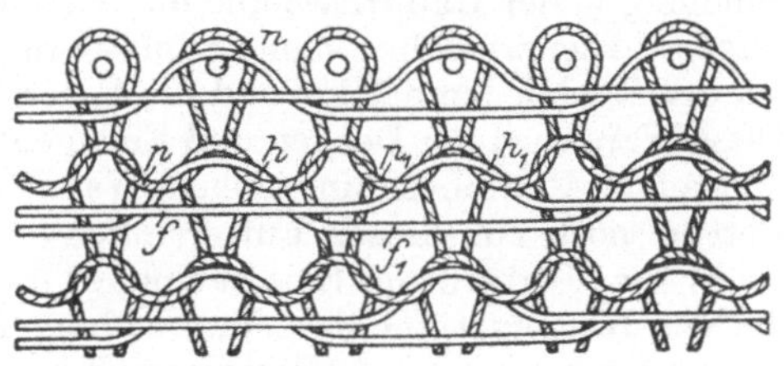

Abb. 317.

c) Die Futterware mit Laufmaschen entsteht durch Entfernen der einzelnen Nadeln, damit dort die Futterhenkel als Langstreifeneffekte auf die Warenoberseite treffen. Diese Ware eignet sich für Röcke und dergleichen.

d) Das Futter mit Binde- und Deckfaden, auch Tuchstoff oder Bindefadenfutter genannt, bildet die andere Futterart, die im Gegensatz zum gewöhnlichen Futter eine reine, glatte Oberseite besitzt. Bei dieser Ware liegen die Futterhenkel auf der Warenrückseite eingebunden und werden durch Deckfäden gegen die Oberseite hin abgedeckt, damit dort ein Durchschlagen der Futterhenkel verhütet wird.

Dazu muß der Rundstuhl noch besonders eingerichtet sein. Zu einer Futterware mit Binde- und Deckfaden sind mindestens zwei oder eine gerade Zahl von Arbeitssystemen erforderlich. Ein Maschensystem gewöhnlicher Art wechselt mit einem solchen, das die besonderen Futterplatinen besitzt. Die Einrichtungen hierzu siehe Seite 137. Bei dieser Ware wird der Futterfaden zwischen Binde- und Deckfaden festgehalten, so daß eine Art Plattierung erzielt wird. Dadurch ist es auch möglich, dem Bindefaden, der die Futterhenkel einbindet, aus geringerem

Material zu verarbeiten. Es ist nicht richtig, wenn diese Ware als Bindefadenfutter bezeichnet wird, weil auch die gewöhnliche Futterware die Futterfäden durch den Maschenfaden einbindet. Es fehlt aber dort der Deckfaden. Da infolge der glatten Oberseite diese Ware auch zu Tuch geeignet ist, so kann sie zu Oberkleidern, Sportartikeln usw. Verwendung finden und wird auch Tuch genannt, sie muß auch wie Webtuch behandelt und ausgerüstet werden. Die Produktion einer Deckfadenfuttermaschine entspricht der halben Leistung einer gewöhnlichen Futtermaschine, da bei ersterer je zwei Systeme zusammen eine fertige Reihe ergeben.

e) **Twistfutterware** ist eine sehr elastische Futterware der vorigen Art, bei welcher aber die Futterhenkel nicht durch die Futtermailleuse (Chaineus), sondern durch eine Twistmailleuse den Nadeln zugeführt werden. Diese schlingt die Futterfäden genau so um die Nadeln, wie bei der Herstellung der Twistware. Sie kommt an Stelle des Chaineuserades.

f) **Ratinéstoff** ist eine Futterware mit oder ohne Deckfaden gearbeitet. Die Musterung wird durch Nachbehandlung auf der Rauhmaschine hervorgebracht. Die vorgerauhte Ware wird in einer besonderen Ratinémaschine nachbehandelt. Diese Maschine besitzt bewegliche Schmirgel- oder Sandplatten, welche in bestimmter Kreisbewegung auf die gerauhte Warenseite einwirken, damit die Fasern zusammengeschoben und zu einem flockenartigen Effekt vereinigt werden. Diese Ware eignet sich vorzüglich zu Decken, Kinderartikeln, Mützen usw. Für bessere Artikel stellt man die Futterseite aus Wolle her, während für die billigeren Qualitäten als Futtergarn Vigogne oder sächsisches Imitatgarn in weicher Drehung, in den Nummern 8—16 metr., meist zur Verwendung kommen.

g) **Welliné** ist ebenfalls eine Trikotfutterware und auch wie die gewöhnliche Futterware hergestellt. Die Musterung wird hier ebenfalls durch die Nachbehandlung in der Rauhmaschine und weitere Bearbeitung in der Wellinémaschine erzeugt. Hier wird die Schmirgelplatte in der Weise betätigt, daß ein Nachschleifen der Rauhdecke erfolgt und die Fasern eine wellenförmige Musterung bilden. Diese Ware wird für Decken und Einlagen verwendet. und darf nach der Behandlung an der Rauhmaschine keinem Waschprozeß unterzogen werden. Erwähnenswert ist noch von diesen Futterstoffen

h) **Der Krimmer.** Dies ist eine gewirkte Tuchware, welche für Damenmäntel, Jacken, Kinderartikel usw. Verwendung findet. Die Herstellung erfolgt ähnlich wie die Futterware. Als Futtergarn benützt man entweder Flocken- oder Kunstzwirn, meist aus Mohair, oder Kammgarn, oder man benützt einen scharf gedrehten Kammgarnfaden (überdrehtes Garn), oft schon verarbeitetes und wieder aufgelöstes Garn, und ein Futterrad mit beweglichen Kulierplatinen, ein sog. Exzenterchaineuserad. Dieses kann die Futterfäden tief zwischen die Nadeln einschieben, damit schlingenartige Henkel in der Ware auftreten, die sich teils auf die Oberseite, teils auf die Rückseite verteilen und so der Ware den krimmerartigen Effekt verleihen. Diese am Rundwirkstuhl erzeugte Krimmerware hat größere Elastizität, wie der gewebte Krimmer.

10. Langstreifen- und Jacquardwirkmuster.

Diese Farbmuster gehören auch noch zu der glatten Kulierware. Die Bezeichnung Jacquard ist bei dieser Ware eine fälschlich angenommene Bezeichnung, denn der sonst in der Wirkerei und Strickerei benützte Jacquard kommt hier nicht vor, sondern es sind nur Nebeneinrichtungen, wie z. B. Fadenführerschienen, zur Führung der Fäden erforderlich. Die Fäden läßt man gruppenweise über die Nadeln legen, aber so, daß beim Kulieren eine zusammenhängende Schleifenreihe entsteht. Es sind dann auf der ganzen Breite des Wirkstuhles mehrere Fadenführer anzuwenden, welche ihre Fäden über die Nadeln streckenweise führen. Man benützt hierzu Lochnadeln nach Art des Kettenstuhles. So z. B. kann man die Fäden f, Abb. 318, wechselweise über 3 Nadeln n fortlegen und in der nächsten Reihe unter einer solchen und über 3 entgegengesetzt, so daß sich beim Ausarbeiten der Maschenreihen an den Nadeln n die Farbstreifen miteinander verbinden und so das Maschenbild, Abb. 319, ergibt. Auch Zickzackmuster lassen sich in ähnlichem Sinne herstellen. Die Maschenstäbchen m, m_1 zeigen an den Verbindungen gemischte Maschen. Für Sportartikel kommen in der Hauptsache Langstreifenmuster in Betracht. Hierzu wird nach dem System Terrot eine Sondermaschine mit Zungennadeln verwendet, auf deren Umfang die Nadeln und Arbeitsschlösser so gruppiert sind, daß die zugeführten farbigen Fäden jeweils nur diese Nadelgruppen speisen. Die Verbindung der einzelnen Streifen entsteht dadurch, daß vor jedesmaligem Umkehren eines Fadens Henkel oder Doppelmaschen mit der Masche des vorhergehenden Fadens gebildet werden.

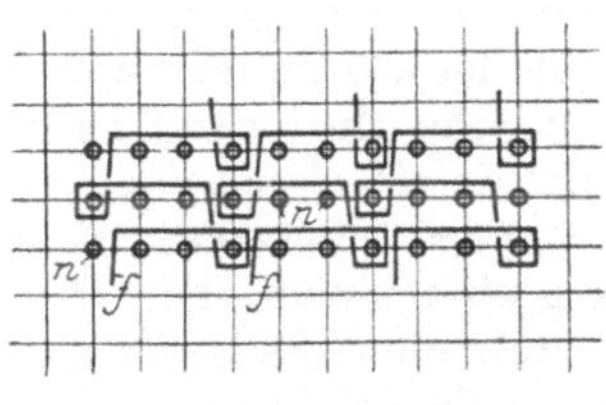

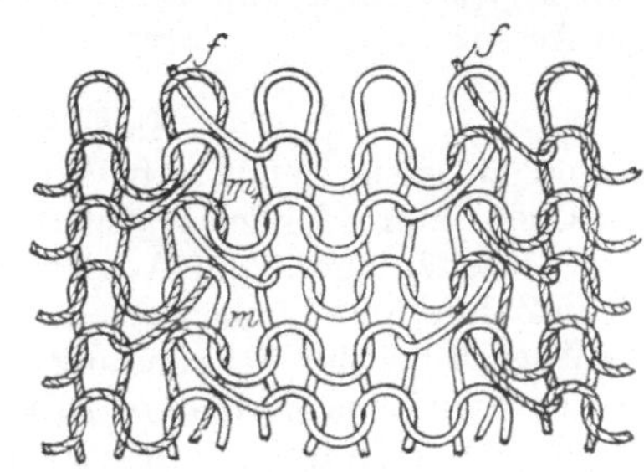

Abb. 318.
Abb. 319.

11. Hinterlegte Farbmuster.

Diese Musterart kommt häufiger vor. Hier müssen jedoch die verschiedenfarbigen Fäden über die ganze Nadelreihe fortgeführt werden. Man läßt dann wechselweise die Fäden dort über die Nadeln und unter die Nasen der Kulierplatinen laufen, wo der gewünschte Farbeffekt auf der Warenoberseite hervortreten soll, während sie andrerseits an diesen Stellen unter den Nadeln langgestreckt als sog. Flottierungen weiterlaufen. Es entsteht somit eine Fadenzuführung nach Abb. 320.

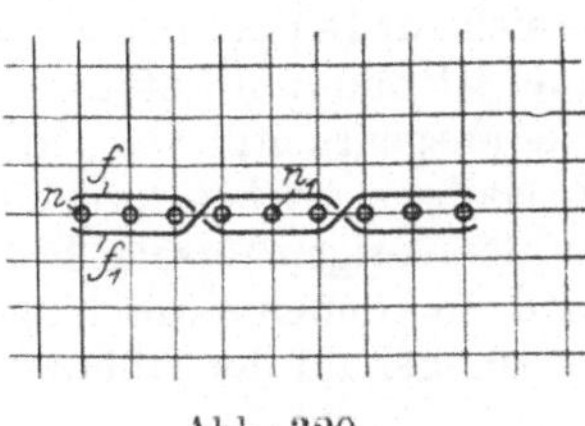

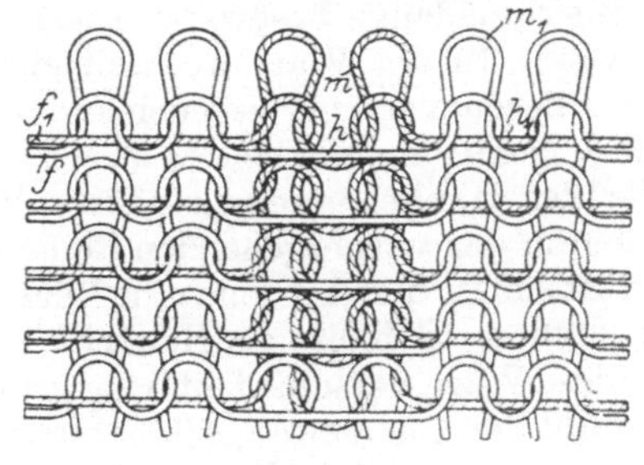

Abb. 320.
Abb. 321.

zuführung nach Abb. 320. Der Faden f läuft über die Nadeln n und geht bei n_1 leer unter den Nadeln fort, während andererseits an der Stelle n der Faden f_1 frei fortgeht und dann über die Nadelgrupe n_1 geführt wird. Es findet also ein beständiges Vertauschen der farbigen Fäden statt, nach Maßgabe eines Musters. Da wo die Fäden keine Maschen bilden, liegen sie auf der Warenrückseite als Henkel h, h_1, Abb. 321, hinter den farbigen Maschen m, m_1. Diese hinterlegte Kulierware kann an mechanischen Wirkstühlen mit Hilfe besonderer Kuliervorrichtungen vorteilhaft hergestellt werden. Auch an der Strickmaschine ist die Herstellung leicht möglich. Man benützt hierzu besondere Nadeleinteilung und stellt die Schlösser entsprechend um. Auch die Fadenführer müssen besonders mit dem Schloß geführt und gewechselt werden.

II. Gemusterte Kulierwaren.

Während bei den bisherigen Wirkwaren die Fadenverbindungen selbst auch in den einfachen Musterungen die Maschen immer die gleiche Doppel-,,S‘‘-Form zeigen, besitzen die gemusterten Waren wesentliche Veränderungen.

Zu ihrer Herstellung sind auch besondere Einrichtungen erforderlich, welche teils mittelbar, teils unmittelbar die Ausgestaltung der Maschen beeinflussen, so daß teils die Musterung schon während des Ausarbeitens der Maschen an den Nadeln zustande kommt, oder daß erst nach der Herstellung einer Reihe diese vorzunehmen ist. Man unterscheidet von diesen gemusterten Wirkwaren die folgenden Arten:

1. Preßmuster.

Dies sind einseitig gemusterte Wirkwaren, welche auf der Warenrückseite Doppelmaschen oder Henkel zeigen, während auf der Oberseite bald dichtere, bald losere Maschenlagen zum Ausdruck kommen. Die Musterung ist abhängig von einer in Zähne und Lücken geteilten Musterpresse. Die Musterpresse kommt jedoch in Wegfall bei der Verwendung von Zungennadeln. Letztere müssen dann während des Arbeitens besondere Arbeitsstellung einnehmen. Die Preßmuster können auch in Verbindung mit den Farbmustern auftreten. Es lassen sich gerade mit Hilfe dieser Mustereinrichtung sehr wirkungsvolle Effekte erzielen.

Preßmuster mit der Einnadelpresse hergestellt. Da die Presse nur jede zweite Nadel preßt, die übrigen aber nicht preßt, so erlangt man auch nur an jeder zweiten Nadel fertige Maschen, die übrigen dagegen erhalten Doppelmaschen oder Henkel. Es kann jedoch im Verlaufe der Arbeit eine Wechselwirkung dadurch eintreten, daß man einerseits die Musterpresse seitlich verschiebt, andererseits sie wieder durch eine glatte Presse ersetzt und so auf eine Musterreihe oder auch auf mehrere solche, wieder glatte Musterreihen folgen läßt. Schon hierdurch lassen sich die verschiedensten Wechselwirkungen in der Ware hervorbringen.

a) Die einnädelige Preßware. Diese ist die am häufigsten vorkommende Preß-musterware. In der Ware wechselt ein Henkel h, Abb. 322, mit einem solchen h_1; diese liegen versetzt gegeneinander. Andererseits liegt neben jeder Henkel-masche h, h_1 eine ausgearbeitete Masche m, m_1, die sich zur Doppelmasche mit dem betreffenden Henkel vereinigt. Ein solcher Henkel ist dadurch entstanden, daß nach dem in der vorhergehenden Reihe die Masche ausgearbeitet war, in der folgenden Reihe an dieser Stelle eine Lücke über die Nadel zu stehen kam und dort die neu kulierte Schleife als Henkel h, bzw. h_1, zu der vorigen Masche hinzukam. Wenn diese Ware verschiedenfarbig gearbeitet wird, so können einnädelige Farb-streifen auf der Oberseite gebildet werden, da die Henkel auf der Oberseite nicht sichtbar sind; es ist jedoch die Farbe nach jeder Reihe zu wechseln.

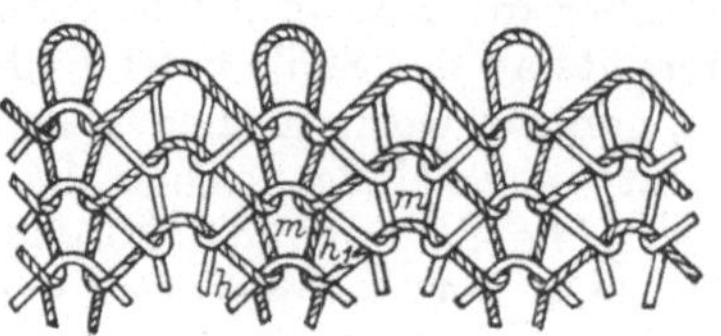

Abb. 322.

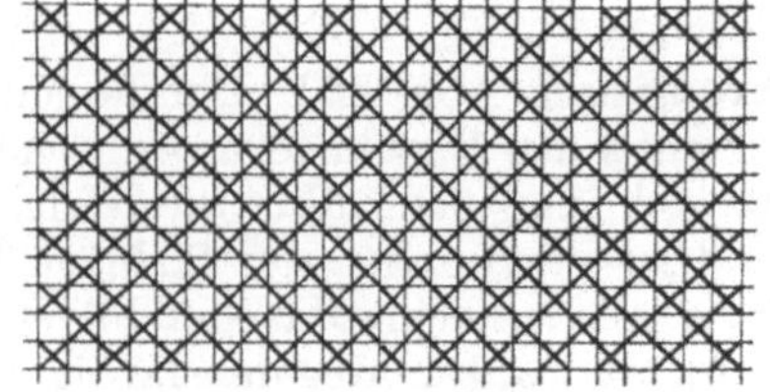

Abb. 323.

In einem einfachen Schema, Abb. 323, bringt man diese Ware in der Weise zum Ausdruck, daß man für einen Henkel, bzw. Doppelmasche h, h_1, Abb. 322, die Karos ausfüllt, für eine gepreßte oder fertige Masche m, m_1 bleiben sie leer. Während des Arbeitens muß vor jeder Reihe die Einnadelpresse um eine Nadelteilung seitlich verschoben werden, weil nur so die Nadeln wechselweise zum Ausarbeiten ihrer Maschen herangezogen werden. Jede Reihe ist in dieser Ware gemustert gearbeitet.

Für den Rundstuhl ist ein Einnadelrad an Stelle des glatten Rades einzustellen, wobei aber noch die Systemzahl und die Nadelzahl sehr wesentlich ist. Ist letztere eine gerade Zahl, so muß auch die Systemzahl gerade sein, und es sind dann die Einnadelräder versetzt gegeneinander einzustellen. Ist jedoch die Stuhlnadelzahl eine ungerade Zahl, so ist auch die Systemzahl als ungerade Zahl zu wählen. Wie noch näher auszuführen ist, muß für den Rundstuhl jedes Muster besonders berechnet werden.

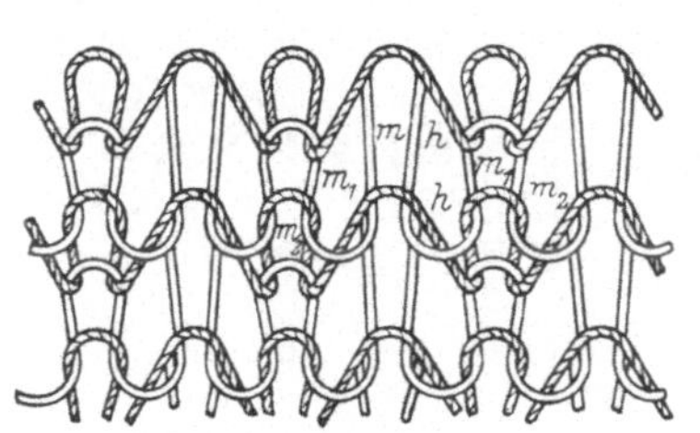

Abb. 324.

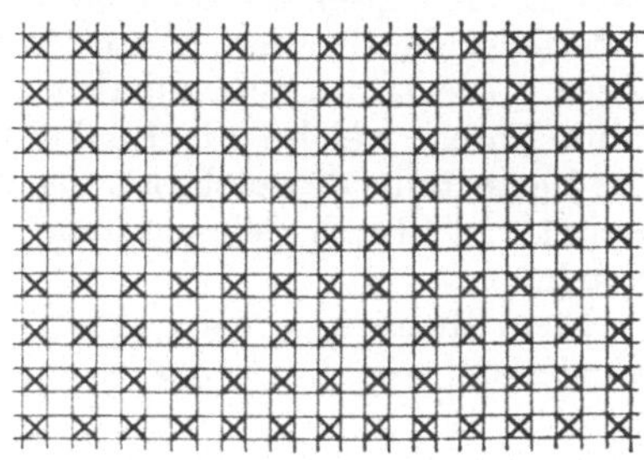

Abb. 325.

b) Einnädelig längsgestreifte Ware entsteht aus der einnädeligen Preßware in der Weise, daß man nach jeder einnädelig gemusterten Reihe eine gewöhnliche glatte Reihe herstellt und während dieser Reihe die glatte Presse auf die Nadeln einwirken läßt. Dann liegen die Henkel h, Abb. 324, auf der Warenrückseite um je eine Masche m_1 getrennt nebeneinander und übereinander in jeder zweiten Reihe. Dadurch werden die ausgearbeiteten Maschen m, welche in der glatten Reihe zustande kommen und mit den Henkeln h vereinigt werden, um eine Reihe höher gezogen; sie verlängern sich etwas und ziehen von ihren Nebenmaschen m_1 etwas Material weg, so daß sich letztere verkürzen. Andererseits nehmen die neben dem Henkel h liegenden Maschen m_2 der Musterreihe das von den Henkeln h überschüssige Material auf, so daß sich diese ausdehnen und auf der Warenoberseite größer erscheinen. Während die Maschen m auf der Oberseite glatte Stäbchen bilden, erscheinen die Stäbchen der Maschen m_1, m_2 unregelmäßig. Es entstehen Langstreifen und daher auch die Bezeichnung. Abb. 325 ist die Patrone dieser Ware. Am Rundstuhl ist hierzu jedes zweite System mit einem glatten Preßrad auszurüsten und die Stuhlnadelzahl muß eine gerade Zahl ergeben.

c) Einnadelköper, auch Piqué genannt. Dieser ergibt sich ebenfalls aus der einnädeligen Preßware; man kann die vorige Stellung der Pressen beibehalten, es ist nur darauf zu achten, daß vor jeder Musterreihe die Einnadelpresse um eine Nadelteilung seitlich verschoben wird. Dadurch versetzen sich die Henkel h, h_1, Abb. 326, der Musterreihen m, m_1. Auch hier kann dieselbe Wechselwirkung der ausgearbeiteten Maschen a, b beobachtet werden, wie bei der Längsstreifenware. Die Maschen a, a werden mit den Henkeln h, h_1 höher gezogen, wobei sich wieder die Nebenmaschen b, b_1 verkürzen und andererseits können sich die Maschen c, d neben ihren Henkeln h, h_1 ausdehnen. Da diese Maschen aber versetzt zueinander liegen, so entsteht die köperartige Musterung, deren schematische Darstellung aus

Abb. 327 ersichtlich ist. Sie kann am Rundstuhl nach zwei Richtungen hergestellt werden: Erstens, wenn der Stuhl eine ungerade Nadelzahl besitzt, so daß nach jeder Stuhlumdrehung das Einnadelrad um eine Nadelteilung versetzt gegen die vorhergehende Reihe arbeitet. Zweitens, bei gerader Stuhlnadelzahl und bei einer Systemzahl 4, bzw. einer solchen durch 4 ohne Rest teilbar. Bedingung ist jedoch, daß die in jedem zweiten System eingestellten Einnadelpreßräder versetzt gegeneinander eingestellt sind, in deren Stellung sie auch dauernd erhalten bleiben.

d) Doppelköper oder Doppelpiqué. Bei diesem sehr beliebten Preßmuster wechseln zwei einnädelige Musterreihen mit einer glatten Reihe. Es sind somit über einer fertigen Masche zwei Henkel angeordnet. Da diese die mit ihnen vereinigten, früher ausgearbeiteten Maschen bis in die dritte Reihe heraufziehen, wird die Wechselwirkung der zusammengezogenen und vollen Maschen in erhöhtem Maße zum Ausdruck kommen. Abb. 328 zeigt die Patrone. Die Reihen *1*, *2*, welche durch

zwei Einnadelpressen oder in zwei aufeinanderfolgenden Reihen erzeugt wurden, besitzen je zwei übereinanderliegende ausgefüllte Karos, welche die Henkel darstellen. Die glatte Reihe *3*, welche nur glatte Maschen besitzt, ist durch leergelassene Karo dargestellt.

Diese Musterung wird bevorzugt bei der Herstellung sog. Börtchen (siehe auch Bört-

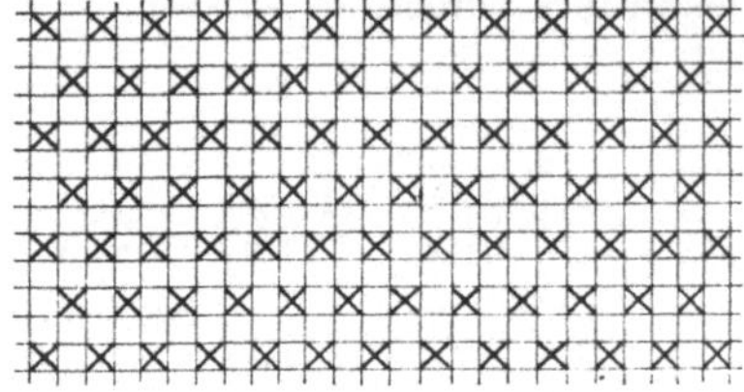

Abb. 327.

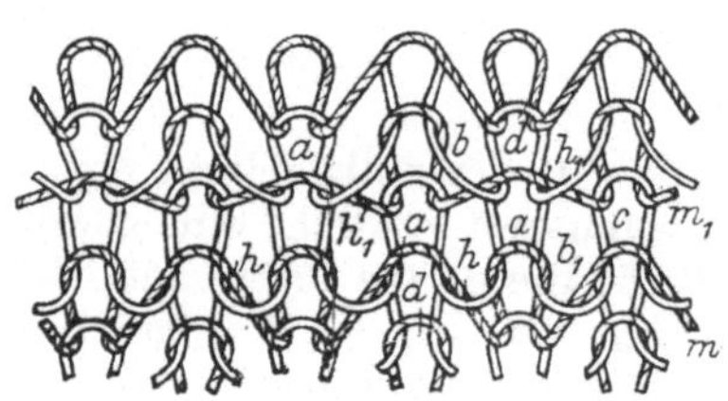

Abb. 326.

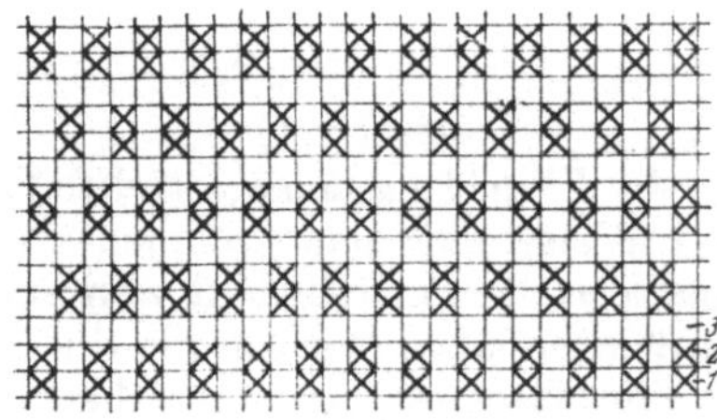

Abb. 328.

chen- oder Preßwechselapparat), wie solche in der Trikotagenfabrikation vielfach verwendet werden. Der Rundstuhl ist hierzu sehr geeignet und ist in der Regel mit 3 Systemen und ungerader Nadelzahl gebaut. Das erste und zweite System besitzt je ein Einnadelrad, das dritte System ein glattes Rad. Wenn bei dieser Henkelbildung die glatte Reihe fehlt, so entsteht die **doppelte einnädelige Preßware** oder Zweireihenpreßmuster 1 : 1.

Preßmuster mit der Zweinadelpresse hergestellt.

a) Zweinädelige Preßware wird mit der Zweinadelpresse in ähnlichem Sinne wie die einnädelige Preßware hergestellt. In dieser liegt aber ein Henkel h, h_1,

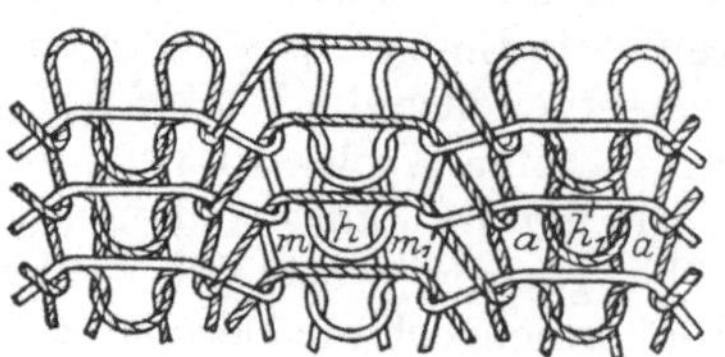

Abb. 329.

Abb. 329, wechselweise über zwei Maschen m, m_1. Die Presse ist so eingeteilt, daß durch einen Zahn zwei Nadeln herabgedrückt und jeweils zwei Maschen ausgearbeitet bzw. abgepreßt und durch eine nebenstehende Lücke zwei Nadeln nicht gepreßt werden. Nach jeder Musterreihe wird die Presse um zwei Nadelteilungen seitlich verschoben, so daß sich auch die Henkel h, h_1 versetzt in der Ware über den Maschen m, m_1, a, a anordnen. Es entstehen bei a und m, m_1 auf der Warenoberseite reine Maschenstreifen in der Breite von zwei Maschenstäbchen, a, a und m, m_1. Wenn die Faden in der Farbe gewechselt werden, so lassen sich auf diese Weise auch Farbmuster erzielen. Der Musterumfang beträgt $2 + 2 = 4$ Maschen. Soll diese Ware am Rundstuhl hergestellt werden, so muß bei zwei Systemen und einer Nadelzahl $N = x \times 4$, d. h. N durch 4 restlos teilbar, in jedem System ein Zweinadelrad um zwei Teilungen versetzt arbeiten. Bei mehr als zwei, z. B. 3, 5, 7 Systemen, muß dann die Nadelzahl wohl durch 2, aber nicht durch 4 restlos teilbar sein und bei 4, 6, 8 Systemen wie bei 2 Systemen.

Abb. 330 zeigt das einfache Musterbild der zweinädeligen Preßware.

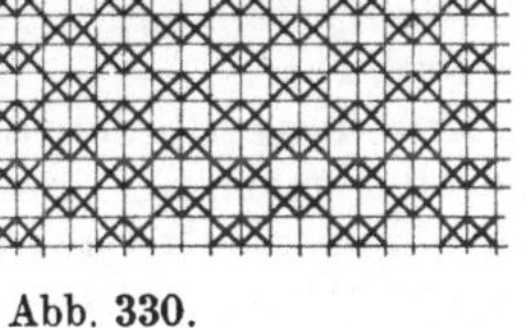

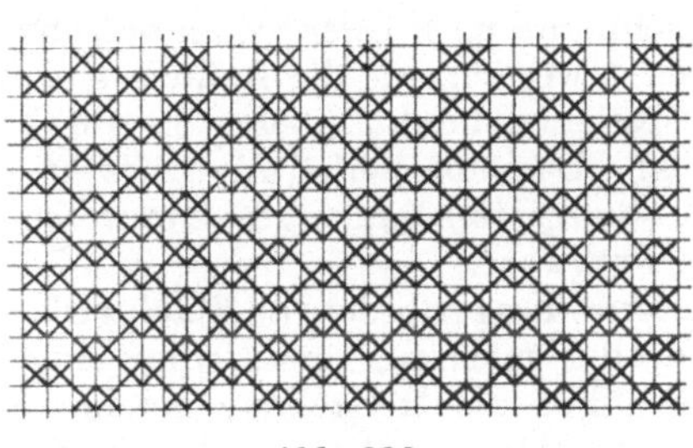

Abb. 330.

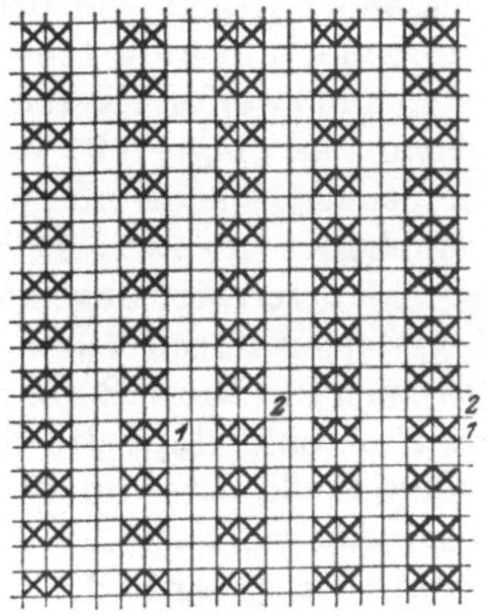

Abb. 331.

b) Zweinädelig längsgestreifte Ware entsteht durch wechselweises Arbeiten mit der Zweinadelpresse und der glatten Presse. Die Reihen *1*, Abb. 331, sind mit der Zweinadelpresse, die Reihen *2* mit der glatten Presse gearbeitet. Die Zweinadelpresse bleibt immer über denselben Nadeln eingestellt. Es müßten also am Rundstuhl eine gerade Anzahl Systeme vorhanden sein. Die Nadelzahl muß durch den Musterumfang *4* ohne Rest teilbar sein.

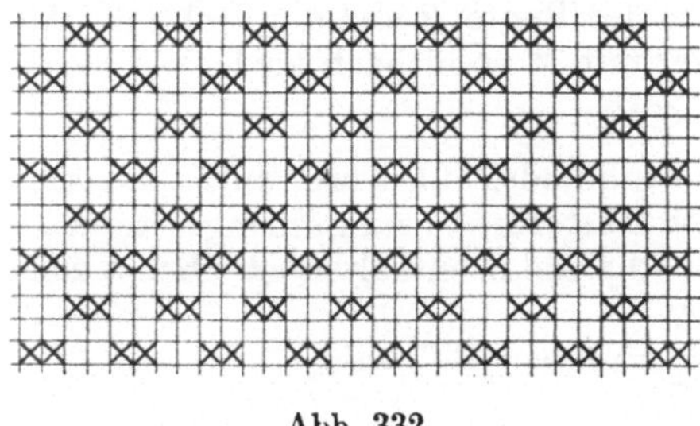

Abb. 332.

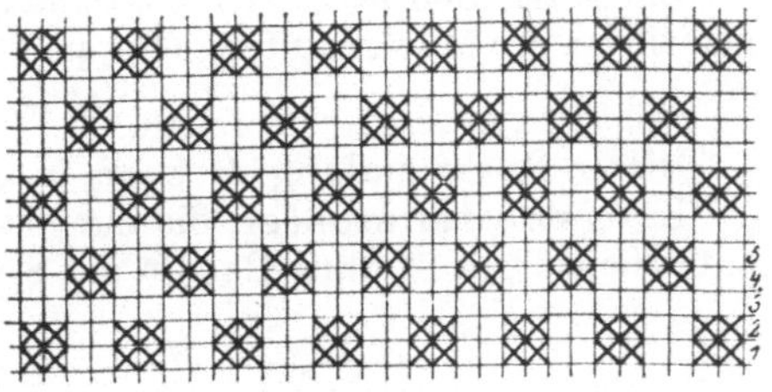

Abb. 333.

c) Zweinadelköper, auch Zweinadelpiqué genannt. Dieser entsteht aus der vorigen Ware dadurch, daß man die zweinädelig gemusterten Reihen durch Verschieben der Zweinadelpresse um 2 Nadeln versetzt anordnet. Die Henkel liegen dann versetzt in der Ware, wie dies das Schema, Abb. 332, deutlich erkennen läßt. Hierzu muß der Rundstuhl bei 2 Systemen eine solche Nadelzahl besitzen, die, da der Musterumfang 4 Nadelteilungen beträgt (2 Henkel und 2 Maschen), wohl durch 2, aber nicht durch 4 ohne Rest teilbar ist, damit das in einem System eingestellte Zweinadelrad nach jeder Stuhlumdrehung um 2 Nadelteilungen versetzt wird. Bei mehr als 2 Systemen muß die Systemzahl durch 2 teilbar sein, jedes zweite System enthält dann das glatte Rad. Ist jedoch die Systemzahl eine solche, daß sie durch 4 teilbar ist, dann kann in jedem zweiten System ein Zweinadelrad um 2 Nadelteilungen versetzt eingestellt werden und muß dann die Stuhlnadelzahl durch 4 ohne Rest teilbar sein und erlangt man dann dieselbe Zweinadelköperware. Dieselbe Bedingung, wie bei 2 Systemen, muß auch bei 6 und 10 Systemen erfüllt sein. In einzelnen Gegenden wird die Ware Zweimaschenköper genannt.

d) Doppelköper, zweinädelig ist die Bezeichnung für einen Zweinadelköper, in welchem zwei zweinädelige Henkelreihen *1, 2*, Abb. 333, wechseln mit einer glatten Reihe *3*. Die Bezeichnung „Zweimaschendoppelköper" ist für diese Ware ebenfalls, z. B. in Sachsen, üblich. Die Köperreihen müssen wieder versetzt gegeneinander liegen wie beim Zweinadelköper.

Ein Rundstuhl muß mindestens 3 Systeme besitzen; für die Reihen *1, 2* muß im ersten und zweiten System das Zweinadelrad, für die Reihe *3* im dritten System das glatte Rad eingestellt werden.

Die Stuhlnadelzahl muß eine solche sein, daß nach jeder Stuhlumdrehung die Zweinadelräder um zwei Teilungen versetzt werden, wie die Reihen *4, 5* zeigen, die gegen *1, 2* versetzt liegen, d. h. bei 3 Systemen durch *2*, aber nicht durch 4 und bei 6 Systemen durch 4 ohne Rest teilbar. Dasselbe Verhältnis trifft bei 9 und 12 Systemen zu. Diese Räderanordnung, ohne glattes Rad, ergibt Zweireihenpreßmuster 2 : 2, bzw. doppelte zweinadelige Preßware.

Andere Preßmuster mit größerem Musterumfang erfordern an Flachwirkstühlen entweder eine verstellbare Musterpresse oder mehrere, verschieden eingeteilte, hintereinander arbeitende Musterpressen. Für die Herstellung solcher Muster benützt man deshalb vorteilhaft den Rundstuhl, an welchem schon mit einem Musterrad, dessen Umfang sich auf den Nadeln abwickelt, größere Musterrapporte zu erzielen sind. Man läßt in der Regel ein Musterrad im Wechsel mit einem glatten Rad arbeiten. Bei größeren Rundstühlen, welche mit mehr als 2 Systemen ausgerüstet sind, kann ein Musterbild auf mehrere Musterräder übertragen werden. Für jedes Muster ist eine besondere Berechnung vorzunehmen.

Die Berechnung von Rundstuhlpreßmustern. Außer den bereits schon besprochenen einnädeligen und zweinädeligen Preßmustern kommen die Langstreifen-Diagonalmuster sowie die ornamentalen Musterungen zur Ausführung.

Ein Musterbild setzt sich zusammen aus der Breite B und der Höhe H. Allgemein ist der Musterumfang (Rapport), der mit M bezeichnet wird

$$M = B \times H.$$

Dieser Musterumfang M kann in der Stuhlnadelzahl x mal enthalten sein.

Langstreifenmuster, die nur aus der Musterbreite zusammengesetzt sind, entstehen, wenn M ohne Rest in der Stuhlnadelzahl N enthalten ist. Es ist dann

$$N = x \times M; \qquad M = \frac{N}{x} = \text{Musterumfang.}$$

Für M kann jede Zahl gewählt werden, die in N restlos enthalten ist. Ein Muster bestehe z. B. aus einer fertigen, abgeschlagenen Masche, 3 Henkeln, 4 mal aus einer abgeschlagenen Masche im Wechsel mit einem Henkel. Somit:

$$M = 1 + 3 + 4 \times 2 = 12 \text{ Maschen.}$$

Ist $N = 660$ Nadeln, so ist

$$x = \frac{N}{M} = \frac{360}{12} = 55.$$

Das Muster ist möglich und liegt 55 mal im Warenschlauch verteilt.

Im Preßrad wird für jede ausgearbeitete Masche ein Zahn, für jeden Henkel eine Lücke gesetzt und die Übertragung aus dem Musterbild auf das Musterrad erfolgt von links nach rechts.

Diagonalmuster entstehen, wenn der Musterumfang, bzw. die Musterbreite, nicht in der Stuhlnadelzahl aufgeht. Hierfür ist zu setzen

$$N = x \times M + v, \quad \text{oder} \quad N = x \times M - v,$$

wobei v den Rest (Versatz) bedeutet, um welchen das Muster nach jeder Stuhlumdrehung seitlich verschoben wird.

Muster mit größerem Musterumfang. Bei diesen besteht der Gesamtmusterumfang (Rapport) aus mehreren übereinanderliegenden Reihen, welche die Höhe des Musters ergeben. Da solche Muster sowohl mit einem, als auch mit mehreren Musterrädern herstellbar sind, so muß sich das Musterrad nach jeder Stuhlumdrehung gegen die vorhergehende Reihe so versetzen, daß über die erste (vorausgegangene) Reihe des Musters die zweite folgt. Das Musterrad muß mindestens um den Betrag der Musterbreite B oder um $y \times B$ versetzt werden. Als mögliche Zahl für den Musterumfang M kann jede Zahl gewählt werden, die bei einer Teilung in die Nadelzahl N einen Rest ergibt. Dieser Rest muß $= B$ oder $y \times B$ sein. Das Muster ist meist in einem Rechteck oder in einem Sechseck enthalten. Die Rechtecke liegen genau übereinander, jedoch nicht in einer Ebene, bzw. in derselben Reihe nebeneinander, sondern um eine oder mehrere Reihen nach links oder rechts höher. Man nennt dies das Ansteigen.

Für die Möglichkeit eines Musters ist Bedingung, daß die Musterbreite B in der Nadelzahl N ohne Rest enthalten ist. Allgemein:

$$N = x \times B \times H + y \times B;$$
$$N = B\,(x \times H + y);$$
$$\frac{N}{B} = x \times H + y \quad \text{für 1 Preßrad,}$$
$$\frac{N}{B} = x \times \frac{H}{s} + y \quad \text{für } s \text{ Preßräder.}$$

Setzt man für

$$\frac{N}{B} = F, \text{ wobei } F \text{ einen Faktor aus } N \text{ bedeutet,}$$

so wird

$$F = x \times H + y$$

und hieraus

$$F - y = x \times H$$

und es ist dann die Höhe

$$H = \frac{F - y}{x} \text{ zu berechnen.}$$

Dann ist zunächst

$$\frac{F - y}{H} = x$$

für ein Musterpreßrad und

$$\frac{F - y}{H}\, s = x$$

für s Preßräder.

Wie oben ausgeführt, gibt x an, wie oft der Musterrapport $B \times H = M$, bzw. der Preßradumfang im Stuhl herumgetragen wird. Daher H und y so zu wählen ist, daß x eine ganze Zahl wird. Es sei Nadelzahl

$$N = 972,$$
$$\frac{N}{B} = \text{ganze Zahl.}$$

Jeder Faktor aus 972 ist als Breite B möglich. Z. B.

$$B = 12,$$
$$F = \frac{N}{B} = \frac{972}{12} = 81.$$

Für $y = 1$ gesetzt, erlangt man Höhe $H = \dfrac{F - y}{x} = \dfrac{81 - 1}{x}$.

Für $x = 10$ gesetzt, somit $\dfrac{81 - 1}{10} = 8$. Es muß sein

$N = x \times B \times H + y \times B = 10 \times 8 \times 12 + 1 \times 12 = 972$ Nadeln, wie oben. Das Muster ist somit mit der Breite B und Höhe H, bzw. $M = 12 \times 8 = 96$ Maschen Musterumfang möglich.

Bei dieser Ausführung gibt minus 1 auch $y = 1$ und die Ansteigung (a) des Musters auf der Warenrückseite $a = 1$ nach links. Diese Linksansteigung wird bevorzugt.

Bei Vorzeichen plus $(+)$ würde jedoch das Muster nach rechts ansteigen. Man errichtet aus Breite B und Höhe H, Abb. 334, ein Rechteck mit 8 Reihen in der Höhe und 12 Maschen in der Breite. In dieses Reckeck kann irgendein beliebiges Muster eingezeichnet werden. Man beachte, daß nicht mehr als 5 Henkel nebeneinander in einer Reihe zusammentreffen. Die einzelnen Reihen werden, von _1_ beginnend bis _8_, der Reihe nach von links nach rechts in das Musterrad _P_,

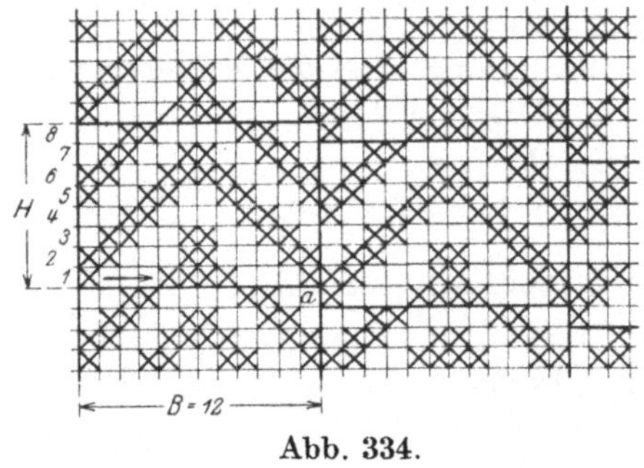

Abb. 334.

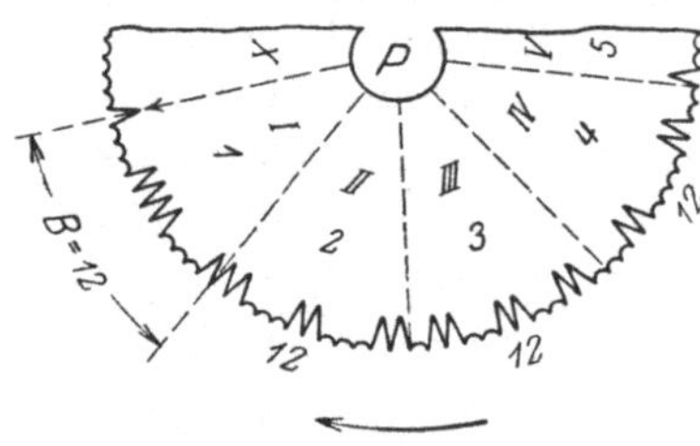

Abb. 335.

Abb. 335, übertragen. Jede Reihe _1_, _2_, _3_ usw. des Musters, Abb. 334, entspricht einer Radpartie _I_, _II_, _III_ usw., Abb. 335. Man beginnt bei der Anfangsstelle des Pfeiles x mit dem Übertragen, fortschreitend nach rechts. Wie ersichtlich, kann das Ablesen und Übertragen in das Preßrad der Reihenfolge nach geschehen. Wären jedoch 2 Preßräder im Stuhl vorhanden, so könnte man jede zweite Reihe des Musters auf das 2. Preßrad übertragen und es würden somit die Reihen _1_, _3_, _5_, _7_, aus Abb. 334 in das erste Rad, und die Reihen _2_, _4_, _6_, _8_ müßten in das 2. Preßrad übertragen werden. Dann würde aber die Ansteigung a nicht 1, sondern 2 Reihen betragen. Man kann aus einem Muster die Systemzahl nach dieser Ansteigung a beurteilen. Es ist zu merken, daß, wenn H und a nicht in einen gleichen Faktor zu zerlegen sind, nur ein Musterpreßrad zur Anwendung gekommen ist. Nach Abb. 334 ist $a = 1$, also 1 oder 8 Preßräder. Die Zahl _8_ kommt jedoch nicht vor. Der gleich größte Faktor von H und a ergibt die Anzahl Preßräder. Ist H durch a teilbar, so ist die Anzahl Musterpreßräder gleich a, dann ist aber minus y stets minus 1 zu setzen, d. h. der Versatz des Musters beträgt bei jeder Stuhlumdrehung die Breite B. Ist nun die Ansteigung a größer als die Zahl der Musterpreßräder, so ist, da minus y größer als 1 ist, das Ablesen des Musterbildes und Übertragen auf das Musterrad in anderer Reihenfolge vorzunehmen.

Es sei z. B. $B = 10$, $H = 9$ und Ansteigung des Musters, Abb. 336, $a = 4$. Dieses Muster soll auf das Preßrad übertragen werden. Da H und a nicht in einen gleichen Faktor zu zerlegen sind, so kann das Muster nur mit einem Musterpreßrad hergestellt werden. Die Übertragung muß aus dem Muster von der Reihe *1* ab von links nach rechts und ebenfalls auch in das Preßrad *P*, Abb. 337, am Pfeil beginnend, von links nach rechts übertragen werden. Es ist aber die Aufeinanderfolge der Musterbreiten an dem Musterradumfang aus der Ansteigungszahl a zu berechnen.

Die I. Teilpartie *I* im Preßrad *P* entspricht der ersten Reihe 1 im Muster, Abb. 336,
die   II. Teilpartie entspricht der $1 + 1\,a$ ten Reihe des Musters,
„   III.   „   „   „ $1 + 2\,a$ „   „   „   „
„   IV.   „   „   „ $1 + 3\,a$ „   „   „   „
„   V.   „   „   „ $1 + 4\,a$ „   „   „   „
„   VI.   „   „   „ $1 + 5\,a$ „   „   „   „
„   VII.   „   „   „ $1 + 6\,a$ „   „   „   „
„   VIII.   „   „   „ $1 + 7\,a$ „   „   „   „
„   IX.   „   „   „ $1 + 8\,a$ „   „   „   „

a ist $= 4$, dann sind die Ablesezahlen wie folgt:

I. Teilpartie im Preßrad entspricht der   1. Reihe des Musters $=$ 1. Reihe
II.   „   „   „   „   der $1 + 4.$ „   „   „ $=$ 5.   „
III.   „   „   „   „   „ $1 + 2 \times 4.$ „   „   „ $=$ 9.   „
IV.   „   „   „   „   „ $1 + 3 \times 4.$ „   „   „ $= 13 - 9 = 4.$ Reihe
V.   „   „   „   „   „ $1 + 4 \times 4.$ „   „   „ $= 17 - 9 = 8.$ „
VI.   „   „   „   „   „ $1 + 5 \times 4.$ „   „   „ $= 21 - 2 \times 9 = 3.$ „
VII.   „   „   „   „   „ $1 + 6 \times 4.$ „   „   „ $= 25 - 2 \times 9 = 7.$ „
VIII.   „   „   „   „   „ $1 + 7 \times 4.$ „   „   „ $= 29 - 3 \times 9 = 2.$ „
IX.   „   „   „   „   „ $1 + 8 \times 4.$ „   „   „ $= 33 - 3 \times 9 = 6.$ „

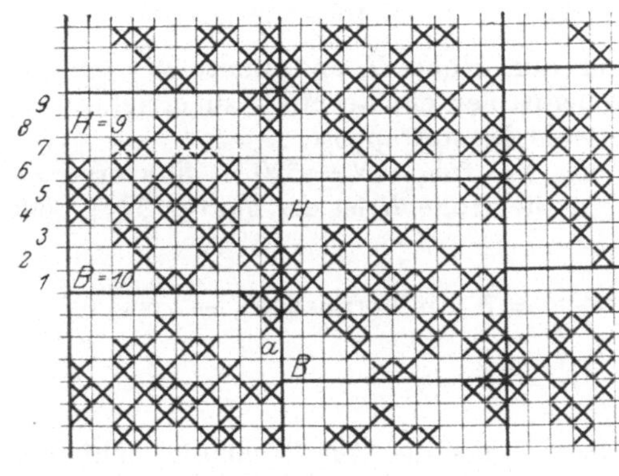

Abb. 336.

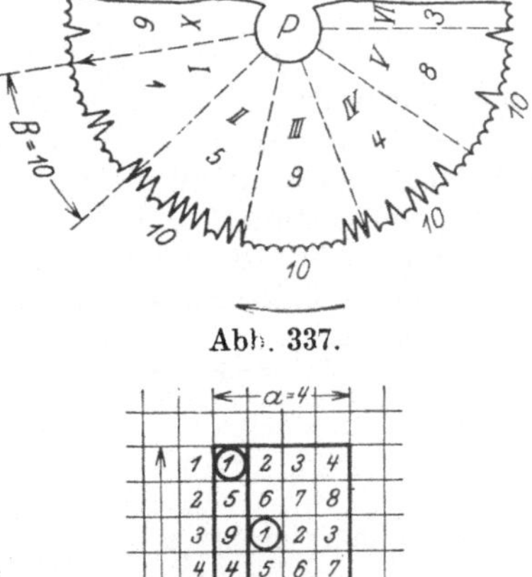

Abb. 337.

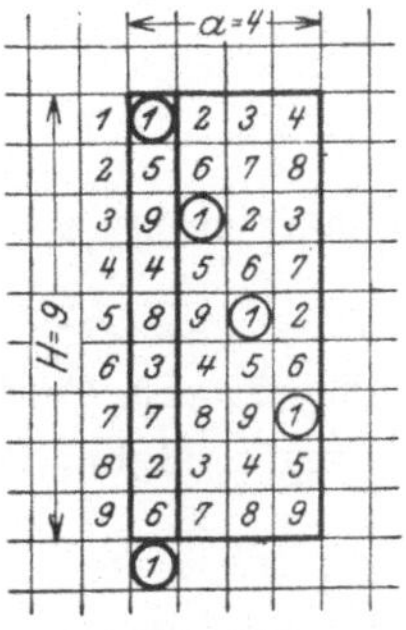

Abb. 338.

Wie ersichtlich, müssen bei dieser Berechnung, sobald die Höhe *H* überschritten ist, hier also *9*, die Reihen *4—9* durch Substraktion, wie oben ausgeführt, für das Preßrad gesucht werden. Es sind somit die gesuchten Ablesezahlen: *1, 5, 9, 4, 8, 3, 7, 2, 6.* Man kann sich diese Berechnug dadurch vereinfachen, daß man sich ein Schema nach Abb. 338 für jedes zu untersuchende oder zu berechnende Muster aufstellt. Setzt man oben die Ablesezahl a und links die Musterhöhe *H* ein, so entspricht der Inhalt dieses Schemas $H \times a$ und kann man oben, von links nach rechts unten, in der ersten vertikalen Linie, die Ablesezahlen ohne weiteres bestimmen und aufschreiben, wenn jeweils bis zu der Höhe *H* gezählt wird, so daß immer wieder in dem Kreispunkt mit *1* begonnen wird, bis die

Reihenzahl der Höhe bestimmt ist und nach der letzten Reihe wieder die 1. Reihe *1* beginnt.

Für die Berechnung der Stuhlnadelzahl ist noch die Zahl y zu suchen, die auch ohne weiteres aus dem Schema abzulesen ist. Es ist allgemein $y = \dfrac{H \times z \mp 1}{a}$; $a = \dfrac{H \times z \mp 1}{y}$. Da im allgemeinen die Berechnung des Musters für die Linksansteigung, also mit Vorzeichen minus (—) bevorzugt wird, so wird für diese Muster $y = \dfrac{H \times z + 1}{a}$ zu setzen sein. Es sei $H = 9$, $a = 4$; z kann jede ganze Zahl sein. Man beginnt zunächst mit der niedrigsten Zahl 1 und sucht y oder a auf. Bei $a = 4$ und $z = 1$ ist für das Muster mit der Höhe $H = 9$.

$$y = \frac{H \times z + 1}{a} = \frac{9 \times 1 + 1}{4} = \frac{10}{4},$$

unbrauchbar, ebenso $z = 2$, für $z = 3$ ist $y = \dfrac{9 \times 3 + 1}{4} = \dfrac{28}{4} = 7$. Ebenso wäre aus der Versatzzahl y wieder Ansteigung a zu finden:

$$a = \frac{H \times z + 1}{y}; \quad y = 7; \quad z = 3; \quad a = \frac{9 \times 3 + 1}{7} = \frac{28}{7} = 4,$$

wie oben angenommen. Ist für $x = 5$ gesetzt, so müßte die Stuhlnadelzahl N bei $H = 9$ und $B = 10$ sein:

$$N = x \times H \times B + y \times B = 5 \times 9 \times 10 + 7 \times 10 = 520 \text{ Nadeln,}$$

wobei Musterbreite $B = 10$ ist, und aus Höhe H und Breite $B = H \times B = 10 \times 9 = 90$ Maschen ist in Patronenpapier ein Rechteck zu errichten mit 9 Reihen hoch und 10 Maschen breit als Musterrapport.

Einfach gestaltet sich die Rechnung wie folgt: $N = 520$ in Faktoren zerlegt $= 10 \times 52$; $B = 10$ gesetzt. Für die Höhe H ist der Faktor $52 +$ oder $- y$ wieder in Faktoren zu zerlegen.

$$\frac{52 \pm y}{x} = H; \quad \text{für } x = 5 \text{ und } y = 7 \text{ mit Vorzeichen „—“ ist}$$

$$H = \frac{52 - 7}{5} = \frac{45}{5} = 9$$

und das Muster steigt um a-Reihen nach links an. Die Rechnung sieht dann so aus:

$$520 = 10 \times 52, \quad 52 : 9 = 5, \text{ Rest } 7,$$

wobei 9 Höhe, $5 = x$, Rest $7 = y$ bedeutet.

Ansteigung a ist bei Vorzeichen „—“:

$$a = \frac{z \times H + 1}{y}; \quad z = 3 \text{ ist } a = \frac{3 \times 9 + 1}{7} = 4,$$

wie oben. Bei Vorzeichen „+“ wäre aber:

$$a = \frac{z \times H + 1}{y} -; \quad z = 3 \text{ ist } a = \frac{3 \times 9 + 1}{7} = \frac{28}{7} = 4.$$

Die Zahl z ergibt sich aus der Beziehung

$$z = \frac{a \times y \mp 1}{H}.$$

bei umgekehrtem Vorzeichen.

Bei Vorzeichen „+" ist zu beachten, daß beim Übertragen der Muster in das Preßrad das Ablesen aus dem Musterbild von oben links nach unten rechts zu erfolgen
hat. Für mehrere Musterräder wird Höhe $H \times s$ und ebenso Ansteigung $a \times s$.
Nach dem Musterbild, Abb. 339, ist $B = 18$, $H = 15$, $a = 6$, $M = 15 \times 18 = 270$.
Dieser Umfang ist für ein Preßrad zu groß und muß auf s Mustersysteme verteilt werden. Da der gleich größte Faktor aus H und a, d. h. 15 und 6 = 3 ist,
sind drei Musterpreßräder erforderlich. Es ist $\dfrac{a}{s} = \dfrac{6}{3} = 2$; auf ein Preßrad kommen: $\dfrac{H \times B}{s} = \dfrac{15 \times B}{3} = 5 \times B = 5 \times 18 = 90$ Maschen.

Die Ablesezahlen für die Räder sind nach Schema, Abb. 340:

$$
\begin{aligned}
&\text{I. Rad} \ldots \ldots \text{1., 7., 13., 4., 10. Reihe}\\
&\text{II. \quad „} \ldots \ldots \text{2., 8., 14., 5., 11. \quad „}\\
&\text{III. \quad „} \ldots \ldots \text{3., 9., 15., 6., 12. \quad „}
\end{aligned}
$$

Wie aus Abb. 340 ersichtlich, kann die Höhe H gleich für ein System eingesetzt werden, und da die erste Reihe durch Rad I, die zweite durch Rad II, die
dritte durch Rad III gearbeitet wird, so können auch die Mustersystemzahlen
$s = 3$ bei I, II, III oben am Kopf des Schemas eingesetzt werden.

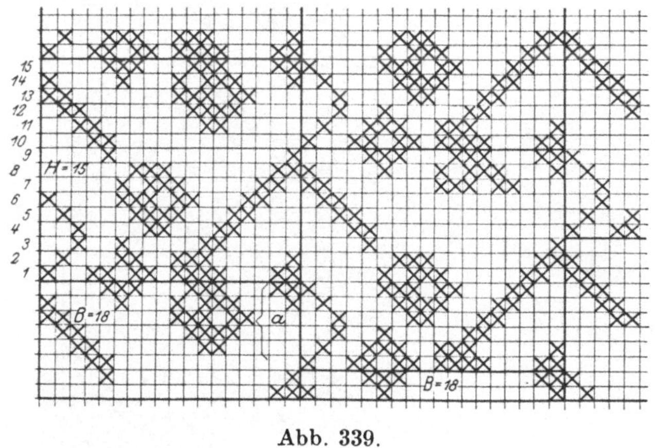

Abb. 339.

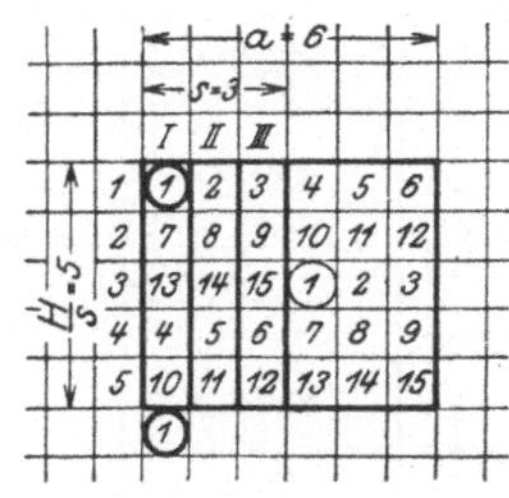

Abb. 340.

Versetzte Musterbilder, auch Sechseckmuster genannt. Es sind
dies die Ananas- und schräglaufenden Muster. Diese Muster versetzen sich nicht
nur in der Breitrichtung der Ware, sondern auch in der Höhenrichtung. Die Höhe
H des Musters ist ein Bruch:

$$
H = h + \frac{m}{B}.
$$

Das Musterbild besteht aus h ganzen Musterbreiten B, bzw. Reihen und aus einer
Teilreihe ($h + 1$. Reihe), wobei die Teilreihe nur m Maschen besitzt. Je nachdem
in der Berechnung des Versatzes das Vorzeichen $+$ oder $-$ eingesetzt wird, wird
auch die $h + 1$. Reihe entweder nach links oder rechts im Musterbild zu liegen
kommen. Abb. 341 und 342 zeigen Beispiele. Nach diesem Anordnen der Musterbilder ist dann auch das Ablesen der einzelnen Reihen entweder in der laufenden
Reihenzahl $1, 2, 3$ usw. bei $B = v$ vorzunehmen, oder nach der versetzten Reihenfolge bei $v = y \times B$, wobei $v = $ Versatz nach jeder Stuhlumdrehung bedeutet.
Bei mehreren Musterpreßrädern s erhöht sich $h + 1$ zu $h \times s + s$, so daß man für
die Höhe $H = h \times s$ ganze Reihen in der Breite B, Abb. 341, 342, und s Reihen
mit der Maschenzahl m erhält. Das Musterbild, Abb. 341, hat einen Musterumfang

$M = H \times B = 10\frac{2}{6} \times 36 = 372$. Da H durch a teilbar ist, so sind $s = 2$ Systeme erforderlich und kommt in jedes Preßrad $\dfrac{M}{s} = \dfrac{372}{2} = 186$ Zähne. Dieses Muster steigt nach links an. Bei dem Musterbild, Abb. 342, ist $H = 6\frac{10}{17}$ und $B = 17$ und $M = 6\frac{10}{17} \times 17 = 112$. Die Stuhlnadelzahl muß bei der Ansteigung um $a = 1$ nach rechts sein:

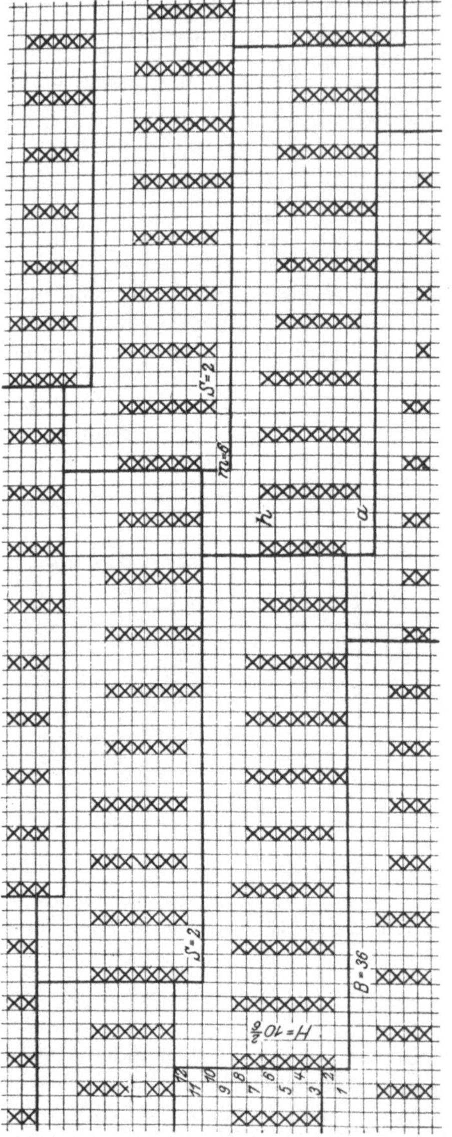

Abb. 341.

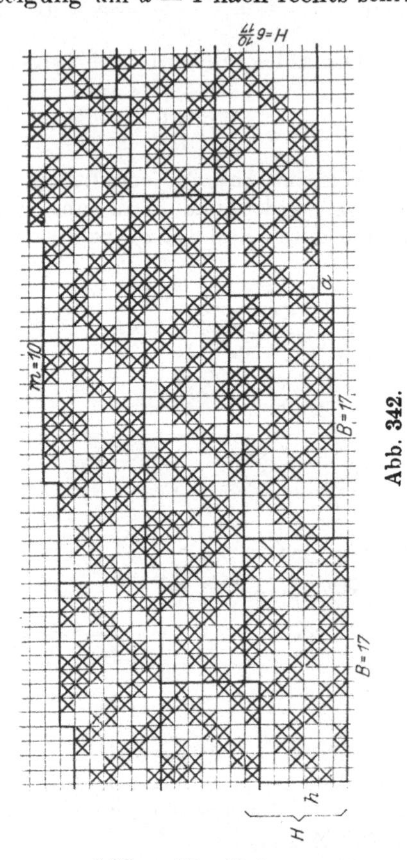

Abb. 342.

$N = x \times 112 - 17$. Bei $x = 11$ somit: $N = 11 \times 112 - 17 = 1215$.

Für solche Muster, welche in der Ware fortlaufende schräge Streifenbilder zum Ausdruck bringen sollen, muß $m = h \times s$ oder $B - m = (h + 1) \times s$ sein. Zu bemerken ist, daß man auch solche Musterbilder in ein Rechteck einschließen kann, wenn man die Höhe so weit fortsetzt, bis die Wiederholung (d. h. der Rapport) erlangt ist.

Bei den sog. Reihenmustern, die nach Art der Gaufre- oder Ananasmuster, Abb. 341, hergestellt werden, ist der für das Musterbild erforderliche Versatz zur Nadelzahl N hinzuzuzählen oder abzuziehen. Hieraus ist dann der für das Muster günstigste Faktor als Breite B zu wählen.

Kreppemuster sind unregelmäßige versetzte Preßmuster. Bezüglich des Vorzeichens „+" und „—" ist zu bemerken, daß mit Rücksicht auf die einheitliche Ablesung und das Fräsen der Musterräder bei der Berechnung meist das Vorzeichen „—" gewählt wird, wie schon oben angedeutet wurde.

2. Rechts-Rechts-Ränder- und Fangmuster.

Darunter versteht man doppelflächige Wirkwaren, zu deren Herstellung außer der gewöhnlichen Stuhlnadelreihe noch die Maschinennadelreihe erforderlich ist. Man unterscheidet die Rechts-Rechts- oder Ränderwaren und die Fangwaren. Die letzteren besitzen teils auf beiden, teils nur auf einer Warenseite nach Art der Preßmuster Henkel- oder Doppelmaschen.

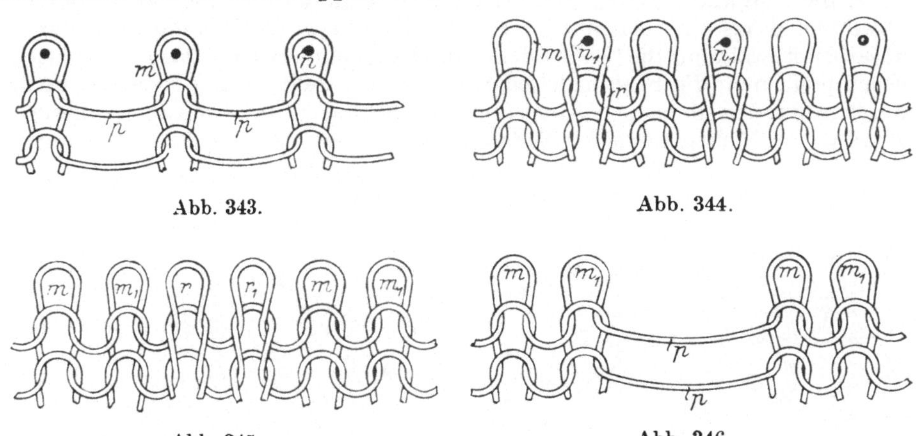

<table>
<tr><td>Abb. 343.</td><td>Abb. 344.</td></tr>
<tr><td>Abb. 345.</td><td>Abb. 346.</td></tr>
</table>

a) Die Rechts-Rechts- oder Ränder-Ware ist zusammengesetzt aus rechts und linksabgeschlagenen Maschen. Eine Maschenreihe wird in der Weise hergestellt, daß man sowohl an den Stuhl-, wie auch an den Maschinennadeln die aufgenommenen Schleifen zu Maschen ausarbeiten läßt. Zunächst entstehen an den Stuhlnadeln n, Abb. 343, die Stuhlnadelmaschen m, die als links abgeschlagene Maschen anzusehen sind; sodann werden mit Hilfe der zwischen die Stuhlnadeln greifenden Maschinennadeln n_1, Abb. 344, die Verbindungsteile oder Platinenmaschen p, Abb. 343, zu den rechts abgeschlagenen Maschen r, Abb. 344, ausgebildet. Es wechselt somit in einer Maschenreihe je eine links abgeschlagene Masche m, die nach hinten gedrängt wird, mit einer rechts abgeschlagenen Masche r, die als scharf nach oben gerichtetes Maschenstäbchen zum Ausdruck kommt. Durch diese Ausbildung der Platinenmaschen p, Abb. 343, zu Nadelmaschen r, Abb. 344, empfängt die Ware eine außerordentlich große Dehnbarkeit und eignet sich vorzüglich zu Schluß- oder Randstücken in Gebrauchsgegenständen, z. B. Hosen -und Jackenrändern, Strumpflängen usw. Da jede Warenseite das glatte Aussehen der rechten Seite von glatter Kulierware aufweist, so nennt man diese Ware auch Rechts-Rechtsware oder entsprechend der wechselweisen Ausgestaltung der Rechts- und Linksmaschen: 1:1-Ware.

b) 2:2 oder Patentränderware besitzt noch eine größere Elastizität wie die 1:1-Ware. In einer Maschenreihe wechseln hier immer zwei links abgeschlagene Maschen m, m_1, Abb. 345, mit zwei rechts abgeschlagenen Maschen r, r_1. Die letzteren sind aus dem langen Verbindungsteilen oder Platinenmaschen p, Abb. 346, zustande gekommen. Man läßt zur Herstellung dieser Ware in den Maschinennadeln jede dritte Nadel fehlen. Dasselbe kann auch mit den Stuhlnadeln geschehen, man hat jedoch zur Bildung der langen Platinenmasche p mittels einer geeigneten Presse die kulierte Schleife jeder dritten Nadel abgeworfen und hat diese Schleife von den Maschinennadeln zu Maschen weiter verarbeitet. Zungennadelmaschinen, welche mit einzeln beweglichen Nadeln arbeiten, lassen sich leicht durch Ausschalten jeder dritten Nadel für die Patent-Ränderware einstellen. Während der Maschenbildung müssen dann die Nadelpaare der Stuhl- und Maschinennadelreihe in die entstandenen Nadellücken zu stehen kommen. Die Bezeichnung Patentränderware ist auf den Erfinder zurückzuführen, der sich für seine Preßeinrichtung ein Patent geben ließ. Am vorteilhaftesten eignet sich zur Herstellung dieser Ware die Strickmaschine.

c) **Die Fangware** entsteht aus der Rechts-Rechtsware in der Weise, daß man abwechselnd das eine Mal nur die Stuhlnadelreihe preßt, und dort die Maschen ausarbeitet, während die Stuhlnadeln nicht gepreßt werden. Das andere Mal dagegen preßt man die Stuhlnadelreihe nicht und stellt an den Maschinennadeln durch Abpressen derselben eine Maschenreihe her. Durch dieses wechselweise Pressen und Nichtpressen der Nadeln entstehen sowohl an der einen wie an der

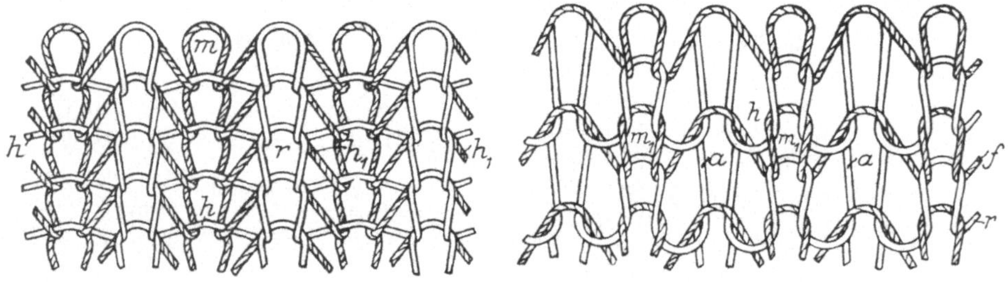

Abb. 347.   Abb. 348.

anderen Nadelreihe abwechselnd ausgebildete Maschen und Henkel, die sich dann immer mit den ausgebildeten Maschen zu Doppelmaschen vereinigen. Abb. 347 zeigt das Maschenbild einer Fangware. Die Maschen m sind an den Stuhlnadeln entstanden, welche in der folgenden Reihe durch Nichtpressen die Henkel h aufnehmen und Doppelmaschen ergeben, die erst wieder in der folgenden Reihe von ihren Nadeln über die neuen Schleifen herabfallen. Diese Maschen liegen rinnenartig zwischen den an den Maschinennadeln gebildeten rechts abgeschlagenen Maschen r, die sich ebenfalls mit den Henkeln h_1 zu Doppelmaschen vereinigen. Diese Henkel liegen jedoch nach der andern Seite gekehrt und können nur dort wahrgenommen werden. Wendet man die Ware um, so zeigt sich dort dasselbe Verhältnis, in bezug auf die Maschen m und die Henkel h. Die Ware kann somit beidseitig verwendet werden. Die zwischen den Maschen r, m liegenden Henkel h, h_1 verleihen der Ware vollen Griff, sie fällt auch schwerer aus und eignet sich besonders für Westen, Hosen, Sportartikel usw. Durch die gestreckt liegenden Henkel wird jedoch die Dehnbarkeit der Ware aufgehoben. Im Gegensatz zu der Rechts-Rechts- und Patentränderware werden die Maschenstäbchen voneinander abgedrängt; die Ware kommt viel breiter von der Maschine.

d) **Perlfangware, auch Halbfang genannt.** Diese Ware ist zusammengesetzt aus der Ränder- und der Fangware. Es wechselt eine Ränderreihe r, Abb. 348, mit einer Fangreihe f; somit liegen auch nur auf einer Warenseite Henkel h, welche der Ware ein eigenes Gepräge verleihen.

Diese Henkel werden nur an der einen oder nur an der andern Nadelreihe (nach Abb. 348 an der Maschinennadelreihe) durch abwechselndes Nichtpressen der

Nadeln gebildet. Die rechte Seite der Ware kommt somit an die Stuhlnadelreihe. Diese bildet die doppelte Anzahl Reihen aus den Maschen m, m_1 der Reihen r, f. Die Nebenmaschen m_1 neben den Henkeln h können sich durch Aufnahme des überschüssigen Fadenmaterials der Henkel erweitern, diese erscheinen auf der Oberseite voller, inbesondere im Gegensatz zu den in der Reihe r gebildeten Maschen m, welche durch Hinaufziehen der Maschen a in die Henkelreihe f und Vereinigen mit den Henkeln h wesentlich verkürzt werden und auf der Oberseite fast kaum zum Ausdruck kommen. Gerade hierdurch erlangt man die Perlmusterung. Abb. 348 zeigt diese Ware mit der rechten Seite nach oben gerichtet.

Abwechslungen in der Ränder- und Fangware, sowie auch andere Musterungen, können einerseits durch die Nadelstellung, andererseits durch seitliches Verschieben der Maschinennadelreihe hervorgebracht werden. Hierzu eignen sich vorteilhaft die Strickmaschinen. Die einzeln beweglichen Nadeln lassen sich beliebig gruppieren, ebenso kann die Verschiebung des einen oder anderen Nadelbettes in beliebiger Reihenfolge zur Erzeugung sog. versetzter Ränder- und Fangmuster erfolgen. Die Maschen sind dann wechselweise schräg gerichtet.

Die häufigsten Musterungen sind die sog. Zick-Zackmuster. Das Versetzen geschieht in der Fangstellung nach jeder halben Fangreihe. (Eine Fangreihe ist zusammengesetzt aus zwei Reihen, man nennt dies eine Tour.) Dies geschieht gleichmäßig um eine Nadelteilung, das eine Mal hin, das andere Mal zurück, während einer größeren Anzahl Reihen, z. B. 10. Dann wird die elfte Reihe nicht versetzt und wieder mit dem Versatz neu begonnen usw. Die Wirkung ist derart, daß bis zu der nichtversetzten Reihe die ausgearbeiteten Maschen in derselben Richtung seitlich verschoben werden.

e) Noppenartige Muster, auch Ananasmuster genannt, sind ebenfalls Fangmuster mit mehreren Henkeln vereinigt, die nach Art der Perlfangmusterung nur an der einen Warenseite liegen. Hierher gehören auch die Jacquard- und Buntmuster, welche ebenfalls Rechts-Rechts und Fangware, zum Teil auch hinterlegte Muster darstellen. Man kann die Fangware auch in Patronenpapier schematisch darstellen, wobei man jedoch die rechts- und linksabgeschlagenen Maschen, sowie die verschobenen Reihen besonders zu berücksichtigen hat.

Vorschläge über die Verwendung des Patronenpapiers und die Schematisierung der Rechts- und Linksmaschen finden sich in der „Deutsche Wirkerzeitung" 1921, Nr. 36 und Technologie der Wirkerei von G. Willkomm.

3. Links-Linksware.

Sie ist ebenfalls eine doppelflächige Ware. Sie wird heute fast ausschließlich an der Strickmaschine mit sog. Doppelzungennadeln hergestellt (siehe diese Einrichtung). In dieser Ware wechselt regelmäßig eine links abgeschlagene, an den Stuhlnadeln ausgearbeitete Maschenreihe l, Abb. 349, mit einer an den gegenüberliegenden Nadeln, bzw. Nadelköpfen, rechts abgeschlagenen Maschenreihe r. Hierdurch entstehen sowohl auf der Ober-, wie auf der Rückseite erhabene und tiefliegende Querstreifen, welche der Ware ihren eigenartigen Charakter verleihen. Durch das wechselweise Einstellen von Hilfsnadeln

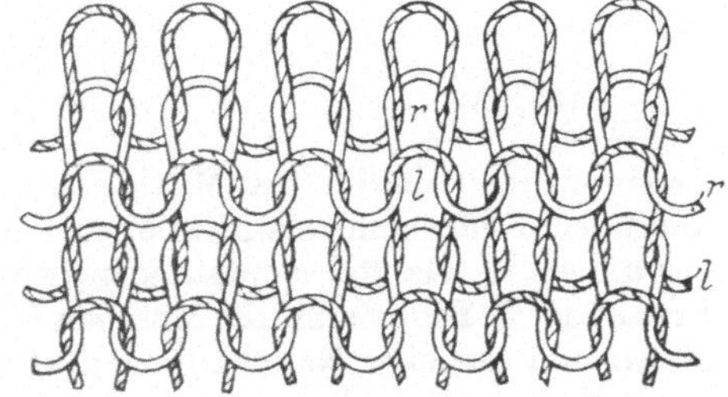

Abb. 349.

(Platinen) ist es möglich, einzelne Maschen nur als Linksmaschen l auszuarbeiten, während andere entweder nur als Rechtsmaschen oder aber wechselweise als

Links- und Rechtsmaschen l, r zur Ausführung kommen. Vorteilhaft wird zur Einteilung der Platinen der Jacquard angewendet. Es können hierdurch die nachgebildeten Hand-Links-Linksmuster erzeugt werden. Eine eigenartige Wirkung erzielt man auch, wenn man die Nadeln abwechselnd Henkel bilden läßt. Diese Waren, welche für Kinder- und Sportartikel Verwendung finden, erfreuen sich einer großen Beliebtheit. Das Aufzeichnen der Muster erfolgt in Patronenpapier; für eine Links-Linksmasche setzt man eine Markierung (⌒) in das Karo.

4. Petinet- oder Stechmaschinenmuster.

Diese Muster gehören zu den spitzenartigen Erzeugnissen und erlangen ihre Maschenveränderung an den Nadeln nach der Vollendung einer Maschenreihe.

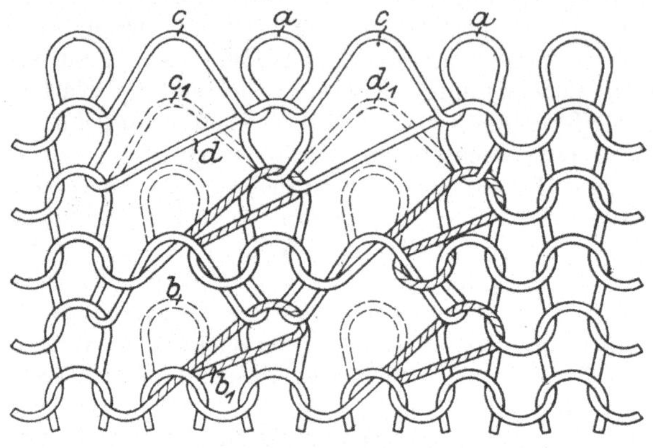

Abb. 350.

Es sind dies einseitige Waren; seltener kommen sie auch zugleich in Rechts-Rechtsware vor, obwohl auch hierfür neuerdings Einrichtungen bestehen. Die Musterung entsteht durch Abheben und Übertragen einzelner Maschen zu den benachbarten Maschen. Man benutzt hierzu die in dem Kapitel Petinet- und Stechmaschinen besprochenen Deckereinrichtung. Je nachdem die Maschen nach jeder hergestellten Maschenreihe und an den gleichen Nadeln oder in mehreren Reihen hintereinander und auf verschiedene Nadeln übertragen werden, ist die Wirkungsweise der Ware sehr verschieden. Abb. 350 zeigt ein Maschenbild, nach welchem die Maschen b nach rechts zu b_1 und den Nachbarnadeln über-

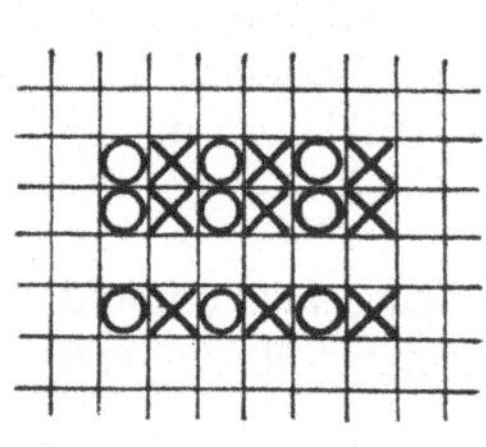

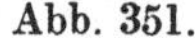

Abb. 351.

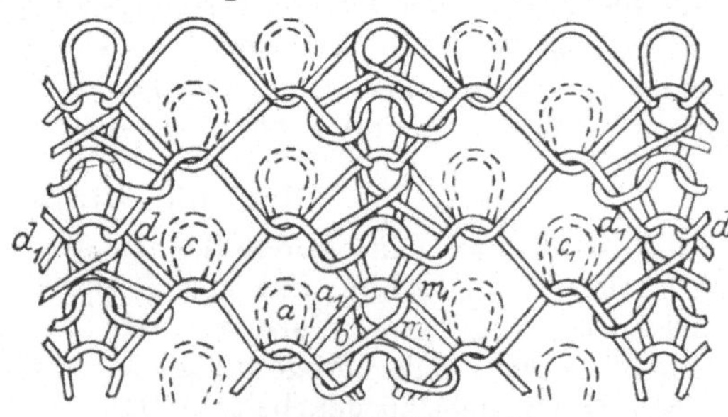

Abb. 352.

tragen worden sind. Die Maschen a sind unberücksichtigt geblieben. In der folgenden Reihe sind dann über den leeren Nadeln bei b neue Schleifen und aus diesen die Henkel c entstanden, wodurch eine runde Öffnung erzielt wurde. Erst in der 3. Reihe sind die Maschen b, ebenfalls wie in der ersten Reihe, abgehoben und um eine Nadelteilung nach rechts gehängt worden. Wird nun diese Deckarbeit auch in der nächstfolgenden Reihe mit den Henkel c_1 durchgeführt, so kommen letztere als schlingenartige Fadenstücke d, d_1 mit den Maschen a in Verbindung (Doppelmaschen) und es entstehen an den Stellen c_1 laufmaschenartige Durchbrechungen. Wie ersichtlich, kann man hierdurch Licht-

und Schatteneffekte erzielen und die Musterung sehr verschiedenartig gestalten. Man kann die abzuhängenden Maschen, sowie die Doppelmaschen, in kariertem Papier durch eine sog. Patrone darstellen. Dies ist aus Abb. 351 ersichtlich. Die *1.* Reihe entspricht der ersten Musterreihe der Maschenbildung, Abb. 350; leere Reihe *2,* Abb. 351, der glatten Reihe usw. Eine fortgehängte Masche oder Öffnung wird durch Kreis oder Ring, eine Doppelmasche durch ausgefülltes Karo bezeichnet. Eine glatte Masche durch ein leeres Karo.

a) Petinetmuster mit dreifachen Maschen entstehen durch zweimaliges Abheben und Übertragen der Maschen. Abb. 352 zeigt eine solche Ware. Zunächst sind die Maschen m um eine Nadelteilung nach links zu m_1 übergehängt, hierauf hat man die Maschen a von ihren Nadeln abgehoben und diese nach a_1 zu den Maschen b übertragen. Dort ist eine dreifache Masche a_1, b, m_1 entstanden. In der folgenden Reihe ist das Abhängen und Übertragen der Maschen bei c, c_1 erfolgt, so daß die dreifachen Maschen bei d, d_1 zusammentreffen, ebenso entstehen auch versetzte Durchbrechungen a, c, m, c_1.

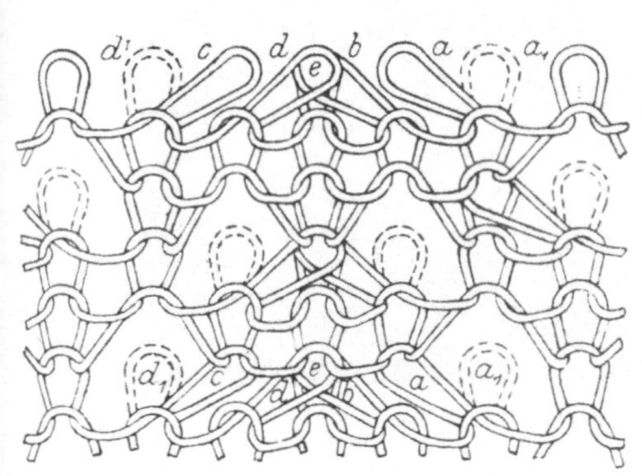

Abb. 353.

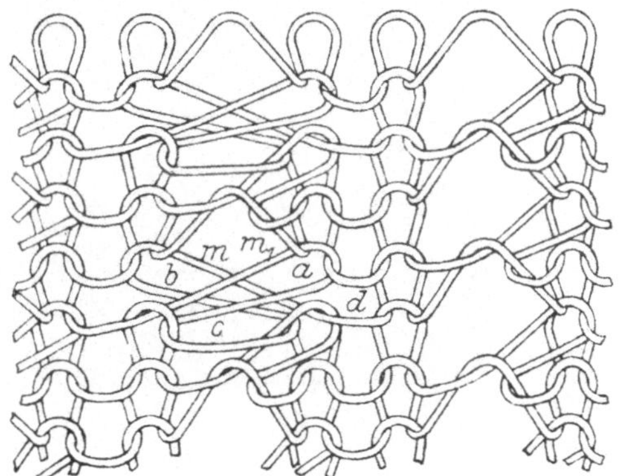

Abb. 354.

Eine zusammengesetzte Musterung erzielt man durch Einstellen mehrerer Decker nebeneinander, so daß die Öffnungen nicht neben der Doppelmasche, sondern neben einer einfachen Masche erscheinen. Die Maschen a, b und c, d, Abb. 353, sind durch zwei nebeneinanderstehende Decker abgehoben und gegen die Masche e übertragen. Dadurch ist die bei a_1 und d_1 angeordnet gewesene Masche an der Stelle der Masche b, d übertragen worden und bei a_1, d_1 neben a, c die Durchbrechung entstanden. Durch wechselweise Einstellung der Decker können hierdurch Maschenveränderungen erzielt werden, welche auf der Oberseite der Ware die Maschenstäbchen derart beeinflussen, daß diese eine bestimmte Richtung einschlagen. Für bestimmte Mustereffekte ist dies von Bedeutung.

b) Kreuzdeckmuster, das sind solche Petinetmuster, bei welchen die Maschen verhängt oder vertauscht werden, so daß an Stelle der einen Masche die jeweilige Nachbarmasche tritt. Ein Ausführungsbeispiel zeigt Abb. 354. Nachdem bei a die Masche m mittels des Deckers abgehoben ist, wird bei b auch die Masche m_1 weggenommen und diese nach a gehängt, während m nach b übertragen wird. Die Deckarbeit wird dadurch erleichtert, daß zunächst die bei c gehangene Masche nach d übertragen wird. In der folgenden Reihe entsteht dann dort ein Henkel, der von den Nadeln abgeworfen wird und dadurch die Maschen a, b verlängert werden. Auf diese leergewordenen Nadeln kann dann zunächst die Masche m gehängt werden, damit bei a die Nadel leer wird, und jetzt erst erfaßt

16*

man bei b die Masche m_1 und überträgt sie nach a. Sodann wird auch die Masche m auf die leergewordene Nadel bei b übertragen. Diese verwickelte Maschenübertragung ist an mechanischen Wirkstühlen nicht ohne weiteres durchführbar. Vielmehr legt man die Maschenübertragung des Musters, Abb. 350, zugrunde. Man kann dann die das Muster bildenden Maschen nach der einen oder andern Richtung während der ganzen Arbeitsdauer mittels der einfachen Petinetmaschine oder mit Hilfe der Jacquardeinrichtung auf die Nadeln übertragen. Ein Petinetmuster dieser Art zeigt Abb. 355. Diese Muster müssen von der Patrone entweder in den Musterapparat (Zählkette) oder in die Pappkarten übertragen werden (Kartenschlagen).

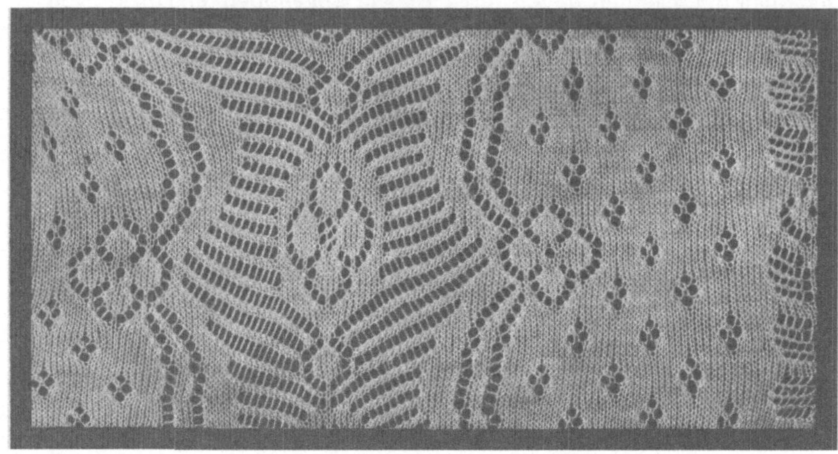

Abb. 355.

5. Deckmaschinenmuster.

Sie kennzeichnen sich durch aufgedeckte Platinenmaschen. Diese Musterart kommt seltener vor, da bis jetzt Einrichtungen für den mechanischen Wirkstuhl noch nicht so vollkommen sind, daß ein rationelles Herstellen dieser Ware möglich wäre. Die wichtigsten Musterarten sind der Tüll und der Ananas. Die Herstellung und Arbeitsweise derselben ist in den Kapitel „Die Deckmaschine" (S. 43—46) beschrieben.

Da bei dieser Deckmaschinenware die Platinenmaschen aufgedeckt und zu den Nachbarmaschen übertragen werden, so erfolgt die Musterung ebenfalls nach dem Ausarbeiten einer Maschenreihe. Bei Tüll- und Ananasmustern gelangen die Platinenmaschen durch die Abkröpfung der Nadeln beim Aufdecken der letzteren über die Stuhlnadeln ohne weiteres, entweder nur links oder nur rechts über je eine Nadel, wie bei a, a_1, Abb. 356 ausgeführt, oder es wird die Platinenmasche durch einen Doppeldecker über zwei Nadeln b, b_1

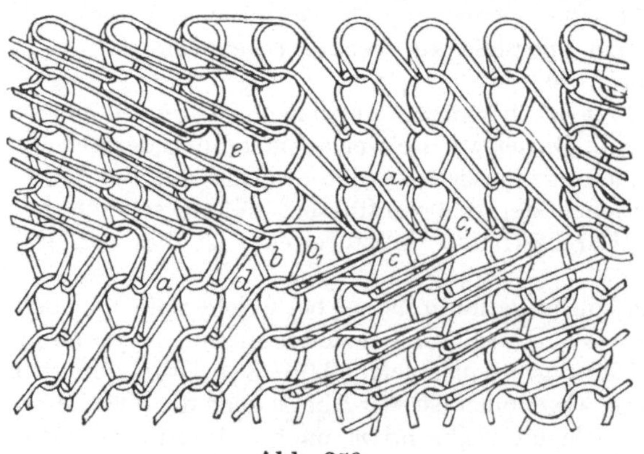

Abb. 356.

geschoben. Eine besondere seitliche Verschiebung mit den Maschen wird bei diesem Muster nicht vorgenommen. Wird jedoch die Deckmaschine, nachdem die Platinenmaschen aufgenommen sind, seitlich verschoben, z. B. um eine Nadelteilung nach rechts und dann erst auf die Stuhlnadeln gedeckt, dann werden durch die Einnadeldecker die Maschen c um zwei Nadelteilungen, das ist nach c_1 seitlich übertragen, während die Doppeldecker eine solche Doppelmasche von d über b, b_1 forthängen. Geschieht dies an derselben Stelle während mehrerer Reihen hintereinander, so wird durch die gleichmäßige schief gerichtete Maschenlage das ganze Warenstück schief gezogen. Wechselt man hierauf die Richtung und hängt die Maschen entgegengesetzt über die Nadeln, wie z. B. bei e, dies geschehen ist, so erlangt man ein wirkungsvolles Zackenmuster. In ähnlichem Sinne können auch andere prächtige Musterungen hervorgebracht werden, wie überhaupt die Deckmaschinenmuster zu den schönsten Wirkmustern gehören. Da hierzu zeitraubende Handarbeiten erforderlich sind, so sucht man diese Muster auch an andern Maschinenarten der Wirkerei und Strickerei hervorzubringen. In der Kettenwirkerei gelingt dies z. B. mit Hilfe blinder Legungen. Es ist jetzt sogar möglich, auf diese Weise den Deckmaschinenananas täuschend nachzubilden. Die blinden Legungen treten an Stelle der Aufdeckmaschen. Neuerdings wird auch die Strickmaschine hierzu verwendet.

6. Schußkulierware.

Auch in Wirkwaren kann, ähnlich wie in einem Gewebe, als zweites Fadensystem ein Schußfaden eingeführt werden. Der Schußfaden dient aber nicht als Verbindungsorgan der Grundmaschen, sondern hat hier einen ganz andern Zweck.

Sowohl bei Kulier-, wie auch bei Kettenwaren ist die Schußeinführung verschieden zu bewirken. Das Schußmaterial wird je nach dem Verwendungszwecke der Ware ausgewählt. Z. B. in der Kettenwirkerei als Zierfaden, wobei vielfach nur eine streckenweise Einführung erfolgt und zugleich auch als Fransenfaden dient. Eine eigene Art von Schußware ist jene Wirkware, welche für die chirurgischen Gebrauchsgegenstände Verwendung findet. Hier wird der Schußfaden aus umsponnenem Gummi verwendet, wodurch die Elastizität der Ware wesentlich erhöht wird. Die Arbeitsweise ist sehr verschieden. Im allgemeinen wird nach Herstellung einer Maschenreihe eine neue kulierte Schleifenreihe in die Nadelhaken vorgeschoben, aber nicht ausgearbeitet, sondern man benutzt eine mit beliebig eingestellten Deckern ausgerüstete Deckmaschine derart, daß nur ein Teil der Maschen über die neuen Schleifen, z. B. jede zweite, zu heben und vor die Nadelköpfe zu ziehen ist. Hierauf legt man zwischen die abgehobenen Maschen und die neuen Schleifen den Schußfaden ein, worauf die Maschen über die Nadeln gedeckt, eingeschlossen und eine neue Schleifen- und Maschenreihe ausgearbeitet wird. Durch entsprechendes Aufdecken und Pressen der Nadeln können köperartige oder streifenartige Musterungen dieser Schußware erzielt werden, insbesondere dann, wenn die Presse als Musterpresse in Verbindung mit der Deckerschiene benutzt wird.

Man läßt durch die Decker die Maschen nur da von den Maschen und über die neuen Schleifen abheben, wo in der vorigen Reihe durch die Preßzähne Maschen entstanden sind. Zwischen den abgehobenen und noch auf den Nadeln liegenden Maschen m, m_1 und m_3, m_4 bzw. m, m_2, Abb. 357 wird der Schußfaden s der Reihenfolge nach eingeführt, der dann zwischen den Maschen m, m_1 bis m_4 eingebunden wird (siehe auch Abb. 86). In der folgenden Reihe findet eine Versetzung statt. Wenn bei diesem Vorgang Rechts-Rechts- oder Ränderware zugrunde gelegt wird, so kann der Schußfaden nach Abb. 358 zwischen beiden

Nadelreihen eingeführt werden, so daß er zwischen den Rechtsmaschen r und Linksmaschen l, Abb. 358, bei s eingebunden wird. Hier kann das Einführen des Schußfadens, sowie das des Grundfadens, mit Hilfe eines besonderen nachlaufenden Fadenführers erfolgen.

Die Anwendung des Schußfadens wird auch bei tuchartigen unelastischen Stoffen bevorzugt. Es soll die Dehnbarkeit der Ware aufgehoben werden. So

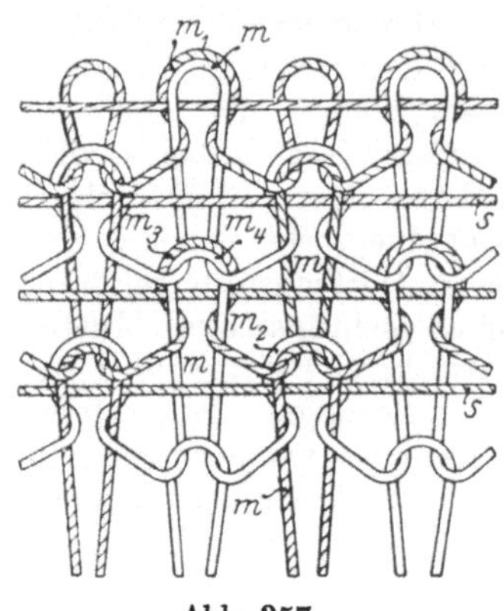

Abb. 357.

kann z. B. nach dem amerik. Patent Nr. 1 386 444 von 1921 das Einlegen eines Schußfadens neben einem Bindefaden erfolgen. Genau so wie in einem Gewebe wird der Schußfaden f, Abb. 359, durch das ganze Warenstück der Reihenfolge nach eingeführt. Einführungsvorrichtungen werden durch das amerik. Patent Nr. 1 388 781 vorgeschlagen. Als Grundgewirke wird ebenfalls Rechts-Rechtsware mit Maschen m und Maschen m_1 verwendet, jedoch aber so, daß ähnlich wie bei glatter Ware, zwei Reihen durch die Fäden f_1, f_3 hintereinanderliegend gebildet werden, welche durch einen henkelartigen Verbindungsfaden f_2 ihre Verbindung erlangen. Der Schußfaden f kommt zwischen die Maschen m, m_1 der Grundfäden f_1, f_3 und dem Schlingfaden f_2 mit seinen Schingen s, s_1 zu liegen. Die so erzeugte Ware kann durch entsprechende Ausrüstung für Oberkleider, Schuhe, Gamaschen usw. als Ersatz für gewebtes Tuch Verwendung finden. Schuß- und Kettenfäden, nach Art des Gewebes angeordnet und diese durch Kuliermaschen verbunden, ist schon mit dem Milar-Stuhl angestrebt und tuchartige Ware hergestellt worden.

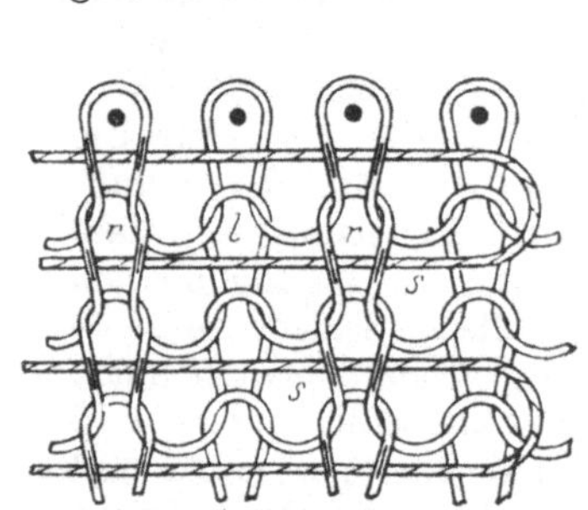

Abb. 358.

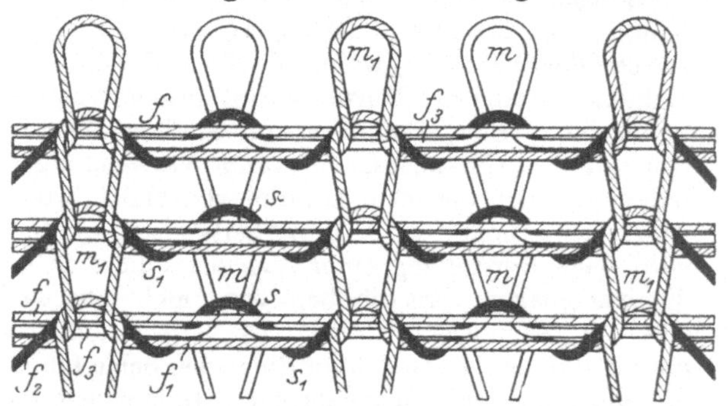

Abb. 359.

Nach dem D. R. P. Nr. 394 219 (Bruno Pfrommer) werden die einander gegenüberliegenden Grundmaschen in der Weise verbunden, daß eine ganz neue plattierte doppelflächige Wirkware zustande kommt. Die Ausführung der Maschen geschieht in einem Arbeitsgang und in ein und demselben Arbeitssystem. Es wird hier ein dritter Maschenfaden etwa nach Art eines Schußfadens eingearbeitet. Obwohl diese Ware keine ausgesprochene Schußware darstellt, kann sie doch denselben Zweck erfüllen. Ferner kann die Ware beidseitig als plattiert gemusterte Ware für Oberkleider verwendet werden. Das Einarbeiten eines dritten Fadens, der mit den Maschen jeder Warenfläche einer Nadelreihe n, n_1, Abb. 360, Doppelmaschen bildet, stellt die wichtigste Operation dar, denn dieser übernimmt zugleich die Verbindung der beiden Warenflächen m_1, m_3, Abb. 360 und 361. Es kommen hierbei die Maschen m_1 des Fadens a nur auf die Oberseite, die Maschen m_3 des Fadens c nur auf die Rückseite zu liegen und beide Maschenarten werden durch den Grundfaden b, der an beiden Nadelreihen n, n_1 ebenfalls Maschen m, m_2 verbindet, miteinander vereinigt und verbunden. Die Verbindungsmaschen die hier als langgestreckte Platinenmaschen anzusehen sind, können eine Art Schußwirkung verursachen und die Dehnbarkeit teilweise aufheben. Es ist möglich, diese sog. Dreifadenmaschenbildung unter Zugrundelegung verschiedenfarbiger Garne (auch verschiedene Garnqualitäten sind möglich) in der Weise auszugestalten, daß die Oberseite einen anderen Farbeffekt gegenüber der Unterseite zum Ausdruck bringt. Auch diese Ware eignet sich vorteilhaft für Oberkleider, Phantasieartikel usw. Sie ist an der Strickmaschine herstellbar.

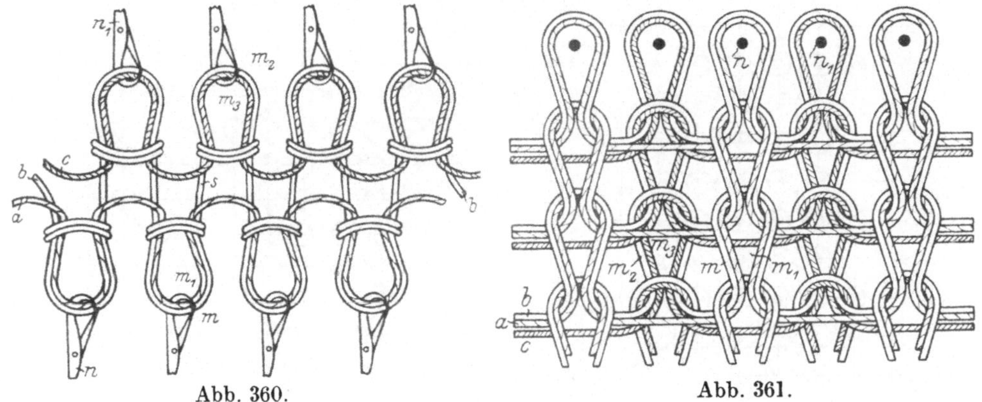

Abb. 360.   Abb. 361.

B. Kettenwaren.

Diese unterscheiden sich von den Kulierwaren durch die Verwendung vieler Fäden (einer Kette), wie in der Weberei. Diese Fäden werden schleifenförmig mit Hilfe besonderer Lochnadelmaschinen über die Nadeln gelegt und die so gebildeten Schleifen ähnlich zu Maschen weiterverarbeitet, wie in der Kulierwirkerei. Je nach der Verbindung der Nachbarmaschen und nach der Anordnung der Fäden unterscheidet man die dichten Kettenwaren mit einer und mehreren Lochnadelmaschinen hergestellt und die durchbrochenen Kettenwaren. In den folgenden Ausführungen sind die wichtigsten Fadenverbindungen hervorgehoben.

I. Dichte Kettenwaren.

Das sind solche, bei welchen die Fäden gleichmäßig in den Lochnadeln geführt und über sämtliche Nadeln schleifenartig so gelegt werden, daß alle Maschen einer Reihe seitliche Verbindung miteinander erlangen. Als einfachste Fadenverbindung gelten:

1. Der halbe einfache Trikot.

Die sämtlichen Fäden einer Lochnadelmaschine werden nach Abb. 362 unter und über die Nadeln gelegt. Die seitliche Auslenkung der Fäden ermöglicht die Verbindung der Nachbarmaschen in zwei aufeinanderfolgenden Reihen. Man läßt die Maschine unter einer Nadel und über einer solchen in selber Richtung in der einen Reihe und in der nächsten Reihe gleich, aber entgegengesetzt, verschieben. Die Platinenmaschen p der Ware, Abb. 363, verbinden zwei Nachbarmaschen m, m_1 in zwei aufeinanderfolgenden Reihen. Am mechanischen Kettenstuhl benutzt man zum Legen der Fäden f, Abb. 362, meist eine Musterkette, deren einzelne Glieder den Feldern des Schneidrades entsprechen. Das

Anschreiben der Kettenglieder geschieht in der Reihenfolge *0, 2, 4, 6, 8* usw.
Man setzt diese in folgender Weise für Abb. 362 zusammen: 2, 0/2, 4 usw. Das
Anschreiben der Kettenglieder in der Fadenskizze (Patrone) geschieht von rechts
aus beim Anfangspunkt *0*. Die Kreuzungspunkte der Karo bedeuten die Nadeln.

2. Offener halber einfacher Trikot.

Er ist ähnlich dem einfachen halben Trikot. Eine Maschine mit vollen Fäden
legt nach Abb. 364 ihre Fäden *f* immer unter *1* seitlich und über eine Nadel zurück und in der folgenden Reihe entgegengesetzt. Die Maschen bleiben wie Kuliermaschen offen. Sowohl diese wie die vorige Ware wird als Futter in Gebrauchs-

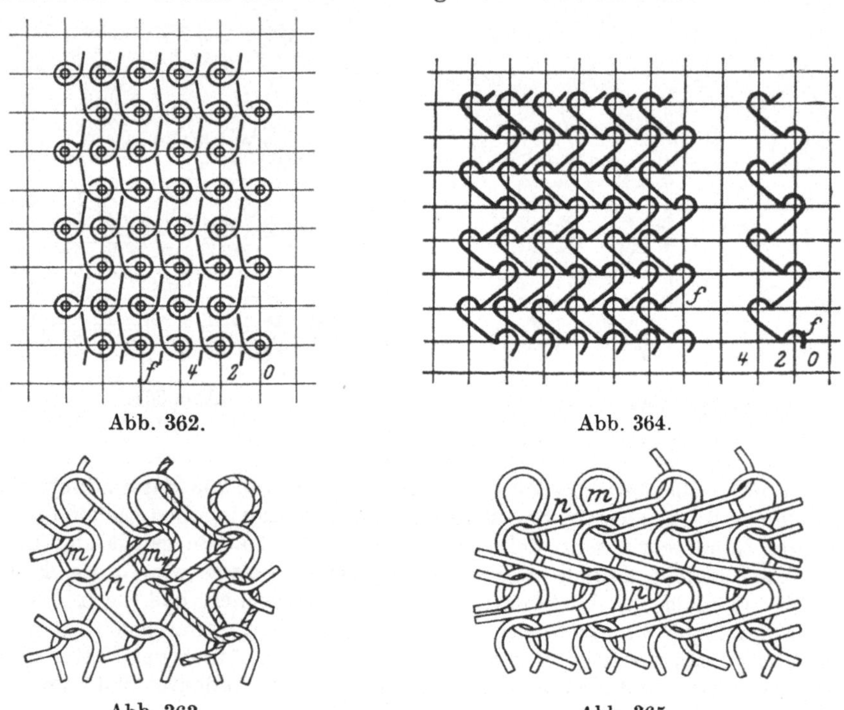

Abb. 362.　　　　　　　　　　　　　Abb. 364.

Abb. 363.　　　　　　　　　　　　　Abb. 365.

gegenständen, sowie auch als Grundgewirke bei Phantasiemusterungen verwendet.
Die Musterkette ist zusammengesetzt aus den Kettengliedern 0, 2/4, 2. Bei diesen
Musterketten sind stets nur die geraden Ziffern zur Numerierung angenommen.
Wenn daher ein Kettenstuhl oder eine Raschelmaschine Kettenglieder, mit lau-
fenden Zahlen markiert, besitzt, so ist nur die betreffende herausgeschriebene
Kette, vielmehr die Gliederhöhe, durch 2 zu dividieren.

3. Kettentuch.

Es unterscheidet sich vom halben einfachen Trikot durch lange Platinenmaschen *p*, Abb. 365, 366, welche unter zwei Maschen *m* fortlaufen. Die Maschine
legt mit ihren vollen Fäden unter 2 Nadeln seitlich und über eine solche in selber
Richtung in der einen Reihe, in der nächsten Reihe entgegengesetzt genau gleich,
wie die Patrone 366 zeigt. Diese langen Platinenmaschen *p* verhalten sich beim
Ausrüsten der Ware wie ein Schuß in den gewebten Waren. Als Material wird
meist Wolle, Streichgarn, verwendet; die Ware wird dann gewalkt und ausge-

rüstet wie Webtuch. Sie dient als leichtes Tuch für Handschuhe und Oberkleider. In Baumwolle oder feiner Wolle hergestellt, ist die Verwendung ähnlich, wie beim einfachen halben Trikot. Die Kette für den mechanischen Stuhl ist 2, 0/4, 6 usw. Diese kleinen Musterkettchen sind so oftmal zusammenzusetzen, bis die Kettentrommel ausgefüllt ist.

4. Der Atlas.

Vielfach wird er auch einmaschiniger Atlas genannt. Diese Ware, welche infolge ihrer zickzackartigen Maschenanordnung auch sehr gut zu Farbmustern geeignet ist, erlangt nicht nur in der Handschuhfabrikation, sondern auch zu Oberkleidern, Einsätzen in Hemden usw. vielseitige Verwendung.

Der Materialverbrauch ist der geringste, der in Kettenwaren vorkommt, weil die Fäden, ähnlich wie in der Kulierware, seitlich fortlaufend nur über je eine Nachbarnadel gelegt werden. Da man bei diesem seitlichen Fortlegen der Fäden unbrauchbare Warenkanten erlangt, so muß nach einer Anzahl Maschenreihen

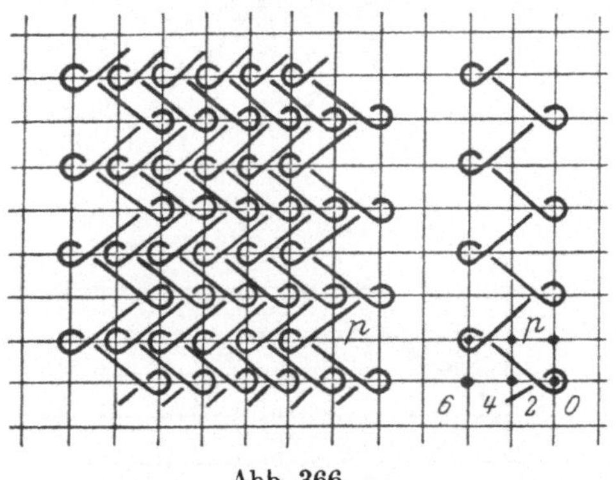

Abb. 366.

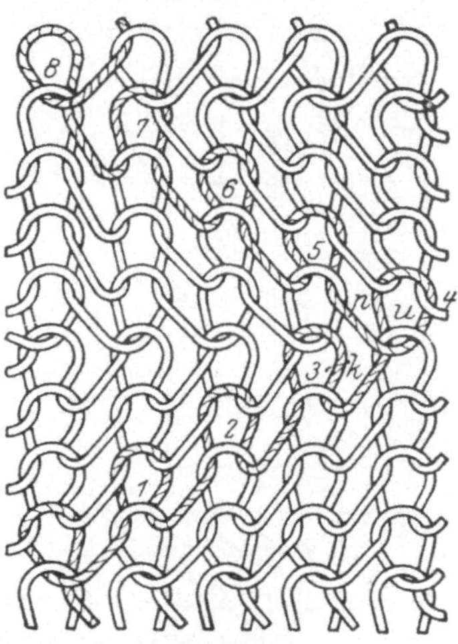

Abb. 367.

ein Zurücklegen der Fäden veranlaßt werden. Dort entsteht dann eine sog. Umkehrreihe u, Abb. 367, welche gegenüber den sog. Kuliermaschen k eine Platinenmasche p unter einer Nadel weggeführt zeigt. Je nach der Anzahl Maschenreihen, bis zu der Umkehrreihe, unterscheidet man 4-, 8-, 16- bis zu 48reihigen Atlas. In dieser Reihenfolge strahlt auch das auffallende Licht mehr oder weniger scharf zurück, die Ware zeigt Querstreifen. Bei dieser Fadenlegung muß am Kettenstuhl eine besondere Versatzlegung berücksichtigt werden, damit beim Fadenlegen ein sicheres Vorbringen der Schleifen in die Nadelhaken möglich ist. Man sucht vor jeder Reihe die Maschine um eine oder mehrere Nadelteilungen seitlich zu verschieben, aber so, daß die entstehenden Fadenlegungen um die Platinenschnäbel zu liegen kommen und während des Ausarbeitens der Maschen wieder freigegeben und zurückgezogen werden. Man nennt dies das Arbeiten mit drei Zeiten, bzw. mit Versatz. Die Fadenlegung 368 zeigt den Vorgang eines vierreihigen Atlas. Nach der Umkehrreihe a, die bis zu der Reihe 1 geht, läßt man vor dem Einschließen der Ware die Maschine von b bis c um 2 oder 3 Nadelteilungen rechts verschieben (erste Zeit), dann verschiebt man wieder um 2 oder 3 Nadeln, von c bis b zurück, nachdem eingeschlossen ist (zweite Zeit), dann wird die Maschine gehoben und von d—e nach rechts über eine Nadel verschoben (dritte Zeit), worauf gepreßt und ausgearbeitet wird. Beim Abschlagen wird dann schon wieder für die Reihe 2 und die erste Zeit versetzt.

Bei der Umkehrreihe *4* wird dann nur unter *1* nach rechts (nach dem Einschließen) und dann sofort über die Nadel, verschoben. Es fällt somit die erste Zeit weg. Da jedoch das Getriebe regelmäßig um drei Felder fortschaltet, wird das erste Feld als gleich hohes Feld der vorhergehenden Reihe, d. h., als totes Feld dem

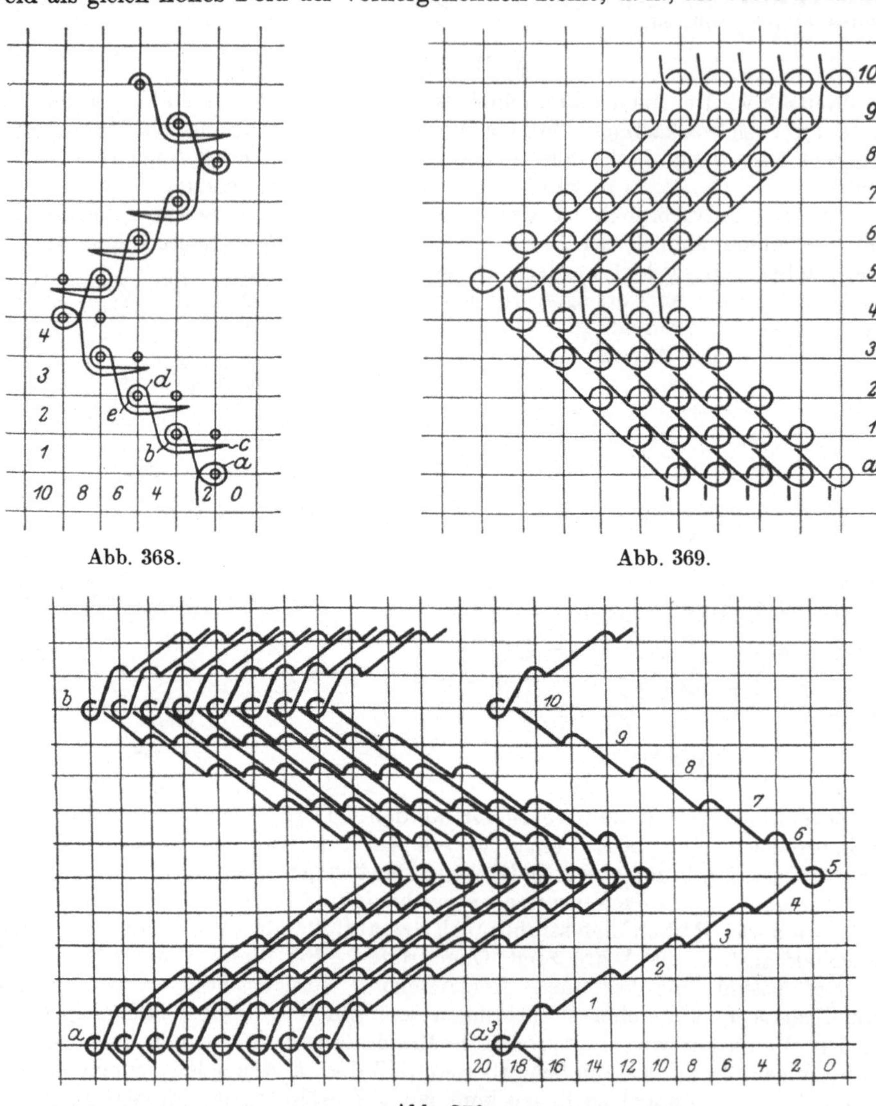

Abb. 368.　　　　　　　　　　　　　　　Abb. 369.

Abb. 370.

Musterrad oder der Musterkette zugrunde gelegt. Die Musterkette würde für das Musterbild, Abb. 367, bei einem Versatz nach Abb. 368 lauten: 0, 4, 6/2, 6, 8/ 4, 8, 10/10, 8, 6/10, 6, 4/8, 4, 2/6, 2, 0/0, 2, 4. Wenn der Versatz, so wie bei Abb. 368, um 2 Nadelteilungen ausgeführt wird, so kann sowohl die Versatzlegung, wie auch die Umkehrreihe bei *0* beginnen, was jedoch bei einem Versatz um 3 Nadelteilungen nicht der Fall ist, die seitliche Verschiebung würde dann um 2 Nadelteilungen höher, also von *0—14* notwendig sein. Dieses Versetzen wird fälschlicherweise auch als „blinde Legung" bezeichnet. Eine blinde Legung ist jedoch eine nicht ausgearbeitete, zu einer vorhandenen Reihe geschobene neue Schleifenreihe. An der Raschel- und den neuen Schnelläufermaschinen kann man mit einer und mit zwei Zeiten arbeiten.

5. Falscher Atlas (auch Schlangenmuster genannt).

Es ist dies eine dem Atlas ähnliche Fadenverbindung, man läßt aber die Fäden seitlich unter 2 Nadeln fortlegen und über 1 Nadel zurück. Es entsteht dann die Fadenlegung, Abb. 369. Auch hier kann man nach einer größeren Anzahl Reihen (in Abb. 369 nach je 4 Reihen) die Umkehrreihe bilden. Da hier die Fäden regelmäßig vor den Platinenschnäbeln weggeführt werden, so kann dieses Muster am Kettenstuhl mit zwei Zeiten gearbeitet werden. Man beginnt bei *a* mit der Anfangsreihe. Der Musterumfang ist dann von 1—10 = 10 Reihen. Für Farbmuster sind die verschiedenfarbigen Fäden nach einem sog. Zettelbrief zu haspeln und in die Lochnadelmaschine einzulesen. Durch Zupressen jeder 3. oder 5. Nadel lassen sich in dieser Legung eine Art Laufmaschenmuster erzielen, die der Ware einen spitzenartigen Charakter verleihen. Man sieht solche Waren jetzt als Oberkleider und Fantasieartikel auf dem Markt.

6. Neumilaneseware.

Bei dieser Ware legt die mit vollen Faden bezogene Maschine immer um 1 Nadelteilung fortschreitend bis zur Umkehrreihe. Dadurch entstehen auf der Warenrückseite lange Platinenmaschen, welche der Ware ein volles dichtes Gepräge verleihen. Abb. 370 zeigt eine solche Ware mit einem Musterumfang von 10 Reihen. Die Kette kann mit zwei Zeiten zusammengestellt werden und lautet: für die Reihen *1—10*, bei *a* begonnen bis zu *b*: 18, 16/14, 12/10, 8/6, 4/2, 0/2, 4/6, 8/10, 12/14, 16/18, 20. Diese Ware wird vielfach auch hinterlegter Atlas genannt und wird heute hauptsächlich in der Atlasware ohne Umkehrreihe am Milanesekettenstuhl zugrunde gelegt. Atlasstoffe, welche für die Handschuhfabrikation bestimmt sind, werden im allgemeinen an sehr feinen Kettenstühlen gearbeitet.

7. Englisches Leder.

Englisches Leder zeigt zum Unterschied des Atlasstoffes große Platinenmaschen. Außerdem wird hier das Gegenteil vom Atlas angestrebt, indem eine möglichst große Fadenmenge in die Ware einzuarbeiten gesucht wird. Dies geschieht durch blinde Legungen. Man unterscheidet gerades und schiefes engl. Leder.

a) Schiefes englisches Leder. Eine Maschine mit vollen Fäden legt entweder nach Abb. 371 unter 2 Nadeln nach links und über *1* solche ebenfalls nach links, ohne zu pressen, dann wieder zurück unter *2* und über *1* nach rechts, worauf gepreßt wird, dann wiederholt sich dieselbe Legung nach links, aber unter 3 Nadeln und über *1* solche in selber Richtung. Es wird ebenfalls nicht gepreßt, sondern erst in der Legung unter *3* rechts, über *1* rechts usw. Oder man legt nach Abb. 372 unter *3* links, über *1* links nicht pressend, dann unter *3* rechts, über *1* rechts mit Pressen, dann folgt eine Legung unter *4* links, über *1* links, nicht pressend und unter *4* über *1* rechts mit Pressen. Die nicht gepreßten Reihen sind mit *np*, die gepreßten mit *p* bezeichnet. Bei *np* muß die Presse durch ein besonderes Ausrückgetriebe von den Nadeln abgezogen werden, während sie für *p* wieder einzustellen ist. Es muß somit außer der Musterkette noch eine Ausrückkette für die Presse auf dem Kettengetriebe angeordnet werden. Die blinden Legungen *np* liegen auf der Warenrückseite als Schlingen mit den ausgearbeiteten Maschen *p* zu Doppelmaschen vereinigt, bilden dort eine futterartige Verdichtung und sind auf der Warenoberseite nicht sichtbar.

b) Gerades englisches Leder. Bei der Fadenlegung, Abb. 371, 372, liegen die gepreßten Maschen immer an einer Seite, wodurch die Ware eine schiefe Richtung einnimmt. Diese für die Konfektion oft störende Warenrichtung kann dadurch beseitigt werden, daß man die gepreßten Maschenreihen in versetzter Reihenfolge anordnet. Ein Beispiel der vielen Ausführungsarten zeigt Abb. 373. Beginnend bei der Anfangsreihe *a*, verschiebt man die Maschine unter 2 Nadeln nach links und über 1 solche in selber Richtung, preßt aber nicht, legt hierauf unter *2* und über *1* nach links und preßt die Reihe *p* aus. Sodann wird wieder eine blinde Legung unter *2* und über *1* rechts, eine ausgearbeitete Reihe unter *2* über *1* rechts gebildet. Es ist hieraus ersichtlich, daß die gepreßten Reihen *p* im Wechsel mit den blinden Legungen *np* bald nach links, bald nach rechts gerichtet liegen. Diese Ware wird für Reithosen, sowie für tuchartige Handschuhe verwendet und erlangt eine entsprechende Ausrüstung, durch Schleifen an besonderen Schleifmaschinen und Färben, Pressen oder Spannen.

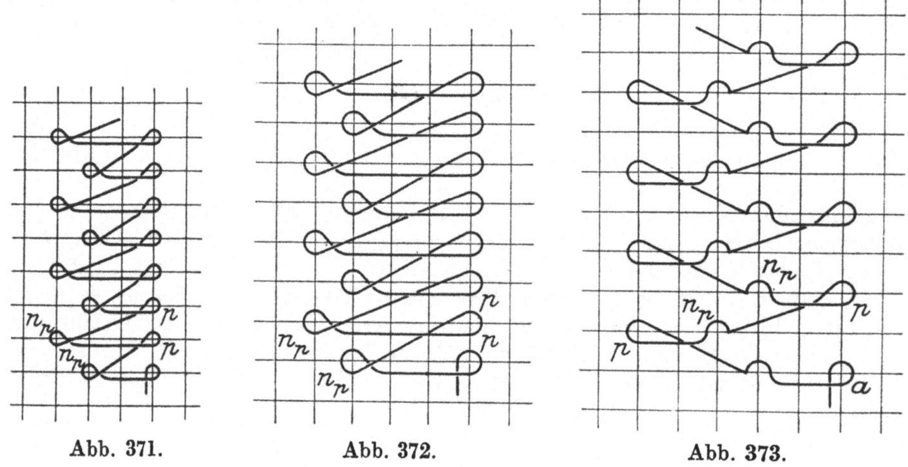

Abb. 371.   Abb. 372.   Abb. 373.

8. Versetzter, halber, einfacher Trikot.

Er wird zur Hervorbringung von Farbmusterungen, wie z. B. Punkte, Karos, mit großem Vorteil verwendet und eignet sich daher besonders für Kinderartikel und Bekleidungsstücke. Man läßt eine Maschine, die volle Fäden führt, welche aber verschiedenfarbig eingelesen sind, nach Abb. 374 legen. Es ist dies der einfache halbe Trikot, der aber nach mehreren Reihen dadurch eine Versetzung erlangt, daß man in der Richtung der letzten Legung über die Nadeln, um mehrere Nadelteilungen weiter verschiebt und so eine lange Platinenmasche p, p_1 auf der Warenrückseite erlangt. Wenn diese Ware am Kettenstuhl hergestellt wird, so muß, ähnlich wie beim Atlasstoff, eine dritte Zeit eingeschaltet werden, damit die Legung bei p, p_1 in zwei Zeiten zerlegt werden kann. Es wird dadurch ein sicheres Zurücklegen der Fäden hinter die Nadelhaken erzielt. Während z. B., bei der Atlaslegung über *1*, die Fäden hinter die Nadelhaken zu der alten Ware springen und dadurch Fallmaschen entstehen, kann es bei solchen langen Platinenmaschen leicht vorkommen, daß die Aufgelegten Fadenschleifen vorn über den Nadelhaken liegen bleiben und beim Pressen, Auftragen und Abschlagen über die Nadeln herabfallen, so daß ebenfalls fehlerhafte Stellen in der Ware entstehen.

Bei entsprechendem farbigen Fadeneinzug versetzen sich die farbigen Fäden und kommen auf der Warenoberseite sinngemäß zum Vorschein. Nach Abb. 374a ist der Musterumfang von $a - b = 10$ Reihen. Die seitliche Verschiebung der Maschine erfolgt um 5 Nadelteilungen. Die Kette für den mechanischen Stuhl lautet bei drei Zeiten: 2, 2, 4/2, 2, 0/2, 2, 4/2, 2, 0/2, 2, 4/6, 8, 10/10, 8, 6/6, 8, 10/ 10, 8, 6/4, 2, 0.

Die versetzte einfache, halbe Trikotmusterung ist deutlich aus den Maschengruppen *I, II* ersichtlich.

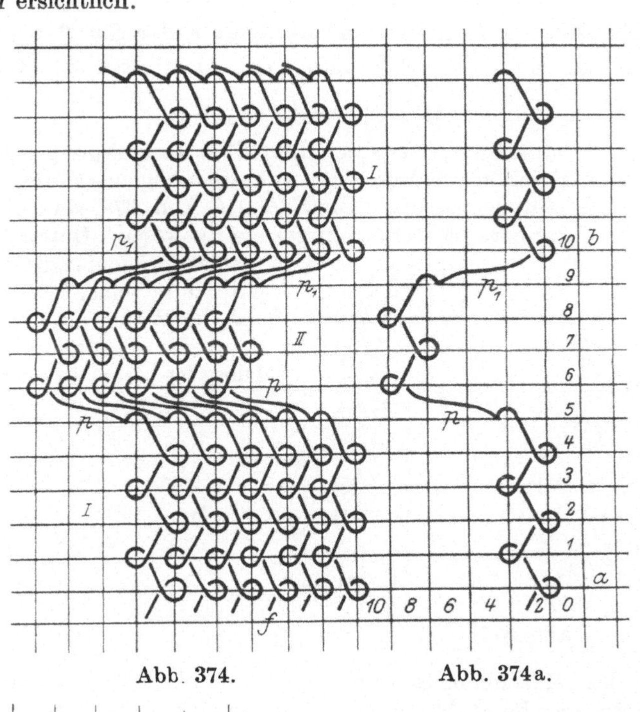

Abb. 374.   Abb. 374a.

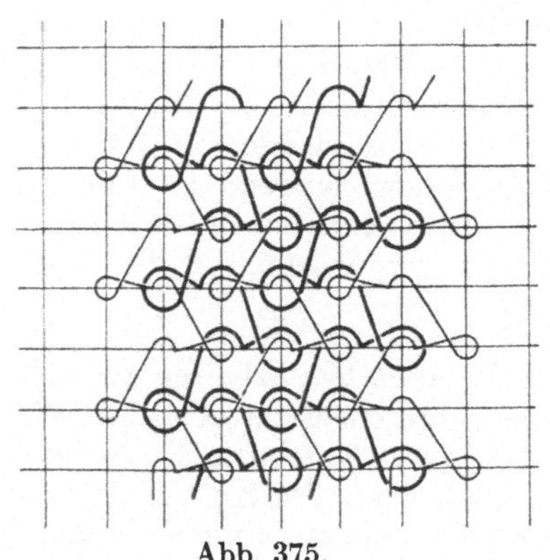

Abb. 375.

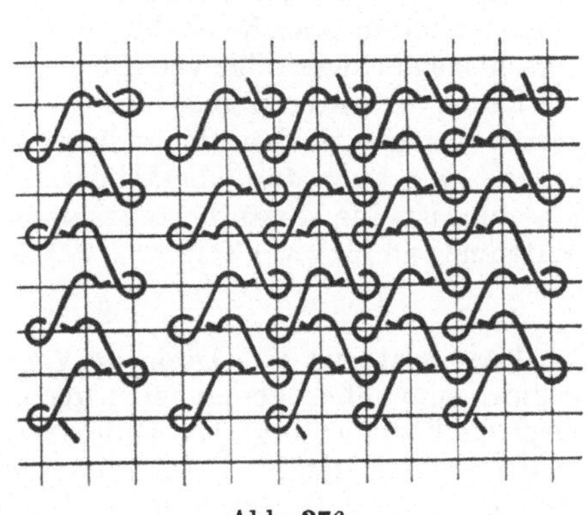

Abb. 376.

9. Doppelstoff.

Der Vollständigkeit halber ist noch eine Fadenlegung hervorzuheben, die sowohl als dichte, wie auch als eine Art durchbrochene Kettenware anzusehen ist. Man kann anstatt über eine Nadel auch über 2 Nadeln, sowohl bei voller, wie auch bei halber Fadenzahl legen lassen. Bei volleingelesener

Maschine treffen dann nach Abb. 375 immer zwei Fadenschleifen auf einer Nadel zusammen. Wird regelmäßig unter *1*, über *2* in selber Richtung und in der folgenden Reihe gleich, aber entgegengesetzt gelegt, so entsteht der sog. Doppelstoff.

Wenn jedoch nach Abb. 376 die Maschine nur in jeder 2. Lochnadel einen Faden führt, so treffen die offenen Maschen ähnlich wie Kuliermaschen zusammen, es entsteht dort ein Kuliermaschenstäbchen. Diese Ware zeigt kleine Öffnungen und ist als halbdichte Ware verwendbar.

II. Die dichten Kettenwaren mit zwei und mehr Maschinen.

Sie sind außerordentlich vielgestaltig. Die wichtigsten sind folgende:

1. Der einfache Trikot.

Dieser ist zusammengesetzt aus der doppelten Fadenlegung des halben einfachen Trikots. Es arbeiten zwei Maschinen mit voll bezogenen Faden nach Abb. 377 genau gleich, aber entgegengesetzt. Die Fäden f, Abb. 378, sind in der unteren, die Fäden f_1 in der oberen Maschine eingezogen gewesen. Durch die entgegengesetzte Fadenlegung unter *1*, über *1* in selber Richtung entsteht auf der Warenrückseite eine Kreuzung der Platinenmaschen p, p_1. Dies ist sehr wesentlich für die

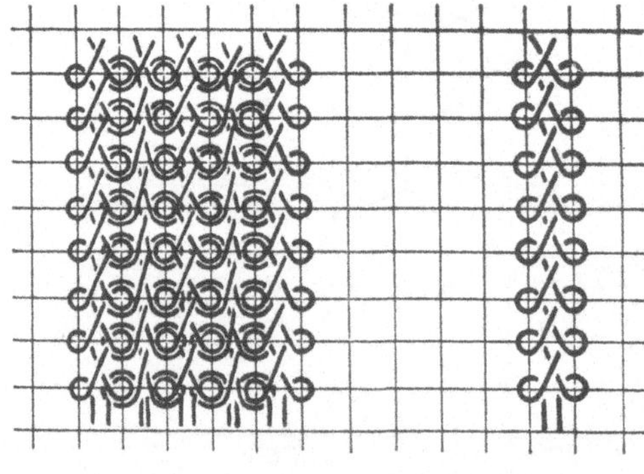

Abb. 377.   Abb. 378.

Beurteilung des Maschenbildes auf der Warenoberseite. Letztere zeigt gerade gerichtete Maschenstäbchen wie in Kulierware. Auch für das Plattieren verschiedenfarbiger oder verschiedener Qualitäten von Fäden ist zu merken, daß die Fäden der unteren Maschine sowohl auf der Warenrückseite, als auch auf der Warenoberseite, nach außen zu liegen kommen. Diese Ware wird sowohl für Handschuhe, wie auch für Oberkleider, Phantasieartikel usw. verwendet. Für jede Maschine ist eine Musterkette zusammenzusetzen. Eine solche lautet für die obere Maschine und für zwei Zeiten: 2, 0/2, 4 usw.; für die untere Maschine 2, 4/2, 0 usw.

2. Doppeltrikot.

Diese Ware ist das Doppelte vom Kettentuch. Auch hier arbeiten zwei Maschinen mit vollbezogenen Fäden genau gleich, aber entgegengesetzt. Abb. 379, 379a zeigt die Fadenlegung. Die Fäden f werden in der oberen Maschine, die Fäden f_1 in der unteren geführt. Auch diese Ware kann ähnlich wie das Kettentuch ausgerüstet und zu Handschuhen, Oberkleidern usw. Verwendung finden. Arbeitet man diese Legung mit Fileteinzug, so erlangt man eine Filetware, welche sich vorzugsweise für Unterjacken und Sommerhemden eignet.

3. Atlastrikot.

Man unterscheidet entsprechend den Umkehrreihen 8-, 16-, 24-, 48reihigen Atlas. Auch bei dieser Ware läßt man mit zwei vollbesetzten Maschinen die einfache Atlaslegung ausführen; jedoch muß jede Maschine ihre Fäden entgegengesetzt der andern über die Nadeln legen. Auch hier wird wieder der Versatz und das Arbeiten mit drei Zeiten zugrunde gelegt. Beginnt man bei der Reihe a Abb. 380, so legt die eine Maschine für die 1. Reihe unter *1* links über *1* links, die andere entgegengesetzt. In der folgenden Reihe *2* wird vor dem Einschließen zurückversetzt, ebenfalls mit jeder Maschine, worauf dann nach dem Einschließen der Ware für die zweite Zeit und dann über die Nadeln für die dritte Zeit zu legen ist. Abb. 380a zeigt die Maschenbildung mit den Umkehrreihen a. Beide Musterketten sind für drei Zeiten nach Abb. 380 in folgender Weise zusammenzustellen: Obere Maschine von rechts nach links bei Reihe *1* beginnend: 0, 2, 4/0, 4, 6/2, 6, 8/4, 8, 10/10, 8, 6/10, 6, 4/8, 4, 2/6, 2, 0. Für die untere Maschine von links nach rechts: 10, 8, 6/10, 6, 4/8, 4, 2/6, 2, 0/0, 2, 4/0, 4, 6/2, 6, 8/4, 8, 10.

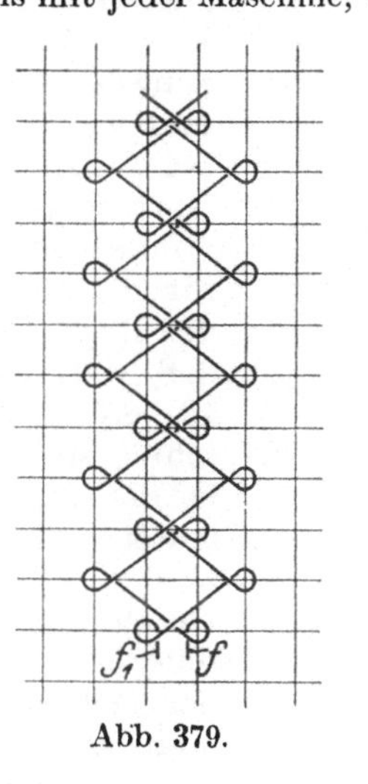

Abb. 379.

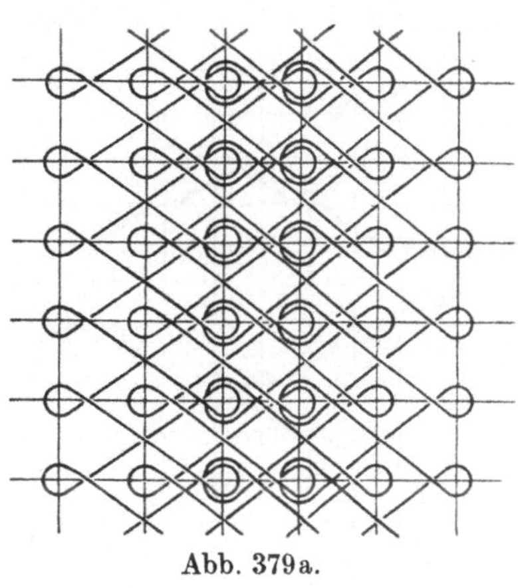

Abb. 379a.

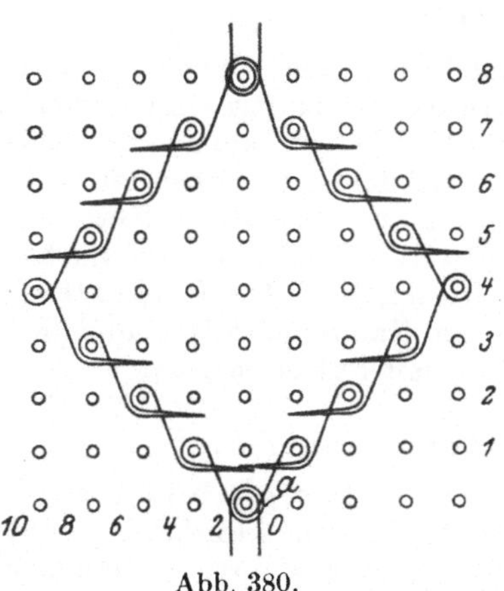

Abb. 380.

Abb. 380a.

Die Fäden *f* der unteren Maschine liegen auf Ober- und Rückseite der Ware über den Fäden f_1.

4. Doppelneumilaneseware.

Sie ist in ähnlichem Sinne gearbeitet, wie die mit einer Maschine hergestellte Milanesekettenware, jedoch mit zwei Maschinen, welche entgegengesetzt zueinander nach Abb. 381 legen. Die Ware wird an feinen Kettenstühlen hergestellt und in der Regel 24mal nach einer Richtung mit jeder Maschine unter *1*, über *1* fortgelegt. Sie wird hauptsächlich zur Herstellung von Handschuhen benutzt. Auch für Blusen findet sie Verwendung.

Wird jede Maschine nur mit halben Fäden bezogen, so erhält man eine leichte filetartige Ware, die ebenfalls für Oberkleidung, Blusen usw. verwendet werden kann. Abb. 381 zeigt ein Ausführungsbeispiel mit 10 Reihen Musterumfang, von *1—10*. Beginnt man bei der Anfangsreihe *a*, so sind die Kettenglieder von rechts nach links, von *0—20*, abgestuft. Die Kette für die obere Maschine beginnt in der Reihe *a* bei *0* und lautet: 2, 4/6, 8/10, 12/14, 16/18, 20/18, 16/14, 12/10, 8/6, 4/2, 0. Die untere Maschine steht in diesem Augenblick in der Anfangsreihe *a* auf *20* und lautet: 18, 16/14, 12/10, 8/6, 4/2, 0/2, 4/6, 8/10, 12/14, 16/18, 20. Durch diese Legung entsteht einesteils eine dichtere Ware, und, da das Material meist kleine Unregelmäßigkeiten, sog. Schnitte aufweist, welche bei der kurzen Atlaslegung

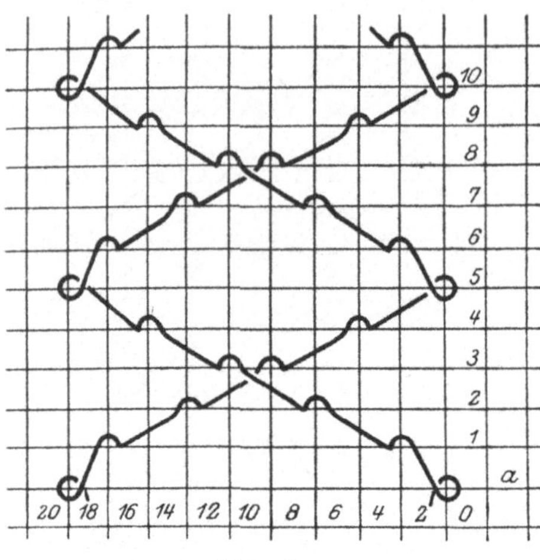

Abb. 381.

Fehlerstriche in die Ware geben, so erlangt man durch diese versetzte Fadenlegung eine wesentlich gleichmäßigere und reinere Warenfläche.

5. Tuche mit Futter.

Man erlangt sie mit 2 Maschinen und vollen Fäden, wenn die eine Maschine (die untere) Kettentuch legt, während die obere nur schußartig ihre Fäden um 3 Nadelteilungen in derselben Richtung unter die Nadeln legt, und zwar im selben Sinne wie die untere Maschine unter *2* gelegt hat. Bei der Legung über den Nadeln bleibt dann die Schußmaschine stehen und geht auf demselben Kettenglied wieder nieder, an welchem sie gehoben wurde (totes Glied). In der nächsten Reihe wird genau gleich, aber entgegengesetzt verschoben. Die Rückseite wird in der Regel leicht aufgerauht und die Ware zu Handschuhfutter und dergl. verwendet. In ähnlichem Sinne wird auch Trikot mit Futter gearbeitet.

6. Atlas mit Futter.

Er wird ebenso wie Tuche oder Trikot mit Futter gearbeitet, es sind hierbei jedoch 3 Lochnadelmaschinen mit vollen Fäden erforderlich, wobei die oberste und unterste Trikot- oder Atlaslegung ausführt, während die mittlere die Schußlegung übernimmt.

7. Samt oder Plüsch.

Man verwendet hierzu in der Regel zwei Kettenmaschinen mit vollen Fäden, von welchen die obere einen 4- bis 5-reihigen Atlas nach Abb. 382 legt, während die untere unter *4* bzw. *5* und über *1* Nadel in derselben Richtung, jedoch aber entgegengesetzt der Atlaslegung legt. Die Fäden *f* sind in der oberen, die Fäden f_1 in der unteren Maschine eingelesen. An Stelle der 4reihigen Atlaslegung kann auch die Trikotlegung kommen und sind dann drei Maschinen mit vollen Fäden erforderlich. Die langen Platinenmaschen p der unteren Maschine werden auf der Warenrückseite aufgeschnitten und man bezeichnet die Ware als wollenen Samt, wenn die Plüschfäden aus Wolle, als Seidensamt, wenn die Plüschfäden aus Seide bestehen. Die Musterkette für die Fäden f läuft von *0* bis *12*; für die Samtfäden p von *0* bis *10* unter und dann über 1 Nadel, also auch bis *12*.

III. Durchbrochene Kettenwaren (Filetwaren).

Spitzenartige Stoffe, welche der Petinetmusterung gleichkommen, sind mit Hilfe der Lochnadelmaschinen und bei sinngemäßer Fadenanordnung auf einfache Weise und in den mannigfachsten Wirkungen ausführbar. Am häufigsten ist der Fadeneinzug *1* voll, *1* leer, d. i. der Fileteinzug, üblich. Wird nur eine Lochnadelmaschine benutzt, so läßt man die Fäden über 2 Nadeln legen, wie bereits

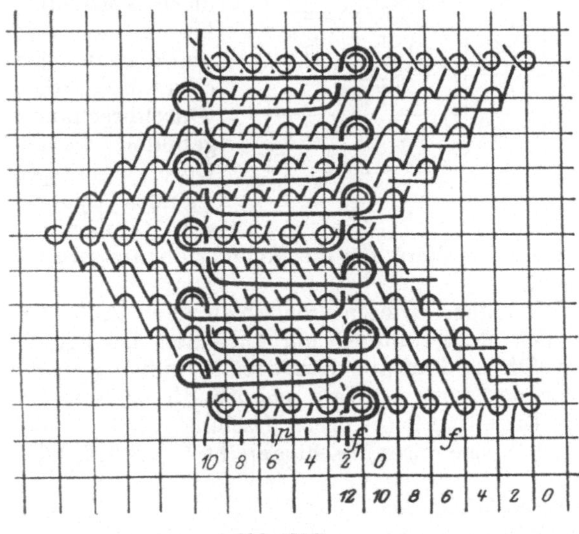

Abb. 382.

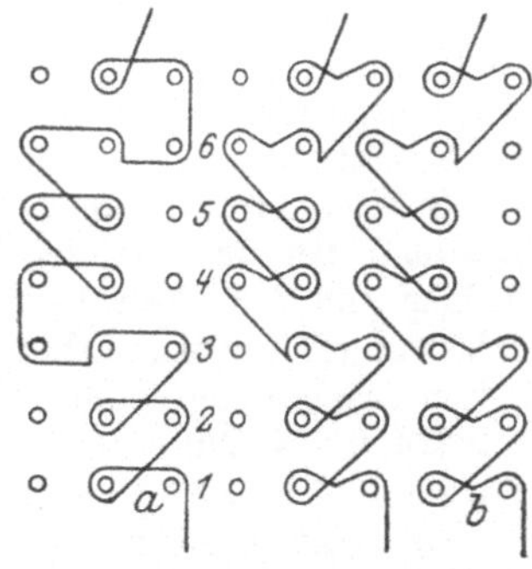

Abb. 383.

schon beim Doppelstoff, Abb. 375, ausgeführt wurde. Bei zwei Maschinen kann wieder die Legung über *1* benutzt werden; es ist dann aber darauf zu achten, daß die Lochnadelmaschinen die Fäden häkelschnurenartig auf die Nadeln legen, so daß teilweise die seitliche Verbindung der Nachbarmaschen fehlt.

1. Durchbrochene Kettenwaren mit einer Maschine hergestellt.

Eine durchbrochene, sog. Filetware mit einer Maschine und halben Fäden entsteht durch die Legung, Abb. 383, welche einen Musterumfang von 6 Reihen zeigt. Man zeichnet die Legungen entweder nach *a* oder nach *b*. Die Kreuzungsstellen der Karo stellen dann immer die Nadeln vor. Die Maschine legt 2 mal unter *2* rechts über *2* links, dann unter *1* links über *2* rechts und während 2 weiteren Reihen unter *2* links über *2* rechts. Unter *1* rechts über *2* links bildet den Übergang. Da jedoch die über 2 Nadeln gelegten Fäden nur schwer in Schleifenform zu bringen sind, und beim Abschieben der alten Maschen die Fäden leicht durchreißen, so muß, beim Abschlagen und Einschließen der Ware, diese entlastet werden.

2. Durchbrochene Kettenware mit zwei Maschinen.

Zweimaschinige Filetwaren sind die häufigsten. Sie eignen sich vorteilhaft für sog. Filet- oder Netzjacken.

a) Kleiner Filet. Zwei Lochnadelmaschinen, welche mit halben Fäden arbeiten, legen nach Abb. 384. Es ist dies eine Trikotlegung im Wechsel mit einer Atlaslegung. Durch den Fileteinzug treffen die Umkehrreihen, sowie die offenen Platinenmaschen an den Kreuzungspunkten p, p_1, Abb. 385, zusammen. Die Nachbarmaschen erhalten seitliche Verbindung, während diese Verbindung bei d, d_1 fehlt und dort die sieb- oder rautenartigen Durchbrechungen gebildet werden. Durch entsprechendes Spannen auf Rahmen und

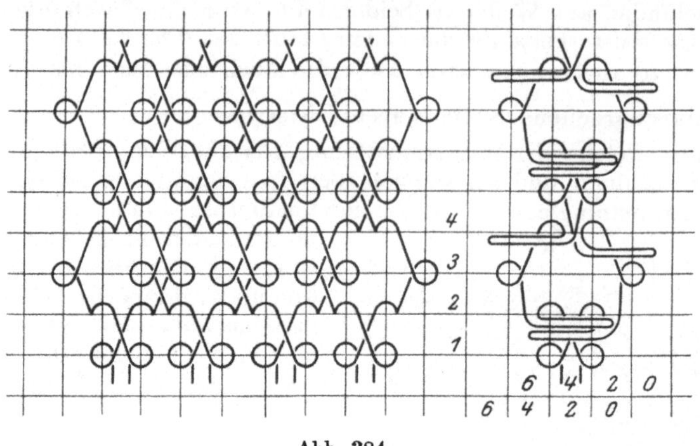

Abb. 384.

Befeuchten mit reinem Wasser wird die Ware für die Konfektion ausgerüstet. Musterumfang ist $1-4 = 4$ Reihen.

b) Filetstoff mit größeren Öffnungen. Diesen erhält man nach Abb. 386. Während bei der vorigen Art der Musterumfang nur 4 Reihen beträgt, ist er hier mit 8 Reihen $1-8$ ausgeführt. Für den Kettenstuhl muß wegen der Atlaslegung die Musterkette, bei der vorigen Ware und bei dieser, mit drei Zeiten zusammengestellt werden. Diese ist für die obere Maschine 0, 2, 4/0, 4, 6/6, 4, 2/2, 4, 6/6, 4, 2/6, 2, 0/0, 2, 4/4, 2, 0. Die unter Maschine ergibt 6, 4, 2/6, 2, 0/0, 2, 4/4, 2, 0/0, 2, 4/0, 4, 6/6, 4, 2/2, 4, 6.

Bei dieser Filetart ist, wie beim Atlas, der Fadenverbrauch geringer, es muß deshalb für schwerere Ware die Übergangslegung, das ist die Atlaslegung, durch eine andere solche, welche unter einer oder mehr Nadeln weggeht, ersetzt werden.

c) Schwerer Filetstoff. Die beiden Lochnadelmaschinen legen ihre Fäden abwechselnd nach

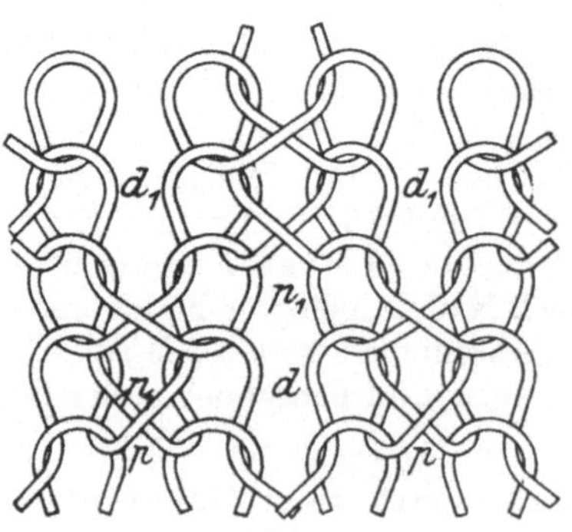

Abb. 385.

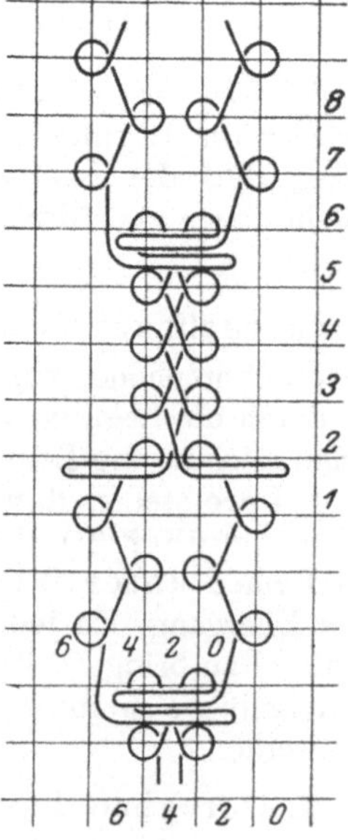

Abb. 386.

Art des Kettentuchs und des Trikots. Abb. 387 zeigt die einfache Fadenskizze und Abb. 387a ist das Maschenbild der Ware. Die Fäden f sind in der unteren Maschine, jene f_1 in der oberen Maschine eingelesen. Wie ersichtlich, erfolgt die Verbindung der Maschenstäbchen und das Schließen der Durchbrechungen d, d_1 durch die unter 2 Nadeln weglaufenden Platinenmaschen. Diese Ware ist bedeutend voller und schwerer wie die vorhergehende. Die Öffnungen d, d_1 bilden Sechsecke mit 6 Reihen *1—6*.

d) Großer Filet. Es ist dies eine nachgeahmte Echtfiletware. Man verwendet ebenfalls zwei Maschinen, die mit halben Fäden bezogen sind, d. h. jede 2. Nadel führt einen Faden. Die Maschinen legen ihre Fäden f, f_1, Abb. 388, mehrmals über dieselben Nadeln, wie Häkelschnuren, lenken dann seitlich aus, wodurch die Nachbarmaschen verbunden werden, kehren dann wieder zurück, so daß die Stäbchen eine Verlängerung erlangen und die Durchbrechungen d, d_1 wesentlich vergrößert werden. Musterhöhe ist 8 Reihen *1—8*. Diese Ware, welche aus gezwirntem Material gearbeitet wird, eignet sich vorzüglich für Schweiß- oder Netzjacken und wird vorzugsweise an der Raschelmaschine mit einer Nadelbarre und zwei Lochnadelmaschinen hergestellt.

e) Echtfiletstoff. Diese Ware kann nur am Kettenstuhl oder an der Raschel mit Preßnadeln und Ausrückapparat hergestellt werden. Hier wird die Verbindung der Häkelstäbchen durch blinde Legungen, d. h. nicht gepreßte Reihen, gebildet. Man bildet, ähnlich wie bei der vorigen Ware, mittels zwei Lochnadelmaschinen, die auch nur in jeder zweiten Nadel einen Faden führen,

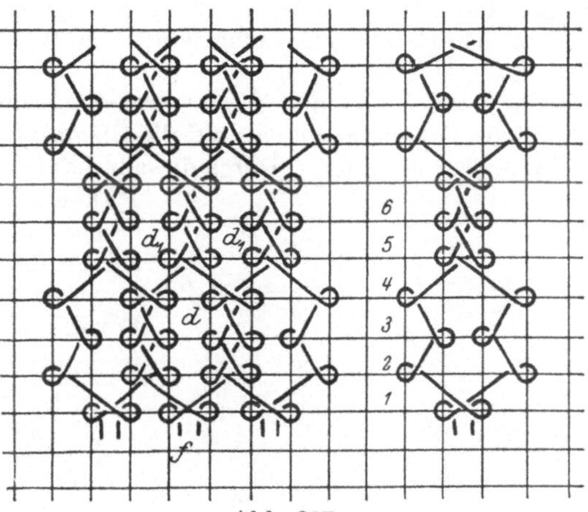

Abb. 387.

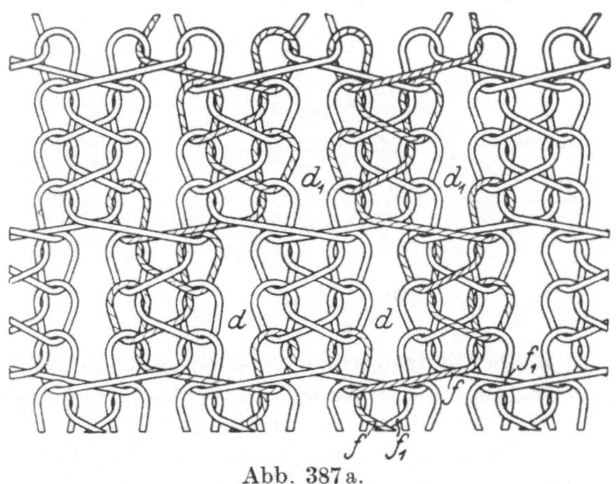

Abb. 387a.

Abb. 388.

während einigen Maschenreihen (1, 2) Häkelstäbchen, worauf die Legungen a, b, Abb. 389, über 2 Nadeln ausgeführt werden. Diese Reihen werden nicht gepreßt. Dann folgt wieder in der Linie *3* eine gepreßte Reihe, siehe Abb. 389a, in derselben Reihe wieder eine blinde Legung über 2 Nadeln, worauf in den Linien *4, 5* über 1 Nadel gelegt und gepreßt wird. Bei *5* und *6* wiederholt sich der Vorgang, wie bei *2* und *3*, nur entgegengesetzt, so daß sich bei c, d, Abb. 389, die blinde Legungen bilden und die Öffnungen o geschlossen werden. Bei o_1 dagegen bleiben sie offen. Durch diese blinden Legungen a, b und c, d lassen sich die Häkelstäbchen knotenartig verbinden. Es ist hierbei möglich, die Maschen m, m an einzelnen Stellen aufzulösen und man erhält unversehrte Warenkanten, wie bei regulärer Ware. Die blinden Legungen sind eine Nachahmung der im Echtfiletstoff ausgeführten Handknoten.

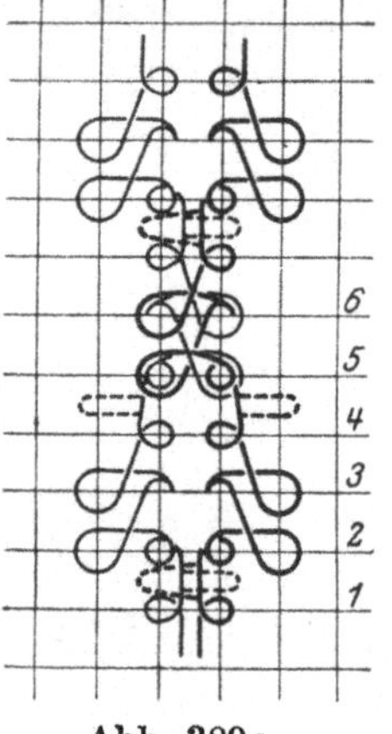

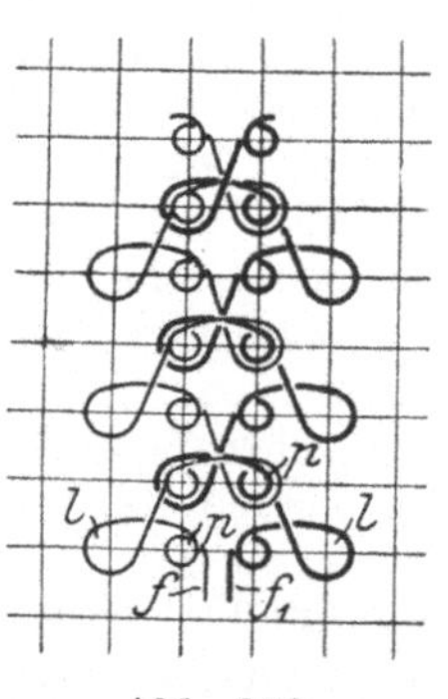

Abb. 389.   Abb. 389a.   Abb. 390.

f) Kleiner Spitzengrund. Derselbe ist aus der Echtfiletware entstanden und wird auch Zugzeugstoff genannt. Hier wechselt regelmäßig eine gepreßte Reihe p, Abb. 390, mit einer blinden Legung l. Man läßt also die Presse in jeder 2. Reihe ausrücken. Da die Fäden f, f_1 der beiden Maschinen während des Abpressens immer auf dieselbe Nadel zurücklegen und dort auf der Oberseite die Maschen sichtbar werden, so kann man bei Verwendung verschiedenfarbiger Fäden reine Längsstreifen in der Ware erzeugen. Sie eignet sich vorzüglich für Schals und, da sie außerordentlich dehnbar ist, für Hut- und Trauerbänder.

g) Schußfilet. Wenn man mit einer Lochnadelmaschine die Fäden f, Abb. 391, nur über dieselben Nadeln legen läßt, so entstehen schnurenartige Maschenstäbchen g, die keinerlei Verbindung miteinander besitzen. Führt man mittels einer zweiten Maschine die Fäden s nur unter den Nadeln so weit seitlich fort, daß beim Überlegen der Fäden f, die in der unteren Maschine geführt sein müssen, die Fäden s der oberen Maschine umschlungen werden, so entsteht eine schußartige Verbindung dieser Stäbchen. Die Schußfäden s werden nur unter den Nadeln geführt. Wird dies nach jeder oder nach einigen Maschenreihen, bald nach rechts, bald nach links wiederholt, so entsteht der Schußfilet. Bei wechselweiser Verschiebung der Schußmaschine und bei entsprechendem Fadeneinzug der beiden Lochnadelmaschinen, lassen sich auch häkelspitzenartige Fadenverbindungen hervorbringen. Abb. 391 zeigt eine solche mit einem Musterumfang von 10 Reihen. Derartige Fadenverbindungen lassen sich vorzüglich an der

kaschelmaschine herstellen. Die Abstufung der Kettenglieder ist für die Schußmaschine von *0—20*. Beginnt man bei der Anfangsreihe *a*, so ist für die Schuß-

maschine die Musterkette wie folgt zu setzen: 0, 0/8, 8/0, 0/14, 14/6, 6/20, 20/12, 12/20, 20/6, 6/14, 14. Die untere Maschine erhält für alle 10 Reihen, *1—10*, die Kettenglieder 0, 2 usw. Hierbei ist angenommen, daß die untere Maschine nur in jeder dritten Lochnadel einen Faden führt. Die Schußmaschine kann sie ähnlich führen. Für die großen Durchbrechungen d, d_1 kommt jedoch nur in jede 6. Lochnadel ein Faden. Die Ware dient zu Spitzen, Bordüren, Besätzen, Gardinen usw. Zu erwähnen ist noch der Perlfilet, der nach dem kleinen Filet, aber teils über 2 Nadeln gearbeitet ist.

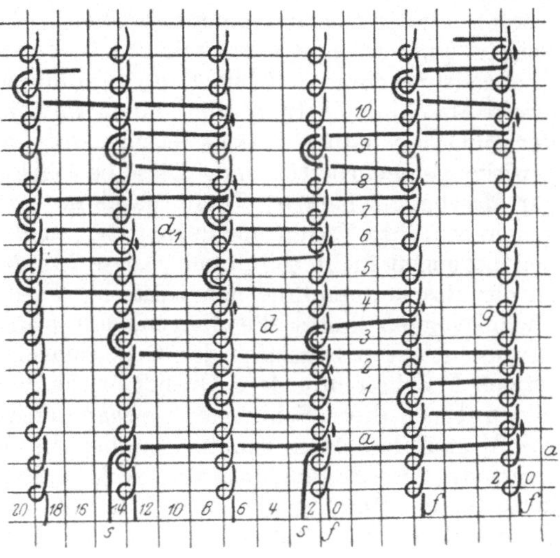

Abb. 391.

h) Andere Fadenverbindungen, die auch mit Hilfe mehrerer Lochnadelmaschinen vorzunehmen sind, dienen zur Herstellung von Phantasiewaren. Man bildet dann meist aus einer der besprochenen einfachen Fadenverbindung ein Grundgewirke, in welches die Figurmaschinen ihre Fäden einlegen.

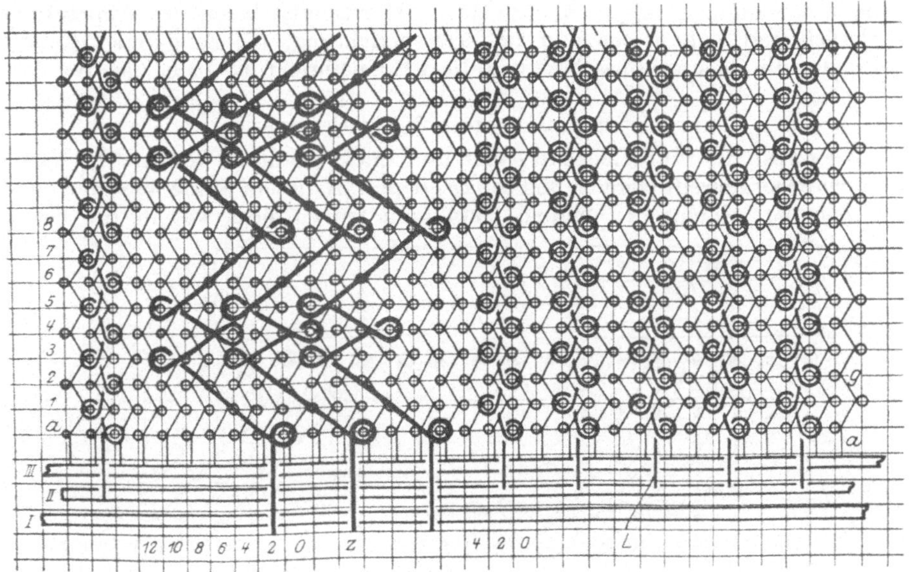

Abb. 392.

Die Fadenverbindungen für Phantasiewaren erlangen als Grundgewirke meist den einfachen halben Trikot. Diese Maschine ist als oberste Maschine gedacht,

wenn die Figurfäden ebenfalls ausgebildete Maschen darstellen, die jedoch auf
der Warenrückseite das Muster bilden. Sind aber sog. Schußeffekte zu berücksichtigen, dann muß die Schußmaschine über der Grundmaschine eingestellt
werden. An der Raschelmaschine ist dies die hinterste Maschine. Ein Ausführungsbeispiel einer solchen Ware mit drei Lochnadelmaschinen zeigt Abb. 392. Die
Lochnadelmaschine *III* bildet das Grundgewirke g und führt volle Fäden. Die
zweite Maschine *II* führt die kleinen Figurfäden L, die ebenfalls nach der Art
des einfachen halben Trikots legen, jedoch als blinde Legungen in dem Grundgewirke g eingearbeitet sind. Dieselbe Wirkung bringen auch die Figurfäden z
der Maschine *I* hervor. Diese Maschine legt, von der Anfangsreihe a aus angenommen, ihre Fäden nur in den Reihen *3, 4, 5* und *8*. Während sie sonst an
den Legungen nicht teilnimmt. Diese blinden Legungen von L und z werden
an der Raschelmaschine mit Hilfe des Fallbleches erzielt. Dieses schiebt die
Fadenlegungen hinter die Zungen, damit diese mit den Grundmaschen g über
die neu gelegten Schleifen der Grundmaschine abgeschoben und zu schlingen-
artigen Maschen mit dem Grundgewirke verbunden werden. In diesem Falle
bilden jedoch diese Schlingen, die man sonst mit blinden Legungen bezeichnet,
das Musterbild. Man benutzt hierbei die linke Seite des Grundgewirkes als
Oberseite. Der Fadeneinzug ist aus Abb. 392 ohne weiteres ersichtlich. Musterkette für die Raschel ist: Maschine *I*: 2, 0/4, 4/8, 8/10, 12/6, 4/10, 12/8, 8/4, 4.
Die Maschine *II*: 2, 0/2, 4 usw., Maschine *III*: 2, 4/2, 0 usw. Hieraus ist ersichtlich, daß die bei a beginnenden Legungen stets entgegengesetzt der Grundlegung g gerichtet sind. Dies ist mit Rücksicht auf das Fallblech, welches zwischen der Maschine *II* und *III* hängt, erforderlich, damit ein fehlerhaftes Arbeiten vermieden wird.

IV. Gemusterte Kettenwaren.

Das sind solche Fadenverbindungen, welche gegenüber den bisherigen wesentliche Abweichungen zeigen, und zu deren Herstellung besondere Apparate erforderlich sind. Als solche sind die Preßvorrichtung, die Fang- oder Rändermaschine, die Jacquardmaschine und die Plüscheinrichtung zu betrachten.

1. Preßmuster in Kettenware.

Wenn man die Preßschiene in Zähne und Lücken teilt, so können die Nadeln
gruppenweise gepreßt werden, und es lassen sich in diesem Sinne auch nur unter
den Zahnpartien Maschen bilden. Man geht jedoch nicht wie in der Kulier-

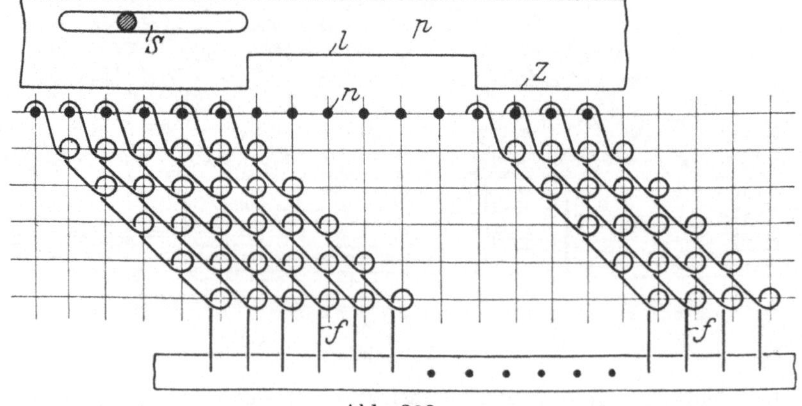

Abb. 393.

wirkerei so vor, daß auch unter den Zahnlücken Schleifen gebildet werden, sondern führt die Fäden nur da, wo die Nadeln gepreßt werden. Wenn man dort die Fäden in jeder Lochnadel führt, so wird stets nur über eine Nadel gelegt. Wenn jedoch der sog. Fileteinzug zugrunde gelegt wird, so legt man über 2 Nadeln. Im ersteren Falle wird eine Art Atlaslegung nach Abb. 393 angewendet. Mit

dem Fortschreiten der Maschine wird auch die Musterpresse p an den Schlitzen S über den Nadeln n eingestellt, so daß nach und nach sämtliche Nadeln n mit Faden f belegt und bearbeitet werden. Bei dem Fileteinzug läßt man die Lochnadelmaschine unter 3 rechts über 2 links, fortschreitend nach Abb. 394, über die Nadeln legen und kehrt nach einer solchen Reihenzahl um, welche der Zahnbreite z, bzw. Lücke l, Abb. 393, entspricht. Man kann aber auch über diese Reihenzahl hinausgehen. Auf diese Weise erlangt man die prächtigen Kettenananas- und Bogenspitzenmuster. Das Schaubild Abb. 395 zeigt letzteres. Diese Musterarten sind in neuerer Zeit auch in der Bekleidungsindustrie für Matinee, Spitzenumhänge usw. bevorzugt. Die Wirkung ist eine ganz hervorragende.

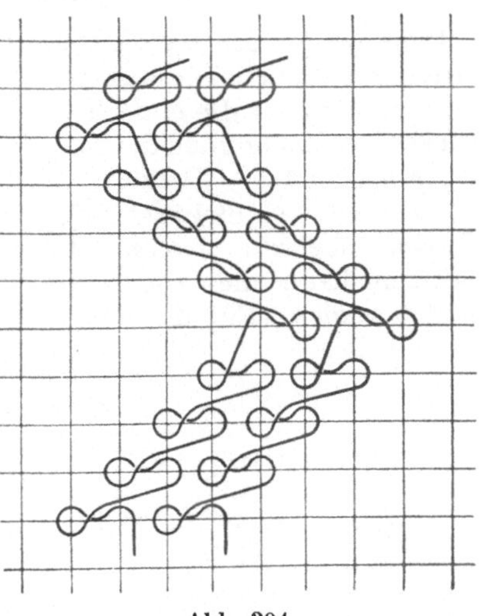

Abb. 394.

Wenn in Verbindung mit der Musterpresse noch die glatte Presse arbeitet, so kann man aus der Preßmusterung zu der glatten Ware übergehen und auf diese Weise eigenartige Mustereffekte in der Ware erzielen. Man nennt diese Ware

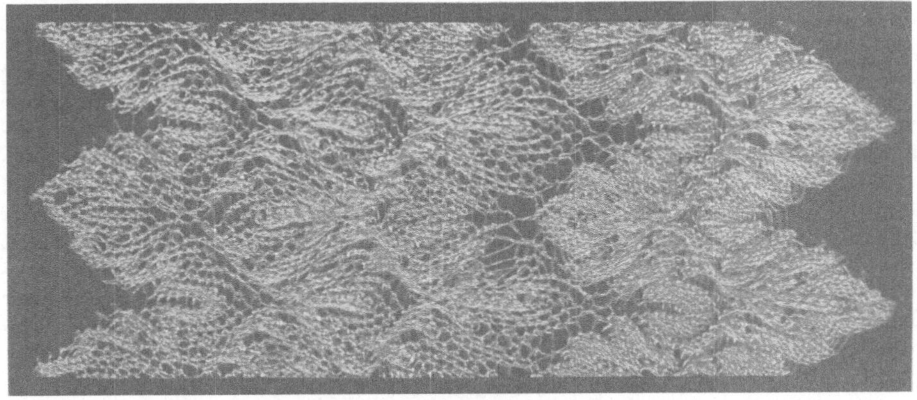

Abb. 395.

auch Schlagblechmuster, es sind jedoch mindestens zwei Lochnadelmaschinen erforderlich. Die Raschelmaschine mit Hakennadeln' besitzt Einrichtungen, welche in Schals gleich die Bordüren, Besätze usw. mit anarbeiten und solche Muster recht vorteilhaft herstellen läßt.

Wie ersichtlich, kommen auch für die verschiedenen Musterarten immer wieder die Grundmaschenbildungen zur Anwendung. Die besprochenen Grundgewirke der dichten und durchbrochenen Kettenware bilden somit den eigentlichen Grundstock zum Ausgestalten und zum Neuentwurf von Kettenwirkmustern. Die Beherrschung der Grundgewirke erleichtert das selbständige Entwerfen neuer Muster.

2. Doppelflächige Kettenware.

Diese werden am Fangkettenstuhl, d. ist die Raschelmaschine, mit 2 Nadelbarren hergestellt. Diese Maschine ist infolge ihrer vorteilhaften Einrichtung geeignet, nicht nur die einfachen und gemusterten Kettenwaren hervorzubringen, man kann vielmehr auch die an Strickmaschinen erzeugten noppenartigen Musterungen nachbilden. Hierzu besitzt die Maschine 2 Nadelreihen, sowie noch eine Plüsch- und Schußeinrichtung. für doppelflächige Ware kann sowohl eine wie auch mehrere Lochnadelmaschinen die Fadenverbindung übernehmen. Außerdem kann auch die zweite Nadelreihe, in der Regel die hintere, ausgeschaltet werden. Für die Fangkettenware, welche eine Nachbildung der Fangware darstellt, läßt man beide Nadelreihen gleichmäßig Maschen bilden. Mit einer Maschine und vollen Fäden müssen die Legungen so erfolgen, daß die einzelnen Maschenreihen gegenseitige Fadenverbindung erlangen. Auch für diese Ware kann man zum Aufzeichnen der einzelnen Maschenpartien eine Patrone benützen. Man stellt sich in kariertem Papier die vordere Nadelreihe in der einen Karolinie, die hintere Nadelreihe in der andern vor. Ist v, Abb. 396, die vordere Nadelbarre, h die hintere, so kann man die Fäden f zuerst um die Nadeln v legen und dort Maschen bilden lassen, worauf um die hinteren Nadeln h um eine Nadelteilung weiter links gelegt wird, das ist bei a, dann wird, wenn auch diese Reihe ausgearbeitet ist, wieder an der vorderen Nadelreihe v eine

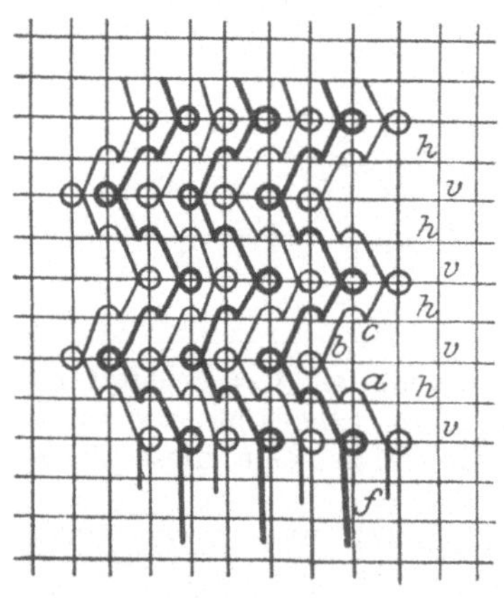

Abb. 396.

weiter links liegende Fadenlegung b ausgeführt und dann zu Maschen weiter verarbeitet. Es folgt dann wieder an der hinteren Nadelreihe h eine Legung c, worauf dann wieder an der vorderen Nadelreihe die Legung neu beginnt. Während nun die Maschen an der vorderen Nadelreihe v versetzt liegen, sind die an der hinteren Nadelreihe liegenden Maschen an den gleichen Nadeln a, c gebildet worden. Es liegen somit die Maschen versetzt ineinander, so daß eine der Strickware ähnliche Musterung entsteht. Auch das Fallblech findet in Verbindung der beiden Nadelbarren bei der Herstellung von Phantasiewaren vorteilhaft Anwendungen.

3. Die Fangkettenware.

Diese wird in der Regel mit zwei Lochnadelmaschinen und mit vollen Fäden gearbeitet. Es können an den regelmäßig in Tätigkeit gebrachten Nadelreihen beide Maschinen gleich, aber entgegengesetzt ihre Fäden legen. Wenn in der Reihe v, Abb. 397, zuerst wieder die vordere Nadelreihe betätigt wird, dann legt die eine Maschine ihre Fäden f nach rechts, die andere jene f_1 nach links um die Nadeln, und beim Heben der 2. Nadelreihe h legt f nach links und f_1 nach rechts. Beginnt jetzt wieder der Arbeitsgang von neuem, so kommt die Legung f wieder an die vordere Nadelreihe rechts, während f_1 nach links legt, und in diesem Sinne die Legungen sich wiederholen. Es kommen somit an vorderer und hinterer Nadelreihe dieselben Legungen auf dieselben Nadeln. Eine Verbindung der Nachbarmaschen findet nur durch den Übergang von der vorderen zur hinteren Maschenreihe und durch die Kreuzung der Fäden statt. Letztere liegen in den Maschen doppelt und die Übergänge verleihen der Ware zwischen den Maschenstäbchen das Gepräge der Fangware. Bei Verwendung farbiger Fäden lassen sich reine Längsstreifen erzeugen.

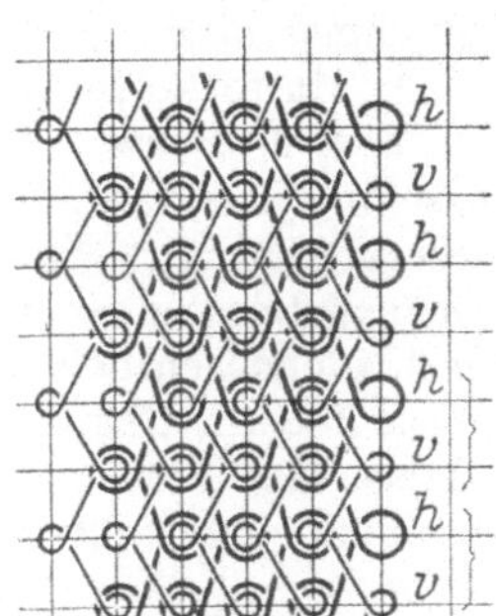

Abb. 397.

Läßt man mit diesen beiden Lochnadelmaschinen noch weitere vollbesetzte Maschinen zusammenarbeiten, so ist es leicht möglich, die Legungen der einzelnen Maschinen zu vertauschen und zwar derart, daß vorausgegangene Fadenlegungen in sog. Schußlegungen übergehen, während die anderen Maschinen, die bisher diese Schußlegungen bildeten, die Maschenlegung übernehmen. Auf diese Weise wird die Musterung mannigfaltiger gestaltet.

<h4 align="center">4. Kreppe- oder Ausrückmuster.</h4>

Diese können mit einer und mit mehreren Lochnadelmaschinen hergestellt werden. Es ist auch üblich, daß die eine Lochnadelmaschine ein Grundgewirke aus einfachem, halbem Trikot übernimmt, das nur an der hinteren Nadelbarre hergestellt wird, während die andere den Mustereffekt in das Grundgewirke einführt und an beiden Nadelbarren zugleich Faden auflegt. Die Ausrückkette läßt man mit der Musterkette zusammen laufen. Es ist dies bei dem Aufzeichnen der Muster besonders zu berücksichtigen. Die hintere Nadelbarre wird während jeder zweiten (mitunter auch mehreren) Reihe ausgeschaltet.

<h4 align="center">5. Raschelplüsch.</h4>

Es können zwei Arten von Plüsch zur Ausführung kommen. Der Schneidplüsch und der Schlingenplüsch.

a) Der Schneidplüsch. Dieser erfordert mindestens drei Lochnadelmaschinen und die beiden Zungennadelbarren sind auf ca. 30 mm gegeneinander einzustellen. Die

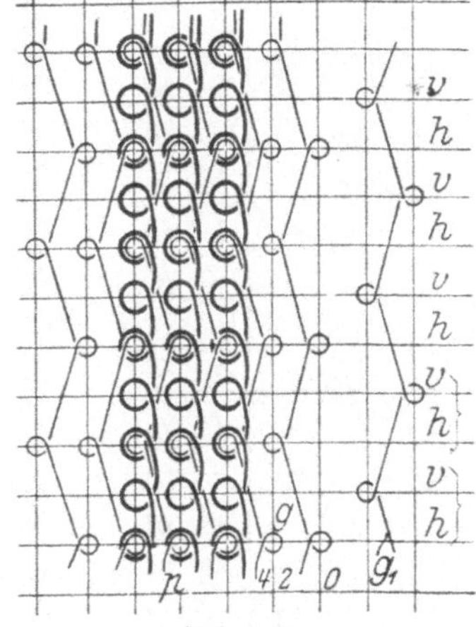

Abb. 398.

vorderste und die hinterste Lochnadelmaschine bildet je ein Grundgewirke unabhängig vom andern. Beim Aufzeichnen wird nur das eine, z. B. g, Abb. 398 dargestellt und vom anderen g_1 der Faden einzeln angedeutet. g legt nur an der hinteren Nadelreihe h und in dieses zeichnet man die Legungen für den Plüsch ein. Da jedoch diese Plüschlegungen beide Grundgewirke miteinander verbinden und auf vorderer und hinterer Nadelreihe v, h anzuordnen sind, so kann die schematische Darstellung in der Weise erfolgen, daß der Plüschfaden p auf den Linien v, h der Reihenfolge nach aufgezeichnet wird. Für einen gleichmäßigen Schneidplüsch würde der Plüschfaden p, regelmäßig nach Art eines Häkelstäbchens, das eine Mal bei h, das andere Mal bei v legen, während der Grund g stets nur bei h legt. Die Grundmaschine g_1, die als vorderste Maschine anzusehen ist, legt dann nur in den Linien v und trifft dann mit den Plüschlegungen p zusammen. Die Verbindungsstücke des Plüschfadens p, das

sind die Übergänge vom einen Grundgewirke in das andere, werden später durchschnitten und bilden die Plüschdecke. Sollen auch Abwechslungen in diese Plüschmuster hereingebracht werden, so kann dies noch unter Zuhilfenahme weiterer
Plüschmaschinen p erfolgen.

Die Musterketten für Abb. 398 würden so aussehen: 1. Grundmaschine g: 2, 0,
2, 2/2, 4, 2, 2 usw. Die Plüschmaschine p: 2, 0, 2, 0 usw. Die vordere Grundmaschine g_1: 2, 2, 2, 0/2, 2, 2, 4 usw. Hierbei ist angenommen, daß zu Beginn der
Arbeit die hintere Nadelreihe zuerst nach oben geht, und somit auch die hintere
Lochnadelmaschine zuerst ihre Fäden legt. Es sind für die Verschiebung der
Lochnadelmaschinen vier Zeiten erforderlich. Alle drei Maschinen arbeiten mit
vollen Fäden. Das Aufschneiden der Plüschhenkel kann entweder nachträglich
mittels der Plüschschneidmaschine oder mit Hilfe einer besonderen in der
Maschine eingestellten Schneidvorrichtung erfolgen. Man erlangt zwei Waren-
stücke.

b) Schlingenplüsch. Die gebräuchlichste Art ist diejenige mit der Stiftnadelreihe hergestellte. Diese kommt an Stelle der vorderen Zungennadelbarre, sie
hat nur den Zweck, die Plüschschlingen so lange zu halten, bis sie in das Grundgewirke eingearbeitet sind. Als Grundgewirke eignet sich der einfache halbe
Trikot, den die Grundmaschine nur an der hinteren Nadelreihe bildet. Die Plüschmaschinen legen ihre Fäden um beide Nadelreihen. Ist h, Abb. 399, die hintere
Nadelreihe, v die Stiftnadelreihe, so kommen auf h nur die Grundlegungen g.
Der Plüschfaden a legt zunächst um die Plüschnadelbarre v und sodann mit der
Grundmaschine um die hintere Nadelreihe h. Der Weg der Plüschmaschine
ist unbegrenzt, wie auch die Plüschlegungen in beliebiger Reihenfolge im Grundgewirke fortlaufen können. Abb. 399 ist nur ein einfaches Beispiel, um zu zeigen,
wie der Plüschfaden in die beiden Nadelreihen h, v gelegt wird. Dieser Plüsch
muß mit mindestens drei Zeiten gearbeitet werden. Die Grundmaschine g
legt: 2, 2, 0/2, 2, 4 usw., die Plüschmaschine, als vordere Maschine, legt: 0, 2,4/
4, 2, 0 usw. Hier wird angenommen, daß die Plüschnadelbarre zuerst nach
oben geht, damit die Plüschmaschine die Schlingenlegung vor der Grundlegung
ausführt.

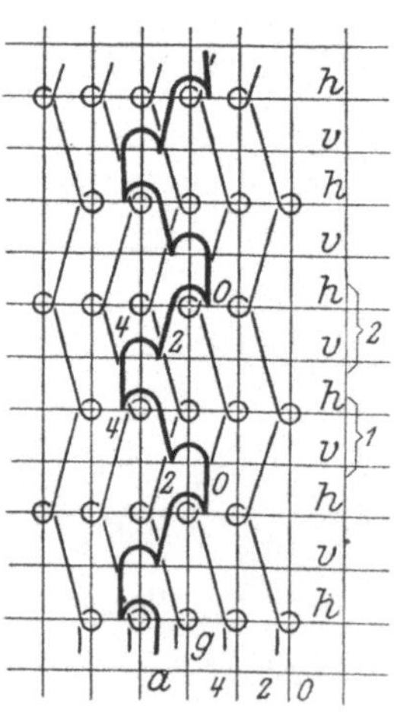

Abb. 399.

Abb. 400.

6. Jacquardmuster.

Diese werden mit dem Mitteljacquard hergestellt, der mit Hilfe einstellbarer Stifte die Lochnadeln mustermäßig seitlich verdrängt. Als Grundlegung wird entweder ein kleiner Filetstoff oder einfacher Trikot verwendet. In letzterem Falle muß die Verdrängung der Lochnadeln Durchbrechungen in der Ware bewirken, und es können dann, je nach der wechselweisen Verdichtung, volle, dichte Stellen oder Durchbrechungen in der Ware, etwa nach Abb. 400, ornamentale Musterungen für Spitzenstoffe, Schals, Phantasieartikel usw. hervorgebracht werden. Die Mustervielseitigkeit ist unbegrenzt.

7. Raschelmuster mit mehreren Maschinen und Phantasiemuster.

Die vielseitige Verwendung der Raschelmaschine ist nicht nur auf die Konstruktion der Maschine in bezug auf die Anordnung der Musterapparate zurückzuführen, sondern auch auf die größere Maschinenzahl, welche über den lotrecht stehenden Nadeln vorteilhaft anzubringen ist. Es lassen sich in der Regel bis zu sechs Lochnadelmaschinen hintereinander anbringen. Bedenkt man, daß jede Maschine eine besondere Fadenlegung und unabhängig von der anderen ausführt, so kann man sich leicht

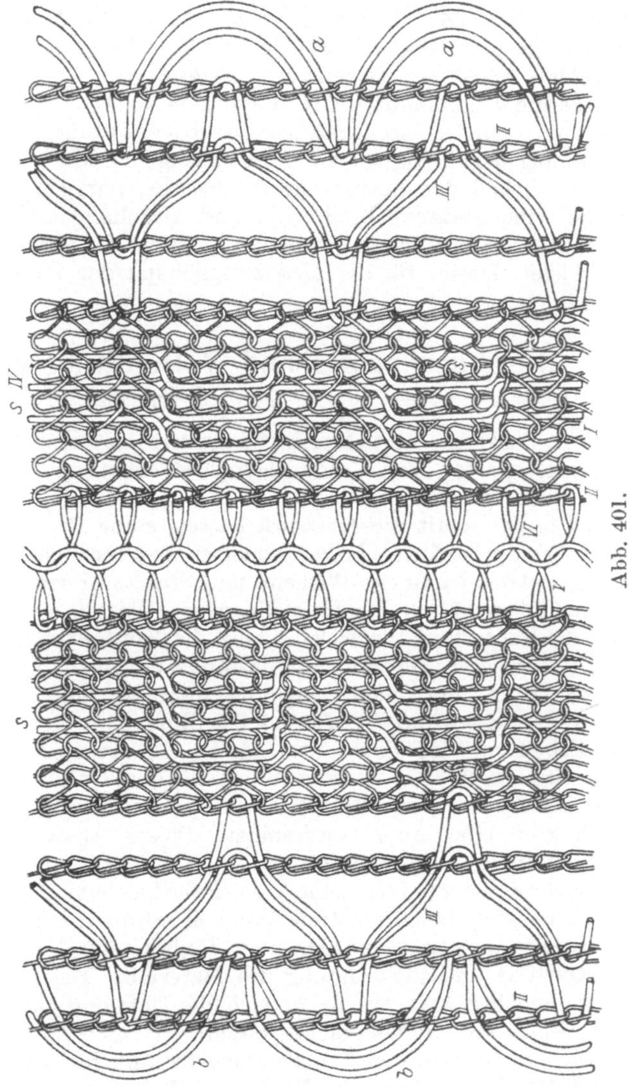

Abb. 401.

einen Begriff von der außerordentlichen Vielseitigkeit dieser Maschine machen. Dazu kommt noch, daß durch den Wechselautomaten auch noch die Musterketten während der Arbeit gewechselt werden können, so daß auch die abgepaßten Muster mit Bordüren, Fransen, Mittelstücken usw. mit Leichtigkeit herstellbar sind. Ein Beispiel einer solchen mehrmaschinigen Raschelware ergibt sich aus dem Maschenbild Abb. 401. Es ist dies eine Schalmusterung, bzw. Bordüre, mit sechs Maschinen. Die Maschine *I* bildet als Grundgewirke halben

einfachen Trikot, Maschine *II* das Häkelstäbchen, welches durch die Schußmaschine *III* verbunden wird. Eine vierte Maschine *IV* bildet ebenfalls einen
Schußeffekt. Es ist dies eine Ausführungsform, die auch zur Erzeugung von
sog. Wattelinstoff Anwendung findet. Die Schußlegungen *s* liegen abwechselnd
bald auf der Ober-, bald auf der Rückseite der Ware. Sie können somit beidseitig gerauht werden. Die Maschine *V* und *VI* bildet die Fadenschlingungen des
Mittelstückes. Zu diesem Zwecke müssen die Maschinen gegenseitig so verschoben werden, daß die riegelartige Verschlingung zustande kommt. Die den
Abschluß bildenden Bogenstücke *a, b* werden in derselben Maschine geführt,
welche die Schußlegung *III* übernimmt. Da diese Fäden außen keine Verbindung erlangen, so legen sie sich bogenförmig an die Warenkante. Diese
Musterung liegt lediglich im Fadeneinzug der Maschine *II* und *III*.

Auf Grund der besprochenen verschiedenartigen Gewirke lassen sich zahlreiche neue Fadenverbindungen und Maschengebilde ausgestalten. Ununter-
brochene Neumusterung ist ganz besonders in der Kettenwirkerei erforderlich
und bietet Gewähr für die Absatzmöglichkeit der Ware.

Die Ausrüstung und Vollendung der Wirk- und Strickwaren.

Die Wirkerei- und Strickereiindustrie unterscheidet im allgemeinen zwei
Herstellungsarten von Gebrauchsgegenständen und zwar reguläre Ware und
geschnittene Ware.

Es bringt somit dieser Industriezweig seine Produkte nicht wie die Weberei
als Stückware auf den Markt, sondern als gebrauchsfertige Artikel. Der Fabri-
kationsbetrieb ist in der Wirkerei und Strickerei sehr verschiedenartig gestaltet.
Er umfaßt nicht nur die Herstellung von Waren, sondern auch die Ausrüstung
und die Vollendung, zu welcher noch die Konfektion hinzukommt.

Die regulären Gebrauchsgegenstände erlangen ihre Form und Größe schon
an der Wirk- und Strickmaschine während ihrer Herstellung. Es geschieht
dies durch das Mindern, das ist das Eindecken von Randmaschen oder durch
das Erweitern oder Zunehmen, das ist das Anschlagen von Maschen. Bei den
geschnittenen Waren werden die Teile der Gebrauchsgegenstände nach Maß
oder Schablonen (sog. Schnittmustern) aus einem größeren Warenstück heraus-
geschnitten oder auch ausgestanzt. Dieses Ausstanzen kommt zum Beispiel
in der Handschuhfabrikation vor.

Nach diesen zwei verschiedenen Fabrikationsverfahren der Gebrauchsgegenstände ist auch die Ausrüstung und Vollendung der Ware besonders zu gestalten.
Eine gute, zweckmäßige Appretur fördert den Verkauf der Ware mehr, wie
die Qualität und Verwendung des Materials. Bei der großen Nachfrage nach
Wirk- und Strickwaren macht sich die Notwendigkeit einer guten Ausrüstung
und Vollendung immer mehr geltend.

Die Ausrüstungs- und Vollendungstechnik hat sich nach und nach entsprechend der Entwicklung der Wirk- und Strickwaren wesentlich vervollkommnet;
sie hat auch den heutigen gesteigerten Ansprüchen Rechnung getragen. Dies
äußert sich vorwiegend in der Konstruktion der verschiedenen Sondermaschinen
auf diesem Gebiete.

Der Ausrüstungs- und Vollendungsprozeß hängt zunächst von der Qualität
der zur Herstellung der Ware verwendeten Rohmaterialien und sodann von den
besonderen Verwendungsarten der fertigen Ware ab. Ferner ist es sehr wesentlich, ob das Rohmaterial im gefärbten oder ungefärbten, bzw. gebleichtem oder

ungebleichtem Zustande verarbeitet wird. In vielen Fällen wird es vorteilhafter sein, ein ungebleichtes oder nicht gefärbtes Marerial zum Wirken oder Stricken zu verwenden, denn es ist selbst bei größter Vorsicht und bei entsprechend ausgebildeten Apparaten nicht ganz zu verhüten, daß Flecken, Schmutz und sonstige Unregelmäßigkeiten während der Herstellung an der Maschine in die Ware gelangen. Andererseits aber muß wieder beachtet werden, daß veredeltes Material, insbesondere gefärbtes Garn, schwieriger an der Maschine zu verarbeiten ist, wie dies bei schwarzen und dunklen Farben der Fall ist, als wie wenn das Material im Rohzustande zur Verarbeitung gelangt.

Außer der Material- und Qualitätsbestimmung sind auch noch die Markt und Modeverhältnisse besonders zu berücksichtigen. Es gilt dies vorwiegend für die immer mehr sich geltend machenden Strickkleidungen. Durch den Ausrüstungs- und Veredelungsprozeß wird der Ware nicht nur ein schönes Aussehen, sondern, was besonders wichtig ist, auch die richtige Größe und Form verliehen. Auf diese Weise kann man die Ware verkaufsfähiger gestalten.

Man kann somit die Ausrüstung und Vollendung in zwei Hauptgruppen zerlegen und unterscheidet man die Veredelung der Ware und die Konfektion.

A. Die Veredelung.

Diese wird vielfach auch Appretur genannt und muß sich immer dem Verwendungszwecke der einzelnen Gebrauchsgegenstände anpassen. Es kann der Fall eintreten, wo nur einzelne Teile und andererseits wieder ganze Gebrauchsgegenstände, das sind die regulären Waren, zu behandeln sind, während andererseits wieder größere Warenstücke so zu veredeln sind, daß das Einrollen der Warenkanten verhütet wird, und so diese Ware für die Konfektion vorteilhafter zu gestalten ist. Wichtig ist dies da, wo die Ware durch Aufrauhen oder Schneiden behandelt wird, denn vielfach werden nur einzelne Teile oder Stellen eines Gebrauchsgegenstandes, wie z. B. die Taschenpatten, die Besätze usw. behandelt, wodurch sehr wirkungsvolle Abwechslungen in derartige Gebrauchsgegenstände hereinzubringen sind. Beachtenswert ist, daß gerauhte Ware und auch sog. Affenhaut, engl. Leder, nach der Behandlung mit Flüssigkeit nicht mehr in Berührung kommen darf. Es hat somit ein vorzunehmender Reinigungsprozeß schon vor dem Rauhen zu geschehen, damit der zarte Stricheffekt nicht verloren geht.

I. Der Reinigungsprozeß der Wirk- und Strickwaren.

Derselbe vollzieht sich entsprechend der Qualität der Ware. Es ist dabei zu unterscheiden zwischen dem Waschen der Stückwaren und dem Behandeln der fertigen Gebrauchsgegenstände. Zu dem Reinigungsprozeß gehört auch das Bleichen. Während Baumwollwaren heiß und kochend, oft sogar mehrere Stunden, zu behandeln sind, dürfen wollene und halbwollene Waren nur handwarm, ca. 50—55° Celsius und etwa 5—15 Minuten in der Waschmaschine oder dem Waschbottich behandelt werden. Wirkwaren, inbesondere Trikotagen, deren Material in Fett gesponnen wurde, wie Imitat, Vigogne, Streichwolle, werden einem besonderen Entschälungsprozeß unterworfen. Außer Seife wird der Waschlauge etwas kalzinierte Soda zugegeben, und für die reinwollnenen, sowie die beigefarbenen Wirkwaren wird etwas Ammoniak oder Salmiakgeist der Waschflotte zugegeben. Es ist dies ein mildwirkendes Alkali, das die Fasern nicht angreift. Im allgemeinen rechnet man auf 10 Pfund Wirk- oder Strickwaren ca. 1 Pfund Seife. Salmiakgeist je nach der Wollmischung, bzw. Reinwolle, kommt auf dieselbe Warenmenge: 0, 25—0,75 l. Bezüglich der Verwendung von Natronlauge (kaustische Soda) ist zu bemerken, daß, wie auch bei Behand-

lung der sonstigen Textilstoffe aus Wollenmaterial erzeugt, für Wollwaren diese
Lauge möglichst vermieden werden muß, weil diese Lauge die Wollfasern zu sehr
angreift. In neuerer Zeit sucht man einen weichen wollhaltigen Griff der Ware
dadurch zu verleihen, das man die Wirkware mit Säure und Lauge nachbehandelt, z. B. mit Salpetersäure. Dies erfordert jedoch viel Erfahrung und Sachkenntnis.

Das Waschen und Walken der Wirk- und Strickwaren.

Die Wirk- und Strickwaren aus Vigogne- und Streichwollgarn usw. hergestellt, wie diese vorzugsweise an Rundwirkstühlen in der Trikotagenfabrikation
erzeugt werden, unterzieht man in der Regel einem leichten Walkprozeß. Zweckmäßig ist es, wenn man den Walkprozeß mit dem Reinigungsprozeß verbindet.
Es werden dazu besonders konstruierte, kastenförmige Wasch- oder Walk-

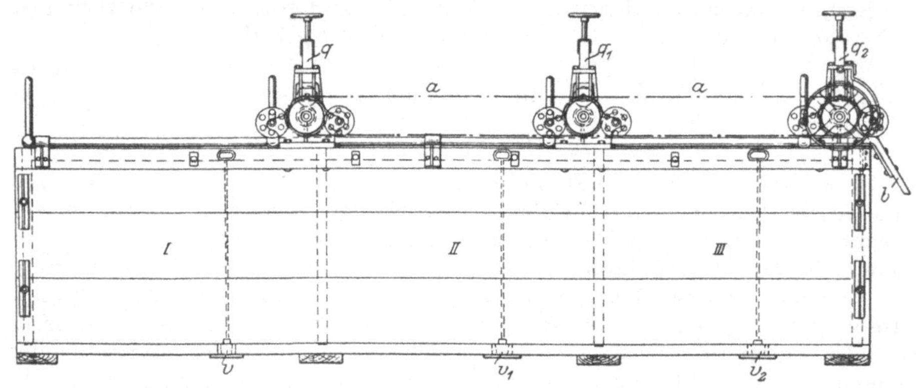

Abb. 402.

maschinen zur Anwendung gebracht. Vorteilhaft hat sich die Hammer- oder
Kurbelwalkmaschine hierzu bewährt. Während der Behandlung in der Maschine
wirken ein- oder mehrere Schläger, sog. Hämmer, schlagend und schiebend auf
die Ware ein, wodurch unter dem Einfluß von Wärme und Feuchtigkeit die
Verdichtung, bzw. Verfilzung der Ware beschleunigt wird. Die hierzu verwendete
Flüssigkeit, das sog. Walköl, wird in ähnlichem Sinne wie für gewebte Waren
zusammengesetzt. Am vorteilhaftesten hat sich die reine neutrale Seife unter
Beimischung von etwas Salmiakgeist bewährt. In den Wasch- oder Walkkasten
gibt man nur so viel Walköl, als die Ware aufzusaugen vermag.

Je nachdem die Ware zu behandeln ist, benutzt man die Waschmaschine,
die bassinförmigen Waschbehälter, vielfach mit Rollenführung oder die Stampfwaschmaschine. Kammgarnstoffe müssen möglichst schonend behandelt werden,
sie müssen nach dem Waschen ihren Kammgarncharakter beibehalten, denn die
beim Waschprozeß entstehenden Verfilzungen, auch die Falten beim Trocknen,
können selbst durch die schärfste Einwirkung beim Kalandern und Pressen
nicht beseitigt werden. Hierzu eignet sich am vorteilhaftesten die bassinartige,
kastenförmige Wascheinrichtung, die auch für das sog. Netzen sehr gut geeignet ist.

Es kann die Einrichtung aus Zementbeton oder aus Holz beschaffen sein.
Abb. 402 zeigt eine solche mit Holztrögen. Zum Spülen und Waschen glatter
Wirk- und Strickwaren. Der kastenartige Behälter ist in drei Abteilungen *I,
II, III* geteilt und vereinigt somit in sich drei Tröge. Da jede Abteilung bei

v, v_1, v_2 mit einem Entleerungsventil versehen ist, so kann auch in jeder Abteilung die Arbeit getrennt oder hintereinander vorgenommen werden. Beim Spül- und Reinigungsprozeß wandert die Ware von einem Behälter zum andern. Ware, welche gewaschen werden soll, wird zunächst im ersten Behälter I eingeweicht. Die Temperatur der Waschlauge ist entsprechend der Qualität der Ware zu wählen. Nach dem Einweichen gelangt die Ware durch das Quetschwerk q (Windmaschine) in die zweite Abteilung II, in welcher wiederum die Waschflotte vorbereitet ist. Durch diese wird die Ware hindurchgenommen und wieder durch ein zweites Quetschwerk q^1 geleitet. Sie wandert dann in die dritte Abteilung III. Dieser Trog ist mit reinem Wasser gefüllt und dient als Spüleinrichtung. Durch die Verwendung der Quetschwerke wird verhütet, daß die Waschlauge vom einen in den andern Trog mitgeführt wird. Von der dritten Abteilung leitet man die Ware durch das Quetschwerk q_2 über das Führungsbrett b in einen fahrbaren Behälter, damit die so gewaschene und gespülte Ware in die Schleudermaschine gebracht werden kann. Die einzelnen Quetschwerke sind durch Kettenantrieb a miteinander verbunden.

Die Stampfwaschmaschine eignet sich sowohl als Waschmaschine wie auch als Walkmaschine. Es sind verschiedene Ausführungsformen in Anwendung; die liegende und die stehende. Bei der liegenden Form, d. i. die sog. Hammerwalkmaschine, werden in der Regel 1—2 hölzerne Hämmer in dem kastenförmigen Behälter vor- und rückwärts bewegt, damit die eingeführte Ware von diesen bearbeitet wird. Die Stampfwaschmaschine wird einfach oder doppelt ausgeführt. Abb. 402a zeigt eine Stampfwaschmaschine mit 2 Trögen. Über diesen hängen im Gestell für jeden

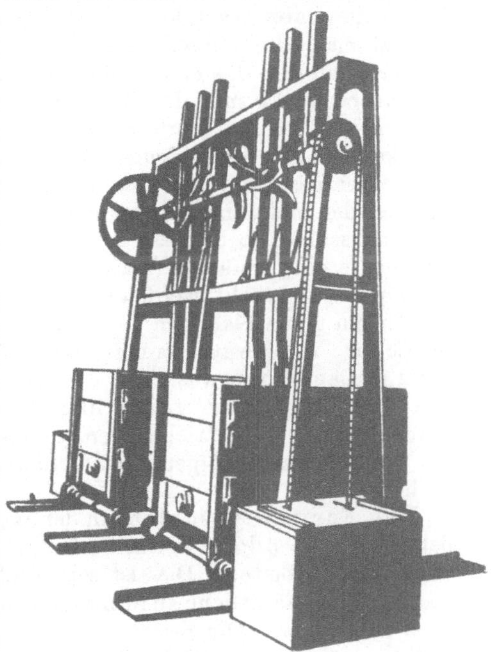

Abb. 402a.

Trog vorgesehenen Stempel oder Hämmer. Diese werden durch verstellbare Anschlagklötze und Daumenexzenter abwechselnd gehoben und wieder freigegeben. Sie fallen dann durch Schwergewicht gegen die im Trog befindliche Ware. Die Einrichtung ist nun so getroffen, daß ein Trog mit Ware frisch beschickt werden kann, solange der andere in Arbeit genommen wird. Es ist zu diesem Zwecke jeder Trog als fahrbarer Wagen ausgebildet und kann während des Waschprozesses auf Eisenschienen vor- und rückwärts geschoben werden. Die Ware wird entweder vor dem Waschprozeß eingeweicht oder kann auch sofort in Behandlung genommen werden. Je nach der Qualität der Ware wird der Wasch- bzw. Walkprozeß längere oder kürzere Zeit durchgeführt. Ware, welche nur schwach zu verdichten und zu waschen ist, läßt man ca. 5—15 Minuten laufen. Dementsprechend wird auch die Waschflotte zugemessen, sowie die Zahl der Kastenbewegungen geregelt. Dies geschieht aber durch einen Kettenantrieb und selbsttätige Umschaltvorrichtung, welche mit einem Zahngestänge in Verbindung steht. Jeder Trog kann unabhängig vom andern abgestellt werden.

Bemerkenswert ist noch, daß die Nachbehandlung der gewaschenen und gewalkten Ware durch gründliches Spülen in reinem Wasser in 1—2 Spülbädern unerläßlich ist. Das Nachgilben und Fleckigwerden der Ware ist meist auf nachlässiges Spülen zurückzuführen. Die gewaschene und gespülte Ware wird in der Schleudermaschine (Zentrifuge) von der zurückgebliebenen Flüssigkeit befreit und kommt dann in den Trockenraum.

II. Das Formen und Spannen der Wirk- und Strickwaren.

Diejenigen Gebrauchsgegenstände, welche regulär, d. h. mit Form und Größe an der Maschine hergestellt sind, müssen zur Erlangung der richtigen Größe und Form nach dem Waschen, Färben, Walken usw. auf Formen gebracht werden. Es gilt dies ganz besonders von den Walkstrümpfen und Socken. Zum Formen benutzt man Holz- oder Drahtformen. Man unterscheidet heute das Formen im Formofen und das elektrische Formen.

Man bezweckt mit dem Formen nicht nur eine genaue Größe und Paßform, sondern verleiht der Ware zugleich ein volles und glattes Aussehen. Zu diesem Zwecke wird die Ware feucht auf die Holz- oder Drahtformen gezogen. Das Befeuchten geschieht am besten durch bündelweises Zusammenlegen und Überbrausen der Ware mit einem Schlauch; oder man nimmt sie kurz durch die Waschmaschine, so daß ein gründliches Durchfeuchten der Ware erzielt wird. Gebleichte oder gefärbte Ware kann sofort nach dem Spülen und Schleudern auf Formen gebracht werden.

Für ein gutes Gelingen der Formgebung ist zu beachten, daß der Formofen die richtige Temperatur besitzt, damit die Feuchtigkeit aus der Ware möglichst rasch in Dampfform ausgetrieben wird, ein langsames Verdunsten der Feuchtigkeit wird niemals die volle griffige Ware ergeben. Der Dampf muß von innen durch die Ware ausgetrieben werden, wodurch die einzelnen Fasern, insbesondere die Wollfäserchen aufgerichtet werden und der Ware der weiche, volle Griff verliehen wird.

Das Formen geschieht in der Weise, daß die Formerin je nach Geschicklichkeit mit 4—6 Paar Formen arbeitet. Geübte Formerinnen können auch noch mit 8 Paar arbeiten. Dies ist sehr wichtig, damit der Formofen gleichmäßig beschickt und sämtliche zu formenden Gebrauchsgegenstände gleich lange Zeit im Ofen verbleiben. Die Zeitdauer, während welcher die Ware im Formofen verbleibt, richtet sich nach der Art der Gebrauchsgegenstände und nach der Qualität des Materials.

Die Temperatur im Formofen kann von 100—120⁰ Celsius betragen. Im allgemeinen verbleibt die Ware ca. 10—15 Minuten in dem auf diese Temperatur erhitzten Ofen.

Je nachdem die Produktion des Betriebes kleiner oder größer ist, benutzt man die Formöfen mit einer oder mehreren Abteilungen (Klappen). Die neueren Formöfen besitzen fahrbare Rahmen mit rippenartigen Trag- und Preßstücken zum Einstellen der Formen, so daß diese mit den aufgespannten Gebrauchsgegenständen vollständig frei im Formofen stehen und von keinem erhitzen Eisenteil berührt werden, wodurch ein Verbrennen oder Vergilben des Formgutes verhütet wird (s. D. R. P. Gust. Wieland's Nachfolger, Chemnitz).

Das elektrische Formen wird vorteilhaft dort angewendet, wo die Einwirkung der Temperatur auf die Ware von außen nicht besonders mit in Frage kommt. Dies gilt z. B. bei baumwollenen florartigen Gebrauchsgegenständen, wie Strümpfe und Socken. Die elektrischen Formen sind gruppenartig auf einem Tisch aufgesetzt. Die Formen besitzen einen eingebauten Kern zum Einführen des elektrischen Stromes. Die Formdauer richtet sich ebenfalls nach der Qualität der Ware.

Nachdem die Ware geformt ist, wird sie durchgesehen und kommt nun in der Regel in die Presse. Diese kann als gewöhnliche Plattenpresse oder als hydraulische Presse zur Anwendung kommen. Die geformten Gebrauchsgegenstände legt man zwischen sog. Preßspäne (Karton). Zwischen den erhitzten Eisenplatten werden ca. 8—10 Warenlagen angeordnet. Der Preßdruck ist sehr verschieden und muß der Qualität der Ware angepaßt werden, ebenso die Temperatur und die Zeitdauer. Vielfach wird nur kurz gepreßt. Temperatur, Zeit und Druck muß der Fachmann entsprechend der Ware wählen.

III. Das Trocknen der Wirk- und Strickwaren.

Man hat auch in der Wirkerei und Strickerei das sog. Lufttrocknen nachgeahmt und an Stelle der Trockenkammer den Trockenapparat oder die Trockenmaschine gestellt. Hierzu kommen besonders konstruierte Trockenmaschinen zur Anwendung. Vorzugsweise für die Trikotagenfabrikation. Dem Trocknungsprozeß wird vielfach noch nicht die Aufmerksamkeit zugewendet, welche hinsichtlich des Warenausfalles und der Ersparnisse, welche hierbei zu erzielen sind, notwendig wäre. So kommt es, daß heute noch viele Betriebe mit umfangreichen Trockenanlagen und Trockenstuben arbeiten. Diese Trockenräume erfordern viel Dampf und Kraft. Jetzt wendet man sich für die Behandlung der Trikotwaren und großen gewirkten Stoffstücken dem Trockensystem mit Warenbewegung zu. Hier vollzieht sich der Trockenprozeß von der Einführung bis zur Faltenlegung der Ware automatisch.

Diese automatischen Trockenanlagen kommen auch für die Behandlung von Webwaren in ähnlicher Ausführung vor.

Bei den Trockenmaschinen können zum Teil 3—4 Warenschläuche oder Stoffbreiten nebeneinander getrocknet werden. Zum Teil werden durch den Trockenraum wandernde Stäbe zur Aufnahme des zu trocknenden Stoffes an beweglichen Ketten fortgetragen, durch welche der Stoff faltenartig, aber ohne besondere Spannung durch den Trockenraum befördert wird. Hierauf wird er dann automatisch abgenommen und dann nach außen geleitet. Trikotschläuche müssen weitstichig vor dem Einführen in den Trockenapparat miteinander verbunden werden, so daß ein beständiger Warentransport erzielt wird.

Die Dekatier- und Trockenmaschine nach System Wever hat den Zweck, die gewaschenen und noch feuchten Trikotschläuche mittels warmer Druckluft zu durchdringen, sie auszudehnen, zu trocknen und die getrocknete Ware gleichzeitig aufzuwickeln. Hierbei werden während des Trockenprozeßes die feuchten durchgeleiteten Trikotschläuche derart von innen nach außen so behandelt, daß sie ganz gleichmäßig in ihrem ganzen Umfange dekatiert, d. h. gedämpft und an der Außenfläche leicht geglättet werden. Es wird kein offener Dampf, sondern der aus der Feuchtigkeit des Schlauches entstehende Dampf zum Dekatieren verwendet. Der Dekatierapparat ermöglicht nicht nur ein Dämpfen der Ware, sondern auch noch ein rascheres und gründlicheres Trocknen. Hier besteht die Trockenmaschine aus einem kastenartigen Lufterwärmer, aus welchem ein kräftiger Exhaustor die Warmluft zieht. Das Rohr des letzteren mündet in ein, innerhalb des Warenkessel befindliches, durchlöchertes Rohr, das bis an die Dekatier- und Glättvorrichtung geführt ist. Über diese wird der feuchte Warenschlauch emporgezogen und über einen Breithalter geleitet. Vorher aber wird die warme Luft vom Gebläse mit großer Spannung in das Leitungsrohr und durch dessen Öffnung in den feuchten Warenschlauch getrieben, wodurch letzterer ballonartig ausgedehnt, innen an die Wandungen der erhitzten Kupferröhren gelegt wird. Zu bemerken ist noch, daß der Dekatierapparat aus zwei Reihen von horizontalen Dampfröhren zusammengesetzt ist, welche eine Strecke lang geradlinig, dann halbkreisförmig verlaufen. Jedes Kupferrohr ist mit einem Ende an ein vertikales Rohr und mit dem anderen Ende an einen schmalen, senkrecht stehenden Hohlkörper angeschlossen. Diese Hohlkörper stehen mit Rädern fahrbar auf einer Schiene und sind dort entsprechend der zu trocknenden Schlauchgrößen zu verschieben. Den Röhren wird Dampf zugeführt und da dieselben einen prismatischen Raum einschließen, wird in diesem Raum der Warenschlauch hochgezogen und durch die von innen wirkende warme Preßluft an die heißen Rohrwandungen gedrückt. Da die sichere Führung durch einen flügelartigen Klappenapparat erfolgt, dessen Klappen mehr oder weniger schräg einzustellen und der Ware anzupassen sind, damit die warme Luft bis an die Enden des Hohlraumes geleitet wird, so kann der Apparat zum Trocknen verschieden weiter Trikotschläuche verwendet werden.

Nach einem anderen Verfahren wird der Trockenapparat für Trikotware noch mit dem Kalander verbunden. Die feuchte Ware wird, nachdem sie die durchlöcherte Luftröhre passiert hat und getrocknet ist, über einen sog. Rundstrecker geleitet und von da in die Aufrollmaschine oder in den Glättkalander eingeführt.

Der Warenkessel läuft bei dieser Trocken- und Kalandermaschine auf Rollen, die ihre Drehbewegung von einem am Bedienungsstand angeordneten Handrad erlangen. Stoffverschränkungen lassen sich hierdurch leicht ausgleichen. Es wird maschengerade Zuführung und Behandlung der Warenstücke ermöglicht. Bei derartigen Trockenmaschinen können durch den warmen Luftdruck die so behandelten Warenschläuche, welche durch das Waschen eingegangen sind, nahezu auf ihre natürliche Weite gebracht werden. Auch Wasch- und Walkfalten werden beim Trocknen mit warmer Preßluft wieder gleichmäßig geglättet, wie auch die Ware einen weichen vollen Griff empfängt. Es können beispielsweise an einer solchen Trockenmaschine täglich ca. 50—60 Trikotschläuche von je 25 m Länge getrocknet und dekatiert werden.

IV. Das Bleichen, Färben und Bedrucken der Strick- und Wirkwaren.

Wenn diese Arbeiten auch ähnlich wie in der Weberei vorzunehmen sind, so ist doch noch ganz besonders zu berücksichtigen, daß Wirk- und Strickwaren infolge ihrer eigenartigen Maschenverbindung sich bei diesen Veredelungsprozessen anders verhalten wie Webwaren. Es muß deshalb nicht nur die Qualität, sondern auch die Art des Produktes besonders berücksichtigt werden. Vielfach sind auch besondere Hilfsapparate, wie z. B. Haspel, Förderwerke usw. zur Anwendung zu bringen. Man bleicht, färbt und bedruckt in der Wirkerei und Strickerei sowohl Stückware als auch einzelne fertige Gebrauchsgegenstände, wie z. B. Strümpfe, Socken usw. Die regulär gearbeiteten Gebrauchsgegenstände sind nach der Behandlung zur Erlangung ihrer richtigen Größe und Form auf Spannrahmen oder Formen zu bringen.

Der Bleich- und Färbprozeß vollzieht sich ähnlich wie in der Weberei. Da ein großer Teil der Wirkwaren zur Erlangung von Glanz und Griff eine entsprechende Nachbehandlung erfordert, so muß den Spülbädern meist ein Zusatz von entsprechenden Chemikalien, wie Zuckersäure, Milchsäure, Essigsäure, Salpetersäure oder Alkalien beigemischt werden; die gefährliche Schwefelsäure (H_2SO_4) ist zu vermeiden. Für das Bleichen der Wirk- und Strickwaren kommt außer Chlorbleiche die elektrolytische Bleiche, die Sauerstoff- oder Natrium-Superoxydbleiche nach dem Verfahren der Deutschen Gold- und Silberscheideanstalt zur Anwendung. Wollene Waren werden noch einem Schwefelprozeß in der Schwefelkammer unterzogen. Beim Färben verwendet man für die Stückwaren, z. B. Trikotschläuche, eine Färbekuve mit Haspelwerk, damit der zu färbende Stoff gleichmäßig durch die Färbflotte zu nehmen ist. Strumpfwaren werden in einer Färbkuve mit Förderband und Quetschwerk behandelt. Die Strümpfe kommen nach dem Färben in feuchtem Zustande in die Formerei.

Die Trikotschläuche, welche durch das Bleichen und Färben wesentlich zurückgehen, auch ihre Maschenrichtung verlieren, müssen an der Roll- und Streckmaschine auf ihre richtige Weite gebracht und gerade gerichtet werden. Da diese Arbeiten auch beim Glätten und Pressen vorzunehmen sind, so sollen sie auch dort noch näher ausgeführt werden.

Das Bedrucken der Wirk- und Strickwaren wird sowohl in Stückwaren, wie in fertigen Gebrauchsgegenständen vorgenommen. Das Bedrucken von Stückwaren setzt voraus, daß die Stücke maschengerade ausgerüstet sind. Für Strümpfe und Socken kommen Sonderdruckmaschinen zur Anwendung, welche eine hohe Produktion ermöglichen.

Bei den Veredelungsprozessen der Trikotwaren hat sich gezeigt, daß es vorteilhafter ist, die Ware mit der rechten Seite nach innen gekehrt zu behandeln. Da aber beim Durchsehen und Ausbessern (Repassieren) die Ware rechtsseitig zu behandeln ist, so muß sie von der linken auf die rechte Seite und umgekehrt, gewendet werden.

V. Das Umwenden der Trikotschläuche.

Dies wird heute allgemein auf mechanischem Wege durchgeführt. Da die Ware mit der linken Seite nach außen gerichtet von der Maschine kommt, so wird sie für die angeführte Weiterbehandlung zunächst auf die rechte Seite gebracht und später wieder zurückgewendet. Außer der einfachen Handwendemaschine sind noch verschiedene andere Einrichtungen, insbesondere für den Großbetrieb in Anwendung.

Der Handumkehrapparat besteht aus einem auf einen in der Mitte durchlöcherten Tisch gesetzten Strebengestell mit Rollenring, dessen Durchmesser dem zu wendenden Warenschlauch angepaßt ist. Das umzukehrende Trikotstück wird neben den Tisch niedergelegt, durch einen Bügel geleitet und von unten her nach oben durch die Tischöffnung geführt und sodann zwischen dem Gestell hochgezogen und oben von innen nach außen über den Rollenring gestülpt. Von dort zieht man die Ware auf den Tisch nieder. Ist das Stück gewendet und auf den Tisch niedergezogen, so wird das Gestell vom Tisch abgenommen und die gewendete Ware kann herausgenommen werden.

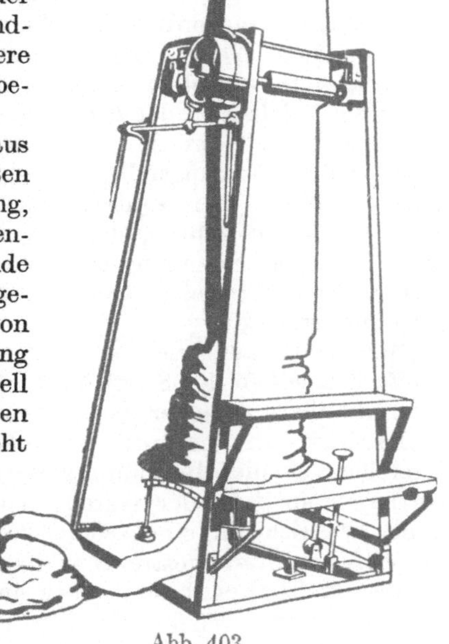

Abb. 403.

Die automatische Umkehrmaschine (System Grözinger) besitzt über einem Gestell (siehe Schaubild Abb. 403) ein Walzenquadrat mit 4 Stahlwalzen, welche durch Winkelräder angetrieben werden. Dieses Walzenquadrat ist in Verbindung mit einem zweiten Walzenquadrat aus Weichwalzen. Zwischen diesen wird der ebenfalls unter einem Tisch vorbereitete Warenschlauch innerhalb des Tisches und dem Gestell hochgezogen, sodann in einen inneren Hohlzylinder des Umkehrapparates geleitet und dort das Stück nach oben weitergezogen. Hierauf wird der Warenschlauch innerhalb des Rahmens durch das obere Walzenquadrat hindurch und endlich über den oberen Umkehrrollenring gestülpt. Da die Ware vor Beginn der Arbeit durch die Walzen quadrate ein Stück herabzuziehen ist, so wird zunächst mit Hilfe eines Fußtrittes das obere Walzenquadrat angehoben, so daß der Anfang des Stückes zwischen den zwei Walzenquadraten hindurchzuleiten ist. Läßt man hierauf das obere Walzenquadrat niedersinken, so kann die Maschine eingerückt und die Ware selbsttätig gewendet werden. Auch hier fällt das umgewendete Stück auf den Warentisch nieder und kann, nachdem der Führungszylinder nach vorn umgelegt ist, vom Tisch abgenommen werden.

Außer dieser Ausführungsform bestehen auch noch andere ähnliche Einrichtungen. Mit Hilfe einer solchen Umkehrmaschine kann ein Warenstück beliebiger Weite von ca. 35—40 m Länge in etwa 30 Sekunden eingeführt, umgewendet und aus der Maschine gebracht werden.

VI. Das Strecken und Rollen der Trikotwaren.

Dies ist sowohl bei gewaschenen, gebleichten, gefärbten, wie auch bei unveredelten Waren vorzunehmen. Man bezweckt damit nicht nur eine gleichmäßige Warenlage, sondern vor allem auch die für die Konfektion erforderliche Schlauchweite. Das Strecken der Ware geschieht mit Hilfe von Breithaltern, über welche die Ware weggezogen wird. Man unterscheidet die Tischrollmaschine und die hochstehende Trikotrollmaschine. Bei der Tischrollmaschine liegen die Führungswalzen übereinander, und der Breithalter wird vor denselben in einer Führungsnut verstellbar angeordnet. Die Warenstücke lassen sich, so wie sie vom Stuhl oder von dem Wasch- und Trockenraum kommen, gleichmäßig ausspannen und gleichzeitig aufrollen. Man leitet die Ware vom Arbeitstisch über den verstellbaren Breithalter, der entsprechend der Stoffbreite vor den Walzen einzustellen ist. Der über den Breithalter gezogene Warenschlauch wird sodann zwischen den Führungsrollen, die zugleich als Preßrollen dienen, hindurchgeleitet und hinter diesen durch Friktion auf eine Warenrolle gewunden. Es ist dabei darauf zu achten, daß der durchgeleitete Warenschlauch gleichmäßig ohne allzustarke Spannung über den Breithalter gezogen wird, damit die Ware auch in der Mitte gleichmäßig gestreckt von den Preßwalzen durchgeleitet und aufgewunden wird.

Mechanisch angetriebene Führungsrollen neben dem Breithalter verhüten ein Zurückbleiben der Stoffkanten. Diese Führungsrollen bestehen aus Gummi, damit die Ware zwischen dem Breithalter und den Rollen nicht beschädigt wird.

Die aufrechtstehende Streck- und Rollmaschine wird bevorzugt beim Naßrollen. Da hier die Führungsrollen hintereinander über dem Gestell angeordnet liegen, so kann der Warenschlauch sowohl in der Längsrichtung, als auch in der Querrichtung eine gleichmäßig gerade Führung erlangen. Die Ware kann also maschengerade gestreckt und aufgerollt werden.

Der Breithalter besteht hier aus über Rillenscheiben geführten Gummischnüren, gegen welche einstellbare Gummirollen angeordnet sind. Letztere, sowie der Breithalter, sind für jede Schlauchgröße zu verändern. Ein unterhalb im Gestell sitzender leicht drehbarer, kesselartiger Wareneinführungsapparat nimmt die Ware auf und von diesem aus leitet man den Schlauch nach oben über den Breithalter. Die endlosen Gummischnüre strecken die Ware aus, führen sie in dieser Spannung zwischen den außenliegenden Antriebsrollen hindurch zwischen die Rollwalzen. Letztere werden durch Stirnräder angetrieben, unter Pressung gehalten und geben die durchgeleitete und gespannte Ware an eine

Röhrenwalze weiter, von welcher sie durch Friktion aufgerollt wird. Während des Betriebes muß der Arbeiter den drehbaren Einführungsapparat überwachen und wenn verschränkte Warenlagen sich zeigen, eine entsprechende Drehung herbeiführen. Damit die Ware auch in der Breitrichtung (reihenweise) grade und maschengleich gestreckt und gerollt wird, ist die Geschwindigkeit der seitlichen Antriebsrollen jederzeit zu regeln. Dies geschieht durch Verschieben des Riemenkonus. Es ist hierzu ein leicht zu bedienendes Handrad, das links an der Maschine angebracht ist, vorgesehen. Für das Dämpfen der einzelnen Stoffqualitäten kann die Rollmaschine, die außerordentlich leistungsfähig ist, mit einer Dämpfvorrichtung ausgerüstet werden. Gegenüber den sonstigen liegenden Streck- und Rollmaschinen, hat diese Einrichtung den Vorzug, daß die Richtungsänderungen im Warenlauf und Reibungen auf den Lagerstellen vollständig verhütet werden. Es ist dadurch aber auch ein Verziehen oder Verschieben der Ware auf das Mindestmaß beschränkt oder nahezu ganz ausgeschlossen.

Mittels einer leicht zugänglichen Abstellvorrichtung kann der Arbeiter die Maschine von der Arbeitsstelle aus rasch außer Betrieb setzen bzw. wiedereinstellen.

Die Dehnung der Warenschläuche darf bei sog. Leibweitenstoffen nicht zu sehr gesteigert werden (ca. 6—8 cm). Dies ist bei schwach getrockneten Waren wesentlich, da es sonst vorkommen könnte, daß sich die Warenkanten am Breithalter stauen, hängenbleiben und zerreißen. Soll eine besondere kräftige Ausspannung erfolgen und die Ware auf eine gewünschte Breite gebracht werden, so wird hierzu ein rahmenförmiger Spannapparat benutzt, der aus einem Gestell mit zwei verstellbaren Stangen besteht. Letztere lassen sich mittels Schraubengewinden vertikal entgegengesetzt verschieben, so daß die faltenförmig und gleichmäßig verteilt über diese Stangen gestülpte Ware kräftig ausgespannt wird, bis ein Anschlag die Ausspannung selbsttätig abstellt. Auf diese Weise lassen sich auch stark eingegangene Warenstücke wieder auf die richtige Weite bringen.

Phantasiewaren, Spitzen- und Handschuhstoffe sind nach Maßgabe ihrer Musterung und des Verwendungszweckes auf kleinere oder größere mit Metallstiften versehenen Rahmen zu spannen. Es werden mehrere Stofflagen übereinander gespannt und entweder mit reinem Wasser oder das Wasser mit etwas Gummitragant, Gelatine usw. vermischt, gleichmäßig befeuchtet und sodann getrocknet. Seidene und wollene Waren müssen vielfach während des Spannens gedämpft und dekatiert werden, damit die hierbei erzielte Form und Musterung für die spätere Konfektion und den Markt erhalten bleibt. Während nun solche Waren durch das Spannen, Befeuchten und Dämpfen auf der ganzen Warenfläche möglichst gleichmäßige Maschenverteilung erhalten sollen, sucht man Kettenware, welche für die Handschuhfabrikation bestimmt ist, möglichst nur nach einer Richtung, z. B. in der Maschenrichtung auf lange (ca. 10 m) Rahmen aufzuspannen, so daß auch die Dehnbarkeit dem in der Konfektion möglichst schmal zugeschnittenen Handschuh beim Tragen wieder die richtige Paßform gibt.

VII. Das Rauhen und Schleifen der Wirk- und Strickwaren.

Das Aufrauhen oder Schleifen der Wirk- und Strickwaren hat den Zweck, der Ware einen weichen, pelzartigen Charakter zu verleihen. Je nach dem Rauheffekt benutzt man besonders hierzu konstruierte Rauhmaschinen. Für ganz zarte, weiche Florbildung kommen Schleifmaschinen zur Anwendung, mittels welchen die oberen Fadenschichten der Ware leicht aufgerissen werden. Solche Waren sind meist unter der Bezeichnung Mausfellstoff, auch Affenhaut, bekannt.

Man unterscheidet entsprechend dem Rauheffekt die Stricheffektrauhmaschine und die Verfilzungseffektrauhmaschine. Die erstere arbeitet mit einer

Rauhwalze, welche entweder Stahlkratzbänder (Karden) oder Rauhdisteln oder Borsten besitzt. Einer solchen Rauhwalze wird die Ware als Stück oder als fertiger Gegenstand vorgelegt, damit die obersten Faserschichten leicht auf die Warenoberseite gelegt und gestrichen werden. Soll der Rauheffekt pelzartig nachgebildet werden, so muß die Ware mehrmals die Maschine passieren oder längere Zeit der Kratzeneinwirkung unterzogen bleiben. Für die schlauchförmigen Wirkwaren muß eine solche Maschine eine besondere Wareneinführung besitzen. Es ist sehr beachtenswert, daß der Warenschlauch gleichmäßig glatt ausgestreckt über die Rauhwalze geleitet wird. Besondere Einführungsvorrichtungen ermöglichen eine genaue Einstellung der Ware, damit die Rauhwalze mehr oder weniger scharf die Faserschichten aus der Waren- oberseite heraushebt.

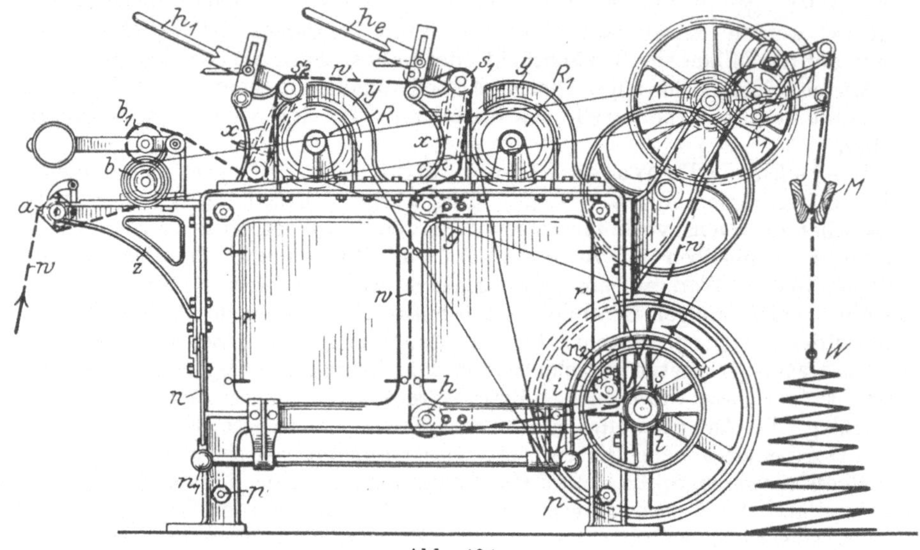

Abb. 404.

Wenn die Maschine nur einseitig rauht, so muß, wenn der Rauheffekt auf beiden Seiten gewünscht wird, die Ware noch einmal die Maschine durchlaufen. Bei Schlauchwaren ist dies immer der Fall; deshalb verwendet man hier vorteilhaft die Doppelrauhmaschine. Diese besitzt zwei Rauhwalzen und erfordert nur einen einmaligen Warendurchgang. Diese Maschine eignet sich vorzugsweise zum Rauhen von glatten Trikotwaren, sowohl halbwollenen als auch baumwollenen, rohen, gebleichten und gefärbten Trikotstücken. Es lassen sich sowohl schmale wie breite Stücke gleich vorteilhaft an einer solchen Maschine behandeln. Je nach der Breite der Rauhwalzen können zugleich auch mehrere schmale Warenstücke nebeneinander gerauht werden. Die Abb. 404 zeigt eine Doppelrauhmaschine „System Grözinger, Maschinenfabrik Arbach, Reutlingen." Die Rauhwalzen R, R_1 liegen hintereinander über dem Gestell p, z und den Staukästen r. Die Ware w wird gutgeglättet und gerollt, bzw. vorbereitet, bei a eingeführt. Sie läuft durch eine verstellbare Spannvorrichtung, dann über die Beschwerwalze b, zwischen den beiden Einlaufswalzen b_1 hindurch. Von hier aus läuft sie an der mittels Schneckenrad und Schnecke zu regelnden Regulierung x, h_1 und zu gleich an dem Rauhzylinder R vorbei. Damit die Ware gleichmäßig auf der ganzen Breite von der Rauhwalze zu bearbeiten ist, befindet sich an dieser Regulierung x, h_1, $s2$ eine Streichstabvorrichtung.

An dieser Stelle wird die eine Warenseite gerauht und von hier wird die Ware oben nach rechts weitergeführt, bis zu der zweiten, ebenfalls mit Schneckenrad und Schnecke zu regelnden Einrichtung s_1, he und an der zweiten Rauhwalze R^1 abwärts bis c. Diese Einrichtung ist ebenfall bei s_1, x mit Streichstab-vorrichtung durch he regulierbar versehen, damit ein faltenfreies Zuführen der Ware möglich ist. Von hier aus geht die jetzt beidseitig und gleichmäßig gerauhte Ware w über den Führungswalzen g, h, i weg und sodann zwischen den Auszugswalzen K, K_1 oben hindurch zu dem Breitleger M. Von diesem wird die Ware bei W gleichmäßig gefaltet aus der Maschine geführt.

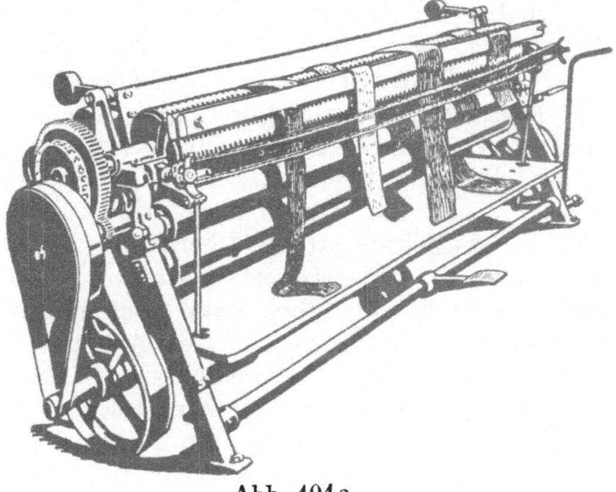

Abb. 404 a.

Bei y befinden sich Schutzhauben für die Rauhwalzen R, R_1. Der Antrieb t, s besitzt bei n bis n_2 die Abstellvorrichtung.

Das Rauhen der Strickware und der regulären Gebrauchsgegenstände erfordert eine besondere Rauhvorrichtung. Hierzu werden verschiedene, einfache Rauhmaschinen mit Naturkratzen oder Stahlkratzen verwendet. Sehr vorteilhaft eignet sich die sog. Strickrauhmaschine, auch Strumpfrauhmaschine genannt, Abb. 404 a, welche außer der Rauhwalze noch eine besondere Zuführungswalze zur Aufnahme und Führung der zu rauhenden Artikel enthält. Die Zuführungswalze empfängt einen langsameren Gang wie die Rauhwalze; der Lagerschlitten der Führungswalze läßt sich gegen die Rauhwalze durch Schraubenspindel so regeln, daß der Rauheffekt verschieden auszugestalten ist.

Der Verfilzungeffekt erfordert eine Trommelrauhmaschine, die mit 12—24 kleinen Rauhwalzen ausgerüstet ist. Diese Walzen

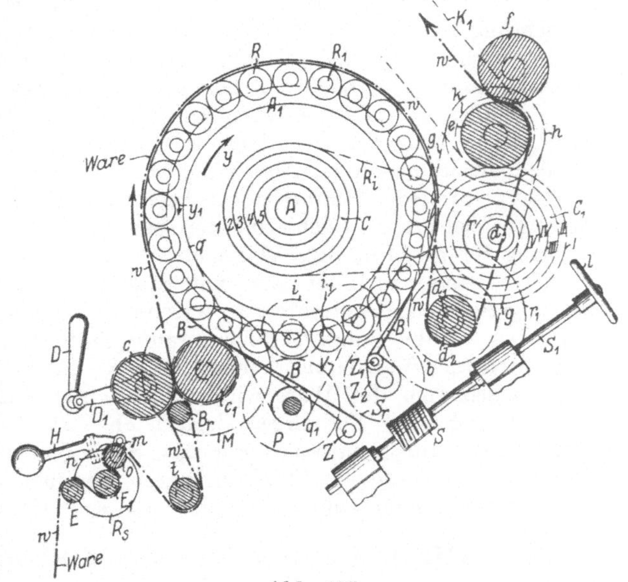

Abb. 405.

erlangen außer der Trommelbewegung noch eine Drehung um ihre Achse.

Die Rauhtrommel A, Abb. 405, besitzt zur Regelung der Laufgeschwindigkeit Stufenscheiben 1—5. Um A_1 sind die kleinen Rauhwalzen R, R_1 in Lagerbüchsen leicht drehbar gelagert. Über die Scheiben der letzteren werden rechts und links Riemenbänder B gespannt, die bei Z, Z_1 befestigt sind. Diese ermöglichen mit Hilfe des Daumenstückes Z_2 und Handrad l in Verbindung mit S, S_1

und Schraubenrad Sr weitgehendste Einstellbarkeit des Rauheffektes. Die Schlauchware wird in gerolltem oder gleichmäßig gestrecktem Zustande vor die Einführwalze E gebracht. Sie läuft dann zwischen der verstellbaren Spannvorrichtung E_1 o hindurch nach t zu den Einführungswalzen c, c_1 und dort über einen Breithalter Br. Dieser Breithalter führt die Ware w über die ganze Rauhtrommel bis d^1 weg. Von dort geht die Ware bei d^2 nach rechts aufwärts zu den von r, r_1 b, g, h angetriebenen Auszugswalzen e, f. Von hier aus wird sie dann zu den Rückführungswalzen weitergeleitet und mit k, k_1 zu dem Breitleger geführt, und vorn an der Maschine in Falten niedergelegt. Die Einführung der Ware w ist einesteils bei H, m mit n, Rs und andererseits bei D, D_1 zu regeln. Ferner kann die Durchgangsgeschwindigkeit der Ware nach Maßgabe des Verfilzungseffektes durch Überleiten des Riemens Ri auf die Stufenscheiben 1—5 und I—V verändert werden. Es stellt also C, C_1 einen Stufenantrieb dar. An Stelle desselben kann auch ein Konusantrieb oder ein Reglersystem zur Anwendung kommen. Der Arbeiter hat es vollständig in der Hand, mittels des Schneckengetriebes S, Sr die um die Rauhwalzen R, R_1 geschlungenen Bremsbänder B zu belasten oder zu entlasten, wodurch die Umfangsgeschwindigkeit, bzw. die Friktion der in der Richtung y_1 abrollenden Rauhwalzen R verändert werden kann. Die Rauhtrommel A, A_1 wird in Richtung y gedreht. Von q aus kann mit V, q_1 die Putzwalze P angetrieben werden, welche das Reinigen der Rauhwalzen R, R^1 übernimmt. Auch bei dieser Maschine ist es möglich, je nach der Maschinenbreite, mehrere schmale Warenstücke gleichzeitig nebeneinander zu rauhen. Der Verfilzungseffekt der Ware läßt sich schon bei einmaligem Warendurchgang durch die oben angeführte Antriebvorrichtung regeln. Der Antrieb der Wareneinzugswalzen c, c_1 wird auch von r_1 durch Übersetzung i, i_1, M vermittelt. Diese Maschine kann nach dem System „Maschinenfabrik Arbach", Reutlingen, auch mit zwei Rauhtrommeln ausgeführt werden, so daß die Ware bei einmaligem Durchgang beidseitig gerauht wird. Diese Maschine ist dann wesentlich leistungsfähiger wie die Sonderverfilzungsrauhmaschine, Abb. 405. Auch hier kann mit verstellbarem Warenspannapparat jede Rauhtrommel beeinflußt werden. Wichtig ist noch, die Auszugvorrichtung, welche mit den beiden Einlaufwalzen der Breithaltervorrichtung für gleichmäßige Warendurchführung übereinstimmen muß.

Diese Rauhmaschinen sind mit Staubabsaugrohrsystemen zum Absaugen des abgerissenen Fasermaterials versehen. Bemerkt sei noch, daß der Kraftverbrauch bei der Sonderverfilzungsrauhmaschine, Abb. 405, $2^1/_2$—4 PS, für die Doppeltrommel-Verfilzungsrauhmaschine 8—12 PS beträgt.

Das Schleifen der Ware wird mittels einer Schleifmaschine vorgenommen, die mit mehreren Schmirgelwalzen nach Art einer Rauhmaschine arbeitet. Handschuhstoffe erhalten durch das Schleifen einen mausfellartigen, zarten Rauheffeekt. Diese geschliffenen Waren kommen unter den verschiedenartigsten Bezeichnungen wie engl. Leder usw. auf den Markt.

VIII. Das Glätten, Pressen und Kalandern der Ware.

Für die Weiterbehandlung, inbesondere für das Zusammennähen der Teile der Gebrauchsgegenstände muß die Ware krimpfrei vorbereitet werden. Auch ist entsprechend der Qualität und dem Verwendungszwecke der Ware mehr oder weniger scharf ausgeprägter Glanz und Griff zu berücksichtigen. Dieses Nadelfertigmachen erfolgt teils an der Stückware, teils an den Einzelstücken. Hierzu gehört auch das bereits hervorgehobene Dekatieren und Formen. Die fertigen Gebrauchsgegenstände erlangen zweckmäßig in der Plattenpresse eine Behandlung, während große Stoffstücke, Trikotschläuche auch noch im Kalander

zu behandeln sind. Hinsichtlich der Behandlung in der Glättmaschine ist die
Qualität der Ware zu beachten. Beim Kalandern werden Wollwaren meist vor-
gedämpft oder dekatiert. Es sind hierzu verschiedene Apparate in Verwendung.
Das sog. Wicklungsverfahren mit Dampfzuführung wird jetzt durch einen vorteilhaften Kalander mit Warendämpfung ersetzt. Von den verschiedenen Glätt-
und Preßeinrichtungen unterscheidet man folgende Arten:

1. Die Muldenpresse.

Diese Maschine findet heute für die Stückware in der Handschuhfabrikation und
zum Teil auch noch in der Trikotagenfabrikation Verwendung; ebenso die verschie-

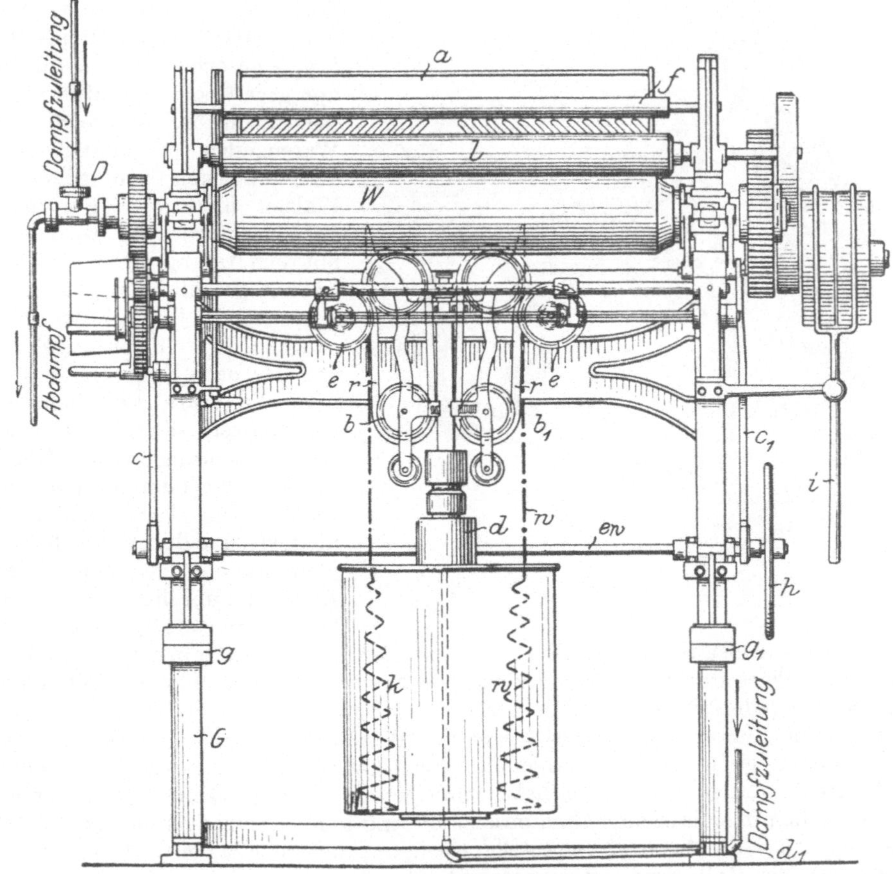

Abb. 406.

denen Kalandersysteme, sowie die einfachen Plattenpressen und die hydraulischen
Plattenpressen. Für die Trikotschläuche eignet sich vorteilhaft der Hochkalander,
der in zwei Ausführungen bekannt ist: als einfacher Trikot-Preßkalander und als
Friktions- oder Bügelkalander. Wichtig ist bei diesen Kalandersystemen, daß die
Ware gespannt und maschengerade den Glättwalzen zugeführt werden kann. Dies ist
bei der kunstseidenen Trikotware sehr wesentlich, weil diese sich stark verzieht und
auch noch beim Waschen und Färben eingeht. Sie muß deshalb wieder auf die
erforderliche Breite ausgestreckt oder ausgespannt werden. Gewirkte Seidenware
ist besonders zu behandeln. Zu empfehlen ist ein Vordämpfen vor dem Pressen.

2. Der hohe Preßkalander.

Bei dem hohen Preßkalander liegen die Walzen W, Abb. 406, über dem Gestell G nebeneinander, wodurch es möglich ist, die zu glättende Ware w senkrecht und auf längere Strecke den Walzen zuzuführen. Letztere können durch direkten Dampf, der in der Dampfleitung D den Walzen zugeführt wird, vor der Inbetriebnahme erhitzt werden. Ebenso befindet sich zum Dämpfen der Ware eine Dampfzuleitung d_1 unten im Gestell, welche bis zu dem mit Öffnungen versehenen Dämpfer d geführt ist. Der sog. Einführungsapparat k ist kesselartig gestaltet und drehbar im Gestell. In diesen wird der Warenschlauch w so gelegt, daß sich die Dämpfvorrichtung d im Innern des Schlauches befindet. Von

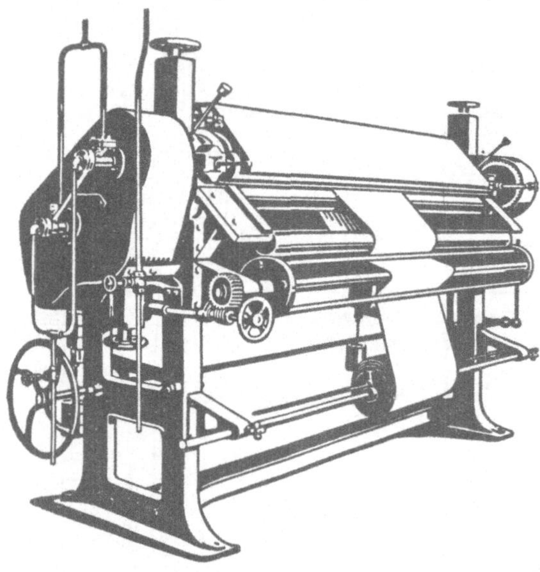

dort wird sie nach oben über den verstellbaren Breithalter b, b_1, e gezogen, sodann mittels der gezahnten Durchführungsvorrichtung a, in welche die Warenenden eingehängt werden, zwischen den geheizten Walzen hindurch und nach oben gezogen. Sie wird dort mit dem Anfang um die Wickelwalze f geschlungen, nachdem sie zwischen W und der Führungswalze l hindurchgeleitet ist. Je nach dem Glätteffekt wird die Ware zwischen den Glättwalzen W mittels einer Preßvorrichtung c, c_1 und Handrad h mehr oder weniger gepreßt. Die Preßhebel c, c_1 können bei ew durch eingehängte Gewichte g, g_1 belastet werden. Durch die um ihre Achse drehbare Warenzuführung k ist der

Abb. 406a.

den Apparat beaufsichtigende Arbeiter in der Lage, verschränkte oder schieflaufende Ware durch Drehen des Kessels k lotrecht nach oben zu leiten und maschengerade über den Breithalter b, b_1 und zwischen die zwei Glättwalzen W zu führen. Durch Friktion bei l wird die Warenwalze f gedreht und dort die gleichmäßig gepreßte Ware aufgerollt. Bei i kann die Maschine angelassen oder abgestellt werden. Der Breithalter mit seiner Breitstreckeinrichtung besitzt über Rollen b, b_1 laufende Gummiriemen r und kann an einer Skala für die verschiedenen Warenbreiten umgestellt werden. Auch hier lassen sich, so wie bereits bei der Roll- und Streckmaschine ausgeführt, die bei e mit dem Breithalter verstellbaren und durch Winkelräder angetriebenen Rollen so regeln, daß letztere die Warenkanten schonend und gleichmäßig so über den Breithalter fortschieben, daß die Wellenbildung in der Ware verhütet wird.

3. Der Friktionskalander.

Derselbe gestattet das Glätten nach Art des Bügelns. Die beiden Glättwalzen liegen bei diesem im Gestell tangential übereinander und stehen mit Friktionsbügelwalzen in Verbindung. Letztere sind paarweise so angeordnet, daß ein um sie geleiteter endloser Filz (Mitläufer) auch noch ein Stück über die Glättwalze läuft. Für jede Glättwalze ist ein solcher Mitläufer (s. Abb. 406a) vorgesehen. Auch beim Friktionskalander wird derselbe Breitstrecker, wie beim Hochkalander in Anwendung gebracht. Der Vorteil dieses Kalanders liegt in der gleichmäßigen Glättung der Ware und der verhältnismäßig großen Berührungsfläche, welche durch die Verwendung des verstellbaren Mitläufers erzielt wird. Eine auf diese Weise geglättete Ware ist voller, griffiger, weil die Ware nicht wie beim Preßkalander ohne Filzführung gegen Eisenwalzen gepreßt wird, sondern mit letzterer gegen den Filz. Dadurch wird das scharfe Zusammenpressen der Maschen (papierartiger Preßeffekt) verhütet.

Für wollene, seidene und kunstseidene Ware kommt auch bei diesem Kalander das Dämpfen zur Anwendung und ist zu diesem Zwecke dem Breithalter eine Dämpfeinrichtung vorgelagert. Durch ein siebartig durchlochtes Rohr zerstreut sich der eingeführte Dampf und entweicht durch die Ware. In einzelnen Fällen ist zum Zerstreuen des Dampfes eine Art Trog oder es sind Filzdämpfer angebracht, um das Beschmutzen der Ware durch Kondenzwasserbildung usw. zu verhüten. Der durchgeleitete Trikotschlauch kann bei einmaligem Durchgang beidseitig geglättet werden. Neuerdings werden auch an Stelle der zu erhitzenden Stahlglättwalzen Weichwalzen verwendet. Die Weichwalze verhindert das Eindrücken von Nadelspitzen. Auch kann die Ware ähnlich wie beim Mitläufer geschont und jeder Glätteffekt erzielt werden. Abb. 406a zeigt den Friktionskalander System „Arbach".

4. Bügelmaschine für Strick- und Wirkwaren.

Diese Einrichtung, welche in ihren Glättorganen dem Friktionskalander ähnlich ist, bezweckt das Glätten oder Bügeln regulärer Wirk- und Strickwaren. Auch bei dieser Maschine ist es möglich, durch die eigenartige Lage der Glättwalzen, Abb. 407, die Behandlung der einzelnen gewirkten oder gestrickten Teile bei einmaligem Durchgang auf beiden Seiten vorzunehmen. Die Einführung der Ware wird durch einen am Gestell G dem ersten Glättwerk vorgelagerten Tisch t erleichtert. Auf diesem Tisch werden die einzelnen Teile in ihrer gleichmäßigen Form ausgebreitet und in der Pfeilrichtung x den Bügelwalzen a, b zugeführt. Der Mitläufer oder Filz f, welcher über die Preßwalzen $1, 3$ und Führungsrollen 2 läuft, führt die Ware langsam über der schneller laufenden Glättwalze a fort, wird von letzterer nach Art des Bügelns auf der Unterseite geglättet und kommt dann selbsttätig in das zweite Glättwerk zwischen die Glättwalze b und die Preßwalzen $4, 1, 6$. Auch hier wird ein Filz f_1 über die Preßwalzen $4, 6$ und die Führungsrolle 5 endlos geleitet. Dieser führt, nach dem System Maschinenfabrik „Arbach", Reutlingen, die vom ersten Glättwerk übernommene Ware mit der entgegengesetzten Seite über die zweite Glättwalze b, die ebenfalls schneller läuft wie der Filz, fort und bringt sie gebügelt hinten über ein Streifbrett t_1, wo sie vom Arbeiter in Pfeilrichtung x_1 abgenommen werden kann, wieder heraus. Während die je zwei Filzführungswalzen $1, 3$ und $4, 6$ durch die Gewichtshebel d, d_1 und anzuhängenden Gewichte g, g_1 entsprechend der zu pressenden Ware mehr oder weniger kräftig gegen die erhitzten Glättwalzen einzustellen sind, werden die Führungswalzen $2, 5$, zur Spannung des Mitläufers f, f_1, und zwar durch die Handräder h, h_1, benützt. Auch die Gewichtshebel d, d_1 lassen sich gemeinschaftlich durch Exzenter und Handrad R regeln. Durch die Abstellvorrichtung c, c_1 läßt sich die Maschine abstellen.

Außer dieser Bügelmaschine für reguläre Gebrauchsgegenstände kommt noch die Friktionsbügel- und Dämpfmaschine für schlauchartig gewirkte und gestrickte Stoffstücke zur Anwendung. Bei dieser Maschine ist dem Glättwerk, bzw. der Warenzuführung ein Dämpfapparat vorgebaut (s. a. Abb. 406a).

5. Pressen und Kalandern zum Zwecke der Musterung.

Hierzu verwendet man meist Kalander, deren Glättwalzen ziseliert sind, d. h. mit einem entsprechenden eingravierten Ornament arbeiten. Es lassen sich auf diese Weise vornehmlich kunstseidene, gefärbte Trikotstoffe vorteilhaft bemustern. Die von den Preßwalzen an den Musterstellen tiefer eingepreßten Maschen erlangen höheren Glanz und lassen die übrigen, weniger gepreßten

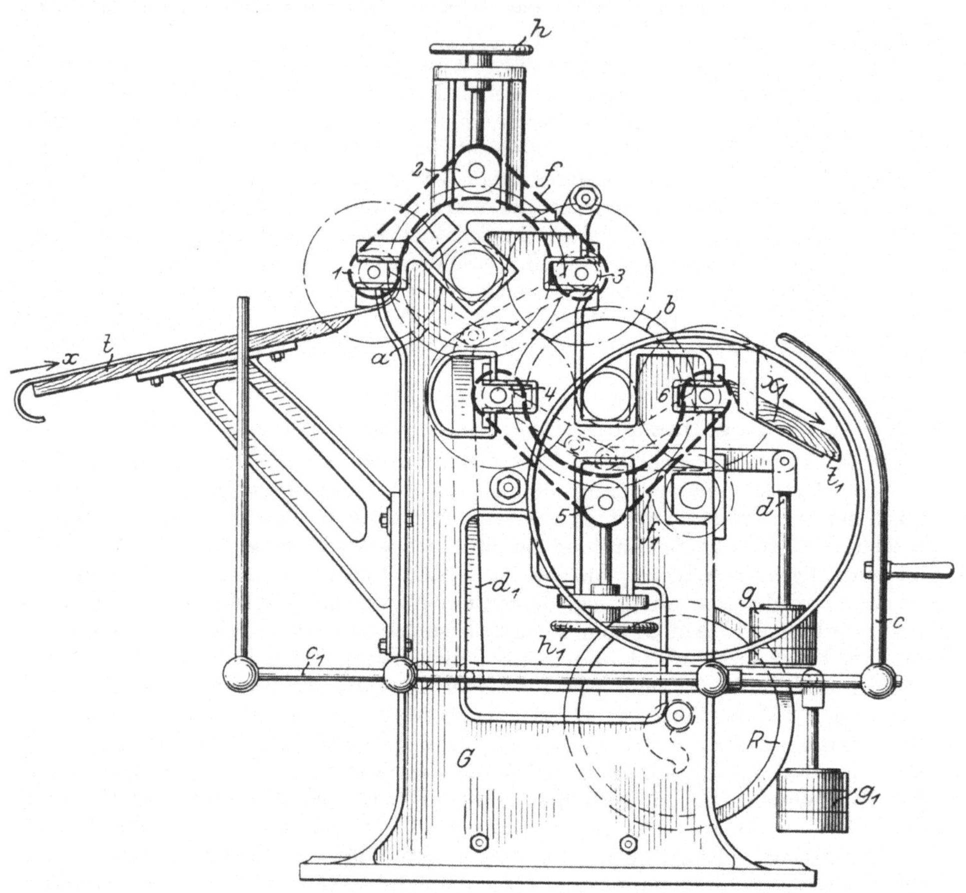

Abb. 407.

Musterbilder scharf hervortreten. Es ist dies eine einfache Methode, mittels welcher die glatte Trikotware mit den prächtigsten Ornamenten auszugestalten ist. Bei richtiger Behandlungsweise kann eine so eingepreßte Musterung, die einen damastartigen Charakter erlangt, auch beim Tragen und Waschen erhalten bleiben.

6. Das Glätten und Pressen der Wirk- und Strickwaren mit der Plattenpresse.

Diese Arbeitsweise kommt bei regulären und geschnittenen Gebrauchsgegenständen, wie auch bei Stückwaren vor. Der Glätteffekt läßt sich mit keiner andern Einrichtung in gleicher Schönheit erzielen. Außer der einfachen Hand- und Spindelplattenpresse wird vorzugsweise die hydraulische Dampf oder elektrische Plattenpresse verwendet. Meist sind die Preßplatten etagenförmig so übereinander gelagert, daß sie nach oben hin jede Verschiebung gestatten, das Einlegen der Warenlagen erleichtern und beim Niederlassen der Presse in gewünschten Abständen eingestellt bleiben. Die Einstellung erfolgt mit Hebezug.

Das Bepacken einer Plattenpresse erfordert Übung und muß besonders vorgenommen werden. Man behandelt die Stückwaren anders als die fertigen Gebrauchsgegenstände.

Zum Glätten benutzt man Glanzkartons, sog. Preßspäne, die besonders hierzu präpariert sind. Die Stückware wird lagenweise zwischen diese Preßspäne gebracht, wozu ein besonderer Einspäntisch erforderlich ist. Der Arbeitsgang ist kurz folgender: Man legt auf den Tisch einen etwa 8 mm starken Schutz- oder Brandkarton, über diesen den ersten Preßspan und auf diesen die erste Stofflage. Hierauf wieder einen Preßspan, über welchen die Ware gleichmäßig glatt als zweite Lage gezogen wird, dann wieder ein Preßspan aufgelegt und die Ware darübergezogen. Dies wird so lange fortgeführt, bis das ganze Warenstück eingespant ist, und es entsteht so der erste Warenstoß. Den Abschluß bildet wieder ein Preßkarton, über welchem der Schutzkarton liegt.

Wird mit der hydraulischen Presse gepreßt, so wird dieser Warenstoß auf die unterste Dampfplatte gesetzt, und es sind dann die weiter oben gelagerten Platten zum bequemen Einführen der Stofflagen mit dem Hebezeug etwas höher einzustellen. Dann ist die folgende Dampfplatte jeweils auf den Warenstoß niederzulassen und die inzwischen ebenfalls eingespante Ware wird wieder auf die nächste Dampfplatte gesetzt, dann die folgende Platte herabgelassen; dies wiederholt sich, bis die Presse gefüllt ist. In der Regel bildet ein Warenstück eine Lage.

Bei Verwendung der gewöhnlichen Plattenpresse bringt man zwischen die Warenstöße und zwischen die Schutzkartons heiße, ca. 10 mm starke Eisenplatten, welche in einem besonderen Plattenofen erhitzt wurden.

Das Bepacken der Presse mit fertigen Gebrauchsgegenständen, wie z. B. Hemden, Hosen usw., erfährt eine Änderung insofern, als die über die Kartons hinausragenden Teile, wie z. B. Ärmel, nochmals über einen zweiten, aufgelegten Karton umgeschlagen werden. Diesen umgeschlagenen Ärmeln anschließend kann man gleich das zweite Hemd auflegen und den nächsten Preßspan darüberdecken und über diesen sofort wieder die Ärmel des zweiten Hemdes schlagen. Auf diese Weise wird ein wirtschaftliches Ausnützen der Kartonflächen, sowie ein gleichmäßiges Bepacken und Pressen ermöglicht. Je nach der Qualität der Ware kann man etwa 3 Dutzend Hemden auf einen Satz rechnen. Die Lage soll etwa 12 cm in der Höhe betragen. In ähnlichem Sinne werden auch Hosen, Jacken usw. eingespant. Die eingespanten Lagen bringt man dann wieder zwischen den Preßplatten in die Presse.

In die Platten wird schon während des Packens der Dampf eingeführt, damit die Platten gleichmäßig erwärmt werden. Dies wird nach etwa 10 Minuten erfolgt sein, worauf der Dampf abgestellt wird. Je nach der Qualität der Ware ist die Hitze in den Platten beliebig zu regeln.

Die Preßdauer wird ebenfalls nach der Qualität der Ware bestimmt. Baumwollwaren, insbesondere Makowaren erfordern mehr Druck und bleiben ungefähr 6—7 Stunden oder über Nacht in der Presse, während Wollwaren kürzere Preßdauer erfordern und schon nach einigen Stunden aus der Presse zu nehmen sind.

Das Pressen geschieht durch Wasserdruck mittels des Pumpwerkes, das in der Regel an die Transmission angeschlossen ist. Der Preßdruck wird durch Überdruckventil selbsttätig geregelt. Der erforderliche Druck ist zwischen 20000 und 150000 kg. je nach Qualität der Ware einzustellen.

Das Entleeren der Presse nach erfolgter Pressung geschieht durch Senken des Warenstückes. Hierzu muß das Rücklaufrohr der Wasserzuführung geöffnet und der Zylinder entleert werden, dann kann sich der Warentisch bis zum tiefsten Punkt herabsenken, während die Dampfplatten auf einer Art Treppenstufen im Gestell gleich in gewünschter Höhe sich einstellen und sitzenbleiben. Das Abnehmen der Ware erfolgt von oben nach unten; es wird zunächst die oberste Platte mittels Kette und Hebezeug hochgehoben und auf zwei Tragschienen gehalten. Jetzt kann die oberste Stofflage bequem herausgehoben werden. Dann wird die nächste Platte angehängt und so wie oben verfahren, bis die ganze Presse entleert ist.

Beim Pressen der Stückwaren, sowie auch bei solchen regulären Gebrauchsgegenständen, deren Teile über den Preßkarton herausragten und gefaltet werden mußten, sind an den Umschlagstellen Preßfalten entstanden, die durch Nachpressen oder Nachbügeln zu entfernen sind.

B. Die Konfektion der Wirk- und Strickwaren.

Neben der Appretur, d. i. die Veredelung der Ware, ist in der Wirkerei und Strickerei noch die Konfektion von großer Bedeutung. Hier handelt es sich darum, daß den Eigenschaften der gewirkten und gestrickten Waren Rechnung getragen und entsprechend auch die Naht gewählt wird. Für die reguläre, d. i. auf Form gearbeitete Ware muß die Regulärnaht, das ist die Überwendlingnaht, zur Anwendung kommen, während für die geschnittenen Waren wohl auch eine Art Überwendlingnaht zu benutzen ist, die aber noch eine Vervollkommnung dahingehend besitzt, daß die verbundenen Nahtkanten gut überdeckt und geschützt werden, damit die zerschnittenen Randmaschen sich nicht auflösen.

Die Handnähte sowie die Handhäkelarbeiten sind zwar heute durch die Maschinennähte wesentlich verdrängt, man findet sie aber auch heute wieder für die Anfertigung bestimmter Gebrauchsgegenstände, weil sie vielfach den Maschenwaren eine besondere Note geben. Durch Handhäkeln und Handstricken werden mit Vorteil Partien oder einzelne Teile in gewirkte oder gestrickte Gebrauchsgegenstände künstlerisch eingefügt, wie dies z. B. an den Gebrauchsgegenständen, hervorgegangen aus den neuzeitlichen Kunstwerkstätten, vielfach zu ersehen ist.

I. Die Nähmaschinen.

Die für die Maschinennähte zu verwendenden Nähmaschinen besitzen große Vervollkommenheit und bilden ebenfalls wie die Handüberwendlingnaht, elastische, wenig auftragende Nähte. Die Nähmaschinentechnik ist auch für den Wirker und Stricker sehr wesentlich. Die wichtigsten Nähmaschinenarten sind folgende:

1. Die Regulär-Überwendlingnähmaschine.

Die regulären Gebrauchsgegenstände erlangen ihre Form und Größe schon während der Herstellung an der Wirk- oder Strickmaschine. Ihre Kanten und Abschlußteile sind regulär und können deshalb die Nähte ganz nach außen verlegt werden. Bei geschnittenen Waren können die zerschnittenen Randmaschen umsäumt werden, so daß auch solche Warenteile wie reguläre Warenstücke behandelt werden können. Die Nahtverbindung dieser Regulärkanten erfolgt durch die Überwendlingnaht, welche nur die äußersten Maschenlagen der Warenkanten durch Umschlingen des Fadens miteinander verbindet. Der Hand-Überwendlingnaht am nächsten kommt die Maschinenaht der Überwendlingnähmaschine. Diese bildet eine Maschennaht und besitzt zum Führen der Ware besondere Transportscheiben, sog. Teller, über welchen die Nadel horizontal geführt wird. Je nach der Bewegung der Nadel und der Anordnung des für die Schlingennaht erforderlichen Hilfsorgans, d. i. der Greifer, der meist auch wie die Nadel selbst einen Faden führt, unterscheidet man verschiedene Systeme von Überwendlingnähmaschinen.

Der Greifer, der die von der Nadel gebildete Schlinge aufzufangen und so lange neben der durchstochenen Warenkante festzuhalten hat, bis die Nadel wieder mit dem neuen Stich beginnt, kann aus einem oder zwei Teilen bestehen. Ebenso kann die von dem Greifer erfaßte Fadenschlinge ein- oder beidseitig über die Warenkanten gelegt (übergewendet) werden.

Abb. 408 zeigt eine der gebräuchlichsten Regulär-Überwendlingnähmaschinen mit ihren wichtigsten Organen, und Abb. 409 und 410 ist eine Darstellung der Stichbildung. Die Nadel, welche mit der Öse entweder nach oben oder nahezu eben ausgeführt ist, liegt horizontal über den Transporttellern t, t_1, Abb. 408

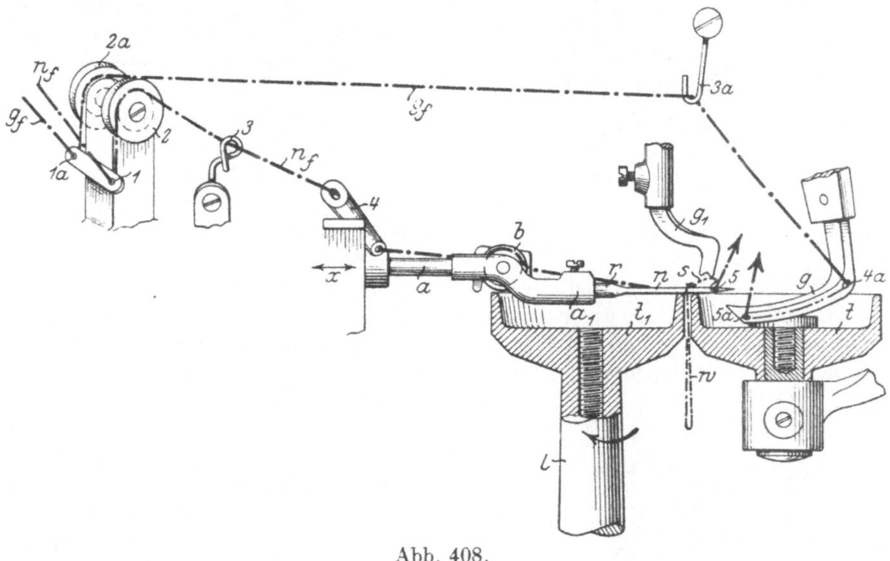

Abb. 408.

Die Nadel n ist in der Nadelstange a, a_1 horizontal in Pfeilrichtung x im Gestell geführt. Sie empfängt ihre Bewegung von Exzenterscheiben einer Arbeitswelle. Die Nadelbewegung gestaltet sich in der Weise, daß die Spitze mit dem Öhr 5 innerhalb der Transportscheibe t_1 sitzt, wenn a ganz zurückgezogen ist. Das Greiferorgan ist hier zusammengesetzt aus dem Obergreifer g_1 und dem Untergreifer g. Letzterer nimmt den durch $4a$ laufenden Greiferfaden gf bei $5a$ auf und hat den Zweck, diesen durch die von der Nadel n mit dem Nadelfaden nf gebildete Schlinge s zu schieben, während der Obergreifer g_1 die Aufgabe hat, die durch den Greifer zustande gekommene Fadenschlinge so lange innen neben der Warenkante niederzuhalten, bis der Stich beendet ist.

Die zwischen den Transporteuren t, t_1 lotrecht eingeführte Ware w läßt man nur wenig mit ihren Kanten über den Transportscheiben vorstehen, so daß, wenn die Nadeln in die gezeichnete Stellung nach rechts geht, gerade noch die etwas vorstehenden Warenkanten durchstochen werden. Vorteilhaft ist es, wenn der vordere Transportteller t nach unten frei ist und deshalb nach oben am Bügel gelagert wird. Das hintere Transportstück t_1, welches zugleich die Warenschaltung zu übernehmen hat, und mit der Ware und durch Friktion gleichzeitig auch t schaltet, empfängt unterhalb des Gestelles durch ein Zahngetriebe eine ruckweise Bewegung. Diese darf jedoch erst dann einsetzen, wenn die Nadel n nahezu ihre hinterste Stellung erreicht hat und bereits wieder nach vorn geht.

Für Stichveränderung kann das unten an der Welle l befindliche Schaltrad ausgewechselt werden.

Wichtig ist die Fadenzuführung und die Fadenspannung. Sowohl der Nadelfaden nf, wie auch der Greiferfaden gf, kann durch Bremsscheiben $2, 2a$ beliebig gespannt werden. Außerdem empfängt der Nadelfaden nf noch eine zeitweise Spannung bei b, welche durch die Nadelbewegung geregelt wird. Der Nadelfaden nf geht von 1 zwischen 2 hindurch nach 3 und kommt in der Hülse 4 nach unten hinter die Nadelstange a und wird dann zwischen b hindurchgeleitet und hinter a_1, r der Nadel n entlang in der sog. Fadenrinne geführt, und läuft nahezu eben von rechts nach links durch das Öhr hindurch.

Der Greiferfaden gf kommt von $1a$ nach $2a$ und in einem Zug bis zu $3a$ und wird abwärts in den Greifer g bei $4a$ geleitet.

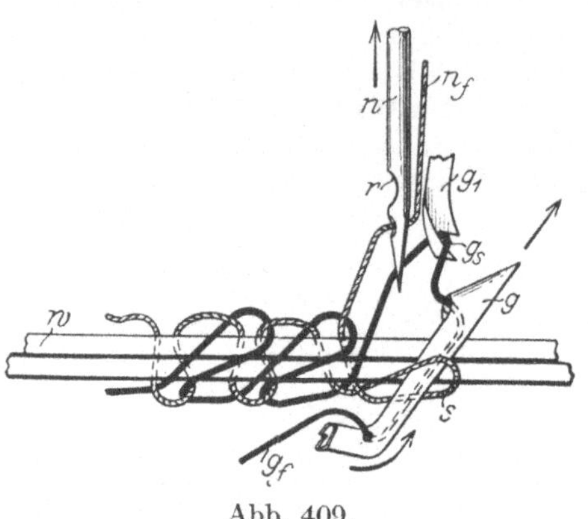

Abb. 409.

Da bei dieser ebenen Nadelfadenzuführung die Fadenschlinge neben der Nadel entsteht, so kann letztere auch seitlich vom Greifer erfaßt werden. Ist nach Abb. 408 beim Rückwärtsgehen der Nadel der mit durch die Warenkante geschobene Nadelfaden zur Schlinge s umgebogen, so schwingt nach Abb. 409 der Untergreifer g rechts aufwärts durch diese Fadenschlinge s, wobei sein Faden gf mit hindurchgeschoben und über die Warenkanten w hinausgezogen wird. Inzwischen ist die Nadel n ganz zurückgegangen, Faden nf mitgeführt; gleichzeitig kommt der Obergreifer g_1 so weit herab, daß er sich auf die Greiferschlinge gs legt und diese neben der Warenkante w und in die vordere Transportscheibe niederdrückt. Jetzt macht die Nadel n wieder eine Vorwärtsbewegung, geht hierbei erst über die von g_1 gehaltene Schlinge gs weg und durchsticht dann nach Abb. 410 die Warenkante w, wobei der Nadelfaden nf mitgeführt und jetzt beim Zurückziehen der

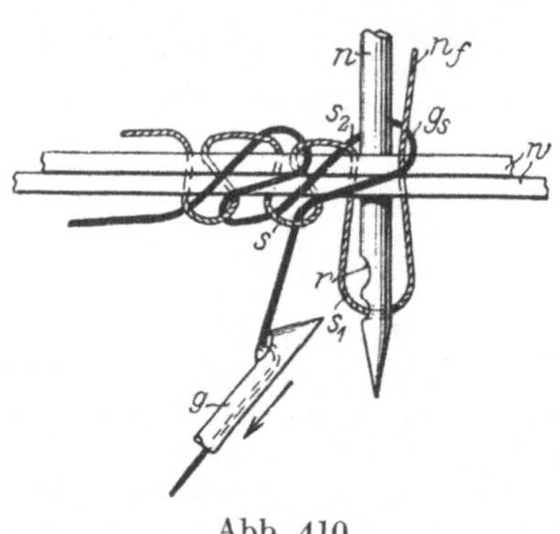

Abb. 410.

Nadel bei s_1 die neue Schlinge bildet. Wie ersichtlich, ist hierdurch aus dem Greiferfaden eine über die Warenkante w weglaufende Schlinge s_2 gebildet worden, welche sobald g wieder an der Einkerbung r und durch die neue Schlinge s_1 hindurchgeschoben ist, beim Zurückgehen der Nadel n freigegeben wird. Bei dieser Bewegung wird dann durch den Transporteur auch die Ware mit den gebildeten Fadenschlingen von der Nadel nach links abgeschoben und so ein neuer Stich gebildet. Diese so entstandene Maschennaht ist wie die Ware selbst elastisch.

Das Öffnen des Transporteurs zum Einführen und Herausnehmen der Ware, Abb. 408, erfolgt mittels einer zu einem Fußtritt gehenden Zugstange.

2. Nähmaschinen für die Konfektion der geschnittenen Waren.

Bei diesen Gebrauchsgegenständen ist außer einer elastischen Naht noch wesentlich, daß die zerschnittenen Warenkanten überdeckt und die Nähte möglichst wenig auftragend gestaltet werden. Damit nun die Naht möglichst dicht an die Schnittkante zu verlegen ist, werden die hierzu verwendeten Sondernähmaschinen mit einer Abschneidvorrichtung versehen. Die zweckmäßigste Naht ist der Regulär-Überwendlingnaht nachgebildet und zu der sog. Doppelkettenstichnaht ausgestaltet.

a) Die Doppelkettenstichnähmaschine. Diese arbeitet mit einem Nadel- und einem Greiferfaden. Sie erzeugt eine dauerhafte, elastische Naht und wird hauptsächlich zum Zusammennähen von Trikot- und Stückwaren verwendet. Die Schnittkante bestimmt der Abschneidapparat, der je nach der Nadelentfernung zum Breit- oder Schmalabschneiden einzustellen ist. Diese Maschine wird auch als Rohnähmaschine bezeichnet. Sie dient ferner noch zum Besetzen von Trikotwaren und Strickkleidungen.

b) Die Overlock- und Interlock-Überwendlingnähmaschine. Sie wird vorzugsweise da angewendet, wo zugleich mit der Naht die zerschnittenen Nahtkanten zu überdecken sind. Beide Maschinen bilden eine Art Doppelkettenstichnaht, wobei aber der Greiferfaden über die Nahtkante deckend weggeschlungen wird. Während die Overlockmaschine mit schiefstehender Nadel und mit von unten nach oben schwingendem Greifer arbeitet, ist die Interlock-Überwendlingnähmaschine mit gerader, senkrecht beweglicher Nadel ausgerüstet. Diese Nahtbildungen sind einander gleich. Es wird ein Ober- und ein Unterfaden verwendet, wobei der Unterfaden aus weichem deckendem Material gewählt wird. Mittels der Abschneidvorrichtung, welche kurz vor der Nadelstange und neben der Nadel eingestellt ist, wird die Stoffkante vor der Nahtbildung gleichmäßig abgeschnitten und sofort übernäht. Es entsteht auf diese Weise in Wirk- und Strickwaren eine der Regulär-Überwendlingnaht ähnliche, elastische Nahtkante.

c) Die Überdecknähmaschine. Die durch die Doppelkettenstichnähmaschine gebildete Naht ist wohl elastisch und haltbar, es liegen aber auf der Warenrückseite die zerschnittenen Stoffkanten offen. Bei Hosen, Ärmelteilen müssen die Nahtkanten mittels der Überdecknähmaschine überdeckt und geschützt werden. Man unterscheidet zwei Arten von dieser Nähmaschine, und zwar die Flachüberdecknähmaschine zum Überdecken der Nähte in den verschiedensten Gebrauchsgegenständen und die Zylinderüberdecknähmaschine zum Überdecken der Nähte in schlauchförmigen Waren, wie z. B. Ärmel, Hosen usw. Die zylindrische Form der Stichplattenanordnung der letzteren Maschine gestattet ein bequemes und vorteilhaftes Führen der Ware. Beide Maschinenarten arbeiten mit zwei Nadeln und einem Greifer. Die Nadelentfernungen können bis zu 6 mm betragen. Dadurch ist es möglich, daß die Doppelkettenstichnaht, welche zwischen den beiden Nadeln hindurchläuft, von dem die beiden Nadelfäden verbindenden Greiferfaden überdeckt und geschützt werden. Man erzielt hierdurch eine flache, dauerhafte Naht. Infolge der großen Nadelentfernung kann eine solche Maschine auch als Zierstichmaschine verwendet werden. Es sind jedoch für ausgesprochene Zierstiche noch Sondernähmaschinen mit 3 Nadeln in Verwendung, wie z. B. die Triple-Interlocknähmaschine. Diese werden auch vielfach zum Zusammennähen der Warenstücke mit flacher Naht und zum Annähen von Rändern an Kragen und Sportjacken usw. vorteilhaft verwendet.

d) Die Dreifadennähmaschine, auch Trio-Tite-Überwendlingnähmaschine genannt. Diese außerordentlich leistungsfähige, ca. 3500 Stiche pro Minute arbeitende Nähmaschine ist sowohl für die Trikotagenindustrie, wie auch für die Wirk-

und Strickwarenfabrikation fast nahezu unentbehrlich. Sie arbeitet ähnlich wie die
Overlock-Überwendlingmaschine, führt aber in einem zweiten Greifer noch
einen dritten Faden, wodurch eine sehr elastische haltbare Überdecknaht entsteht, welche die Schnittkanten vollständig abschließt. Auch von dieser Maschine sind verschiedene Ausführungsformen in der Praxis in Anwendung.
Dagegen ist der Maschenbildungvorgang und der Ausfall der Naht nahezu
immer gleich.

Die Nadelbewegung erfolgt von oben nach unten, und die Greifer schwingen
unterhalb der Stichplatte aus. Die Nahtbildung erfolgt auf einer Zunge, so daß

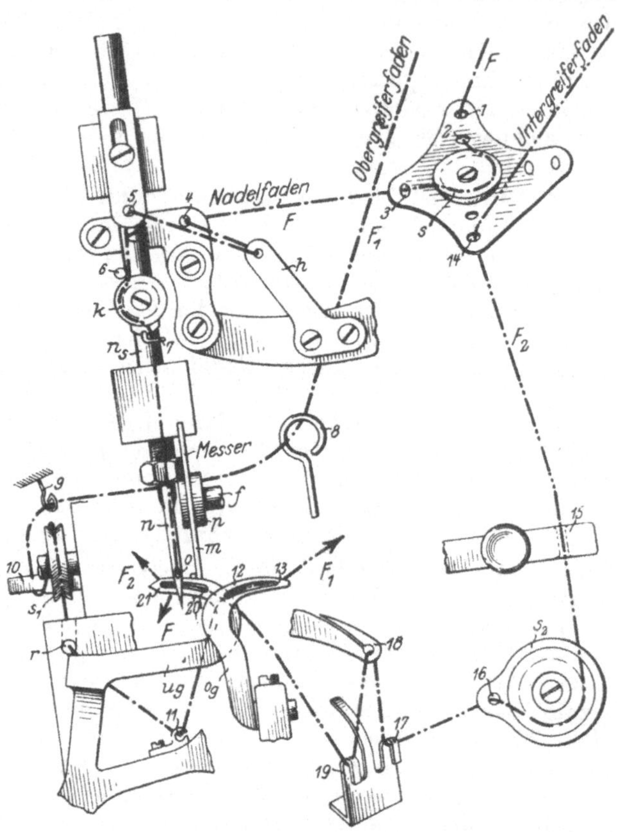

Abb. 411.

die Naht, selbst wenn auch kein Stoff durch die Maschine geführt wird,
häkelstäbchenartig vor sich geht. Wichtig ist die Fadenzuleitung und die
Fadenspannung. Jeder Faden muß eine besondere, genaue Spannung und
Führung erlangen. Abb. 411 zeigt die Hauptorgane einer Dreifaden-Überwendling-
nähmaschine und Abb. 412 ist die Regulierung für die Schnittkante. Die über der
Stichplatte an der Nadelstange ns eingestellte Nadel n empfängt ihre Auf- und Abwärtsbewegung von der Exzenterwelle aus durch schwingende Hebelstangen. Neben
der Nadel n sitzen die Messer m, m_1; das Obermesser m ist fest an p, Abb. 412,
und kann mit f nach rechts gegen das Blech g verschoben werden. Das Untermesser m_1 ist im allgemeinen unbeweglich und wird durch die Befestigungs-
schraube a im Lager l festgehalten. Obermesser m wird mit p und der Nadelstange

während der Stichbildung gehoben und gesenkt, wobei die rechts an der Nadel n vorstehende Stoffkante durch m, m_1 dicht vor und neben der Nadel abgeschnitten wird. Die Greifer og, ug machen eine entgegengesetzte Schwingbewegung, während die Nadel n in der Stichplatte st auf und nieder geht. Hierbei vollzieht sich die Nahtbildung. Der Nadelfaden F, Abb. 411, läuft bei $1, 2$ in die Maschine, geht zwischen der Spannscheibe s hindurch nach 3 und wird von 4 zum Ausgleichhebel h geleitet; von da nach 5 zwischen der Klemmscheibe k hindurch. Die Führungsdrähtchen $6, 7$ verhindern ein Ausspringen des Fadens, der von 7 senkrecht zur Nadelöse o der Nadel n läuft. Die Führungsrinne der letzteren muß somit vorn eingestellt sein.

Der Obergreiferfaden F_1 läuft vom Fadenständer sofort nach hinten, bis zu einer Drahtschlinge 8 und links bei 9 am Gestell hindurch und innerhalb des

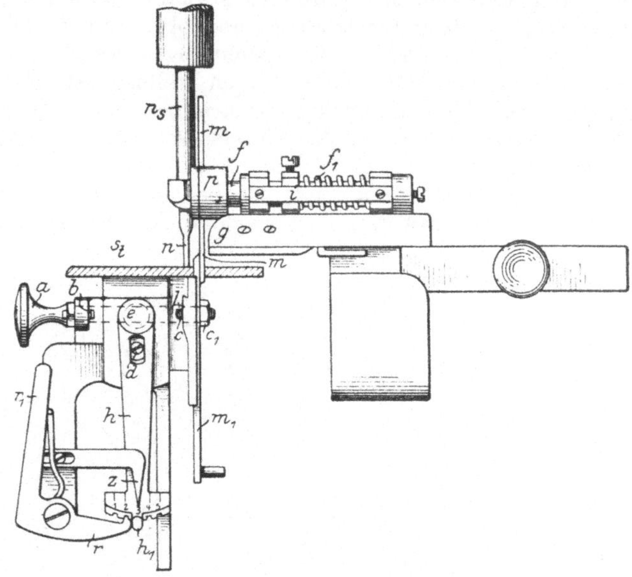

Abb. 412.

letzteren zu der Führung 10 und zu der regulierbaren Klemmscheibe s_1. Von hier aus läuft er durch die Röhre r zu dem Ausgleicher 11 und endlich zum Obergreifer og, wo er bei 12 von innen nach außen und bei 13 wieder nach innen geführt wird.

Auch der Untergreiferfaden F_2 wird, nachdem er vom Fadenständer gezogen ist, durch die Führung 14, dann bei 15 hindurch nach unten zwischen der Spannscheibe s_2 nach 16, dann nach 17, von da zu dem schwingenden Ausgleichhebel 18 und wieder zurück nach 19 und endlich von hier in den Untergreifer ug bei 20 nach außen und bei 21 wieder nach innen zurückgeführt.

Der Arbeitsgang ist kurz folgender: Die etwas schief nach vorn eingestellte Nadel n geht durch den Stoff und die Stichplatte nach unten und stellt sich dicht vor den Obergreifer. Während letzterer ganz nach links unten ausschwingt, geht die Nadel n wieder zurück und bildet hierbei die Stichschleife. Nun schwingt og wieder in die gezeichnete Stellung nach rechts aufwärts, durchsticht hierbei die Nadelschleife und schiebt auch seinen Faden als Schleife hindurch. Letztere wird von dem inzwischen von unten rechts nach oben links schwingenden Untergreifer ug durchstochen, der auch seinen Faden als Schlinge wieder hier durchschiebt und diese zugleich über die Stichplatte *st*, Abb. 412, hinaufträgt. Inzwischen ist die Nadel von der Nadelstange *ns* ganz nach oben geschoben worden. Kurz bevor der Untergreifer *ug* wieder zurückschwingt, senkt sich für den nächsten Stich die Nadel *n*, Abb. 411 und durchsticht zunächst die vorgelegte Greiferschleife und sodann den Stoff, worauf sich der Vorgang wiederholt. Dieser ganze Vorgang vollzieht sich während einer Umdrehung der Arbeitswelle.

Wie schon ausgeführt, empfängt das Obermesser *m*, Abb. 411 und 412, mit der Nadel eine Abwärtsbewegung und schneidet mit m_1 die vorstehenden Stoffkanten vor der Nadel weg. Soll die Stoffkante entsprechend breit ausgeführt werden, so schiebt man das Messerlager *l*, welches durch Stellschraube *e* unter der Stichplatte fest ist, etwas nach links oder rechts. Da die Welle *f* bei f_1 unter Federdruck steht, und sich in *i* lose führt, so kann mit *p* das Obermesser *m* beständig gegen m_1 gepreßt und jetzt mit *l* verschoben werden. Die genaue Stellung wird durch den Zeiger *z* und durch Ausschwingen des Hebels *h*, h_1 oben bei *d* festgelegt. Der Raste *r*, r_1 hält in der richtigen Stellung fest. Nach der Umstellung ist die gelöste Schraube *e* wieder festzuschrauben. Die Stellschrauben *b*, *c*, c_1 begrenzen das Lagerstück *l*. Soll das Untermesser m_1 ausgewechselt werden, so geschieht dies bei *a*.

Auch bei dieser Nahtbildung sind, wie bei der Overlock- und Interlockmaschine, die Greiferfäden aus möglichst weichem Material zu wählen.

Abb. 413.

II. Die Häkelmaschine.

Das Behäkeln von Gebrauchsgegenständen kann ebenfalls auf mechanischem Wege erfolgen. Häkelmaschinen, welche nach Art des Handhäkelns die Häkelspitzen ausführen, können nur begrenzt häkelspitzenartige Musterungen erzeugen. Die mit mehreren Nadeln nach Art einer Strickmaschine oder eines Kettenstuhles arbeitenden Spitzenmaschinen sind keine Häckelmaschinen, da sie nur bordürenartige Spitzen erzeugen, welche als Verzierung an die Warenkanten anzunähen sind.

Die Zweinadel-Häkelmaschine, System Union, ist ebenfalls keine ausgesprochene Häkelmaschine, sie kann aber, unter Mitwirkung zweier Greifer, Häkelschnuren der mit zwei Nadeln gebildeten Naht zuführen und spitzenartige Verbindungen erzeugen und gleichzeitig diese mit der Warenkante verbinden. Diese angenähten Häkelschnuren (siehe auch Schaubild Abb. 413) können sehr wohl als Ersatz für Häkelspitzen dienen. Diese Maschine, welche bis 1500 Stiche per Minute macht, ist gleichzeitig für eine kleine Spitze verwendbar, es ist nur eine Greiferverstellung vorzunehmen.

Zu erwähnen sind noch die Knopfloch- und Knopfannähmaschinen, sowie die zum Anketteln der Warenteile und Abketteln oder Abschließen von Schlußmaschen in Teilen der Gebrauchsgegenstände sehr vielfach zur Anwendung kommenden Kettelmaschinen. — Das Besticken der Ware wird mittels der Tamporier- bzw. Kurbelstickmaschine oder mit der aus der Wirkereitechnik entstandenen Brodiermaschine ausgeübt. Letztere dient in erster Linie zur Verzierung der Strümpfe und Socken.

Die vorstehend im Schlußkapitel über Wirkerei und Strickerei besprochenen Ausrüstungsmaschinen gestatten eine gesteigerte Produktion. Es wäre heute überhaupt nicht mehr möglich, die erforderlichen Arbeitskräfte für die Konfektion zu erhalten, wenn man sich dieser bedeutsamen Hilfe nicht bedienen könnte.

Literatur.

Aberle, Carl: Trikotagen und verwandte Maschengebilde.
Aberle, Carl: Die Strumpf- und Strickwaren und ihre Herstellung.
Deutsche Wirkerzeitung, Apolda.
Hesser, J.: Die Fabrikation der Strumpfwaren, Kalkulation.
Patentschriften, Klasse 25a.
Willkomm, Gustav: Die Technologie der Wirkerei.
Worm, Josef: Die Wirkerei und Strickerei.

Das Netzen und die Filetstrickerei mit Berücksichtigung der Bobinet- und Klöppeltechnik.

Außer gewebter, gewirkter und gestrickter Ware unterscheidet man in der Textilindustrie noch eine größere Anzahl anderer Fadengebilde, welche vielfach Kunstprodukte darstellen und meist durch Handarbeit erzeugt werden; eine maschinelle Herstellung ist nur bis zu einem gewissen Grade der Vollkommenheit erreichbar. Von wesentlicher Bedeutung sind folgende Techniken:

Das Bobinet- oder Tüllgewebe,

Das Klöppeln und Flechten,

Das Netzstricken oder Fileten.

Unter den Handtechniken nimmt sowohl das Klöppeln, als auch das Netzstricken, auch Fileten genannt, die erste Stellung ein. Es werden aber auch auf maschinellem Wege schon recht beachtenswerte Leistungen erzielt. Nicht nur die Handarbeit, sondern auch die neuere sinnreich durchkonstruierte und technisch vervollkommnete Maschine ist imstande, wahre Kunstwerke erstehen zu lassen; und man bewundert nicht nur die durch Handtechnik in künstlerischer Schönheit erzeugten Fadengebilde, sondern auch die mittels Sondermaschinen gefertigten Flecht- und Spitzenerzeugnisse.

Vergleicht man die alten Techniken der Tüll-, Klöppel- und der Spitzenfabrikation mit den Erzeugnissen der neueren Zeit, so kann man gerade auch auf diesem Gebiete einen gewaltigen, großen Fortschritt und eine unserer gegenwärtigen Geschmacksrichtung angepaßte Ausgestaltung wahrnehmen. Es kann jedoch nicht Aufgabe dieser Arbeit sein, eine erschöpfende Darstellung dieser hochwichtigen Techniken zu geben, vielmehr sollen hier nur die wichtigsten Vorgänge und die wesentlichsten Unterscheidungsmerkmale gezeigt werden.

Das Bobinet- oder Tüllgewebe, dessen Fadenverbindung noch deutlich den Übergang von der Webereitechnik zum Geflecht darstellt, ist zunächst hervorzuheben. Wie beim Gewebe werden auch hier Kett- und Schußfäden verwendet. Die Schußfäden kommen aber in ähnlichem Sinne wie beim Geflecht zum Eintrag und umschlingen die Kettfäden, wobei sie von einem Ende zum andern wandern.

Die Grundbindung ist der glatte Tüll, auch Tüllgrund genannt. Von diesem unterscheidet man den unteilbaren und den teilbaren Tüllgrund. Bei dem unteilbaren Grund wandern die Schußfäden nach und nach über die ganze Breite des Tüllgewebes und werden am Ende ihrer Bewegungsrichtung vertauscht; beim teilbaren Grund laufen die Einschlagfäden nur über einen Teil der Kettfäden fort.

Abb. 414 zeigt das glatte, aus Sechsecköffnungen bestehende Tüllgrundgewebe als unteilbaren Grund. Aus dieser Tüllbindung ist ersichtlich, daß sich die Kettfäden k, genau so wie in einem gewebten Stoff, durch die ganze Länge der Ware fortziehen, wobei

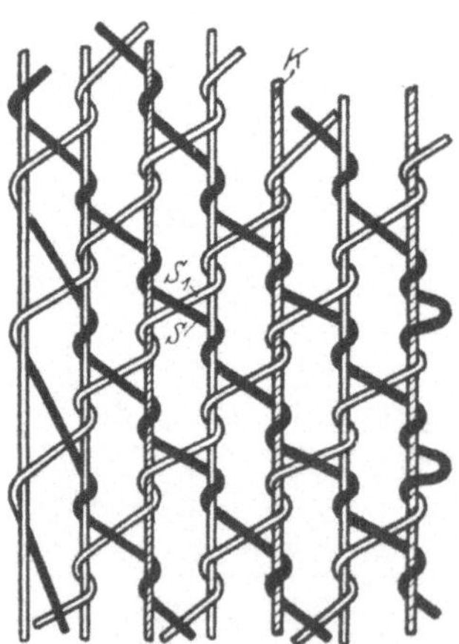

Abb. 414.

sie von den Schußfäden s, s_1, die in entgegengesetzter, diagonaler Richtung wandern, umschlungen werden. Dieses beim Geflecht charakteristische Umschlingen der Schußfäden in Verbindung mit den Kettfäden kennzeichnet den glatten Tüll mit dem unteilbaren Grund, der auch Erbstüll genannt wird.

Die wichtigsten Organe, welche zur Bildung eines Tüllgewebes erforderlich sind, ergeben sich aus Abb. 415. Die bei l durch sog. Lochnadeln oder Leitern, geführten Kettfäden k laufen unterhalb des Stuhlgestelles von dem Kettbaum K ab. Sie werden oben durch Fadenführer oder Lochnadeln l der Führungsschienen d, ähnlich wie in einem Kettenwirkstuhle, geleitet und in Ordnung gehalten. Die Muster- bzw. Figurfäden k_1 sind auf Rollenspulen o gewunden und laufen von diesen einzeln über Führungsstäbe von unten nach oben durch Augen c der Führungsschienen. Sowohl die Führungsschiene l mit den Kettfäden k, als auch die Schienen mit den Musterfäden k_1 erlangen nach Maßgabe der Maschenbildung eine seitliche Verschiebung. Hierzu benützt man ein Jacquardgetriebe, das auch unter der Bezeichnung Tropperjacquard vorkommt. Dieses besitzt Stufeneisen, welche das Hin- und Hergehen der Musterfäden beeinflussen.

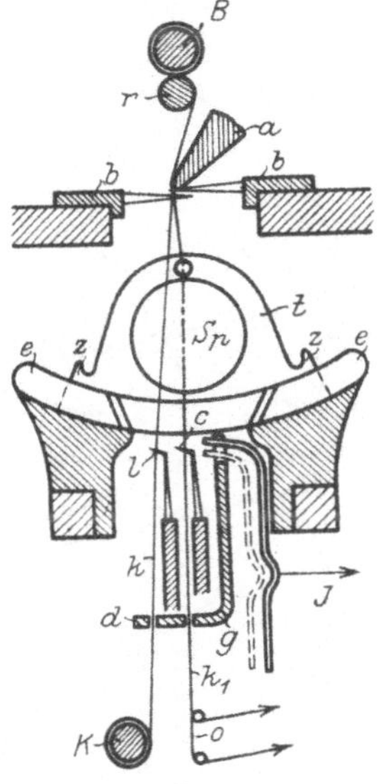

Abb. 415.

Das Einführen der Schußfäden bewirken dünne Scheibenspulen Sp, die als Vorratsbehälter der Figurfäden dienen und zwischen den Kettfäden zwangsläufig verschoben werden. Sie erlangen hierbei eine Vor- und Rückwärtsbewegung und bewirken auf diese Weise das Umschlingen der Musterfäden um die Kettfäden. Diese Spulen lagern und bewegen sich in schmalen Schlitten t, die bei den Zahnbögen z erfaßt und auf den kreisförmigen Bahnen e vor- und rückwärts bewegt werden.

Das Zustandekommen eines Spitzengebildes erfolgt an einer Stützungsleiste a, oben bei den Nadelstangen b. Dorthin werden die von Schußfäden um die Kettfäden geschlungenen Fadenstücke, auch Maschen genannt, durch die Nadelschienen b, welche eine Vierseitbewegung erlangen, geschoben. Von hier aus wird die fertige Ware über eine Leitrolle r und sodann auf den Warenbaum B gewunden.

Bemerkenswert ist noch der Antrieb der Schlitten t mit den Spulen Sp, die so dünn ausgeführt sein müssen, daß sie frei zwischen je zwei Kettfäden k hindurchwandern können. Man unterscheidet einen Antrieb von unten und einen solchen von oben. Für den Antrieb von unten besitzen die Schlitten meist Zahnbögen, in welche eine Zahnwelle eingreift und so die Bewegung vermittelt. Bei dem Antrieb von oben greifen in die Zahnlücken z entsprechende Greifzangen ein, welche eine sichere und rasche Durchführung herbeiführen. Der Antrieb von oben bietet mehr Vorteile.

Je nach der Schlitteneinstellung unterscheidet man zwei Maschinenarten. Bei der einen Art lassen sich die Schlitten seitlich verschieben, so daß die Schußfäden über mehrere nebeneinanderliegende Kettfäden einer geraden Kette fortschreiten. Es entsteht dann der schon erwähnte glatte Tüll (Erbstüll). Bei der zweiten Art schwingen die Schlitten in ein und derselben Ebene. Diese Maschinen eignen sich für die Erzeugung des teilbaren Tüllgrundes und die Spitzenmusterung; sie sind hierzu mit der Jacquardeinrichtung ausgerüstet, welche mit den nach Maßgabe eines Musters gezogenen Schnuren die Musterfäden k_1 bei j und g durch Stellorgane beeinflussen. Der Jacquard kann bei den neueren Bobinetmaschinen in zwei Hälften geteilt sein, wodurch ein rascherer Gang erzielt wird.

Für gemusterten Tüll arbeiten die Bobinetstühle mit besonderen Fadenführerstangen, in welche die seitlich zu bewegenden Fäden gruppenweise eingezogen werden können. Durch die Einwirkung des mit Musterkarten arbeitenden Jacquardgetriebes, dessen Stelleisen die Fadenführerschienen beliebig seitlich ausrücken, lassen sich die in den Schienen bei c eingezogenen Fäden beeinflussen und gemäß des Spitzenmusters um ein oder mehrere Schiffchen verschieben.

Die englischen Tüllgardinen führen als Grundbindung den China-Loup oder englischen Grund (das ist der Schleifengrund) und den französischen Grund. Hierzu benützt man drei Fadensysteme nach Abb. 416. Man unterscheidet die Kettfäden K und die Bindefäden K_1, sowie die wesentlich dünneren Bindefäden f. Die Kettfäden K laufen durch die ganze Warenlänge hindurch, während die

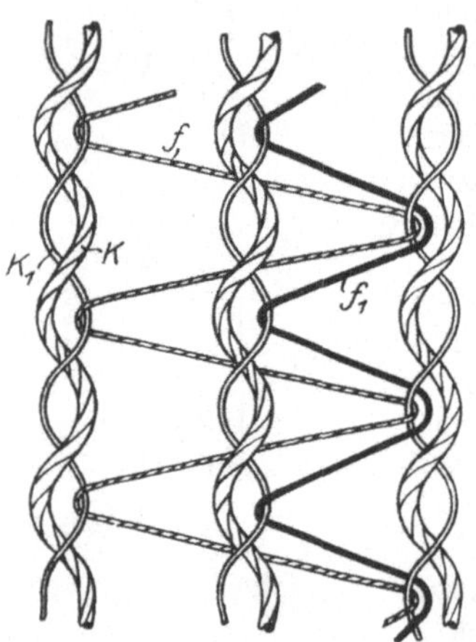

Musterfäden f seitlich auslenken und zwischen benachbarten Kettfäden zickzackartig hin- und hergehen. Sie werden an dieselben durch die dünnen Bindefäden K_1 festgebunden.

Das schon erwähnte Jacquardgetriebe beeinflußt die Musterfäden f, f_1, in der Weise, daß verschieden dichte Fadenlagen entweder mustermäßig, oder zu einem Tüll- bzw. filetartigen Zellengrund angeordnet werden. Durch Kombinieren der verschiedenen Grundarten lassen sich eigenartige Wirkungen erzielen.

Erwähnenswert ist noch eine Ware dieser Art mit der Bezeichnung Swiss. die mit 1 Kettfaden, 1 Bindefaden und 2 Musterfäden hergestellt wird. Man verwendet bei der sogenannten Double-Aktion neben französischem Grund mit 3-Gang-, 4-Gang- oder 5-Gangleinwand Loupgrund und 2-Gangleinwand. Gleichzeitig wird ein dünnerer neben einem

Abb. 416.

stärkeren Musterfaden verwendet. Es kommen in der Regel zwei Arten Swissgewebe vor. Bei der einen Art ist zu bemerken, daß neben dem Loupgrund und 2-Gangleinwand mit französischem Grund 3- oder 4-Gangleinwand zur Anwendung kommt und bei der andern Art 4- oder 5-Gangleinwand. Ferner bildet man in dem erstgenannten Gewebe mit Hilfe der starken Musterfäden den französischen Grund, die 3- oder 4-Gangleinwand, mit den dünnen Musterfäden, den Loupgrund und die 2-Gangleinwand.

Es ist noch beachtenswert, daß hinsichtlich der zweiten Art die dünnen Musterfäden Loupgrund, 2-Gang- und 3-Gangleinwand bilden; die stärkeren Musterfäden jedoch arbeiten 4-Gang- oder 5-Gangleinwand. Durch Kombination von Swiss- mit Double-Aktion, sowie in Verbindung mit einem Kombinationsgrund lassen sich prächtige Effekte und sinnvolle Musterungen erzielen.

Den Anspruch, wirkliche Kunstwerke zu sein, können aber nur die echten Klöppelspitzen erheben.

Das Klöppeln und Flechten stellt ein Fadengebilde dar, zu dessen Herstellung, wie beim Gewirke, auch nur ein Fadensystem Verwendung findet. Bei einem solchen Geflecht oder geklöppeltem Stoffe wandern die Fäden innerhalb der Stoffränder diagonal hin und her. Die Handflechterei, welche schon im Altertum auf hoher Stufe stand, ist als Ausgangspunkt der maschinellen Flechterei anzusehen. Man unterscheidet neben den Spitzengeflechten einfache, flache, viereckige und runde Geflechte. Ein wesentlicher Unterschied zwischen Flechten und Klöppeln besteht in der Fadenverbindung. Es laufen zwar beim Klöppeln die Fäden ähnlich wie beim Geflecht von dem einen Ende nach dem andern.

Die Vereinigung und Verbindung der Fäden wird jedoch durch mehrmaliges Umeinanderdrehen oder Zwirnen vollzogen.

Genau so, wie das Handflechten und Klöppeln zur Aufnahme der Fäden einzelne Fadenspulen (sog. Klöppel) benützt, verwendet auch die Flechtmaschine die allgemein als „Klöppel" bezeichneten Spulenträger.

Sowohl das Geflecht, wie auch die Maschinenklöppelspitze, hat eine große Bedeutung erlangt. Dies ist insbesondere dem Ausbau und der Vervollkommnung der Flecht- und Klöppelmaschinen zu verdanken, die insbesondere· in den letzten 10 Jahren große Fortschritte gemacht haben.

Die größte Entwicklung haben die Flechterei und der Flechtmaschinenbau in Barmen erlangt. Während nun die Maschinenflechterei lange Zeit nur zur Erzeugung von Schuhriemen oder Schnürsenkel und einfachen Litzenschläuchen[1]) Verwendung fand, ist heute die Flechtmaschine infolge ihrer technischen Ausgestaltung auch für die Fabrikation nachgebildeter Handklöppelspitzen und Besatzartikeln, wie Kordeln, Tressen, Gallonen und andere mehr, in Frage gekommen.

Für die Textilindustrie kommen in erster Linie die Maschinenerzeugnisse in Betracht.

Die „Klöppel" oder Fadenträger läßt man durch 8förmige Kurven (Gleitbahnen) in horizontaler Ebene fortlaufen. Dies geschieht in der Weise, daß ein von rechts nach links bewegter Teil dieser Klöppel seine Fäden mit den Fäden des gleichzeitig entgegengesetzt bewegten andern Teils über und unter verschränken und die Fäden sich so zum Geflechte vereinigen. Das so gebildete Geflecht wird bei diesem Rechts- und Linksgang der einzelnen Fadenklöppel beständig nach aufwärts abgezogen.

Die Anordnung und Arbeitsweise und die Anzahl der Klöppel für irgendein Flecht- oder Klöppelmuster richtet sich nach dem sogen. Warenschnitt. Nach dem Vorkommen der verschiedenen Geflechtarten kann man folgende maschinelle Einrichtungen unterscheiden:

Litzen-, Kordel-, Spitzen- und Spezialflechtmaschinen. Für die Herstellung der einfachen Geflechte werden die in Frage kommenden Apparate kurzweg Flechtmaschinen genannt. Für Spitzengeflechte (Klöppelspitzen) wird die Bezeichnung Klöppelmaschinen, auch Spitzenflechtmaschinen, angewendet.

Die Flecht- und Klöppelmaschinen besitzen als wichtigste Organe zur Aufnahme der Fäden die Klöppel oder Spulen. Diese bilden zugleich den Flechtapparat, (DRP. 420254; 97562). Als Klöppelbehälter dienen eine Unter- und eine Oberplatte, von welchen letztere mit der Gleitbahn (Gang) versehen ist. Die Gleitplatte hat Ausschnitte, in welchen sich die Triebräder, auch Flügel- oder Tellerräder genannt, bewegen. Letztere sitzen auf der Grundplatte und werden durch Zahnräder des Getriebes in Bewegung gesetzt. Die Scheiben der Tellerräder enthalten Einschnitte (Flügel) in bestimmter Anzahl. Nach dieser Teilungszahl unterscheidet man 2-, 3-, 4- usw. Flügler. Da die Flügelräder die Klöppel in der Laufbahn (8er Kurve) entlang treiben, werden sie auch Treiber genannt. Die Klöppel kommen mit vertikaler und mit horizontaler Achse vor. Man unterscheidet außerdem noch Klöppel mit Innengewicht und solche mit Außengewicht. Sehr bewährt hat sich der Barmer und der französische Klöppel. Die meiste Verbreitung haben die Klöppel mit senkrechter Spulenachse und Innengewicht erlangt. Je nach ihrer Bewegungsrichtung werden die Klöppel durch eine Öffnung in der Oberplatte eingesetzt.

Das Gestell, auf welchem die Maschinen untergebracht sind, wird auch Riementisch genannt. Dieses besteht aus Holz oder Eisen. In einer muldenartigen Vertiefung ist das Getriebe untergebracht. Über dem Tischgestell befindet sich die

---

[1]) DRP. 419162.

Unterplatte der Flechtmaschine. Bei kleineren Maschinen bringt man in der Regel mehrere Läufe, sog. Köpfe, hintereinander auf einer Platte an. Jeder Kopf erlangt seine eigene „Scholle". Letztere ist an eine über der Mitte sämtlicher Köpfe liegende „Schließe" gelagert. Die mehrköpfige Konstruktion hat gegenüber dem Einzelbau den Nachteil, daß bei Störungen durch gemeinsame Abstellung sofort der ganze Maschinensatz stillgelegt wird. Es wird daher bei großer Klöppelzahl die Kopfzahl möglichst klein gewählt.

Der wichtigste Oberbauteil einer Flechtmaschine ist das Flechteisen. Dieser Teil besteht aus der schon angedeuteten Schließe, der Hintersäule, dem Schollenkästchen und aus dem Schlagwerk. Das Schlagzeug liegt entweder über dem Flechtpunkt e, Abb. 417 oder unter demselben. Es hat dies die gleiche Bedeutung wie das Riet oder Blatt des Webstuhles. Es beeinflußt die Warendichte. Ein entsprechend eingestellter Knotenfinger ist für das sichere und rationelle Arbeiten von Wichtigkeit.

Der Arbeitsvorgang einer Klöppelmaschine ergibt sich aus der Abb. 417. Bei k sind die Klöppel schematisch in den Spuren y dargestellt. Es sind also bei a die gedachten Gangplatten[1]). Die Bewegung der Klöppel k erfolgt durch das im Gestell liegende Satzgetriebe. Bei der Bewegung der treibenden Flügelräder unterhalb der Gangplatte a gelangen die Stifte der Klöppel k in die Einschnitte dieser Räder, wodurch sie in den Spuren Sp fortgetrieben werden. Nimmt man an, daß der Klöppel I links seinen Ausgangspunkt hat, so wird er von dem ersten Flügelrad über die Vorderseite dieses Rades bis zum Berührungspunkte des zweiten Rades getrieben, damit ein dort zu gleicher Zeit ankommender Radeinschnitt

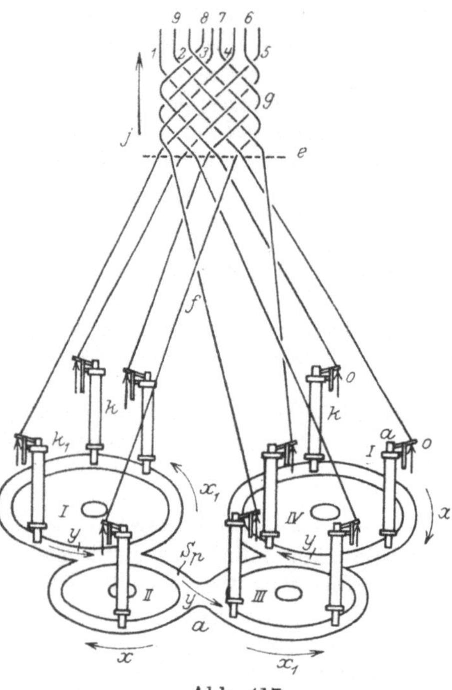

Abb. 417.

die Weiterbewegung des Klöppels übernimmt, das ist an der Rückseite desselben. Dieses zweite Rad leitet den wandernden Klöppel an das dritte Rad, und dort läuft er wieder der Vorderseite entlang und wird dem 4. Rad übergeben. In diesem Sinne kann der Klöppel mehrere Radsätze durchwandern. In Abb. 417 sind 2 Sätze angenommen. Aus dieser Abbildung ist auch deutlich der Gang der Klöppel zu verfolgen. Der Klöppel k_1 beginnt bei I und läuft in Pfeilrichtung y wechselweise an der Vorderseite der bei a angetriebenen Räder I, III und an der Hinterseite der Räder II, IV der Spur Sp entlang, wobei sich die Räder I, III im Sinne des Pfeiles x_1, II, IV im Sinne der Pfeile x drehen. Der endlich am Rad IV an der Hinterseite eintreffende Klöppel Ia führt mit diesem Rad eine ganze Drehung aus und kann jetzt in Richtung der Pfeile x, also in umgekehrter Richtung, die Spur Sp durchwandern, er trifft dann wieder am Ausgangspunkt bei k_1 ein. Natürlich benützt er bei dieser Rückwanderung die entgegengesetzten Seiten der Räder I—IV, wie beim Vorwärtsgang.

---

[1]) DRP. 408657.

Da bei dieser Antriebsbewegung[1]) gleichzeitig sämtliche Klöppel k, k_1 (hier also 9 Klöppel) in Pfeilrichtung y den Spuren Sp entlang geführt werden, so kann man die von den Klöppelspulen bei o ablaufenden Fäden f der von links nach rechts forteilenden Klöppel über bzw. unter die Fäden der entgegengesetzt bewegten Schlingen legen und dadurch die Verflechtung bilden. Die durch die Klöppelwanderung und das Abziehen der Ware geschaffene Schräglage der Fäden 1—9 und das so entstandene schmale Geflecht g, sind aus Abb. 417 deutlich ersichtlich. Das Geflecht g wird in Pfeilrichtung j nach oben abgezogen.

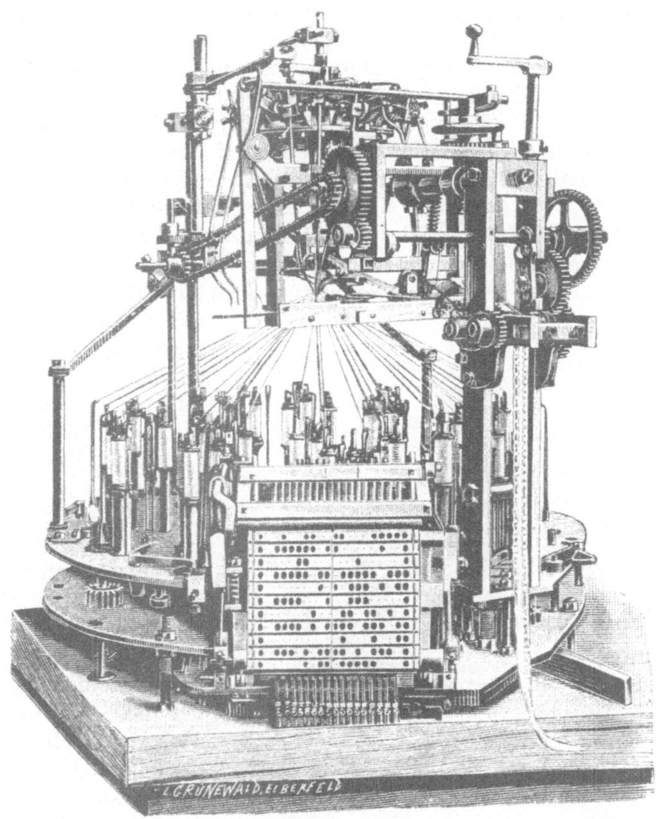

Abb. 418.

Macht man einen Schnitt durch das Geflecht, so gibt ein solcher Schnitt Aufschluß über die Bindungsart, d. h. über die Bezeichnung „flechtig". Es lassen sich dann jene Fäden, welche untergebunden haben, von denjenigen, welche übergebunden sind, leicht unterscheiden. Das in Abb. 417 bei g dargestellte Geflecht kann man als eine 9-fädige 2-flechtige Litze bezeichnen. Es sind die Fäden 1—9 verwendet, von welchen jeder abwechselnd 2 andere über- und unterbindet. Nach diesen Verflechtungen unterscheidet man 1-, 2- und 3-flechtige Waren, je nach der Stellung der Klöppel.

Die bildliche Darstellung der Geflechte geschieht auf quadriertem Patronenpapier, das jedoch für die Flechterei und die Spitzenfabrikation besonders zu wählen ist. Man hat zu beachten, daß ein Quadrat im Geflechtsbild der Wirkung einer Flügellänge in der Maschine entspricht. — Zur Herstellung der verschiedenen

---

[1]) DRP. 419226.

Geflechtsarten und Spitzenmuster sind auch entsprechend konstruierte Maschinen erforderlich.

(Ausführliche Beschreibung über Arbeitsweise der Maschinen und bildliche Darstellung der Geflechte und Spitzen gibt das vorzügliche Werk „Die Flechterei" von Bernh. Lepperhoff.)

Die Spitzenmaschinen haben infolge ihrer sinnreichen Jacquardeinrichtung vielseitige Verwendungsmöglichkeit[1]). Sie dienen zur Anfertigung der 2-, 3- und 4fädigen Spitzen der verschiedensten Arten aus Seide, Wolle, Baumwolle, Leinen usw. Klöppelspitzen sind meist die an der Maschine erzeugten 2fädigen Spitzenarten, während die 3- und 4-fädigen auch die Bezeichnung Flecht- oder Häkelspitzen führen. Für solche Kunsterzeugnisse besitzen die Maschinen einzelne Gänge, sog. Litzchen, welche untereinander so verbunden sind, daß die Klöppel von je 2 zusammenliegenden Gängen von einem zum andern hinüberlaufen können. Dieses Hinüberlaufen wird durch die Jacquardmaschine bewerkstelligt, welche dem Wesen der Flechtmaschine entsprechend eingerichtet ist.

Das Schaubild, Abb. 418, zeigt eine 2-fädige Spitzenmaschine mit Jacquardeinrichtung der Firma Johannes Fries, Maschinenfabrik, Unter-Barmen. Das Aufsetzen des Musters geschieht durch Auswechseln der Karte. Die Patronenkarten können ähnlich wie in der Weberei mittels Kartenschlagmaschinen geschlagen und hergestellt werden.

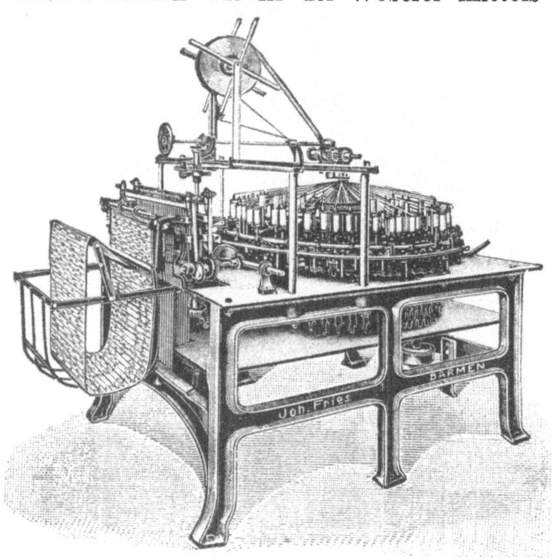

Diese Maschinen besitzen an den einzelnen Klöppeln selbsttätige Ausrückvorrichtung bei Fadenbruch oder Leerlaufen der Spulen. Entsprechend den einzelnen Gängen einer Spitzenmaschine können mehrere sog. Litzchen erzeugt werden. So kann z. B. eine 20-Litzchenmaschine 20 einzelne Läufe (Gänge) besitzen und somit eine 20teilige Spitze erzeugen. Da an einer solchen Maschine auch einzelne Litzchen außer Tätigkeit zu setzen sind, so lassen sich auch andere Spitzenteilungen durchführen.

Abb. 419.

Zur Nachahmung handgeklöppelter Spitzen wird jetzt vielfach die einfädige Spitzenklöppelmaschine verwendet, wie eine solche nach dem Fabrikat Johannes Fries, U.-Barmen, in Abb. 419 dargestellt ist. Erzeugnisse dieser Maschinen stellen die Muster Abb. 420—423 dar. Abb. 420 ist auf einer Maschine mit 56 Klöppeln als Imitation einer Handklöppelspitze hergestellt, Abb. 421 eine solche Spitze mit 76 Klöppeln, Abb. 422 mit 72 Klöppeln, Abb. 423 mit 52 Klöppeln ausgeführt.

Die Maschinenklöppelspitze hat ihren Ausgangspunkt von der Handklöppelspitze genommen, und von dieser hat man zunächst die einfachste Form zugrunde gelegt. Man lehnte sich anfangs der Ausführung des Netzschlages der

---

[1]) DRP. 411826; 418435; 418437; 419227; 419826; 402418; 420419.

echten Spitze an und arbeitete auch mit einem Lauffaden. Es zeigte sich aber bald, daß dieser Lauffaden eine große Kartenzahl bedingte, wodurch die Fabrikation zu teuer kam. Nach mehrfachen Übergangsversuchen ging man über zu der Technik mit zwei Lauffäden im Netzschlag, wobei die zwei Fäden immer miteinander an den beiden Seiten des Netzschlages kreuzen. Auch für den sog. Leinenschlag ist das gleiche Verfahren zur Anwendung gekommen. Bahnbrechend für die Maschinenspitzenindustrie, die sich ganz

Abb. 420 und 421.

bedeutend entwickelt hat, war der Filetgrund[1]), Abb. 424. Die Fadenverflechtung der feineren Fäden f, f_1 mit den stärkeren F, F_1 ist aus dieser Abbildung ohne weiteres ersichtlich. Durch die oben ausgeführten Fadenverbindungen entstanden die Vereinigungen mit Netzschlagfiguren und Klöppeleffekten, wie Spinnen, Tupfen usw. Durch die Verbindung von Netzschlag, Leinenschlag und Stäbchenmusterung hat man sich dann immer mehr der Technik der echten Klöppelspitzen angelehnt. Die Vertreterinnen solcher Spitzenarten sind die Nachbildungen von Venisespitze, auch Soutache und die Valenciennes. Die Netzschlagfiguren mit den Klöppeleffekten, als Spinnen, Tupfen, bildeten die wichtigsten Motive für die einfachen Spitzen. Die Maschinenspitzen lassen sich heute nur sehr schwer von den echten Spitzen unterscheiden.

---

[1]) DRP. 416467 und 417940.

Die Netzstrickerei (auch Filetstricken genannt).

Diese Arbeit ist schon den ältesten Völkern bekannt gewesen. Dies beruht wohl darauf, daß sie ihre Jagdgeräte, die Netze zum Fischfang, selbst herstellen mußten.

Abb. 422 und 423.

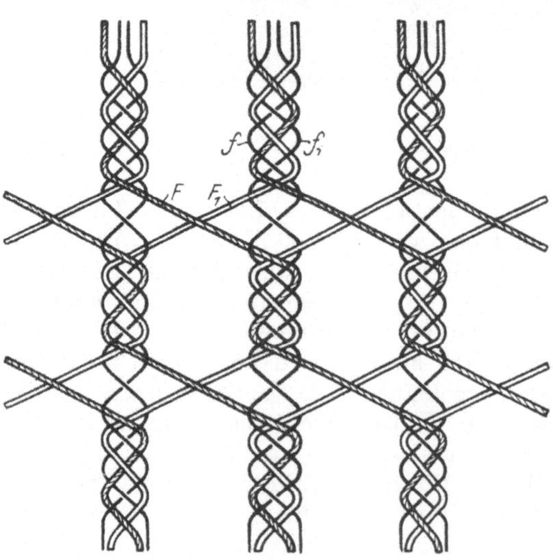

Abb. 424.

Man bezeichnet mit Netzstricken oder Fileten diejenige Handarbeit, welche ähnlich wie das Handstricken und Häkeln mittels eines einzigen Fadens, der mit sich selbst verschlungen und verknotet wird, ein netzartiges Fadengebilde hervorbringt. Ein solches Netz besteht somit aus lauter zusammengeknoteten Schlingen oder Maschen. Die Maschen sind als Vierecke aus den Fadenstücken a—b, b—c, c—d und d—a zusammengesetzt, wie dies Abb. 425 zeigt; an den vier Verbindungsstellen a, b, c, d sind sie regelrecht geknotet. Diese Maschen bilden beim Ausspannen des Netzes gleichmäßig versetzt angeordnete Rhomben, die den Filetgrund ergeben. Die Entfernung f eines Knotens a, bis zum nächsten c, nennt man die Maschenweite, sie kann mit dem Zirkel bestimmt werden. Die vier Schenkel einer Masche sind leicht gegeneinander drehbar; es ändert sich somit die größte Länge, die größte Breite und die Größe der von der Masche umgebenen Fläche, je nachdem die Masche mehr oder weniger lang gezogen wird. Es ist dann die Zahl der Maschen, mit der Maschenlänge oder der doppelten Maschenweite multipliziert, das Maß der Länge. Darnach wäre z. B. ein Netz von 50 Maschen

Tiefe und 400 Maschen Länge, bei 20 mm Maschenweite der Tiefe nach ausgezogen, 50 mal 2 mal 0,020 = 2 Meter tief und 400 mal 2 mal 0,02 = 16 Meter lang.

Die Netzknüpftechnik wird sowohl von Hand als auch mit Hilfe der Netzknüpfmaschinen ausgeübt. Von allen Handarbeiten bildet die Filetarbeit eine der beliebtesten Techniken. Außer den verschiedenartigsten Gebrauchs- und Phantasieartikeln, wie Haarnetze, Filetjacken, Filethandschuhe, Markt-, Fliegen-und Fischernetze usw., sind noch von Bedeutung die heute so beliebten Grundnetze für die Kunststopfarbeiten für Decken, Kissen, Fenstervorhänge, Einsätze, Kleiderschmuck, ausgeführt mit dem Leinenstopfstich.

Für das Fischergewerbe, vornehmlich für die Hochseefischerei, kommen kräftige und auch sehr umfangreiche Netze in Frage. Zu diesen großmaschigen Netzen, sowie auch für eine Menge gewerblicher Artikel, werden heute sehr sinnreich konstruierte Netzstrickmaschinen verwendet.

Die Herstellung der Stricknetze oder das Fileten mit der Hand, hat in vielen Gegenden wieder eine Neubelebung durch die auf dem Markte erscheinenden Netzartikel und

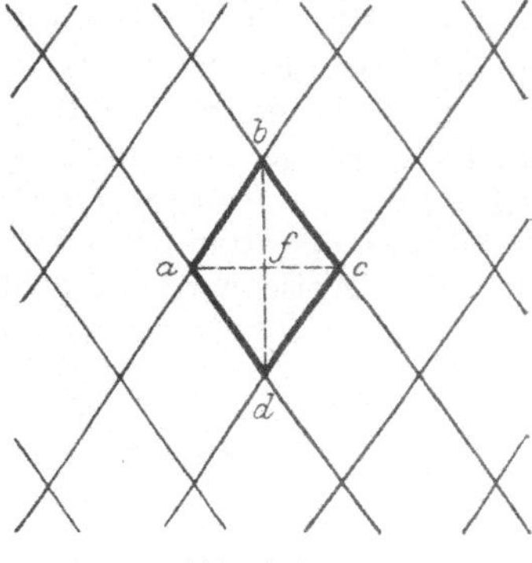

Abb. 425.

durch die Kunststopferei erfahren. Das Arbeitsgeräte für das Netzstricken besteht aus einem Bein- oder Holzstäbchen, dem sog. Netz oder Strickholz Abb. 426, und der Netz- oder Filetnadel a, die aus Messing oder Stahl besteht. Letztere ist an beiden Enden zu einer Gabel, g, g_1, ausgebildet. Von dieser Gabelform rührt auch die in einzelnen Gegenden übliche Bezeichnung Gabelarbeit her. Die 2 Zinken der Gabel, g, g_1, sind federnd und gegeneinander gebogen, damit sie an ihren Enden zusammentreffen und sich zu einer Spitze schließen. Sie kann für die Herstellung großer Netze auch nur an einem Ende als geschlossene Spizte ausgebildet sein; nur muß dann zur Aufnahme des Fadens noch ein zungenartiger Stift ins Innere der Spitze verlegt werden. Der Ausfall und die Dauerhaftigkeit der Netzarbeit ist einesteils bedingt durch die Stärke des Netzholzes und andernteils durch die Stärke und

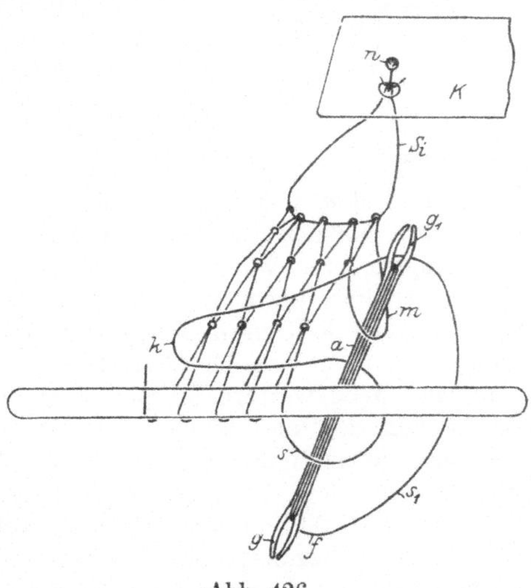

Abb. 426.

Qualität des Fadens. Es ist nur bester, echter Zwirnfaden (2—3 fach) zu wählen. Dies ist für die Fischernetze von besonderer Wichtigkeit. Für diese benützt man mehrfaches Baumwoll- oder Hanfgarn.

Das Netzholz, um welches die Fadenschlingen zu Maschen geformt werden, ist linealartig, möglichst mit abgerundeten Ecken oder auch als Rundstab (Walze) gestaltet.

Die Netzknoten werden entweder mit zwei Stichen oder mit einem Stich gearbeitet. Der zweistichige Knoten ist leichter auszuführen. Vor Beginn einer

Arbeit wird der Faden f, Abb. 426, auf die Netznadel gewunden und sind hierzu die Zinken der Gabelenden, g, g_1, mit der Hand zu öffnen, und gleichzeitig ist der Faden mit der rechten Hand von der einen Gabel zur andern zu leiten und muß um den mittleren, stärkeren Teil gewickelt werden. Der Anfang einer Netzarbeit erfolgt mit einer zusammengeknoteten Schlinge Si, welche in einen Stift oder an eine in ein schwer aufliegendes Kissen K eingesteckte Nadel n eingehängt wird. An diese zirka 18 cm lange Hilfsschlinge, vielfach auch an eine Schnur, wird das Fadenende des auf das Netzholz gewundenen Fadens geknotet. Sodann nimmt man das Netzholz in die linke Hand, zwischen Daumen und Zeigefinger, so daß es, vom Mittelfinger gestützt, wagerecht aufliegt, und legt es an die Hilfsschlinge, diese mitfassend. Die Filetnadel a hält man in der rechten Hand, führt nun mit Daumen und Zeigefinger der rechten Hand den Arbeitsfaden straff vorn über den Stab h und dann um den dritten und vierten Finger herum. Auf diese Weise wird die Schlinge s gebildet, siehe auch Abb. 427. Jetzt führt

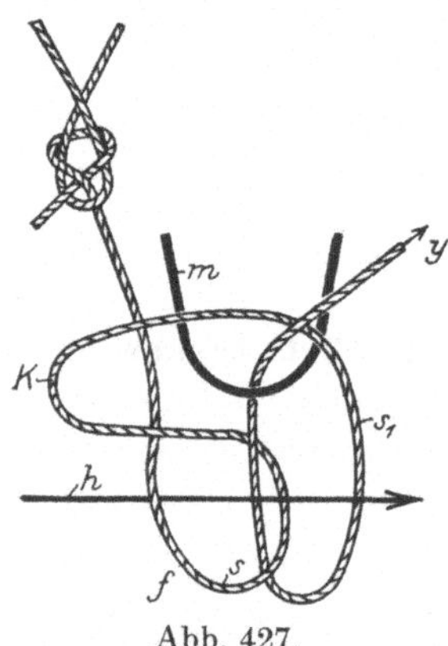
Abb. 427.

man den Faden mit Daumen und Zeigefinger der rechten Hand zwischen Daumen und dritten Finger der linken Hand, von hinten nach vorn und legt ihn nach der Seite so, daß der Daumen ihn festhalten kann und so den „Klang" K bildend. Sodann wird der Faden weit um die linke Hand geführt und hinter dem Stab nach vorn, und steckt dann die Filetnadel durch die kleine Schlinge s, sodann dicht hinter dem Stäbchen durch die Hilfsschlinge oder durch jene Schlinge m, an welche der Faden zu knoten ist und bildet zugleich die Schlinge s_1. Hiernach zieht man die Nadel nach oben durch diese Masche m, Abb. 426 u. 427, in Pfeilrichtung y, während der linke Daumen immer den Faden festhält und der kleine Finger der linken Hand die Schlinge s_1 auffängt.

Solange nun der Faden mit Daumen und Zeigefinger der rechten Hand nach und nach ausgezogen wird, zieht man zuerst den Zeigefinger zurück, worauf man den Faden unter dem Daumen fortgleiten läßt, zieht dann die Finger aus der kleinen Schlinge s und zieht diese zugleich zu, während die große Schlinge s_1 immer noch von dem kleinen Finger gehalten wird, und zwar so lange, bis dieser dicht an das Netzholz h reicht. Dann läßt man den Finger herausgleiten, und indem man den Faden nach vorn über das Netzholz holt, zieht man auch die Masche vollends zusammen. Jede weitere Masche wird in ähnlichem Sinne geknotet. Wenn bei der großen Schlinge Si oder an der Schnur mit dem Anfang begonnen wird, hat man, je nach der herzustellenden Strickarbeit eine entsprechende Anzahl Maschen in diese Schlinge zu arbeiten, die als Anschlagmaschen anzusehen sind, wie dies Abb. 426 zeigt. Hierauf wird das Netzholz h aus der ganzen Maschenreihe herausgezogen. Dann wird das Maschennetz gewendet, und nun schürzt man die nächste Reihe wieder von links nach rechts, so daß jede neue Masche in eine Masche der vorhergehenden Reihe tritt. Alle Maschen sollen gleich fest das Netzholz umschließen. Nach jeder fertigen Reihe wird der Stab wieder herausgezogen, die Arbeit gewendet und wieder die neue Reihe von links nach rechts begonnen. In dieser Arbeitsweise weiter gearbeitet, erhält man ein schräges Filetnetz. Der gerade, genetzte Filetgrund wird am meisten verwendet, für Quadrate, Rechtecke und Streifen, welche beliebig groß herzustellen sind. Es muß bei all diesen Arbeiten das sog. Zunehmen durchgeführt werden. Dies geschieht in der Weise, daß man in die letzte Masche zwei Knoten arbeitet. Es wird so lange zugenommen, bis die erforderliche Maschenbreite erreicht ist. Wenn ein

Quadrat zu netzen ist, so arbeitet man eine Reihe ohne Zunehmen, und von der nächsten Reihe an nimmt man ab, indem man am Ende jeder Reihe zwei Maschen

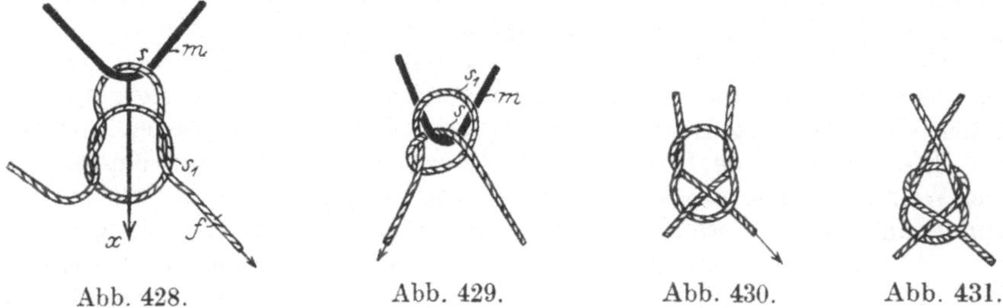

Abb. 428.   Abb. 429.   Abb. 430.   Abb. 431.

mit einem Knoten zusammenfaßt. Die beiden letzten Maschen sind zusammenzuknoten ohne Benützung des Netzholzes.

Die Knotenbildung des Arbeitsvorganges Abb. 426 und 427 ist durch die Abb. 428 bis 430 veranschaulicht. Abb. 429 zeigt den einstichigen oder einfachen Kreuzknoten und Abb. 430 ist der zweistichige Kreuzknoten mit dem Stich von unten.

In Abb. 428 ist der nach Abb. 427 entstandene Knoten noch nicht zusammengezogen, der Faden f muß noch in Pfeilrichtung y angespannt werden und s ist nach Abb. 429 durchzuholen, so daß sich s_1 über s und m zieht und der fertige, straff gezogene Knoten Abb. 430 entsteht. Dieser wendet sich bei dem Stich von oben in die ge-

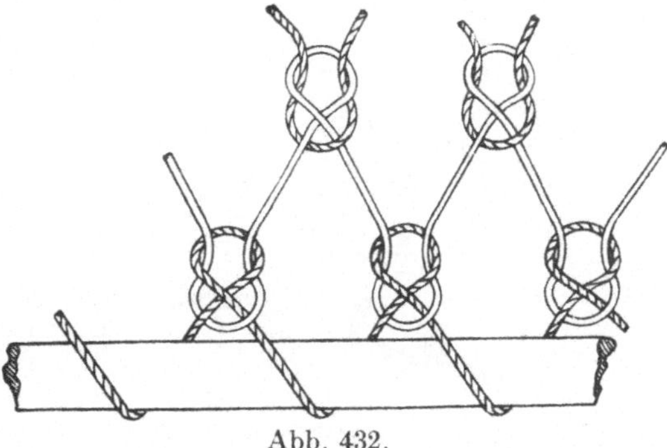

Abb. 432.

zeichnete Stellung Abb. 431 und 433. Es ist dies das charakteristische Merkmal des zweistichigen Kreuzknotens mit dem Stich von oben. Bei den zweistichigen Netzknoten mit dem Stich von unten entsteht die offene Knotenbildung Abb. 432. Dieses merkwürdige Verhalten der Knoten ist beachtenswert; hiernach lassen sich die Knotenarten in den Netzen leicht unterscheiden. Die Ausführungsform Abb. 433 ist die gebräuchlichste.

Die Herstellung der Netzstrickware mittels der Netzstrickmaschine führt sich immer mehr ein. Die Verfahren und die Maschinen hierzu, welche ein selbsttätiges Knotenbilden ermöglichen, haben erst in den letzten Jahrzehnten brauchbare Verbesserungen erlangt. Die ersten, etwa seit 1867

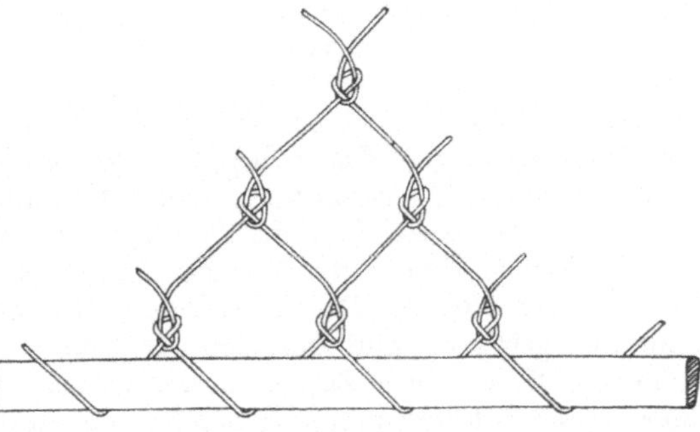

Abb. 433.

bekanntgewordenen Netzstrickmaschinen waren noch unvollkommen und mußten teils noch mit dem Fuße betätigt werden. Die Höchstleistung solcher halbautomatischen Netzstrickmaschinen war höchstens etwa 600 Maschen in der Minute (das

Handstricken stellt etwa 15 bis 20 Knoten in der Minute her). Dieser Leistung gegenüber stehen die neueren Maschinen mit einer Knotengeschwindigkeit mit etwa 3300 Maschen in der Minute. Durch die DRP. 26552 von Chaunier und Nr. 37348 von Galland haben die Netzstrickmaschinen wertvolle Neuerungen erlangt, welche die Produktion äußerst günstig gestalteten. Diese Netzstrickmaschinen arbeiten durchweg mit zwei Fadensystemen, bzw. zwei Fadenreihen, von welchen das eine System als die Kette, das andere als Schuß bezeichnet werden kann. Die Maschine nach dem System Chaunier vollzieht die Knotenbildung in der Weise, daß zuerst ein Faden mit Hilfe eines Fadenführers um zwei Stifte herumgeführt wird, worauf ein gegabeltes Stück den andern Teil des gleichen

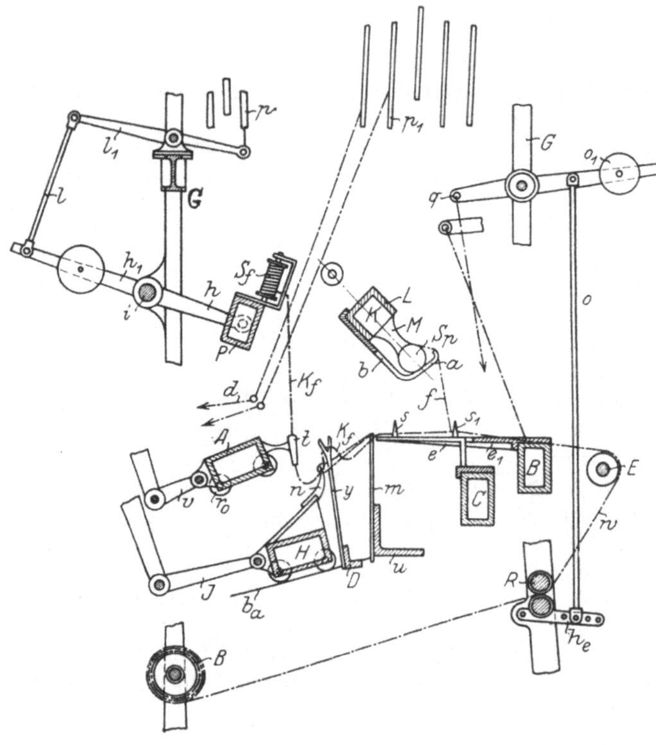

Fadens von unten her durch die erste gebildete Schlinge hinaufhebt und dadurch ein Fach entsteht, durch das die Spule des Schußfadens hindurchgehoben wird. Die Spule befindet sich in einer Art Brochierlade. Die Maschine ist mit einem doppelt wirkenden Jacquardapparat ausgerüstet und kann in beliebiger Breite ausgeführt werden.

Der Arbeitsvorgang einer solchen Maschine ist aus Abb. 434 ersichtlich, in der auch die wesentlichsten Organe im Vertikalschnitt dargestellt sind. Das zur Aufnahme der Tragstücke ausgebildete Gestell G ist in der Abbildung nur teilweise ange-

Abb. 434.

deutet. Oben im Gestell ist der Jacquardapparat untergebracht. Dort sind mit dem Messerkasten die Platinen p, p_1 in Verbindung. Die Anordnung und Arbeitsweise der beiden Jacquardmaschinen ist ähnlich jener des Webstuhljacquards.

Zur Aufnahme der die Schußfaden f tragenden Spulen Sp dient die Schützenlade L. In dem Innern der Messingschützen M können sich die Fadenspulen frei bewegen und drehen. Durch besondere Hilfsorgane werden die Schußfaden geführt und geregelt. Die Schützenlade L kann mit den nebeneinander liegenden Schützen M um ihre Zapfen ausschwingen. Jeder Schußfaden f läuft durch einen in der Schütze vorgesehenen Schlitz und bei Sp um eine Spannrolle. Dort wird auch durch geeignete Spannvorrichtung jeder· Schußfaden f während der Knotenbildung geregelt. Von der Schützenlade L laufen Tragbügel b herab, in welchen die Schützen untergebracht sind. Diese Bügel sind so angeordnet, daß sie beim Ausschwingen der Lade L und während der Knotenbildung die sog. Kettfaden Kf frei unter sich hindurchlassen. Es sei hier gleich hervorgehoben, daß diese Kettfäden von besondern Fadenspulen Sf ablaufen, welche nebeneinander auf dem Prisma P aufgesteckt sind. Da dieses Prisma an den links und rechts im Gestell G sitzenden und um i ausschwingenden Hebelarmen h angebracht ist, so kann das Prisma durch Vermittlung der Jacquardplatinen p, welche die Hebel l, l_1 und h, h_1 verbinden, mit den Spulen in Schwingung versetzt werden. Hierdurch empfangen die durch die Stahlröhrchen t des Fadenführerprismas A geleiteten Kettfaden Kf ihre Regelung. Die Prismaschwingung entspricht der Länge des zur Knotenbildung erforderlichen Garnes. Auch das Prisma A empfängt eine schwingende Querbewegung, sowie eine kurze Längsverschiebung. Es sitzt zu diesem Zwecke auf Rollen ro und ist mit v, d verbunden. Die schon erwähnte Schützenlade L erlangt ihre Schwingbewegung mit den Schützen M, und letztere erhalten durch den Kamm K noch eine Hin- und Herverschiebung. Diese Längsverschiebung wird wiederum durch eine Platine p_1 des Jacquardgetriebes bewirkt.

Die Knotenbildung kann durch eine eigenartige Fingereinrichtung hervorgebracht werden. Dazu befinden sich an zwei weiteren Prismen C, B, die vielfach auch Knotenprismen genannt werden, die Finger e, e_1 mit den Spitzen s, s_1. Es sind so viele solche Spitzen vorgesehen, als Kettfäden Kf zur Verarbeitung kommen. Bei der Knotenbildung übernehmen dann diese Finger die Fadenschlingen und halten die fertigen Knoten so lange, bis sie weitergeleitet werden. Das Jacquardgetriebe vermittelt durch die Platinen p_1 auch diesen beiden Kettenprismen die erforderlichen Quer- und Längsverschiebungen.

Da die Weite der oben beschriebenen Maschen verschieden sein kann und zwischen 15 und 60 mm schwankt, so müssen die Entfernungen der Spitzen s, s_1 auch entsprechend der Maschengröße veränderlich sein.

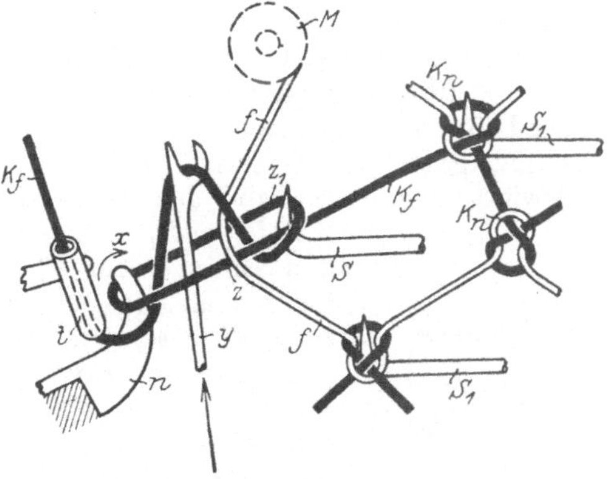

Abb. 435.

Die von den Kettfadenspulen Sf ablaufenden Kettfäden Kf werden unterhalb den Fadenröhrchen t von den Haken n des Hakenprismas H zu Schlingen ausgezogen. Auch diese Anzahl der Häkchen n entspricht der Anzahl Kettfadenröhrchen t. Das Hakenprisma ist beweglich mit Rollen auf einer Bahn ba und empfängt zwei Bewegungen für die Knotenbildung. Diesem Bewegungsapparat kommt noch ein weiteres Organ mit Fingern y der Winkelschiene D zu Hilfe. Die Schiene D empfängt außer einer Quer- und Längsverschiebung auch noch eine Vertikalverschiebung. In Verbindung mit den Haken n und unterstützt durch eine mit Einschnitten m versehene Platte u, werden die Kettfäden Kf und Schußfäden f gekreuzt und zu Knoten verbunden.

Der äußerst interessante Arbeitsvorgang dieser Werkzeuge während der Herstellung einer Knotenreihe ist durch die schematische Darstellung Abb. 435 erläutert. Es sind hierzu folgende Bewegungen vorzunehmen. Zu Beginn einer Arbeit hängt eine alte Maschenreihe noch an den Stiften s_1. Siehe auch Abb. 434. Von diesen Stiften laufen die Kettfäden Kf, geführt durch die Röhrchen t, je an einem Stift s vorbei, bis in die gezeichnete Stellung, Abb. 435. Dort werden sie in Pfeilrichtung x um die Haken n geschlungen. Sie werden dann beim weiteren Vorwärtsschwingen auch um die Stifte s herumgeschlungen und erlangen durch die entstehende Spannung an den entsprechend ausgebildeten Hakenflächen n genügend Halt. Es hat sich auf diese Weise eine lange Fadenschlinge z, z_1 gebildet, durch welche jetzt die längs des Prismas D geführten Finger y, Abb. 434 und 435, gehoben und bei dieser Bewegung zugleich auch die Kettfäden Kf nach oben durch die Schlinge z, z_1 geschoben werden. Dieser Vorgang ist deutlich aus Abb. 435 ersichtlich. Senkt sich sodann die Schützenlade L, Abb. 434, bis zu den bei den Haken n und Stiften s umgeschlungenen Kettfaden Kf herab, so können sich die Schützen M mit den Schußfäden f unter den noch gehobenen und zu einem Fach ausgebildeten Kettfaden hindurchschieben. Zu diesem Zwecke müssen die Schützen mittels Federn um eine Teilung verschoben werden. Geht nun hierauf die Schützenlade wieder nach oben zurück, so werden die Schußfäden f in die Kettfäden Kf und zwischen die Schleifen z, z_1 eingehängt bzw. eingebunden. Jetzt können auch die Finger y wieder nach unten zurückgehen; sie geben dabei die hochgehobenen Kettfadenstücke frei und legen sich nunmehr über die eingebundenen Schußfäden f, um dann wieder in ihre gestreckte Lage zurückzukehren. Hierauf werfen dann die Haken n die noch gehaltenen Schlingen z ab.

Endlich ist noch wichtig, die Fadenausgleichung und das Straffziehen der durch die freigewordenen Schlingen gelockerten Kettfäden, damit die Knoten vollends zusammengezogen werden. Dieser Vorgang wird durch das um i, Abb. 434, ausschwingende Hebelsystem h, h_1, l, l_1 unter Vermittlung der Jacquardplatinen p bewirkt. Hierdurch wird das Prisma P mit den Spulen Sf gehoben und die Kettfäden Kf erlangen genügende Spannung. Die sich so an den Stiften s, Abb. 435, vollends zusammengezogenen Knoten bleiben an letzteren hängen, bis die nächstfolgende Knotenreihe auch an den Stiften s_1 gefertigt ist. Die Stiftenreihe s_1 geht jedoch zuvor mit dem Prisma P Abb. 434 zum Abstreifen der aus der vorhergehenden Reihe noch gehaltenen Knoten Kn, Abb. 435, nach unten, schwingt dann nach innen aufwärts an Stelle der Stifte s, während C mit s und der neuen Knotenreihe nach außen schwingt. Auch die übrigen Organe kehren in ihre Anfangsstellung zurück. Dann wiederholt sich derselbe Arbeitsvorgang an der Stiftreihe s.

Abb. 436.

Wie aus Abb. 436 ersichtlich, haben die Maschinenknoten genau dieselbe Fadenverschlingung wie die durch Handtechnik gebildeten Knoten. Die Kettfaden Kf lenken nach der einen, die Schußfaden f nach der andern Richtung aus, verbinden sich dort mit den Nachbarknoten und kehren wieder in die alte Stellung zurück. Beide Fadensysteme laufen sinngemäß längs durch das ganze Stricknetz hindurch. Hiernach läßt sich auch die an der Maschine gefertigte Netzstrickware von der mit der Hand gearbeiteten leicht unterscheiden.

Erwähnenswert ist noch die Fortbewegung und Aufwindung der fertigen Netzware w, Abb. 434. Mit Hilfe eines Schalthebels he, der mit dem Hebelzeug o, o_1 verbunden ist und beim Wechselgang der Stiftbarren C, B von q aus seine Bewegung empfängt. Das belederte Walzenpaar R wird durch Sperrad ruckweise geschaltet und zieht die von E ablaufende Netzware w fort, die endlich bei B selbsttätig aufgewunden wird.

Die Netzstrickmaschine, System Galland und Chaunier zeigt in ihrer Haupteinrichtung viel Ähnlichkeit mit einer Bobinetmaschine, wie diese zur Herstellung von Tüll verwendet wird. Es erfolgt auch die Einleitung der Bewegungen auf die einzelnen Organe wie dort durch Nutenexzenter und Hubstangen.

Während die Kettfäden von einem Kettbaum ablaufen, sind die Schußfäden auf flachen Bobinetspulen aufgewunden. Diese Spulen werden durch Treiber zwischen den seitlich auslenkenden Kettfäden durchgeschoben. Auch bei dieser Maschine dienen zur Knotenbildung sog. Spitzennadeln, welche wagrecht angeordnet und wechselweise senkrecht verschiebbar sind.

Das Führen und Umschlingen der Kettfäden um die Finger und Spitzennadeln geschieht auch hier durch Fadenleiterröhrchen einer beweglichen Schiene. Wenn das sog. Fach gebildet ist, so wird mittels dem Schlittentreiber und Schlitten die Schußspule von vorn nach hinten geführt und der Schuß in die Kette eingebunden.

Der Vorteil dieser Maschine besteht in der veränderlichen Nadelreihenanordnung, wodurch die Msachenweite zu regeln ist. Es lassen sich auf diese Weise Netze von 8—50 mm Maschenweite arbeiten bei einer 10stündigen Leistung von etwa 2400000 Maschen.

Die neue Netzstrickmaschine der Dresdner Netzwerke Heidenau-Dresden, welche nach den deutschen Reichspatenten Nr. 335022, 335023, 347396, 354884, 357857, 361208 und anderen gebaut wird, bedeutet einen großen Fortschritt im Netzknüpfmaschinenbau. Die mit den zahlreichen Verbesserungen versehene Maschine arbeitet mit sehr geringem Kraftverbrauch bei einer Leistung von 2500000 Knoten pro Tag und zwar mit 8 mm Teilung, 120 mm Spulendurchmesser, 404 Schiffchen, und stellt Maschenweiten von Knoten zu Knoten z. B. von 6—150 mm her; man verwendet sie nicht nur für Netze der Hochseefischerei, sondern auch für viele andere Zwecke, z. B. Tennis, Scheibennetzgardinen und andere Phantasieartikel. Auch diese Maschine arbeitet mit Kett- und Schußfäden. Die Kettfäden laufen von einzelnen Spulen S, Abb. 437, eines über dem hinteren Maschinengestell aufmontierten Spulenrahmens Sp zu einer Führungsstange e und zwischen der folgenden, sodann über die Bremsstange t, gegen welche eine Filzwalze H gepreßt wird. Der Bewegungsapparat E der letzteren beeinflußt auch die sog. Wiege f. Die wechselweise unter und über die vier Stangen 1—4 fortgeleiteten Kettfäden K gehen unter der Wiege f nach dem feststehenden Riet r, von hier über die mit einem Filzbelag versehene Rückzugsswalze c. Letztere übergibt die Kettfaden einem zweiten Riet r_1, von welchem sie lotrecht zwischen Stiften i einer beweglichen Schiene l fortlaufen und endlich bis zur Unterkante des Profilbalkens G geführt werden.

Die Schußfäden Sf befinden sich auf kleinen runden Spulen, die ähnlich den Bobinetspulen oder den Rundschiffchen der Nähmaschine ausgeführt sind. Jede dieser Spulen befindet sich in dem kreisförmigen Ausschnitt o des Schützen P, Abb. 437 und 438. Sämtliche Schützen sitzen nebeneinander in dem vor- und rückwärts beweglichen Wagen w. Sie erlangen durch die unten rechts vorgesehene Scheibe m, Abb. 438, ihre richtige Lage. Die aus den Schiffchen herausgeleiteten Schußfäden Sf werden zwei- bis dreimal um die am oberen Schiffchenteil befindlichen Haken n geschlungen, damit sie die nötige Führung und Spannung erlangen. Ein Kamm h, der durch Hebelverbindung a, a_1 und Seilzug z, g seine Bewegung empfängt, dient zum Ausgleichen der Schußfäden beim Einführen zwischen die Kettfäden. In dem schwingenden Gehäuse der Greiferkammer befinden sich so viele Greifer, als Schiffchen nebeneinander angeordnet sind. Ein Zahnrädchen über den Haken kann mittels einer Zahnstange fortbewegt werden. Es sind nun während der Knotenbildung folgende Bewegungen erforderlich: Der Rietkamm h schwingt zunächst entlang den Schußfäden Sf nach vorn, sodann schwingen die Greifer nach oben, wobei sie eine $3/4$-Drehung vollziehen, worauf das Riet b die Fäden nach hinten zieht. Die Schußfäden gleiten auf den Grund, dann bewegen

sich die Greifer nach vorn, erfassen aber zugleich die senkrecht fortlaufenden
Kettfäden und ziehen diese bei der Bewegung durch die gebildeten Schlingen
der Schußfäden. Bei einer weiteren halben Umdrehung führen sie die neue
Schlinge über die Schiffchenspitze und geben sie frei. Die Schleifen werden

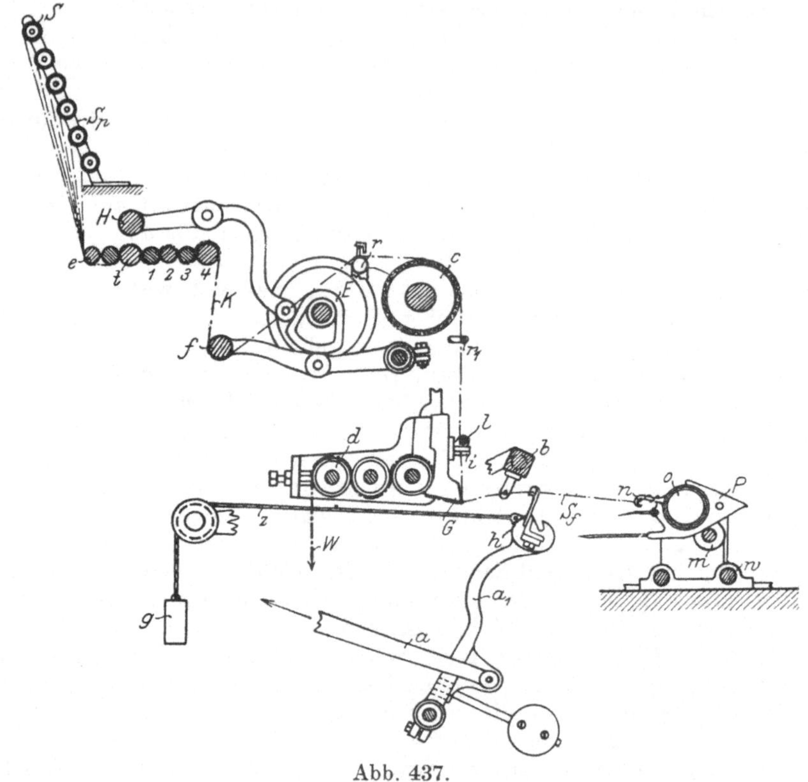

Abb. 437.

von der Schützenspitze in den Ausschnitt des halbmondförmigen Stückes (siehe
auch Abb. 438), das beim Drehen die Schlinge über den mittleren Teil und das
Nadelende des Schiffchens hebt, übergeführt. Wenn jetzt der Schiffchenwagen w
seine Vorwärtsbewegung vollzieht, so können die Knoten am Profilhaken G

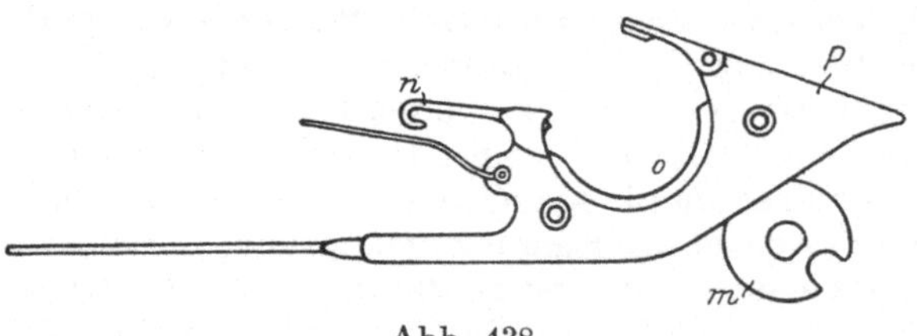

Abb. 438.

ausgebildet werden. Durch
Drehen der Rückzugswalze c
wird die bei der Knotenbildung benötigte Garnmenge
nachgeliefert. Diese Be-
wegung wird durch eine
Klauenkupplung hervorge-
bracht. Der Schützenwagen
w mit den Schützen P, der
auf einer Gleitfläche ruht, empfängt seine Hin- und Herbewegung von der Kurbel-
stange eines Exzenters. Von dort aus wird mit Hilfe von Schwinghebel a, a_1
auch dem Kamm h, sowie der Zahnstange, welche die Greiferhaken dreht,
die erforderliche Bewegung erteilt. Die Maschine ist sowohl für gewöhnlichen
Trieb, wie auch mit Rechts- und Linkstrieb eingerichtet. Die fertige Ware W
wird unter G weggezogen und von den Walzen d nach hinten abwärts geleitet.

Wenn der Faden einer Schußspule leer läuft, so kann er an einem roten Signalstück bemerkt werden, und ist nach Abstellen der Maschine und Öffnen des Schützendeckels die alte Spule durch eine neue zu ersetzen. Die Maschine läßt sich leicht von einer Maschengröße zu einer andern umstellen. Die Knoten sind als Doppelkreuzknoten, Abb. 436, ausgeführt und gleichen auch vollkommen den Handknoten. Außer der Maschenweite lassen sich auch die Garnstärken veränderlich verarbeiten, so daß es möglich ist, Netze mit verschieden starken Garnfäden nebeneinander herzustellen, wie auch zwei und mehrere schmälere Netzstreifen gleichzeitig nebeneinander zu stricken sind.

Eine Netzknüpfmaschine für die Herstellung von Netzen mit sehr kleiner Maschengröße (sog. Filetgrund) nach dem D. R. P. Nr. 412227 benützt Schiffchen, welche die Spulen in zwei zueinander versetzte Reihen tragen. Die Schiffchen sind zu diesem Zwecke mit versetzt zueinander angeordneten Spulen auf zwei gesonderten Lagerreihen eingestellt, wodurch die Schiffchen sehr enge Lagerung erhalten. Die eine Schiffchengruppe trägt ihre Spulen vorn an den Spitzen, während die andere sie am Ende der Schiffchen aufnimmt. Auch die Greifer, welche die Schußfäden aus den Schiffchenspulen erfassen und zu Schlingen bilden, sind zwecks Engerstellung in 2 Gruppen geteilt; sie können durch 2 Zahnstangen in Verbindung mit 2 Zahnrädern ihre Drehung und Bewegung erlangen.

Die Sport- und Fischernetze werden zur Erhöhung der Haltbarkeit imprägniert. Dieses Imprägnieren erfordert besondere Erfahrung. Es sind zwar die für die Netzstrickerei verwendeten Garne, z. B. gezwirnte Baumwolle, Hanffaser, Ramie, Sisal, Manila usw., in trockenem Zustande sehr dauerhaft, wenn sie aber naß sind und längere Zeit feucht bleiben, sind sie der Zerstörung ausgesetzt, werden auch im Wasser von Lebewesen zerfressen. Das Reinhalten und häufige Trocknen der Netze bietet nicht genügend Schutz, es werden deshalb andere Vorsichtsmaßregeln ergriffen, so z. B. ist ein vorzügliches Schutzmittel das Teeren mit Holzteer, sowie auch Behandeln mit Karbolineum. Der Teer ist ein wirksames Netzschutzmittel, nur muß er richtig angewendet werden. Er wird hauptsächlich für die Reußen und Stellsäcke, Teichnetze usw. verwendet. Ein leichter anwendbares Schutzmittel ist das Avenariuskarbolineum, das flüssig ist, im Winter aber für den Gebrauch erwärmt werden muß. Ferner kann als brauchbares Schutzmittel für die Netze gegen Fäulnis der Gerbstoff, der in den Pflanzen, insbesondere in den Baumrinden, Eichenrinden vorkommt, Verwendung finden. Mit dem Gerbstoff werden die Garne durchtränkt; man nennt diese Arbeit auch das Lohen oder Taanen. Hierzu benützt man auch das durch Auskochen von Rinde ostindischer Akazien gewonnene Kadechu und nimmt zum Tränken der Netze auf etwa 100 Pfund Netzwerk 20 Pfund Kadechu, in so viel Wasser lösbar, daß die Netze noch unter Flotte kommen. Die Lösung muß einige Zeit unter stetem Umrühren kochend erhalten bleiben. Dann sind die Netze in einen Kessel zu bringen oder man gießt die heiße Lösung über die Netzstücke, die vorher in ein entsprechend großes Gefäß gebracht sind, und läßt sie in diesem etwa 24 Stunden unter der Flotte. Dieses Gerben oder Tränken kann mehrmals wiederholt werden. Dem Gerben muß noch ein Beizen folgen, in einer Lösung

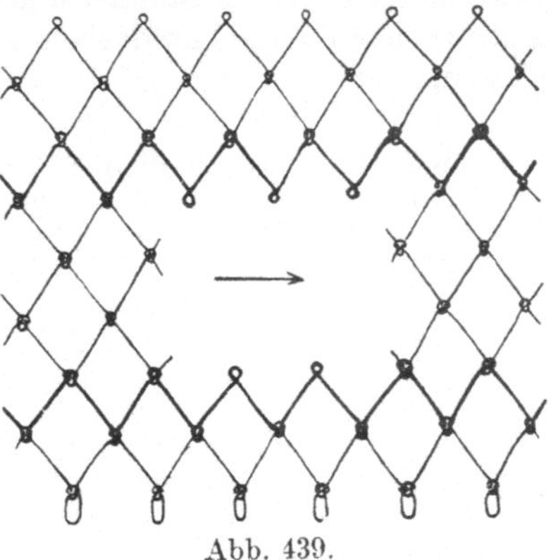

Abb. 439.

von 1 Kilo Kaliumbichromat auf 100 Liter Wasser. Hierzu kann auch Kupfervitriol verwendet werden. Bei längerem Gebrauche der Netzwerke ist das Imprägnieren zu wiederholen. Die Dresdner Netzwerke besitzen eigene Imprägnieranstalten, sie bringen ihre Fabrikate für die Hochseefischerei usw. auch schon imprägniert auf den Markt, wie sie auch zum Imprägnieren ihrer Netze gute Rezepte bekannt geben.

Das Ausbessern der schadhaft gewordenen Stricknetze hat in der Weise zu erfolgen, daß man an der Fehlerstelle etwa nach Abb. 439 die schadhaften Stellen der Masche nach vorsichtig und gleichmäßig ausschneidet, wobei je nach der angewendeten Stricktechnik dann die Knoten einzustricken sind. Da nun bei der Handtechnik der Faden in der Querrichtung (Pfeilrichtung) verläuft, im Maschinengestrickten Netz aber sämtliche Fäden in der Längsrichtung des Gestrickes fortlaufen, so müssen auch dementsprechend die nach der Abb. 439 ausgeschnittenen Maschenstücke entweder in der Quer- oder in der Längsrichtung genau miteinander verbunden und verknotet werden. Diese Ausbesserung kann natürlich nur durch Handarbeit mittels der Filetnadel und dem Netzholz geschehen.

Literatur.

Lepperhoff, Bernhard: Die Flechterei. Barmen.
Seligo, Prof. Dr. A.: Die Fanggeräte der deutschen Binnenfischerei.
Müller, Prof. Ernst: Handbuch der Weberei (Weben, Wirken, Flechten).
Patentschriften.